Bieck

Impulsströme

Werner Bieck

Impulsströme

Eine Einführung in die Grundlagen der physikalischen Modellierung

HANSER

Über den Autor:
Dr. Werner Bieck, Dipl.-Phys. und wissenschaftlicher Autor, Wiltingen

Print-ISBN: 978-3-446-47702-5
E-Book-ISBN: 978-3-446-47789-6

Bibliografische Information der Deutschen Nationalbibliothek:
Die Deutsche Nationalbibliothek verzeichnet diese Publikation in der Deutschen Nationalbibliografie; detaillierte bibliografische Daten sind im Internet unter *http://dnb.d-nb.de* abrufbar.

www.hanser-fachbuch.de
Lektorat: Dipl.-Ing. Natalia Silakova-Herzberg
Herstellung: le-tex publishing services GmbH, Leipzig
Coverkonzept: Marc Müller-Bremer, *www.rebranding.de*, München
Covergestaltung: Max Kostopoulos
Titelmotiv: © shutterstock.com/Sashkin
Satz: Eberl & Kösel Studio, Kempten
Druck und Bindung: CPI Books GmbH, Leck
Printed in Germany

Für Ulrike ...

In Erinnerung an einen besonderen Menschen - Rosi.

Vorwort

„Der Spaß an der Wissenschaft liegt nicht in der Entdeckung von neuen Sachverhalten, sondern darin, neue Denkansätze für sie zu entwickeln."

William Lawrence Bragg[1]

Im Verlauf der naturwissenschaftlichen Ausbildung von Schülern und Studenten ist leider immer wieder festzustellen, dass ein wesentlicher Aspekt wissenschaftlichen Arbeitens konsequent vernachlässigt wird: Die Vermittlung der Grundzüge physikalischer Modellierung. Eine dezidierte Unterscheidung zwischen Modell und Erfahrungswelt (→ *„Realität"*), welche in der Naturwissenschaft immer nur ausschnittsweise durch ein geeignet zu wählendes Modell beschrieben werden kann, findet nicht statt. Vielmehr vermittelt die Lehre oftmals den falschen Eindruck, dass ein Modell - einmal validiert - der Realität gleichzusetzen sei, d. h. Modelle herangezogen werden können, um Phänomene aus der Erfahrungswelt zu *erklären*, also im Sinne von *zu beweisen*, *warum* sich Dinge genau so verhalten, wie zu beobachten ist. Dieser Eindruck wird bereits in der Schulausbildung bewusst oder unbewusst vermittelt, verbaut dadurch oftmals die Sicht auf die wesentlichen Aspekte naturwissenschaftlicher Arbeit und sorgt selbst später im Studium für Verwirrung, insbesondere dann, wenn verschiedene und scheinbar widersprüchliche Modelle herangezogen werden können, um die gleiche Sache zu *beschreiben*. *Erklärung* im wissenschaftlichen Kontext heißt eben nur, dass man Phänomene mithilfe eines Modells auf wenige grundlegende Prinzipien zurückführen und hierüber klassifizieren kann. *Nicht mehr, aber auch nicht weniger!*

Ein schönes Beispiel hierfür ist das physikalische Konzept der *„Kraft"*, worauf wir noch später im Buch ausführlich eingehen werden. Diese Modellvorstellung wurde seinerzeit u. a. von Isaac Newton axiomatisch eingeführt und seither von Generationen von Naturwissenschaftlern und Ingenieuren erfolgreich eingesetzt, um unterschiedlichste Bereiche der Erfahrungswelt zu beschreiben. Dennoch hat bis zum heutigen Tage *niemand* jemals eine *„Kraft" gemessen*! Das Konzept der Kraft ist vielmehr eine reine Modellgröße, gewissermaßen eine Rechenvorschrift innerhalb der Modellwelt, deren Entsprechung in der realen Welt immer noch nicht gefunden wurde, weil nicht gefunden werden kann. Diese Aussage mag auf den ersten Blick überraschen, zumal doch bereits in der Schule scheinbar überzeugend vermittelt wird, was *„Kräfte"* sind und wie diese wirken, um in der Folge bereitwillig zu akzeptieren, es täglich mit *„realen Kräften"* zu tun zu haben, die sich zudem mithilfe von *„Kraftmessern"* auf einfache Weise messtechnisch erfassen lassen. Ein grundlegender Irrtum, welcher letztlich auf ein fehlendes Modellverständnis zurückzuführen ist.

Die mangelnde Differenzierung zwischen Modell und Realität sorgt nicht nur bei der theoretischen Beschreibung physikalischer Zusammenhänge für Probleme, auch der experimentelle Zugang wird oftmals fehlerhaft interpretiert. Einerseits ist der Messaufbau häufig theoretisch motiviert, dient er doch der Validierung theoretischer (Vor-)Überlegungen mittels quantitativer Erfassung bestimmter modellspezifischer Größen. Andererseits stellt das Experiment oftmals eine Vereinfachung der zu untersuchenden realen Gegebenheiten dar, um beispielsweise auf diese Weise erst einen messtechnischen Zugang zu ermöglichen, welcher ansonsten aufgrund der Komplexität der Problemstellung oder aufgrund gegebener apparativer Einschränkungen scheitern müsste. Das Experiment kann somit selbst wieder ein eigenes Modell der Erfahrungswelt sein und die zugehörige Messgröße, d. h. beispielsweise die *reale* Digitalanzeige eines Messinstrumentes, kann in der Folge nur bedingt der *theoretischen* Modellgröße entsprechen! Leider ist aber immer wieder festzustellen, dass bei einer quantitativen Abweichung zwischen Theorie und Experiment der *realen* Anzeige eines Messgerätes mehr Vertrauen entgegengebracht wird als jeder *theoretischen* Simulation. Nicht selten unterliegt man intuitiv dem Trugschluss, *real* ist per se *richtig*, weil gemessen und greifbar. *Theoretisch* hingegen ist gleichzusetzen mit *fiktiv* und damit zwangsläufig *fehlerbehaftet*. Beide Aspekte der Modellierung unserer Erfahrungswelt sollen in diesem Buch ausführlich behandelt werden, mit dem Ziel, die wesentlichen Grundlagen der wissenschaftlichen Modellierung anhand konkreter Beispiele aus Physik und Technik zu vermitteln. Dies scheint mir umso wichtiger, als die rechnergestützte Modellierung zur Simulation physikalischer oder ingenieurtechnischer Zusammenhänge, sowohl in der Ausbildung als auch im späteren Berufsleben, mittlerweile eine zentrale Rolle spielt. Der Software-Anwender *muss* hierbei stets wissen, wie das von ihm eingesetzte *Programm* arbeitet, d. h. was die implementierten *Berechnungsmodelle* bestenfalls liefern können, um letztendlich entsprechende Simulationsergebnisse korrekt zu interpretieren.

Im Laufe meiner langjährigen beruflichen Tätigkeit in der industriellen Forschung und Entwicklung habe ich u. a. mit Physikern, Mathematikern und Ingenieuren, mehrheitlich aus den Bereichen Elektrotechnik bzw. Maschinenbau, zahlreiche Modelle zur Produkt- und Prozessoptimierung entwickelt und konnte auf diese Weise erfahren, dass die Physik diesbezüglich so manches aus den Ingenieurwissenschaften lernen kann. Während wir Physiker im Laufe unserer Ausbildung erlernen wie komplexe Problemstellungen auf einfache Prinzipien zurückgeführt und diese experimentell geprüft werden können (→ Reduktionismus), so hat der Ingenieur auch weiterhin in der komplexen Erfahrungswelt zu arbeiten und muss genau hierfür tragfähige Lösungsansätze entwickeln, die im Physikstudium gar nicht oder nur selten vermittelt werden. Stattdessen werden typischerweise Vorlesungsreihen *„Physik für ...“* angeboten, um Studenten, gleich welcher Disziplin, die Grundzüge und Arbeitsweisen der Physik näher zu bringen. Dieses recht einseitige Unterfangen wissenschaftlichen Austauschs mag zu Recht den Eindruck einer gewissen *„akademischen Überheblichkeit“* wecken, die uns Physikern anzuhaften scheint. Es lohnt sich aber, die Perspektive zu wechseln und physikalische Problemstellungen auch aus Sicht anderer wissenschaftlicher Disziplinen zu betrachten und zu verstehen! Deshalb verbinde ich mit diesem Buch nicht zuletzt die Hoffnung, dass meine Erfahrungen aus interdisziplinärer Forschung und Entwicklung dazu beitragen mögen, den leider oftmals steinigen Weg der Physikausbildung ein wenig zu erleichtern, indem ich alternative Perspektiven auf unsere Erfahrungswelt aufzeigen möchte – Denkanstöße, die es erlauben sollten das physikalische Modellverständnis zu fördern und damit so manche historisch bedingte *„Hürde der Erkenntnis“* mit etwas mehr Leichtigkeit zu nehmen.

Werner Bieck

Wiltingen, Oktober 2023

Danksagung

Dieses Buch entstand in einem Zeitraum von etwa drei Jahren. Die Ausarbeitung des Manuskripts wurde sukzessive fortgeführt, gerade so wie es die Zeit erlaubte – neben Familie und Beruf, samt den negativen Auswirkungen der Corona-Pandemie. Ein besonderer Dank gilt deshalb meiner Frau Ulrike für ihre stete Unterstützung und ihr Verständnis für den wissenschaftlichen Enthusiasmus eines Physikers. Einige der Bilder, insbesondere aus Kapitel 1 und Kapitel 2, stammen aus meinem firmeninternen Fortbildungsseminar zum Thema *„Modelling & Simulation“*, für deren Verwendung ich Dr. Alain Schumacher recht herzlich danken möchte. Die Durchführung zahlreicher internationaler Fortbildungsprogramme über naturwissenschaftliches Arbeiten im industriellen Umfeld lieferten nicht nur einen Teil der Motivation, sondern auch wichtige Beiträge für dieses Buch. Bei diesen Lehrveranstaltungen wurde über einen Zeitraum von mehr als 15 Jahren so manche Verständnishürde aus Forschung und Lehre mit dem jeweiligen Teilnehmerfeld aus Naturwissenschaft und Technik nicht nur erkannt und diskutiert, sondern auch erfolgreich aufgearbeitet, sodass ich selbst so manches dabei lernen konnte. Insofern gilt mein Dank allen Teilnehmern, die mit ihrem *Fragemut* hierzu beigetragen haben. Nicht zuletzt möchte ich meinen Kollegen des *Basics & Simulation-Teams* danken, für die langjährige und stets konstruktive und spannende Zusammenarbeit, bei der wir gemeinsam zahlreiche F&E-Probleme aus Physik und Technik haben lösen können. Ein herzliches Dankeschön geht insbesondere an Dr. Una Karahasanovic für ihre Anregungen und Hinweise bei der Durchsicht des Manuskripts. Auch möchte ich mich beim Carl Hanser Verlag für die Bereitschaft bedanken, dieses Buch in das verlagseigene Wissenschaftsprogramm aufzunehmen. Natalia Silakova und Christina Kubiak gilt mein Dank für ihre Unterstützung und kompetente Betreuung bei der abschließenden Erstellung der Buchvorlage.

Eine wissenschaftliche Ausarbeitung bleibt ohne eingehende Literaturrecherche doch zumindest lückenhaft. In diesem Fall hatte die Corona-Pandemie auch positive Auswirkungen. Viele internationale Bibliotheken und Zeitschriftenverlage erlaubten einen kostenlosen Online-Zugriff auf einen Großteil ihrer historischen und z. T. auch zeitgenössischen Dokumente. Eine dankenswerte Initiative, die zumindest im Falle historischer Quellen auch beibehalten werden sollte! Die digitalen Bibliotheken JSTOR oder NUMDAM gehen hier beispielhaft voran. In diesem Zusammenhang ist auch der Preprint-Dokumentenserver *http://www.arxiv.org* zu nennen. Die Qualität der dort eingestellten und von mir zitierten Publikationen ist durchweg von hoher wissenschaftlicher Aussagekraft, auch ohne den üblichen Peer-Review-Prozess durchlaufen zu haben – eine unterstützenswerte Initiative, die es insbesondere Schülern und Studenten ermöglicht, schnell und kostenlos auf aktuelle Forschungsarbeiten zuzugreifen. Auch das Wikipedia-Projekt (*http://de.wikipedia.org*) sei an dieser Stelle erwähnt. Die Qualität vieler Artikel ist mittlerweile recht hoch und darin aufgeführte Referenzen dokumentieren zudem eine fundierte Literaturrecherche, weshalb ich gelegentlich auch auf lesenswerte Wikipedia-Einträge verweise – guten Gewissens und entgegen üblicher und z. T. überholter wissenschaftlicher Gepflogenheiten.

Anmerkungen

1 William Lawrence Bragg (1890 – 1971), englischer Physiker und Nobelpreisträger (1915). Originalzitat: „The fun in science lies not in discovering facts, but in discovering new ways of thinking about them.“ Aus L. Bragg, *A Short History of Science: Origins and Results of the Scientific Revolution*, chapter XV, The Atom, Doubleday (1959), S. 124; zitiert in R. Shour, *Sir Lawrence Bragg's quote on the essence of science*, Researchgate (2019).

Inhalt

À Propos

SCIENTIFIC EDUCATION:

The problem [in education] is not people being uneducated. The problem is that people are educated just enough to believe what they have been taught, and not educated enough to question anything from what they have been taught.

Richard Feynman[1]

Dieses Buch befasst sich mit den Grundzügen der physikalischen Modellierung und der Vielzahl an Fragen, die erfahrungsgemäß damit verbunden sind:

- Was sind physikalische Modelle und was macht man damit?
- Wie erstellt man ein solches Modell und was ist hierbei im Einzelnen zu beachten?
- Welche Vorteile und welche Grenzen und Risiken sind mit der Modellierung physikalischer Phänomene aus unserer Erfahrungswelt verknüpft?
- Gibt es in diesem Zusammenhang eigentlich *„wahre"* Modelle?
- Wenn ja, woran erkenne ich dann *„unwahre"*, soll heißen *„falsche"* Modelle?
- Hatte etwa Newton mit seiner richtungsweisenden *Philosophiae Naturalis Principia Mathematica* letztlich doch *„Unrecht"* und sind demzufolge Einsteins *Relativitätstheorien „rechtens"*?
- Wie sind physikalische Modellgrößen und Modellgesetze diesbezüglich eigentlich einzuordnen?
- Was versteht man in der Physik beispielsweise unter dem Modellbegriff *Energie* und wieso braucht es unbedingt die *Entropie*?
- Gibt es *Kräfte „wirklich"* oder haben wir es vielmehr mit *Impulsströmen* zu tun?
- Wie lässt sich entscheiden, ob eine Modellvorstellung tatsächlich *„stimmt"*?
- Lassen sich hierfür geeignete objektive Kriterien finden?
- u. v. m.

Ein Fragenkatalog, der sich beliebig erweitern ließe und dennoch beschäftigt sich die naturwissenschaftliche Ausbildung nur in den seltensten Fällen, sei es einführend in der gymnasialen Oberstufe oder auch später detailliert auf der Universität, mit diesen wichtigen Grundsatzthemen. Im Gegenteil, sie werden oftmals lapidar abgehandelt, indem man mehr oder weniger plausibel erscheinende Erläuterungsversuche seitens Dritter unreflektiert übernimmt. Im Wesentlichen spiegeln all diese Fragen eine entscheidende Unschlüssigkeit wider, nämlich:

„Wie(so) *»funktioniert«* eigentlich die Naturwissenschaft Physik?"

Was genau tun wir Physiker, wenn wir versuchen etwas Ordnung in die phänomenologische Vielfalt unserer Erfahrungswelt zu bringen? Was für eine Art von Wissen schafft die Physik? Ich möchte von mir behaupten, *„Physiker aus Leidenschaft"* zu sein, und sollte deshalb gleich zu Beginn eine allgemein verbreitete Wunschvorstellung in Sachen Naturwissenschaft korrigieren und zum Ausdruck bringen, was Physik *definitiv* nicht ist: Die Physik ist keine Wissenschaft, die uns eine *objektive Beschreibung* der Natur ermöglicht, wovon man übrigens Ende des 19. Jahrhunderts noch felsenfest überzeugt war! Sie ist bestenfalls eine *Darstellung unserer Vorstellung von der Natur*[2], unseres *subjektiven Wissens* oder was wir diesbezüglich oftmals *glauben* zu wissen. Niels Bohr beschrieb diesen Sachverhalt mit den folgenden Worten:

> *„Indeed from our present standpoint, physics is to be regarded not so much as the study of something a priori given, but as the development of methods for ordering and surveying human experience."*[3]

Um einen besseren Einblick in die Arbeitsweise der Physik zu vermitteln, werde ich u. a. am Beispiel zweier Modell-Konzepte zu beschreiben versuchen, wie die Physik methodisch vorgeht, um Naturphänomene zu *„verstehen"*: Das heutzutage scheinbar *„wohlverstandene"* Newton'sche Konzept *„wirkender Kräfte"* wird dem *„recht unverständlichen"* Konzept *„strömender Impulse"* gegenübergestellt und es wird sich hierbei zeigen, um dies vorwegzunehmen, dass es mit dem physikalischen Verständnis so seine Bewandtnis zu haben scheint, denn das Impulsstrom-Konzept ist der schlüssigere, weil widerspruchsfreie Ansatz für eine konsistente (nicht nur klassische) Naturbeschreibung! Thematisch beschränkt sich dieses Buch auf Problemfelder aus der klassischen Physik. Abgesehen von einem kleinen Ausflug in die Quantenmechanik, werden inhaltlich relevante Aspekte der großen Kontinuum-Theorien aus der Mechanik, der Elektrodynamik und der Thermodynamik behandelt.

Bei der Literaturrecherche zu diesem Buch bestätigte sich einmal mehr ein bemerkenswerter Sachverhalt (natur-)wissenschaftlicher Arbeit: Das *„Wissen schaffende Rad der Physik"* wurde und wird in unserer Welt immer wieder aufs Neue erfunden, soll heißen, grundlegende Gedanken, Ideen oder Interpretationen zu wissenschaftlichen Themen werden *niemals* nur von *einer* Person, an *einem* Ort (etwa im stillen Kämmerlein) und zu *einem* bedeutsamen Zeitpunkt (der besagten Sternstunde) erdacht und für die Nachwelt dokumentiert (weil ansonsten unwiederbringlich verloren) – das sind *Wissenschaftsmärchen!* Ganz im Gegenteil, ein bewährtes wissenschaftshistorisches Prinzip besagt, dass *kein* Naturwissenschaftler im Alleingang *„Wissen schafft"*, d. h. neue und die Wissenschaft bereichernde Ideen in lehrbuchreifer Form alleine hervorbringt.[4] Es gab oder gibt in der Wissenschaftsgemeinde stets Forscher, die auf derselben naturwissenschaftlichen Fragestellung arbeiten oder bereits gearbeitet haben und deren Resultate bzw. Überlegungen entscheidend zur Lösung der eigenen aktuellen Problemstellung beitragen können. Zu jedem einzelnen Fachgebiet gibt es gerade deshalb eine Fülle ausgezeichneter zeitgenössischer, aber auch historischer Literatur, sowohl in Form von Lehrbüchern und wissenschaftlichen Publikationen als auch von im Netz frei verfügbaren Artikeln oder didaktisch kompetent ausgearbeiteten Skripten zu Vorlesungsveranstaltungen, auf die ich bei der Anfertigung dieses Buches verschiedentlich zurückgegriffen habe, um die mir wichtigen Gesichtspunkte zum Thema eingehender darzulegen und worauf an entsprechender Stelle verwiesen wird. Die zugehörigen Links zu Referenzen aus dem Internet werden ebenfalls aufgeführt (Stand: Oktober 2023). Die wissenschaftliche Ausarbeitung dieses Buches ist also ganz im Sinne Eugen Roths verfasst, wie er es seinerzeit im Vorwortgedicht zu einem seiner Bücher auf humorvolle Weise zu beschreiben vermochte:

„[...]
Die Wissenschaft, sie ist und bleibt,
Was einer ab vom andern schreibt.
Doch trotzdem ist, ganz unbestritten,
sie immer weiter fortgeschritten“ [5]

Selbstverständlich wird mit diesem Buch nicht einfach nur irgendwo irgendetwas abgeschrieben, obgleich der Text tatsächlich nichts grundsätzlich Neues beschreibt! Vielmehr wird allgemein Bekanntes aus Physik und Technik in einen nach meiner Auffassung schlüssigeren, weil konsistenten naturwissenschaftlichen Kontext gesetzt, sodass sich so manche wissenschaftliche Ungereimtheit auf einfache Weise darstellen und in der Folge auch widerspruchsfrei auf- bzw. erklären lässt.

Erfahrungsgemäß können Links im Internet recht kurzlebig sein, sodass der interessierte Leser die zugehörige Literatur zudem auch auf der IPR-Homepage zusammengestellt finden und darüber frei verfügen kann, sofern keine weiteren urheberrechtlichen Einschränkungen bestehen sollten. Trotz aller Sorgfalt bei der Literaturrecherche kann ich nicht ausschließen, weitere thematisch relevante Beiträge übersehen bzw. schlicht aus Unkenntnis nicht berücksichtigt zu haben.

„[...]
Drum eins: seid nicht gleich ergrimmt,
Wenn irgendwas bei mir nicht stimmt,
Weil es an Wissen mir gebrach –
Schlagt halt im großen [Physik-Standardwerk] nach!“ [5]

Entsprechende Hinweise, Anmerkungen oder Korrekturvorschläge werden gerne entgegengenommen.

Zum Aufbau des Buches

Das Buch beschreibt, was ich als Erstsemester sehr gerne über Physik erfahren hätte, jedoch der Lehralltag einer Universität wohl auch noch heutzutage nur sporadisch zu vermitteln scheint, zumindest nach meinen Erfahrungen. In Kapitel 1 *Modelle in der Physik* werden die mir wichtigen Gesichtspunkte zum physikalischen Modellbegriff zusammengefasst und anhand einiger Beispiele eingehender erläutert. Anschließend skizziert Kapitel 2 *Mathematische Strukturen in der Physik* den mathematischen Abbildungsprozess Physik ↔ Mathematik und stellt in diesem Zusammenhang drei mathematische Strukturelemente vor, die in der theoretischen Physik eine besondere Rolle spielen: Die Symmetrie, die Analogie und die Dualität. Das Wissen um diese Strukturen erleichtert ganz wesentlich die Behandlung vieler physikalischer Problemstellungen aus unterschiedlichsten Disziplinen. Nachdem die prinzipielle Anwendbarkeit einer Modellvorstellung *einzig* auf experimentellem Wege geprüft werden kann, geht Kapitel 3 *Der Messprozess und Maßeinheiten* auf den physikalischen Messprozess und die Definition von geeigneten Maßeinheiten ein, denn nicht selten sind damit recht hartnäckige Anschauungsprobleme verbunden. Beispielsweise verknüpft man mit der Festlegung einer bestimmten Maßeinheit gerne ein spezifisches physikalisches Phänomen und folgert fast zwangsläufig, dass unterschiedliche Einheiten phänomenologisch stets unterschiedliche physikalische Qualitäten beschreiben müssen – dem ist aber nicht so. Im Anschluss werden in Kapitel 4 *Grundlegende physikalische Konzepte* fünf gewichtige physikalische Modellvorstellungen vorgestellt und die z. T. erheblichen Schwierigkeiten diskutiert, die mit diesen Überlegungen immer noch verbunden sind: die uns scheinbar so geläufige *Energie* und etwas eingehender die (weil häufig weniger vertraute) *Entropie*, die allen gleichsam bekannte *Kraft*, der wohl eher problematisch zu nennende Begriff der *Zeit* und zuletzt der uns umgebende und nicht weniger problematische *Raum*.

- Die einführende Diskussion der *Konzepte zur Energie/Entropie* soll in erster Linie auf eine Reihe signifikanter Fehlinterpretationen und Missdeutungen aufmerksam machen, die im Rahmen der physikalischen Lehre üblicherweise so anfallen, weil zur *„Erklärung“* der Konzepte oftmals auf Alltagserfahrungen oder Analogien zurückgegriffen wird, die in den seltensten Fällen schlüssig sind und deshalb auch nur bedingt den physikalischen Sachverhalt sinnvoll wiedergeben können.
- Ähnliches gilt für die Kraft. Die bestehenden prinzipiellen Schwierigkeiten in Verbindung mit dem physikalischen *Konzept der Kraft* werden meines Erachtens umso deutlicher, beleuchtet man den Kraftbegriff im Rahmen verschiedener mechanischer Modellansätze. Entsprechend wird *„die Kraft“* nicht nur im ursprünglichen Bild der *Newton'schen Mechanik*, sondern auch aus Sicht der *Analytischen Mechanik*, der *Kontinuumsmechanik* und – wenn auch nur kurz – aus der Perspektive der *Quantenmechanik* besprochen. Auf diese Weise sollten

sich althergebrachte wissenschaftliche Glaubensbekenntnisse bzw. Gewohnheiten leichter erkennen und ausräumen lassen.

- Mit dem *Konzept der Zeit* sind gleich eine ganze Reihe grundsätzlicher Fehleinschätzungen verbunden. Die Analyse des physikalischen Zeitbegriffs erfordert deshalb eine gewissenhafte Betrachtung sowohl der Messgröße *„Zeit"* als auch der damit verknüpften Problematik einer *„Zeitrichtung"* und darauf aufbauend des *„Kausalitätsproblems"* in der Physik. Abschließend wird die Physik vermeintlicher *„Zeit-Paradoxien"* besprochen – notwendigerweise, denn es gibt sie nicht! Hierfür bedarf es u. a. einer kurzen Einführung in die spezielle Relativitätstheorie.
- Das *Konzept des Raumes* ist nicht weniger heikel, weil verbunden mit *„allzu vertrauten Erfahrungstatsachen"* die wir bereits von Kindesbeinen an erlernen und in einer Weise verinnerlichen, dass es vielen vermutlich schwerfallen mag, sich wenigstens z. T. von diesem traditionellen Denken zu lösen, um alternativen Modellvorstellungen *„etwas Raum zu geben"*. Der physikalische Begriff des Raumes ist eng verknüpft mit dem Phänomen Bewegung, insbesondere mit beschleunigter Bewegung, weshalb auch *„die Zeit"* bei der Definition und der Vermessung physikalischen Raumes die entscheidende Rolle spielt. Tatsächlich ist die Messgröße *„Zeit"* grundlegender als die physikalische Längenmessung. Deshalb soll abschließend ein (fast) in Vergessenheit geratenes kosmologisches Modell vorgestellt werden, das einzig auf der Zeitmessung beruht und in der Folge kosmologische Zusammenhänge deutlich einfacher zu beschreiben vermag als derzeit akzeptierte Standardmodelle, inklusive der aus den Relativitätstheorien bekannten Gesetzmäßigkeiten. Insbesondere stützt das Modell auf kosmologischer Ebene die Vorstellung von Impulstransportprozessen und liefert diesbezüglich auch eine plausible Erklärung für die Sonderrolle der *„Gravitationskraft"* im Reigen der physikalischen *„Grundkräfte"*.

Mit der eingehenden Betrachtung dieser uns scheinbar doch so vertrauten Größen aus Physik und Technik sollten die damit verknüpften Probleme deutlich werden und damit der Einstieg in Kapitel 5 umso leichter fallen: Das einst von Max Planck vorgeschlagene *Konzept des Impulsstroms* und damit verbunden die Fülle an Phänomenen, die sich nur mithilfe dieser Modellvorstellung auf *einfachste Weise* beschreiben lassen, wie z. B. die Physik der Reibung, das Hebelgesetz, Stoßvorgänge, die mechanischen Eigenschaften von Verbundmaterialien, granulares Materialverhalten, spannungsinduzierte Bewegungsvorgänge, allgemeine Feld-Materie-Wechselwirkungen u. v. m.

Motivation: Neben der Vermittlung mir wichtiger Aspekte zum physikalischen Modellverständnis, soll die kritische Analyse der für die Physik so wesentlichen Modellvorstellungen den Leser dazu ermutigen eventuelle Verständnisfragen zu naturwissenschaftlichen Themen stets selbstbewusst anzusprechen. Schließlich gibt es diesbezüglich keine *„dumme Fragen"*, schlimmstenfalls bestätigt die eine oder andere *„flapsige Antwort“* vermeintlicher Experten, dass die vorgebrachten Bedenken mehr als nur gerechtfertigt sind, denn

„Man kann sich selbst auf dümmste Sachen

Bisweilen einen Reim noch machen.“[6]

um so manchen naturwissenschaftlichen *faux pas* in der physikalischen Lehre humorvoll zu umschreiben. Keines der in diesem Buch diskutierten wissenschaftlichen Konzepte ist *„zweifelsfrei wahr“* und deshalb anstandslos zu akzeptieren und mag es noch so erfolgreich sein. Womöglich sind Ihre Bedenken ein erster Puzzlebaustein zu neuer Physik, wer weiß – also immer raus damit!

Mathematik: Wie theoretisch wird es werden, wie viel Mathematik wird gebraucht? Gewisse mathematische Vorkenntnisse werden vorausgesetzt. Sie beschränken sich im Wesentlichen auf die Differential-/Integralrechnung in drei Dimensionen, die zugehörigen Integralsätze und etwas Tensor-Rechnung. Zur Orientierung sind die entsprechenden Grundlagen im mathematischen Anhang zusammengestellt. Als *„Leistungskursler“* bzw. *„Erstsemester“* in Physik/Mathematik sollte man damit zurechtkommen, so hoffe ich (Rückmeldungen hierzu sind erwünscht). Insgesamt 151 Abbildungen ergänzen die Ausführungen im Text und sollen auf diese Weise zu einem leichteren Verständnis der jeweiligen physikalischen Zusammenhänge beitragen. Die formale mathematische Schreibweise folgt DIN 1338, d. h. physikalische Größen wie etwa die Geschwindigkeit v, die Masse m oder der Drehimpuls L werden grundsätzlich kursiv dargestellt. Entsprechende vektorielle Größen $\boldsymbol{v}$, $\boldsymbol{L}$, etc. werden fett und kursiv gesetzt und tensorielle Größen $\hat{\sigma}$ erhalten zur Unterscheidung zusätzlich ein Kapitälchen. Mathematische Zeichen mit feststehender Bedeutung sowie physikalische Einheiten stehen hingegen gerade, z. B. **div**, lim, tan bzw. m (Meter), C (Coulomb) oder s (Sekunde). Im Text zusätzlich aufgeführte physikalische Maßeinheiten stehen stets in eckigen Klammern, z. B. Länge [m], elektrische Ladung [C] oder Zeit [s]. In den Bildern stehen hingegen sämtliche Formelzeichen der besseren Lesbarkeit wegen grundsätzlich gerade.

Zitate und Sprachgebrauch: Zitierte Textstellen sind, soweit möglich, der jeweiligen Originalliteratur entnommen und genügen der zu jener Zeit üblichen Rechtschreibung, was zuweilen ungewohnt erscheinen mag.

„Entsprechende Textpassagen sind auf diese Weise formatiert. Die zugehörige Quelle wird in einer Endnote aufgeführt[7] *[zu Verständniszwecken hinzugefügte Ergänzungen stehen jeweils in eckigen Klammern].“*

Bisweilen finden sich auch Auszüge zitierter Textstellen *„entsprechend hervorgehoben im Text selbst“* oder Inhalte bzw. Aussagen Dritter werden sinngemäß wiedergegeben mit anschließender Nennung der jeweiligen Referenz, sei es in der Form (Autor) oder (Autor, Jahr) und in Abschnitt 12 *Verweise* im Detail aufgelistet oder auch als Quellenangabe[7] in einer weiteren Endnote benannt und jeweils am Schluss eines jeden Kapitels aufgeführt, zusammen mit weiteren thematisch ergänzenden

Anmerkungen zum jeweiligen Text. Gelegentlich wird auch auf eine ausführlichere Textstelle mit $\mathbf{Z}_n$ verwiesen, welche in Abschnitt 10 *Zitate* nachgelesen werden kann.

In Sachen Sprachgebrauch vs. Sprachverständnis folge ich nicht dem aktuellen *„Trend"* das generische Maskulinum oder das generische Femininum *„gendergerecht"* zu ersetzen, nicht nur aus Gründen der besseren Lesbarkeit. Im Buch beziehe ich mich verschiedentlich auf Schüler, Studenten, Physiker, Mathematiker, Ingenieure, u. v. m. und gehe selbstverständlich davon aus, dass *alle* Geschlechter die genannten *Ausbildungsgänge* und *Berufsbilder* in vergleichbarer Weise erfolgreich zu gestalten wissen.

Referenz: Wesentliche Aspekte dieses Buches gehen auf die inspirierenden Arbeiten von Prof. G. Falk, Prof. F. Herrmann und Prof. G. Job zurück, u. a. zusammengestellt im sogenannten **K**arlsruher **P**hysik-**K**urs (KPK).[8] Zudem lieferte meine mehr als 15-jährige Erfahrung bei der Durchführung internationaler Fortbildungsseminare über naturwissenschaftliches Arbeiten im industriellen Umfeld wichtige Beiträge für dieses Buch. Bei diesen Lehrveranstaltungen wurde so manche Verständnishürde aus Forschung und Lehre mit dem Teilnehmerfeld aus Naturwissenschaft und Technik erfolgreich aufgearbeitet.

Abschließend sei nochmals Eugen Roth zitiert:

Der Leser, traurig, aber wahr,
Ist häufig unberechenbar:
Hat er nicht Lust, hat er nicht Zeit,
Dann gähnt er: »alles viel zu breit!«
Doch wenn er selber etwas sucht,
Was ich, aus Raumnot, nicht verbucht,
Wirft er voll Stolz sich in die Brust:
»Aha, das hat er nicht gewusst!«
Man weiß, die Hoffnung wär' zum Lachen,
Es allen Leuten recht zu machen."[5]

Deshalb habe ich für alle, die thematisch noch etwas mehr erfahren möchten, in Kapitel 13 *Weiterführende Literatur* eine Reihe von Publikationen zusammengestellt und kurz kommentiert – ein kleiner Auszug aus meiner *„persönlichen Favoritenliste"*.

Ich wünsche allen Lesern viel Spaß mit der Lektüre und erhoffe mir zahlreiche Fragen und Anregungen, ob nun zufrieden oder unzufrieden mit den Ausführungen in diesem Buch, auf dass Ihre Beiträge die hier dargestellten Zusammenhänge sinnvoll ergänzen mögen!

Entsprechende Rückmeldungen bitte ich an *WBi.IPR-Mail@t-online.de* zu senden.

Werner Bieck, Wiltingen im Oktober 2023

Anmerkungen

1 Richard Phillips Feynman (1918 – 1988), amerikanischer Physiker und Nobelpreisträger (1965).

2 siehe Ernst Peter Fischer, *Die andere Bildung – Was man von den Naturwissenschaften wissen sollte,* Ullstein Verlag, 2003, S. 162 ff.

3 Niels Henrik David Bohr (1885 – 1962), dänischer Physiker und Nobelpreisträger (1922). N. Bohr, Essays 1958–1962 on *Atomic Physics and Human Knowledge,* Ox Bow Press, Woodbridge, CT (1987), S. 10; zitiert in Physics Today **57**, 2, 10 (2004), *http://doi.org/10.1063/1.1688051.*

4 aus K. Simonyi, *Kulturgeschichte der Physik*, Verlag Harri Deutsch, 2001, S. 397.

5 Eugen Roth (1895 – 1976), deutscher Lyriker. Zitate aus *Eugen Roths Großes Tierleben*, Vorwortgedicht *„Zum Geleit“*, Absätze 3 bzw. 4, S. 5 f., Nikol Verlagsgesellschaft, Hamburg, 2006 (siehe auch Zitat $\mathbf{Z}_0$); Lizenzausgabe: Carl Hanser Verlag, München, 1989. Die Einzelausgaben *Tierleben, Band 1 und 2* wurden erstmals in den Jahren 1948/49 publiziert.

6 Horst Lachmund, *Aus dem Hirn geschüttelt*, Gedichte & Betrachtungen, Trier (2020).

7 Quellenangabe zum Zitat. Sämtliche in diesem Buch aufgeführten Text- und Bild-Zitate genügen § 51 des deutschen Urheberschutzgesetzes.

8 siehe *http://www.karlsruher-physikkurs.de/* sowie die Hinweise in Kapitel 13 *Weiterführende Literatur.*

1 Modelle in der Physik

„Bei dem Versuch die Fülle von Beobachtungen mithilfe eines Modells zu beschreiben, nutzt der Wissenschaftler ein ganzes Arsenal an Konzepten und ist sich sehr selten der Tatsache bewusst, wie unendlich problematisch diese Vorstellungen sind. Er verwendet diese Ideen als etwas Selbstverständliches, als etwas mit objektivem Wahrheitsgehalt, welcher nicht ernsthaft angezweifelt werden kann."

Albert Einstein[1]

Naturwissenschaftliches Arbeiten ist Modellierung. Seit den Anfängen der modernen experimentellen Physik, häufig namentlich verbunden mit den Studien Galileo Galileis[2] zu Gesetzmäßigkeiten der Mechanik, wurde bis heute mithilfe der Mathematik eine komplexe und vielschichtige Modellwelt geschaffen. Diese mathematischen Modelle dienen der Beantwortung von Fragen nach dem *Wie*: Sie beschreiben, *wie* sich Dinge verhalten, *wie* Phänomene der Erfahrungswelt in Beziehung zueinander stehen. Mit diesem Wissen lässt sich planerisch vorgehen, d.h. zukünftiges Verhalten vorhersagen. Eine praktische Sache, wenn man z.B. eine stabile und tragfähige Brücke bauen möchte oder ein Flugzeug konstruieren möchte, das auch abheben, fliegen und sicher wieder landen kann. Hierfür ist *Know-how* gefragt, also das Wissen um das *Wie*. Weitergehende *klärende* Fragen nach dem *Warum* sind hierfür nicht relevant und können in der Physik auch nicht beantwortet werden. Das *Warum* sucht nach einem tieferen philosophischen Grund, gewissermaßen nach dem „*meta*-physikalischen Motiv", *weswegen* sich die Dinge wie beobachtet verhalten. Im wissenschaftlichen Kontext bedeuten *Erklärungen* jedoch nur, dass man Phänomene mithilfe eines Modells auf wenige grundlegende Prinzipien zurückführen und hierüber klassifizieren kann. *„Wo das [so gewonnene] Wissen aufhört, beginnt der Glaube"*[3] an Aspekte *jenseits* der Physik (→ der *Meta*-Physik) – in unterschiedlichster Ausprägung.

Bild 1.1 soll exemplarisch die historische Entwicklung physikalischer Modelle (→ Theorien) skizzieren, allesamt basierend auf Beobachtungen, darauf aufbauenden Erfahrungen sowie weiterführenden spezifischen Untersuchungen. Selbstverständlich, und entgegen dieser kurzen und stark vereinfachten Darstellung, waren und sind die Wissen schaffenden Entwicklungsprozesse physikalischer Theorien keineswegs eine geradlinige und zielorientierte Erfolgsgeschichte menschlicher Vernunft. Im Gegenteil, sie gingen einher mit zahlreichen Irrungen und Wirrungen, mit Fakten negierenden Glaubensbekenntnissen, mit Stagnation und Rückschritt, zuweilen gefolgt von überraschenden, weil zufälligen Wendungen, die erst so manchen Ausweg aus wissenschaftlichen Sackgassen ermöglichten, bis die Modellvorstellungen zu unterschiedlichsten Aspekten der Erfahrungswelt letztendlich *den* tragfähigen und detailreichen Entwicklungsstand unserer heutigen Zeit erreichten - allerdings ohne jegliche Gewähr, dass wir uns nicht hier und da wieder einmal auf einem dieser *„wissenschaftlichen Holzwege“* befinden.[4] Eine umfassende Darstellung zur geschichtlichen Entwicklung der Physik findet sich beispielsweise in (Simonyi, 2001).

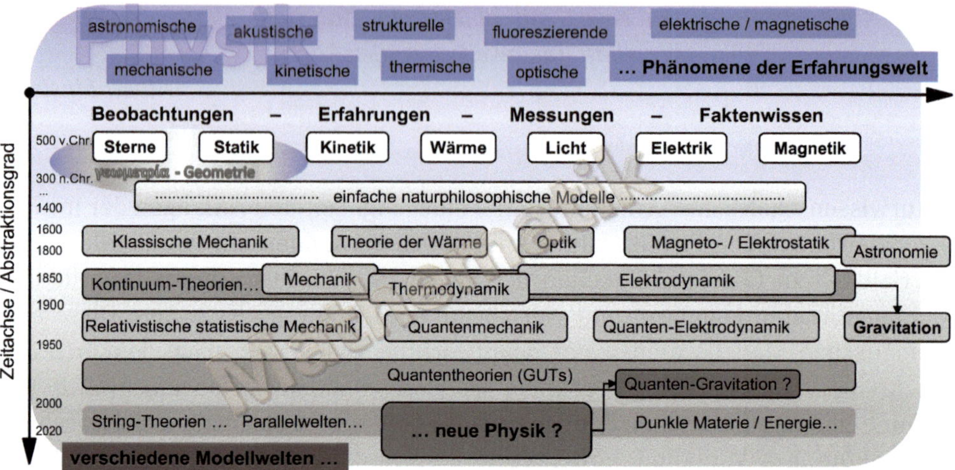

Bild 1.1 Schematische Darstellung zur zeitlichen Entwicklung physikalischer Modelle, motiviert aus der Erfahrungswelt des Menschen. Die sogenannte *„Wissenschaftliche Revolution“* in Europa begann etwa im 16. Jahrhundert und benötigte mehr als 200 Jahre, um das bis dato etablierte religiös-traditionelle Denken zu überwinden.

Das gesammelte frühe Faktenwissen führte zwangsläufig zu einer ersten Gliederung der beobachtbaren Phänomene in Teilbereiche, welche zu jener Zeit augenscheinlich nichts miteinander gemein hatten. Es gab zahlreiche Erfahrungswerte aus dem Bereich der Sternenkunde und der Mechanik (→ Statik), Beobachtungen zur Bewegung (→ Kinetik), Erfahrungen in Verbindung mit Wärme, zu Lichterscheinungen sowie solche zu magnetischen und elektrischen Erscheinungen etc. Erste naturphilosophische Modellvorstellungen suchten nach Ordnung in dieser Vielfalt des Naturgeschehens. Im antiken Griechenland erzielte man mithilfe der Geometrie anfänglich bemerkenswerte Erfolge in diesem Bemühen. Aber erst mit der Entwicklung geeigneter analytischer Methoden, wie etwa der Infinitesimalrechnung oder der Vektoranalysis, war es möglich, Modelle formal zu beschreiben und Phänomene der Erfahrungswelt erfolgreich in entsprechende Bereiche der Mathematik abzubilden. Die ursprüngliche phänomenologische Gliederung wurde hierbei weitestgehend beibehalten. Es entstanden so physikalische Disziplinen, wie die *Klassische* oder *Analytische Mechanik*, die *Wärmelehre*, die *Optik* sowie die

Elektro- und *Magnetostatik*. Kontinuumansätze, die mögliche Substrukturen in der phänomenologischen Welt außer Acht lassen, ermöglichten ausgesprochen tragfähige und weitreichende Theorien zur Beschreibung bestimmter Teilaspekte unserer Welt, wie die *Kontinuumsmechanik*, die *Thermodynamik* und die *Elektrodynamik*.

Es zeigte sich auf diesem Wege, dass ursprünglich als qualitativ verschieden angenommene Phänomene der gleichen Modellvorstellung genügen können. Mit der Einführung weiterer Substrukturen zur Beschreibung der Materie entstanden in der Folge die *Statistische Mechanik* und die *Quantenmechanik*, und diese Entwicklung der Erweiterung bestehender oder der Schaffung neuer physikalischer Modelle hält bis heute an. Die differentialgeometrische Darstellung der *Gravitation* scheint hierbei eine Sonderstellung einzunehmen, obgleich ausgesprochen zutreffend in der Beschreibung kosmologischer Phänomene, passt diese Kontinuum-Theorie so gar nicht zu bereits bestehenden Modellwelten aus der Quantenphysik. Alle Versuche der Vereinheitlichung von Gravitation und Quantenmechanik blieben bisher erfolglos, ganz im Gegensatz zur *Quantenfeldtheorie der Elektrodynamik* (QED) oder etwa zur Physik der Elektronenhülle, die auf atomarer bzw. molekularer Ebene Umstrukturierungsprozesse der Elektronenkonfiguration beschreibt (→ Chemie).

Zudem ist festzustellen, dass die im Verlauf der letzten drei Jahrhunderte geschaffenen großen physikalischen Theorien allesamt heute noch in Anwendung sind, selbstverständlich nur im Rahmen des jeweils zulässigen Applikationsbereiches dieser Modellvorstellungen. Wissenschaftstheoretische Betrachtungen, wonach der wissenschaftliche Entwicklungsprozess *„revolutionär"* durch sogenannte *Paradigmenwechsel* geprägt sei, treffen meines Erachtens nicht bzw. nur sehr eingeschränkt zu.[5] Ebenso wie etwa *„darwinistische"* Prozesse, wonach *„erklärungsstarke"* mit *„erklärungsschwachen"* Theorien konkurrieren und letztere zwangsläufig aus unserem Weltbild verdrängen.[6] Der Entwicklungsprozess einer physikalischen Theorie ist objektiv, d.h. wissenschaftstheoretisch nur schwer zu fassen, denn *„Wissenschaft hat viele subjektive Komponenten, schließlich wird sie von Menschen gemacht."*[7] Der Mensch nimmt in diesem Prozess gleich in mehrfacher Hinsicht *die* zentrale Rolle ein! Die Entstehung und insbesondere die Akzeptanz einer physikalischen Modellvorstellung muss deshalb immer im historisch-gesellschaftlichen Kontext gesehen werden. Ein Naturwissenschaftler kann sich als Mensch, mit all seinen Stärken und Schwächen, den psychologischen Einflüssen des jeweils vorherrschenden gesellschaftlichen Zeitgeistes kaum entziehen. Hier spielen sowohl soziale, politische als auch religiöse Aspekte eine wesentliche Rolle.[8] Ein wichtiger sozialer Aspekt zeigt sich beispielsweise (nicht nur) heutzutage im oftmals fehlenden gegenseitigen Respekt bei wissenschaftlichen Kontroversen. Dieses Defizit an sozialer Kompetenz kann sich nachweislich kontraproduktiv auf den Entwicklungsprozess vielversprechender physikalischer Modellvorstellungen auswirken!

Stephen R. Covey hat diesen Mangel an Kommunikationsfähigkeit sehr treffend beschrieben:

> *„The biggest communication problem is, we do not listen to understand. We listen to reply!“*[9]

Das *„profilierungsneurotische Verhaltensmuster“* unbedingter Widerrede ist nicht nur in Coveys Zielgruppe aus Politik und Wirtschaftsmanagement recht ausgeprägt – es gab und gibt sie leider auch in der Physik. Ein Beispiel: Lord Rayleighs bemerkenswerter Rat an junge Physiker, seinerzeit publiziert in Phil. Trans. 183 (1892), auf dass ihre innovativen Arbeiten nicht durch sogenannte *„Gutachten“* anerkannter Experten aus eben solchen Motiven unbedacht abschlägig beurteilt werden:

> *„Sie sollten [ihre Arbeit] nur dann einer wissenschaftlichen Gesellschaft zusenden, wenn in ihnen nicht zu viele neue Gedanken enthalten seien. Außerdem wäre es klüger, sich vorerst mit leicht beurteilbaren Ausführungen zu einem allgemein akzeptierten Thema Anerkennung zu verschaffen!“*[10]

Man denke auch an die Entdeckung der Quasi-Kristalle durch den Physiker Dan Shechtman (1982), die lange Zeit von namhaften Wissenschaftlern (u. a. Nobelpreisträger) auf z. T. polemische Weise disqualifiziert wurde, um ein Beispiel aus heutiger Zeit zu benennen. Shechtman erhielt schließlich 2011 den Nobelpreis für seine richtungsweisende Arbeit.

Die aktuelle Forschung nach *„neuer Physik“* beschäftigt sich u. a. in der Teilchenphysik mit alternativen Modellvorstellungen wie den *„String-Theorien“* oder *„Parallelwelten“*, in der Quantenphysik mit „**G**rand **U**nified **T**heories“ (GUTs), also Versuche der weiteren Vereinheitlichung bereits bestehender Modelle, unter Beibehaltung der Quantenstruktur, oder in der Kosmologie mit sog. *„dunkler Energie“* bzw. *„dunkler Materie“*, allerdings ohne nennenswerte Fortschritte in den genannten Bereichen zu erzielen! Bestenfalls finden *„althergebrachte“* theoretische Vorhersagen nach vielen Jahrzehnten endlich ihre experimentelle (und nobelpreiswürdige) Bestätigung (→ Higgs-Boson, Gravitationswellen, etc.). Was also ist genau diese *„neue Physik“*, deren Forschungsvorhaben in erster Linie dadurch auffallen, dass sie ausgesprochen teuer sind und vergleichsweise wenig Neues zutage fördern? Die Wortschöpfung steht synonym für alles, was wir Physiker auf unserem Weg zur *„Weltformel“* bisher glauben übersehen zu haben bzw. immer noch nicht verstanden haben mathematisch konsistent zu beschreiben. In der Physik entspricht die *„einheitliche Theorie für Alles“* dem *„Heiligen Gral“* aus der Artus-Sage, denn für beide Hypothesen gibt es keine tragfähigen Argumente, die eine Suche danach rechtfertigen könnte. Gegen Ende meines Studiums konnte ich mich für solche vorwiegend theoretischen Arbeiten zur Grundlagenphysik nicht so recht begeistern, obwohl mir seinerzeit die *Theoretische Physik* sehr am Herzen lag. Es waren u. a. die (mir) unverständlichen Konzepte der *Klassischen Physik*, die mich damals davon abhielten *„neue Physik“* mit ungleich *„exotischeren“* Konzepten zu wagen. Man kann nicht den zweiten Schritt vor dem ersten tun und darauf hoffen, dass man nicht gänzlich ins Stolpern gerät - das schien mir zu jener Zeit wenig sinnvoll und so ist es auch heute noch, zumal sich meines Erachtens an dem Dilemma in der theoretischen Physik bis heute faktisch nichts geändert hat.

1.1 Modellierungskonzepte

Modellieren heißt, sich ein Bild von einer realen Gegebenheit zu machen, sodass mittels der gewählten Darstellung alle relevanten Aspekte einer Problemstellung sich eindeutig beschreiben lassen und die damit verbundenen Fragen nach dem *Wie* beantwortet werden können. Dies kann auf ganz unterschiedliche Art und Weise geschehen, wie Bild 1.2 verdeutlichen soll.

Ausgehend von realen Beobachtungen und Erfahrungen, wie z. B. dem jahreszeitlichen Verlauf von Sonnenaufgang bzw. -untergang, den unterschiedlichen Phasen des Mondes, das periodische Verhalten von Ebbe und Flut etc., kann sogenanntes Faktenwissen geschaffen werden. Hierbei werden Daten aus Beobachtungen und Messungen tabellarisch festgehalten und kontinuierlich anhand aktueller Beobachtungen überprüft und ergänzt. Mithilfe dieser empirisch gewonnen Fakten lassen sich zuverlässige Vorhersagen treffen, ohne im Detail beschreiben zu müssen, wie diese Phänomene genau zustande kommen. Es reicht völlig aus, zu wissen, dass diese Phänomene in der dokumentierten Art und Weise immer wieder auftreten. Auf Basis dieser Kenntnisse können in der Folge mittels hypothetischer Annahmen weiterführende Modelle zum Geschehen und damit *Know-how* aufgebaut werden (→ konstruktive Theorien). Beschreibt solch ein Modell widerspruchsfrei die Beobachtungen, kann es ersatzweise zur Erstellung von Prognosen verwendet werden. Auf diese Weise ist z. B. das geozentrische Planetenmodell (→ Ptolemäische Modellvorstellung[11]) entstanden. Im Rahmen der beschränkten Beobachtungsgenauigkeit stand dieses Modell für mehr als 1800 Jahre in Einklang mit Daten und - im Mittelalter noch wichtiger - mit den kirchlichen Dogmen zum Christentum im damaligen Europa. Erste kleinere Abweichungen in der Beobachtung der Planetenbewegungen konnten noch durch Aufstellung zusätzliche Hypothesen (→ Epizyklen) berücksichtigt werden, um auf diese Weise das Modell zu retten, bis es schließlich um 1600 durch das heliozentrische Weltbild (→ Kopernikanisches Modell[12]) ersetzt werden musste.

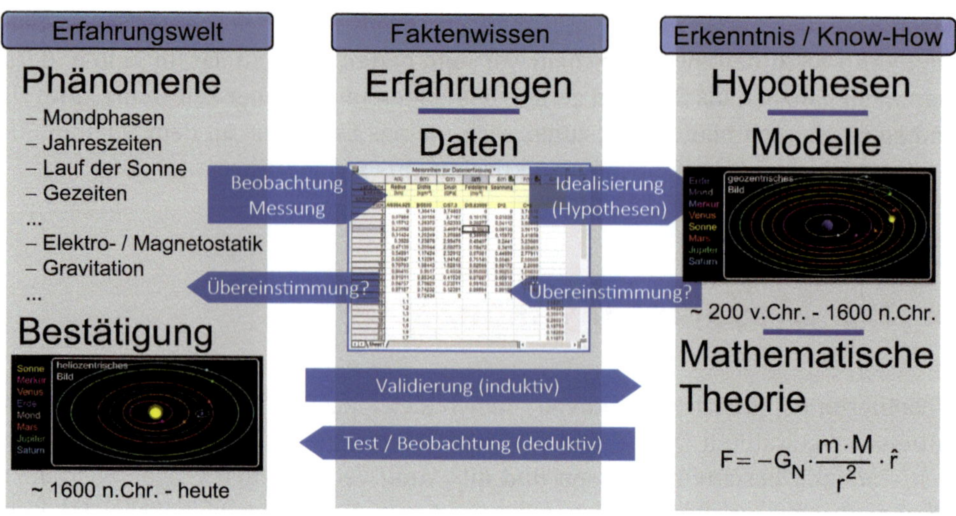

Bild 1.2 Darstellung verschiedener Modellkonzepte zur Beschreibung von Beobachtungen aus der Erfahrungswelt mittels Faktenwissen, weiterführender Hypothesen & Modelle bzw. mathematischer Theorien.[13]

In einem weitergehenden Abstraktionsschritt lassen sich Modelle oftmals über mathematische Theorien formal beschreiben. Im Falle der Planetenbewegung ergeben sich die Bahngleichungen beispielsweise direkt aus dem Newton'schen Gravitationsgesetz.[14] Umfangreiche Tabellenwerke werden so durch kompakte Gleichungen ersetzt, und auch deren Gültigkeit lässt sich experimentell überprüfen.

Neben der bereits geschilderten konstruktiven Methode, um ein geeignetes Modell für spezifische Aspekte der Erfahrungswelt zu erstellen, verwendet die Physik ein weiteres *„Modellierungsverfahren“*, indem axiomatisch wenige, grundlegende Prinzipien postuliert werden (→ Prinzipientheorie), woraus mithilfe geeigneter mathematischer Methoden nachprüfbare physikalische Aussagen abzuleiten sind. Auch diese intuitiven Modell-Ideen sind im Allgemeinen *nicht* auf induktivem Wege aus der Erfahrungswelt ableitbar. Es gibt tatsächlich *keine* erfolgversprechende Verfahrensweise, wie man zu solchen Prinzipien gelangen kann![15] Eingebungen dieser Art *„fallen einfach vom Himmel“* und können sich hin und wieder als zielführend erweisen, aber nicht selten *„fällt man damit auf die Nase“*. Ein guter Kandidat hierfür wäre nach meinem Dafürhalten die *„String-Theorie(n)“* (→ String-Kosmologie – Quantengravitation), weil einerseits erhebliche mathematische Hürden zu überwinden sind, um auf Basis der Modellvoraussetzungen überhaupt zu empirisch verwertbaren Aussagen zu gelangen und diese andererseits dennoch kaum experimentell nachprüfbar sind![16] Ein gravierendes Dilemma, sodass String-Theoretiker bereits ernsthaft die Frage erörtern, ob die Qualität einer physikalischen Theorie zwingend an der Faktenlage empirischer Befunde geprüft werden müsse, wenn doch die Mathematik konsistent sei, diese unerwartete (neue) Zusammenhänge zeige und es zudem an erfolgversprechenden Alternativen fehle (→ Postempirismus)?! (Hossenfelder, 2018).[17]

■ 1.2 Definition und Abstraktionsebenen eines Modells

Zu Beginn dieses Abschnitts bedarf es in Sachen *„Modell"* noch einer sinnvollen begrifflichen Festlegung, also einer Antwort auf die Frage:

Was genau ist ein Modell?

In der Literatur gibt es hierfür keine eindeutige Definition, weil dieser Begriff, je nach Kontext, in unterschiedlicher Weise zu interpretieren ist. Wir wollen uns auf *physikalische Modelle* beschränken und in unserer Betrachtung nicht zu tief in die Wissenschaftstheorie einsteigen.[18]

Unter einem physikalischen Modell verstehen wir folgenden Sachverhalt:

„Ein physikalisches Modell ist ein idealisiertes Bild von Teilaspekten der menschlichen Erfahrungswelt (→ Realität), das stellvertretend zu naturwissenschaftlichen Verständniszwecken herangezogen werden kann."

Modelle fokussieren also immer auf spezifische Gesichtspunkte unserer Erfahrungswelt und können folglich diese unsere Wirklichkeit bestenfalls *„realitätsnah"* jedoch *niemals „realitätsgetreu"* beschreiben![19] Aber was heißt das nun wieder genau? Besser gefragt:

Wofür stehen in diesem Zusammenhang die Begriffe *„Realität"* bzw. *„Erfahrungswelt"*?

Beide Bezeichnungen habe ich bereits mehrfach synonym und kommentarlos verwendet und damit stillschweigend vorausgesetzt, dass der Leser intuitiv schon das *„Richtige"* damit verbinden wird, nämlich *„die uns gemeinsame Welt da draußen"*. Aber ist *Ihre* Erfahrungswelt auch *wirklich* die meine? Die moderne Kognitionsforschung geht beispielsweise davon aus, dass das menschliche Gehirn prinzipiell keine objektive Wirklichkeit kennt, weil eine Außenwelt nur auf indirektem Wege, nämlich über unsere Sinneswahrnehmungen zugänglich ist (mittels diverser, teils komplementärer biologischer Sensoren, inklusive neuronaler Messwertübertragung und Datenauswertung). Nach A. K. Seth kann deshalb die individuell wahrgenommene Realität kein unmittelbares Abbild einer objektiven Außenwelt sein, vielmehr beruhe diese Wahrnehmung auf Prognosen, die unser Gehirn zu möglichen Ursachen eintreffender Sinnessignale erstellt. Sensorisch erkannte Abweichungen zu diesen Annahmen (→ sensorische Vorhersagefehler) führen zu einer fortlaufenden Korrektur der subjektiv empfundenen Erfahrungswelt. Wahrnehmung sei also nichts anderes als eine sensorisch kontrollierte Halluzination.[20] Eine bemerkenswerte These und das Interessante hierbei ist, dass wir Physiker methodisch auf die exakt gleiche Weise vorgehen, wenn wir Modelle (→ Prognosen) zu bestimmten Aspekten unserer Außenwelt erstellen. Auf der Suche nach möglichen sensorischen Vorhersagefehlern zu einer gegebenen Modellvorstellung müssen wir in der Regel unsere Sinneswahrnehmung durch eine ausgeklügelte Messtechnik erweitern, die allerdings auf der gleichen oder einer ähnlichen Modellvorstellung beruht - kognitiv also kein einfaches Unterfangen, möchte man aus einer Vielzahl möglicher Erfahrungswelten (→ *„naturwissenschaftliche Halluzinationen"*) auf *„die Realität"* als *„das unmittelbare Abbild einer objektiven Außenwelt"* schließen. Es spricht mittlerweile einiges dafür, dass es diese eine Realität so nicht geben kann! Folgt man beispielsweise den Ausführungen der Psychologie über die Bildung von Bewusstsein, so ist Physik nichts anderes als eine mathematische Beschreibung von geschaffenen Bewusstseinsinhalten über alternative Erfahrungswelten ... - aber zurück zum eigentlichen Thema.

Je nach Verwendungszweck und Komplexität lassen sich physikalische Modelle unterschiedlichen Abstraktionsebenen zuordnen. Die einfachste Form ist das Replikat (→ physikalisches Experiment), ein auf wesentliche Aspekte abzielender experimenteller Aufbau des interessierenden Naturgeschehens, zur Untersuchung und quantitativen Erfassung bestimmter Modellgrößen. Experimentelle Aufbauten dieser Art erlauben vergleichende Tests und Optimierungen, wie in Bild 1.3 im Falle der Lichtbrechung verdeutlicht.

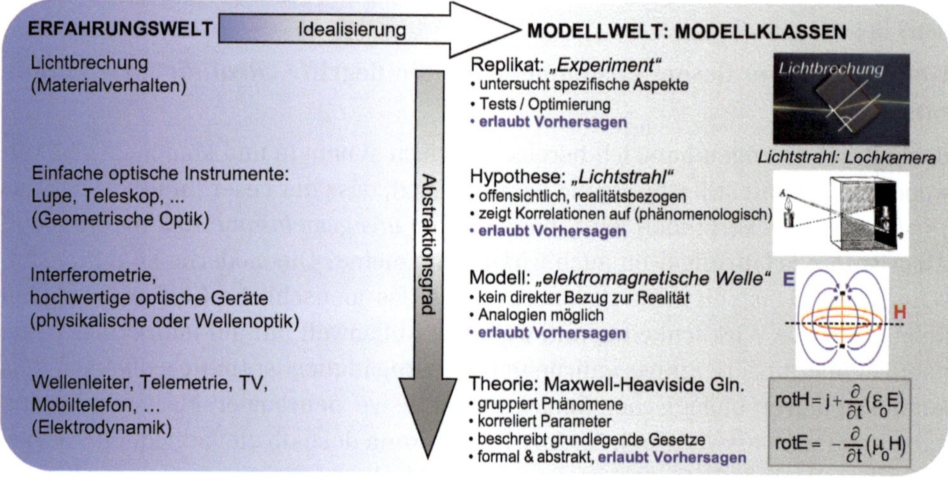

Bild 1.3 Komplexität und Abstraktionsebenen physikalischer Modelle am Beispiel des Phänomens „Licht" (weitere Details hierzu werden in Abschnitt 1.5 diskutiert).[21]

Die erzielten experimentellen Befunde motivieren u. a. die *„Lichtstrahl"*-Hypothese der geometrischen Optik, womit das Zusammenspiel verschiedener optischer Elemente untersucht und auf theoretisch einfache Weise dargestellt werden kann, um z. B. mittels phänomenologischer Gesetzmäßigkeiten das Abbildungsverhalten eines Linsenensembles zu bestimmen.

Komplexere optische Geräte, Interferometer, Beugungsphänomene etc. werden schließlich über das Modell[22] *„Elektromagnetische Welle"* zutreffender beschrieben (→ physikalische Optik oder Wellenoptik). Dieses Modell umfasst eine ganze Reihe weiterer Hypothesen, welche unter bestimmten vereinfachenden Annahmen auf jene des *„Lichtstrahls"* reduziert werden können. Modellen dieser Komplexität fehlt es oft an direkten, d. h. erkennbaren Bezügen in die Erfahrungswelt, sodass zu deren Beschreibung sog. *Analogien* aus bekannten Bereichen des Naturgeschehens herangezogen werden (im Falle der Wellenoptik z. B. Wasserwellen). In der physikalischen Lehre werden recht häufig *Analogien* zur Veranschaulichung abstrakter Modellvorstellungen verwendet, was durchaus problematisch ist, weil diese oftmals *„qualitativ schwach, suggestiv und selten logisch zwingend sind"* (Hägele, 2007).

Die höchste Abstraktionsstufe der Modellierung (klassischer) elektromagnetischer Erscheinungen ist schließlich die mathematische Theorie zur Elektrodynamik, zusammenfassend beschrieben durch die sogenannten Maxwell-Heaviside-Gleichungen,[23] welche in ihrer heutigen Form erstmals von Oliver Heaviside 1884 aufgestellt wurden (Heaviside, 1891–1912). Diese formale Theorie erlaubt eine umfassende Gruppierung verschiedenster elektromagnetischer Phänomene, beispielsweise nach ihrem Zeitverhalten, beschreibt grundlegende Gesetzmäßigkeiten und korreliert die zugehörigen Parameter.

Eine weitere Steigerung der Abstraktion ergibt sich allerdings beim Übergang zur Theorie der Quanten-Elektrodynamik. Ein notwendiger Schritt, um die Phänomene auf der Ebene der Elementarteilchen konsistent zu beschreiben. Alle Modellklassen, von einfachen experimentellen Aufbauten bis hin zu komplexen Theorien, zeigen eine gemeinsame Eigenschaft: Sie erlauben sowohl qualitative als auch quantitative *Vorhersagen!* Sie beschreiben *wie* entsprechende Phänomene in der Erfahrungswelt ablaufen werden, bei Vorgabe eines bestimmten Ausgangszustandes unter wohl definierten Randbedingungen.

Weitere Beispiele physikalischer Modelle verschiedenster Abstraktionsstufen sind in Bild 1.4 aufgeführt. Mechanische Werkzeuge wie z. B. der Hebel, ein Flaschenzug, die schiefe Ebene gehören zur Gruppe der Replikate. Das Konzept der Kraft, des Massenpunktes, des Lichtstrahls etc. sind (nicht zu beweisende) Hypothesen. Deren Zusammenwirken führt zu Modellen und diese wiederum zu umfassenden Theorien, wie jene der *Klassischen Mechanik* oder der *Klassischen Elektrodynamik*.

ORIGINAL aus der ERFAHRUNGSWELT		MODELLE verschiedener Abstraktionsstufen
Maschinen, ...	Replikate –	einfache Werkzeuge, ...
	Hypothese –	Kraft, Drehmoment, ...
Bauwerke: Häuser, Brücken, ...	Modell –	Statik[1]
Bewegung (Fußball, Rad, Auto, ...)	Modell –	Kinematik: $\mathbf{v} = \dot{\mathbf{r}}(t)$, Schwerpunkt, ...
Planetenbewegung ...	Erfahrung –	empirische Gesetze (→ Beobachtung)[2]
	Modell –	Kinetik → $\mathbf{F} = m \cdot \mathbf{a}$ (Gravitationsgesetz)[3]
	Theorie –	Theorie der Gravitation[4]
Wärme (thermische Ausdehnung, ...)	Hypothese –	Temperatur (makroskopisch)[5]
	Hypothese –	kinetische Energie (atomare Skala)[6]
Hochfrequenz-Elektrizität (Leiter, Antennen, ...)	Theorie –	Theorie der Elektrodynamik[7]
Einfache optische Instrumente, ...	Hypothese –	Geometrische Optik (Lichtstrahl)[8]

[1]Pierre Varignon 1654-1722, [2]Johannes Kepler 1571-1630, [3]Isaac Newton 1642-1727, [4]Albert Einstein 1879-1955, [5]Anders Celsius 1701-1744, [6]Ludwig Boltzmann 1844-1906, [7]James Clerk Maxwell 1831-1879, [8]Willebrord van Roijen Snell (Snellius) 1591-1626

Bild 1.4 Einige Beispiele physikalischer Modelle verschiedener Abstraktionsebenen und deren Erfinder.

Wie bereits im Vorwort angesprochen, kann das Experiment selbst ein eigenes Modell der Erfahrungswelt sein. Wie verhält es sich dann mit den darauf aufbauenden theoretischen Überlegungen? Stehen diese theoretischen Modelle noch in einer direkten Beziehung zu Aspekten aus der Erfahrungswelt oder repräsentieren sie ausschließlich das Modell-Experiment, wie in Bild 1.5 auf schematische Weise dargestellt? Diese Frage zum Realitätsbezug idealer Modelle wird in der Wissenschaftstheorie ausgesprochen kontrovers diskutiert. Insbesondere weist man zu Recht darauf hin, dass sich theoretische Aussagen zu Gesetzmäßigkeiten *immer* auf idealisierte Modellvorstellungen beziehen, die aber definitionsgemäß nur Teilaspekte der Erfahrungswelt abbilden können. Wenn wir zudem davon ausgehen müssen, dass es *die eine Erfahrungswelt* nicht geben kann, wie *„real"* sind auf diese Weise gefundene *„Modell-Gesetze"* eigentlich noch?

Nancy Cartwright vergleicht in diesem Zusammenhang phänomenologische (→ empirische) Gesetzmäßigkeiten, wie sie vorwiegend in der experimentellen Physik formuliert werden, mit den grundlegenden Aussagen aus der theoretischen Physik:

> *„In modern physics [...] phenomenological laws are meant to describe, and they often succeed reasonably well. But fundamental equations are meant to explain, and paradoxically enough the cost of explanatory power is descriptive adequacy. Really powerful explanatory laws of the sort found in theoretical physics do not state the truth. [...] In fact the way they are used in explanation argues for their falsehood. We explain by 'ceteris paribus' laws [lat.: unter sonst gleichen Umständen], by composition of causes, and by approximations that improve on what fundamental laws dictate. In all of these cases the fundamental laws patently do not get the facts right.*

The appearance of truth comes from a bad model of explanation, a model that ties laws directly to reality. As an alternative to the conventional picture I propose a 'simulacrum' account of explanation [lat.: Vergleich oder Ähnlichkeitsbetrachtung]. The route from theory to reality is from theory to model, and then from model to phenomenological law. The phenomenological laws are indeed true of the objects in reality - or might be; but the fundamental laws are true only of objects in the model."[24]

Das hier geschilderte Problem beschreibt sehr genau den bereits zuvor dargelegten Übergang zwischen den Abstraktionsebenen *„Hypothese"* → *„Modell"* → *„Theorie"* am Fallbeispiel *„elektromagnetische Erscheinungen"* und dem zwangsläufig damit verknüpften Verlust des direkten Bezuges zur Erfahrungswelt.

Wir Physiker versuchen, diesen Bezug in der Tat wieder dadurch herzustellen, indem wir oftmals weitere Hilfshypothesen (vereinfachende Annahmen) hinzufügen (müssen) und zusätzliche mathematische Näherungen vornehmen (müssen), auf dass die Theorie halbwegs verwertbare Resultate liefert. Diese Ergebnisse dienen uns sodann im Umkehrschluss dazu, die *„Erklärungsstärke"* der Theorie zu untermauern, ohne auf mögliche Besonderheiten (etwa die allgemeine Gültigkeit) zu Hilfshypothesen bzw. Näherungen weiter einzugehen.

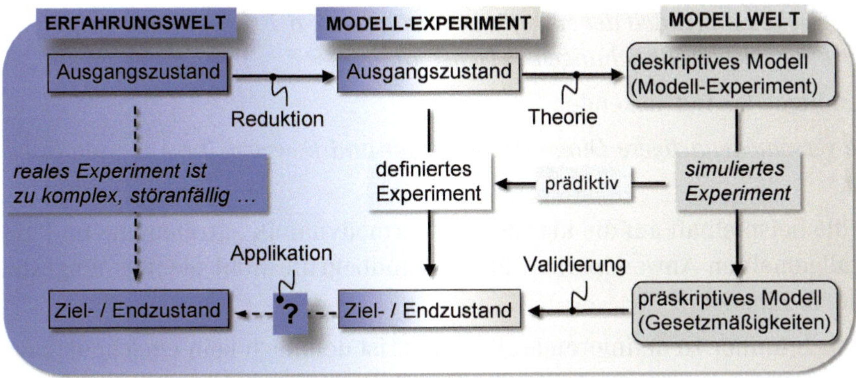

Bild 1.5 Schematische Darstellung zur Frage des Realitätsbezugs idealer physikalischer Modelle und deren Gesetzmäßigkeiten.

Es ist genau diese Verfahrensweise, die Nancy Cartwright fragen lässt:

„What has explanatory power to do with truth?"[25]

(M)eine dezidierte Antwort auf diese Frage lautet: *„Nichts!"* Eine starke physikalische Theorie bedarf idealerweise keiner Zusatzannahmen und Näherungen, um Phänomene der Erfahrungswelt umfassend zu beschreiben. Die Frage, ob sich dadurch ein wie auch immer zu definierender *„Wahrheitsgehalt"* der Theorie verbessert hat oder nicht, sollte (uns) nicht interessieren, weil für die Lösung konkreter

Problemstellungen aus Physik und Technik nicht relevant, sofern wir Modelle ausschließlich als adäquate Werkzeuge für eine konsistente Beschreibung unserer Erfahrungswelt ansehen. In diesem Falle gehören wir wissenschaftstheoretisch zur Gruppe der sogenannten *„Instrumentalisten"*. Die *„Realisten"* hingegen hinterfragen den Wahrheitsgehalt bzw. die Realitätsnähe einer Modellvorstellung, d. h. sie interessieren sich für die dem Modell zugrunde liegende *Ontologie*.

Nachdem aber Modelle immer nur spezifische Gesichtspunkte der Erfahrungswelt beschreiben, sind sie also bestenfalls Puzzlebausteine unserer Wahrnehmung, die sich nicht zwangsläufig als zueinander passende Bestandteile eines größeren Ganzen erweisen müssen. Die Ontologie zu jedem Modellkonzept zu hinterfragen, gleicht dem Versuch des Realisten die passende Verwendung einzelner Bausteine eines komplexen Puzzles anhand des darauf abgebildeten Motivausschnittes entscheiden zu wollen, ohne das eigentliche Motiv überhaupt zu kennen! Der Instrumentalist hingegen prüft ganz pragmatisch, ob seine Puzzlebausteine sich strukturell zu etwas Neuem zusammenfügen lassen. Ist dies der Fall, geht er sogleich der spannenden Frage nach, was man wohl so alles mit diesem neuen Werkzeug anfangen kann.

Eine gute Theorie zeichne sich einzig durch zwei Kriterien aus (Albert Einstein):

> *„1. Die Theorie darf Erfahrungstatsachen nicht widersprechen."*
>
> *„2. Die logische Einfachheit der zugehörigen Prämissen, d. h. der Grundbegriffe und der zugrunde gelegten Beziehungen zwischen diesen."*[26]

und sie sei umso beeindruckender

> *„ […] je verschiedenartigere Dinge sie verknüpft und je weiter ihr Anwendungsbereich ist."*[27]

Aspekte, die beispielhaft auf die klassische Thermodynamik zuträfen, die im Rahmen der allgemeinen Anwendbarkeit ihrer Grundbegriffe wohl niemals umgestoßen werde, so Einstein.[28]

Eine wie auch immer zu definierende *„Wahrheit"* ist demnach kein entscheidendes Merkmal für eine gute Theorie, zumal die Physik keine fachliche Definition dieses Begriffes kennt. Weshalb eigentlich nicht? Nun, weil das auf Erfahrung beruhende sogenannte Faktenwissen (→ Nancy Cartwrights *„empirische Gesetzmäßigkeiten"*) letztlich von endlichen Datenmengen gestützt wird und diese Daten lassen sich *grundsätzlich immer* durch *verschiedene* Modellansätze beschreiben. Naturwissenschaftliche Theorien sind deshalb *stets* empirisch unterbestimmt! Demzufolge kann eine Theorie prinzipiell weder *„wahr"* noch *„falsch"* sein und aus dem gleichen Grund kann sie ebenso wenig als *„endgültig"* bezeichnet werden (Hägele, 2014).

Eine Feststellung, die letztlich auf die beachtenswerten Überlegungen von Karl Popper[29] zurückgeht, der sich eingehend mit den philosophischen Aspekten zum naturwissenschaftlichen Erkenntnisprozess auseinandersetzte und u. a. folgerte:

> *„I think that we shall have to get accustomed to the idea that we must not look upon science as a 'body of knowledge', but rather as a system of hypotheses; that is to say, as a system of guesses or anticipations which in principle cannot be justified, but with which we work as long as they stand up to tests, and of which we are never justified in saying that we know that they are 'true' or 'more or less certain' or even 'probable'.“*[30]

Popper vertrat die Auffassung, dass sich auf empirisch induktivem Wege keine allgemeingültigen Naturgesetze folgern lassen, denn man kann schließlich *„nicht mehr wissen, als man weiß“*, d. h. entsprechende Modelle bleiben in der Tat stets empirisch unterbestimmt und damit hypothetisch (→ Induktionsproblem). Entsprechende *„Theorien sind nicht verifizierbar, aber sie können sich bewähren.“*[31]

Im Übrigen sollte in der Physik der Bezug auf sogenannte *„Erfahrungstatsachen“* grundsätzlich immer einer kritischen Bewertung unterzogen werden, insbesondere dann, wenn auf diese in Verbindung mit Attributen wie *„plausibel“*, *„alltäglich“*, *„offensichtlich“*, etc. eingegangen wird. Solche *„Erfahrungstatsachen“* stehen selten für einen objektiven experimentellen Befund, stattdessen hat man es oftmals mit subjektiven modellspezifischen Wertungen physikalischer Phänomene zu tun. Modellbasierte *„Erkenntnisgewinne“* über unsere Erfahrungswelt sind deshalb stets mit Bedacht zu bewerten. Nach Einsteins Überzeugung müsse man sogar viel mehr behaupten:

> *„Die in unserem Denken und in unseren sprachlichen Äußerungen auftretenden Begriffe sind alle – logisch betrachtet – freie Schöpfungen des Denkens und können nicht aus den Sinnen-Erlebnissen induktiv gewonnen werden. Dies ist nur deshalb nicht so leicht zu bemerken, weil wir gewisse Begriffe und Begriffsverknüpfungen (Aussagen) gewohnheitsmäßig so fest mit gewissen Sinnerlebnissen verbinden, dass wir uns der Kluft nicht bewußt werden, die logisch unüberbrückbar die Welt der sinnlichen Erlebnisse von der Welt der Begriffe und Aussagen trennt.“*[32]

Folgt man der Auffassung von Henning Genz, so haben wir dennoch keinen Grund zu der Annahme, dass die im Rahmen der physikalischen Modellbildung gefundenen Naturgesetze rein menschliche Erfindungen sind. Was sie jedoch genau sind, wissen wir (noch) nicht.[33]

1.3 Modelleigenschaften und Modellierungsziele

Nach Herbert Stachowiak (Stachowiak, 1973) zeichnen sich naturwissenschaftliche Modelle durch drei Applikationseigenschaften aus:

- **die Projektion:** Ein Modell ist immer ein vereinfachtes Abbild des Originals.
- **die Reduktion:** Die dem Original zugeordnete Vielfalt an Attributen wird auf einen modellspezifischen, d. h. relevanten Parametersatz reduziert, zwecks besserer Handhabbarkeit.
- **die Substitution:** Das Original wird einzig für die gegebene Problemstellung und unter wohl definierten Bedingungen durch das Modell ersetzt.

Bild 1.6 soll diesen Sachverhalt am Beispiel eines fiktiven Fallexperiments verdeutlichen, welches wir der Legende nach von Galileo Galilei in Pisa durchführen lassen, auf dass er mehr über die Physik des freien Falls in Erfahrung bringen möge, insbesondere wie Fallzeit und die zugehörige Fallgeschwindigkeit unterschiedlicher Objekte zusammenhängen.[34]

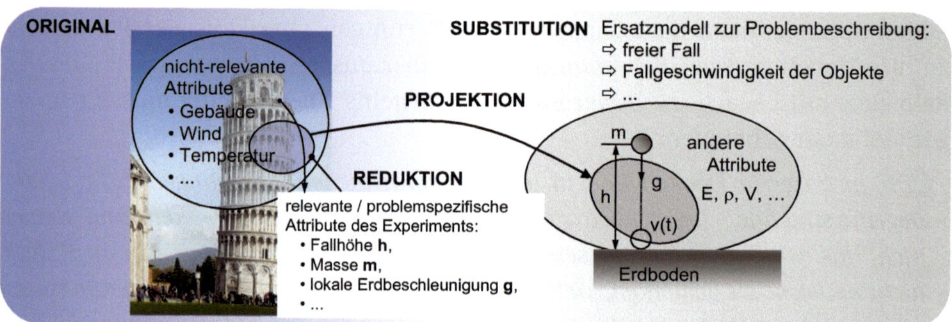

Bild 1.6 Applikationseigenschaften eines Modells, nach (Stachowiak, 1973), veranschaulicht am Beispiel eines fiktiven Fallexperiments, das der Erzählung nach von Galileo Galilei durchgeführt wurde.[35]

Die experimentellen Rahmenbedingungen (Original) werden durch eine Vielzahl von Eigenschaften (Attribute) beschrieben, wie z. B. die Wetterverhältnisse (Wind, Temperatur, etc.), die Gebäudeabmessungen, spezifische Eigenschaften der Testobjekte (Geometrie, Dichte, Masse). Galilei vermutet aber bereits, dass nur wenige davon wirklich relevant sind und ersetzt zu diesem Zweck das Original durch ein einfaches mathematisches Modell, welches die Fallgeschwindigkeit $v(t)$ und die Fallzeit t in eine lineare Relation zueinander setzt, und er findet in der Tat für eine

Vielzahl seiner Testobjekte, nämlich jene deren Luftwiderstand im Experiment vernachlässigt werden kann, folgende einfache Beziehung experimentell bestätigt:

$$v = a_{\text{Pisa}} \cdot t \Rightarrow h = \frac{a_{\text{Pisa}}}{2} \cdot t^2 \qquad \text{Gl. 1.1}$$

Demzufolge fallen alle Gegenstände gleich schnell zu Boden, unabhängig von ihrer Masse und ihrer genauen Beschaffenheit. Wird die Fallhöhe *h* in der Einheit *Meter* und die Fallzeit *t* in der Einheit *Sekunde* gemessen, so ergibt sich für die (in Pisa) gefundene Fallkonstante a_{Pisa}:

$$a_{\text{Pisa}} = 9{,}8 \text{ ms}^{-2} \qquad \text{Gl. 1.2}$$

(Gl. 1.1) ersetzt in kompakter Weise ganze Datensätze früherer Messungen und erspart zukünftig ähnliche Untersuchungen, sofern diese nicht zur Prüfung der allgemeinen Gültigkeit der zu jener Zeit in Pisa gefundenen Beziehung durchgeführt werden.

A_{1-1}: Aus Galileis überlieferten Messprotokollen zur schiefen Ebene erhält man einen deutlich kleineren Wert, nämlich $a_{\text{Florenz}} \cong 5 \text{ m/s}^2$, wieso unterscheiden sich wohl die Werte aus Florenz und Pisa?

Modelle lassen sich demnach wie folgt charakterisieren (Stachowiak, 1973):

Sie sind

- **formal**, d.h. reale Phänomene werden oftmals über mathematische Beziehungen beschrieben.
- **deskriptiv**, d.h. sie ersetzen und beschreiben unter bestimmten Voraussetzungen Teilaspekte des Originals.
- **explorativ**, d.h. sie erlauben die Untersuchung unmittelbarer Folgen im Falle variierender Eingangsgrößen (prädiktiv) und ermöglichen auf diese Weise Vorhersagen über zukünftiges Geschehen (präskriptiv).

Möchte man beispielsweise im Rahmen einer Problembeschreibung oder einer Optimierungsaufgabe die Veränderungen eines gegebenen Ausgangszustandes bestimmen, so kann dies in der realen Welt bereits an den Rahmenbedingungen scheitern (vgl. Bild 1.7). Der Ausgangszustand existiert z.B. noch nicht oder entzieht sich der direkten Beobachtung, er ist evtl. zu komplex in der Handhabung und/oder schwierig zu kontrollieren, weil störanfällig. Die geplanten Veränderungen sind möglicherweise gefährlich und ausgesprochen kostenintensiv oder aber prinzipiell nicht durchführbar. Zusätzlich können die zu untersuchenden Prozesse in der Realität auf Zeitskalen ablaufen, die experimentell nicht oder nur unter großem Aufwand zugänglich sind.

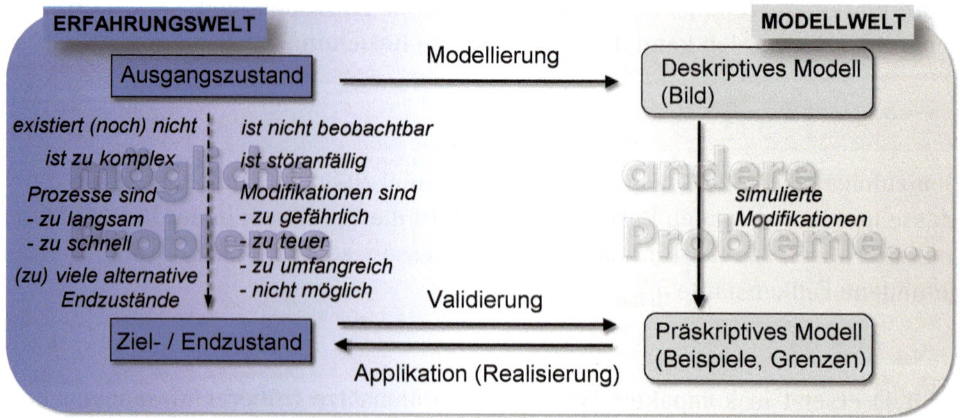

Bild 1.7 Zur Definition und Motivation von Modellierung und Simulation, nach (Stachowiak, 1973).

Im Verlauf der Projektplanung kann sich zudem zeigen, dass deutlich umfangreichere Optimierungsschritte erforderlich sind, deren konstruktives Zusammenwirken aber nur schwer abgeschätzt werden kann. Im ungünstigsten Fall bleibt es gänzlich unklar, welche Art von Modifikation letztlich zielführend sein wird, sodass man auf experimentellem Wege eine Systematik zu erkennen hofft (→ DOE – Design of Experiment[36]) oder das Gegenteil kann der Fall sein: Es gibt zu viele gute Alternativen zur Auswahl und man hat hieraus die optimale Lösung zu bestimmen.

A_{1-2}: Welche Beispiele aus Forschung und Technik fallen Ihnen spontan zu den genannten Problemstellungen ein, die das Erreichen eines gewünschten Entwicklungsziels zumindest erschweren kann?

In all diesen Fällen macht man sich die deskriptiven Modelleigenschaften zunutze und führt die geplanten Veränderungen in der Modellwelt durch, d. h. man *simuliert* die Auswirkungen möglicher Modifikationen und erhält ein präskriptives Modell des Zielzustandes. Je nach Resultat und (Vertrauen in die) Zuverlässigkeit des entsprechenden Modellansatzes wird der gewünschte Zielzustand realisiert, und das Ergebnis kann in der Folge zur Validierung bzw. zur weiteren Verbesserung des Modells herangezogen werden. Mithilfe der Simulation lassen sich sehr wohl zahlreiche entwicklungstechnische Hürden erfolgreich umgehen, wenn man dieses Werkzeug richtig einzusetzen weiß. Auch deshalb ist die einer Simulation zugrunde liegende Modellierung nicht zwangsläufig *der* ultimative Schlüssel zum Erfolg. Im Gegenteil, für den Anwender stellen sich in diesem Zusammenhang oftmals *andere und gänzlich neue Problemfelder* ein, wie sie exemplarisch in den beiden folgenden Abschnitten beschrieben werden sollen.

1.4 Ein Modellierungsleitfaden

„Models based on good theory can compensate for lack of data, and models based on broad evidence can compensate for lack of theory, but models alone can hardly compensate for the lack of both!"

M. L. Loper[37]

Modellieren ist in gewisser Weise eine Kunst[38] und bedarf entsprechender Erfahrung (und etwas Talent), um zu einem gegebenen Problem die *„richtigen"* Modellansätze zu finden. Es ist nicht immer unmittelbar ersichtlich, welche Form der Abbildung zielführend ist und welche Parameter hierfür relevant und welche vernachlässigt werden können. Ist das Modell zu komplex gewählt, weil man einfach nichts vernachlässigen möchte, sind unter Umständen Lösungen schwer zu finden, etwa aufgrund sich einstellender numerischer Probleme, oder sie sind gar unmöglich. Ist hingegen das Modell zu einfach aufgebaut, zielt es womöglich an der eigentlichen Problemstellung vorbei. In diesem Zusammenhang erscheint die sogenannte *„exakte Naturwissenschaft"* Physik in der Wahl des Modellansatzes doch recht beliebig, mitunter zufällig und darüber hinaus auch anfällig für *„Trends"*. Nicht von ungefähr heißt es diesbezüglich, dass jede große physikalische Theorie als Ketzerei beginne und schließlich als Vorurteil ende. Mit anderen Worten, die Physik entwickelt zuweilen eine starke Präferenz für bestimmte Modellvorstellungen und lässt konsequent alternative Ansätze außer Acht. Wieso? Nun, zum einen entsprechen diese nicht dem vorherrschenden Zeitgeist, weshalb die hierfür erforderliche finanzielle Unterstützung in der Regel nicht zur Verfügung steht und zum anderen unterbindet der (in heutiger Zeit) zunehmende Publikationsdruck in der akademischen Forschung fast zwangsläufig alternative Entwicklungsansätze. Das Forschungsprojekt *muss* (!) schließlich publikationswürdige Resultate liefern, also wird man in eine Richtung arbeiten wollen, die zumindest gewisse Erfolgsaussichten auf *„berichtenswerte"* Ergebnisse versprechen (→ publication bias). Auf diese Weise werden der eigene wissenschaftliche Werdegang *und* die finanzielle Förderung ähnlich gelagerter akademischer Projekte auch zukünftig sichergestellt (→ mainstream science) – also eine klassische *Win-win*-Situation. Allerdings ist nach meiner Ansicht eine freie, d. h. ergebnisoffene Forschung unter solchen Randbedingungen kaum noch möglich.[39]

Darüber hinaus entfalten Physiker zuweilen auch ästhetische Vorlieben bei der Ausarbeitung eines Modells, indem sie ausschließlich *„elegante Modelle"* favorisieren. *„Schöne Formeln"* werden eher befürwortet, d. h. als *„zielführend"* oder als *„wahr"* empfunden als weniger elegante mathematische Ansätze.[40] Dieses ausgesprochen subjektive Auswahlkriterium kann (fast zwangsläufig) zu gravierenden Fehleinschätzungen hinsichtlich der Qualität einer Modellvorstellung führen, denn *„Ästhetik ist kein wissenschaftliches Kriterium!"* (Hossenfelder, 2018), um den ohnehin sehr vagen Begriff der *„Realitätsnähe“* eines Modells zu beschreiben. Menschen (und somit auch wir Physiker) neigen evolutionsbedingt dazu, überall nach *„schönen“* Strukturen, Mustern und Symmetrien Ausschau zu halten, und wo auch immer man glaubt, diese entdeckt zu haben, vermutet man sogleich bedeutungsvolle Ursachen, die eine Zufälligkeit des Geschehens unbedingt ausschließen. Ein Aberglaube, der bereits so manche Forschung auf den *„naturwissenschaftlichen Holzweg“* führte und in der Folge *„besonders dicke Bretter zu bohren waren“*, um den erforderlichen *„Paradigmenwechsel“* herbeizuführen.

Auch deshalb darf man *„[...] von der Physik nicht erwarten, dass sie einer algorithmisch arbeitenden Maschine gleicht, die nach festen Regeln immer neue Wahrheiten produziert. So etwas kann es in einer erkenntnisorientierten Wissenschaft [prinzipiell] nicht geben.“*[41] Der in Bild 1.8 dargestellte Leitfaden aus den Ingenieurwissenschaften gibt eine Hilfestellung, die den Aufbau eines für die jeweils vorliegende Problemstellung geeigneten Modells erleichtern soll (Loper, 2004).

Wird die in der Leitlinie aufgeführte WWW-Hürde gemeistert, d.h. die entscheidenden W-Fragen „**W**as ..., **W**ozu ... und **W**ovon ...“ beantwortet, steht einer erfolgreichen Modellbildung prinzipiell nichts mehr im Wege. Nicht selten aber scheitert man im ersten Anlauf bereits an der Formulierung des Problems! Ist diese Klippe genommen, zeigt oftmals die Aufgabe das Modell zu spezifizieren, wie wenig man tatsächlich über die vorliegende Problemstellung weiß, um eine adäquate Beschreibung des Modellansatzes zu liefern.

1. **Formuliere das Problem:**
   - Was möchte man wissen?
   - Wozu benötigt man diese Information(en)?
2. **Beschreibe das Modell:**
   - Ein Modell Wovon, welche Effekte sollen vernachlässigt bzw. nicht in Betracht gezogen werden?
   - Festlegung der unabhängigen Parameter, d.h. die Einflussgrößen des Modells, deren Verhalten nicht notwendig durch den gewählten Ansatz studiert werden können.
   - Festlegung der abhängigen Parameter, d.h. alle Größen, deren Verhalten das Modell beschreiben soll.
   - Spezifikation der Wechselbeziehungen aller Parameter.
3. **Nutzen des Modells:**
   - Sind Daten zu den Eingabegrößen verfügbar und im Modell auch verwendbar, um entsprechende Vorhersagen zu treffen?
4. **Validierung des Modells:**
   - Verwende das Modell für Vorhersagen, welche direkt experimentell oder theoretisch überprüft werden können.

Bild 1.8 Ein Leitfaden zum Aufbau eines physikalischen Modells, nach (Loper, 2004).

Bewertet man nach dieser Methode rezentere Forschungsarbeiten aus der theoretischen Physik, ergeben sich ernüchternde Befunde. Beispielsweise wären *„String-Theorien“* völlig nutzlos, weil sie im Rahmen der Quantengravitation Punkt 3 und 4 nicht erfüllen (können). Kosmologische Modelle zum Thema *„Dunkle Materie/*

Energie" scheitern bereits bei Punkt 2, und den Arbeiten zur Quantentheorie fehlt die Problembeschreibung (Punkt 1; es gibt nämlich kein Problem mit diesem Modell, es beschreibt auf hervorragende Weise unseren Mikrokosmos). In Sachen Kosten-Nutzen (engl. ROI - **R**eturn **O**n **I**nvest) sind diese Initiativen im Grunde nicht zu rechtfertigen. Man mag einwenden, dass der ROI in der Grundlagenphysik sich in erster Linie durch *Erkenntnisgewinn*, also ein mehr an *Know-how* darstellt und sich weniger über wirtschaftliche Aspekte definiert. Das ist selbstverständlich korrekt, aber sicher nicht um jeden Preis und insbesondere nicht auf Kosten des wissenschaftlichen Nachwuchses, weshalb beim Aufbau entsprechender Modelle die Vorgaben des Leitfadens unbedingt befolgt werden sollten. Auf diese Weise wird das erforderliche *„intellektuelle Kapital"* perspektivisch sinnvoll(er) eingesetzt, d. h. insbesondere junge und hoch motivierte Wissenschaftler erhalten eine nachhaltige(re) Ausbildungs- und Arbeitsperspektive, sei es im industriellen oder auch im akademischen Umfeld und sind nicht gezwungen auf Dauer *„befristete akademische Beschäftigungstherapien"* nachgehen zu müssen, zumal sie auch noch nebenbei ihren (evtl. familiären) Lebensunterhalt zu bestreiten haben.[42]

Die Erstellung eines Modells sollte stets schrittweise erfolgen, wobei der Modellierungsprozess einen *V-Zyklus* durchläuft, ähnlich jenem, wie er sich im industriellen Umfeld bei der Entwicklung und Validierung neuer Produkte bewährt hat (vgl. Bild 1.9). Beides, die industrielle Produktentwicklung und die Entwicklung neuer Modellvorstellungen in der Physik sind innovative Prozesse mit vergleichbaren Handlungsabläufen.

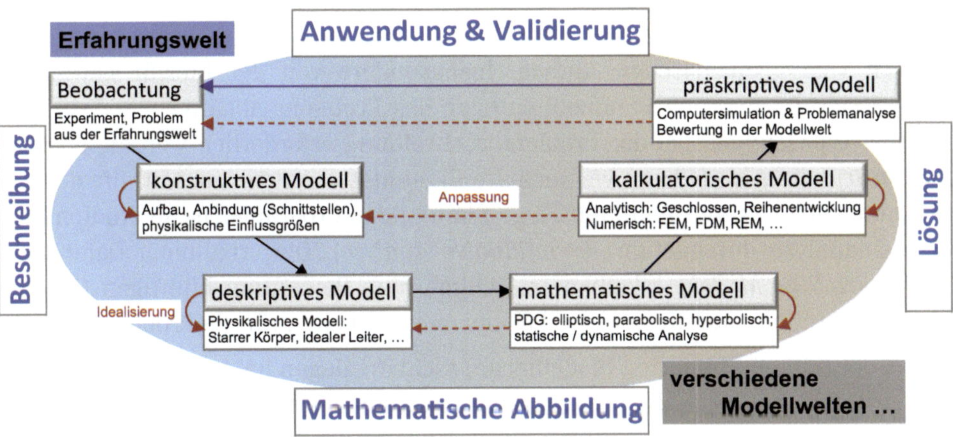

Bild 1.9 Der V-Zyklus zur Erstellung physikalischer Modelle. Jede Modellierungsphase (schwarze Pfeile), sowohl bei der Beschreibung und der mathematischen Abbildung als auch bei der späteren Lösung, erhöht im Allgemeinen den Abstraktionsgrad des Modells und erfordert in der Regel zusätzliche, die Problemstellung vereinfachende Annahmen oder Anpassungen (rote Pfeile).

Die Funktion des in der Industrie etablierten Prozesses der *Qualitätssicherung* übernimmt bei der Erstellung eines physikalischen Modells die *Mathematik*. Die Verwendung mathematischer Strukturen stellt sicher, dass neue Modelle auf Konsistenz geprüft und auf diese Weise mögliche logische Fehler vermieden werden. Ausgehend von der experimentellen Problemstellung aus der Erfahrungswelt, erstellt man in einem ersten Schritt ein *konstruktives Modell*, indem man die geometrischen Gegebenheiten definiert, wie z. B. räumliche Strukturen bzw. eventuell vorliegende Substrukturen und bestimmt die zugehörige physikalische Anbindung an die Umgebung sowie die damit verknüpften Randbedingungen (→ mechanische, elektrische, thermische Einflüsse, etc.). In der Folge erhält man hieraus ein erstes physikalisches Bild (→ *deskriptives Modell*) des Problems, wofür man den zuvor identifizierten Strukturen noch die erforderlichen physikalischen (Material-)Eigenschaften zuordnen muss. Diese Eigenschaften sind so zu wählen (d. h. unter Umständen auch zu vereinfachen), dass die zugehörigen mathematischen Gleichungen Lösungsansätze bieten. Dieser abschließende Schritt der Problembeschreibung ist deshalb eng verknüpft mit der für die Problemlösung notwendigen Aufstellung eines geeigneten *mathematischen Modells*. Hierbei handelt es sich i. Allg. um einen Satz zeitabhängiger partieller Differentialgleichungen (PDG – **P**artielle **D**ifferential-**G**leichung). Das *rechnerische* oder *kalkulatorische Modell* definiert in der Folge spezifische mathematische Lösungsverfahren und kann je nach Problemstellung ganz unterschiedlich ausfallen. In seltenen Fällen lässt sich das mathematische Modell analytisch lösen, sodass explizite oder implizite numerische Berechnungsverfahren anzuwenden sind (typische Methoden sind z. B. FEM – **F**inite **E**lemente **M**ethode, FDM – **F**inite **D**ifferenzen **M**ethode, REM – **R**and-**E**lement **M**ethode, etc.).[43] Das Konvergenzverhalten solcher Verfahren kann empfindlich vom geometrischen Aufbau, insbesondere von der hierfür gewählten Diskretisierung und den Randbedingungen des Problems abhängen, sodass evtl. weitere Anpassungen bei der Problembeschreibung erforderlich werden, speziell im *konstruktiven Modell*, um verwertbare Ergebnisse zu erzielen. Mithilfe des Berechnungsmodells werden in der Folge Simulationen (parametrische Studien) zur Problemanalyse durchgeführt (→ *prädiktive Analyse*). Die erhaltenen Datensätze (→ *präskriptives Modell*) erlauben schließlich eine Bewertung künftigen Geschehens und eröffnen auf diese Weise Lösungsmöglichkeiten für die Problemstellung.

Jedem der fünf geschilderten Modellierungsschritte liegen im Allgemeinen spezifische, idealisierende und die Problemstellung vereinfachende Annahmen zugrunde, sodass von Modellebene zu Modellebene der Grad an Abstraktion anwächst und man sich damit zunehmend von der (komplexen) Erfahrungswelt entfernt. Gemäß Bild 1.9 sind nämlich die erzielten Simulationsergebnisse $\mathbf{E}_{\text{sim}}$ das Resultat einer *sukzessiven Verkettung* der beschriebenen Modellüberlegungen $\mathbf{M}_{\text{x}}$ mit den zugehörigen Randbedingungen $\mathbf{R}_{\text{x}}$, d. h. formal

$$\mathbf{E}_{\text{sim}} = \mathbf{M}_{\text{prä}}(\mathbf{M}_{\text{kalk}}(\mathbf{M}_{\text{math}}(\mathbf{M}_{\text{desk}}(\mathbf{M}_{\text{kon}}(\text{Beobachtung};\mathbf{R}_{\text{kon}});\mathbf{R}_{\text{desk}});\ \mathbf{R}_{\text{math}});\mathbf{R}_{\text{kalk}})\mathbf{R}_{\text{prä}})$$

Grundvoraussetzung für eine valide Interpretation der erzielten Simulationsergebnisse ist es, den Gesamtüberblick über die dargestellte Prozesskette zu wahren, ausgehend von der Beschreibung über die mathematische Abbildung bis hin zur Lösung des Problems. Ansonsten läuft man Gefahr, mit der Simulation am Ende nur *„hübsche bunte Bildchen"* ohne jede Aussagekraft produziert zu haben! Insbesondere wird deutlich, dass die Simulation *kein*(!) sogenanntes *„smartes"*, weil rechnergestütztes Experiment darstellen kann. Der bereits während meiner Studienzeit aufkommende und in heutiger Zeit in der naturwissenschaftlichen Lehre häufig anzutreffende Begriff *„Computerexperimente"* ist in diesem Zusammenhang irreführend. Solche *„Experimente"* sind definitiv kein effizienter (kostengünstiger) Ersatz für eventuell fehlende Laborausstattung. Physikalische Experimente laufen stets in der Erfahrungswelt ab (linker Ast des V-Zyklus in Bild 1.9), selbst wenn sie vereinfachende Modellannahmen repräsentieren sollten (→ Modell-Experiment: Replikate). Die Computersimulation ist hingegen das Ergebnis weiterer z. T. komplexer Mathematisierungs- und Implementierungsschritte auf dem Rechner (rechter Ast des V-Zyklus), wobei zusätzliche *„numerische Freiheitsgrade"* auch nichtphysikalische *„(Computer-)Experimente"* ermöglichen, d. h. dem Anwender erweiterte Parameterstudien erlauben, die auf reproduzierbare Art und Weise scheinbar plausible Resultate liefern können und einen u. U. dennoch auf den *„naturwissenschaftlichen Holzweg"* führen, weil nämlich das zugehörige Pendant aus der Erfahrungswelt fehlt! Aus diesem Grunde ist die Vermittlung handfester experimenteller Fertigkeiten im Verlauf eines wissenschaftlichen Studiums *alternativlos*, auch wenn der Lehralltag an so mancher Universität mittlerweile einen anderen Weg geht, an dessen Ende *„Studenten beigebracht wurde, sich allzu sehr auf Computermodelle zu verlassen, sodass ihr Defizit an praktischer Erfahrung sich als äußerst nachteilig erweisen kann"* (M. L. Loper), etwa bei künftigen Anwendungsprojekten im akademischen oder industriellen Umfeld, letztlich in Ermangelung einer soliden beruflichen Qualifikation der Absolventen.

1.5 Potential, Grenzen und Risiken der Modellierung

Modellieren generiert Know-how. Dieser Erkenntnisgewinn lässt sich auf vielfache Weise sinnvoll nutzen, beispielsweise in der simulationsgestützten Forschung und Entwicklung, wie bereits in Abschnitt 1.3 geschildert. Modelle ermöglichen eine systematische Analyse komplexer Systeme, indem alle hierfür relevanten Daten in der Regel unmittelbar zur Verfügung stehen (→ *„virtual data acquisition"*) und verbessern damit die Effizienz technischer Entwicklungsprozesse (→ *„virtual engineering"*), wie beispielhaft in Bild 1.10 skizziert.

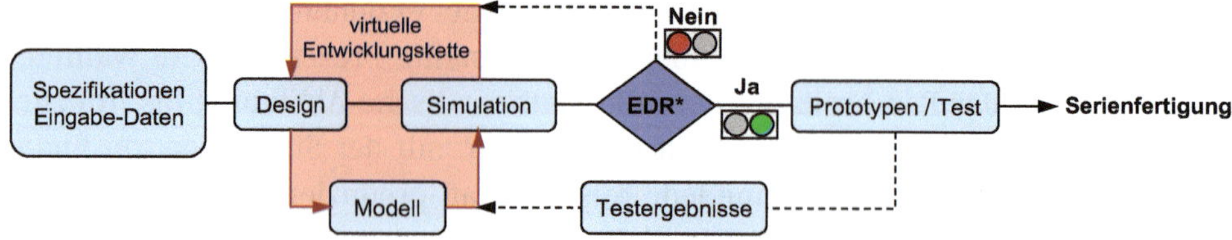

Bild 1.10 Beispiel einer simulationsgestützten Produktentwicklung. Spezifikationen zu Design- und Fertigungsfragen sind vorab im Modell berücksichtigt und müssen nicht oder nur noch stichprobenartig am späteren Produkt geprüft werden. Testergebnisse dienen der Modellvalidierung und -optimierung.

Modelle ersetzen reale zeit- und kostenintensive experimentelle Studien, unterstützen auf diese Weise Entscheidungsprozesse, tragen zur Verbesserung von Qualitäts- und Sicherheitsstandards bei, und sie zeichnen sich nicht zuletzt durch eine hohe Integrationsfähigkeit in bereits bestehende Forschungs- und Entwicklungsprozesse aus. Das Potential der Modellierung, speziell in der industriellen Forschung und Entwicklung, kann man im Vergleich zu traditionellen, gänzlich testbasierten Entwicklungsprozessen oder gar zu empirischem *„try and error“* (→ *„empirical engineering“*) kurz und prägnant zusammenfassen:

Modellierung im industriellen F&E-Umfeld ist *„knowledge-based engineering“*![44]

Die Grenzen der Modellierung sind nach dem bisher gesagten leicht zu benennen: *„Knowledge without know-how is sterile.“* (M. Tribus)[45]. Man beachte, dass einem Modell immer vereinfachende Annahmen zugrunde liegen und dass diese Annahmen dessen Anwendbarkeit zwangsläufig auf die dafür bestimmten Problemstellungen einschränkt. Diese Einschränkungen können (unmerklich) dazu führen, dass Modellerweiterungen das eigentliche Problem nicht mehr beschreiben! Eine mögliche Folge davon ist das sog. *wissenschaftliche Paradoxon*. Das Modell liefert eine im Grunde schlüssige Beschreibung eines Sachverhaltes, die gleichwohl im Widerspruch zur Beobachtung steht. Ein Paradoxon ist also immer ein guter Indikator dafür, dass es an wissenschaftlichem Know-how mangelt, weshalb der dem Modell zugrunde liegende Kenntnisstand die gegenwärtige Problemstellung einfach nicht mehr zu beschreiben vermag, sodass die wissenschaftliche Intuition bei der Anwendung physikalischen Know-hows zwangsläufig scheitern muss.[46] Möchte man entsprechend den Applikationsbereich eines Modells ausweiten, so ist vorab genau zu prüfen, ob die Modellvoraussetzungen immer noch erfüllt sind. Insbesondere sei der Hinweis erlaubt, dass unbekannte Effekte *prinzipiell nicht* (!) modelliert werden können. Modelle liefern trivialerweise nicht mehr als das, was vorab bei deren Aufbau an Know-how investiert wurde. Ergeben sich aus der Simulation dennoch *„neue und überraschende Erkenntnisse“*, so sind diese in erster Linie ein

Indiz für fehlendes Wissen in der Sache. In solch einem Fall ist man stets gut beraten, eine kritische Analyse jeder Modellierungsphase durchzuführen, um zumindest nachträglich sicherzustellen, dass im Verlauf des Modellierungsprozesses keine *„modellspezifischen Artefakte"* übersehen wurden, die womöglich mit der eigentlichen Aufgabe nichts zu tun haben.

Neben rein technischen Problemstellungen (z.B. die fehlende numerische Stabilität eines mathematischen Modells, die mangelnde Nachvollziehbarkeit im Falle komplexer Modellansätze, fehlende Daten, erhöhter Ressourcenbedarf, etc.) besteht eine nicht zu unterschätzende Gefahr darin, dass bei der Modellbildung vorliegende Daten nur *„selektiv"*, d.h. zum Modellansatz passend ausgewählt werden, weil sich nur auf diese Weise ein konsistentes Bild zu ergeben scheint. Das damit erzielte Resultat dient in der Folge als Rechtfertigung für das zweifelhafte Auswahlverfahren, welches letztlich nur das allzu menschliche Ziel verfolgt die *„eigene Theorie"* zu stützen.

Ein noch größeres Risiko bei der Modellierung besteht jedoch darin, dass man Modell und Realität gleichzusetzen beginnt. Man beachte deshalb *immer* folgenden Grundsatz:[47]

„Verwechsle **niemals** Modell (→ Bild) mit Realität (→ Beobachtung: Original)!" **G-1**

Die Versuchung hierfür ist groß, insbesondere dann, wenn es sich um ausgesprochen erfolgreiche Modellierungskonzepte handelt, d.h. Anwendungen und experimentelle Überprüfungen *„... immer wieder zeigen, dass es sich tatsächlich so verhält, wie durch das Modell beschrieben!"*, sodass man in der Folge die wissenschaftliche Objektivität aufzugeben bereit ist und darüber hinaus innovative Alternativen aktiv zu unterbinden versucht, weil scheinbar *„realitätsfremd"*, soll heißen nicht konform mit dem aktuell favorisierten Modellkonzept. Francis Bacon mahnte in diesem Zusammenhang bereits im 16. Jahrhundert sehr eindringlich: *„Jede Feststellung und jede Theorie, an der unser Verstand ein besonderes Wohlgefallen findet, sollte unseren Argwohn hervorrufen."*[48] Bedauerlicherweise kennt die Physikgeschichte zahlreiche Entwicklungen dieser Art, zum Teil sogar mit menschlich tragischem Ausgang. Hierbei unterliegt man jedoch einer weiteren grundlegenden Fehleinschätzung, indem man eine zweite entscheidende Grundregel des Modellierens missachtet, nämlich:

„Bewerte **niemals** die Qualität eines Modells, indem Du es mit einem anderen Modell vergleichst!" **G-2**

Diese recht fragwürdige Vorgehensweise entspricht beispielsweise in der experimentellen Physik dem zweifelhaften Versuch die Qualität (→ Messgenauigkeit) eines experimentellen Aufbaus dadurch zu ermitteln, indem man das erzielte Messergebnis mit entsprechenden Werten aus der Literatur vergleicht, anstatt die tatsächlichen systematischen und statistischen Fehlergrößen des vorliegenden Messaufbaus zu bestimmen. Der einzig gültige Qualitätsmaßstab für die Anwendbarkeit eines konstitutiven Modells ist, neben mathematischer Konsistenz, dessen Übereinstimmung mit entsprechenden experimentellen Befunden. Sollten zwei unterschiedliche Modelle hierfür die gleiche Aussagekraft haben und man hätte eine Auswahl zu treffen, so ist prinzipiell jenes zu bevorzugen, das mit möglichst wenigen Annahmen zum Ziel kommt, d. h. den Sachverhalt schlüssig zu beschreiben vermag.[49]

Im industriellen Umfeld führt häufig ein typischer *„G2-Konflikt“* zu sinnlosen Kontroversen, beispielsweise bei der Produktentwicklung in Zusammenhang mit der Validierung neuer Produkte vor Markteinführung. Im Rahmen der Qualitätssicherung definiert man hierfür geeignete Testprozeduren, die sicherstellen sollen, dass das Produkt in der späteren Anwendung allen Anforderungen genügen wird, indem es zuvor ein vorgegebenes Validierungsprogramm erfolgreich durchlaufen muss. Die zugehörigen Testprozeduren sind spezifische Modelle der Erfahrungswelt und oftmals Ergebnis langjähriger empirischer Befunde, d. h. sie repräsentieren modellhaft den späteren Alltagsgebrauch. In einer frühen Phase der Produktentwicklung kommen aber zunehmend weitere Modelle, nämlich rechnergestützte Simulationsmodelle zum Einsatz, die ebenfalls Aspekte der Erfahrungswelt berücksichtigen und auf diese Weise die Produktoptimierung unterstützen sollen.

Der Konflikt: Scheitert dennoch ein erster Prototyp im späteren Validierungsprogramm des Testingenieurs, natürlich von allen unerwartet und entgegen positiver Prognosen durch den zuständigen Simulationsingenieur, steht nicht selten der Simulationsansatz in der Kritik, weil nicht konsistent zu den Testergebnissen.

Das Problem: Man vergleicht *„Äpfel mit Birnen“*, indem man die Qualität zweier Modellansätze zu bewerteten versucht, die unter Umständen ganz verschiedene und komplementäre Aspekte der Erfahrungswelt abbilden. Konsistenz kann in diesem Fall aber nur hergestellt werden, wenn beispielsweise das Simulationsmodell ausschließlich das spätere Testmodell im Validierungsprogramm widerspiegelt – und nur dieses! Allerdings bleibt dann die Frage unbeantwortet, ob die so definierte (und dann redundante) Test- bzw. Simulationsprozedur den späteren Alltagsgebrauch auch tatsächlich korrekt und umfassend darstellen kann.

Ein letzter entscheidender Grundsatz der Modellierung besagt:

„Verlasse **niemals** bei der Beschreibung eines Phänomens die hierfür gewählte Modellwelt bzw. Modellierungsebene!“ **G-3**

Auch dieses Prinzip wird regelmäßig in Forschung und Lehre (meist unbewusst) missachtet. Man springt oftmals unbedacht von Modell zu Modell, erzeugt damit Widersprüche und erreicht hiermit nur allgemeine Verständnislosigkeit, nicht nur bei Schülern und Studenten. Diese wenig wissenschaftliche Praxis, sich über Modellierungsgrenzen hinwegzusetzen, führt zwangsläufig zu Verwirrung, insbesondere dann, wenn man diesen Fehler nachträglich damit zu korrigieren versucht, indem man ihm einen Namen gibt, wie z. B. *„Welle-Teilchen-Dualismus"*. Solch eine Vorgehensweise mag zu der (in diesem Fall auch verständlichen) Kritik aus anderen Forschungsdisziplinen beitragen, dass *„Physiker nie um eine Ausrede verlegen …"* seien. Zur Verdeutlichung dieses Sachverhaltes betrachten wir im Folgenden verschiedene Modelle zu einem physikalischen Phänomen, das uns ausgesprochen vertraut erscheint, weil wir ein spezielles Sinnesorgan hierfür haben: das Phänomen *„Licht"*. Das menschliche Auge ermöglicht uns, zahlreiche optische Naturerscheinungen zu studieren, z. T. unmittelbar auf visuellem Wege oder unter Verwendung von relativ einfachen optischen Hilfsmitteln. Je nach experimentellem Befund kann *„Licht"* jedoch auf ganz unterschiedliche Art und Weise beschrieben, d. h. modelliert werden (vgl. hierzu Bild 1.11):

a) **Lichtstrahl:** Einfache optische Aufbauten zeigen, dass Licht *„offensichtlich"* geometrische Strahlen ausbildet, welche sich exakt geradlinig ausbreiten und an Grenzflächen nach einfachen Gesetzmäßigkeiten gebrochen oder reflektiert werden (Snell[50]).

   Als Schüler (der Mittelstufe eines naturwissenschaftlichen Gymnasiums) hatte ich seinerzeit große Probleme mit dem „Lichtstrahl-Modell" und allem, was darauf beruhte (z. B. die Linsengleichung). Wieso konnte ich einen „Lichtstrahl" senkrecht zu seiner Ausbreitungsrichtung auf der optischen Tafel sehen? Schlimmer noch, alle meine Mitschüler im Physiksaal sahen diesen „gerichteten Strahl" auch, obgleich sie ganz unterschiedliche Positionen im Raum innehatten – keiner saß in Strahlrichtung?! Mein damaliger Physiklehrer konnte mir nicht wirklich weiterhelfen, denn „Lichtstreuung" und „Lichtstrahl" sind schließlich nicht kompatible Modellansätze. Wieso soll ein Lichtstrahl immer „punktgenau ins Auge" des Beobachters „gestreut" werden und bleibt dann überhaupt noch genügend Licht in Ausbreitungsrichtung übrig? Was ist in diesem Zusammenhang überhaupt die „Ausbreitungsrichtung" des Strahls, wodurch zeichnet sie sich noch aus?! Wieso „funktionieren" die Gesetze der geometrischen Optik, wenn das zugrunde liegende Bild offensichtlich nicht konsistent zu sein scheint?!

b) **Lichtteilchen (Äther und Korpuskel):** Die Beobachtung einer geradlinigen Lichtausbreitung ließ seinerzeit Huygens[51] und Newton die Hypothese aufstellen, dass Licht eine Substruktur habe und aus Teilchen bestehen müsse. Huygens beschrieb Licht als Ausbreitungsphänomen eines Bewegungszustandes von Ätherteilchen (Stoßkaskade), ähnlich der Schallausbreitung in Luft. Wohingegen Newton die Hypothese vertrat, dass der Lichtstrahl selbst aus sich schnell bewegenden Teilchen bestehen müsse (Korpuskularstrahl).

Man beachte: Die Huygens'sche Modellvorstellung ist kein Wellenmodell (wie leider oft zu lesen steht). Das zugehörige Bild einer Stoßkaskade (→ „Stoßwelle") von Ätherteilchen zeigt nämlich keine zeitliche (Frequenz) und keine räumliche (Wellenlänge) Periodizität. Huygens kannte diese Begriffe nicht. Entgegen der Newton'schen Hypothese bewegen sich jedoch im Huygens-Modell (wellentypisch) keine Ätherteilchen in Ausbreitungsrichtung der Stoßfront.

c) **Lichtwelle:** Beugungs- bzw. Interferenzphänomene, u.a. zu beobachten an Kanten bzw. an dünnen Schichten, motivieren das Bild eines sich ausbreitenden Schwingungszustandes (Hooke[52]) bzw. einer Lichtwelle (Fresnel[53], Young[54], Maxwell), d.h. einer räumlichen und zeitlichen Schwingung mit charakteristischer Frequenz und Wellenlänge.

Eine weitere physikalische Hürde während meiner Schulzeit: Was schwingt denn da senkrecht (?!) zur Ausbreitungsrichtung einer im dreidimensionalen Raum propagierenden Kugelwelle? Was treibt die Welle an? Wie ist die Analogie zu Wasserwellen zu verstehen, was ist denn das „Wasser" im Falle der Lichtwelle? Bedarf es bei Transversalwellen nicht eines Trägermediums, gibt es womöglich doch einen „Äther"?

d) **Lichtquanten (Photonen):** Der photoelektrische Effekt, Lichtstreuung (Compton-Effekt[55]), strahlungsinduzierte Absorptions-, Emissions- und Ionisationsprozesse zeigen eindeutig den Quantencharakter von Licht und erfordern zur korrekten Beschreibung die Einführung des Lichtquantums *„Photon"* (Planck[56], Einstein).

Im späteren Leistungskurs Physik wurde es nicht wirklich besser: Die Lichtquanten-Hypothese war faszinierend und absolut unverständlich zugleich. Da trifft also eine ebene Lichtwelle auf eine Photoelektrode und die räumliche Energieverteilung der Welle kollabiert sodann zu einem quasi-punktförmigen „Energiequantum", um in der Folge ein Photoelektron aus dem Festkörper zu lösen ... Wie geht das denn?! Der seinerzeit zitierte „Welle-Teilchen-Dualismus" war keine wirklich zufriedenstellende Antwort auf unsere Fragen. Dem nicht genug, folgten später erste Erklärungsversuche mittels „Wahrscheinlichkeitswellen" samt Schrödinger-Gleichung[57] inklusive der gleichnamigen Katze?! Geht die Quantenphysik im Grenzfall sehr großer Quantenzahlen tatsächlich in die klassische Physik über?

e) **„Lichtzustand": Quantenfeldtheorie des Lichts (Quanten-Elektrodynamik – QED):** Die QED definiert den mathematischen Formalismus zur konsistenten Beschreibung der Wechselwirkung zwischen Licht und Materie, sie liefert also auch eine widerspruchsfreie Lösung für die unter Punkt d) geschilderten Anschauungsprobleme eines überforderten Physik-Schülers. Die Theorie der Quantenfelder spiegelt einerseits mit beeindruckender Genauigkeit experimentelle Befunde wider, andererseits ist sie einfach nicht zu verstehen! Quantenfelder sind nämlich keine *„gewöhnlichen"* Felder, wie sie in der klassischen Physik mit großem Erfolg verwendet werden, sie beschreiben vielmehr abstrakte mathematische Operationen, anzuwenden auf ebenso abstrakte systemspezifische Zustandsvektoren. Die QED liefert prinzipiell für alle physikalischen Phänomene eine mathematisch korrekte Beschreibung mit Ausnahme der Gravitationswechselwirkung sowie Wechselwirkungsprozesse auf der Ebene der Kernphysik.

Als Physikstudent begegnet man frühestens im Hauptstudium (heute: Masterstudium) der QED. Mein Problem: eine natürliche Aversion gegen das (mathematisch nicht abzählbare) Unendliche in der Naturwissenschaft. Ob unendlich groß oder unendlich klein, sobald ein Modell in diese rein mathematisch definierten Bereiche vorstößt, ist dessen Applikationsbereich, also das physikalisch durch Beobachtung (d. h. Messung) erfassbare, mehr als nur überschritten, und man sollte spätestens dann tunlichst die Finger davon lassen.

Die QED lieferte in ihren Anfängen bei genauer Berechnung physikalisch relevanter Größen nur unendliche Werte. Erst durch einen „Taschenspielertrick" (Zitat: R. P. Feynman), d. h. eine „geschickte" Skalierung mit „Unendlich" (→ Renormierung) ergaben sich brauchbare (und experimentell sehr genau bestätigte) Resultate. Wie ist das nun wieder zu verstehen? Richard P. Feynman schreibt hierzu:

„Niemand begreift es. […] Die Natur, wie sie die QED beschreibt, erscheint dem gesunden Menschenverstand absurd. Dennoch decken sich Theorie und Experiment. Und so hoffe ich, dass sie die Natur akzeptieren können, wie sie ist – absurd." [58]

Hier wäre allerdings noch anzumerken: Die Natur ist selbstverständlich nicht absurd, bestenfalls das Bild, das wir uns von ihr machen. Der Physiker und Philosoph Meinhard Kuhlmann stellt deshalb folgerichtig fest:

„Die ungeklärte Deutung der Quantenfeldtheorie behindert den Fortschritt zu jeder Art von »neuer Physik« jenseits des Standardmodells, beispielsweise der Stringtheorie. Es ist heikel, eine neue Theorie zu formulieren, wenn wir die bereits vorhandene nicht verstehen." [59]

Ein bemerkenswerter Standpunkt, den ich uneingeschränkt teile!

f) **Lichtgas:** Im thermodynamischen Gleichgewicht kann die thermische Strahlung auch als *„Lichtgas"* beschrieben werden, alle hierfür notwendigen Parameter sind wohldefiniert und genügen den Gesetzen der klassischen Thermodynamik (Herrmann, 2003).

Ein interessantes Bild, das mir erstmals (und eher zufällig) an der Universität begegnete. Es half mir u. a. bei der Aufarbeitung prinzipieller Fragen rund um das Thema „Physikalische Modellierung", insbesondere was wir Physiker eigentlich genau tun, wenn wir zu „erklären" versuchen „... was die Welt im Innersten zusammenhält" (J. W. von Goethe).

Diese Modellvorstellung geht auf Arbeiten von Max Planck zurück, der mithilfe des Entropiebegriffs die nach ihm benannte Strahlungsformel erstmals klassisch herleitete.[60]

g) **Mechanische Spannung:** Das elektromagnetische Feld kann auch als mechanische Spannungsverteilung beschrieben werden (→ Maxwell'scher Spannungstensor). Sowohl die Maxwell-Heaviside-Gleichungen als auch der elektromagnetische Feldimpuls samt allgemeiner Impulserhaltung lassen sich daraus ableiten, vgl. z. B. (Henke, 2011).

Maxwell hatte selbst bereits auf diesen Aspekt „seiner" elektromagnetischen Feldtheorie hingewiesen. Wir werden später im Buch noch genauer darauf eingehen, zumal diese Modellvorstellung zwanglos in das Impulsstrom-Konzept der Kontinuum-Mechanik passt (vgl. hierzu Abschnitt 5.3.4).

Die entscheidenden Fragen lauten demzufolge:

- **Was also ist *„Licht"* in Realität?**
- **Welches der vorgestellten sieben Modelle ist nun *„objektiv richtig"*?**
- **Welches Modell stellt das Phänomen *„Lichtausbreitung"* auf korrekte Weise dar?**

Die Antwort ist einfach und mag zugleich ernüchternd sein: *Alle* Modellansätze haben ihre Berechtigung, weil sie spezifische Charakteristika von Licht, allesamt in unserer Erfahrungswelt zu beobachten, innerhalb des zugehörigen Applikationsbereiches korrekt beschreiben.

Die Modelle sind qualitativ nicht oder nur bedingt untereinander vergleichbar, und keines davon zeichnet sich durch eine wie auch immer zu definierende bessere *„Realitätsnähe"* aus. Bewertet man die zu den verschiedenen Modellhypothesen zu Licht gehörenden Theorien, so zeigt sich, dass diese aufeinander aufbauen, d. h. die geometrische Optik (GO) ist ein Spezialfall in der Elektrodynamik (ED) und diese wiederum folgt aus der Quanten-Elektrodynamik (QED) unter Vernachlässigung der Quantenstruktur. Die jeweils übergeordnete Theorie zeichnet sich durch einen erweiterten Anwendungsbereich aus, wie aus Tabelle 1.1 zu ersehen ist,[61] d. h. sie liefert ein umfassenderes Bild des Naturgeschehens. Die *„einfachen"* Modelle sind deshalb nicht qualitativ schlechter oder *„weniger richtig"*, im Gegenteil, sie sind meist zielführender und erleichtern in erheblichem Maße die problemspezifische Beschreibung des Naturgeschehens und dies oftmals auch noch ohne nennenswerte Abweichungen bei wichtigen quantitativen Aussagen.

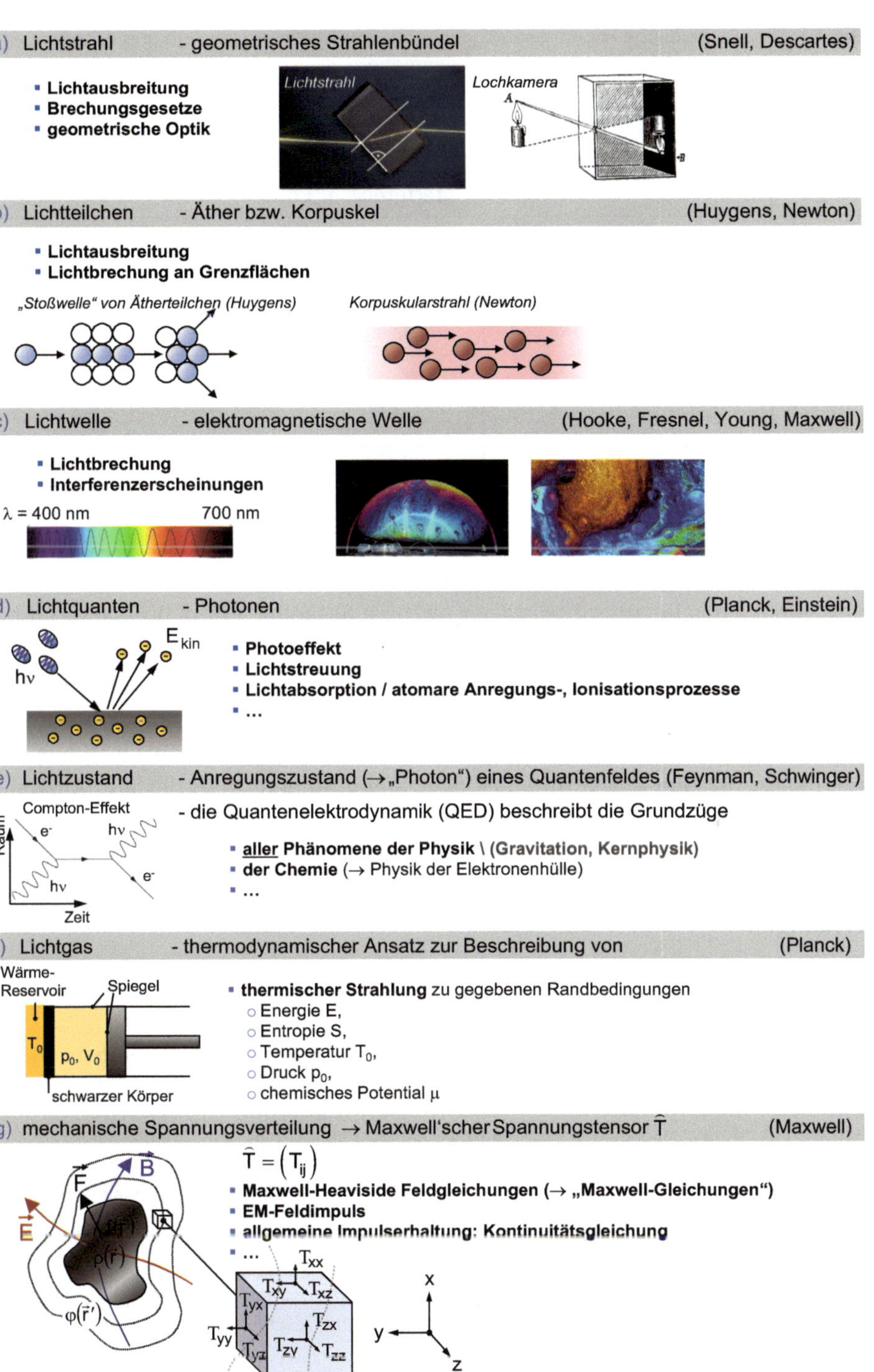

Bild 1.11 Unterschiedliche und experimentell bestätigte Hypothesen, Modelle und Theorien zur Beschreibung des physikalischen Phänomens „Licht".[62]

Tabelle 1.1 Unterschiedliche Hypothesen zu Licht, die zugehörigen Theorien und deren Anwendungsbereich auf verschiedene Naturphänomene.

„Licht"-Modelle		Physikalisches Phänomen / Beobachtung			
Hypothese	Theorie	Ausbreitung / Brechung	Beugung / Interferenz	Photoeffekt / Comptoneffekt	Thermische Strahlung
Strahl	GO	✓	×	×	×
Teilchen		✓	×	×	×
Welle	ED	✓	✓	×	×
Spannung		✓	✓	(✓)	×
Quanten	QED	✓	✓	✓	✓
Gas	TD	×	×	×	✓

Es mag beispielsweise instruktiv sein, wenn auch mathematisch aufwendiger, die Beugung von Licht an einem Gitter aus Sicht der Quantenmechanik quantitativ zu beschreiben[63] - das Resultat bleibt aber letztlich dasselbe: Ein makroskopisch beobachtbares Intensitätsmuster, wie es die klassische Elektrodynamik ebenfalls zu beschreiben vermag. Darüber hinaus lassen sich auf der klassischen Modellierungsebene bereits alle technisch relevanten Fragen beantworten, wie sie z.B. beim Bau eines Gitterspektrographen auftreten, ganz ohne Kenntnisse aus der Quantenmechanik. Bei der Wahl eines geeigneten Modells sind deshalb Aufwand und Nutzen immer gegeneinander abzuwägen.

Anmerkungen

1 Albert Einstein (1879 - 1955), Schweizer Physiker und Nobelpreisträger (1921); aus dem Vorwort zu *Concepts of Space*, von Max Jammer (Jammer, 1993), eigene Übersetzung. Zur Frage der Staatsbürgerschaft Einsteins, siehe (Pais, 1995), *War Einstein Deutscher oder Schweizer*, S. 94 ff.

2 Galileo Galilei (1564 - 1642), italienischer Universalgelehrter. Die modernen Anfänge der Physik sind vermutlich deshalb mit Galileis Namen verbunden, weil er aufgrund seiner Arbeiten lange Zeit im Fokus der kirchlichen Inquisition stand und wohl nur überlebte, weil ihn eine langjährige Freundschaft mit dem päpstlichen Legaten und späteren Papst Urban VIII verband. Eine rationale wissenschaftliche Betrachtungsweise der Natur favorisierten nämlich sehr viele Zeitgenossen Galileis und diese führten ebenfalls zielgerichtete physikalische Experimente durch. Beispielsweise kritisierte William Gilbert bereits im Jahre 1600 in seinem Buch *De Magnete* (London, 1600, S. 8) metaphysische Aussagen seines Zeitgenossen Jean François Fernel über die magnetischen Eigenschaften von Magnetit: *„Fernel [...] says that in the loadstone is a hidden and abstruse cause: elsewhere he says this cause is celestial; and he does but explain the unknown by the more unknown. This search after hidden causes is something ignorant, beggarly, and resultless."* Weiteres zu William Gilbert, vgl. Abschnitt 5.3.2 *Das magnetische Feld.*

3 Aurelius Augustinus (354-430), Bischof von Hippo Regius, Theologe und Philosoph. Zu Aurelius Augustinus später mehr, vgl. Abschnitt 4.3 *Das Konzept der Zeit.*

4 Der *„Holzweg“* steht synonym für *„Sackgasse“*. Sogenannte *Holzwege* dienen in der Forstwirtschaft einzig dem Abtransport geschlagener Hölzer und enden dementsprechend im (ehemaligen) Holzeinschlagsgebiet, d. h. für manche Wanderer überraschend mitten im *„Nirgendwo“*.

5 vgl. T.S. Kuhn, *Die Struktur wissenschaftlicher Revolutionen*, Suhrkamp, 1976. Erstveröffentlichung: *The Structure of Scientific Revolutions*, University of Chicago Press, 1962. Ein *Paradigma* ist definitionsgemäß das in der jeweiligen wissenschaftlichen Epoche allgemein favorisierte und akzeptierte naturwissenschaftliche Weltbild. Mit anderen Worten: Ein *Paradigma* beschreibt das zu jener Zeit von der Naturwissenschaft bevorzugte *„Brett vorm Kopf“*, um es humorvoll zu umschreiben.

6 vgl. I. Lakatos, *The methodology of scientific research programmes*, Phil. Papers Vol. I, Cambridge, 1978.

7 aus Ernst Peter Fischer, *Die andere Bildung - Was man von den Naturwissenschaften wissen sollte*, Ullstein Verlag, 2003, S. 23.

8 einige wenige Beispiele hierzu: Aristarchos (310 - 230 v. Chr.) konnte sich mit seinem heliozentrischen Weltbild nicht durchsetzen; Giordano Brunos (1548 - 1600) moderne Weltanschauung starb seinerzeit mit ihm auf dem Scheiterhaufen, seine kirchliche Rehabilitation erfolgte im Jahre 2000; Galileo Galileis erzwungener Widerruf (1633) und spätere Rehabilitation (1992) durch die Kirche; die persönlichen Anfeindungen der *„Energetiker“* aus der damaligen Physiker-Gemeinde gegen Ludwig Boltzmann aufgrund der in seinen Arbeiten publizierten Atom-Hypothese; Albert Einsteins Kritik zu Wahrscheinlichkeitsaussagen der Quantenmechanik: *„Jedenfalls bin ich überzeugt, daß der [Alte] nicht würfelt.“*, Zitat aus einem Brief an Max Born vom 04.12.1926 (vgl. Zitat $\mathbf{Z}_1$); die Nobelpreisträger Ph. Lenard, J. Stark, u. a. proklamieren die *„Deutsche Physik“* während der Nazi-Zeit samt Lenards vierbändiger Abhandlung unter dem gleichen Titel (vgl. Zitat $\mathbf{Z}_2$); u. v. m.

9 Stephen R. Covey (1932 - 2012), amerikanischer Autor. Die moderne *Sozialpsychologie* fasst solche Verhaltensmuster unter dem Begriff *„Dunning-Kruger-Effekt“* zusammen. Kurz gesagt wird damit das psychologische Phänomen beschrieben, wonach sich bei vielen Menschen *„Selbstbewusstsein“* und *„Fachkompetenz“* nicht selten gegenläufig zueinander entwickeln. Während der *„Halbwissende“* sich eher fachlich überschätzt und das Wenige oftmals mit großer Überzeugungskraft nach außen zu vertreten vermag, agiert für gewöhnlich der Experte in der gleichen Sache umso zurückhaltender, denn *„mit dem Wissen wächst der Zweifel.“* (Johann Wolfgang von Goethe).

10 Zitat aus (Simonyi, 2001), S. 365

11 Claudius Ptolemäus (100 - 160), griechischer Mathematiker und Astronom.

12 Nikolaus Kopernikus (1473 - 1543), preußischer Astronom, Arzt und Astrologe. Dessen Publikation zum heliozentrischen Weltbild stand (anfänglich) nicht auf dem kirchlichen Index, weil Kopernikus es explizit als ein *„Berechnungsmodell“* darstellte, womit der Lauf der Planeten deutlich einfacher bestimmt werden kann.

13 Quelle: Schema der Planetenmodelle von Niko Lang, Wikipedia, Bilddatei Geoz wb de.jpg; © CC BY-SA 2.5.

14 Isaac Newton (1642 - 1727), englischer Physiker, Mathematiker und Alchemist. Mehr zur Gravitation in Abschnitt 5.3.1.

15 Einsteins Relativitätsprinzip oder sein Prinzip der Konstanz der Lichtgeschwindigkeit sind Beispiele für erfolgreiche Konzepte dieser Art, vgl. (Hägele, 2014).

16 String-Kosmologie und Quantengravitation: Eine populärwissenschaftliche Einführung in die Modellwelt der Strings, Branen und Multiversen stammt von Lisa Randall, *Verborgene Universen*, Fischer Verlag GmbH, 2009. Das hierfür geschaffene mathematische Kalkül wird mittlerweile erfolgreich auf quantenmechanische Fragestellungen zur Physik der kondensierten Materie abgebildet, was selbstverständlich keine Rückschlüsse auf die Tragfähigkeit entsprechender Ansätze auf dem Gebiet der String-Kosmologie erlaubt (entsprechend den Ausführungen in Abschnitt 2.1 Der mathematische Abbildungsprozess).

17 vgl. hierzu auch das Buch von P. Woit, *Not Even Wrong - The failure of string theory and the continuing challenge to unify the laws of physics*, New York, 2006; *http://www.math.columbia.edu/~woit.*

18 Eine kompakte Einführung zu diesem Themenkomplex findet sich z. B. bei (Hägele, 2007).

19 Bemerkenswerte Erläuterungen zum physikalischen Modellbegriff stammen von Heinrich Hertz, publiziert im Jahre 1894 (→ Zitat $\mathbf{Z}_3$).

20 Anil K. Seth, Professor für Kognitionsforschung und Computerneurowissenschaft, University of Sussex; aus A. K. Seth, *Gehirn - Unsere inneren Universen*, Spektrum der Wissenschaft, Februar 2020. Welche Konsequenzen es für einen Menschen hat, wenn das Gehirn zur Bewertung der aktuellen sensorischen Wahrnehmung ausschließlich auf Erfahrungswerte des jeweils vergangenen Tages zurückgreifen kann, um zuverlässige (→ vertrauensvolle) Prognosen über die Außenwelt zu erstellen, verdeutlicht recht eindrucksvoll die ARTE-Dokumentation: *Amnesie - Ein Leben ohne Erinnerung (2021).* Wie sehr unser Bewusstsein durch sensorisch kontrollierte Halluzinationen dominiert werden kann, zeigt z. B. der McGurk-Effekt, eine beeindruckende audiovisuelle Täuschung. Auch die assoziative Wahrnehmung von Synästheten relativiert die Hypothese einer objektiven Erfahrungswelt, zumal die Synästhesie nicht mit Halluzination gleichzusetzen ist!

21 Bilder zur Lichtbrechung und zum Lichtstrahl: Wikimedia commons - public domain.

22 Der Begriff *„Modell"* beschreibt hier nicht nur das allgemeine Abbildungsverfahren aus der Erfahrungswelt heraus in eine geeignete Modellwelt, sondern auch eine spezifische Abstraktionsebene dieses Prozesses, nämlich das Aufstellen mehrerer (komplementärer) Hypothesen, die zu einem komplexeren Bild des betrachteten Naturgeschehens führen.

23 James Clerk Maxwell (1831 - 1879), schottischer Physiker; Oliver Heaviside (1850-1925), englischer Mathematiker und Physiker.

24 Nancy Cartwright, amerikanische Philosophin und Wissenschaftstheoretikerin, aus (Cartwright, 1983), *How the Laws of Physics Lie*, Introduction, S. 3 ff.

25 ebd., (Cartwright, 1983).

26 Gerald Holton, *Constructing a Theory: Einstein's Model*, The American Scholar, Vol. 48, No. 3 (1979), S. 309 - 340. *http://www.jstor.org/stable/41210527*; Zitate S. 322 und S. 324.

27 u. a. zitiert in (Strunk, 2018), S. 2.

28 ebd., (Strunk, 2018).

29 Karl Popper (1902 - 1994), österreichischer Philosoph, der Mitte der 1930er-Jahre nach England emigrierte.

30 K. Popper, *The Logic of Scientific Discovery*, Routledge Classics, 2002, S. 318. Originalpublikation zum Buch (Popper, 1935); Originalpublikation zum Zitat: Erkenntnis, Bd. 5 (1935), S. 170 ff.

31 aus (Popper, 1935), Abschnitt *VIII. Bewährung,* S. 185.

32 A. Einstein, *Mein Weltbild, Hrsg. C. Seelig*, Ullstein Verlag, 2005, S. 38.

33 Henning Genz (1938 - 2006), deutscher Physiker; zitiert aus (Genz, 1996), S. 18.

34 Ein in der physikalischen Lehre häufig anzutreffende Erzählung, die mir an dieser Stelle thematisch recht passend erscheint. Tatsächlich hatte Galilei das Rollverhalten von Kugeln auf einer schiefen Ebene untersucht. Das Gesetz zum freien Fall hatte Galilei dennoch nicht gefunden, es fehlten seinerzeit die mathematischen Kenntnisse aus der Analysis. Fallversuche der geschilderten Art wurden mit Bleikugeln unterschiedlicher Größe und Gewicht nachweislich von einem Zeitgenossen Galileis durchgeführt, dem holländischen Physiker Simon Stevin (1548 - 1620).

35 Bild Turm zu Pisa: Wikimedia commons - public domain.

36 DOE ist eine im industriellen Umfeld gängige Strategie zur Produkt-/Prozessoptimierung. Hierbei werden im Rahmen einer statistischen Versuchsplanung mögliche Einflussgrößen auf die zu optimierende Zielgröße statistisch variiert und das jeweilige Resultat daraufhin systematisch analysiert. Ein Knackpunkt des Verfahrens: Kennt man nicht alle (relevanten) Einflussgrößen und/oder bestehen (nicht bekannte) funktionale Abhängigkeiten zwischen den gewählten Eingangsparametern, so kann man mit diesem Verfahren *„ganz ordentlich auf die Nase fallen."*

37 M. L. Loper, Georgia Tech Research Institute; zitiert aus (Loper, 2004).

38 Wenn die Modellierungskunst eines Physikers, die Ingenieurskunst und die Handwerkskunst in einer Person zusammentreffen, so ergeben sich fast zwangsläufig faszinierende Resultate, wie beispielsweise David C. Roy auf beeindruckende Weise zu demonstrieren vermag: *http://www.woodthatworks.com.*

39 Typische *„Trendsetter“* sind öffentliche Förderprogramme auf nationaler und internationaler Ebene, weil in diesen Fällen wirtschaftliche und/oder forschungspolitische Interessen (etwa aufgrund internationalen Wettbewerbs bzw. Konkurrenzdenkens) im Vordergrund stehen. Weitere forschungspolitische Instrumente dieser Art sind beispielsweise die sogenannten Exzellenzinitiativen. Selbst Einstein bemängelte den zu seiner Zeit bereits üblichen Publikationszwang: *„Selbst wenn ein Mensch das Glück hat, für eine bestimmte Zeit über ein Stipendium zu verfügen, steht er unter dem Druck, so schnell wie möglich klare Ergebnisse vorlegen zu müssen. In der Grundlagenforschung kann dieser Druck nur Schaden stiften.“* Zitat aus E. Flatau, *Albert Einstein als wissenschaftlicher Autor*, MPI für Wissenschaftsgeschichte, P293, 2005, S. 75. Man bedenke: Negative wissenschaftliche Befunde sind schließlich auch Resultate und können je nach experimenteller Vorgehensweise u. U. richtungsweisend sein für zukünftige Forschungsarbeiten, aber in der Regel landen solche Forschungsergebnisse in der Schublade. Sollten Sie jemals in einem namhaften Journal eine Publikation finden, worin eine wissenschaftliche Studie beschrieben wird, die trotz aller Sorgfalt scheinbar gar nichts zutage förderte - geben Sie mir bitte Bescheid.

40 vgl. hierzu R. Gast, *Teilchenphysik - Trügerische Eleganz*, Spektrum der Wissenschaft 11.18, S. 14 ff.

41 aus (Filk et al., 2004), *Ein erkenntnistheoretisches Intermezzo*, S. 150 - 154.

42 Die Planung solcher Forschungsprojekte beinhaltet also auch eine wichtige soziale Komponente: Eine sinnvolle wissenschaftliche Arbeit definiert sich nämlich nicht ausschließlich über die Anzahl angefertigter Publikationen. Die Publikation kann ein Bestandteil aber definitiv nicht das primäre Ziel einer Forschungsarbeit sein!

43 Eine empfehlenswerte Einführung in die FEM: H. R. Schwartz, *Methode der finiten Elemente*, Teubner, 1989.

44 W. Bieck, *Simulation-based Product Development*, CADFEM-Forum, ANSYS-Conference & 33rd CADFEM Users Meeting, 24. - 26. Jun. 2015, Bremen.

45 Myron Tribus (1921–2016), amerikanischer Organisationstheoretiker, Zitat: National Academy of Engineering, *http://www.nae.edu/219898/MYRON-TRIBUS-19212016.*

46 Einige Beispiele: Das hydrostatische und das hydrodynamische Paradoxon, das Garnrollen-Paradoxon, das Zwillings-Paradoxon und viele andere relativistische Paradoxa, das Olbers-Paradoxon, das Gibbs’sche Paradoxon, u. v. m.

47 Die in diesem Kapitel angeführten Grundsätze **G-1** bis **G-3** sind in der *Simulation-Community* fester Bestandteil der *„DNA“* (→ **D**elicate **N**umerical **A**ttitude ...) eines jeden Simulationsexperten, weshalb ich hierfür keine spezifische Referenz benennen kann. Sollten Sie eine Quelle zu diesen Grundregeln kennen, bitte ich um Rückmeldung.

48 Francis Bacon (1561 - 1626), englischer Philosoph; Zitat vgl. z. B. (Simonyi, 2001), Abschnitt 3.4.1. Mit anderen Worten *„schöne Modelle“* sind immer bedenklich und sollten stets kritisch hinterfragt werden. In diesem Zusammenhang ist die These von Sabine Hossenfelder (Hossenfelder, 2018) nachvollziehbar, wonach das lang anhaltende Scheitern der Grundlagenphysik in allen Bereichen - vom Mikro- bis in den Makrokosmos - letztlich auf die Präferenz nach *„Schönheit“* zurückzuführen sei! Eine weitere Ursache sehe ich allerdings auch im oftmals mangelhaften Verständnis zu grundlegenden wissenschaftlichen Konzepten (vgl. Kapitel 4), weil diese im Rahmen der universitären Ausbildung häufig *„nur überflogen“* werden, um möglichst rasch zu den scheinbar *„wichtigeren Themen“* der aktuellen Forschung zu gelangen.

49 Eine Methode, die auf William von Ockham (1285 - 1347) zurückgeht, englischer Philosoph und Theologe, dass nicht mit größerem Aufwand etwas getan werde, was auch mit kleinerem getan werden kann. *„Entia non sunt multiplicanda praeter necessitatem“ - „Entitäten sollten nicht unnötig vervielfacht werden“*; häufig zitiert, u. a. in (Simonyi, 2001), S. 160.

50 Willebrord van Roijen Snell (1591 - 1626), holländischer Mathematiker, Physiker und Kartograph.

51 Christiaan Huygens (1629 - 1695), holländischer Mathematiker, Astronom und Physiker.

52 Robert Hooke (1635 - 1703), englischer Physiker.

53 Jean Augustin Fresnel (1788 - 1827), französischer Ingenieur und Physiker.

54 Thomas Young (1773 - 1829), englischer Physiker.

55 Arthur Holly Compton (1892 - 1962), amerikanischer Physiker und Nobelpreisträger (1927).

56 Max Planck (1858 - 1947), deutscher Physiker und Nobelpreisträger (1918).

57 Erwin Schrödinger (1887 - 1961), österreichischer Physiker und Nobelpreisträger (1933).

58 Zitat aus (Feynman, 1985), *QED - Die seltsame Theorie des Lichts und der Materie,* S. 21.

59 Meinhard Kuhlmann, deutscher Physiker und Philosoph, *QED - Was ist real?,* Spektrum der Wissenschaft, Juli 2014, S. 46 - 53.

60 M. Planck, *Ueber irreversible Strahlungsvorgänge*, Annalen der Physik, 306,1 (1900), S. 69 - 122.

61 Dieses *„Muster"*, das man in der Modellwelt glaubt erkannt zu haben, ist für viele Physiker immer noch Anlass genug, nach der *„Theorie für Alles"* zu suchen, denn es sei schließlich die Anwendungsbreite einer Theorie, die das *„wahre"* (?!) naturwissenschaftliche Wissen ausmache ...

62 Bilder Seifenblase: Lanju-Fotografie auf Unsplash.

63 Eine beachtenswerte qualitative Beschreibung hierzu, ganz ohne den komplexen mathematischen Formalismus der Quantenmechanik, ist Richard P. Feynman gelungen (Feynman, 1985).

2 Mathematische Strukturen in der Physik

„[Dieses ...] Buch ist nicht zu verstehen, wenn man nicht zuvor die Sprache erlernt und sich mit den Buchstaben vertraut gemacht hat, in denen es geschrieben ist. Es ist in der Sprache der Mathematik geschrieben, und deren Buchstaben sind Kreise, Dreiecke und andere geometrische Figuren, ohne die es dem Menschen unmöglich ist, ein einziges Bild davon zu verstehen; ohne diese irrt man in einem dunklen Labyrinth herum."

Galileo Galilei[1]

Die Mathematik spielt bei der objektiven Beschreibung physikalischer Phänomene eine wichtige Rolle. Die Verwendung mathematischer Strukturen stellt sicher, dass darauf basierende Überlegungen auf Konsistenz geprüft werden können. Bereits zu Zeiten Galileis, wesentlich gestützt auf den Lehren der Antike, nutzte man mathematische Gesetzmäßigkeiten bei der Analyse und der Darstellung experimenteller Befunde. In Verbindung mit dem tief verwurzelten Glauben an einen Schöpfer war zudem die Ästhetik geometrischer Strukturen seinerzeit eine weitere wichtige Entscheidungsgrundlage beim Aufbau entsprechender Weltmodelle, und sie ist es zum Teil auch heute noch, obgleich die hierfür erforderliche Mathematik deutlich formalere Methoden, beispielsweise aus der Analysis, der Differentialgeometrie oder der Tensoranalysis zur Verfügung stellen muss. Diese Entwicklung einer zunehmenden Mathematisierung der Physik schreitet heutzutage in einer Weise voran, dass das physikalische Verständnis mittlerweile nur noch eine untergeordnete Rolle zu spielen scheint und Gefahr läuft, vollständig auf der Strecke bleiben.[2] Ein Umstand, den bereits J. C. Maxwell Mitte des 19. Jahrhunderts durchaus kritisch einzuschätzen wusste. Im Rahmen seiner theoretischen Ausarbeitung der Physik zur Elektrodynamik kommentierte er Faradays naturwissenschaftliche Arbeitsweise:

„It was perhaps for the advantage of science that Faraday, though thoroughly conscious of the fundamental forms of space, time, and force, was not a professed mathematician. He was not tempted to enter into the many interesting researches in pure mathematics which his discoveries would have suggested if they had been exhibited in a mathematical form, and he did not feel called upon either to force his re-

sults into a shape acceptable to the mathematical taste of the time, or to express them in a form with mathematicians might attack. He was thus left to leisure to do his proper work, to coordinate his ideas with his facts, and to express them in natural, untechnical language."[3]

Mit anderen Worten *„[...] purely mathematical considerations lead nowhere other than chaos"*, so der Mathematiker und Astrophysiker E. A. Milne.[4] Obgleich heutzutage *„schöne geometrische Figuren"* nicht mehr im Trend sind, *glauben* Physiker stattdessen an *„schöne Formeln"* und ziehen diese weniger elegant formulierten mathematischen Modellen vor. Wie bereits im ersten Kapitel ausgeführt, ist mathematische Modellierung auch eine Art *„Kunstfertigkeit"*, weil sie zuweilen ein hohes Maß an Kreativität erfordert, sodass dieses weniger wissenschaftliche als vielmehr künstlerische Entscheidungskriterium nach *„Eleganz"* zumindest nachvollziehbar wird, obwohl man durch diesen Vergleich gegen eine unserer drei Grundregeln der physikalischen Modellierung verstößt. Es lassen sich tatsächlich Beispiele wissenschaftlicher Arbeiten anführen, worin die Anwendung des Schönheitskriteriums sich wohl eher zufällig als eine zielführende Maßnahme erwiesen hat. Das sollte jedoch nicht als Rechtfertigung dienen, diese wissenschaftlich fragwürdige Vorgehensweise zur Arbeitsgrundlage zu machen.[5]

Allerdings gibt es noch eine andere Form *„schöner"* mathematischer Strukturen in der Physik, eine durch die spezielle Wahl der mathematischen Abbildung *„hausgemachte"* Variante sozusagen, die (mir) deshalb gefällt, weil sie das Verständnis physikalischer Zusammenhänge objektiv fördert und zugleich verdeutlicht, wie physikalische Modellierung *„funktioniert"*. Bevor wir uns mit diesem Sachverhalt näher befassen, wollen wir zunächst den Abbildungsprozess zwischen unserer Erfahrungswelt und der Welt der Mathematik noch etwas genauer betrachten.

2.1 Der mathematische Abbildungsprozess

„Es gibt keine Wissenschaft, die sich nicht aus der Kenntnis der Phänomene entwickelte, aber um Gewinn aus den Kenntnissen ziehen zu können, ist es unerlässlich, ein Mathematiker zu sein."

Daniel Bernoulli[6]

Die Vorgehensweise mathematische Konzepte heranzuziehen, um damit Beobachtungen aus der Erfahrungswelt für alle nachvollziehbar zu beschreiben, ist eng verknüpft mit der Entscheidung für eine systematische und quantitative Erfassung des Naturgeschehens. Diese Praxis war jedoch keine Erfindung der sogenannten *„wissenschaftlichen Revolution"* des 16. bzw. 17. Jahrhunderts, wie man vielleicht annehmen möchte, namentlich verbunden mit Forschern wie Nikolaus Kopernikus, Galileo Galilei oder Isaac Newton u.v.a. ihrer Zeitgenossen. Sie hatte ihren Ursprung vor mehr als 2200 Jahren im antiken Griechenland. Károly Simonyi schreibt beispielsweise in seiner *Kulturgeschichte der Physik* zu Archimedes (287 - 212 v. Chr.), einem der bedeutendsten Protagonisten der antiken Forschung:

> *„Archimedes hat als erster Physik und Mathematik miteinander verknüpft [...] und alle Erkenntnisse in einen logischen Zusammenhang gebracht [... um] sowohl theoretisch als auch in den Anwendungen weit über das Bekannte hinauszugehen. [...] Er kann somit als Begründer der theoretischen Mechanik [...] angesehen werden.*
>
> *Archimedes hat in seinen mathematischen Abhandlungen [...] den Anforderungen an eine mathematische Strenge im heutigen Sinne weitestgehend entsprochen. Einer vergleichbaren Exaktheit begegnen wir erst wieder im 19. Jahrhundert.“*[7]

Tatsächlich finden sich in heutigen Schulbüchern zur Physik viele Resultate von Archimedes in fast unveränderter Form wieder, etwa seine Arbeiten zum Auftrieb, zu schwimmenden Körpern oder zum Hebelgesetz und so manches mehr!

Weitere Beispiele aus jener Zeit verdeutlichen den hohen wissenschaftlichen Kenntnisstand im antiken Griechenland (prozentuale Abweichungen zu quantitativen Aussagen beziehen sich auf aktuell gültige Werte der genannten Größen):

- Aristarchos (310 - 230 v. Chr.) entwickelte erstmals ein *heliozentrisches Weltbild*!
- Erathostenes (276 - 194 v. Chr.) bestimmte die Größe der *Erdkugel* (!) zu $Ø_E$ = 40 000 ± 6000 km (die relative Abweichung von ± 15 % beruht auf der *heutigen* Unsicherheit zum seinerzeit verwendeten Längenmaß *„Stadion“*).
- Poseidonios (135 - 51 v. Chr.) berechnete den Abstand Sonne-Erde zu $d_{S\text{-}E}$ = 6550$Ø_E$ (Abweichung - 44 %, also etwa einen Faktor zwei zu klein[8]).
- Plutarch (45 - 125 n. Chr.) stellte fest, dass der Mond durch den Schwung seiner Drehung genauso daran gehindert wird, auf die Erde zu fallen, wie ein Körper, der in einer Schleuder herumgewirbelt wird![9]
- Ptolemaios (90 - 160 n. Chr.) bestimmte den Monddurchmesser auf $Ø_M$ = 0,29$Ø_E$ (Abweichung + 7,4 %) und die Distanz Mond-Erde auf $d_{M\text{-}E}$ = 29,12$Ø_E$ (Abweichung - 3,6 %).
- u. v. m.[10]

An dieser Stelle drängt sich unweigerlich die Frage auf, wieso mehr als 1700 Jahre vergehen mussten bis diese Forschungsarbeiten in gleicher Qualität wieder aufgenommen und weitergeführt wurden?

A$_{2-1}$: Weshalb wohl ...?

Die schematische Darstellung in Bild 2.1 beschreibt beispielhaft die mathematische Abbildung von experimentell ermittelten Datensätzen bzw. Messreihen unter Verwendung mathematischer Methoden aus der *Analysis*. Im Zuge einer ersten *Hypothese* geht man davon aus, dass die Daten idealerweise einem funktionalen Zusammenhang genügen sollten. Ohne weiteren Plan bietet sich ein Polynom-Fit f_1 an, welcher die Messdaten (schwarze Symbole) im aktuellen Messbereich (Applikationsbereich von f_1) *exakt* wiedergibt. In unserem Beispiel benötigt man hierfür ein Polynom 9. Grades:

$$f_1(x) = \sum_{n=1}^{9} a_n x^n \quad \text{mit} \quad y_i = f_1(x_i), \quad i = 1,..,9 \qquad \text{Gl. 2.1}$$

Weitere mathematische Analysen auf Basis dieser Funktion spiegeln sich jedoch in den Daten nicht wider. Insbesondere zeigen Folgemessungen (blaue Symbole), dass diese innerhalb des ursprünglichen Messbereichs nicht wie erhofft auf f_1 liegen und außerhalb des definierten Applikationsbereichs sogar gänzlich davon abweichen. Anhand des erweiterten Datensatzes darf man deshalb einen einfacheren linearen Zusammenhang f_2 vermuten und interpretiert die geringen Abweichungen der Messpunkte von der idealen Gerade als statistische Streuung bedingt durch Unwägbarkeiten im gewählten experimentellen Messaufbau.

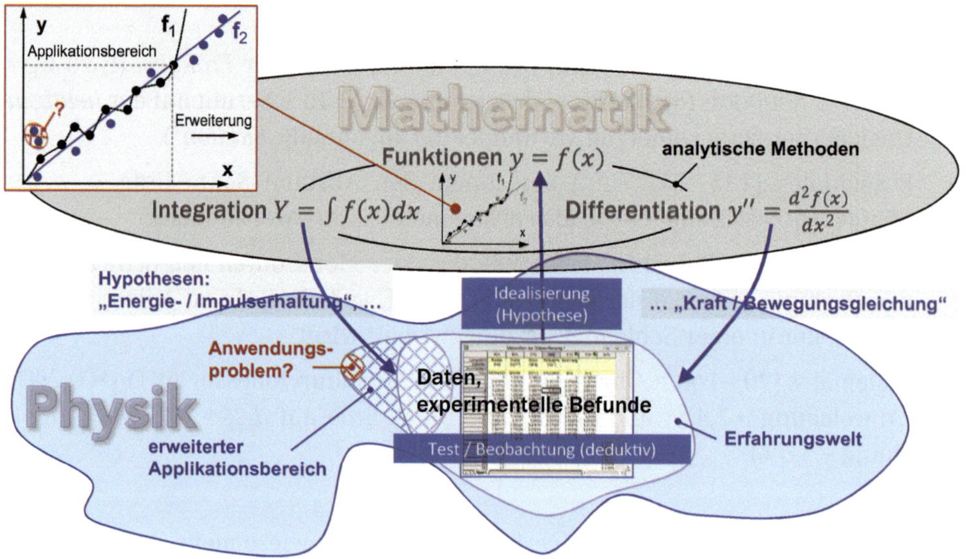

Bild 2.1 Schematische Darstellung zum Prozess der mathematischen Abbildung physikalischer Daten unter Verwendung von Methoden aus der mathematischen Disziplin *„Analysis"*.

Dieser *„kühne"* Idealisierungsschritt erweist sich in der Folge als sehr fruchtbar, indem er einerseits (fast) alle Daten widerspruchsfrei beschreibt und andererseits mathematische Analysen mittels Differential- und Integralrechnung weitere Zusammenhänge liefern, die über das bisher Bekannte hinausgehen. Neue Konzepte (→ Erhaltungsgrößen, allgemeine Bewegungsgleichung) werden auf diese Weise sichtbar, die sich letztlich auch in den Datensätzen wiederfinden lassen (weil man jetzt weiß, wonach man suchen muss!) und deduktiv die *„Richtigkeit“* (besser *„Zweckmäßigkeit“*!) des gewählten Ansatzes bestätigen bzw. stützen. In unserem Beispiel verbleibt lediglich ein kleiner Bereich aus der Erfahrungswelt (rot markiert), der nicht so recht ins Bild passen will – aber *„die mit diesem Ansatz erzielten Erfolge stimmen zuversichtlich, dass bald eine passende Erklärung für dieses Problem gefunden wird.“*

Solche oder ähnlich optimistische Einschätzungen sind nicht selten in der Physik, und die Geschichte zeigt, dass es gerade die scheinbar kleinen und wenig beachteten Randprobleme sind, die auf *„neue Physik“* hindeuten können (vgl. hierzu Abschnitt 4.2.4 *Die Quantenmechanik*). Datenpunkte, die aktuell nicht so recht ins Bild passen wollen, sollte der seriöse Wissenschaftler stets Beachtung schenken, insbesondere, wenn heutzutage so manche wissenschaftliche Software zur Datenverarbeitung bereits *„korrigierende“* Menüpunkte, wie z. B. *„move bad data point“* anbietet. Auch deshalb der Hinweis: In der physikalischen Messwerterfassung gibt es grundsätzlich keine *„schlechten Datenpunkte“*!

Die prinzipielle Vorgehensweise beim mathematischen Abbildungsprozess kann man demnach wie folgt zusammenfassen: Man stellt erste Vermutungen darüber an (→ physikalische Intuition) welche mathematische Theorie sich hypothetisch für die Beschreibung der experimentellen Befunde eignen könnte und *„rechnet ein wenig herum“*, unter Verwendung der durch diesen Bereich der Mathematik vorgegebenen Methodik (→ *„Berechnungswerkzeuge“*), auf der Suche nach weiteren Anhaltspunkten (→ mathematische Gesetzmäßigkeiten), die sich deduktiv in den experimentellen Daten wiederfinden sollten. Bei der Auswahl geeigneter mathematischer Methoden hofft man über genau solche Puzzlebausteine zu stolpern, die sich in einer Weise logisch zusammenfügen lassen, um daraus ein erstes Modell zu rekonstruieren. Dessen Aussagekraft kann in der Folge anhand weiterer Beobachtungen auf Konsistenz geprüft werden.

Mit anderen Worten: In der theoretischen Physik steht man oftmals vor einem ähnlichen Problem, wie es uns in der Experimentalphysik bereits begegnet ist. Manche Physiker nehmen es mit Humor und sprechen in diesem Zusammenhang von der *„Invarianz der Totalschwierigkeit“* einer wissenschaftlichen Problemstellung: Man kennt nur in seltenen Fällen die grundlegenden Prinzipien eines Modells, sodass diese aus den identifizierten *„Puzzlebausteinen“*, d. h. dem formalen Befund, erst in einer Weise rekonstruiert werden müssen, auf dass sich ein konsistentes Bild (→ Theorie) zum untersuchten Sachverhalt ergibt. Hierfür sind, neben mathematischen Fertigkeiten, insbesondere die Fähigkeiten zu raten, zu spekulieren und zu phantasieren wichtige berufsqualifizierende Eigenschaften! Die(se) *„methodischen*

Grundzüge" bei der Entwicklung von modernen und mathematisch komplexen physikalischen Theorien, wie z. B. der allgemeinen Relativitätstheorie oder auch der Quantenmechanik, beschreibt Albert Einstein in *„Mein Weltbild"* folgendermaßen:

> *„Immer mehr ist der Theoretiker gezwungen, sich von rein mathematischen, formalen Gesichtspunkten beim Suchen der Theorien leiten zu lassen, weil die physikalische Erfahrung des Experimentators nicht zu den Gebieten der höchsten Abstraktion emporzuführen vermag. An die Stelle vorwiegend induktiver Methoden der Wissenschaft, [...] tritt die tastende Deduktion.*
>
> *[...] Man soll den Theoretiker, der solches unternimmt, nicht tadelnd einen Phantasten nennen; man muß ihm vielmehr das Phantasieren zubilligen, da es für ihn einen anderen Weg zum Ziel überhaupt nicht gibt. Es ist allerdings kein planloses Phantasieren, sondern ein Suchen nach den logisch einfachsten Möglichkeiten und ihren Konsequenzen."*[11]

Die späte Ansicht Einsteins zur *„tastenden Deduktion"* des Theoretikers birgt natürlich das Risiko, dass man sich bei der Suche nach einer passenden Theorie zu sehr auf die *„rein mathematischen, formalen Gesichtspunkte"* fokussiert und die Physik hierbei aus den Augen zu verlieren beginnt, weil die z. T. unter hohem Aufwand gefundene Lösung der rein mathematischen Problemstellung einem viel zu *„schön"* erscheint, um nicht *„wahr"* zu sein. In der Folge ist man dann gerne bereit anzunehmen, dass *„die physikalische Erfahrung des Experimentators nicht zu den [akribisch ausgearbeiteten] Gebieten der höchsten Abstraktion emporzuführen vermag"* und läuft damit Gefahr die eigene wissenschaftliche Objektivität aufzugeben oder zumindest infrage zu stellen.[12]

Beim Aufbau einer physikalischen Theorie auf Basis mathematischer Methoden sollten Induktion bzw. Intuition (Physik → Mathematik) und Deduktion (Mathematik → Physik) Hand in Hand gehen, um die Befunde aus der Erfahrungswelt (→ Physik) auf konsistente Weise theoretisch zu beschreiben und zu klassifizieren (→ Mathematik). Die Methoden der Mathematik erweisen sich erst dann als nützlich, sobald man konkrete Aspekte aus der Erfahrungswelt abstrakten Strukturen aus der Mathematik zuordnen kann, nicht mehr aber auch nicht weniger.

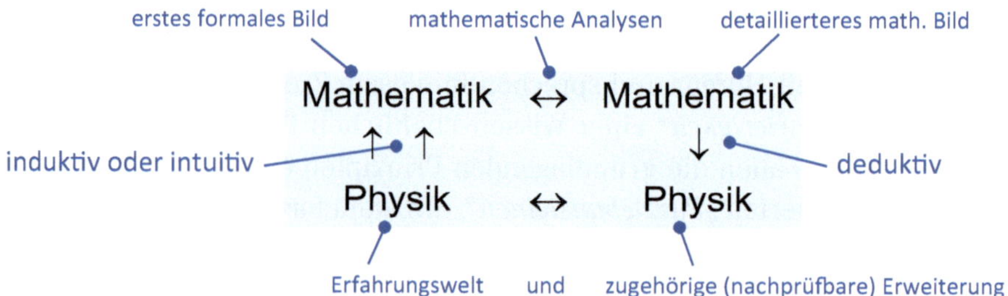

Bild 2.2 Schematische Darstellung zum Aufbau einer physikalischen Theorie unter Verwendung mathematischer Methoden.

Ein pragmatischer Standpunkt, den Einstein in seiner frühen Schaffensperiode Anfang des 20. Jahrhunderts und entgegen seines *„späteren Weltbilds"* noch ausgesprochen treffend zu beschreiben wusste:

„Wie ist es möglich, daß die Mathematik, die doch ein von aller Erfahrung unabhängiges Produkt des menschlichen Denkens ist, auf die Gegenstände der Wirklichkeit so vortrefflich paßt? Kann denn die menschliche Vernunft ohne Erfahrung durch bloßes Denken Eigenschaften der wirklichen Dinge ergründen?

Hierauf ist nach meiner Ansicht kurz zu antworten: Insofern sich die Sätze der Mathematik auf die Wirklichkeit beziehen, sind sie nicht sicher, und insofern sie sicher sind, beziehen sie sich nicht auf die Wirklichkeit." [13]

Der Physiker und Wissenschaftstheoretiker P. C. Hägele (Hägele, 2012) weist auch deshalb darauf hin, dass gerade der Prozess der Mathematisierung und die damit verbundene strukturelle Angleichung naturwissenschaftlicher Modelle dazu führt, dass die Physik auf diese Weise eben allein Fragen nach strukturellen Zusammenhängen beantworten kann.

Also Fragen von der Art

*„**Wie** und **wie** schnell fällt ein Stein?*

***Wie** breiten sich Wellen aus?*

***Wie** fließt elektrischer Strom?"*

etc. [14]

Die (theoretische) Physik ist also genau genommen *„nur"* eine Strukturanalyse unserer Erfahrungswelt, indem sie Erfahrungswerte (empirische Befunde) auf mathematische Strukturen abzubilden versucht (Ludwig, 1978). Die Mathematik ist also keineswegs *die „Sprache der Natur"*, wie Galilei dereinst formulierte und wie es auch heutzutage oftmals zu lesen steht, sie ist vielmehr unsere *„Sprache der Wahl"*, um Naturphänomene zu beschreiben und zu klassifizieren.[15] Zu diesem Zweck steht der Physik gemeinhin eine sehr große Auswahl an mathematischen Strukturen zur Verfügung, um damit Aspekte des Naturgeschehens objektiv, d. h. mathematisch konsistent zu beschreiben. Hierbei können gänzlich verschiedene mathematische Konzepte herangezogen werden, mit entsprechend unterschiedlichen physikalischen Modellüberlegungen, um denselben Bereich der Erfahrungswelt zu beschreiben. Die Entscheidungsfindung des Physikers, welche dieser mathematischen Methoden letztlich zur Anwendung kommen, ist zuweilen willkürlich, und deshalb sind die in der Folge erzielten ersten Ergebnisse auch eher zufällig – ein weiterer Aspekt aus der Rubrik *„Physik – eine exakte Naturwissenschaft?"*

Bild 2.3 zeigt schematisch einige Beispiele dafür, welche mathematischen Werkzeuge typischerweise in den verschiedenen physikalischen Disziplinen zum Einsatz kommen. Der Mathematik der *„analogen und deterministischen"* klassischen

Physik stehen die mathematischen Methoden der *„digitalen und stochastischen"* Quantenphysik gegenüber. Trotz einiger Anknüpfungspunkte, speziell zur klassischen Mechanik und zur Elektrodynamik, sind beide Methoden nicht kompatibel.

Thematisch interessant sind hierbei Kontinuumsansätze, d. h. Modelle, die auf zusätzliche Annahmen über eine mögliche Substruktur der Materie verzichten. Alle physikalischen Größen sind makroskopischer Natur und ein spezifisches (*„Material-"*)Verhalten des Kontinuums wird über effektive (*„Material-"*)Gesetze beschrieben. Die hierfür erforderliche Mathematik ist die Differentialgeometrie bzw. Tensoranalysis. Sowohl in der (Kontinuum-)Mechanik als auch in der Thermodynamik, der Elektrodynamik und der Gravitation (Kosmologie) kommen diese Modelle mit großem Erfolg zur Anwendung.

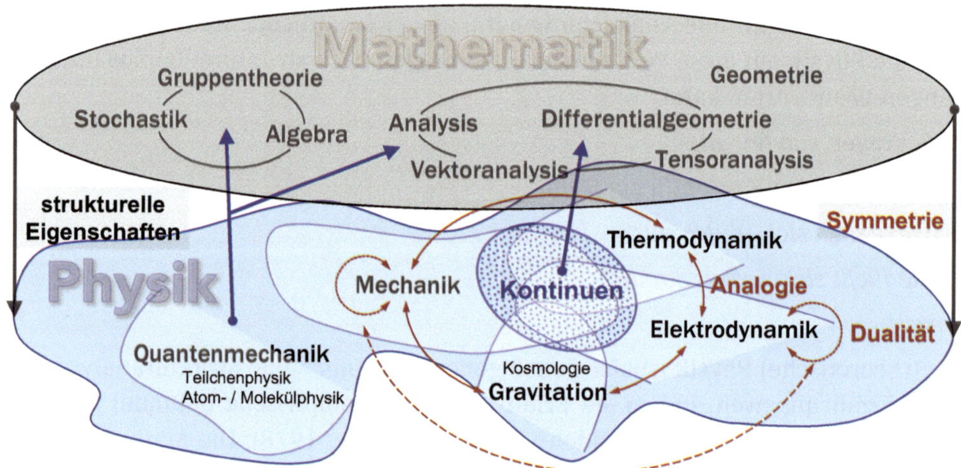

Bild 2.3 Der Prozess der mathematischen Abbildung am Beispiel verschiedener physikalischer Disziplinen unter Verwendung von Strukturen aus unterschiedlichen Bereichen der Mathematik.

Entsprechend finden sich in all diesen Disziplinen der klassischen Physik vergleichbare mathematische Strukturen, die zudem eindeutig aufeinander abbildbar sind. Diese interdisziplinäre ***Analogie*** ermöglicht nicht nur den Einsatz identischer Lösungsverfahren zu analogen Problemstellungen, sondern fördert auch ein tieferes Verständnis der jeweiligen physikalischen Zusammenhänge. Die *mathematische Analogie* ist bitte nicht zu verwechseln mit *physikalischen Analogien*, wie sie in der naturwissenschaftlichen Lehre gerne zur Veranschaulichung abstrakter Modellvorstellungen herangezogen werden, allerdings mit eher mäßigem Erfolg, weil oftmals wenig durchdacht.

Zudem lassen sich in der Welt der Kontinuum-Theorien auch intradisziplinäre Analogien identifizieren, also identische mathematische Formalismen zu verschiedenen Problemstellungen innerhalb *einer* physikalischen Disziplin. Man spricht in diesen Fällen vom Vorliegen einer ***Dualität***. Zueinander duale Probleme innerhalb einer Fachrichtung haben oftmals ihr Pendant in den jeweils anderen Fachrichtungen. Beides wollen wir in den folgenden Abschnitten anhand von wenigen Beispielen etwas näher betrachten, beginnend mit mathematischen ***Symmetrien*** innerhalb eines physikalischen Modells. Zuvor jedoch noch einige Worte zur mathematischen Darstellung physikalischer Zusammenhänge durch sogenannte *physikalische Gleichungen*.

2.2 Physikalische Gleichungen

Eine *physikalische Gleichung* setzt im Rahmen eines Modells definierte *physikalische Größen*[16] A, B, C, D etc. in eine mathematische Beziehung zueinander, um auf diese Weise Beobachtungen (Messresultate) kompakt zu beschreiben oder bestimmte, modellabhängige physikalische Zusammenhänge aufzuzeigen. Gleichungen können in unterschiedlichsten Formen vorliegen und setzen jeweils identische mathematische Objekte (Skalare, Vektoren, Tensoren, etc.) in Beziehung zueinander, z. B.

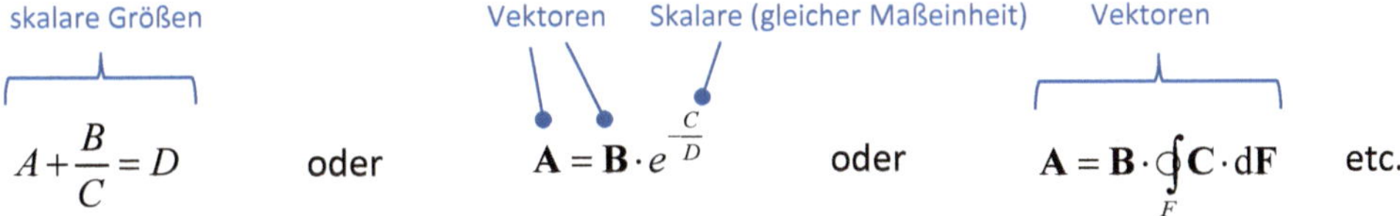

Die Physik ist prinzipiell nur an Identitäten interessiert, so dass der Wert einer Modell-Variablen immer über eine physikalische Gleichung festgelegt werden kann. Hierbei ist im Allgemeinen jede physikalische Größe A durch ihren Betrag (Messwert) *und* ihre Dimension (Maßeinheit) eindeutig bestimmt:

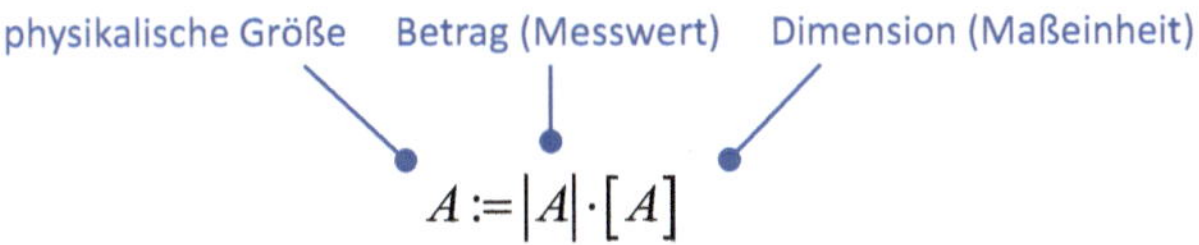

Bei Vektoren und Tensoren gilt diese Bedingung komponentenweise. Im Gegensatz zu einer rein mathematischen Gleichung, ist eine physikalische Gleichung genau dann korrekt, wenn *sowohl* die Beträge *als auch* die Dimensionen auf beiden Seiten übereinstimmen, d. h.

$$A = B \Leftrightarrow |A| = |B| \wedge [A] = [B]$$

Diese an sich triviale Feststellung hat folgende wichtige Implikation:

„Physikalische Größen, die in einem gegebenen Maßsystem identische Einheiten aufweisen bzw. deren Beträge sich selbst in verschiedenen Maßsystemen nur um einen konstanten Faktor unterscheiden sind identisch."

Die Konstante kann in dem jeweiligen Maßsystem durchaus dimensionsbehaftet sein. Es lässt sich stets ein Einheitensystem finden, in welchem diese Konstante ein Skalar wird bzw. auf Eins normiert werden kann. Die elektromagnetischen Feldkonstanten ε_0, μ_0 sind beispielsweise von dieser Art. Eine genaue Messung ihrer Werte macht physikalisch überhaupt keinen Sinn, weil es dem Versuch gleich käme eine mathematisch wohldefinierte Größe, nämlich den Raumwinkel 4π messen zu wollen – und wer will das schon? Die Feldkonstanten sind nämlich über eine Naturkonstante miteinander verknüpft – die Vakuum-Lichtgeschwindigkeit c_0, deren Betrag wiederum von der Wahl des Einheitensystems abhängt (vgl. Kapitel 3 *Der Messprozess und Maßeinheiten*).

Ein Beispiel:

$\varepsilon_0 = 1/\mu_0 c_0^2 = 10^7/4\pi c_0^2 \cong 8{,}854 \cdot 10^{-12}$ As/Vm	SI-Einheiten	$\rightarrow c_0^2 = 1/\mu_0\varepsilon_0$
$\varepsilon_0 = 1/4\pi$	cgs-Einheiten	$\rightarrow c_0^2 = 4\pi/\mu_0$
$\varepsilon_0 = 1/4\pi$, $\mu_0 = 4\pi$	Planck-Einheiten	$\rightarrow c_0^2 = 1$

Die Definition von Maßeinheiten hat also *ausschließlich einen* und nur *diesen einen* praktischen Grund, nämlich die quantitative Vergleichbarkeit von Messresultaten zu gewährleisten. Die Festlegung unterschiedlicher Einheiten impliziert jedoch nicht notwendig, dass man es prinzipiell auch mit unterschiedlichen physikalischen Phänomenen zu tun haben muss! Leider suggeriert die Physikausbildung insbesondere in der Schule (aber auch später im Studium) oftmals gerade das Gegenteil, sodass die erstmalige Begegnung mit einem Einheitensystem zugleich die erste große Hürde darstellen kann, die das Verständnis physikalischer Zusammenhänge auf Dauer erheblich behindern kann. Oftmals wird dieses Hindernis noch gestützt durch die fast suggestive Mahnung womöglich *„Äpfel mit Birnen"* zu vergleichen, wenn nicht sichergestellt ist, dass die jeweiligen Einheiten auf beiden Seiten einer physikalischen Gleichung tatsächlich identisch sind (unter Berücksichtigung eventueller Skalierungsfaktoren). Obwohl dieser wichtige Hinweis selbstverständlich stets zu beachten ist, werden in der Folge mögliche gemeinsame Eigenschaften zweier *„Obst"*-Sorten nicht mehr als solche wahrgenommen, es sei denn, man rechnet mit Vielfachen einer Basiseinheit.

Beispiele:

• Länge L [m]	= 100 · Länge L' [cm] = 1000 · Länge L'' [mm] = ...
	= 0,9144 · length L' $[\text{yard}]_{GB}$ = 0,0254 · length L'' $[\text{inch}]_{GB}$
	= c_0 [ms^{-1}] · Zeit t [s]
• Energie E [J]	= 4,1868 · Wärmemenge Q [cal] = 10^{-7} · Energie E' [erg]
	= 9,81 [Nkp^{-1}] · Arbeit W [kpm]
	= k_B [JK^{-1}] · Temperatur T [K]
	= c_0^2 [Jkg^{-1}] · Masse m [kg]
• Kraft F [N]	= 9,81 [Nkp^{-1}] · Kraft F' [kp]
	= 10^{-5} · force F' [dyn]
	= Impulsstrom $I_p = dp/dt$ [Hys^{-1}] = [N]
• Druck p [Nm^{-2}]	= 6894,757 [Nm^{-2}psi^{-1}] · pressure p' [psi]
	= mechanische Spannung σ [Nm^{-2}]
	= Energiedichte ρ_E = [Jm^{-3}] = [Nm^{-2}]
	= Impulsstromdichte j_p [Hys^{-1}m^{-2}] = [Nm^{-2}]

Während wir in manchen der o. g. Beispiele die dort aufgeführten Größen A, A', A" etc. ganz selbstverständlich als qualitativ identisch erachten, so erscheinen uns die farbig hervorgehobenen Ausdrücke diesbezüglich doch zumindest *„suspekt"* – wieso eigentlich?! Nun, weil wir glauben, dass tatsächlich auch so gelernt zu haben! *Länge* und *Zeit* haben so gar nichts gemeinsam. Statisch wirkende *Kräfte* sind doch keine *Impulsströme*, was soll denn da strömen? Durch Druckbeaufschlagung lassen sich in einem Körper mechanische Spannungen erzeugen, aber dennoch ist beides sehr wohl zu unterscheiden?! Und eine (statische) Druckwirkung ist schon deshalb keine Impulsstromdichte, weil (statische?) *Kräfte* keine (kinetischen?) *Impulsströme* repräsentieren; u. v. m.

Im Laufe der historischen Entwicklung physikalischer Disziplinen, wie beispielsweise der *Mechanik*, der *Wärmelehre* oder der *Elektro-* und *Magnetostatik* etc. wurden zur Beschreibung der entsprechenden Phänomene aus der Erfahrungswelt spezifische Begriffssysteme entwickelt, weil seinerzeit disziplinübergreifende Zusammenhänge noch nicht zu erkennen waren. Diese Fachbegriffe haben sich z. T. bis in die heutige Zeit erhalten. Physiker sind diesbezüglich ausgesprochen konservativ veranlagt: Bewährtes wird bewahrt und umso seltener kritisch hinterfragt, je länger diese Konzepte in der Anwendung sind. Deshalb drängt sich Studenten beim erstmaligen Studium der genannten Disziplinen oftmals der Eindruck auf, man habe es tatsächlich mit physikalisch Neuem zu tun, obgleich es sich durchaus um identische physikalische Größen handeln kann. Gelegentlich wird diese Vorstellung in der wissenschaftlichen Lehre durch eine historisch bedingte, aber nach heutigem Kenntnisstand eigentlich *„ungeschickte Wortwahl"* noch zusätzlich gefördert, weil unterschiedliche Bezeichner für die gleiche Sache aus rein traditionellen Gründen auch weiterhin beibehalten werden, denn „... *die Wissenschaft sie ist und bleibt, was einer ab vom andern schreibt.*" (Eugen Roth), um das ganze Dilemma mit etwas Humor zu umschreiben.

Beispiele: [17]

- träge Masse und schwere Masse
- Drehmoment, Drehkraft und Kraftmoment
- Drehimpuls, Impulsmoment und Drall; Schwung (veraltet)
- Trägheitsmoment und Drehmasse
- Winkelgeschwindigkeit und Kreisfrequenz
- diverse Newton'sche *„Kräftepaare"*
- *„Kraftstoß"* und Impuls oder Bewegungsgröße; Wucht (veraltet)
- Elastizitäts-, Schub-, Kompressionsmodul; Lamé-Konstanten
- Permittivität, Dielektrizität, Dielektrizitätskonstante, dielektrische Leitfähigkeit
- elektrische/magnetische Suszeptibilität und relative Permittivität/Permeabilität
- u.v.m.

Die veralteten Begriffe werden auch weiterhin umgangssprachlich verwendet, zeigen aber Bedeutungsverschiebungen, je nach Kontext. Eine weitere Komplikation ergibt sich durch die *„synonyme"* Verwendung von physikalischen Begriffen die prinzipiell verschiedene Sachverhalte beschreiben. Ebenso verwirren unzutreffende Zuweisungen von Eigenschaften. Durch diesen legeren Umgang mit wohldefinierten physikalischen Modellvorstellungen entwickeln sich Gewohnheiten, die das wissenschaftliche Verständnis (nicht nur) von Studenten nachhaltig beeinträchtigen können.

Beispiele:

- Die Aussage, man messe *„Kräfte"*, obwohl man tatsächlich die Änderung einer *„Auslenkung"*, *„Kompression"*, *„Dehnung"*, *„Beschleunigung"* etc. misst und in der Folge *interpretiert* (!), dass die so gemessenen Veränderungen das Resultat *„wirkender Kräfte"* seien; vgl. Abschnitt 4.2 *Das Konzept der Kraft.*
- Sämtliche *„Energieformen"*, wie z.B. die *kinetische* oder die *potentielle Energie*; vgl. hierzu Abschnitt 4.1 *Das Konzept der Energie.*
- *Wärme* (Energie, Zustandsgröße) und *Wärme* (thermische Arbeit, Prozessgröße) sowie *Wärme* (Entropie) oder *Wärme* (Temperatur); vgl. Abschnitt 4.1.2 *Was ist Entropie?*
- Die Verwendung des Begriffs *Masse* stellvertretend für materielle Körper suggeriert, dass *Masse* mit *Materie (Stoffmenge)* gleichzusetzen ist; vgl. Abschnitt 3.3 *Die Massenbestimmung.*

- Die Aussage, ein im Gravitationsfeld angehobener Körper *gewinne an potentieller Energie,* impliziert fälschlicherweise einen körpereigenen *Energieinhalt.*

  Als naturwissenschaftlich interessierter Schüler (der Mittelstufe) hatte ich einige Schwierigkeiten (nicht nur) mit dieser Aussage. Ich fragte mich seinerzeit, wie sich wohl ein auf der Erde angehobener Körper verhalten mag, wenn man ihn, angefüllt mit „potentieller Energie", gedanklich in die weite Leere des interstellaren Raumes versetzt. Was geschieht mit all seiner Energie? Wird er plötzlich herumsausen, ähnlich einem prallgefüllten Ballon der, einmal losgelassen, schlagartig seine Luft verliert? Mein Physiklehrer wirkte damals sehr überzeugend in seinen Ausführungen; es lag wohl an mir, dass ich nichts davon verstand, zumal meine Mitschüler seinerzeit scheinbar keine Probleme damit hatten ...

- u.v.m.

Eine Vielzahl dieser Stolpersteine hat F. Herrmann zusammengetragen und unter der Rubrik *„Altlasten der Physik"* einer kritischen Bewertung unterzogen (Herrmann et al., 2002).

2.3 Die mathematische Symmetrie

> *„A thing is symmetrical if one can subject it to a certain operation and it appears exactly the same after the operation."*
>
> *Richard P. Feynman*[18]

Allgemeine Symmetriebetrachtungen spielen in der (theoretischen) Physik nicht erst mit den richtungsweisenden Arbeiten von Albert Einstein (→ spezielle Relativitätstheorie, 1905) und Amalie Emmy Noether (→ Noether'sches Theorem, 1918) eine wesentliche Rolle. Beispielsweise war Newtons Gravitationsgesetz letztlich die Folge einer physikalischen Symmetrieüberlegung: Die Gesetze der Himmelsmechanik sollten sich von erdgebundenen Gesetzmäßigkeiten nicht (mehr) unterscheiden. Geometrische Symmetriebegriffe spielten sowohl in der antiken Forschung als auch im Verlauf der sogenannten wissenschaftlichen Revolution im Europa des 16. und 17. Jahrhunderts eine bedeutende Rolle. Auch bei der Beschreibung periodischer Strukturen in der Festkörperphysik (→ Kristallgitter) sind heute noch geometrische Überlegungen von grundlegender Bedeutung.

Einsteins Zugang zu den allgemeinen Gesetzmäßigkeiten der speziellen Relativitätstheorie war, wie damals bei Newton, wesentlich gesteuert von einer physikalischen Symmetrieüberlegung, diesmal zur Elektrodynamik bewegter Körper (1905). Die Maxwell'sche Theorie schien seinerzeit nämlich den (absoluten) Bewegungszustand wechselwirkender Körper zu unterscheiden, obgleich entsprechende Experimente nur von der Relativgeschwindigkeit abhängen.[19] Die nahezu zeitgleich publizierten Arbeiten von Lorentz (1904) und J. H. Poincaré (1905/06) fokussierten hingegen auf das mathematische Transformationsverhalten der Maxwell-Heaviside-Gleichungen.

Tabelle 2.1 Der Zusammenhang zwischen mathematischen Symmetrieoperationen und den zugehörigen physikalischen Erhaltungsgrößen bzw. Gesetzmäßigkeiten.

Mathematische Symmetrie-Operation	Parameter	zugehörige Symmetrie-Eigenschaft	Erhaltungsgröße, Gesetzmäßigkeit	notwendige Folge: Es gibt kein(e) absolute(s)...
Translation in der Zeit	t_0	konform in der Zeit	Energie E	Zeit
Translation im Raum	$\boldsymbol{r}_0$	homogen im Raum	Impuls $\boldsymbol{p}$	Ort
Rotation im Raum	$\hat{\mathbf{D}}$	isotrop im Raum	Drehimpuls $\boldsymbol{L}$	Richtung
Bewegung von K, K'	$\boldsymbol{v}$	Translationsinvarianz	Schwerpunkt $\boldsymbol{r}_{CM}$	Koordinatensystem
Galilei-Transformation	$\boldsymbol{v}, \boldsymbol{r}$	Zentralpotential $\propto 1/r$	Lenz-Runge-Vektor $\boldsymbol{A}$	Perihel-Drehung
Lorentz-Transformation	$\boldsymbol{v}, \boldsymbol{r}, t$	isotrop in Raum und Zeit	Kovarianz	Geschwindigkeit
Spiegelung in der Zeit	t	Zeitumkehrsymmetrie	Kovarianz	Zeitrichtung
Spiegelung im Raum	$\boldsymbol{r}$	Inversionssymmetrie	Parität	Händigkeit
Spiegelung der Ladung	q		Ladungsumkehr	Ladungsvorzeichen
Eichtransformation	φ_0	Phaseninvarianz	Ladung	Phase
…		…	u.v.m.	…

Die Asymmetrie in der Elektrodynamik behob Einstein schließlich durch die axiomatische Einführung zweier *„Absolutheitsprinzipien"* (vgl. Abschnitt 4.3.5 *Zeit-Paradoxien*), nämlich die Konstanz der Lichtgeschwindigkeit einerseits und die allgemeine Gültigkeit physikalischer Gesetze andererseits, womit er schließlich die Forminvarianz der Maxwell-Gleichungen unter Lorentz-Transformationen sicherstellte. In der Folge waren noch die Gesetze der klassischen Mechanik zu korrigieren, sodass diese ebenso Lorentz-invariant transformieren.

Emmy Noether[20] zeigte zudem, dass eine mathematische Symmetrieoperation, nämlich die Forminvarianz der Lagrange-Gleichungen bei einer kontinuierlichen (infinitesimalen) Koordinatentransformation stets einen Erhaltungssatz zur Folge hat (vgl. hierzu Abschnitt 4.2.2 *Die Analytische Mechanik*). Konkret bedeutet das Noether'sche Resultat, dass sich grundlegende physikalische Gesetze unmittelbar aus recht plausiblen Überlegungen ableiten lassen müssen. Ein physikalischer Vorgang sollte nämlich (trivialerweise) nicht davon abhängen, zu welcher Zeit und an welchem Ort das entsprechende Experiment durchgeführt wird. Ebenso wenig darf die Orientierung des experimentellen Aufbaus im Raum eine Rolle spielen. In der Tat ein faszinierender Aspekt, wenn man bedenkt, dass *„... sich aus diesen Forderungen die Objektivität der Physik als Wissenschaft ergibt"* (Simonyi, 2001)! Das Theorem greift übrigens nicht bei diskreten Symmetrieoperationen, wie Spiegelungen aller Art oder etwa räumliche Translationen der Form $\boldsymbol{r}_\mathrm{n} = \boldsymbol{r}_0 + n \cdot \boldsymbol{k}$, mit $n \in \mathbb{Z}$, wobei der konstante Vektor $\boldsymbol{k}$ beispielsweise für die Periodizität einer kristallinen Struktur stehen kann. Das (zusätzliche) Vorliegen solch diskreter Symmetrien führt nicht notwendig zu weiteren symmetriespezifischen Erhaltungsgrößen. Im Allgemeinen sind infinitesimale und diskrete Symmetrieoperationen unterschiedliche Sachverhalte, man sollte also nicht versuchen *„Äpfel mit Birnen"* zu vergleichen, auch wenn manche diskrete Operation integral über eine entsprechende infinitesimale Operation darstellbar zu sein scheint.

Zur weiteren Verdeutlichung stellt Tabelle 2.1 eine Reihe mathematischer Symmetrieoperationen zusammen und beschreibt die zugehörigen physikalischen Erhaltungsgrößen bzw. Gesetzmäßigkeiten. Die allgemeine Energieerhaltung ist demnach die direkte Folge davon, dass ein wohldefiniertes physikalisches Experiment *jederzeit* das gleiche Ergebnis liefern sollte. In diesem Fall sind die das Experiment beschreibenden Gleichungen bezüglich des Parameters *Zeit* translationsinvariant. Ist das experimentelle Resultat zudem nicht davon abhängig, an welchem Ort es durchgeführt wird, so ist auch der lineare Impuls erhalten. Spielt die Orientierung im Raum ebenfalls keine Rolle, dann ist auch der Drehimpuls eine Erhaltungsgröße. Hieraus folgt unmittelbar, dass es in der Physik keine absolute Zeit, keinen absoluten Ort und keine absolute Richtung geben kann. Ebenso gibt es kein absolutes Koordinatensystem, weshalb der Schwerpunkt erhalten ist. Die vier Erhaltungsgrößen E, $\boldsymbol{p}$, $\boldsymbol{L}$, $\boldsymbol{r}_\mathrm{CM}$ (bzw. $\boldsymbol{A}$) repräsentieren insgesamt zehn Integrationskonstanten entsprechend den zehn möglichen Parametern womit sich im Rahmen der klassischen Mechanik ein Wechsel des Koordinatensystems K($\boldsymbol{r}$,t) → K'($\boldsymbol{r}'$,t') festlegen lässt:

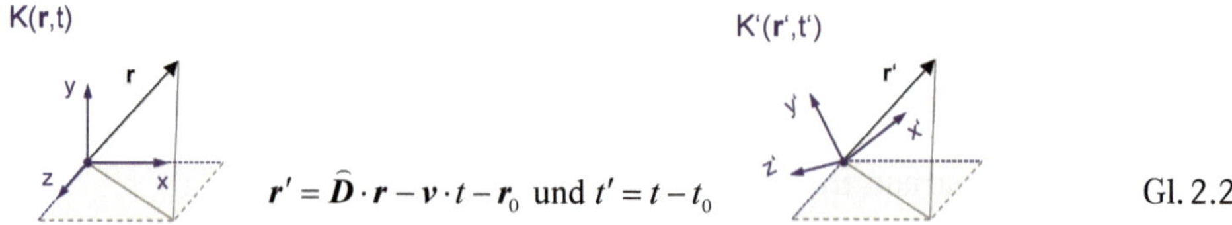

$$\boldsymbol{r}' = \hat{\boldsymbol{D}} \cdot \boldsymbol{r} - \boldsymbol{v} \cdot t - \boldsymbol{r}_0 \text{ und } t' = t - t_0 \qquad \text{Gl. 2.2}$$

Die sogenannte *allgemeine Galilei-Transformation* (Gl. 2.2) setzt sich demnach aus drei Operationen zusammen, nämlich einer Drehung $\hat{\boldsymbol{D}}$, einer Relativbewegung $\boldsymbol{v}$ und einer Translation $\boldsymbol{r}_0$ im Raum. Das sind drei Operationen mit jeweils drei Freiheitsgraden plus einem weiteren Freiheitsgrad in Verbindung mit der Translation t_0 in der Zeit.

Die *Ladungserhaltung* als Folge der *Phaseninvarianz* steht stellvertretend für eine Reihe weiterer quantenmechanischer Gesetzmäßigkeiten, worauf hier jedoch nicht im Einzelnen eingegangen werden kann.

■ 2.4 Die mathematische Analogie

Werden unterschiedliche physikalische Phänomene durch identische mathematische Strukturen beschrieben (→ homologe Gleichungen), so lassen sich dafür selbstverständlich einheitliche Lösungsansätze verwenden. Kennt man also die formale Lösung eines Problems, ergeben sich die entsprechenden Lösungen der analogen Problemstellungen durch eine einfache Zuordnung der jeweiligen physikalischen Größen.

Beispielhaft verdeutlichen lässt sich dieser Sachverhalt anhand der Differentialgleichungen für die stationäre Wärmeleitung, das statische elektrische (oder magnetische) Feld und Newtons Gravitationsgesetz. Alle Gleichungen genügen nämlich derselben mathematischen Struktur[21]

$$\mathbf{div}(\text{Feldvektor}) = \mathbf{divgrad}(\text{Potential}) = \pm\frac{\text{Quellendichte}}{\text{Feldkonstante}} \qquad \text{Gl. 2.3}$$

Die Divergenz eines Feldvektors, jeweils darstellbar über den Gradienten einer skalaren Potentialfunktion, ist bis auf einen konstanten Faktor gleich der Quellendichte des Feldes. Das jeweilige Vorzeichen hängt von der Wahl des Referenzpotentials ab. Kennen wir also die Lösung in einem der Problemfelder, beispielsweise aus dem Bereich der Mechanik das Newton'sche Gravitationsfeld $\boldsymbol{G}$ zu einer Masse M

$$\mathbf{div}(\boldsymbol{G}) = \frac{\rho_g}{\gamma_0} \quad \text{mit} \quad \boldsymbol{G} = -\mathbf{grad}(\varphi_g) \quad \text{und} \quad \varphi_g(r) = -\frac{1}{4\pi\gamma_0} \cdot \frac{M}{r} \qquad \text{Gl. 2.4}$$

so ergeben sich die Lösungen in allen anderen physikalischen Gebieten, indem man die zugehörigen Größen entsprechend substituiert, wie in Tabelle 2.2 angegeben.

Tabelle 2.2 Beispiele analoger physikalischer Phänomene mit jeweils identischer mathematischer Struktur.

physikalisches Phänomen	Feldvektor	Potential zum Feld	Quelle („Ladung“)	Quellendichte	Feldkonstante
Wärmeleitung	$\boldsymbol{j}$	thermisch T	Q_{th}	ρ_{th}	λ_0
Elektrostatik	$\boldsymbol{E}$	elektrisch φ_e	Q_e	ρ_e	ε_0
Magnetostatik	$\boldsymbol{H}$	magnetisch φ_m	Q_m	ρ_m	μ_0
Gravitation	$\boldsymbol{G}$	gravitativ φ_g	$Q_g = M$	ρ_g	γ_0

Demnach zeigt die stationäre Wärmestromdichte $\boldsymbol{j}(r)$ bzw. die Temperaturverteilung $T(r)$ (→ thermisches Potential) in einem Raumbereich mit konstanter Wärmeleitung λ_0 um eine zeitlich konstante Wärmequelle Q_{th} [W] die gleiche radiale Abhängigkeit wie die Gravitationsfeldstärke $\boldsymbol{G}(r)$ bzw. das Gravitationspotential $\varphi_g(r)$ um eine Masse M, nämlich

$$\boldsymbol{j} = -\mathbf{grad}(T) \quad \text{mit} \quad T(r) = -\frac{1}{4\pi\lambda_0} \cdot \frac{Q_{th}}{r} \qquad \text{Gl. 2.5}$$

Die Analogie insbesondere zwischen Mechanik und Elektrodynamik geht jedoch erheblich weiter, wie u. a. F. Herrmann im KPK auf sehr anschauliche Weise verdeutlicht (Herrmann, 1997).

Tabelle 2.3 zeigt beispielhaft eine ganze Reihe von Größen bzw. Begriffen aus beiden physikalischen Bereichen, die in Analogie zueinander stehen. Zu einer mechanischen Problemstellung, jeweils beschrieben anhand der in der Tabelle aufgeführten mechanischen Größen, erhält man das analoge elektrodynamische Problem mit identischer mathematischer Struktur und identischer (mathematischer) Lösung, indem man die zueinander analogen Größen entsprechend ersetzt. Der Impuls $\boldsymbol{p}$ ist also das mechanische Pendant zur elektrischen Ladung Q. Die zeitliche Ableitung des Impulses $d\boldsymbol{p}/dt$, der Impulsstrom (→ *„Kraft“*), entspricht dem elektrischen Strom $I = dQ/dt$. Das Analogon der relativen Ausprägung (→ Intensität) eines Bewegungsvorganges, also dessen relative Geschwindigkeit $\Delta\boldsymbol{v}$, ist die elektrische Spannung U (→ relatives Potential oder Potentialdifferenz $\Delta\varphi_e$) etc. Zueinander analoge Problemfelder ermöglichen gänzlich neue Perspektiven auf allzu vertraute Sachverhalte, und mit diesen neuen Ansichten sind auch in der Regel neue Einsichten verbunden, die fast zwangsläufig zu einem tieferen Verständnis physikalischer Zusammenhänge führen. Die Masse M beispielsweise hat ihre Entsprechung in der elektrischen Kapazität C eines Kondensators, womit bekanntlich dessen Ladungsaufnahmevermögen Q zu gegebener Spannung U beschrieben wird. Die analoge mechanische Interpretation der Masse liegt förmlich auf der Hand, was in Abschnitt 4.2 *Das Konzept der Kraft* und insbesondere in Kapitel 5 *Impulsströme* noch ausführlich erörtert wird.

Tabelle 2.3 Zueinander analoge Größen bzw. Begriffe aus Mechanik und Elektrodynamik, aus (Herrmann, 1997).

Mechanik	Elektrodynamik
mechanischer Impuls $\boldsymbol{p}$	elektrische Ladung Q_e
Kraft (Impulsstrom) $\boldsymbol{F}$	Ladungsstrom I
Geschwindigkeit $\boldsymbol{v}$ / rel. Geschwindigkeit $\Delta\boldsymbol{v}$	Potential φ_e / Spannung U
Verschiebung $\Delta\boldsymbol{r}$	magnetischer Fluss NΦ
Energie E	Energie E
Leistung (Energiestrom) P	Leistung (Energiestrom) P
Massenpunkt (Trägheit / Schwere) / Masse M	Kondensator / Kapazität C
Feder (Elastizität) / reziproke Federkonstante $1/D$	Spule / Induktivität L
Dämpfer (Dissipativität) / mech. Widerstand R_m	Widerstand / elektr. Widerstand R
Viskosität (Impulsleitfähigkeit) η	elektr. Leitfähigkeit σ

2.5 Die mathematische Dualität

Auch innerhalb einer physikalischen Disziplin finden sich homologe mathematische Strukturen. Die entsprechenden Problemstellungen heißen dann zueinander *dual*. Für gewöhnlich begegnet man in der physikalischen Ausbildung erstmals der *Dualität* bei der mathematischen Beschreibung elektrischer Schaltkreise, bestehend aus den in der Elektrotechnik üblichen Bauelementen Kondensator C, Spule L und Widerstand R. Man erfährt, dass zu gegebener Spannungsversorgung U_0 der Spannungsabfall $U_C(t)$ in einer Serienschaltung aus Kondensator und Widerstand formal identisch ist mit dem zeitlichen Verlauf des Ladungsträgerstroms $I_L(t)$ innerhalb einer Parallelschaltung aus Spule und Widerstand. Man wechselt zwischen Serien- und Parallelschaltung unter Beibehaltung der mathematischen Struktur indem man folgende Substitution durchführt $(C, R) \leftrightarrow (L, R^{-1})$, wobei jede Masche in der Reihenschaltung einem Knoten in der Parallelschaltung zu entsprechen hat. In der Regel bleibt es dann bei diesen ersten Erläuterungen, als habe man es mit einer eher zufälligen Übereinstimmung zu tun.

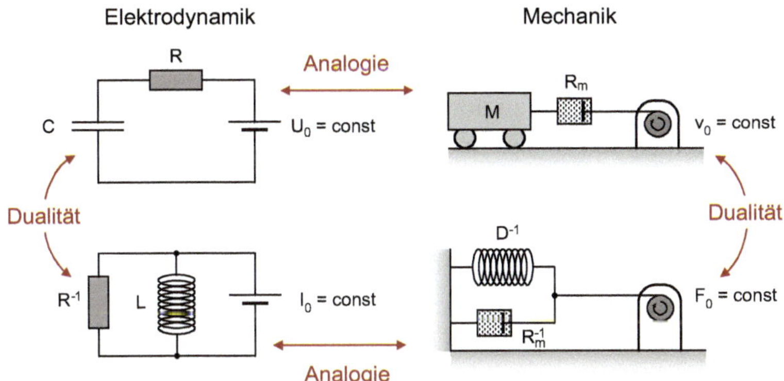

Bild 2.4 Zwei zueinander duale elektrische Schaltkreise und die entsprechenden analogen Aufbauten in der Mechanik, die selbst ein duales System bilden; aus (Herrmann, 1997).

Nutzt man zudem die zuvor diskutierte *mathematische Analogie* zwischen Mechanik und Elektrodynamik, so lassen sich recht einfach die den elektrischen Schaltkreisen entsprechenden und ebenfalls zueinander dualen Problemstellungen aus dem Bereich der Mechanik identifizieren. Man substituiere gemäß Tabelle 2.3 (C, L, R) durch $(M, D^{-1}, R_{\mathrm{m}})$, verwende also die analogen mechanischen (ingenieurtechnischen) Bauelemente Masse, Feder und Dämpfer in entsprechender Weise. Bild 2.4 zeigt schematisch Beispiele von korrespondierenden Anordnungen aus Mechanik und Elektrodynamik, wie sie in (Herrmann, 1997) ausführlich diskutiert werden, weshalb ich zur weiteren Vertiefung des Themas auf die entsprechenden Hochschulskripte von F. Herrmann verweisen möchte.[22]

Die jeweilige Lösung zu den in Bild 2.4 aufgeführten Beispielen lautet (unter Beibehaltung der dort dargestellten Reihenfolge):

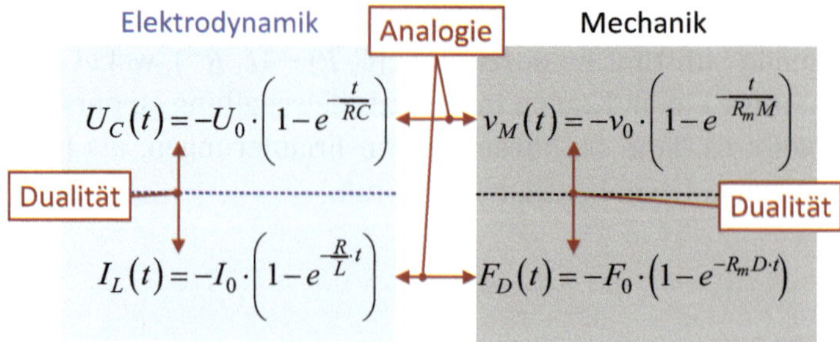

woraus sich leicht die in Tabelle 2.3 genannten korrespondierenden elektrischen und mechanischen Größen ermitteln lassen.

Um sicher zu stellen, dass bei mathematisch analogen bzw. dualen Problemstellungen die Substitution auch korrekt durchgeführt wurde, prüfe man abschließend die physikalischen Einheiten auf beiden Seiten der Gleichung!

Fazit: Analogie und Dualität sind also eine direkte Folge der Tatsache, dass sich augenscheinlich verschiedene physikalische Phänomene mithilfe derselben mathematischen Struktur beschreiben lassen. Damit ist aber auch eine einheitliche physikalische Interpretation der jeweiligen mathematischen Modellgrößen nicht nur prinzipiell möglich, sondern auch mehr als ratsam, möchte man das physikalische Modellverständnis von Schülern und Studenten konstruktiv fördern.

Anmerkungen

1 aus G. Galilei, *Il Saggiatore* (1623); Zitat aus Ehrhard Behrends: *Ist Mathematik die Sprache der Natur?*, Mitteilungen der Mathematischen Gesellschaft Hamburg, Band XXIX (2010), S. 53 - 70.

2 „*Lost in Math*" ist z.B. der vielsagende Titel der englischsprachigen Ausgabe von (Hossenfelder, 2018).

3 J. C. Maxwell, *A Treatise on Electricity and Magnetism*, Vol. II, Clarendon Press, 1873, Ch.III, S. 163.

4 E.A. Milne, *World-Structure and the Expansion of the Universe*, Zeitschrift für Astrophysik, Band 6 (1933).

5 **G-2:** „*Bewerte niemals die Qualität eines Modells, indem Du es mit einem anderen Modell vergleichst!*" Der „*Schönheitsvergleich*" ist insbesondere in der Teilchenphysik seit langem üblich und man verweist auf einige wenige damit erzielte Erfolge. Es gibt auch fast jedes Wochenende irgendwo in Deutschland einen Lottomillionär, für manchen Teilchenphysiker sicher kein Grund ein Leben lang (vergeblich) Lotto spielen zu wollen.

6 Daniel Bernoulli (1700 - 1782), Schweizer Mathematiker und Physiker.

7 aus (Simonyi, 2001), Kapitel 1.4 *Spitzenleistungen der antiken Fachwissenschaften*, S. 88 ff.

8 Nachdem wir Physiker die Qualität einer Berechnung zuweilen in Größenordnungen von Zehnerpotenzen bewerten, ist der fehlende Faktor 2 definitiv kein Ausschlusskriterium zu Poseidonios' Modell.

9 Plutarch, *De facie quae in orbe lunae apparet*, Abschnitt 6; vgl. *http://www.perseus.tufts.edu/hopper/*.

10 aus (Simonyi, 2001), Kapitel 1.4 *Spitzenleistungen der antiken Fachwissenschaften*, S. 88 ff.

11 A. Einstein, *Mein Weltbild*, S. 144 f.; eine erweiterte englische Ausgabe ist auf *http://www.archive.org* einsehbar.

12 Im fortgeschrittenen Alter von 71 Jahren musste sich Einstein schließlich eingestehen, dass es sein mag, „*..., daß [ein] System von Gleichungen vom logischen Standpunkt aus richtig ist, aber das beweist noch nicht, daß es auch der Natur entspricht. [...] Allein die Erfahrung kann die Wahrheit erweisen.*" (Pais, 1995), S. 171.

13 A. Einstein, *Geometrie und Erfahrung*, erweiterte Fassung des Festvortrages gehalten an der Preußischen Akademie der Wissenschaften, Berlin 1921, S. 2 f.; ein PDF des Vortrages findet sich auf *http://www.archive.org*.

14 Peter C. Hägele (*1941), deutscher Physiker und Wissenschaftstheoretiker.

15 Prinzipiell eignen sich dafür auch andere „*Sprachen*" mit einer weniger komplexen „*Semantik*" bzw. „*Syntax*", beispielsweise die Sprache der *Digitalen Logik*. Allerdings sind die damit generierten Modelle formal recht unübersichtlich, weshalb es einer zusätzlichen „*höheren Programmiersprache*" bedarf, um damit effizient arbeiten zu können. Computergestützte Modelle und Simulationen zeigen jedoch, dass man auch auf diese Weise unsere Erfahrungswelt zutreffend beschreiben kann. Eine weitere Alternative in diesem Zusammenhang sind „*zelluläre Automaten*". Das antike Griechenland setzte hingegen zur Gänze auf die Sprache der *Geometrie*.

16 zum Thema „*Physikalische Größen*" vergleiche hierzu auch den lesenswerten Wikipedia-Beitrag: *http://de.wikipedia.org/wiki/Physikalische_Größe*.

17 Begriffe u. a. aus Bergmann-Schaefer, *Lehrbuch der Experimentalphysik*, Bd. I und Bd. II.

18 R. P. Feynman, *Lectures on Physics*, Vol. I, Chapter 11-1 *Symmetry in Physics;* in Anlehnung an eine entsprechende Definition des deutschen Mathematikers Hermann Weyl (1885 - 1955).

19 Albert Einstein, *Zur Elektrodynamik bewegter Körper*, Annalen der Physik 17, 891 - 921 (1905).

20 Emmy Noether (1882 - 1935), deutsche Mathematikerin und Physikerin.

21 Zu den Differentialoperatoren Divergenz **div** bzw. Gradient **grad** vgl. Kapitel 9 *Mathematischer Anhang*.

22 vgl. Kapitel 12 *Weiterführende Literatur* bzw. *http://www.karlsruher-physikkurs.de/*.

3 Der Messprozess und Maßeinheiten

„Der Physiker befragt die Natur, indem er Experimente ausführt.“

Dorn-Bader Physik-Lehrbuch[1]

Diese hübsche Formulierung stammt aus meiner damaligen Schulbuch-Reihe zur Physik und beschreibt bestenfalls eine ausgesprochen idealisierte Vorstellung (→ Wunschdenken!) zur naturwissenschaftlichen Arbeitsweise. Vermutlich geht das Zitat auf Kant zurück, der in der Vorrede zur zweiten Auflage seiner *„Kritik der reinen Vernunft“* ähnlich idealisierte (um nicht zu sagen *„kindlich-naive“*) Vorstellungen zum naturwissenschaftlichen Erkenntnisprozess äußerte (vgl. Zitat $\mathbf{Z}_4$). Wir Physiker beobachten die Natur, indem wir auch mehr oder weniger planvolle Experimente durchführen – so weit, so gut. Leider kennen wir nur in seltenen Fällen die (bzw. alle) damit verknüpfte(n) Frage(n), sodass wir diese aus den *„Antworten“*, d.h. den experimentellen Befunden, in einer Weise rekonstruieren müssen, dass sich ein konsistentes Bild (→ Modell) zum untersuchten Sachverhalt erstellen lässt. Mit anderen Worten: Wir raten, soll heißen, wir spielen oftmals auf recht *„unwissenschaftliche Art und Weise“* mit Ideen. Max Planck beschrieb dieses Vorgehen mit den Worten: *„Wer nicht gelegentlich auch einmal kausalwidrige Dinge zu denken vermag, wird seine Wissenschaft nie um eine neue Idee bereichern können.“* Wir *„phantasieren“* also, wie Einstein recht treffend formulierte[2], und sind wir damit erfolgreich, so *„vergessen“* wir in der Folge leider häufig dies in der späteren wissenschaftlichen Abhandlung zu erwähnen!

Dort finden sich nur die unter Umständen sehr mühsam gefundene Frage, zusammen mit der Beschreibung des zu deren Beantwortung *„(jetzt) wohl überlegten“* experimentellen Aufbaus, und natürlich die damit *„auf hervorragende Weise“* gemessene Antwort. Ein Schelm, wer Böses dabei denkt, denn es ist ausgesprochen spannend und erfordert vor allem sehr viel Fleiß, eine gewisse Beharrlichkeit in der Sache und gelegentlich auch ein hohes Maß an Kreativität, um die passende Lösung zu einem physikalischen Frage-Antwort-Puzzle zu erarbeiten. Hierbei gibt es keine Garantie auf die *„einzig wahre Antwort“* zu einer gegebenen physikalischen Fragestellung, sofern diese überhaupt existiert. Umso erfreulicher ist es, wenn *„des Rätsels Lösung“* endlich gefunden ist! Nicht wenige große Entdeckungen der Physik haben sich auf diese Weise eher zufällig ergeben, weil man ursprünglich glaubte mit dem Experiment einer ganz anderen Frage nachzugehen, doch leider passte die gemessene Antwort so ganz und gar nicht. Nicht selten vermutete man unbekannte systematische Messfehler seien dafür verantwortlich. Die nachträgliche Erarbeitung der korrigierten Fragestellung kann durchaus einen Nobelpreis zur Folge haben![3]

„Beobachten“ im physikalischen Sinne heißt *„messen“*. Möchte man die Gültigkeit eines Modellansatzes überprüfen, so ist eine quantitative Analyse des betrachteten Naturgeschehens zwingend erforderlich. Zu diesem Zweck müssen wir unsere recht eingeschränkte Sinneswahrnehmung mit zusätzlicher sensorischer Messtechnik erweitern, um die damit erzielten Resultate mit den entsprechenden Aussagen des Modells auf eindeutige Weise vergleichen zu können. Dieses Vorgehen ist gleich aus dreierlei Gründen keineswegs trivial. Zum einen können noch unbekannte Einflüsse unerwünschte zufällige und/oder systematische Abweichungen hervorrufen, sodass in der Folge das erzielte Messergebnis der Modellaussage zu widersprechen scheint. Schließlich wissen wir Physiker nicht immer worauf wir uns im Experiment tatsächlich einlassen, weshalb in der Physik eine *„gesunde Form von Skepsis“* unbedingt zu den berufsqualifizierenden Eigenschaften gezählt werden muss. Zum anderen ist zu beachten, dass der gesamte Messprozess letztlich wieder auf Modellvorstellungen beruht, denn Messgeräte sind letztendlich nur technische Umsetzungen theoretischer Vorüberlegungen, die sehr genau verstanden sein müssen, um die damit erzielten Resultate auch adäquat interpretieren zu können. Zudem kann ein vorliegender Datensatz *grundsätzlich immer* (!) auf unterschiedliche Weise ausgelegt werden, sodass eine eindeutige Zuordnung zu spezifischen theoretischen Vorgaben im Allgemeinen gar nicht möglich ist (vgl. Abschnitt 1.2 *Definition und Abstraktionsebenen eines Modells*). *„Des Rätsels Lösung“* ist also bestenfalls eine von vielen Lösungsmöglichkeiten, je nach theoretischem Kontext.

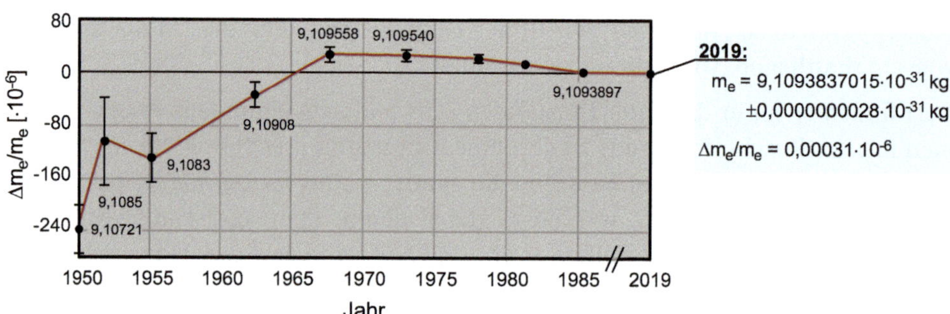

Bild 3.1 Experimentelle Bestimmung der Elektronenmasse durch verschiedene Forschungsgruppen; nach (Demtröder, 1994).[4]

Diese grundsätzliche Schwierigkeit sei anhand dreier Beispiele zur Fehleranalyse experimenteller Versuchsaufbauten verdeutlicht. Das erste Beispiel beschreibt die zeitliche Entwicklung experimenteller Befunde bei der Bestimmung der Elektronenmasse m_e. In Bild 3.1 ist über den Zeitraum von 1950 bis 2019 die relative Abweichung $\Delta m_e/m_e$ dargestellt inklusive der Fehlergrenzen, wie sie seinerzeit von den Experimentatoren nach sorgfältiger Analyse ihrer Versuchsanordnung bestimmt wurden. Man beachte die zum Teil deutlichen systematischen Abweichungen vom heute gültigen Wert, diese Abweichungen sind *ausnahmslos* größer als von den Autoren seinerzeit vermutet! Vor 1985 reicht *kein einziger* Messwert innerhalb der angegebenen Fehlergrenzen an den aktuellen Wert aus dem Jahre 2019 heran. Systematische Fehlereinflüsse sind also ausgesprochen schwer zu fassen, selbst für erfahrene Wissenschaftler, insbesondere wenn keine verlässliche theoretische Abschätzung zum wahrscheinlichen Messergebnis (→ Erwartungswert) vorliegt. Aber auch dann können Messungen mit hochkomplexen Versuchsanordnungen der Physikergemeinde schlaflose Nächte bereiten.

Ein aktuelleres Beispiel hierfür sind die *„überlichtschnellen Neutrinos"*, wie sie beim OPERA-Experiment am CERN[5] im Jahre 2011 *„erstmalig entdeckt"* wurden. Diese Teilchen hatten offenbar die 730 km lange Strecke vom CERN-Labor in der Schweiz zum Gran-Sasso-Labor in Italien um Δt = 60 ns *schneller* zurückgelegt als das Licht – eine nobelpreiswürdige Sensation! Das Ergebnis wurde umgehend publiziert, obgleich die Fehleranalyse nicht abgeschlossen war und theoretische Betrachtungen zudem zeigten, dass die Daten nicht konsistent waren.[6] Am Ende identifizierte man eine fehlerhafte koaxiale Steckverbindung (!) als Ursache für den gemessenen systematischen Zeitversatz.[7] Ein in diesem Zusammenhang ebenfalls erwähnenswertes Beispiel ist die sog. *„kalte Kernfusion"*, im Jahre 1989 von zwei amerikanischen Chemikern *„erstmalig beobachtet"* und seinerzeit auch sogleich veröffentlicht. Obwohl die experimentellen Befunde nicht reproduziert werden konnten und zudem fundierte theoretische Betrachtungen das geschilderte Phänomen gänzlich ausschließen, finden sich immer wieder ähnlich gelagerte *„bahnbrechende Entdeckungen"*, wie etwa das 2019 vorgestellte Prinzip der *„Low Energy Nuclear Reaction LENR"* eines italienischen Ingenieurs, worauf tatsächlich auch ein US-Patent erteilt wurde! Während in Europa schon länger keine Patente mehr auf *„Perpetuum mobiles"* erteilt werden, scheinen die Vereinigten Staaten in Sachen Patentrecht auch weiterhin *„ein Land der unbegrenzten Möglichkeiten"* zu sein.[8]

Solche Berichte dokumentieren nicht nur erhebliche Defizite an physikalischem Grundlagenwissen, sondern eben auch signifikante Mängel bei der naturwissenschaftlichen Fehleranalyse zu den erzielten Resultaten. Im Grunde sind beide Fälle eine spezifische Ausprägung dessen, was Irving Langmuir einstmals *„pathologische Wissenschaft"* nannte und anhand einiger prägnanter Beispiele beschrieb.[9] Insofern erscheint es mir wenig sinnvoll Studenten der Physik neuerdings *„smarte Experimente"* durchführen zu lassen, indem sie erlernen die Black-Box-Sensorik ihrer Smartphones für physikalische Messungen zu verwenden.[10] Es ist mit Sicherheit *„ganz nett"* zu sehen, was man heutzutage mit einem Telefon so alles machen kann, aber der wichtige analytische Zugang bei der Messwerterfassung, -übertragung und -auswertung bleibt den Studenten zur Gänze verwehrt, sodass eine sinnvolle Fehleranalyse des *„smarten experimentellen Aufbaus"* praktisch ausgeschlossen ist. Nicht auszudenken, wenn die entscheidende Bewertung möglicher Abweichungen zu theoretischen Inhalten aus Physik-Vorlesungen sich zukünftig auf vermutete technische Mängel der Smartphone-Sensorik (je nach Gerätehersteller) oder potentielle Defizite bei der App-Programmierung beschränken müsste!

Die durch ein Modell beschriebene *physikalische Größe* muss also *immer* (!) messbar sein, d. h. sie muss quantitativ mit einem zuvor festgelegten Referenzwert, der zugehörigen *Maßeinheit*, verglichen werden können. Die Festlegung der Referenz ist willkürlich und scheint, zumindest auf den ersten Blick, keine grundlegende physikalische Relevanz zu haben. Es gibt daher unzählige Maßeinheiten, der Phantasie des Wissenschaftlers ist bei der Festlegung einer Referenz keine Grenze gesetzt. In der *Metrologie* ist man deshalb bemüht ein allgemein gültiges Einheitensystem mit zugehörigen Standards zu definieren, das mit einem minimalen Satz an Basisgrößen alle weiteren physikalischen Größen beschreiben soll. Ein weiteres Ziel hierbei ist, die jeweilige Maßeinheit (festzulegen über ein Standardverfahren) auf einfache Weise zu reproduzieren, um beispielsweise einen Messaufbau ohne Aufwand im Labor vor Ort kalibrieren zu können. Eine ausführliche Darstellung physikalischer Methoden in der Metrologie findet sich z. B. in (Kohlrausch, 1996).

Tabelle 3.1 Derzeit gültiger und seit 1978 in Deutschland auch gesetzlich vorgeschriebener SI-Standard. Die Definitionen (fast) aller Basisgrößen werden mittlerweile über Naturkonstanten festgelegt.

Basisgröße	Symbol	SI-Einheit	Bezeichnung und ursprüngliche Definition
Länge	L	m	**Me**ter, vgl. Kapitel 3.2
Masse	M	kg	**Kilog**ramm, vgl. Kapitel 3.3
Zeit	t	s	**S**ekunde, vgl. Kapitel 3.4
Stromstärke	I	A	**A**mpère, über eine *„Kraftmessung"*
Temperatur	T	K	**K**elvin, über den Tripelpunkt von Wasser
Lichtstärke	I	cd	**C**an**d**ela, über das photometrische Strahlungsäquivalent
Stoffmenge	n	mol	**Mol**ekel, 1 mol enthält N_A Teilchen

Für die Physik ist insbesondere die genaue Messung der physikalischen Basisgrößen *Länge*, *Masse* und *Zeit* von entscheidender Bedeutung. Beispielsweise verwendet das ältere sog. elektromagnetische cgs-System[11], das vor allem in der theoretischen Physik noch recht häufig eingesetzt wird, ausschließlich diese Größen als Basis. Das uns in heutiger Zeit besser vertraute metrische System wurde ursprünglich 1793 in Frankreich eingeführt, wesentlich später auch in Deutschland übernommen (1872) und schließlich 1875 zum ersten international gültigen Referenzsystem (→ internationale Meterkonvention) bestimmt. Auf Grundlage der Meterkonvention folgte schließlich im Jahre 1960 die Einführung des Internationalen Einheitensystems (→ **S**ystème **I**nternationale d'Unités – SI): Ein Satz von sieben Basisgrößen, zusammengestellt in Tabelle 3.1 und so entschieden auf der 11. Generalkonferenz für Maße und Gewichte (→ **C**onférence **G**énérale des **P**oids et **M**esures – CGPM).

Dennoch halten viele Länder auch weiterhin an eigenen, weil vertrauten Maßeinheiten fest.[12] Wohl auch deshalb verfehlte der *Mars Climate Orbiter* der NASA im Jahre 1999 sein Ziel einer stabilen Umlaufbahn um den Mars und *kollidierte* (!) stattdessen mit dem Planeten, denn die international agierende NASA rechnete (selbstverständlich) in SI-Einheiten, die (lokale) Zulieferfirma der Navigationssoftware arbeitete jedoch weiterhin mit imperialen Einheiten.[13] Selbst sechs Jahrzehnte nach der Einführung des weltweit gültigen Einheitensystems ist im angloamerikanischen Sprachraum die Verwendung imperialer Einheiten immer noch üblich. Seitens der amerikanischen Metrologie heißt es hierzu humorvoll optimistisch: *„We are approaching the SI system, inch by inch."*[14] Aber auch in Deutschland sind heute noch *„alte Einheiten"* in täglichem Gebrauch. Beispielsweise klassifizieren Installateure den Durchmesser von Rohrleitungen in *Zoll* ["] (z.B. 1/2", 3/8" etc.) und so manche (alte) Federwaage aus meiner Schulzeit zeigte das zu messende Gewicht in *Pond* an [1 p = 0,981 cN]. Temperaturen messen wir auch weiterhin in [°C], und der Luftdruck wird in [mbar] oder mancherorts auch noch in [Torr] angegeben. Schneider messen die Länge einer Stoffbahn in *Ellen* (also in *Unterarmlängen*; heute allerdings auf eine Standardlänge von 0,5 m oder 1 m normiert) und im Handel werden die Gewichtsanteile von Edelmetallen in *Feinunzen* [1 oz = 31,1 g], jene von Edelsteinen in *Karat* [1 ct = 0,2 g] angegeben. In der Forstwirtschaft sind übliche Raummaße für Holz der *Ster* [1 st = 1 m^3] bzw. das *Klafter* [1 Klafter = 3 Ster] und in der Weinwirtschaft findet sich immer noch das *Fuder* [1 Fuder = 960 Liter] als gängiges Volumenmaß. Weltweit wird das Leistungsvermögen eines Verbrennungsmotors immer noch über die *Pferdestärke* [PS] spezifiziert, bei Elektromotoren hingegen verwendet man ganz selbstverständlich die SI-Einheit *Watt* [1 kW = 1,35962 PS].[15] Auch die Geschwindigkeit von Schiffen wird historisch bedingt in *Knoten* angegeben [1 kn = 1,852 $km \cdot h^{-1}$], denn das Längenmaß auf See ist auch weiterhin die *Seemeile* [1 sm = 1,852 km], die bitte nicht mit der anglo-amerikanischen *Landmeile* [1 lm = 1,609 km] verwechselt werden sollte, u.v.m.

3.1 Die Festlegung der Naturkonstanten

Am 20. Mai 2019, dem 144. Jahrestag der internationalen Meterkonvention, vollzog sich fast unmerklich eine methodologische Revolution bezüglich der Art und Weise wie wir Naturwissenschaftler die Welt vermessen. Das Internationale Einheitensystem SI wurde (endlich!) vom Kopf auf die Füße gestellt, indem man entschied von diesem Tage an *keine* metrologischen Artefakte (→ Vergleichsmuster) für Basisgrößen zu verwenden, um in der Folge den Naturkonstanten mit immer höherem experimentellem Aufwand die nächsten Stellen hinterm Komma zu entlocken. Man entschied stattdessen den umgekehrten Weg zu gehen: Ausgehend von der (nicht zu beweisenden) Hypothese, dass die Naturkonstanten in den Modellwelten auch in unserer Erfahrungswelt auf Dauer unveränderlich sind, werden die aktuell gültigen Werte maßgebender physikalischer Konstanten festgeschrieben, um zukünftig hieraus die Basisgrößen zu ermitteln. Folgende physikalische Größen sind nunmehr *per Definition exakt*, so beschlossen auf der 26. Internationalen Generalkonferenz für Maße und Gewichte in Versailles, Paris:[16]

• Die Lichtgeschwindigkeit c_0 im Vakuum
$c_0 = 299792458\ \mathrm{ms^{-1}}$
• Die Planck-Konstante h
$h = 6{,}62607015 \cdot 10^{-34}\ \mathrm{Js}$
• Die Elementarladung e_0
$e_0 = 1{,}602176634 \cdot 10^{-19}\ \mathrm{C}$
• Die Boltzmann-Konstante k_B
$k_B = 1{,}380649 \cdot 10^{-23}\ \mathrm{JK^{-1}}$
• Die Avogadro-Konstante N_A
$N_A = 6{,}02214076 \cdot 10^{23}\ \mathrm{mol^{-1}}$
• Die Frequenz $\Delta\nu_{Cs}$ des Hyperfeinstrukturübergangs des Grundzustands im ^{133}Cs-Atom
$\Delta\nu_{Cs} = 9192631770\ \mathrm{s^{-1}}$
• Das photometrische Strahlungsäquivalent K_{cd} einer Strahlung der Frequenz 540 THz
$K_{cd} = 683\ \mathrm{lmW^{-1}}$

Mit diesem Schritt folgte man letztlich einem Vorschlag Max Plancks aus dem Jahre 1900, wonach

> *„[...] die Möglichkeit gegeben ist, Einheiten für Länge, Masse, Zeit und Temperatur aufzustellen, welche, unabhängig von speciellen Körpern oder Substanzen, ihre Bedeutung für alle Zeiten und für alle, auch ausserirdische und aussermenschliche Culturen notwendig behalten und welche daher als »natürliche Maasseinheiten« bezeichnet werden können".*[17]

Eine wahrlich weitsichtige Empfehlung, aber *„Gut Ding will Weile haben!"* - diese alte Volksweisheit gilt insbesondere in der konservativen Welt der Physik - ohne jede Einschränkung! In der Tat lässt sich mit c_0, h, k_B und den Proportionalitätskonstanten G_N und E zur Gravitation bzw. elektrischen Wechselwirkung das sog. Planck'sche Einheitensystem definieren, so dass diese Konstanten in der Folge allesamt vom Betrage 1 sind.

Anmerkung: Einzig bei der Definition einer SI-Maßeinheit für die Zeit bezieht man sich auch weiterhin auf einen spezifischen Anregungszustand des ^{133}Cs-Isotops und verwendet hierfür (noch) keine Naturkonstante(n). In Planck-Einheiten ist hingegen $t_{\text{Planck}} = \sqrt{hG_N / c_0^5} \cong 1{,}38 \cdot 10^{-43}\,\text{s}_{\text{SI}}$.[18] Das photometrische Strahlungsäquivalent ist im Grunde obsolet und wird vermutlich aus historischen Gründen auch weiterhin als *„Naturkonstante"* mit aufgeführt - bedauerlicherweise.

3.2 Die Längenmessung

Die Längenmessung beruhte ursprünglich auf einem direkten Messverfahren, nämlich Messung durch Vergleich mit einem Längennormal - das *Meter*. Diese Längeneinheit, im Jahre 1795 von der französischen Akademie der Wissenschaften definiert als der zehnmillionste Teil des durch Paris gehenden halben Erdmeridians vom Nordpol zum Äquator, wurde schließlich 1875 zu einem internationalen Standard und ersetzte die bis dahin übliche Verwendung von Körpermaßen lokaler Herrschaften, wie z. B. *die Handspanne, der Fuß, die Elle, der Schritt* etc. Im angloamerikanischen Sprachraum sind entsprechende Begriffe aber auch heute noch üblich, mittlerweile jedoch standardisiert: *inch, foot, yard,* ..., wenn auch in beiden Sprachregionen nicht auf einheitliche Weise festgelegt![19] Im Jahr 1889 fertigte man die Referenzlänge (das sogenannte Ur-Meter) aus einer besonders robusten Metalllegierung (90 % Platin, 10 % Iridium) an, um so mögliche Effekte durch Umwelteinflüsse (thermische Ausdehnung, Korrosion, etc.) zu minimieren.[20] Die räumliche Distanz (Abstand) zwischen zwei Punkten entspricht der minimalen Anzahl von Metereinheiten die erforderlich sind, um damit die zugehörige Verbindungsstrecke lückenlos abzudecken. Zur genaueren Längenmessung kann das Meter jeweils äquidistant in 10 Dezimeter, 100 Zentimeter bzw. 1000 Millimeter etc. unterteilt werden.

Zunehmend strengere Anforderungen an die Messgenauigkeit und an die Reproduzierbarkeit der Referenzlänge erforderte im Jahre 1960 eine Neudefinition des Meters. Mit der Einführung des internationalen Einheitensystems legte die 11. Internationale Generalkonferenz für Maße und Gewichte das Meter wie folgt fest:[21]

„Das Meter ist das 1 650 763,73-fache der Wellenlänge der von Atomen des Nuklids ^{86}Kr beim Übergang vom Zustand $5d_5$ zum Zustand $2p_{10}$ ausgesandten und sich im Vakuum ausbreitenden Strahlung."

Prinzipiell kann man sich mit dieser Definition an jedem Ort der Welt mittels Interferometrie ein Meterstandard beschaffen, mit einer relativen Längenabweichung im Bereich der verwendeten Wellenlänge, d. h. in unserem Fall von 10^{-8} bis 10^{-9}.

1983 wurde auf der 17. Internationalen Generalkonferenz für Maße und Gewichte der Betrag der Lichtgeschwindigkeit per Definition exakt festgelegt, sodass für das Meter fortan die folgende Definition gilt:[22]

„Ein Meter entspricht der Strecke, die Licht im Vakuum binnen des 299 792 458-te Teils einer Sekunde zurücklegt."

Die Lichtgeschwindigkeit c_0 beträgt seither exakt $c_0 = 299\,792\,458$ m/s.

Mit der Neudefinition trägt man der Tatsache Rechnung, dass die Lichtgeschwindigkeit nach heutigem Wissensstand eine Naturkonstante darstellt, d. h. in jedem Bezugssystem den gleichen Wert c_0 annimmt. Darüber hinaus ist man experimentell in der Lage, mit sehr viel höherer Genauigkeit Zeitintervalle zu messen, sodass man die Längenmessung nicht mehr direkt durch Vergleich mit einem Meterstab sondern indirekt über eine Laufzeitmessung durchführt. Es gilt folglich

$$1\ \text{m} = \frac{c_0}{299792458\ \text{s}^{-1}} \cong 30{,}663319 \cdot \frac{c_0}{\Delta \nu_{\text{Cs}}}$$

Nach dieser Festlegung sind das Längennormal und das Zeitnormal im Grunde redundante Definitionen. Ein körperbezogenes Längennormal ist nach heutigem Kenntnisstand obsolet und wird nur aus historisch-pragmatischen (und ingenieurtechnischen) Gründen beibehalten (→ Endmaße, Strichmaße etc.). Die Vorgabe eines Zeitnormals mit der Möglichkeit räumliche Abstände über Lichtlaufzeitmessungen zu bestimmen reicht physikalisch völlig aus.

3.3 Die Massenbestimmung

Die *Masse* ist eine physikalische Eigenschaft, die u.a. bei materiellen Körpern zu beobachten ist. Man unterscheide hier sorgfältig: *„Materie"* ist nicht gleich *„Masse"*! *„Materie"* hat neben anderen physikalischen Eigenschaften auch die spezifische Eigenschaft *„Masse"*. Beispielsweise ändert sich der Nährwert einer 100 g-Tafel Schokolade nicht, wird sie von einem Astronauten in einem Raumschiff nahe Lichtgeschwindigkeit c_0 verzehrt, weil dieser Wert chemisch über die materielle Zusammensetzung der Schokolade bestimmt ist, obgleich deren Masse (ebenso wie die des Astronauten) für einen außenstehenden Beobachter geschwindigkeitsabhängig um ein Vielfaches angewachsen sein kann. Die Masse bestimmt sowohl das Gewicht als auch die Trägheit eines Körpers. Deshalb kann man die Masse eines materiellen Körpers durch Gewichtsvergleich mithilfe einer Waage bestimmen. Die Referenz hierfür war bisher das sogenannte *Normalkilogramm*, ein Metallzylinder mit einem Durchmesser und einer Höhe von jeweils 39 mm, gefertigt aus der gleichen Legierung wie das Längennormal (90% Platin und 10% Iridium), wobei dessen Masse gleich jener von einem Liter *„reinen Wassers"* bei einer Temperatur von 4 °C entsprechen sollte – was auch immer man mit dem *„Reinheitsgebot"* genau festzulegen gedachte. Die Masseneinheit ist das *Kilogramm*.

Sind die Gewichte zweier Körper gleich, so sind auch deren Massen gleich. Der Gewichtsvergleich erfolgt indirekt über eine Längenmessung (→ Auslenkung) und ist selbstverständlich mit derselben Waage, am selben Ort und (etwa) zur selben Zeit durchzuführen. Prinzipiell kann man die Massen zweier Körper auch über deren Trägheit vergleichen, indem man beispielsweise mittels einer Zeitmessung die jeweilige Schwingungsdauer in einer Pendelanordnung bestimmt (und zwar am gleichen Ort unter Verwendung des gleichen Aufbaus, versteht sich).

Der Gebrauch eines materiellen Referenzkörpers gewährt auf Dauer keine stabile, d.h. zeitlich konstante Vergleichsmöglichkeit. Jeder Gegenstand verändert sich mit der Zeit, eine zwangsläufige Folge der Wechselwirkungen mit seiner Umwelt. Beispielsweise wurden weltweit alle Kopien des Normalkilogramms im Verlauf der letzten 100 Jahre um ca. 50 µg schwerer (→ Korrosion?) oder, was weitaus unwahrscheinlicher ist, das Referenzgewicht in Paris verlor entsprechend an Masse – Ursache(n) bisher unbekannt![23] Deshalb ist es sinnvoller *alle* Basiseinheiten auf Naturkonstanten zurückzuführen. Die Neudefinition der Masse lautet daher seit 2019 recht abstrakt:

„Ein Kilogramm entspricht der Masse, die den Zahlenwert der Planck-Konstante h auf exakt $6{,}62607015 \cdot 10^{-34}$ festlegt, gemessen in der Einheit [Js]."

Das Planck'sche Wirkungsquantum h beträgt seither exakt $h = 6{,}62607015 \cdot 10^{-34}$ Js.

Gemessen wird dies mit einer sogenannten Watt-Waage (→ Stromwaage), bei der das Gewicht einer Referenzmasse über elektromagnetische Felder kompensiert wird. Diese Referenzmasse ist ein isotopenreiner und kugelförmiger ^{28}Si-Einkristall mit einem Durchmesser von Ø = (93,7 ± 0,000001) mm.[23] Es gilt

$$1\ \text{kg} = \frac{h}{6{,}62607015 \cdot 10^{-34}\ \text{m}^2 \cdot \text{s}^{-1}} = 1{,}4755214 \cdot 10^{40} \cdot \frac{h \Delta \nu_{\text{Cs}}}{c_0^2}$$

Sowohl das Ur-Kilogramm als auch das zuvor diskutierte Ur-Meter haben damit ausgedient und die zugehörigen 130 Jahre alten Pt-Ir-Körper sind zumindest für die Physik nur noch von antiquarischer Bedeutung. Nicht so im alltäglichen Gebrauch, weshalb Sie beim nächsten Obsteinkauf auf dem Wochenmarkt die Konformität der dort verwendeten Referenzgewichte mit dem Wert der Planck-Konstante bitte nicht kritisch hinterfragen sollten ...

3.4 Die Zeitmessung

Die Zeitmessung beruht auf der Beobachtung *gleichförmiger* Bewegungsabläufe.[24] Definiert man zu einem gegebenen Bewegungszustand einen Längenmaßstab mit äquidistanter Einteilung, so beschreibt die Zählung der durch diese Referenzbewegung zurückgelegten Einheitslängen die gemessene Zeitdauer dieses Vorganges. Die über diese Messvorschrift definierte Zeiteinheit ist die *Sekunde*. Ursprünglich über die (als gleichförmig angenommene) Rotationsbewegung der Erde definiert (→ Sonnensekunde oder Weltzeitsekunde), wurde die Sekunde ab 1956, mangels ausreichender Konstanz der Erdrotation, auf die Umlaufdauer der Erde um die Sonne zurückgeführt (→ Ephemeridensekunde).

- „Eine Sonnensekunde ist der 86 400-te Teil eines mittleren Sonnentages."
- „Eine Ephemeridensekunde ist der Bruchteil 1/31 556 925,9747 des tropischen Jahres am 0. Januar[25] 1900 um 12 Uhr Ephemeridenzeit."

Die Einführung der Sekunde als Basiseinheit für die Zeitmessung hatte in erster Linie praktische Gründe und

> *„[...], verdankt ihren Ursprung insofern dem Zusammentreffen zufälliger Umstände, als die Wahl der jedem System zu Grunde liegenden Einheiten nicht nach allgemeinen, notwendig für alle Orte und Zeiten bedeutungsvollen Gesichtspunkten, sondern wesentlich mit Rücksicht auf die speciellen Bedürfnisse unserer irdischen Cultur getroffen ist. So sind die Einheiten der Länge und der Zeit aus den gegenwärtigen Dimensionen und der gegenwärtigen Bewegung unseres Planeten hergeleitet worden,"*[26]

so Max Plancks Einschätzung über den hier geschilderten Gebrauch physikalischer Maßeinheiten. Prinzipiell ließe sich die Zeit auch über einen Längenmaßstab in der Einheit Meter messen, bei Vorgabe einer passenden Referenzbewegung, denn es gilt

$$\Delta t = \frac{\Delta s_{\text{Erde}}}{v_{\text{Erde}}} = \frac{\Delta s_{\text{ref}}}{v_{\text{ref}}}\Bigg|_{\text{ref=Uhrzeiger, Licht,...}} \qquad \text{Gl. 3.1}$$

Je nach Geschwindigkeit der für die Zeitmessung verwendeten Referenzbewegung kann die entsprechende Skalenlänge Δs_{ref} zweier aufeinander folgender Zählungen sehr verschieden sein. Eine Sekunde entspricht am Äquator einer durch die Erdrotation zurückgelegten Wegstrecke von $\Delta s_{\text{Erde}} \cong 464$ m. Bei einer synchron laufenden Armbanduhr (analoge Anzeige mit Ziffernblatt und 60-Sekunden Einteilung) ist die zurückgelegte Wegstrecke der Zeigerspitze nur etwa $\Delta s_{\text{Uhr}} \cong 1$ mm. Das Licht hingegen legt im gleichen Zeitraum die beachtliche Strecke von exakt $\Delta s_{\text{Licht}} = 299\,792\,458\,000$ m zurück.

Im Umkehrschluss heißt das aber auch: Bestimmen wir mittels Zeitmessung die Geschwindigkeit v_0 eines beliebigen sich gleichförmig bewegenden Objektes gemäß

$$v_0 = \frac{\Delta s_0}{\Delta t} = \frac{\Delta s_0}{\Delta s_{\text{Erde}}} \cdot v_{\text{Erde}} \qquad \text{Gl. 3.2}$$

so vergleichen wir tatsächlich nur Bewegungsabläufe auf Basis der zugehörigen Längenmaßstäbe. In diesem Sinne kann es nicht überraschen, wenn die Zeit in einem sich nahe der Grenzgeschwindigkeit c_0 (→ *„Lichtgeschwindigkeit"*) bewegenden Bezugssystem langsamer vergeht. Die Superposition aus Systembewegung und der systemspezifischen Referenzbewegung (→ *„Uhr"*) kann schließlich den Wert c_0 nicht überschreiten.

Aufgrund der elliptischen Erdumlaufbahn um die Sonne, in Verbindung mit der um ca. 23° gegen die Ekliptik geneigten Rotationsachse der Erde, variiert die mittlere Sonnenzeit im Laufe eines Jahres ganz erheblich und weicht bis zu ± 16 Minuten (!) von der wahren Sonnenzeit ab. Berücksichtigt man bei der Definition der Sekunde solche Störungen der ursprünglich als gleichförmig angenommenen Erdbewegung, so erzielt man bestenfalls eine relative Genauigkeit von 10^{-8} für die Sonnensekunde bzw. 10^{-9} im Falle der Ephemeridensekunde.[27] Deutlich höhere Anforderungen an die Messgenauigkeit, insbesondere für kurze Zeitintervalle, machte deshalb eine weitere Neudefinition der Sekunde erforderlich. Seit 1967 ist die Sekunde deshalb wie folgt festgelegt (→ Atomsekunde):[28]

„Eine Sekunde ist das 9 192 631 770-fache der Periodendauer der Mikrowellenstrahlung, die dem Übergang zwischen den Hyperfeinstruktur-Niveaus F=4, M=0 und F=3, M=0 des Grundzustandes $^2S_{1/2}$ von ^{133}Cs entspricht."

Die Zeiteinheit der auf diese Weise definierten Atomzeit (TA – **T**emps **A**tomique) wird also über die spezifische Energiemenge festgelegt, die eine wohldefinierte quantenmechanische Zustandsänderung der Elektronenkonfiguration des Cs-Atoms beschreibt. Alternativ wird die Sekunde auch über die Mikrowellenstrahlung von Rubidium- bzw. Wasserstoffatomuhren bestimmt. Von 2019 an definiert man *die Sekunde* in gleicher Weise wie *das Meter* und *das Kilogramm*:

„Eine Sekunde entspricht dem Zeitintervall, das die Strahlungsfrequenz $\Delta\nu_{Cs}$ des ungestörten Hyperfeinstrukturübergangs des Grundzustands des Cäsiumatoms 133 auf den Zahlenwert 9 192 631 770 festgelegt wird, gemessen in der Einheit [Hz]."

Die Frequenz dieses Cs-Übergangs beträgt seither exakt $\Delta\nu_{Cs} = 9\,192\,631\,770\ \text{s}^{-1}$.
Es gilt

$$1\ \text{s} = 9192631770 \cdot \frac{1}{\Delta\nu_{Cs}}$$

Aktuelle Forschungsarbeiten untersuchen zudem die Möglichkeit eine genaue Zeitmessung mittels optischer Übergänge im Atomkern zu realisieren. Die sogenannte *Kernuhr* soll in erster Linie der Grundlagenforschung dienen. Eine experimentelle Variante basiert auf dem Thorium Isotop ^{229}Th unter Verwendung eines niederenergetischen metastabilen Anregungszustandes ^{229m}Th bei etwa 8,2 eV Anregungsenergie.[29]

Selbstverständlich kann man die Zeiteinheit *Sekunde* auf ähnliche Weise mit anderen streng periodischen Prozessen aus unserer Erfahrungswelt verknüpfen, wenn man sonst nichts weiter zu tun hat. Ein jüngstes Beispiel hierfür wäre die sogenannte *„Compton-Uhr"*, wofür man auf ein weiteres quantenmechanisches Phänomen zurückgreift, nämlich auf *„Materiewellen"*.[30] Der ausschließlich im Mikrokosmos zu beobachtende sogenannte *„Welle-Teilchen-Dualismus"* verknüpft nämlich die Masse m eines Teilchens mit einer Welle. Deren Wellenlänge λ_m ist über die sogenannte de-Broglie-Beziehung bestimmt, gemäß

$$\lambda_m = \frac{h}{m \cdot c_0} \qquad \text{Gl. 3.3}$$

Mithilfe dieses Wellenmodells lassen sich u. a. Interferenzphänomene beschreiben, wie sie auch für atomare und subatomare Teilchen beobachtet werden können (z. B. beim Doppelspaltexperiment mit Elektronen). Entsprechende Wellenlängen sind allerdings um viele Größenordnungen geringer, verglichen mit elektromagnetischen Wellen, was einen genauen messtechnischen Zugang deutlich erschwert. Ein weiterer *„Knackpunkt"*: Diese Wellen sind prinzipiell keiner direkten Beobachtung zugänglich, ein Sachverhalt, der ein Ablesen der Compton-Uhr zumindest erschwert. Das Amplitudenquadrat einer Materiewelle ist vielmehr ein Maß für die Wahrscheinlichkeit das zugehörige Teilchen an einem bestimmten Ort und zu einer bestimmten Zeit auch anzutreffen, wollte man danach suchen, d.h. es messtechnisch erfassen. Das quantenmechanische *„Ticken“* einer *„Compton-Uhr“* unterscheidet sich demnach wesentlich von einer klassischen Atom-Uhr, weshalb das Konzept in der Physikergemeinde auch recht kontrovers diskutiert wird.

Ob die Zeit eine bestimmte Richtung hat (→ *„Zeitpfeil“*), also *„vorwärts“* oder *„rückwärts“* schreitet, oder gar willkürlich die Orientierung wechselt, hat physikalisch keine Relevanz und lässt sich mittels physikalischer Gesetzmäßigkeiten nicht feststellen. Die Gesetze der klassischen Physik sind nämlich invariant gegenüber Zeitumkehr $t \to -t$. Es sei bereits an dieser Stelle die Anmerkung erlaubt, dass sich die Zeitumkehrtransformation $t \to -t$ selbstverständlich *nicht* über die Modellvorstellung eines rückwärts laufenden Films veranschaulichen lässt. In unserer Erfahrungswelt wird die obligatorische Tasse auch bei Zeitumkehr immer zu Boden fallen und zerspringen, und die Scherben werden sich nicht wieder zusammenfinden und die ursprüngliche Form der Tasse bilden, welche dann zum Ausgangspunkt des Geschehens zurückkehrt. Selbst wenn die Zeit im Laufe dieser Ereigniskette mehrfach das Vorzeichen wechseln sollte, so würde dies den gerichteten Ablauf der Ereignisse nicht verändern. Selbstverständlich genügen auch Vielteilchensysteme auf atomarer Ebene diesem Prinzip, d.h. öffnet man ein Behälter mit einer leicht flüchtigen Substanz, so wird sich diese letztlich *immer* homogen im Raum verteilen. Wenn wir zu einem beliebigen Zeitpunkt des Experiments t durch $-t$ ersetzten, so bleibt der gerichtete Verlauf des Vorgangs davon unbeeinflusst und die Substanz wird natürlich nicht in den Behälter zurückkehren (vgl. Abschnitt 4.3 *Das Konzept der Zeit*).

A_{3-1}: Weshalb kann die Zeitumkehrtransformation $t \to -t$ nicht über die Modellvorstellung eines rückwärts laufenden Films veranschaulicht werden?

Eine Antwort erfolgt später in Abschnitt 4.3.

Anmerkungen

1 aus Dorn-Bader Physik – Mittelstufe, Hermann Schroedel Verlag KG, Hannover, 1974.

2 A. Einstein, *Mein Weltbild*, S. 144 f.

3 z.B. die Röntgenstrahlung (1895), die Radioaktivität (1896), das Planck'sche Wirkungsquantum (1900), die Supraleitung (1911), ..., die kosmische Hintergrundstrahlung (1964), der Quanten-Hall-Effekt (1980), die quasi-kristalline Phase (1982), die Hochtemperatur-Supraleitung (1986) u.v.m.

4 2019-Wert der Elektronenmasse m_e: *http://physics.nist.gov/cgi-bin/cuu/Value?me*, im Diagramm wiedergegebene ältere m_e-Werte finden sich hier: *http://physics.nist.gov/cuu/Constants/index.html*.

5 CERN – **C**onseil **E**uropéen pour la **R**echerche **N**ucléaire: Europäische Organisation für die Kernforschung. OPERA – **O**scillation **P**roject with **E**mulsion t**R**acking **A**pparatus: Experimentelle Studie zur Neutrino-Oszillation.

6 *http://arxiv.org/abs/1109.6562.*

7 *http://www.spektrum.de/news/das-kabel-das-die-physik-erschuetterte/1180422*;

8 *http://www.deutschlandfunk.de/tolle-idee-was-wurde-daraus-kernfusion-im-kuehlschrankformat-100.html*; US-Patent Nr. US20130044847A1: *Apparatus and Method for Low Energy Nuclear Reactions.*

9 Irving Langmuir (1881-1957), amerikanischer Chemiker und Nobelpreisträger (1932).
I. Langmuir, *Pathological Science*, Colloquium at The Knolls Research Laboratory, December 18, 1953; *http://www.cs.princeton.edu/~ken/Langmuir/langmuir.htm*; siehe hierzu auch S. Stone, *Pathological Science*, mit weiteren *„Entdeckungen"* aus dem Bereich der Hochenergiephysik, die letztlich doch keine waren. Vielmehr handelte es sich um *„statistisch untermauertes Wunschdenken"*, *http://arxiv.org/abs/hep-ph/0010295v2*. Übrigens: Die wissenschaftliche Problematik *„Wunschdenken & Statistik"* wird auf recht amüsante Weise von Mai Thi Nguyen-Kim in *Die kleinste gemeinsame Wirklichkeit* thematisiert (Droemer-Verlag, München 2021).

10 vgl. S. Staacks, H. Heinke, Ch. Stampfer, *Smarte Experimente*, Physik Journal 17 (2018), Nr. 11, S. 35–38; ich nutze die in dem Artikel beschriebene App *„phyphox"* in erster Linie, um *„klassische"* (analoge) Messvorrichtungen mithilfe der Sensorik eines Mobiltelefons einer ersten vergleichenden Prüfung zu unterziehen.

11 Das anglo-amerikanische Kürzel „cgs" bezieht sich auf die Verwendung der Maßeinheiten **c**entimeter, **g**ram und **s**econd für die physikalischen Größen Länge, Masse und Zeit. Das cgs-Einheitensystem geht auf den Mathematiker Carl Friedrich Gauß (1777 – 1855) bzw. den Physiker Wilhelm Eduard Weber (1804 – 1891) zurück.

12 Großbritanniens Entscheidung (Stand 09/2021) im Handel wieder ausschließlich das imperiale Einheitensystem zu verwenden mag darauf zurückzuführen sein – *back to the roots* ...!

13 Ein funktionierendes Qualitätsmanagement (QM) seitens der NASA-Projektleitung hätte diesen gravierenden Fehler allerdings entdecken müssen. Finanzieller Verlust ca. 193 Mio. US-Dollar – man sollte also nicht am falschen Ende sparen und auf qualifiziertes QM-Personal verzichten (Jahresgehalt ca. 95 000 US-Dollar ≅ 0,5 ‰ der bezifferten Verluste).

14 Zitat: *150 Jahre metrisches System in Deutschland*: PTB-Pressmitteilung 12/2021; Physik Journal 21, **2** (2022), S. 8.

15 Der Umrechnungsfaktor gilt nur im Falle einer *metrischen Pferdestärke*; es gibt tatsächlich auch noch imperiale *Horsepower*-Varianten!

16 vgl. 26th CGPM-Proceedings (2018) auf *http://www.bipm.org/en/committees/cg/cgpm/publications.*

17 aus M. Planck, *Ueber Irreversible Strahlungsvorgänge*, Annalen der Physik, 306,1 (1900), S. 121 f.

18 ebd., S. 121 f.

19 Eine ausführliche Beschreibung historischer Messverfahren findet sich u. a. in (Bergmann-Schaefer, 1974).

20 Ein erster Prototyp des französischen Ur-Meters wurde bereits 1795 aus Messing gefertigt; eine zweite Variante aus Platin folgte dann 1799.

21 vgl. 11th CGPM-Proceedings (1960) auf *http://www.bipm.org/en/committees/cg/cgpm/publications.*

22 vgl. 17th CGPM-Proceedings (1983) ebd.

23 weitere Informationen hierzu finden sich beispielsweise auf der Seite der **P**hysikalisch-**T**echnischen **B**undesanstalt PTB Braunschweig, *www.ptb.de.*

24 Wichtige Aspekte zum Begriff der Gleichförmigkeit werden in Abschnitt 4.3 *Das Konzept der Zeit* weiter erörtert.

25 In der Ephemeridenzeit ist der 0. Januar 1900 die alternative Bezeichnung für den 31. Dezember 1899.

26 aus M. Planck, *Ueber Irreversible Strahlungsvorgänge*, Annalen der Physik, 306,1 (1900), S. 121 f.

27 Eine lesenswerte Darstellung zum Thema *„Die Erde als Uhr“* findet sich z. B. in (Filk et al., 2014), 1. Kapitel.

28 vgl. 13th CGPM-Proceedings (1968) auf *http://www.bipm.org/en/committees/cg/cgpm/publications*; zudem sollte das Cs-Atom bei einer idealen Umgebungstemperatur von T = 0 K ruhen. Konkret berechnet das CGPM eine mittlere Atomzeit TAI (**T**emps **A**tomique **I**nternational) auf Basis der Messwerte von etwa 250 rund um den Globus verteilten Atomuhren.

29 B. Seiferle, *Auf dem Weg zur Kernuhr*, Physik Journal 20 (2021), Nr. 8/9, S. 60–63.

30 Shau-Yu Lan et al., *A Clock Directly Linking Time to a Particle’s Mass*, Science, 10 Jan. 2013; *http://doi.org/10.1126/science.1230767.*

4 Grundlegende physikalische Konzepte

> *„In our present age of rapid technological progress the frightening discrepancy between our technical »know-how« and our philosophical incomprehension, in general, of basic scientific conceptions seriously endangers the integrity of our intellectual outlook."*
>
> *Max Jammer*[1]

Die Physik bedient sich einer Vielzahl von Modellvorstellungen unterschiedlichster Komplexität, welche axiomatisch grundlegende Konzepte und Begriffe als allgemein gültig voraussetzen bzw. definieren, um darauf aufbauend spezifische Teilbereiche unserer Erfahrungswelt theoretisch zu beschreiben. Die *Kraft* ist solch ein Konzept. Die *Energie*, die *Masse* oder der *Raum* sind weitere Konzepte dieser Art, welche ausnahmslos bei näherer Betrachtung *„nicht unproblematisch"* sind, d. h. vom wissenschaftlichen Standpunkt aus gesehen signifikante Schwächen aufweisen, die aber gerne mit der Feststellung relativiert werden, dass diese Modellvorstellungen doch ganz offensichtlich *„funktionieren"*, d. h. bei der Beschreibung der Erfahrungswelt zutreffende Prognosen ermöglichen.

Im Verlauf der wissenschaftlich-technischen Ausbildung geht man recht unbefangen mit diesen Modellvorstellungen um. Deshalb sollen im Folgenden fünf grundlegende physikalische Konzepte vorgestellt und einer kritischen Betrachtung unterzogen werden, die viele Leser vermutlich genau zu kennen glauben: Die *Energie* zusammen mit der *Entropie*, die *Kraft*, die *Zeit* und der *Raum*. Diese Analyse erhebt nicht den Anspruch auf Vollständigkeit und soll in erster Linie dazu dienen, den Leser zu ermutigen, das allzu Selbstverständliche in der Physik mit mehr Argwohn zu betrachten, also ganz im Sinne des bereits zitierten englischen Philosophen Francis Bacon.[2]

Ausgesprochen hilfreich für das Verständnis modellspezifischer Konzepte sind *„Was ist ...?"*-Fragen. Eine sinnvolle Beantwortung von Fragen, wie z. B. *„Was ist Energie?"* oder *„Was sind Kräfte?"* erfordert nämlich eine detailliertere Betrachtung der zugehörigen physikalischen Modellvorstellungen (→ physikalische Theorien), wobei von vorne herein triviale Antworten der Form *„Theorie X definiert die Größe Y gemäß ..."* auszuschließen sind. Wissenschaftliche Konzepte werden schließlich erdacht, um spezifische Problemstellungen aus der Erfahrungswelt adäquat (d. h. möglichst einfach) zu beschreiben, sodass hierfür Lösungen gefunden werden können. Also sollte man sich auch mit dem Problem befassen zu dessen Lösung das fragliche Konzept erstmals geschaffen wurde. Auf diese Weise lässt sich unter Umständen eine zufriedenstellende Antwort auf die W-Frage finden, sofern man in der Lage ist das Problem allgemein nachvollziehbar zu beschreiben (vgl. hierzu Abschnitt 1.4 *Ein Modellierungsleitfaden*). Das unterscheidet letztlich die Naturwissenschaft Physik von der Mathematik. Obschon wir Physiker mathematische Methoden nutzen, um Phänomene aus unserer Erfahrungswelt formal zu beschreiben, sollte es nicht an einer adäquaten physikalischen Begründung für die Wahl entsprechender theoretischer Ansätze fehlen. Sich in der Physik ausschließlich auf mathematische Definitionen zu beschränken, heißt das Problem nicht verstanden zu haben!

■ 4.1 Das Konzept der Energie

„Energie ist das, was man einsetzen und aufbringen muss, um seine Möglichkeiten in die Wirklichkeit umzusetzen."

Aristoteles[3]

Die *Energie* ist, neben der später noch vorzustellenden *Entropie, eine der zwei* fundamentalen physikalischen Größen, welche zugleich *die* verbindenden Elemente in den Naturwissenschaften darstellen. *Energie* genügt einem Erhaltungssatz, kann also weder erzeugt noch vernichtet (→ *„verbraucht"*) werden. Eine allgemeine Formulierung des Energieerhaltungssatzes für beliebig große Systeme kann deshalb lauten

„Es gibt etwas in unserer Erfahrungswelt, das konstant bleibt - die Energie."[4]

Aus diesem Grunde hat Energie auch keinen Plural, d.h. es kann in der Welt der Physik keine wie auch immer beschaffenen *„Energieformen"* oder *„Energiearten"* geben, welche ineinander umwandelbar wären! Die in Politik und Technik häufig verwendete Formulierung der *„erneuerbaren Energien"* ist also gleich in zweifacher Hinsicht unzutreffend. Gleiches trifft auch auf den *terminus technicus „Energiewandler"* zu. Energie kann sich deshalb auch nicht aus komplementären *„Energiebestandteilen"* zusammensetzen. Die technische *„Exergie"* oder *„Nutzenergie"* als eine *„frei wandelbare Energiekomponente"* gibt es ebenso wenig, wie deren Komplement, die *„Anergie"*, die sich dadurch auszeichnen soll, eben keine *„Nutzenergie"* zu sein.[5] Ebenso definiert die Physik kein Qualitätssiegel für dieses Konzept, d.h. *„reine Energie"* als eine besonders hervorzuhebende *„Erscheinungsform"* dieser Größe hat physikalisch überhaupt keine Bedeutung, auch wenn dieser Begriff in vielen Lehrbüchern Verwendung findet. In diesem Sinne kann der physikalischen Größe Energie auch keine *„Wertigkeit“* zugeordnet werden, weshalb es auch keine physikalischen Prozesse geben kann, die zu einer *„Entwertung“* von Energie führen. Eine in den Ingenieurwissenschaften aber auch in Einführungskursen zur Physik (leider) häufig anzutreffende Formulierung, insbesondere in Verbindung mit Versuchen den physikalisch vagen Begriff *„Wärme“* zu plausibilisieren. Schließlich sei noch darauf verwiesen, dass man Energie auch keine Obskurität zuordnen kann. *„Dunkle Energie“*, eine mittlerweile vielzitierte Wortschöpfung aus der Kosmologie, ist der jüngste naturwissenschaftliche Lapsus zum physikalischen Energiebegriff und steht wohl in erster Linie für eine gewisse Ahnungslosigkeit wie auf diesem wissenschaftlichen Gebiet Theorie und Beobachtung in Einklang zu bringen sind.[6]

Die eingangs geschilderte Problematik in Zusammenhang mit der Einführung diverser *„Energieformen“*, verbunden mit entsprechenden *„Umwandlungsprozessen“*, kann in den Anfängen des Physikstudiums selbst einen zukünftigen Nobelpreisträger verunsichern. Frank Wilczek schreibt beispielsweise zum allgemeinen Energieerhaltungssatz:

> *„It seemed to me that the so-called »law« of conservation of energy was an ugly kludge. Every time some new force or effect got discovered, it would violate the existing »law«, and so you'd dream up new kinds of energy to patch things up as best you could. [...] It appears, rather, to be a useful but approximate result that applies in limited circumstances. Because it had, as far as I could see, no deep conceptual foundation, and anyway was only approximate, I saw no reason to expect the conservation of energy to be a reliable guide in the exploration of anything essentially new.“*[7]

In Anbetracht der in der physikalischen Lehre üblichen Vorgehensweise, nämlich sich streng an das historisch gewachsene und phantasievolle *„Energien-Gewirre“* zu halten, eine durchaus nachvollziehbare studentische Einschätzung.

Energie wird heutzutage in der SI-Einheit *Joule*[8] [$1\ J = 1\ kgm^2s^{-2}$] gemessen und kann auf unterschiedliche Weise gespeichert werden. Zur genaueren Beschreibung des Energiereservoirs wird in der Physik der jeweilige Energiespeicher entweder vereinfachend als Adjektiv dem Substantiv *Energie* vorangesetzt oder das entsprechende zusammengesetzte Substantiv gebildet. Man spricht deshalb auch von der *elektrischen* Energie, der *magnetischen* Energie oder der *mechanischen* Energie, etc. bzw. von der *Bewegungsenergie*, der *Lageenergie* oder der *Feldenergie* usw. (Herrmann et al., 2002).

Davon verschieden ist jedoch ein anderer Energiebegriff. Die sogenannte *„Koenergie“* ist vorwiegend in elektrotechnischen Lehrbüchern anzutreffen und findet insbesondere bei der rechnergestützten Modellierung elektromagnetischer Phänomene Verwendung. Im Gegensatz zu allen bisher diskutierten *„Energieformen“* kann der *„Koenergie“* durchaus eine physikalische Bedeutung zugordnet werden, entgegen so manch anderslautender Aussage in einschlägiger Literatur, was später noch etwas genauer erläutert wird.

4.1.1 Was ist Energie?

„It is important to realize that in physics today, we have no knowledge of what energy is.“

Richard P. Feynman[9]

Man darf natürlich mit Recht erwarten, dass doch zumindest Physiker in der Lage sein sollten, Auskunft darüber zu geben, welchem Zweck die Einführung der physikalischen Größe *„Energie“* dient, d. h. welche Problemstellungen damit verknüpft sind, die sich mithilfe des Energiebegriffs auf einfache Weise beschreiben und schließlich auch lösen lassen. Damit sollte man aber auch unmittelbar wissen, was *„Energie“* ist, um interessierten Schülern und Studenten fachlich fundiert zu antworten. Im Folgenden also (m)ein Versuch die Frage aus physikalischer Sicht zu beantworten.

Die Wortschöpfung *„Energie“* geht nachweislich auf den griechischen Philosophen Aristoteles zurück (altgriech.: ἐνέργεια – *„energeia“* = *„Wirksamkeit“*, ein Kunstwort gebildet aus *„en ergô einai“* = *„im Werk sein“*). Aristoteles beschrieb *„Energie“* im philosophischen Sinne als die *„Wirksamkeit“* die das Mögliche (griech.: δύναμις = *„dynamis“* = *„Vermögen, Möglichkeit“*) letztlich Wirklichkeit werden lässt.[10] Die Verwendung des physikalischen Energiebegriffs geht hingegen auf Thomas Young[11] zurück, der diesen im Rahmen seiner Vorlesungen zur Mechanik erstmals 1807 in die Physik einführte. Dennoch wurde für nahezu ein weiteres Jahrhundert mit den Begriffen *„Kraft“* (lat.: *„vis“*) bzw. *„lebendige Kraft“* (lat.: *„vis viva“*) vornehmlich die kinetische Energie eines Körpers beschrieben, weshalb wir selbst heute noch den Begriff *„Kraft“* synonym für *„Energie“* verwenden: Diverse *„Kraft“*-Stoffe liefern die Antriebs-*„Kraft“* für Motoren, ein *„Kraft“*-Werk nutzt die Wind-, Sonnen-, Wasser- oder auch die Atom-*„Kraft“* und liefert den notwendigen *„Kraft“*-Strom, u. v. m. Selbst in aktuellen Jugendbüchern über physikalische Themen finden sich Aussagen, wie z. B. *„Energie: Die Kraft, die uns antreibt.“* – das sind allerdings gleich drei (!) grundlegende Missverständnisse in einem Satz.

Die erstmalige Formulierung zweier Erhaltungsprinzipien zur Energie, nämlich *„Das Princip von der Erhaltung der lebendigen Kraft“*, sowie allgemeiner *„Das Princip von der Erhaltung der Kraft“* durch Hermann Helmholtz aus dem Jahre 1847,[12] basierte u. a. auf detaillierten Studien zur mechanischen Wärmeerzeugung von James Prescott Joule.[13] Die erste Arbeit zum mechanischen Wärmeäquivalent geht allerdings auf das Jahr 1842 zurück und wurde seinerzeit von Julius Robert Mayer durchgeführt.[14]

Darüber hinaus lassen sich dem physikalischen Konzept der Energie, zumindest in der klassischen, nicht-relativistischen Physik *keine* weiteren Eigenschaften zuordnen, als die bisher geschilderten, was eine tiefergehende Beschreibung dieser Modellvorstellung erheblich zu erschweren scheint. Vielfach findet sich deshalb in einführenden Lehrbüchern zur Physik die folgende oder eine ähnliche wenig hilfreiche Definition:

„Die in einem Körper befindliche Energie beschreibt dessen Vermögen mechanische Arbeit zu verrichten oder Wärme abzugeben.“[15]

Mit anderen Worten: Die Energie in einem Körper beschreibt dessen Vermögen diese abzugeben – na sowas?! Oder doch irgendwie aristotelisch *„...dessen Vermögen, Möglichkeiten in die Wirklichkeit umzusetzen“*? – Nichts von alldem! Zum einen *vermag* ein Körper *per se* gar nichts, weder *„Arbeit zu verrichten“* noch *„Wärme abzugeben“*. Zum anderen scheint die implizite Benennung anderer Energiespeicher in dieser Definition, nämlich thermische bzw. mechanische Energie, wenig einleuchtende tautologische Züge zu tragen. Zum Dritten bleibt noch völlig offen ob – und wenn ja, wie *„Die in einem Körper befindliche Energie ...“* überhaupt in diesen Körper gelangt sein kann? Wie wäre diesbezüglich das Konzept *„Energie“* zu definieren, und wie müsste man den *„Energieinhalt“* eines Körpers konsistent beschreiben, damit solche Aussagen halbwegs einen Sinn ergeben?[16]

4.1.1.1 Die Energie – eine physikalische Beschreibung

Der Schlüssel zu einem besseren Verständnis der physikalischen Größe Energie liegt dennoch im Vorgang selbst, also in den Verben *verrichten* bzw. *abgeben*. Im physikalischen Sinne ließe sich Aristoteles Energiedefinition wie folgt übersetzen:

„Energie ist das, was über Prozessabläufe aufzubringen ist, um den physikalischen Zustand eines Systems mit der Zeit zu verändern.“

Formal beschreibt der obige Versuch einer Energie-Definition nämlich zwei mögliche Prozesse dieser Art:

„Mechanische Arbeit verrichten ...“

$$\frac{\mathrm{d}E}{\mathrm{d}t} = \frac{\mathrm{d}\boldsymbol{s}}{\mathrm{d}t} \cdot \boldsymbol{F} = \boldsymbol{v} \cdot \frac{\mathrm{d}\boldsymbol{p}}{\mathrm{d}t} \qquad \text{Gl. 4.1}$$

Die zeitliche Änderung der Energie E, also der *Energiestrom* $\mathrm{d}E/\mathrm{d}t$ (auch *Prozessleistung* oder einfach *Leistung* genannt, gemessen in *Watt*[17] [1 W = 1 Js^{-1}]), ist im Falle *„mechanische Arbeit verrichten“* definitionsgemäß gleich dem Skalarprodukt aus *einwirkender* Kraft $\boldsymbol{F}$ und zeitlicher Änderung des Weges $\mathrm{d}\boldsymbol{s}/\mathrm{d}t$, oder einfacher, gleich dem Produkt aus Geschwindigkeit $\boldsymbol{v}$ und *Impulsstrom* $\mathrm{d}\boldsymbol{p}/\mathrm{d}t$.

„Wärme abgeben ...“

$$\frac{\mathrm{d}E}{\mathrm{d}t} = T \cdot \frac{\mathrm{d}S}{\mathrm{d}t}$$ Gl. 4.2

Der Energiestrom ist in diesem Falle gleich dem Produkt aus Temperatur T, gemessen in *Kelvin*[18] [K], und Entropiestrom dS/dt, gemessen in *Carnot*[19] [1 Ct = 1 $\mathrm{Js^{-1}K^{-1}}$].

Beide Prozesse genügen einem allgemeingültigen Prinzip. Energie ist nämlich eine sogenannte *extensive Größe*, d. h. sie skaliert mit der Größe des betrachteten Systems und verhält sich im folgenden Sinne additiv (vgl. Bild 4.1): Verbindet man zwei physikalische Teilsysteme $\mathbf{S}_{1,2}$ mit Energien $E_{1,2}$ zu einem Gesamtsystem $\mathbf{S} = \mathbf{S}_1 + \mathbf{S}_2$, so ergibt sich die zugehörige Gesamtenergie aus der Summe der Teilenergien $E = E_1 + E_2$. *Jede* Erhaltungsgröße ist extensiv, hat also diese additive Eigenschaft, aber nicht jede extensive Größe genügt einem Erhaltungssatz. Möchten wir den Energieinhalt von **S** ändern, so müssen wir demnach Energie aus einem anderen System **S'** zuführen oder dahin abführen. Dieser Energietransport von einem Reservoir in ein anderes, d. h. die zeitliche Änderung der Energie E, ist immer geknüpft an (mindestens) einen Energieträger X und (mindestens) eine trägerspezifische, den Transportvorgang steuernde *intensive Größe* χ oder etwas genauer: Die Differenz oder das Gefälle $\Delta\chi$ der intensiven Größe legt die Transportrichtung des Energieträgers zwischen beiden Systemen fest.

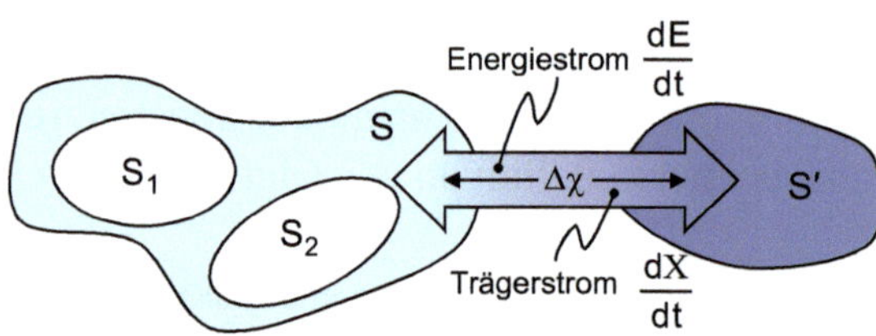

Bild 4.1
Energietransport geknüpft an einen Energieträger X und induziert durch das trägerspezifische Intensitätsgefälle Δχ zwischen den Systemen **S** und **S'**.

Es gilt also stets die folgende Beziehung:

„Energiestrom ...“

$$\frac{\mathrm{d}E}{\mathrm{d}t} = \Delta\chi \cdot \frac{\mathrm{d}X}{\mathrm{d}t} = \left(\chi_{\mathrm{S'}} - \chi_{\mathrm{S}}\right) \cdot \frac{\mathrm{d}X}{\mathrm{d}t}$$ Gl. 4.3

denn im Gegensatz zu einer extensiven Größe skaliert eine intensive Größe nicht mit der Systemgröße. Der Energieträger und damit die Energie strömt stets vom hohen zum niedrigen Wert der intensiven Größe χ. Der Wert der Größe χ beschreibt somit die vorliegende *Intensität* des durch den Energieträger X definierten Energieanteils $E(\chi)$, und der Intensitätsgradient gibt die Strömungsrichtung vor.

Allgemein wird dieser physikalische Sachverhalt durch die sogenannte Gibbs'sche Fundamentalform[20] beschrieben, gemäß (Gl. 4.4), die beispielhaft eine Reihe möglicher Prozessabläufe zusammenfasst:

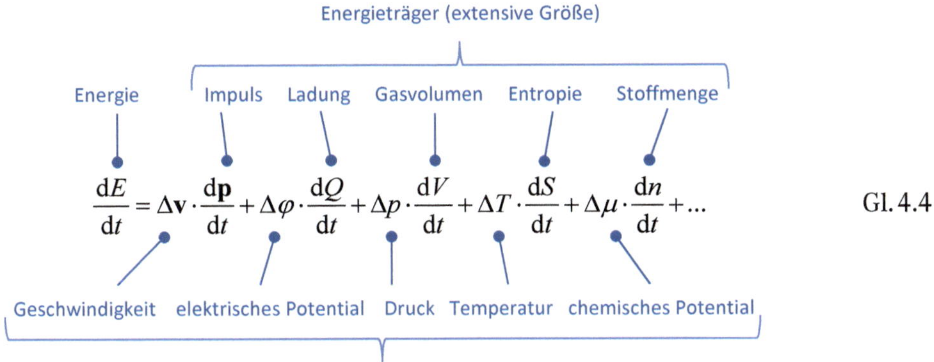

$$\frac{\mathrm{d}E}{\mathrm{d}t} = \Delta\mathbf{v}\cdot\frac{\mathrm{d}\mathbf{p}}{\mathrm{d}t} + \Delta\varphi\cdot\frac{\mathrm{d}Q}{\mathrm{d}t} + \Delta p\cdot\frac{\mathrm{d}V}{\mathrm{d}t} + \Delta T\cdot\frac{\mathrm{d}S}{\mathrm{d}t} + \Delta\mu\cdot\frac{\mathrm{d}n}{\mathrm{d}t} + \ldots \qquad \text{Gl. 4.4}$$

Auf der linken Seite dieser Gleichung steht die zeitliche Änderung *der* Energie (*Singular!*) des Systems, und auf der rechten Seite stehen einige zum Energiestrom beitragende Energieträgerströme zusammen mit ihren intensiven Größen, deren jeweilige Differenz die zugehörigen Trägerströme antreiben. Die Energieträger sind je nach physikalischer Disziplin selbst wieder extensive Größen und genügen einem Erhaltungssatz, z. B. in der Mechanik: Impuls $\boldsymbol{p}$; Elektrodynamik: Ladung Q; physikalische Chemie: Stoffmenge n (Molmenge), etc.

Die Gibbs'sche Fundamentalform stammt ursprünglich aus der Thermodynamik und beschreibt die Energieänderung eines Systems als Funktion der systemspezifischen (thermodynamischen) Zustandsgrößen. Gl. 4.4 verdeutlicht jedoch, dass dieses Prinzip von universeller Bedeutung ist und auf andere physikalische Disziplinen übertragen werden kann, etwa auf mechanische oder auch elektrodynamische Problemstellungen (Strunk, 2018). Die *„Kunst"* besteht darin, jeweils die problemcharakterisierenden intensiven und extensiven physikalischen Größen zu identifizieren, die den energetischen Zustand des Systems vollständig beschreiben. Die Tabelle 4.1 veranschaulicht die tragende Rolle der Gibbs'schen Fundamentalform bei der Darstellung von Energietransportprozessen in den Naturwissenschaften. Die in der Tabelle aufgeführten Größenpaare (χ, X) heißen auch zusammengehörende oder *konjugierte* physikalische Größen. Möchte man also beschreiben, *was* Energie ist, so muss man sich nur die rechte Seite der (Gl. 4.4) anschauen. Dort steht das zum mathematischen Ausdruck auf der linken Seite Identische! Das mathematische Symbol „=" bedeutet nämlich *„Gleichheit"* und nicht etwa *„... lässt sich umwandeln in ..."* oder *„... kann auch dargestellt werden durch etwas qualitativ anderes"* etc.

Tabelle 4.1 Energietransportprozesse verschiedener Energieträger *X* und induziert durch ein trägerspezifisches Gefälle $\Delta\chi$ der zugehörigen intensiven Größe χ.[21]

Prozess	extensive Größe X	intensive Größe χ	Energietransport
elektrisch	elektrische Ladung Q	elektrisches Potential φ	$dE = \Delta\varphi \cdot dQ$
thermisch	Entropie S	Temperatur T	$dE = \Delta T \cdot dS$
chemisch	Stoffmenge n	chemisches Potential μ	$dE = \Delta\mu \cdot dn$
kompressiv	(Gas-)Volumen V	Druck p	$dE = \Delta p \cdot dV$
translatorisch	Impuls $\mathbf{p}$	Geschwindigkeit $\mathbf{v}$	$dE = \Delta\mathbf{v} \cdot d\mathbf{p}$
rotatorisch	Drehimpuls $\mathbf{L}$	Winkelgeschwindigkeit ω	$dE = \Delta\omega \cdot d\mathbf{L}$
kohäsiv	Oberflächenspannung σ	Fläche $\mathbf{A}$	$dE = \Delta\mathbf{A} \cdot d\sigma$
gravitativ	Masse m	Gravitationspotential ϕ	$dE = \Delta\phi \cdot dm$
u.v.m.	...	...	...

Energie ist demnach eine systemspezifische *relative* Größe, die von einer Vielzahl von Parametern χ abhängen kann, sofern deren Differenzen $\Delta\chi$ bezogen auf einen beliebigen Referenzzustand ungleich Null sind:

„Die Energie $E(\chi)$ eines physikalischen Systems **S** ist eine Erhaltungsgröße und beschreibt die relative Abweichung der extensiven Energieträger X um $\Delta\chi$ der systemspezifischen intensiven Parameter χ bezüglich eines beliebig gewählten Referenzzustandes (Gleichgewichtszustand)."

Aber: Wie im Nichtgleichgewichtsfall das System **S** in (s)ein Gleichgewicht zurückfindet, d. h. welche der systemspezifischen Abweichungen $\Delta\chi$ auf Kosten anderer gegen Null streben, bleibt erst einmal offen. Die Energieerhaltung erfordert nämlich, dass nicht alle systemrelevanten intensiven Parameter χ dieses Minimalisierungsverhalten zeigen können! Wir gehen auf diesen wichtigen Punkt im nachfolgenden Abschnitt 4.1.2 nochmals ein, denn hier kommt erstmals die *Entropie* ins Spiel.

Im Beispiel von Bild 4.2 ist die Energie E des Systems **S** bezüglich **S'** nur durch einen kinetischen und einen elektrischen Anteil bestimmt, bezüglich **S''** hat die Energie von **S** stattdessen einen thermischen und einen chemischen Anteil. Zwischen den Teilsysteme $\mathbf{S}_{1,2}$ von **S** besteht lediglich eine Potentialdifferenz $\Delta\varphi_{12}$.

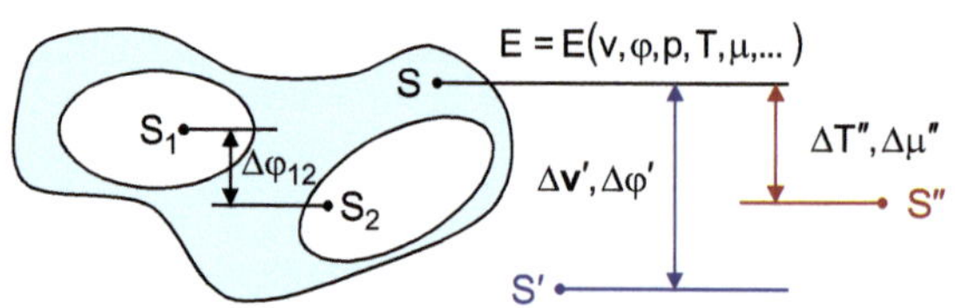

Bild 4.2 Energie E eines physikalischen Systems S bezüglich zweier Referenzsysteme **S'** und **S''**, bestimmt durch die intensiven Größen $\Delta\chi \neq 0$.

Entspricht **S** beispielsweise einem Körper der Masse m mit relativer Geschwindigkeit $\boldsymbol{v}$, so erhält man gemäß (Gl. 4.4) dessen *kinetische Energie*

$$\mathrm{d}E = \boldsymbol{v} \cdot \mathrm{d}\boldsymbol{p} \quad \rightarrow E = \int_0^p \mathrm{d}E = \frac{1}{2m} \cdot \boldsymbol{p}^2 \qquad \text{Gl. 4.5}$$

Besteht darüber hinaus zwischen Körper und der Referenzumgebung eine elektrische Potentialdifferenz $U = \Delta\varphi$, so erweitert sich dieser Ausdruck entsprechend um die *elektrostatische Energie*, bedingt durch dessen Ladungsüberschuss Q, d. h.

$$\mathrm{d}E = \boldsymbol{v} \cdot \mathrm{d}\boldsymbol{p} + \varphi \cdot \mathrm{d}Q \quad \rightarrow E = \frac{1}{2m} \cdot \boldsymbol{p}^2 + Q \cdot U \qquad \text{Gl. 4.6}$$

Ein Beispiel: Unsere Erde bewegt sich mit einer mittleren Geschwindigkeit $v_E \cong 29{,}8$ km/s auf ihrer Bahn um die Sonne und rotiert zugleich mit einer Äquatorialgeschwindigkeit $v_R \cong 1660$ km/h um ihre Polarachse. Darüber hinaus trägt unser Planet eine permanente mittlere elektrische Ladung von etwa $Q_E \cong -10^6$ C.[22] Obgleich die entsprechenden Energieanteile erheblich sind, haben sie für uns keine Relevanz und sind zudem nicht unmittelbar zu erkennen, weil die hierfür erforderlichen intensiven Größenunterschiede für uns Erdbewohner Null sind. Betrachten wir also zwei beliebige Systeme **S** bzw. **S'**, so bedarf es wenigstens einer intensiven Größe χ, deren Differenz $\Delta\chi = \chi(\mathbf{S})\text{-}\chi(\mathbf{S'})$ ungleich Null sein muss, um aus dem sich (eventuell) einstellenden Energiestrom $\mathrm{d}E/\mathrm{d}t$ zumindest einen (nützlichen) Energieanteil für andere Zwecke zu gewinnen.

Hierzu noch eine Anmerkung: Gelegentlich beziehen sich (nicht nur) Science-Fiction-Autoren auf die im Rahmen anderer Modellvorstellungen (→ Quantenmechanik) diskutierte *Nullpunktsenergie* oder *Vakuumenergie*, als eine universelle und zudem unerschöpfliche Energiequelle, die es *„einfach nur"* zu nutzen gilt. Leider fehlt es hier an dem passenden von Null verschiedenen Intensitätsgradienten um die Vakuumenergie einer technischen Anwendung zuzuführen. Mit anderen Worten, diese Quelle ist gar keine, denn sie kann nicht sprudeln.

Basierend auf Überlegungen von Albert Einstein[23] lassen sich schließlich weitere Eigenschaften der Energie identifizieren. Gemäß der Planck'schen Beziehung[24]

$$E = m(v) \cdot c_0^2 = \frac{m_0 c_0^2}{\sqrt{1 - \left(\dfrac{v}{c_0}\right)^2}} \overset{v \ll c_0}{\cong} m_0 \cdot c_0^2 + \frac{m_0}{2} \cdot v^2 \qquad \text{Gl. 4.7}$$

sind nämlich die physikalischen Konzepte Energie und (relativistische) Masse $m(v)$ äquivalent, d. h. Energie E ist sowohl träge als auch schwer: Energie hat Impuls und kann im Schwerefeld abgelenkt werden (→ Photonen, vgl. Abschnitt 4.4.5.5 *Die Lichtablenkung im Gravitationsfeld*), d. h. Energie erzeugt selbst ein Schwerefeld.

Darüber hinaus erweisen sich die lange Zeit als voneinander unabhängig angenommenen Erhaltungssätze für Energie bzw. (Ruhe-)Masse (→ Materie) als redundante Darstellungen derselben physikalischen Gesetzmäßigkeit. Die Konstante c_0 in (Gl. 4.7) ist nämlich nur ein *Umrechnungsfaktor* (!) zwischen Energie und Masse und eine Folge des verwendeten SI-Einheitensystems, das per Definition die Masse in [kg] angibt (dazu später noch etwas mehr).

4.1.1.2 Die Koenergie oder Duale Energie

Für gewöhnlich wird in Einführungskursen zur Physik die kinetische Energie E^* eines Körpers der Masse m_0 mit der (nicht-relativistischen) Geschwindigkeit v wie folgt definiert

$$E^*(v) = \frac{m_0}{2} \cdot v^2 \qquad \text{Gl. 4.8}$$

denn es sei schließlich die Geschwindigkeit, so heißt es lapidar, die den Bewegungszustand des Körpers auf eindeutige Weise charakterisiert. Die mit der Bewegung verknüpfte Bewegungsmenge ist jedoch nach Gibbs nicht durch die intensive Größe v, sondern durch die extensive Größe Impuls festzulegen. Schließlich wird in einem Wechselwirkungsprozess (→ Energieaustauschprozess) zweier Systeme nicht *„Geschwindigkeit"* ausgetauscht, sondern *„Impuls"*, und die resultierende Impulsverteilung bestimmt letztlich die sich einstellenden Geschwindigkeiten.

Die zugehörige (extensive) Bewegungsenergie E_{kin} berechnet sich dementsprechend

$$E_{\text{kin}}(p) = \int_0^p v \cdot \mathrm{d}p = \frac{p^2}{2m_0} = p \cdot v - E^*(v) \qquad \text{Gl. 4.9}$$

insbesondere gilt

$$\left(\frac{\mathrm{d}E_{\text{kin}}}{\mathrm{d}p}\right) = v \text{ und } \left(\frac{\mathrm{d}E^*}{\mathrm{d}v}\right) = p \qquad \text{Gl. 4.10}$$

$E^*(v)$ ist die der *kinetischen Energie* $E_{\text{kin}}(p)$ zugeordnete *duale Energie* oder *Koenergie* der Bewegung. Beide Größen sind über die sog. *Legendre-Transformation* (Gl. 4.9) miteinander verknüpft. Legendre-Transformationen zu konjugierten Modellgrößen (χ, X), hier (v, p), wie sie beispielhaft in Tabelle 4.1 aufgeführt sind, spielen in der theoretischen Physik eine große Rolle, weshalb wir in Abschnitt 4.2.2 *Die Analytische Mechanik* im Rahmen des Hamilton-Lagrange-Formalismus nochmals (wenn auch nur kurz) darauf eingehen werden. Mit Hilfe der Legendre-Transformation wechselt man von der Geschwindigkeit v zu einem anderen unabhängigen Parameter der Bewegung, nämlich dem Impuls p. Nachdem in (Gl. 4.9) p, v und E_{kin} wohldefinierte physikalische Größen darstellen, ist dies selbstverständlich auch für $E^*(v)$ der Fall und (Gl. 4.10) beschreibt, wie sich mittels Energie und Koenergie die konjugierten Modellgrößen Impuls und Geschwindigkeit bestimmen lassen. Die Ableitung der kinetischen Energie liefert demnach die *Intensität* der Bewegung – die Geschwindigkeit v. Die Ableitung der Koenergie liefert hingegen die *Bewegungsmenge* – den Impuls p. Anderslautende Aussagen, wonach die Koenergie physikalisch keine besondere Bedeutung habe, sind also von ähnlicher Qualität wie die Feststellung, dass es *„Energieformen"* und *„Energieumwandlungen"* gäbe.

Aufgrund des linearen Zusammenhangs $\boldsymbol{p} = m_0\boldsymbol{v}$ zwischen Teilchenimpuls und dessen Geschwindigkeit erscheinen jedoch beide Darstellungen redundant, zumindest in der nicht-relativistischen Mechanik Newtons, und die mit der Bewegungsmenge (Impuls $\boldsymbol{p}$) verknüpfte kinetische Energie $E_{\text{kin}}(\boldsymbol{p})$ kann formal auch durch deren Koenergie $E^*(\boldsymbol{v})$ dargestellt werden. Beide Energiebeträge sind in diesem Fall identisch, auch wenn die unabhängigen Variablen $\boldsymbol{p}$ bzw. $\boldsymbol{v}$ qualitativ verschieden sind. Was sie (womöglich bis zum heutigen Tag) als die kinetische Energie $E^*(\boldsymbol{v})$ eines Körpers glauben so *„erlernt"* zu haben, ist also tatsächlich dessen Koenergie und als solche selbstverständlich physikalisch relevant, ansonsten wäre damit nämlich wenig anzufangen.

Der über die intensive Größe (→ Intensität χ) definierte (Ko-)Energiebegriff unterscheidet sich im Allgemeinen sowohl qualitativ als auch quantitativ von der durch den Energieträger X festgelegten Energie, sobald *kein* linearer Zusammenhang der Form $X = k \cdot \chi$ besteht. In der relativistischen Mechanik ist diese Bedingung beispielsweise nicht mehr erfüllt, wie Bild 4.3 verdeutlichen soll, denn es gilt (vektoriell)

$$\boldsymbol{p}(\boldsymbol{v}) = m(v) \cdot \boldsymbol{v} = \frac{m_0 \boldsymbol{v}}{\sqrt{1 - \frac{\boldsymbol{v}^2}{c_0^2}}} \qquad \text{Gl. 4.11}$$

und damit konvergiert für $v \to c_0$ die relativistische Koenergie von $E^*(\boldsymbol{v}) = 1/2 \cdot m_0 v^2$ gegen $E^*(c_0) = m_0 {c_0}^2$, während die kinetische Energie $E_{\text{kin}}(\boldsymbol{p})$ mit zunehmendem $\boldsymbol{p}$ (selbstverständlich!) auch weiterhin kontinuierlich anwächst und nach oben nicht beschränkt ist.

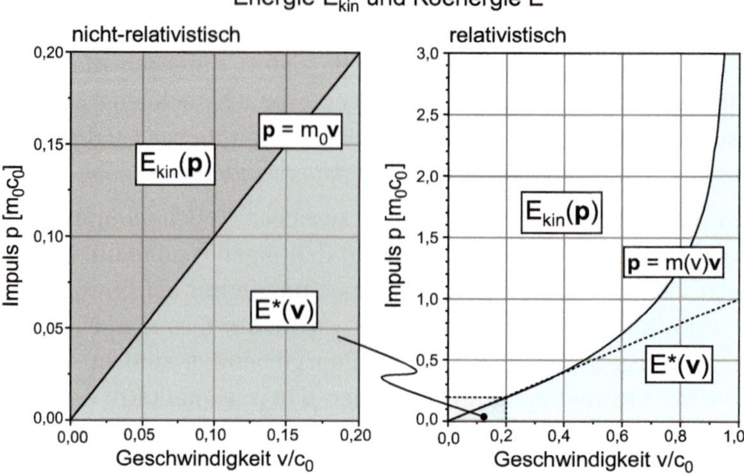

Bild 4.3 Die kinetische Energie E_{kin} und die Koenergie E^* in der relativistischen Mechanik. Nur in der nicht-relativistischen Näherung sind Energie und Koenergie betragsgleich, d. h. $E_{kin} = E^*$.

Die Legendre-Transformation (Gl. 4.9) kann deshalb als eine allgemeine Form der Energiebilanz für Bewegungsvorgänge interpretiert werden: Die Gesamtenergie der Bewegung ist das Produkt der konjugierten Größen $\boldsymbol{p}\cdot\boldsymbol{v}$ abzüglich der durch das bestehende Intensitätsgefälle $\boldsymbol{v}$ definierten Koenergie E^*. In unserem Beispiel der relativistischen Bewegung eines Körpers mit der (Ruhe-)Masse m_0 heißt das

$$E_{\text{kin}}(\boldsymbol{p}) = \boldsymbol{p}\cdot\boldsymbol{v} - \int_0^{\boldsymbol{v}} \boldsymbol{p}\cdot \mathrm{d}\boldsymbol{v} = \boldsymbol{p}\cdot\boldsymbol{v} - m_0 c_0^2 \cdot \left(1 - \sqrt{1 - \frac{\boldsymbol{v}^2}{c_0^2}}\right) \qquad \text{Gl. 4.12}$$

mit der relativistischen Koenergie E^*

$$E^*(\boldsymbol{v}) = m_0 c_0^2 \cdot \left(1 - \sqrt{1 - \frac{\boldsymbol{v}^2}{c_0^2}}\right) \qquad \text{Gl. 4.13}$$

Die relativistische kinetische Energie $E_{\text{kin}}(\boldsymbol{p})$ ist aber auch:[25]

$$E_{\text{kin}}(\boldsymbol{v}) = \int_0^{\boldsymbol{v}} \boldsymbol{v}\cdot \mathrm{d}\boldsymbol{p} = m_0 c_0^2 \cdot \left(\left(\sqrt{1 - \boldsymbol{v}^2/c_0^2}\right)^{-1} - 1\right) = E(\boldsymbol{v}) - m_0 c_0^2 \qquad \text{Gl. 4.14}$$

unter Verwendung der Planck'schen Beziehung (Gl. 4.7). Eingesetzt in (Gl. 4.13) erhält man

$$E(\boldsymbol{v}) = E_{\text{kin}}(\boldsymbol{v}) + m_0 c_0^2 = \boldsymbol{p}\cdot\boldsymbol{v} + m_0 c_0^2 \cdot \sqrt{1 - \frac{\boldsymbol{v}^2}{c_0^2}} \qquad \text{Gl. 4.15}$$

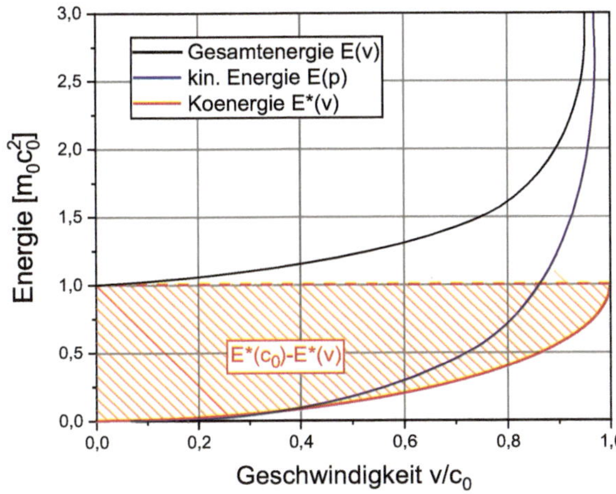

Bild 4.4
Energie und Koenergie in der relativistischen Mechanik. Der Bereich $\Delta E^*(v/c_0)$ zur Koenergie ist schraffiert dargestellt.

Bild 4.4 zeigt den Verlauf der relativistischen Gesamtenergie $E(\boldsymbol{v})$ (→ Planck-Energie) gemäß (Gl. 4.7), die kinetische Energie $E_{\text{kin}}(\boldsymbol{p})$ (Gl. 4.14) und die Koenergie $E^*(\boldsymbol{v})$ (Gl. 4.13) in Abhängigkeit von der relativen Geschwindigkeit v/c_0. Demnach verhält sich die Koenergie zur kinetischen Energie eines Teilchens wie dessen Ruhemasse m_0 zur kinetischen Masse $m(v)$.

Die relativistische Gesamtenergie $E(\boldsymbol{v})$ lässt sich auch einzig über die Koenergie darstellen

$$E(\boldsymbol{v}) = \boldsymbol{p}\cdot\boldsymbol{v} + \left[E^*(c_0) - E^*(\boldsymbol{v})\right] = \left[E^*(c_0) - E^*(\boldsymbol{v})\right]\cdot\left(1 - v^2/c_0^2\right)^{-1} \qquad \text{Gl. 4.16}$$

und für die Grenzen der Bewegung erhält man

$$E(\boldsymbol{v}) = \begin{cases} \Delta E^*(\boldsymbol{v})\cdot\left(1 + v^2/c_0^2\right) &, v \ll c_0 \\ \Delta E^*(\boldsymbol{v})\cdot\left(1 - v^2/c_0^2\right)^{-1} &, v \to c_0 \end{cases} \cong \begin{cases} 1/2\cdot m_0 v^2 + m_0 c_0^2 \\ m_0 c_0^2 \Big/ \sqrt{1 - v^2/c_0^2} \end{cases} \qquad \text{Gl. 4.17}$$

Die Gesamtenergie $E(\boldsymbol{v})$ berechnet sich also stets aus dem Produkt $\boldsymbol{p}\cdot\boldsymbol{v}$ der konjugierten Bewegungsgrößen inklusive der relativen Koenergie $\Delta E^*(\boldsymbol{v}) = E^*(c_0) - E^*(\boldsymbol{v})$. Sowohl die Ruheenergie als auch die nicht-relativistische Darstellung der kinetischen Energie sind letztlich über die entsprechenden Koenergie-Anteile bestimmt, denn es gilt ganz allgemein

$$E^*(c_0) = m_0 c_0^2 \text{ und } E_{\text{kin}}(\boldsymbol{v}) = E(\boldsymbol{v}) - E^*(c_0) \overset{v \ll c_0}{\cong} \boldsymbol{p}\cdot\boldsymbol{v} + \Delta E^*(\boldsymbol{v}) \qquad \text{Gl. 4.18}$$

womit auch in der relativistischen Mechanik die physikalische Bedeutung der Koenergie E^* deutlich wird. Weitere Beispiele zur physikalischen Relevanz der Koenergie begegnen einem in der Elektrodynamik. Elektrische und magnetische Phänomene sind zueinander duale Naturerscheinungen (vgl. Abschnitt 5.3.5 *Die elektromagnetische Dualität*). In der Elektrotechnik werden beispielsweise die mechanischen Auswirkungen elektromagnetischer Felder in Materie, etwa in Bauteilen von Elektromotoren oder Transformatoren, über die Koenergie berechnet (oder alternativ mithilfe des Maxwell'schen Spannungstensors, vgl. hierzu Abschnitt 5.3.4).

4.1.2 Was ist Entropie?

„Es existirt in der Natur eine Grösse, welche bei allen in der Natur stattfindenden Veränderungen sich immer nur in demselben Sinne ändert."

Max Planck[26]

Die etwas provokante Stellungnahme eines Philosophen:

„Die Frage »Was ist Entropie?« scheint eine kaum tolerierbare Naivität zu enthalten."[27]

Sicher mag eine oberflächliche Betrachtung der mathematischen Strukturen zur Thermodynamik diesen Eindruck entstehen lassen. Unsere Frage *„Was ist Entropie?"* zielt jedoch auf den physikalischen Kontext dieser Größe, d. h. ein *naives* Zitat der Form *„Die Thermodynamik definiert die Entropie S gemäß ..."* oder tautologische Konstrukte, wie zuvor am Beispiel der Energie diskutiert, sind an dieser Stelle selbstverständlich *keine* tolerierbaren Antwortmöglichkeiten und deshalb ausgeschlossen! Um eine zufriedenstellende Antwort auf diese Frage zu erhalten, müssen wir uns auch in diesem Fall mit dem eigentlichen Problem befassen zu dessen Lösung das fragliche Konzept erstmals geschaffen wurde, nämlich zur Beschreibung der Schnittstelle zwischen Thermodynamik und Mechanik und der in diesem Zusammenhang erstmalig in den Fokus der Naturwissenschaften geratenen Problematik der *Irreversibilität*. Dieses physikalische Phänomen spielt in der gesamten Physik, also beispielsweise auch bei *„rein"* mechanischen Wechselwirkungen, eine außerordentlich wichtige Rolle, weshalb mir eine detailliertere Betrachtung zur Entropie unumgänglich erscheint – im Gegensatz zum üblichen Lehrbetrieb, der dem Entropiebegriff bestenfalls ein Nischendasein in der Thermodynamik gewährt.

Die physikalische Größe *Entropie* ist mit dem Konzept der *Energie* untrennbar verbunden. Mehr noch, der allgemeine *Energieerhaltungssatz* ist nicht *die* einzig bestimmende disziplinübergreifende Gesetzmäßigkeit in den Naturwissenschaften, vielmehr genügt die Energieerhaltung einem anderen interdisziplinären Prinzip, dem *Entropiesatz*, dessen allgemeine Formulierung, in Anlehnung an das einführende Zitat von Max Planck, folgendermaßen lauten kann:

„Es gibt etwas in unserer Erfahrungswelt, dass Energieausgleichsprozesse ermöglicht und hierbei stetig anwächst – die Entropie."

Um es vorweg zu nehmen, wir kennen diesen Satz nur in der speziellen Formulierung des sogenannten *2. Hauptsatzes der Thermodynamik*, denn thermodynamische Energieaustauschprozesse zeigen unmittelbar die einschränkende Wirkung des Entropiesatzes, weil Entropie zugleich thermischer Energieträger ist und deshalb einen relevanten Beitrag zur thermodynamischen Energiebilanz liefert. Dieser Sachverhalt ist in der Mechanik oder Elektrodynamik weniger offensichtlich, aber dennoch auch dort ohne jede Einschränkung zu beobachten. Wollte man beide Gesetzmäßigkeiten einer Wertung unterziehen, so ist der Energiesatz eine *notwendige* aber *keine hinreichende* Bedingung für den Ablauf physikalischer Prozesse, wie sie in unserer Erfahrungswelt zu beobachten sind. Der Entropiesatz ist das hierfür bestimmende physikalische Prinzip! In diesem Sinne steht die Entropie *über* der Energie, entgegen der in der klassischen Thermodynamik üblichen Klassifizierung.

Also, was genau ist Entropie?

Die Entropie S wird in SI-Einheiten einer Wärmekapazität [JK^{-1}] gemessen, was bereits darauf hindeutet, dass die physikalischen Konzepte Energie, Entropie und Temperatur auf ganz bestimmte Weise miteinander verknüpft sein müssen. Selbst in heutiger Zeit geraten Physiker mit der Beantwortung der Frage, was Entropie genau sein soll, schnell in Erklärungsnot und beschränken sich darauf, o.g. 2. Hauptsatz der Thermodynamik (thermodynamische Entropie) oder entsprechende Konzepte aus der Statistischen Mechanik (Boltzmann[28]-Entropie bzw. Gibbs-Entropie) zu zitieren. Schüler und Studenten werden zudem mit einer ganzen Reihe z.T. gänzlich verschiedener Modellvorstellungen zur Entropie konfrontiert (u.a. auch Modelle zu Entropie und Wahrscheinlichkeit, Entropie und Unordnung, Informations- oder Shannon[29]-Entropie, bis hin zur Bekenstein[30]-Entropie sog. schwarzer Löcher) und entwickeln aufgrund dessen eine eher vage und teilweise recht konfuse Vorstellung davon, was die Physik mit diesem Konzept genau beschreiben möchte. Grund für die Verwirrung ist einmal mehr der unbedachte Wechsel zwischen den genannten begriffsspezifischen Modellwelten zur Entropie, unter Beibehaltung der ursprünglichen thermodynamischen Wortschöpfung und entgegen unserem Modellierungsgrundsatz **G-3**. Eine Folge davon sind regelmäßig erscheinende Publikationen über mehr oder weniger gelungene Versuche diese leichtfertige Vorgehensweise wissenschaftlich zu begründen, d.h. modellübegreifende Zusammenhänge (Schnittmengen) zu identifizieren, die den synonymen Gebrauch des thermodynamischen Entropiebegriffs *„irgendwie"* rechtfertigen sollen.

Der Organisationstheoretiker Myron Tribus (vgl. Abschnitt 1.5) beschreibt die Konfusion zum Modellbegriff Entropie anhand einer amüsanten Geschichte über Claude Shannons Suche nach einer geeigneten Bezeichnung für das entscheidende Maß in seinem seinerzeit innovativen Beitrag zur Informationstheorie. Demnach habe Shannon an Begriffe, wie *„Information"* oder *„Unbestimmtheit"* gedacht; John von Neumann[31] habe ihm schließlich folgenden Rat gegeben:

„You should call it entropy, for two reasons. In the first place your uncertainty function has been used in statistical mechanics under that name, so it already has a name. In the second place, and more important, no one knows what entropy really is, so in a debate you will always have the advantage."[32]

Um dieses Wissensdefizit abzubauen, betrachten wir im Folgenden den makroskopischen Entropiebegriff der klassischen Thermodynamik, also die ursprüngliche Modellvariante dieses Begriffs, die in enger Beziehung zum Phänomen *„Wärme"* steht, sodass wir ebenso die (nichttriviale) Frage stellen könnten: *„Was ist Wärme?"*[33] Auch die Beantwortung dieser Frage wird bereits dadurch erschwert, dass der Begriff in der Physik zumindest vier verschiedene Bedeutungen haben kann, je nach Kontext (Herrmann, 2003), die sich zudem allesamt von der physiologischen *„Wärme"*-Empfindung unterscheiden. Tabelle 4.2 fasst die Bedeutungsvielfalt des *physikalischen* Begriffs *„Wärme"* zusammen:

Tabelle 4.2 Zur Bedeutungsvielfalt des physikalischen Wärmebegriffs.

		physikalische Bedeutung	phys. Begriff	Symbol
„Wärme"	1.	Wärme**energie** oder thermische bzw. innere Energie	Energie	U
	2.	Wärme**menge** oder thermische Arbeit	Energiedifferenz	Q
	3.	Wärme(ein)**wirkung** oder reduzierte Wärmemenge	Entropie	S
	4.	Wärme**intensität** oder Intensität der Wärmewirkung	Temperatur	T

In Worten lassen sich diese vier Begriffe in eingängiger Weise miteinander verknüpfen:

„Die Wärme(ein)**wirkung** beschreibt die zu gegebener Wärme**intensität** übertragene Wärme**menge** (→ Differenz der Wärme**energie**)."

Das war's eigentlich schon ...!

Man möge mir diese ironische Bemerkung nachsehen. Selbstverständlich reichen die bisherigen Ausführungen nicht aus, um das allgemeine Begriffs-Wirrwarr der physikalischen *„Wärme"*-Lehre nachhaltiger zu ordnen. Zu diesem Zweck wollen wir uns an die historische Entwicklung anlehnen und nachfolgend Ergänzungen der Form Wärme[*bezeichner*] verwenden, um jeweils zu verdeutlichen welcher der vier physikalischen *„Wärme"*-Begriffe tatsächlich gemeint ist.

4.1.2.1 Der klassische (historische) Entropiebegriff

Die Wortschöpfung *„Entropie"* (altgriech.: ἡ τροπή = *„die Verwandlung"*) geht auf den theoretischen Physiker Rudolf Clausius[34] zurück. Der 2. Hauptsatz der Thermodynamik hieß seinerzeit bei Clausius noch *„Satz von der Äquivalenz der Verwandlungen"* in deren Verlauf definitionsgemäß die *„... Wärme[menge] von der einen Temperatur in [die] Wärme[menge] von der andern Temperatur verwandelt"* wird (Clausius, 1887).[35] Zu jener Zeit, etwa in der zweiten Hälfte des 19. Jahrhunderts, war das physikalische Phänomen *Wärme[energie]* Gegenstand intensiver Forschung, insbesondere suchte man Anknüpfungspunkte zur Mechanik, motiviert durch experimentelle Befunde u. a. in Zusammenhang mit ingenieurtechnischen Arbeiten zu Dampfmaschinen. Beobachtungen legten anfangs die Modellvorstellung einer Wärmesubstanz *„Caloricum"* nahe, eine Erhaltungsgröße (→ Wärmestoff-Menge), die Körper unterschiedlicher Temperatur austauschen und die u. a. durch mechanische Einwirkung (→ Reibung) freigesetzt werden kann.[36] Dieses Konzept ermöglichte seinerzeit eine konsistente Beschreibung zahlreicher experimenteller Befunde, beispielsweise auch die Funktion der Dampfmaschine. Nach richtungsweisenden Überlegungen von Sadi Carnot aus dem Jahre 1824 erzeugt das durch Verbrennung freigesetzte *Caloricum* (franz.: calorique) in einem Kessel Wasserdampf, gelangt mit diesem in den Zylinder, und die Expansion des Dampfes bewirkt dort über das Kolbengestänge die gewünschte Kraftübertragung (→ mechanische Arbeit). Im Kondensator wird das *Caloricum* schließlich durch den kondensierenden Dampf an das Kühlwasser abgegeben. Die Dampfmaschine ist also eine *Caloricum*-Kraft-Maschine, die mechanische Arbeit verrichtet, indem *Caloricum* über ein Temperaturgefälle von der Brennkammer zum Kühler transportiert wird. Carnot stellte zudem fest, dass dieser Vorgang umkehrbar ist und *Caloricum* unter Arbeitsaufwand auch wieder zurück transportiert werden kann (→ Carnot'scher Kreisprozess), wobei die Gewinnung *„bewegender Kraft"* aus diesem Prozess eine natürliche Obergrenze hat. Er schreibt hierzu:

> *„La production de la puissance motrice est donc due, dans les machines à vapeur, non à une consommation réelle du calorique, mais à son transport d'un corps chaud à un corps froid, c'est-à-dire à son rétablissement d'équilibre, équilibre supposé rompu par quelque cause que ce soit, par une action chimique, telle que la combustion, ou par toute autre. [...] D'après ce principe, il ne suffit pas, pour donner naissance à la puissance motrice, de produire de la chaleur: il faut encore se procurer du froid; sans lui, la chaleur serait inutile."* [37]

Das Konzept der Wärme[energie] wurde hingegen erst Mitte des 19. Jahrhunderts eingeführt (vgl. hierzu Abschnitt 4.1.1 *Was ist Energie?*). Man beschrieb seinerzeit die *„Umwandlung"* von mechanischer Arbeit in entsprechende Wärme[mengen] durch das sogenannte *„mechanische Wärmeäquivalent"*, eine Wortschöpfung, die dem damaligen wissenschaftlichen Kenntnisstand entsprach: Wärme[energie], so nahm man an, war qualitativ verschieden zu dem was man in der Mechanik bis dato zu kennen glaubte. Deshalb wird die Wärme[menge] oftmals heute noch in *Kalorien* [cal] gemessen, in Anlehnung an Carnots *Caloricum*, die mechanische Arbeit hingegen in *Joule* [J], um hierfür aktuelle Maßsysteme zu verwenden. Der Begriff des mechanischen Wärmeäquivalents (oder des thermischen Arbeitsäquivalents) sollte im Wortsinne die *Gleichwertigkeit* beider Größen zum Ausdruck bringen[38], d. h.

mechanisches Wärmeäquivalent ... $1\,\text{cal} \leftrightarrow 4{,}1868\,\text{J}$

thermisches Arbeitsäquivalent ... $1\,\text{J} \leftrightarrow 0{,}2388\,\text{cal}$

Rudolf Clausius verfolgte hingegen die weiterführende Hypothese, dass *„Wärme"* ein weiterer Energiespeicher (eine *„Energieform"*) sein müsse, nämlich *„... die lebendige Kraft der Bewegung kleinster Körper- und Aethertheilchen."* (Clausius, 1887).[39] Eine Überlegung die ursprünglich auf B. Thompson (1753–1814) zurückgeht und zu Clausius' Zeiten bereits mehr als 100 Jahre alt war!

Die oben genannte Transformationsäquivalenz wird in diesem Falle zu einer Identität, also

Wärmemenge = Energiemenge ... $1\,\text{cal} = 4{,}1868\,\text{J}$

und beschreibt damit Wärmeübergangsprozesse aus einer *„energetischen Perspektive"*, die prinzipiell eine *Reversibilität* dieser Vorgänge erlauben sollte, schließlich ist die Energie erhalten. Hier zeigt sich allerdings ein Modellierungskonflikt indem zwei verschiedene Modellansätze parallel verfolgt und entsprechende Plausibilisierungen gesucht werden, um zwischen diesen widerspruchsfrei zu wechseln. Ein Unterfangen, das sich (fast zwangsläufig) störend auf den konsistenten Aufbau jedes einzelnen Modellansatzes auswirken musste. Eine modellübergreifende Größe ist die uns bereits bekannte Energie, gesucht ist also weiterhin die das Phänomen *„Wärme"* charakterisierende extensive Größe zu gegebener Wärmeintensität T, denn die *„Energie"* kann es schließlich nicht sein.

Führt man einem Körper eine infinitesimale Wärmemenge $\mathrm{d}Q$ zu, so trägt diese zur Erhöhung der inneren Energie $\mathrm{d}U$ bei und kann zudem externe Arbeit $\mathrm{d}A$ verrichten. $\mathrm{d}U$ beschreibt hierbei den Wärme[energie]inhalt des Körpers[40] inklusive der Beiträge interner Arbeit (etwa durch thermische Ausdehnung oder Phasenübergänge):

1. Hauptsatz der Thermodynamik (Energieerhaltung)

$$\mathrm{d}U = \mathrm{d}Q + \mathrm{d}A \qquad \text{Gl. 4.19}$$

Gl. 4.19 ist ein empirischer Befund, ein Erfahrungssatz und beschreibt als solcher die allgemeine Energieerhaltung. Das zugehörige Abbildungsschema Mechanik ↔ Wärme ist in folgender Tabelle zusammengefasst:[41]

Tabelle 4.3 Der mechanische und der thermische Energiebegriff.

Theorie	Energiespeicher	↔	Transportprozess	↔	Energiespeicher
Mechanik	kinetische Energie	→	mechanische Arbeit	→	potentielle Energie
	↓↑	←	↓↑	←	↓↑
Wärme	Wärmeenergie		Wärmemenge		Phasenwechsel

Betrachtet man insbesondere thermodynamische Kreisprozesse[42], dann folgt aus der Energieerhaltung

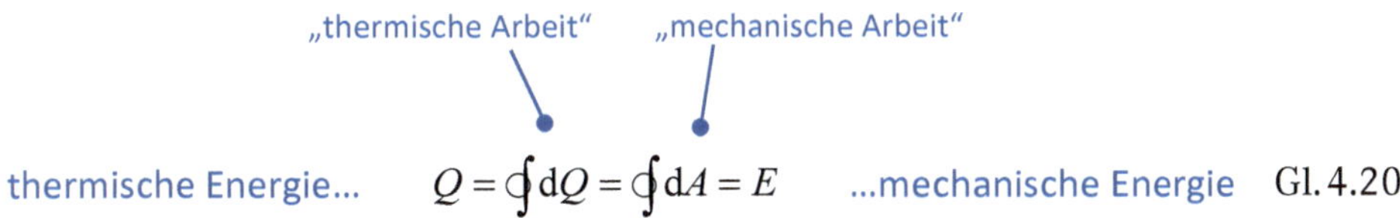

$$Q = \oint \mathrm{d}Q = \oint \mathrm{d}A = E \qquad \text{Gl. 4.20}$$

und Clausius gelangte auf diese Weise zum *„... Satze von der Äquivalenz von Wärme[menge] und Arbeit“* (Clausius, 1887). *„Wärme“* erfährt hierbei einen Bedeutungswandel und wird zu *„thermische Arbeit“*. Die Frage, was Entropie genau sein soll, lässt sich deshalb unmittelbar beantworten, wenn man das Phänomen *„Wärme“ konsistent* zu beschreiben versteht, d. h. das Modell noch um das fehlende Transformationsäquivalent für rein dissipative Prozesse ergänzt, also die Frage beantworten kann: *„Wo ist die mit der mechanischen Arbeit verknüpfte Energie am Ende geblieben?“*

Ausgangspunkt der Betrachtung ist ein weiterer empirischer Befund aus der Erfahrungswelt, beschrieben durch folgenden (seinerzeit neuen) physikalischen Grundsatz:

„[Eine] Wärme[-Menge] kann nicht von selbst aus einem kälteren in einen wärmeren Körper übergehen.“

2. Hauptsatz der Thermodynamik

Die ergänzenden [...] sollen auch hier verdeutlichen, was man mit diesem Satz genau beschreiben möchte, nämlich das folgende Phänomen: Die gegenseitige *Wärme(ein)**wirkung*** zweier Körper unterschiedlicher *Wärme**intensität*** hat stets zur Folge, dass netto eine *Wärme**menge*** vom Körper hoher *Wärme**intensität*** auf den Körper geringerer *Wärme**intensität*** übergeht und nicht umgekehrt. Ein spontan ablaufender (Wärme-)Energietransport mit dem noch zu bestimmenden Transformationsäquivalent setzt also immer ein Temperaturgefälle voraus.[43]

Jetzt kommt ein typischer *„Physiker-Trick“*: Zur Beschreibung dieses empirischen Befundes macht man aus der Not, nämlich nicht so recht zu wissen, wie dieses Phänomen verstanden werden kann, eine Tugend, indem man dem Ganzen einen

Namen gibt und einfach eine neue Erhaltungsgröße definiert: Die *Dissipativität D* von Prozessen. Ein spontaner Wärmetransport sollte demnach immer *dissipativ* sein, d.h. es werde in dessen Verlauf *Dissipativität* $\Delta D > 0$ erzeugt. In einem thermodynamischen Kreisprozess darf sich aber definitionsgemäß auch die *Dissipativität* nicht ändern, also kann eine reversible Transformation Wärme → Arbeit (negative Dissipativität $-\Delta D$) nicht isoliert ablaufen, sondern immer nur in Verbindung mit einem kompensierenden irreversiblen Wärmestrom (positive Dissipativität $+\Delta D$) zwischen den beiden Reservoirs.[44]

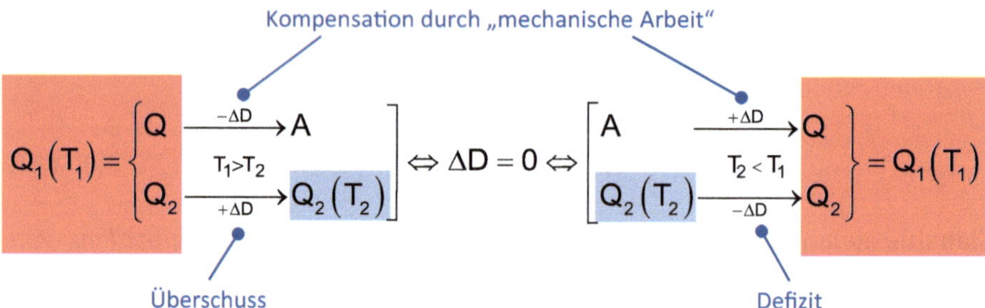

Bild 4.5 Eine mögliche Beschreibung der Irreversibilität über den Begriff der Dissipativität, nach A. Bartels.[45]

Man beachte, dass man mit dieser *„Erklärung"* tatsächlich einer weiterführenden Beschreibung des Phänomens keinen Schritt nähergekommen ist, aber *„intellektuelle Klimmzüge"* dieser Art mögen nicht nur auf Studenten der Physik zuweilen *„sachverständiger"* wirken. Richard P. Feynman beschrieb das mit solchen Tricks verknüpfte Erkenntnisproblem einmal mit den Worten:

„I learned very early the difference between knowing the name of something and knowing something."

Unabhängig von dieser *„Dissipativitäts-Überlegung"* kann am Beispiel des sogenannten Carnot-Prozesses das noch unbekannte Transformationsäquivalent bestimmt werden. Hierbei handelt es sich um einen von Sadi Carnot erdachten thermodynamischen Kreisprozess P_{abcda} (linkes Diagramm in Bild 4.6) isothermer/adiabatischer Expansion mit anschließender Kompression eines idealen Gases. Üblicherweise schließt man aus der Energiebilanz, dass ein Anteil Q_2 der isotherm zugeführten Wärmemenge Q_1 vom wärmeren Reservoir der Temperatur T_1 in das kältere Reservoir der Temperatur $T_2 < T_1$ transferiert und hierbei der Anteil Q in Arbeit umgesetzt wird (→ *„Wärmekraftmaschine"*). Im umgekehrten Fall P_{adcba} (rechtes Diagramm in Bild 4.6) wird hingegen Q_2 unter entsprechendem Arbeitsaufwand $A = Q$ vom kälteren in das wärmere Reservoir überführt (→ *„Wärmepumpe"*). Davon unabhängig müssen die Energieverhältnisse Q/Q_2 bzw. Q_1/Q_2 zudem konstant sein, weil sich ansonsten Prozessabläufe definieren lassen, die ein *Perpetuum mobile* möglich machen.

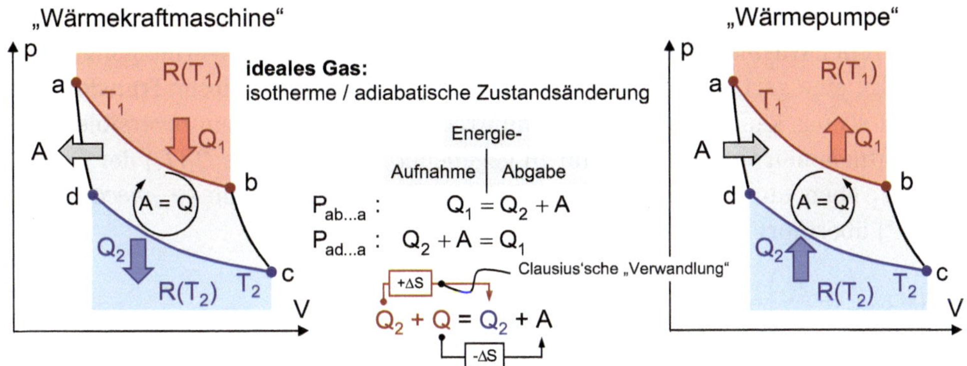

Bild 4.6 Der Carnot-Prozess im *p-V*-Diagramm: Interpretiert als Energietransport durch einen isotherm-adiabatischen Kreisprozess $P_{a\leftrightarrow a}$ auf Basis eines idealen Gases, nach (Clausius, 1887).

In beiden Fällen gilt also

$$1+\frac{Q}{Q_2}=\frac{Q_1}{Q_2}=\text{const.}=f(T_1,T_2) \qquad \text{Gl. 4.21}$$

d. h. die Konstante kann bestenfalls noch von den als unveränderlich angenommenen Temperaturen beider Reservoirs abhängen. Mithilfe der sogenannten idealen Gasgleichung

$$\frac{p_i \cdot V_i}{T_i}=\text{const.} \qquad \text{Gl. 4.22}$$

für die jeweiligen Zustandsgrößen Druck $p_{1,2}$, Volumen $V_{1,2}$ und Temperatur $T_{1,2}$ erhalten wir schließlich

$$\frac{Q_1}{Q_2}=\frac{T_1}{T_2}\Leftrightarrow\frac{Q_1}{T_1}=\frac{Q_2}{T_2}\equiv S=\text{const.} \qquad \text{Gl. 4.23}$$

Die durch diesen Kreisprozess *„transferierten“* Wärmemengen verhalten sich demnach wie die zugehörigen Wärmeintensitäten. Das Ergebnis scheint plausibel und nicht wirklich überraschend: Je höher die Temperatur eines Energiespeichers umso mehr Energie steht für Wärmeaustauschprozesse zur Verfügung - also belässt man es bei dieser *„Erklärung“*, zumal (Gl. 4.23) formal den eingangs zitierten Satz von Rudolf Clausius über die *„Äquivalenz der Verwandlung von Wärme[mengen] der Temperatur T_1 in Wärme[mengen] der Temperatur T_2“* beschreibt.

Aufgrund des universellen (prozessunabhängigen) Charakters der Verhältnisgröße (→ *„Äquivalenzwert Q/T“*) und deren engen Bezug zur (Wärme-)*Energie* schuf Clausius hierfür das Kunstwort *„Entropie S“*:

$$S=\frac{Q}{T} \qquad \text{Gl. 4.24}$$

Bei der spontanen *„Verwandlung“* $Q_2(T_1) \rightarrow Q_2(T_2)$ erhöht sich demnach der Äquivalenzwert der Wärmemenge Q_2 um $+\Delta S = Q_2/T_2$, weil *dieselbe* (!) Wärmemenge Q_2 in der Folge eine geringere Wärmeintensität $T_2 < T_1$ aufweist.[46] Dieser Transformationsüberschuss kann über mechanische Arbeit $A = S \cdot \Delta T$ aus dem reversiblen Prozess entnommen werden, weshalb zu gegebener Wärmemenge $Q_1(T_1)$ der Temperatur T_1 eben nur der folgende Anteil in mechanische Energie (→ *„mechanische Arbeit“*) überführt werden kann:

$$A = Q_1 \cdot \left(1 - \frac{T_2}{T_1}\right) = S \cdot \Delta T \qquad \text{Gl. 4.25}$$

Im umgekehrten Fall $Q_2(T_2) \rightarrow Q_2(T_1)$ reduziert sich jedoch der Äquivalenzwert der Wärmemenge Q_2 um $-\Delta S$. Das Transformationsdefizit muss über mechanische Arbeit ausgeglichen werden, um den inversen Prozess zu realisieren, ansonsten wäre der Energieerhaltungssatz verletzt.

Fassen wir also zusammen: Wir haben eine recht mühsam konstruierte und darüber hinaus wenig schlüssige, weil z. T. fehlerhafte Beschreibung des o. g. empirischen Befundes kennengelernt, wofür man zudem glaubt, ein neues Prinzip zu benötigen: Die Erhaltung der *Dissipativität*, verbunden mit der Forderung, dass zugehörige Erzeugungs- und Vernichtungsprozesse in einer Weise zusammenwirken müssen, dass die *Gesamtdissipativität* eines Prozesses zumindest nicht abnehmen kann. Die Mängelliste dieser klassischen Beschreibung ist erheblich, weil im Clausius'schen Sinne, entsprechend dem Physikverständnis in der Mitte des 19. Jahrhunderts der vorliegende Sachverhalt *„energetisch“* interpretiert wird, nämlich

- ✗ *„Wärme“* sei eine *„Energieform“*: *Wärmeenergie.*
- ✗ Der Carnot-Prozess *transferiere* diese *„Wärmeenergie“* zwischen zwei Reservoirs unterschiedlicher Temperatur.
- ✗ Das Prozess-Medium (→ ideales Gas) nehme hierbei *„Wärmeenergie“* auf und gebe *„Wärmeenergie“* ab.
- ✗ *„Wärmeenergie“* werde dabei *transformiert*, d. h. dieselbe *„Wärmeenergie“* könne verschiedene Temperaturen (*„Wärmeintensitäten“*) annehmen.
- ✗ Zudem werde in den Teilprozessen *„Transformierung“* bzw. *„Transferierung“* von *„Wärme“* Dissipativität *erzeugt* bzw. *vernichtet*, wobei die Gesamtdissipativität aus beiden Prozessen jedoch erhalten bleibt und *Entropie* heißen soll.

Obwohl Max Planck, immerhin *der* Entropie-Experte seiner Zeit, bereits Ende des 19. Jahrhunderts darauf hinwies, dass

„[...] man manchmal den zweiten Hauptsatz dahin charakterisirt, dass die Verwandlung von Arbeit in Wärme vollständig, die von Wärme in Arbeit dagegen nur unvollständig stattfinden könne, in der Weise, dass jedesmal, wenn ein Quantum Wärme in Arbeit verwandelt wird, zugleich nothwendigerweise ein anders Quantum Wärme eine entsprechende, als Compensation dienende Verwandlung, z. B. Uebergang von höherer in tiefere Temperatur, durchmachen müsse; [...] ganz allgemein genommen trifft [diese Feststellung] durchaus nicht das Wesen der Sache." [47]

Dennoch finden sich in heutiger Zeit Schilderungen dieser Art leider immer noch in vielen Texten zur klassischen Thermodynamik, was einmal mehr an Eugen Roth erinnert: *„Die Wissenschaft, sie ist und bleibt, was einer ab vom andern schreibt."*

4.1.2.2 Eine zeitgemäße Interpretation der Entropie

Heutzutage ist die Physik glücklicherweise um einige Erkenntnisse reicher, sodass man den zuvor geschilderten historischen Behelfsweg voller Stolpersteine und Missverständnisse mittlerweile nicht mehr zu gehen braucht, sondern die gut ausgebaute Direktverbindung zwischen Mechanik und Thermodynamik bedenkenlos nutzen kann, dafür wurde dieses Wissen schließlich geschaffen!

Wir arbeiten auch weiterhin mit dem Modell eines idealen Gases, d. h. dessen innere Energie U ist einzig über die Temperatur T bestimmt und die Zustandsgrößen Druck, Volumen und Temperatur sind zudem über die ideale Gasgleichung miteinander verknüpft

$$\frac{p \cdot V}{T} = \frac{A}{T} = \text{const.} \qquad \text{Gl. 4.26}$$

Zu gegebener Temperatur und mechanischer Arbeit A ist somit die *reduzierte mechanische Arbeit A/T* eines idealen Gases konstant. Je höher die Temperatur eines Gases umso mehr Energie steht für die mit einer Druck-/Volumenänderung verbundene mechanische Arbeit zur Verfügung, insbesondere gilt für $T_1 > T_2$

$$\frac{A_1}{T_1} = \frac{A_2}{T_2} = \frac{A_1 - \Delta A}{T_2} \Rightarrow \Delta A = A_1 \cdot \left(1 - \frac{T_2}{T_1}\right) \qquad \text{Gl. 4.27}$$

Wir erzielen also zwangsläufig einen Arbeitsüberschuss ΔA, wenn wir gemäß (Gl. 4.27) verlustfrei (adiabatisch) zwischen den Temperaturwerten T_1 und T_2 wechseln können. Ein trivialer Sachverhalt der gemäß der Gibbs'schen Fundamentalform (Gl. 4.4) ganz allgemein für *alle* Energiespeicher gilt, wenn zwischen den zugehörigen intensiven Größen (→ Intensitäten) gewechselt wird!

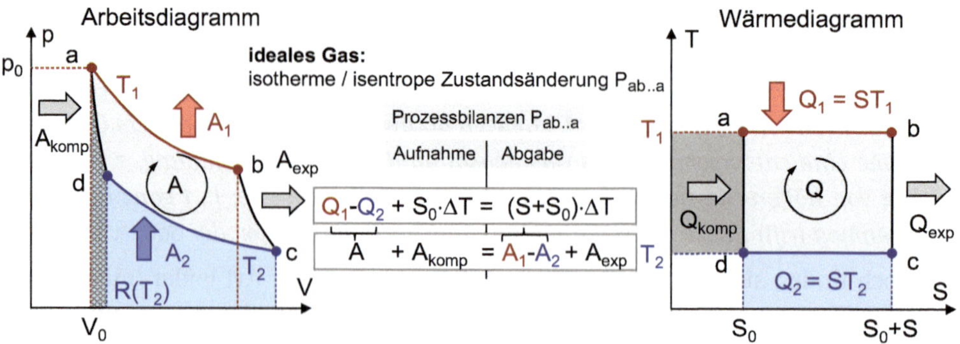

Bild 4.7 Der Carnot-Prozess – das Arbeitsdiagramm und das zugehörige Wärmediagramm im Vergleich.

Betrachten wir unter diesem Gesichtspunkt den Carnot-Prozess etwas genauer, einmal das *p*-*V*-Arbeitsdiagramm und zum anderen das zugehörige *T*-*S*-Wärmediagramm, jeweils dargestellt in Bild 4.7. Aus dem Wärmediagramm ist zu ersehen, dass die sogenannten adiabatischen Zustandsänderungen tatsächlich isentrope Vorgänge sein müssen, ansonsten würde sich die Temperatur des idealen Gases bei diesen Teilprozessen nicht ändern. Ausgehend vom Zustand **a** mit innerer Energie $U_a(T_1)$ finden im Verlauf der isotherm-isentropen Zustandsänderungen des idealen Gases folgende Energieaustauschprozesse statt:

1. Teilprozess P_{ab}: Während der isothermen Expansion wird die durch das Gas zu leistende Arbeit A_1 durch die entsprechende Wärmemenge Q_1 (→ thermische Arbeit) aus dem Reservoir $R(T_1)$ vollständig kompensiert, ansonsten würde nämlich das Gas im Verlauf der Volumenausdehnung kontinuierlich abkühlen. Unterbunden wird der Temperaturrückgang durch den sich einstellenden (infinitesimalen) positiven Temperaturgradient zwischen Gas und Reservoir, sodass während der Expansion die ausgleichende Wärmemenge spontan aus $R(T_1)$ in das infinitesimal kältere Gas strömen kann, d. h. $U_b = U_a - A_1 + Q_1 = U_a$. Die Energie des idealen Gases bleibt also während dieses Vorganges erhalten, weil der mit dem Prozess *„mechanische Arbeit“* verbundene Energieaufwand unmittelbar durch den ausgleichenden Prozess *„thermische Arbeit“* des Reservoirs kompensiert wird. Man mache sich klar, dass das ideale Gas hierbei weder mechanische Arbeit *„abgeben“* noch Wärmemengen *„aufnehmen“* kann! Die entsprechenden Flächen in Bild 4.7 sind zeitintegrierte Prozessgrößen und beschreiben als solche keine physikalischen Eigenschaften des Gases.

2. Teilprozess P_{bc}: Bei der sich anschließenden isentropen Expansion führt die zu leistende mechanische Arbeit A_{exp} mangels externer Energiequelle tatsächlich zu einer Abnahme der inneren Energie $U_b(T_1)$, also zu einem Rückgang der Temperatur des idealen Gases um $\Delta T = T_1 - T_2$. Dieser Prozess setzt die hierzu äquivalente Wärmemenge $Q_{exp} = (S_0 + S) \cdot \Delta T = Q + Q_{komp}$ um.

3. Teilprozess P_{cd}: Im Verlauf der dritten Zustandsänderung, einer isothermen Kompression, wird anteilig die Wärmemenge Q_2 der von *außen* aufgebrachten Arbeit vollständig durch das Reservoir $R(T_2)$ absorbiert, weil sich in diesem Falle ein (infinitesimaler) negativer Temperaturgradient zwischen Gas und Reservoir einstellt, sodass das ideale Gas die mit der thermischen Arbeit transportierte Energie im Verlauf dieses Prozessschrittes nicht aufnehmen kann. Der verbleibende und im Diagramm dargestellte Energieanteil A_2 sorgt also nur für eine Druckerhöhung, die Temperatur des Gases, d. h. dessen innere Energie bleibt hierbei unverändert. Insbesondere nimmt das ideale Gas aus den oben genannten Gründen keine Arbeit A_2 auf und gibt keine Wärmemenge Q_2 ab, wie in vielen Lehrbüchern leider immer wieder zu lesen steht.[48]

4. Teilprozess P_{da}: Bei der abschließenden isentropen Kompression und der damit verknüpften Energiezufuhr $A_{komp} = Q_{komp} = S_0\Delta T$ wird die innere Energie $U_c(T_2)$ des idealen Gases wieder auf den Wert des Ausgangszustandes $U_a(T_1)$ angehoben.

Alle Teilprozesse genügen dem Energieerhaltungssatz, irgendwelche obskuren *„Verwandlungen“* oder *„Transformationen“* finden zu keiner Zeit statt, denn es gibt sie einfach nicht! Die Prozessanalyse liefert stattdessen (über eine simple Flächenbetrachtung im Wärmediagramm)

$$\begin{aligned} Q_{exp} &= \Delta Q + Q_{komp} \\ \Leftrightarrow (S_0 + S)\Delta T &= \Delta Q + S_0 \Delta T \\ \Leftrightarrow \quad S \cdot \Delta T &= \Delta Q = Q_1 - Q_2 = S \cdot T_1 - S \cdot T_2 \end{aligned} \qquad \text{Gl. 4.28}$$

Zur Aufrechterhaltung des Prozesses wird Energie über thermische Arbeit (→ Wärmemenge) $\Delta Q = Q_1 - Q_2$ benötigt (investiert), und deshalb kann auch nur $\Delta A = \Delta Q$ durch mechanische Arbeit wieder abgeben werden, weil die Temperatur des Gases die durch $R(T_2)$ vorgegebene untere Schranke T_2 nicht unterschreiten kann (→ 2. Hauptsatz der Thermodynamik).

Wesentlich einfacher ist deshalb die folgende Auslegung von (Gl. 4.28): Der Energieträger $S(T_1)$ benötigt das Temperaturgefälle $\Delta T = T_1 - T_2 > 0$ damit sich ein Energietransfer durch *„Wärme“*-Transport einstellen kann, d. h. es fließt im Verlauf dieses Prozesses ein entsprechender Wärmestrom dS/dt über die Systemgrenze hinweg (Herrmann, 2003). Man beachte: In diesem Bild ist zwischen dem phänomenologischen Begriff *„Wärme“*, der zugehörigen *„Wärmeenergie“* und dem Transportprozess durch die *„Wärme(ein)wirkung“* wohl zu unterscheiden. Damit lässt sich nach (Herrmann, 2003) auch die anfänglich gestellte Frage sehr einfach beantworten:

„Die thermodynamische Entropie beschreibt die »Wärmewirkung« eines Körpers auf seine Umgebung und kann demnach ohne weitere Einschränkung dem phänomenologischen Begriff »Wärme« gleichgesetzt werden.“

„Wärme" ist Entropie, also eine physikalische Größe und demnach kein Prozess (→ thermische Arbeit), insbesondere ist *„Wärme"* keine *„Energieform"*, wie ursprünglich von Clausius angenommen.

Die Entropie entspricht also im Wesentlichen der historischen Vorstellung der Carnot'schen Wärmesubstanz *„Caloricum"* [49], mit dem entscheidenden Unterschied, dass Entropie auch erzeugt werden kann, nämlich dann, wenn der Entropiestrom einem Temperaturgefälle folgt. Dieser *„entropische Aspekt"* der *„Wärme"* wird auch in H.-J. Schlichtings[50] lesenswerter Recherche *„Zur Geschichte der Irreversibilität"* angesprochen, wonach verschiedene Autoren feststellten, dass Carnots ursprüngliche Theorie von ähnlicher Struktur wie die klassische Thermodynamik sei, und man bei richtiger Leseweise (und vor allem bei korrekter Übersetzung aus dem Französischen!) zudem zeigen könne, *„dass beide Theorien denselben Grad an Vollständigkeit besitzen und dieselben Probleme zu lösen vermögen."* Die Erfindung der *„Dissipativität"* bzw. der *„Entropie"* (im historischen Sinne!) wäre also gar nicht nötig gewesen und *„der Preis der dafür gezahlt werden musste, war, dass das eigentliche Konzept der Wärme, dass bis dahin eine einfach intuitive Schöpfung gewesen ist, zu einem sehr komplizierten Konzept wurde."* [51]

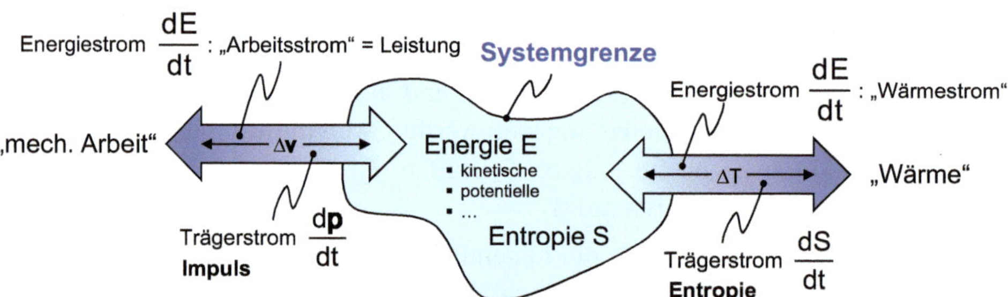

Bild 4.8 Mögliche Formen des Energietransportes über die Grenzen eines abgeschlossenen physikalischen Systems, nach (Herwig et al., 2009).

Hier wäre noch anzumerken, *„kompliziert"* wird die Sachlage doch wohl nur dann, wenn man *„Wärme"* – wie gezeigt – *„energetisch"* zu verstehen versucht! Wie bereits im vorherigen Abschnitt zum Konzept der Energie angesprochen, unterscheidet die Physik aus historischen Gründen zwei Energietransportprozesse: Zum einen verschiedene *„klassische"* Formen der *„Arbeit"* (mechanische, elektrische, ...) und zum anderen die *„Wärme[menge]"* (→ thermische Arbeit). Beide Transportprozesse, sowohl der *„Arbeitsstrom"* (→ *„Leistung"*) als auch der *„Wärmestrom"*, sind eindeutig über die Ströme der jeweiligen Energieträger definiert (vgl. Bild 4.8).

Diese sind beispielsweise im Falle der mechanischen *Arbeit* der Impuls und, wie seinerzeit von Rudolf Clausius erstmals als *„Äquivalenzwert bei Energieverwandlungsprozessen"* eingeführt, die Entropie bei *Wärme[mengen]*.

Die Entropie eines Systems ist – ebenso wie dessen Energie – eine relative Größe. Entropie ist im phänomenologischen Sinne *„Wärme"* und im physikalischen Sinne die *Wärme(ein)wirkung* des Systems auf dessen Umgebung und umgekehrt, weshalb Entropie als Energieträger Energieaustauschprozesse beschreibt in deren Verlauf sich der thermodynamische Zustand des Systems inklusive Umgebung (Index Um) verändert. Ordnen wir diesem Zustand die Entropie $S' = S_{Um} + S$ zu, so ist

Gesamt- bzw. Systementropie — innere Energie des Systems

$$T\mathrm{d}S' = T\mathrm{d}S - \mathrm{d}Q = T\mathrm{d}S - (\mathrm{d}U - \mathrm{d}A) = -(\mathrm{d}U - T\mathrm{d}S) + \mathrm{d}A \geq 0 \qquad \text{Gl. 4.29}$$

„thermische Arbeit" — „mechanische Arbeit"

Im Allgemeinen sind diese Prozesse irreversibel ($\mathrm{d}S' > 0$), d.h. die Gesamtentropie strebt gegen ein Maximum. Nur im idealen Fall eines reversiblen Prozessverlaufs ist die Änderung der Entropie von System und Umgebung trivialerweise gleich Null ($\mathrm{d}S' = 0$), d.h. es wird netto keine Entropie und keine Energie ausgetauscht, sodass $\mathrm{d}U - \mathrm{d}A = \mathrm{d}Q$ und im Falle eines Kreisprozesses erhalten wir hieraus zwangsläufig $\mathrm{d}A = -\mathrm{d}Q$, also das Carnot'sche Resultat ($\mathrm{d}U = 0$). Ist hingegen die Zustandsänderung irreversibel, so wirkt eine *„thermodynamische Kraft"* $\mathrm{d}S'/\mathrm{d}t > 0$, sodass $\mathrm{d}U\text{-}T\mathrm{d}S$ gemäß (Gl. 4.29) gegen ein Minimum strebt, insbesondere ist dann $T\mathrm{d}S \geq \mathrm{d}U\text{-}\mathrm{d}A = \mathrm{d}Q$ und die rechte Seite dieser Ungleichung kann wegen der Energieerhaltung bestenfalls Null werden.

Genau dieser Sachverhalt wird durch den 2. Hauptsatz der Thermodynamik beschrieben[52]

irreversibel dS > 0

„thermodynamische Kraft" $$\frac{\mathrm{d}S}{\mathrm{d}t} \geq 0 \qquad \text{Gl. 4.30}$$

reversibel dS = 0

In diesem Sinne ist jeder Kreisprozess *prinzipiell* irreversibel, d.h. in der Natur kann es keine ideal-reversiblen Vorgänge geben, jedoch wird die anfallende überschüssige Entropie/Energie des Systems an die Umgebung abgegeben, wie am Beispiel des Carnot-Prozesses verdeutlicht, d.h. im Umkehrschluss (mangels Umgebung)

„Die Entropie ist für beliebig große (aber endliche) Systeme beschränkt."

Im Grunde ein trivialer Sachverhalt, wenn die Energie für beliebig große (endliche) Systeme eine Erhaltungsgröße darstellen soll. Diese Aussage wird im 3. Hauptsatz der Thermodynamik beschrieben, wonach die Wärmeintensität T eines Systems zwangsläufig gegen Null gehen muss, wenn ihm sämtliche Entropie entzogen wird, weil diese Menge und die damit verknüpfte Energie stets endlich ist (→ Nernst-Theorem[53]).

Die thermodynamische Wechselwirkung eines Systems mit der Umgebung sei an einem bereits diskutierten Beispiel verdeutlicht, der isothermen Expansion eines idealen Gases im Carnot-Prozess. Unter Einbeziehung des Wärmereservoirs kann man sich diesen Prozess in zwei Teilschritte zerlegt denken: Der mit der mechanischen Arbeit verknüpfte Impulsstrom (→ Kraft $\boldsymbol{F} = \mathrm{d}\boldsymbol{p}/\mathrm{d}t$) erzeugt, gemäß Bild 4.9, genau den für die thermische Arbeit erforderlichen Entropiestrom, welcher zur Aufrechterhaltung der Temperatur des Gases beiträgt. Im Falle der isothermen Kompression kehren sich die Vorzeichen um und die Entropie des Reservoirs nimmt entsprechend zu.

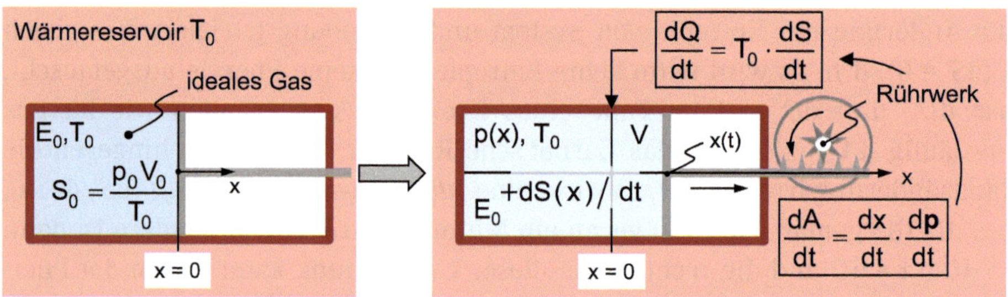

Bild 4.9 Die isotherme Expansion eines idealen Gases unter Einbeziehung des Wärmereservoirs, nach (Demtröder, 1994).

Mit diesem Bild lässt sich auch die Frage beantworten, woher die zusätzliche Entropie im Falle eines irreversiblen Prozesses eigentlich kommt, wenn scheinbar keine Arbeit verrichtet wird? Entropie ist schließlich ein Energieträger, die zusätzliche Entropie muss demnach Energie mit sich führen, die aber einem Erhaltungssatz genügt, also nicht erzeugt werden kann. Wieso kann dennoch Entropie erzeugt werden? Diese Fragestellung lässt sich anhand dreier experimenteller Befunde diskutieren und auch beantworten:

1. Die adiabatische Expansion eines idealen Gases ins Vakuum.
2. Die Mischungsentropie (→ Gibbs'sches Paradoxon).
3. Die Wärmeleitung.

Problem 1: Die adiabatische Expansion eines idealen Gases ins Vakuum

Die schematische Darstellung in Bild 4.10 zeigt das zugehörige thermodynamische System, das vollständig adiabatisch abgeschlossen sei. Der Ausgangszustand des idealen Gases ist durch die (Zustands-)Größen Druck p_0, Volumen V_0 und Temperatur T_0 sowie eine bis auf eine Konstante festgelegte Energie E_0 bzw. Entropie S_0 definiert.

Nach der Expansion nimmt das Gas ein um V größeres Volumen ein, unter Beibehaltung sowohl der Energie als auch der Temperatur[54], d. h.

$$\mathrm{d}E = 0 = T_0 \cdot \mathrm{d}S - p \cdot \mathrm{d}V \Leftrightarrow \Delta S(V) = S_0 \cdot \ln\left(1 + \frac{V}{V_0}\right) \qquad \text{Gl. 4.31}$$

Die Entropie steigt demnach mit dem Expansionsvolumen V an! Das erscheint auf den ersten Blick wenig plausibel, weshalb man aus einer gewissen Erklärungsnot heraus spontan andere Modellansätze bemüht (→ statistische Mechanik), um diesen Sachverhalt zu beschreiben – entgegen der Grundregel **G-3**! Wie aber ist dieser Vorgang thermodynamisch zu verstehen?

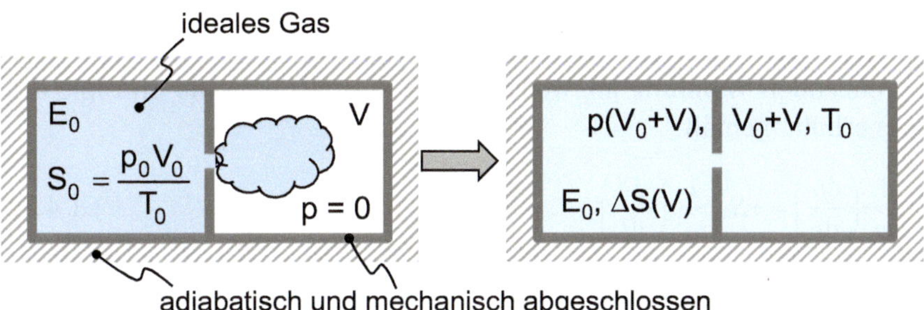

Bild 4.10 Irreversible adiabatische Expansion eines idealen Gases ins Vakuum im Falle eines adiabatisch und mechanisch abgeschlossenen Volumens.

Betrachten wir *ausschließlich* den thermodynamischen Endzustand des Gases (ohne Kenntnis, wie dieser Zustand experimentell präpariert wurde), so ist von einer Entropieerhöhung relativ zum Ausgangszustand absolut nichts zu erkennen, zumal wir wissen: Die Energie E_0 muss erhalten sein und die Temperatur T_0 des idealen Gases bleibt konstant (→ experimenteller Befund!), also müsste doch auch $S(V) = p\cdot(V_0+V)/T_0 = p_0V_0/T_0 = S_0$ erhalten sein?! Wo ist die gemäß (Gl. 4.31) errechnete Entropieänderung $\Delta S(V)$ hergekommen?

Thermodynamische Beschreibung: Die Entropie (= Wärmewirkung) des thermodynamischen Systems muss mit dem Expansionsvolumen V ansteigen, **weil** dessen Wärmeintensität (→ Temperatur) konstant bleibt! Man sagt, bei der adiabatischen Expansion werde keine Arbeit verrichtet und meint damit, dass die Energie im System sich nicht ändert, also $\mathrm{d}E = 0$. Die Physik ist somit identisch mit der in Bild 4.9 beschriebenen isothermen Expansion eines idealen Gases unter Einbeziehung des Wärmereservoirs. Selbstverständlich *„arbeitet"* das Gas, oblgleich $\mathrm{d}W = p \cdot \mathrm{d}V + V \cdot \mathrm{d}p = 0$ und erzeugt auf diese Weise Entropie $\mathrm{d}Q = T \cdot \mathrm{d}S > 0$, es wird nämlich Impuls transportiert. Demnach muss die mit der Expansion einhergehende Vergrößerung der Begrenzungsfläche A für den Entropie- und den damit verknüpften kompensierenden Energiezuwachs des Gases sorgen, damit dessen Wärmeintensität (→ Temperatur) konstant bleibt. Gl. 4.31 lässt sich nämlich auch schreiben

$$\Delta S = S_0 \cdot \ln\left(\frac{p_0}{p}\right) = S_0 \cdot \ln\left(\frac{A}{A_0}\right) \qquad \text{Gl. 4.32}$$

Man beachte: Ohne eine räumliche Begrenzung, d. h. ohne vollständigen mechanischen Einschluss – keinen Druck! Die Gefäßwand ist also ein wesentlicher Bestandteil des thermodynamischen Systems. Die Wandung steht durch den einwirkenden Gasdruck ständig in Impuls- und damit auch in Entropieaustausch mit dem idealen Gas. Aufgrund der Randbedingung (mechanischer *und* adiabatischer Einschluss) sind die zugehörigen Entropie- und Impulsströme zwischen Gas und Wandung im Gleichgewicht. Im Verlauf der Expansion nehmen der Gasdruck und der hierzu komplementäre Impulsaustausch (→ mechanische Spannung) mit der volumenbegrenzenden Wandung ab, wodurch sich zwangsläufig die Entropie des idealen Gases erhöht, gemäß

$$\frac{\mathrm{d}S}{\mathrm{d}t} = -S_0 \cdot \frac{1}{p} \cdot \left(\frac{\mathrm{d}p}{\mathrm{d}t}\right) = +S_0 \cdot \frac{1}{A} \cdot \left(\frac{\mathrm{d}A}{\mathrm{d}t}\right) \qquad \text{Gl. 4.33}$$

Der Entropiezuwachs wird durch einen kontinuierlichen mechanischen Spannungsabfall in der Gefäßwand *„hervorgerufen"*. Dieser Vorgang ist besser nachzuvollziehen, wenn wir zu dessen Beschreibung vereinfachend von einem linearen mechanischen Spannungsverhalten der Wand ausgehen, gemäß Bild 4.11. Während der Druckabfall Δp im Ausgangsvolumen V_0 die relative Dehnung ε_0 der Wandung um δ reduziert, erhöhen sich sowohl Druck als auch relative Wanddehnung im Expansionsvolumen um die entsprechenden Werte.

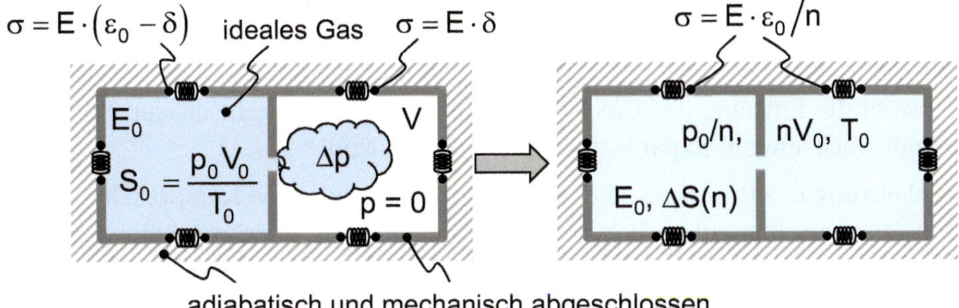

Bild 4.11 Mechanische Spannung der Wandung bei der irreversiblen adiabatischen Expansion eines idealen Gases ins Vakuum mit Volumen $V = (n - 1) \cdot V_0$, $n \geq 2$.

Vergrößern wir das Volumen auf den n-fachen Ausgangswert ($n > 1$), erhalten wir

$$p(n) = \frac{p_0}{n},\ V(n) = n \cdot V_0,\ \Delta S(n) = S_0 \cdot \ln(n) \qquad \text{Gl. 4.34}$$

Zugleich fällt aber die mit der mechanischen Spannung verknüpfte (potentielle) Energie um den Faktor 1/n. Nachdem Energie nicht verloren gehen kann, muss sie gemäß Bild 4.11 über den Energieträger Entropie dem idealen Gas zugeführt worden sein! Dieser oft übersehene *„Energieverlustkanal“* durch Thermalisierung (→ Entropieproduktion) ist in der Physik *überall* anzutreffen und entsprechende Beispiele werden gerne herangezogen, um Physikanfängern bei ersten Anwendungen des Energieerhaltungssatzes zu irritieren, schließlich *„glaubt“* anfangs noch einjeder fest an diese Erhaltungsgröße, mangels theoretischer Evidenz.[55] Der Entropieüberschuss entstammt also der volumenbegrenzenden Wandung, sei es über eine direkte mechanische oder indirekte thermische Anbindung (→ Reibung)! Bei der Expansion des idealen Gases ändert sich in beiden Fällen kontinuierlich die mechanische Spannungsverteilung in der Wand, was sich ja auch unmittelbar an den Zustandsgrößen p, V des Gases erkennen lässt. Erst dieser mechanische Wechselwirkungsprozess mit der Gefäßwand sorgt für den notwendigen Entropie- und Energiestrom, sodass die Temperatur des Gases konstant bleibt!

Im Allgemeinen vernachlässigt man Wandeffekte mit dem Argument, dass die Volumenbegrenzung absolut starr angenommen werden darf (Elastizität $E \to \infty$) und daher relative Dehnungen keine Rolle spielen sollten ($\varepsilon \to 0$), sodass entsprechende Energieanteile gegen Null gehen. Die Physik des Impuls- und Entropietransports wird aber auch weiterhin durch das *endliche* (!) und daher nicht zu vernachlässigende Produkt $\sigma = E \cdot \varepsilon$ bestimmt!

Dass es sich bei der Entropieerhöhung nicht um einen Volumeneffekt, sondern tatsächlich um einen Flächeneffekt handelt, ergibt sich auch direkt aus der zugehörigen Entropiedichte ρ_S des Gases. Vergrößern wir das Volumen um den Faktor $n > 1$, so erhalten wir mit (Gl. 4.34)

$$\lim_{n\to\infty} \rho_S(n) = \rho_{S_0} \cdot \lim_{n\to\infty} \frac{\ln(n)}{n} = 0 \qquad \text{Gl. 4.35}$$

d. h. obwohl die Entropie des Gases kontinuierlich ansteigt geht dessen Entropiedichte mit wachsendem Expansionsvolumen gegen Null![56]

Die Umkehrung des Prozesses, die (quasi-statische) isotherme Kompression, führt auf den Ausgangszustand zurück, wobei die eingebrachte Energie (→ mechanische Arbeit)

$$E_{\text{komp}} = T_0 S_0 \cdot \ln\left(1 + \frac{V}{V_0}\right) \qquad \text{Gl. 4.36}$$

über den Energieträger Impuls (bzw. Entropie) die ursprüngliche mechanische Spannungsverteilung (→ Impulsstromdichte!) des Gehäuses wieder herstellt (vgl. hierzu auch Abschnitt 5.2.4.8 *Spannungsinduzierte Bewegung*).

Problem 2: Die Mischungsentropie (Gibbs'sches Paradoxon)

Der experimentelle Aufbau zur Mischungsentropie ist identisch zu Problem 1, wobei sich in der zweiten Kammer gleichen Volumens ein anderes ideales Gas unter gleichem Druck und gleicher Temperatur befindet (vgl. Bild 4.12).

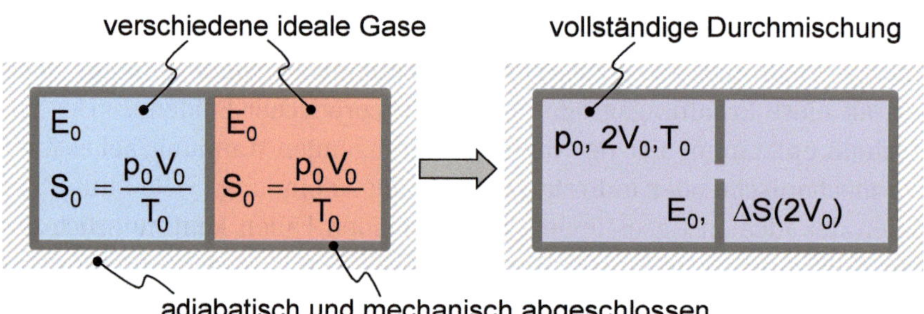

Bild 4.12 Irreversible Durchmischung verschiedener idealer Gase.

Thermodynamische Beschreibung: Beide Gase genügen der Problemstellung 1, wobei der Zustand $p = 0$ für den Ausgangspartialdruck des Gases in der jeweils anderen Kammer steht. Demnach laufen die gleichen Prozesse ab und der Gesamtprozess von Problem 2 kann als Summe der beiden Teilprozesse gemäß Problem 1 dargestellt werden, d. h.

$$\Delta S = 2S_0 \cdot \ln(2) \qquad \text{Gl. 4.37}$$

Sind die Gase in beiden Kammern identisch, so gilt bereits für den Ausgangszustand $p = p_0$, weshalb für diesen Fall auch keine Entropieerhöhung feststellbar ist, denn es ist $\ln(p_0/p) = \ln(1) = 0$. Das in diesem Zusammenhang diskutierte *„Gibbs'sche Paradoxon"* ist also keines, es beruht einfach auf einem Missverständnis als Folge eines **G-3**-Konfliktes, indem man *zugleich* Modellansätze der klassischen Thermodynamik und der statistischen Mechanik anzuwenden versucht.

Die Gas-Wand-Wechselwirkung ist bei der Beschreibung thermodynamischer Systeme also unbedingt in die Betrachtung einzubeziehen, entgegen der üblichen Argumentation, die sich einzig auf die thermischen Eigenschaften der Wand beziehen. Selbstverständlich kann die Wärmekapazität (→ *„thermische Masse"*) der Wandung beliebig klein gedacht werden, sodass diese Eigenschaft bei der Darstellung thermodynamischer Prozesse nicht berücksichtigt werden muss. Die Impulsstromleitfähigkeit und die zugehörige Impulstromdichte, der eigentliche Gegenspieler für den sich einstellenden Gasdruck, kann jedoch nicht vernachlässigt werden! Auf die gleiche Weise lässt sich die Entropiezunahme verstehen, die sich beim Temperaturausgleich zweier identischer Körper einstellt, wenn diese vor dem thermischen Kontakt unterschiedliche Temperaturen aufweisen - womit wir beim dritten experimentellen Befund wären, der Wärmeleitung.

Problem 3: Die Wärmeleitung

Ein experimenteller Aufbau zur Wärmeleitung ist in Bild 4.13 dargestellt. Werden beide Enden eines homogenen Stabes jeweils auf konstanter Temperatur $T_2 > T_1$ gehalten, so stellt sich ein stationärer und über die Länge L des Stabes konstanter Energiestrom $\mathrm{d}Q/\mathrm{d}t$ ein (→ *„Wärmestrom"*). Für den Entropiestrom erhalten wir, gemäß dem Fourier'schen Wärmeleitungsgesetz[57]

$$T(x)\cdot\frac{\mathrm{d}S(x)}{\mathrm{d}t}=\frac{\mathrm{d}Q}{\mathrm{d}t}=-\lambda\cdot A\cdot\frac{\mathrm{d}T(x)}{\mathrm{d}x} \qquad \text{Gl. 4.38}$$

A steht für die Querschnittsfläche und λ für die materialspezifische Wärmeleitfähigkeit des Stabes. Ist die Temperaturdifferenz klein, d. h. $\delta T = T_2 - T_1 \ll T_2$, so wird daraus näherungsweise

$$\frac{\mathrm{d}S(x)}{\mathrm{d}t}\cong\lambda\cdot A\cdot\frac{\delta T}{T_2\cdot L}\left(1+\frac{\delta T}{T_2\cdot L}\cdot x\right) \qquad \text{Gl. 4.39}$$

Nimmt also die Wärmeintensität $T(x)$ ab (→ $\mathrm{d}T/\mathrm{d}x < 0$), so kann die transportierte Wärmemenge Q nur dann gleich bleiben, wenn die Menge des zugehörigen Energieträgers $S(x)$ entsprechend anwächst (→ $\mathrm{d}S/\mathrm{d}x > 0$), in unserem Beispiel linear mit x/L. Man beachte: Die ortsabhängige Entropieerzeugung geht hierbei quadratisch mit $(\delta T/T_2)$ ein, d. h. für kleine Temperaturdifferenzen fällt praktisch keine zusätzliche Entropie an, der Entropiestrom $\mathrm{d}S/\mathrm{d}t$ bleibt also (näherungsweise) konstant, und der Transportprozess ist unter diesen Bedingungen prinzipiell umkehrbar (→ optimaler, d. h. effizienter Arbeitsbereich einer Wärmepumpe).

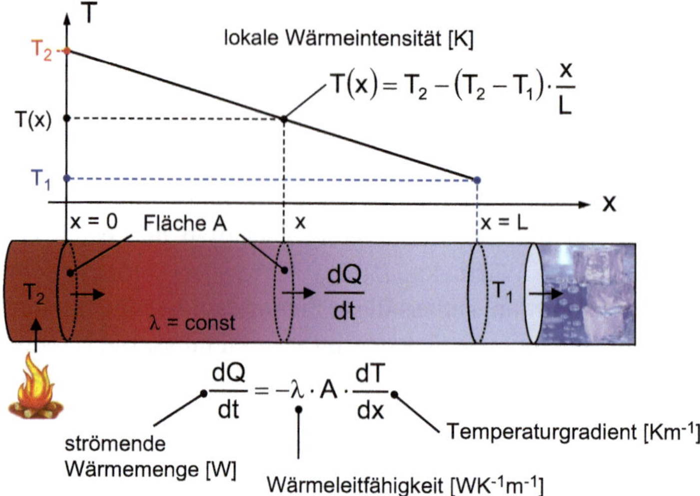

Bild 4.13 Stationäre Wärmeleitung längs eines homogenen Stabes der Länge L und Querschnittsfläche A, dessen Enden jeweils auf konstanter Temperatur $T_2 > T_1$ gehalten werden.

Aber was generiert den erforderlichen Energieträger (samt Energie!), sodass $\mathrm{d}Q/\mathrm{d}t$ wie beobachtet konstant bleibt? Wir suchen also die ortsabhängige Quelle $S'(x)$ der intensiven Größe Entropie.

Thermodynamische Beschreibung: Um etwas mehr über diese Quelle $S'(x)$ zu erfahren, differenzieren wir in einem ersten Schritt (Gl. 4.38) nach der Ortskoordinate (gekennzeichnet durch $' \equiv \mathrm{d}/\mathrm{d}x$ bzw. $'' \equiv \mathrm{d}^2/\mathrm{d}x^2$)

$$j_S'(x) = \frac{j_Q'(x)}{T(x)} - j_Q(x) \cdot \frac{T'(x)}{T^2(x)} = \frac{j_Q'(x)}{T(x)} + \lambda \cdot \left[\frac{T'(x)}{T(x)}\right]^2 \qquad \text{Gl. 4.40}$$

$j_X = A^{-1}\mathrm{d}X/\mathrm{d}t$ steht hierbei für die Stromdichte der intensiven Größe X. Im stationären Fall $\mathrm{d}Q/\mathrm{d}t = A \cdot j_Q = \text{const.}$ verschwindet der erste Summand auf der rechten Seite der Gleichung und wir gewinnen einen Ausdruck für die ortsabhängige Entropieproduktion $S'(x)$, sie ist proportional zum Quadrat des (ortsabhängigen) Temperaturgradienten $T'(x)$. Im nichtstationären Fall wird unmittelbar ersichtlich, dass mit der Entropieproduktion auch die Wärme(mengen) Q erzeugt werden, was sich in einer zusätzlichen Zeitabhängigkeit der lokalen Wärmeintensität $T(x,t)$ manifestiert (→ Wärmeleitungsgleichung: $j_Q' \propto T'' \propto \partial T/\partial t$). Für den stationären Fall erhalten wir somit

$$j_S'(x) = -j_S(x) \cdot \frac{T'(x)}{T(x)} \qquad \text{Gl. 4.41}$$

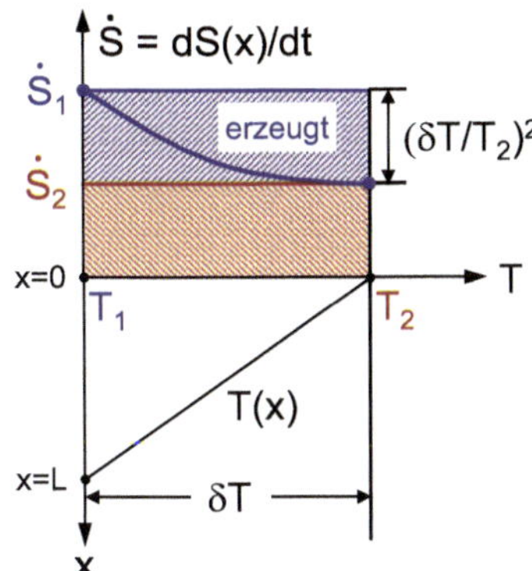

Bild 4.14
Schema zur Entropieproduktion durch Entropieströme bei kleinen Temperaturdifferenzen δT.

Mit abnehmender Wärmeintensität $T(x)$ ist die Entropieproduktion proportional zum Entropiestrom. Der Entropiestrom ist demnach selbstverstärkend und die zu transportierende Energie verteilt sich auf die kontinuierlich anwachsende Menge an Entropie, sodass der Wärmestrom $\mathrm{d}Q/\mathrm{d}t = T\mathrm{d}S/\mathrm{d}t$ konstant bleibt, wie in Bild 4.14 skizziert. Dieser Sachverhalt mag auf den ersten Blick ungewöhnlich erscheinen, ist aber im Grunde recht einfach nachzuvollziehen, wenn man die Gibb'sche Fundametalform zum Energietransport berücksichtigt. Mit dem Energieträger S_2 und dem Temperaturgefälle $\Delta T = T_2 - T_1$ ist potentielle Energie $\Delta E = \Delta T \cdot S_2$ verbunden, die wegen der Energieerhaltung *„irgendwo bleiben muss"*, nämlich im Reservoir T_1. Die Gesamtenergie ist dann gerade $E = T_1S_1 = T_1S_2 + T_1 \cdot \Delta T/T_1 \cdot S_2 = T_2S_2$, d. h. mit der freiwerdenden potentiellen Energie entsteht also zusätzliche Entropie $\Delta S = \Delta T/T_1 \cdot S_2$, die als Energieträger den Energieüberschuss aufnimmt und damit die Energieerhaltung gewährleistet.

Es mag in diesem Zusammenhang ganz hilfreich sein, das analoge elektrische Problem zu betrachten. Bild 4.15 beschreibt den zugehörigen experimentellen Aufbau. Für den Transport der intensiven Größe *„elektrische Ladung"* q können wir eine zu (Gl. 4.38) analoge Beziehung formulieren. Für den Energiestrom $\mathrm{d}E_q/\mathrm{d}t$ (→ elektrische Leistung) gilt dann

$$U(x)\cdot\frac{\mathrm{d}q}{\mathrm{d}t}=\frac{\mathrm{d}E_q(x)}{\mathrm{d}t}=-\sigma\cdot A\cdot\frac{\mathrm{d}\varphi(x)}{\mathrm{d}x}\cdot(\varphi_2-\varphi_1) \qquad \text{Gl. 4.42}$$

σ steht für die materialspezifische elektrische Leitfähigkeit des Stabes. Ist die Spannungsdifferenz klein, d. h. $\delta\varphi = \varphi_2 - \varphi_1 \ll \varphi_2$, so wird daraus näherungsweise

$$\varphi_2\cdot\frac{\mathrm{d}q_2}{\mathrm{d}t}\cong\left(\sigma\cdot A\cdot\frac{\delta\varphi}{L}\right)\cdot\delta\varphi\cdot\left(1+\frac{\delta\varphi}{\varphi_2}\cdot\frac{x}{L}\right) \qquad \text{Gl. 4.43}$$

Nimmt also das elektrische Potential $\varphi(x)$ ab (→ $\mathrm{d}\varphi/\mathrm{d}x < 0$), so kann die je Zeiteinheit transportierte Ladungsmenge q_2 nur dann gleich bleiben, wenn die transportierte Energie $E_q(x)$ entsprechend abnimmt ($\rightarrow dE_q/dx < 0$), nämlich in unserem Beispiel linear mit x/L.

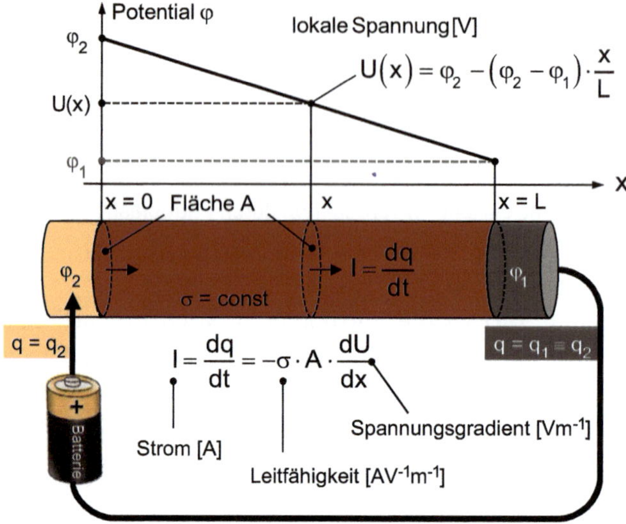

Bild 4.15 Stationäre Stromleitung längs eines homogenen Stabes der Länge *L* und Querschnittsfläche *A*, dessen Enden jeweils auf konstantem Potential $\varphi_2 > \varphi_1$ gehalten werden.

Die ortsabhängige Energieabnahme ist zudem proportional zu $(\delta\varphi^2/\varphi_2)$, d.h. für kleine Spannungsdifferenzen $\delta\varphi = \varphi_2 - \varphi_1 \ll \varphi_2$ geht praktisch keine elektrische Energie verloren und $E_q = q_2 \cdot \varphi_2$ bleibt (näherungsweise) konstant, der Transportprozess ist unter diesen Bedingungen nicht dissipativ. Im dissipativen Fall muss es allerdings einen weiteren parallelen Prozess geben, mit einem zusätzlichen Energieträger, sodass die Gesamtenergie erhalten bleibt. Der gesuchte Energieträger ist die *„Wärme"* ($\rightarrow$ Entropie). Der stromführende Leiter erwärmt sich, d.h. dissipative Ladungsströme erzeugen Entropie, ein Umstand wie er bereits für (dissipative) Entropieströme festzustellen war. Die elektrische Energiebilanz liefert $E_q = \varphi_1 q_1 = \varphi_1 q_2 + \varphi_1 \cdot \Delta\varphi/\varphi_1 \cdot q_2 = \varphi_2 q_2$, d.h. die Ladungserhaltung $q_1 = q_2$ ist tatsächlich nur dann gewährleistet, wenn die freiwerdende *potentielle Energie* $\Delta E = \Delta\varphi \cdot q_2$ durch den Energieträger Entropie aufgenommen wird. Gäbe es die Entropie nicht, müsste stattdessen Ladung erzeugt werden, um auf diese Weise den Energiesatz zu retten und zwar propotional zu $(\delta\varphi/\varphi_2)^2$, also völlig analog zur Physik der Wärmeleitung.

Es sei noch der Hinweis auf einen weiteren empirischen Befund erlaubt: *„Reibung"* erzeugt bekanntlich auch *„Wärme"*! Reibung ist Impulstransport (vgl. hierzu Abschnitt 5.2.2 *Die Reibung*), sodass Impulstransportprozesse ebenfalls Entropie generieren, wie bei der adiabatischen Expansion eines idealen Gases bereits erläutert. Die Entropie ist somit ein Indikator für dissipative Impulsströme, wenn sonst keine weiteren Ströme intensiver Größen fließen, ein Sachverhalt der in der Physik der *Thermoelastizität* eine wichtige Rolle spielt. Betrachten wir hierzu die zu (Gl. 4.25) analoge Beziehung aus der Mechanik

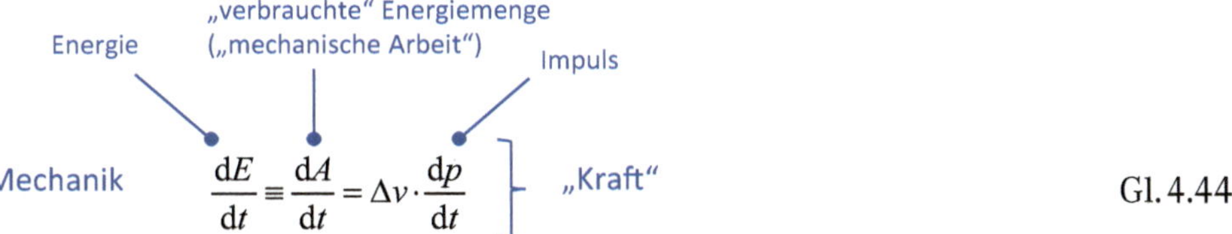

$$\frac{dE}{dt} \equiv \frac{dA}{dt} = \Delta v \cdot \frac{dp}{dt} \qquad \text{Gl. 4.44}$$

und zwar am Beispiel der relativen Bewegung zweier paralleler Platten im Abstand D, die ein viskoses und nichtkompressibles Medium der Dichte ρ_M einschließen. In diesem Fall würde man erwarten, gemäß der schematischen Darstellung in Bild 4.16, dass der Impuls erhalten ist, d. h. zu gegebener kinetischer Energiemenge E_2 der Platte mit höherer Geschwindigkeit v_2 nur der folgende Anteil A zur Aufrechterhaltung der laminaren Bewegung im Volumen V *„verbraucht"* wird (→ *„mechanische Arbeit"*)

$$A = \left(1 - \frac{v_1}{v_2}\right) \cdot E_2 = \rho_M V \cdot \frac{\Delta v^2}{2} = \Delta v \cdot p \qquad \text{Gl. 4.45}$$

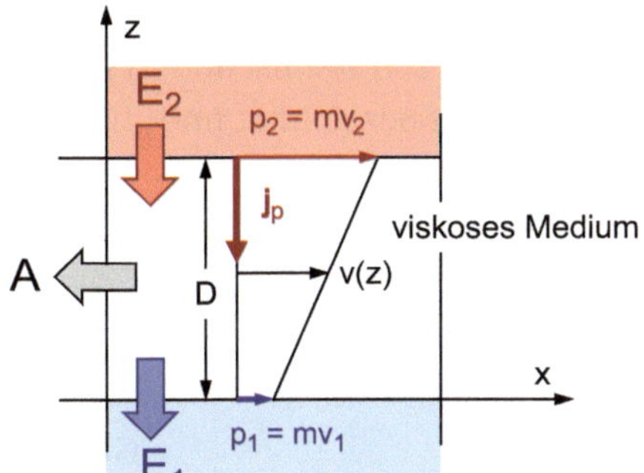

Bild 4.16
Schema zur Beschreibung des Energietransports durch Reibung.

mit der gleichen Argumentation: Der hierfür erforderliche Energieträger p benötigt ein Geschwindigkeitsgefälle $\Delta v = v_2 - v_1 > 0$ zwischen beiden Platten, damit sich auf diese Weise erst ein Energieübertrag $E_2 \rightarrow E_1$ durch „Impuls"-Transport einstellen kann. Gl. 4.44 beschreibt demnach den Impuls- und Energietransport durch das viskose (nichtkompressible) Medium. Die Physik hat für dieses mechanische Transportphänomen einen eigenen Begriff: Man nennt es *„Reibung"* (Platte-Medium) bzw. *„innere Reibung"* (Medium-Medium) und der zugehörige Impulsstrom heißt *„Reibungs-Kraft"*. Ist $v_1 = 0$, so geht die erforderliche Energie E_2 zur Aufrechterhaltung der Plattenbewegung v_2 vollständig in mechanische Arbeit A über (mehr dazu später in Abschnitt 5.2.2).

Man könnte aber auch hier klassisch thermodynamisch vorgehen, d.h. einen neuen Begriff *„Bewegung“* $B = v \cdot p$ (analog zu *Wärme* $Q = T \cdot S$) definieren und diesen Begriff *„energetisch“* interpretieren: Ein Anteil B_1 der *Platten-Bewegung* $B_2 = B_1 + A$ wird vom Reservoir v_2 nach Reservoir v_1 transferiert und erfährt hierbei eine *„Verwandlung“*, d. h. dieselbe Bewegungs*energie* $B_1(v_2) = B_1(v_1)$ kann unterschiedliche Bewegungsintensitäten (→ Geschwindigkeiten) repräsentieren, wobei das Verhältnis $B_1/v_2 = B_1/v_1$ erhalten bleibt, sodass bei dieser *„Verwandlung“* zusätzlich *Bewegungsmenge p* erzeugt wird, die in Form von Arbeit A (→ laminare Strömung) genutzt werden kann ...?! Nach allem, was wir bereits über das Phänomen *„Bewegung“* wissen, ein recht seltsamer Gedanke, oder? Aber auf genau diese seltsame Art und Weise lehrt man, wie gezeigt, den (klassisch-historischen) Entropiebegriff.

Das vorgestellte Konzept zur Gibbs’schen Fundamentalform extensiver/intensiver Größenpaare (χ,X) ist in den Ingenieurwissenschaften eine wohletablierte Modellvorstellung. Die Physik hingegen nutzt diesen disziplinübergreifenden Modellansatz eher selten und wenn, dann beschränkt auf Problemstellungen aus der klassischen Wärmelehre. Eine empfehlenswerte, weil zeitgemäße Darstellung des thermodynamischen Ansatzes, die sich wohltuend von den traditionellen und im Grunde überholten Modellvorstellungen zur Thematik abhebt, wurde von Christoph Strunk verfasst (Strunk, 2018).

Fazit: In der Thermodynamik kann die Erwärmung eines physikalischen Systems, also der Energietransportprozess $\mathrm{d}E/\mathrm{d}t$ (oftmals mit $\mathrm{d}Q/\mathrm{d}t$ bezeichnet und *„Wärmetransport“* genannt) wie folgt dargestellt werden

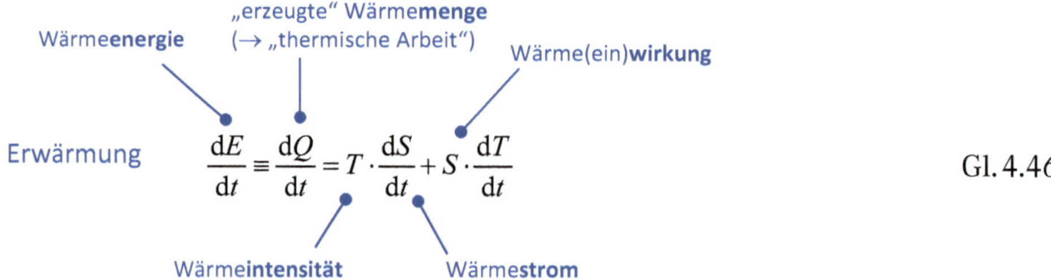

$$\frac{\mathrm{d}E}{\mathrm{d}t} \equiv \frac{\mathrm{d}Q}{\mathrm{d}t} = T \cdot \frac{\mathrm{d}S}{\mathrm{d}t} + S \cdot \frac{\mathrm{d}T}{\mathrm{d}t} \qquad \text{Gl. 4.46}$$

Dieser Prozess setzt sich im Allgemeinen sowohl aus einem isothermen als auch einem isentropen Anteil zusammen. Der isotherme Anteil erzeugt den thermischen Energieträger und der isentrope Anteil verändert dessen Wärmeintensität. Gl. 4.46 beschreibt formal den eingangs in Worte gefassten Zusammenhang der vier physikalischen *„Wärme“*-Begriffe. Für Konfusion sorgt die etwas unglückliche und legere Wortwahl im Physikeralltag. Aus einer scheinbaren Plausibilität verwendet man häufig die Begriffe *„Wärme“* und *„Energie“* synonym, verknüpft diese ausschließlich mit einer Temperaturänderung und interpretiert physikalische Begriffe, wie z. B. *„Wärmeübertragung“*, *„Wärmeleitfähigkeit“*, *„Wärmeübergang“* etc. auch in diesem Sinne. Physikalisch konsistent ist hingegen die Verknüpfung der

Begriffe „Wärme(ein)wirkung" (→ phänomenologisch *„Wärme"*) und *„Entropie"* (Herrmann, 2003). Die *„Erwärmung"* eines physikalischen Systems erhöht also im Allgemeinen sowohl dessen Temperatur als auch dessen Entropie.

Abschließend bleibt noch anzumerken, dass der Entropie-Begriff im Rahmen weiterer (alternativer) Modellansätze nur bedingt mit *„Unordnung"*, schon eher mit *„Mangel an Information"* (die Substruktur der Materie betreffend) in Verbindung gebracht werden kann (Schollwöck, 2017). Durch diese Größe lässt sich auch *keine* Richtung der Zeit (→ *„Zeitpfeil"*) festlegen, entgegen der allgemeinen Lehrmeinung zu diesem Thema, die vermutlich auf der bei näherer Betrachtung recht naiven Feststellung beruht: *„Wenn im Zweiten Hauptsatz der Thermodynamik die Zeit t durch -t ersetzt wird, dann ist doch ganz offensichtlich* $dS/dt \leq 0$ *... entgegen der Erfahrung?!"* Die physikalischen Details hierzu werden in Abschnitt 4.3 *Das Konzept der Zeit* ausführlich diskutiert. Zuvor jedoch wollen wir uns mit einer weiteren *„altehrwürdigen"* Modellvorstellung auseinandersetzen, dem physikalischen Konzept der Kraft.

4.2 Das Konzept der Kraft

„[...] all bodies whatsoever that are put into a direct and simple motion, will so to continue to move forward in a streight line, till they are by some other effectual powers deflected and bent into a Motion, describing a Circle, Ellipsis, or some other more compounded Curve Line."

Robert Hooke[58]

In unserer Alltagserfahrung verbinden wir mit dem Begriff *„Kraft"* vor allem das physiologische Empfinden muskulärer Anstrengung. Diese Empfindung hat jedoch *nichts* mit dem physikalischen Konzept der Kraft zu tun, zumal unser Körper sensorisch keine *„Kräfte"*, sondern grundsätzlich nur *„Spannungen"* wahrnehmen kann - dazu später mehr.

A$_{4-1}$: Wenn tatsächlich *„Kräfte"* unser Dasein bestimmen, wieso hat der Evolutionsprozess im Verlauf von nahezu einer Milliarde Jahren keine *„Kraftsensoren"* ausgebildet?

Der Muskel ist ein komplexes biomechanisches Gebilde, das aus einer Vielzahl von Faserbündeln besteht. Vereinfacht gesprochen kann ein Muskel durch Kontraktion in Faserrichtung Zugspannung aufbauen, analog einer Zugfeder, senkrecht zur Faser wirkt dann aufgrund der natürlichen Volumenbegrenzung eine Druckspannung. Um diese mechanische Spannung aufrecht zu erhalten, wird permanent

Energie benötigt, die biochemische Prozesse liefern. Hierfür muss der Muskel ausreichend mit den notwendigen Ausgangsstoffen (→ Edukten) versorgt werden, insbesondere Kalzium, **A**denosin-**T**ri-**P**hosphat (ATP) und Sauerstoff, zumindest im Falle der unmittelbaren Energieversorgung. Die kontraktionsbedingte Druckspannung schnürt jedoch den Muskel zunehmend von seiner Versorgung ab. Die Energieerzeugung ist deshalb auf Dauer nicht gewährleistet, und es stellt sich in der Folge das Gefühl der Anstrengung bzw. Ermüdung ein. Durch Training lässt sich dieser Ermüdungsprozess verzögern, d. h. der Muskel wird hierdurch ausdauernder und leistungsfähiger.

Das physikalische Konzept der Kraft unterscheidet sich hiervon grundlegend und ist bereits im Ansatz ausgesprochen problematisch. Die dem Konzept zu Grunde liegende Modellvorstellung bedarf deshalb einer sorgfältigeren Betrachtung als jene, die üblicherweise im Rahmen einer naturwissenschaftlichen Ausbildung angeboten wird. Eine exakte Darstellung dessen, was die Physik mit dem Kraftbegriff genau beschreiben möchte, wird zudem durch die Tatsache erschwert, dass wir Physiker gerne eine weitere Differenzierung bei der Anwendung dieses Konzeptes vornehmen. Man unterscheidet sogenannte *„Grundkräfte"* von *„Scheinkräften"*. Grundkräfte, so glaubt man, beschreiben die fundamentalen Wechselwirkungsprozesse der Natur (die da sind: Gravitation, Elektromagnetismus sowie die sogenannte schwache und starke Wechselwirkung), und in einer damit verknüpften Wunschvorstellung sollten alle Beobachtungen kausal auf diese Prozesse zurückgeführt werden können. Die Scheinkräfte hingegen sind von kinematischer Natur, hängen also definitionsgemäß vom relativen Bewegungszustand eines Körpers ab (allg. Trägheitskräfte, wie z. B. die Zentrifugalkraft, die Corioliskraft etc.). Man argumentiert, dass diese Kräfte in einem geeignet gewählten Bezugssystem verschwinden und deshalb qualitativ von den Grundkräften zu unterscheiden sind. Kräfte sollen nämlich auf *„echte physikalische Ursachen und nicht auf eine (willkürliche) Bewegung des Bezugssystems"* [59] zurückgeführt werden können.

Das Problem: *„Scheinkräfte"* können ausgesprochen *„echte"* Effekte nach sich ziehen, ungeachtet der bestehenden Wirkung von *„Grundkräften"* und können diese sogar in ihrer Wirkung übertreffen, denn die relative Bewegung von Bezugssystemen ist schließlich auch Physik! Ein schnell rotierender Körper kann beispielsweise durch einwirkende Zentrifugalkräfte irreversible Gefügeänderungen erfahren, obgleich die oben genannten Grundkräfte für materiellen Zusammenhalt sorgen. Ist aber dieser Zusammenhalt rotationsbedingt in einem Bezugssystem (d. h. für einen Beobachter) nicht mehr gegeben, wird sich in der Folge kein anderes scheinkraftfreies Bezugssystem finden lassen, in welchem die Integrität des geschädigten Körpers auch weiterhin gewährleistet ist. Die Auswirkung dieser Scheinkraft ist also ausgesprochen *real*, d. h. objektiv feststellbar. Zudem ist das physikalische Phänomen der Trägheit eng verknüpft mit dem der Schwere (Gravitation). Die Wirkung der Schwerkraft ist in einem frei fallenden Bezugssystem nicht mehr nachweisbar, d.h. diese Grundkraft ist dann doch *„nur“* eine Scheinkraft? Ja, was denn nun?! Wir werden diesen Punkt später u.a. im Zusammenhang mit Gravitationsfeldern erneut aufgreifen und eingehender diskutieren (vgl. Abschnitt 4.4.5 bzw. Abschnitt 5.3.1).

Was man hier tatsächlich zu unterscheiden versucht sind physikalische Prozesse, die *messbar* den Bewegungszustand, d.h. *nachweislich* den Impuls eines Körpers verändern, von Effekten, die rein geometrisch-kinematischer Natur sind, d.h. der Beobachter aufgrund der relativen Bewegung seines Bezugssystems einer optischen Täuschung durch perspektivische Projektion ausgesetzt ist. Beispiele hierfür sind die Bewegungsschleifen (→ Zykloiden) der Planeten, wenn diese im Laufe eines Jahres kurzzeitig rückwärts zu laufen scheinen, weil der Fahrstrahl Sonne-Erde jenen des Planeten ein- und überholt. Wenn wir dieser projektionsbedingten *„Scheinbewegung“* rein rechnerisch Impulse zuordnen, so wirken auf den Planeten offenbar komplexe *„Scheinkräfte“*, die physikalisch wenig plausibel erscheinen. Ähnliche perspektivische Täuschungen können auch dazu führen, dass astronomische Objekte sich scheinbar mit Überlichtgeschwindigkeit bewegen.

Anders verhält es sich mit sogenannten *„Scheinkräften“* wie der *„Coriolis-Kraft“*[60] oder der *„Zentrifugal-“* bzw. *„Zentripetalkraft“*. In diesen Fällen wird nämlich Impuls übertragen, d.h. es fließt nachweislich ein Impulsstrom. Wir wollen dies kurz am Beispiel der *„Coriolis-Kraft“* diskutieren (vgl. hierzu die Foucault'sche Pendelanordnung[61] in Bild 4.17):

> *Im konstanten Schwerefeld der Erde schwingt ein mit feinem Sand gefüllter Pendelkörper, dessen raumfeste Schwingungsebene definiere die x-z-Ebene eines kartesischen Koordinatensystems (Laborsystem). In der x-y-Ebene unterhalb des Pendels befindet sich ein Drehtisch, der sich mit der Winkelgeschwindigkeit $\omega \neq 0$ um die z-Achse dreht. Lässt man den Sand kontinuierlich aus dem Pendelkörper austreten, so zeichnet er im Verlauf der Schwingung eine rosettenartige Bahn auf den Drehtisch, deren Verlauf $y(x)$ über das Verhältnis der Schwingungsdauer T_{Pendel} zur Umdrehungszeit T_{Tisch} bestimmt wird.*

Beide Beobachter, jener im raumfesten Laborsystem (x,y,z) und sein Pendant im rotierenden Bezugssystem (x',y',z'), sind in der Lage die gekrümmte Bahn zu vermessen, und sie sind auch in der Lage diese quantitativ und konsistent als Zykloide zu beschreiben, bei Kenntnis der Winkelgeschwindigkeit ω.

Die Sandkörner werden durch *„Reibung“* von der Scheibe *„mitgenommen“*, d.h. sie geben ihren (x,z)-Impuls an die Scheibe ab und nehmen zugleich je nach Auftreffort einen spezifischen (x,y)-Impuls auf, entsprechend der lokalen radiusabhängigen Bahngeschwindigkeit. Wie dieser Prozess genau zu verstehen ist, wird später im gleichnamigen Abschnitt 5.2.2 diskutiert. Es wird also messbar Impuls übertragen, demnach gibt es auch die oben geforderte *„echte physikalische Ursache“* für den durch die Sandkörner gezeichneten Bahnverlauf. Natürlich bleibt die Pendelebene im Laborsystem weiterhin raumfest, und eine perspektivische Projektion dieser Pendelbewegung auf eine fiktive und im Laborsystem ruhende (x,y)-Ebene am Ort des Drehtisches ist auch weiterhin eine Gerade. Doch dieser rein geometrische Sachverhalt hat hier keine physikalische Relevanz! Er ist von gleicher Art wie die oben angesprochene Beobachtung von Zykloiden bei der Planetenbewegung. Ein sich einstellende Wirbelsturm aufgrund eines Tiefdruckgebietes in der Erdatmosphäre ist sehr real, denn es wird Impuls übertragen, auch wenn die fiktive Projektion der Luftmassenbewegung in einem nichtrotierenden Bezugssystem außerhalb der Erde auch weiterhin radial, d.h. insbesondere wirbelfrei ins Zentrum des Tiefdruckgebietes führt. Man vergleicht also bei der Diskussion sogenannter Scheinkräfte *„Äpfel mit Birnen"* mit der wenig sinnvollen Begründung, dass beide Früchte doch dem Sammelbegriff *„Obst"* zugeordnet werden können, soll heißen beide Phänomene, sowohl jene auf geometrische Projektion basierend als auch jene durch Impulsübertrag hervorgerufen, lassen sich auf die ungleichförmige relative Bewegung von Bezugssystemen zurückführen. Es ist die grundsätzliche Problematik des physikalischen Kraftbegriffes, die hier für Verwirrung sorgt; die Vorstellung nämlich, dass beobachtbare Veränderungen, beispielsweise eines Bewegungszustandes, immer auf das ursächliche Wirken *„äußerer Kräfte"* schließen lässt.

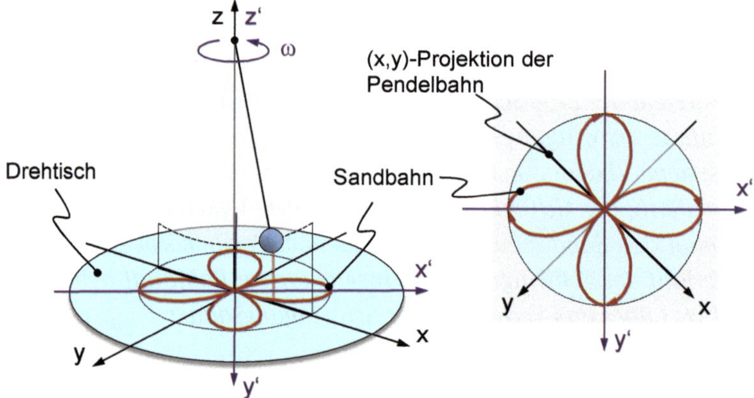

Bild 4.17 Foucault'scher Pendelversuch – Sandbahn eines in der (x,z)-Ebene schwingenden Pendels auf einem unterhalb des Pendels in der (x,y)-Ebene rotierenden Drehtisch (x',y') für ein Periodenverhältnis $T_{\text{Tisch}}/T_{\text{Pendel}} = 2$.

Ingenieurtechnische Applikationen des Kraftbegriffes unterscheiden darüber hinaus weitere, geometrische Kategorien dieses Konzeptes: Es wirken demnach Punkt-, Linien-, Flächen- und Volumenkräfte auf einen Körper ein, die in der Anwendung wohl zu unterscheiden sind und kaum zu einem besseren Verständnis des Kraftbegriffs beitragen. Wie muss man sich beispielsweise die Wirkung einer *„Linienkraft"* vorstellen, wenn man doch prinzipiell immer Raumgebiete mit endlichen Volumina zu beschreiben hat?

4.2.1 Die Newton'sche Mechanik

„The quantity of motion is the measure of the same, arising from the velocity and quantity of matter conjunctly."

Isaac Newton[62]

Nach heutiger Sichtweise definiert die sogenannte Newton'sche Mechanik die Kraft $\boldsymbol{F}$ als jene Größe, die auf einen Körper der (trägen) Masse m ursächlich einwirken muss, damit dieser eine Beschleunigung $\boldsymbol{a}$ erfährt. Man führt diese moderne Interpretation fälschlicherweise auf das historische *Aktionsprinzip* Newtons zurück, indem man formuliert[63]

2. Newton'sche Gesetz (modern)

$$\boldsymbol{F} = m \cdot \boldsymbol{a} \qquad \text{Gl. 4.47}$$

Gl. 4.47 soll den kausalen Zusammenhang zwischen einwirkender Kraft und daraus resultierender Beschleunigung beschreiben.[64] Die Kraft wird heute, zu Ehren eines ihrer Erfinder, in der SI-Einheit *Newton* gemessen [$1\ \mathrm{N} = 1\ \mathrm{kgms^{-2}}$].

Newtons Aktionsprinzip besagt aber hingegen nur folgendes (Szabó, 1996):

„Die Änderung der Bewegungsmenge [lat.: quantitas motus; engl.: quantity of motion] ist der Einwirkung der bewegenden Kraft [lat.: vis motrix; engl.: motive force] proportional und erfolgt in der Richtung, in der diese Kraft wirkt." [65]

Die Bewegungsmenge (→ Impuls) definiert Newton wie folgt (vgl. Eingangszitat):

„Die Menge der Bewegung wird durch die Geschwindigkeit und Menge der Materie vereint gemessen." [66]

Der Impuls oder die Bewegungsmenge wird gelegentlich auch *Bewegungsgröße* oder *Kraftstoß* genannt, je nach Kontext, und beschreibt die *„Wucht"* sich bewegender Materie (*„Wucht"* geht auf das niederdeutsche *„Wicht"* = *„schwere Last"* zurück), denn die *„erdrückende Last"* (→ *„Ge-Wicht"*) eines materiellen Körpers wächst erfahrungsgemäß mit dessen Geschwindigkeit.

Die formale Darstellung des Aktionsprinzips wäre aus heutiger Sicht also richtigerweise

2. Bewegungsgesetz (Newton)

$$\boldsymbol{F}_{\text{motrix}} \propto \Delta \boldsymbol{p} \qquad \text{Gl. 4.48}$$

oder unter der Voraussetzung, dass wir der Formulierung *„Einwirkung"* einen (linearen) zeitlichen Aspekt zuordnen dürfen

2. Bewegungsgesetz (modern)

$$\boldsymbol{F}_{\text{motrix}} \propto \frac{\mathrm{d}\boldsymbol{p}}{\mathrm{d}t} \qquad \text{Gl. 4.49}$$

Newton macht in seinen Ausführungen hierzu keine weitere Aussage, weshalb vermutet wird, dass er sich der grundsätzlichen Problematik dieses Konzeptes wohl bewusst war und zwar *„...mehr als die folgenden Gelehrtengenerationen."* (Einstein, 1927). Plausibler scheint mir jedoch Max Jammers Standpunkt zu sein, er schreibt diesbezüglich:

> *„Since Newton clearly distinguishes between definitions and axioms (laws of motion), it is obvious that the second law of motion was not intended by Newton as a definition of force, although it is sometimes interpreted as such by modern writers on the foundations of mechanics. Nor was it meant to be merely the statement of a method of measuring forces. Force, for Newton, was a concept given a priori, intuitively, and ultimately in analogy to human muscular force."*[67]

Und Károli Simonyi führt in seiner historischen Betrachtung an:

> *„Im Übrigen hat Newton selbst das nach ihm benannte Grundgesetz als nicht so grundlegend angesehen, sodass er in seinen Erinnerungen bei der Aufzählung seiner wichtigsten Arbeiten unter anderem die Theorie der Farben und das allgemeine Gravitationsgesetz anführt, das Grundgesetz der Mechanik aber überhaupt nicht erwähnt."*[68]

Das Problematische an der modernen Darstellung gemäß (Gl. 4.47) ist, dass gleich zwei der drei dort aufgeführten Größen *a priori* unbekannt sind, nämlich

$$\mathbf{F} = m \cdot \mathbf{a} \qquad \text{Gl. 4.50}$$

Selbst wenn man (Gl. 4.50), im Gegensatz zu Newtons ursprünglicher Intention, als Definitionsgleichung für *„äußere Kraft"* verstehen möchte, um auf diese Weise dem Prinzip der Kausalität zu genügen, bleibt $\boldsymbol{F}$ unbekannt, zumal die einzige Messgröße, nämlich die Beschleunigung $\boldsymbol{a}$, im Allgemeinen noch vom jeweiligen Bezugssystem abhängt. Um dennoch damit arbeiten zu können, bedarf es zweier weiterer Forderungen. Das 1. Newton'sche Gesetz (*Trägheitsprinzip*) legt die träge Masse m fest, indem es fordert, dass der Bewegungszustand eines Körpers (also dessen *„Bewegungsmenge"* oder Impuls) erhalten bleibt, sofern *keine* äußere Kraft auf diesen einwirkt.[69] Nach Newton ist diese Forderung eine unmittelbare Erfahrungstatsache, die jedoch eines speziellen Bezugssystems bedarf: Das Inertialsystem eines absoluten Raums.[70]

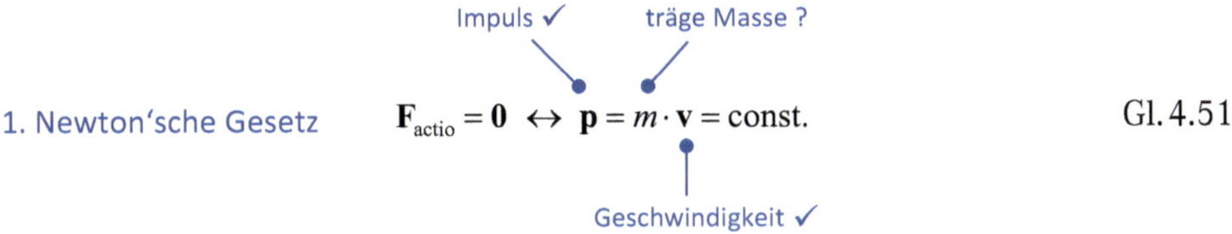

$$\mathbf{F}_{\text{actio}} = \mathbf{0} \leftrightarrow \mathbf{p} = m \cdot \mathbf{v} = \text{const.}$$ Gl. 4.51

Sowohl der Impuls als auch die Geschwindigkeit lassen sich messen, sodass sich hieraus die Masse m ermitteln lässt. Den Impuls eines Körpers bestimmt man mithilfe des Impulserhaltungssatzes in Einheiten eines Referenzimpulses $p_{①}$, gegeben durch die *Einheitsmasse* $m_{①} = 1$ kg, welche sich mit der *Einheitsgeschwindigkeit* $v_{①} = 1\ \text{ms}^{-1}$ gleichförmig bewegt:

Referenzimpuls-Einheit $p_{①} = m_{①} \cdot v_{①} = 1\ \text{kg} \cdot 1\ \text{ms}^{-1} = 1\ \text{Ns} = 1\ \text{Hy}$[71]

Damit kennen wir die Masse m und eine ev. Beschleunigung $\boldsymbol{a}$ des Körpers und sind dadurch in der Lage den Effekt der äußeren Krafteinwirkung quantitativ zu erfassen.

A$_{4-2}$: Man beachte, dass der Impuls gemessen werden muss! Es reicht nicht, bei Kenntnis der Masse und Messung der Bewegung auf den Impuls zu schließen, gemäß $\boldsymbol{p} = m \cdot \boldsymbol{v}$. Wieso nicht?

Über die Kraft selbst, also die Größe auf der linken Seite der (Gl. 4.50), können wir allerdings immer noch keine Aussage treffen, zumindest solange wir weiterhin einen kausalen Zusammenhang vermuten, gemäß

$$\boldsymbol{F} \rightarrow m \cdot \boldsymbol{a}$$ Gl. 4.52

Hierfür wäre nämlich eine unabhängige Messung der Kraft $\boldsymbol{F}$ erforderlich, wofür man aber ein Referenzsystem benötigt, das keiner beschleunigten Bewegung unterworfen ist. Dies wäre dann Newtons *Inertialsystem „absoluter Raum"*, in welchem definitionsgemäß die Bewegungen nach den Newton'schen Gesetzen ablaufen, also keine weiteren *„Zusatzkräfte"* erforderlich sind, um das beobachtete Bewegungsverhalten zu beschreiben. Mit anderen Worten: Die Gültigkeit des Newton'schen Kraftgesetzes bedarf eines speziellen Bezugssystems, das sich dadurch auszeichnet, dass darin das Newton'sche Kraftgesetz gilt – na sowas?! Man denke z. B. an das beschleunigte Laborsystem der internationalen Raumstation ISS oder an Einsteins Gedankenexperiment zum fallenden Fahrstuhl, um zu verstehen, dass diese Inertialsysteme prinzipiell nicht zu finden sind.

Die moderne Fassung des 3. Newton'schen Gesetzes legt schließlich fest, dass Kräfte nur paarweise auftreten können (*Reaktionsprinzip*: *„actio"* ist gleich *„reactio"*), d. h. wirkt eine äußere Kraft auf einen Körper ursächlich ein, so wirkt der Körper unmittelbar mit einer exakt gleich großen Kraft auf die Ursache zurück:

$$F_{\text{actio}} = -F_{\text{reactio}} \quad \text{Gl. 4.53}$$

Wie ist diese Forderung zu verstehen?

Das Reaktionsprinzip (Gl. 4.53) beschreibt grundsätzlich den folgenden empirischen Befund:

„Es gibt keine Einzelkräfte!“

Damit wäre die kausale Interpretation (Gl. 4.52) hinfällig und die hierfür erforderliche Suche nach einem idealen Bezugssystem nicht mehr notwendig. Gl. 4.53 verhindert offensichtlich das *Perpetuum mobile*, aber woher *„weiß“* ein Körper welche Kraft wie orientiert gerade ursächlich auf ihn einwirkt, sodass dieser mit exakt der gleichen Gegenkraft *„reagieren“* kann?

Schauen wir uns das etwas genauer an: Das Aktionsprinzip besagt, dass die beobachtbare Beschleunigung eines Körpers auf die Wirkung einer äußeren Kraft zurückzuführen sei. Das Reaktionsprinzip fordert zusätzlich, dass jede Wirkung nur in Verbindung mit einer Gegenwirkung auftreten könne und zwar *unabhängig* von einer möglichen Änderung des Bewegungszustandes der Wechselwirkungspartner.

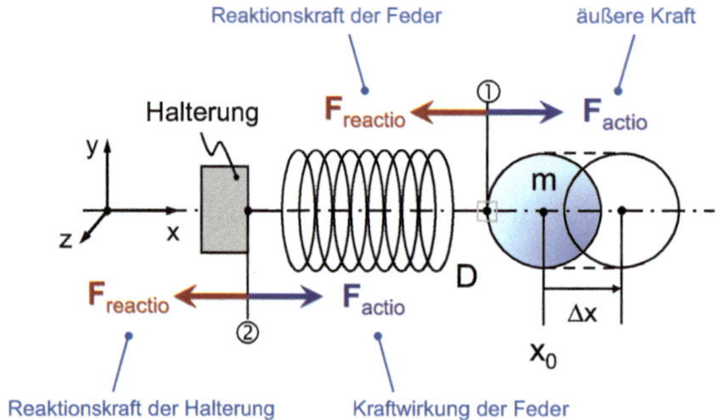

Bild 4.18
Eine mögliche Beschreibung des Feder-Schwinger-Systems mittels der Newton'schen Krafthypothese.

Betrachten wir diesen Sachverhalt am Beispiel des Feder-Schwinger-Systems aus Bild 4.18. Der Schwinger mit Masse m sei anfangs bei x_0 positioniert, sodass eine Translation des (starren) Körpers um Δx die Feder unter Zugspannung setzt. Dieser Spannungsvorgang wird bildlich mit einer Einzelkraft als Ursache in Zusammenhang gebracht, nämlich einer permanent wirkenden äußeren Kraft $\boldsymbol{F}_{\text{actio}}$, die sich nicht weiter spezifizieren lässt. Gemäß Newton wirkt an der Schnittstelle ① zwischen Schwinger und Feder eine entsprechende Gegenkraft $\boldsymbol{F}_{\text{reactio}}$, welche wir uns kausal mit der Federspannung verknüpft denken. Entsprechende Kräftepaare können wir uns an jeder beliebigen Stelle der Wechselwirkungskette Schwinger-Feder-

Halterung vorstellen, z. B. auch an der Schnittstelle ② zwischen Feder und Halterung, wobei in diesem Falle $\boldsymbol{F}_{\text{actio}}$ der Federspannung zuzuordnen wäre und $\boldsymbol{F}_{\text{reactio}}$ die Reaktionskraft durch die Halterung beschreibt, deren Ursache aber wiederum unbekannt bleibt. Man könnte hier natürlich auch umgekehrt argumentieren: Die Halterung unterbindet an der Schnittstelle ② die Translation der Feder um Δx durch eine permanent wirkende Halterungskraft $\boldsymbol{F}_{\text{actio}}$ unbekannter Ursache und die geforderte Gegenkraft $\boldsymbol{F}_{\text{reactio}}$ ordnen wir dann ursächlich der Federspannung zu.

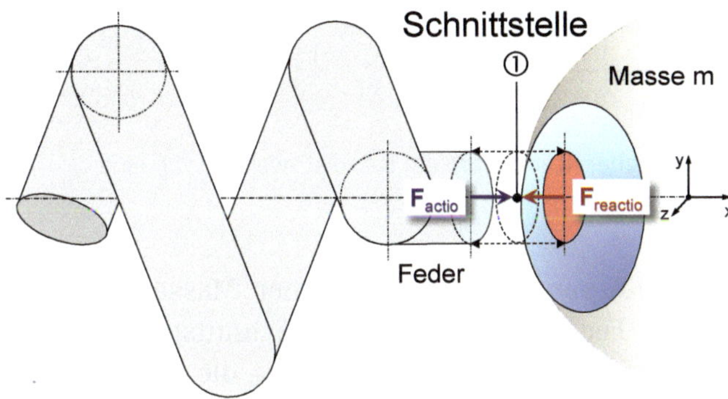

Bild 4.19 Zur Wirkungsweise Newton'scher Kräftepaare, eine vergrößerte Darstellung der Schnittstelle ① des Feder-Schwinger-Systems aus Bild 4.18.

Das Dilemma: Wie wir es auch anstellen, wir gehen mit einer unbekannten Kraft in die Wechselwirkungskette hinein und kommen mit einer unbekannten Kraft wieder heraus. Dazwischen lassen sich Ursache und Wirkung beliebig aber dennoch widerspruchsfrei dem Wirkungskonzept von *actio* und *reactio* zuordnen. Mit anderen Worten: Der Ansatz *„funktioniert ingenieurtechnisch"*, d. h. man kann damit arbeiten, er ist aber physikalisch ausgesprochen unbefriedigend. Darüber hinaus beachte man, obgleich die Kräfte an einer gemeinsamen Kontaktstelle wirken, sind sie dem jeweiligen Wechselwirkungspartner eindeutig zuzuordnen, wie in Bild 4.19 für die Schnittstelle ① des Feder-Schwinger-Systems beispielhaft erläutert. $\boldsymbol{F}_{\text{actio}}$ greift ausschließlich am Querschnitt der Feder an, $\boldsymbol{F}_{\text{reactio}}$ wirkt hingegen nur am entsprechenden Querschnitt des kugelförmigen Schwingers. Eine physikalisch plausible Begründung dieser *„Arbeitsanweisung"* zu Newtons Reaktionsprinzip gibt es nicht.

Legen wir deshalb das offenbar nur schwer zu lösende Problem unbekannter *„äußerer Einzelkräfte"* vorerst bei Seite und betrachten stattdessen im Folgenden ein einfacheres mechanisches Problem, das nur *„innere Kräftepaare"* aufweist.

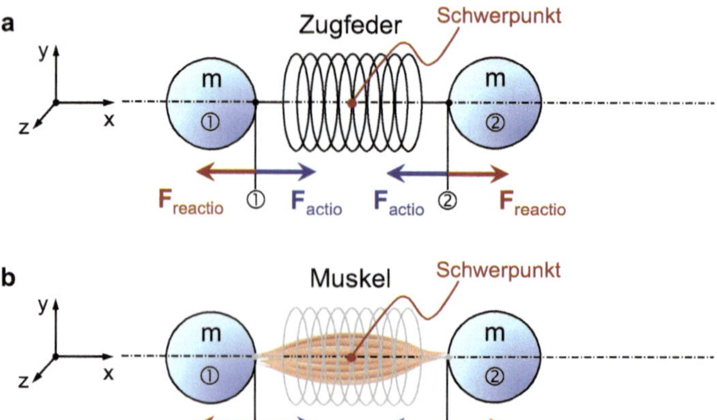

Bild 4.20 Zur Wirkungsweise Newton'scher Kräftepaare am Beispiel zweier durch eine Zugfeder verbundener Körper.

Eine Zugfeder[72] verbinde zwei Körper mit jeweils gleicher Masse m, gemäß Bild 4.20a. Die Zugspannung der Feder generiert an den Schnittstellen ①, ② identische aber entgegengesetzt orientierte Aktionskräfte $\boldsymbol{F}_{\text{actio}}$, die ausschließlich körperseitig angreifen und ursächlich eine beschleunigte Bewegung in Richtung des (stationären) Schwerpunktes induzieren, gemäß dem zweiten Newton'schen Gesetz (in moderner Fassung). Die zugehörigen Reaktionskräfte $\boldsymbol{F}_{\text{reactio}}$ greifen jeweils federseitig an, sie sind vom Betrage gleich den Aktionskräften aber diesen entgegengesetzt orientiert. Mit anderen Worten: *„Die Feder zieht am Körper und dessen Trägheit (1. Newton'sches Gesetz) zieht wiederum an der Feder"*, d. h. beispielsweise für Schnittstelle ①

$$D \cdot \Delta\mathbf{x} = \mathbf{F}_{\text{actio}} = m \cdot \mathbf{a} = -\mathbf{F}_{\text{reactio}} = m \cdot \mathbf{a} \qquad \text{Gl. 4.54}$$

Die gleiche Betrachtung lässt sich mit umgekehrten Vorzeichen für Schnittstelle ② durchführen. Gl. 4.54 beschreibt in mathematischer Form also bestenfalls folgende triviale Aussage: *„Körper ① erfährt eine beschleunigte Bewegung, weil er sich beschleunigt bewegt."* Ansonsten müsste man nämlich schließen, dass aufgrund des dargestellten Kräftegleichgewichtes keine Bewegung induziert werden kann (Perpetuum mobile). Wir beobachten aber, dass sich beide Körper bewegen. Also woher stammt der jeweilige Impuls? Es gibt hier keine *„äußeren Kräfte"*, die wir heranziehen könnten, um auf diese Weise das Phänomen zu *„erklären"*. Folgen wir Newtons Intuition und ersetzen die mechanische Feder durch einen Muskel, so können wir uns auch nicht mit dem *„Argument"* behelfen, dass die Feder vorab mittels *„äußerer Kräfte"* unter Zugspannung gesetzt und geeignet arretiert werden müsste, um das Experiment durchführen zu können. Im Beispiel Bild 4.20b induziert dann die zunehmende Muskelkontraktion die Bewegung beider Körper. Die notwendige Energie hierfür liefert der Muskel selbst über eine biochemische Reaktion, wobei man folgende allgemeine Gibb'sche Beziehung ansetzen kann[73]

$$\frac{\mathrm{d}E_{\text{Muskel}}}{\mathrm{d}t} - \frac{\mathrm{d}E_{\text{Wärme}}}{\mathrm{d}t} = \frac{\mathrm{d}E_m}{\mathrm{d}t} = \boldsymbol{v}_m(t) \cdot \frac{\mathrm{d}\boldsymbol{p}_m}{\mathrm{d}t} \qquad \text{Gl. 4.55}$$

Der Impuls ist eine Erhaltungsgröße, d. h. im Verlauf der Muskelkontraktion kann zu keinem Zeitpunkt Impuls erzeugt oder vernichtet werden. Eine physikalisch sinnvolle Interpretation von (Gl. 4.55) ist deshalb die folgende: Der Muskel pumpt Energie in das System und induziert damit u. a. einen Impulsstrom zwischen beiden Körpern, sodass sich hierüber die zu beobachtende Geschwindigkeitsdifferenz einstellt. Die Anspannung des Muskels entzieht Körper ② über die Schnittstelle ② positiven Impuls[74] und führt diese Bewegungsmenge Körper ① über Schnittstelle ① zu. Der Gesamtimpuls des Systems bleibt hierbei unverändert bei null, obgleich die Impulsverteilung jetzt eine andere ist. Selbstverständlich kann man auch umgekehrt argumentieren, dass nämlich Körper ① negativen Impuls an Körper ② verliert und auf diese Weise die Relativbewegung zustande kommt.

Auf Basis dieser Interpretation lässt sich auch das Problem der *„äußeren Einzelkraft"* beim Feder-Schwinger-System lösen. Setzt nämlich die Wirkung dieser *„äußeren Kraft"* $\boldsymbol{F}_{\text{actio}}$ aus, beobachten wir eine Beschleunigung des Schwingers. In Verbindung mit dem 2. Newton'schen Gesetz heißt das aber

$$\text{Ursache} \left[\begin{array}{l} \mathbf{F}_{\text{reactio}} = m \cdot \mathbf{a} \\ \Leftrightarrow \; -\mathbf{F}_{\text{actio}} = m \cdot \mathbf{a} \\ \Leftrightarrow \; -\dfrac{\mathrm{d}\mathbf{p}'}{\mathrm{d}t} = \dfrac{\mathrm{d}\mathbf{p}}{\mathrm{d}t} \end{array} \right] \text{Wirkung} \qquad \text{Gl. 4.56}$$

d. h. der Impulsgewinn des Körpers geht einher mit einem gleichgroßen Impulsverlust aufseiten der Ursache (→ *„äußere Kraft"*) und diese Bilanzgleichung ist immer erfüllt! Ist also $(\mathrm{d}\boldsymbol{p}/\mathrm{d}t) > 0$, d. h. der Impuls des Körpers nimmt zu, dann nimmt $(\mathrm{d}\boldsymbol{p}'/\mathrm{d}t)$ in gleichem Maße ab und umgekehrt. Die Newton'schen Gesetze beschreiben also einen Impulstransportprozess unter Verwendung einer fiktiven Bilanzierungsgröße $\boldsymbol{F}$, der *„Kraft"*. Diese Bilanzierungsgröße ist fiktiv, weil sie nicht gemessen werden kann. Wie wir es auch anstellen mögen, wir messen Größen wie z. B. die Beschleunigung $\boldsymbol{a}$ des Körpers, die Dehnung $\boldsymbol{x}$ der Feder oder die Kompression $\boldsymbol{z}$ eines Mediums, die Ablenkung $\delta\boldsymbol{r}$ eines Teilchens im Feld usw. und *interpretieren* (!) diese Beobachtungen jeweils als Auswirkung einer (äußeren) Kraft $\boldsymbol{F}_{\text{actio}}$, deren Effekt wir glauben quantitativ beschreiben zu können, indem wir nämlich für die genannten Beispiele fordern unbekannte Ursache $\left[\mathbf{F}_{\text{actio}} = \begin{cases} m \cdot \mathbf{a} \\ D \cdot \mathbf{x} \\ E \cdot A \cdot \mathbf{z} / z_0 \end{cases} \right]$ bekannte Wirkung Gl. 4.57

Jetzt treten diese Kräfte – Newtons *Reaktionsprinzip* sei Dank (!) – immer paarweise auf, sodass wir die unbekannte Ursache durch eine ebenso unbekannte Reaktionskraft ersetzen können, deren Auswirkung wir aber definitionsgemäß ebenfalls messen können. Im Fall des Federschwingers heißt das beispielsweise

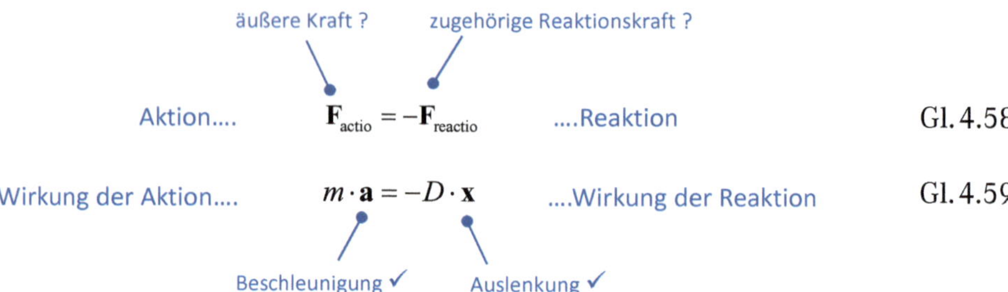

$$\mathbf{F}_{\text{actio}} = -\mathbf{F}_{\text{reactio}} \qquad \text{Gl. 4.58}$$

$$m \cdot \mathbf{a} = -D \cdot \mathbf{x} \qquad \text{Gl. 4.59}$$

Die unbekannten Bilanzierungsgrößen *„Kräfte"* werden durch ihre bekannten Wirkungen ersetzt, gemäß den Newton'schen Gesetzen. Die von Newton axiomatisch eingeführten Regeln dienen also einmal mehr als *„Arbeitsanweisung"*, wie mit seinem Konzept *„Kraft"* genau zu verfahren ist, um verwertbare Ergebnisse zu erzielen. István Szabó arbeitet dies im ersten Kapitel seiner *„Geschichte der mechanischen Prinzipien"* (Szabó, 1996) sehr schön heraus und endet zwangsläufig in einer Tautologie (wie andere vor ihm), welche er sodann kategorisch mit der *„Begründung"* ablehnt, dass dies einer ungerechtfertigten Herabwürdigung eines bestfundierten Naturprinzips gleichkäme – eine häufig anzutreffende Fehleinschätzung dessen, was physikalische Modellierung tatsächlich leisten kann.[75]

Möchte man jedoch mehr über die Physik dieser Kräftebilanzgleichung erfahren, insbesondere weshalb dieses Prinzip ganz offensichtlich trägt, obgleich nichts zu den eigentlichen, soll heißen, ursächlichen Bilanzgrößen bekannt ist, so ergibt sich zwangsläufig die folgende Impulsbilanzgleichung

Impulszu- / abnahme Schwinger $\frac{\mathrm{d}\mathbf{p}_m}{\mathrm{d}t} = -\frac{\mathrm{d}\mathbf{p}_D}{\mathrm{d}t}$ Impulsab- / zunahme Feder Gl. 4.60

bzw. die Impulserhaltung im System Schwinger-Feder

$$\frac{\mathrm{d}\left(\boldsymbol{p}_m + \boldsymbol{p}_D\right)}{\mathrm{d}t} = 0 \qquad \text{Gl. 4.61}$$

Insbesondere erlaubt dieses Ergebnis folgende einfache Interpretation: (Gl. 4.47) beschreibt *keinen* kausalen Zusammenhang, sondern eine *Identität*:

$$\boldsymbol{F} = \frac{\mathrm{d}\boldsymbol{p}}{\mathrm{d}t} = m \cdot \boldsymbol{a} \qquad \text{Gl. 4.62}$$

„Erfährt ein Körper der Masse m eine Beschleunigung ***a***, so entspricht dies einer zeitlichen Änderung seines Impulses ***p*** um ***F*** – in Betrag und Richtung."

Mit anderen Worten: Es bedarf keiner *„äußeren Kräfte"*, denn die zu betrachtende physikalisch relevante Basisgröße ist der Impuls eines Körpers und nicht dessen Geschwindigkeit, dessen Beschleunigung oder dessen Masse! Das 3. Newton'sche Gesetz beschreibt tatsächlich den Impulserhaltungssatz im Sinne eines Impulstransportprozesses zwischen zwei Körpern. Newton formulierte sein *Lex-III* nämlich folgendermaßen:

> *„Actioni contrariam semper et aequalem esse reactionem: sive corporum duorum actiones in se mutuo semper esse aequales et in partes contrarias dirigi."*[76]

Ins Englische bzw. Deutsche übersetzt:

> *„To every action there is always opposed an equal reaction: the mutual actions of two bodies upon each other are always equal and directed to contrary parts."*

> *„Zu jeder Einwirkung gibt es immer eine entgegengesetzt gleiche Rückwirkung: Die gegenseitigen Einwirkungen zweier Körper aufeinander sind immer gleich und entgegengesetzt ausgerichtet."*

Berücksichtigt man, dass *„Wirkungen"* (→ *„actioni"*, also keine *„vi motrici impressea"* oder etwaige andere *„Kräfte"*) letztlich zeitliche Änderungen von Bewegungsmengen sind, so beschreibt *Lex-III* tatsächlich die Impulserhaltung gemäß (Gl. 4.60) und (Gl. 4.61). Insbesondere beschreibt Newton *keine* (!) kausale Beziehung zwischen *„Wirkung"* und *„Rückwirkung"*, wie dies in modernen Darstellungen zur Newton'schen Mechanik immer wieder zu lesen steht (vgl. hierzu Abschnitt 4.3.4 *Das Kausalitätsproblem in der Physik*).

Mit dem physikalischen Begriff *Impuls* sind wir vertraut, zumindest im Falle der Bewegung des Schwingers (der Masse m).[77] Die Interpretation der Impulsbilanzgleichung (Gl. 4.60) lässt jedoch den Schluss zu, dass die Feder Impuls aufnehmen (also speichern) und diesen auch wieder abgeben kann. Die Bewegungsmenge $\boldsymbol{p}$ oszilliert demnach zwischen Schwinger und Federmaterial, wobei deren Gesamtbetrag konstant bleibt. Strömt zu einem bestimmten Zeitpunkt Impuls in den Schwinger $(\mathrm{d}\boldsymbol{p}_m/\mathrm{d}t) > 0$, nimmt der in der Feder gespeicherte Impuls $(\mathrm{d}\boldsymbol{p}_D/\mathrm{d}t) < 0$ zwangsläufig ab und umgekehrt.

Dieses physikalische Bild unterscheidet sich grundlegend von der Newton'schen Krafthypothese. Unbekannte und sich einer direkten Messung entziehende Kräftepaare werden durch die messbare Größe *Impuls* ersetzt, welche auf unterschiedliche Art und Weise gespeichert werden kann. Der bisher einzige uns allgemein geläufige Impuls-Speicher ist die (relative) Bewegung eines Körpers, beschrieben durch dessen kinetische Energie und dessen Masse

$$E_{\text{kin}} = \frac{\boldsymbol{p}_m^2}{2 \cdot m} \qquad \text{Gl. 4.63}$$

Die zeitliche Änderung der kinetischen Energie ist dann

$$\frac{\mathrm{d}E_{\text{kin}}}{\mathrm{d}t} = \frac{\boldsymbol{p}_m}{m} \cdot \frac{\mathrm{d}\boldsymbol{p}_m}{\mathrm{d}t} = \boldsymbol{v}_m(t) \cdot \frac{\mathrm{d}\boldsymbol{p}_m}{\mathrm{d}t} \qquad \text{Gl. 4.64}$$

Der Energietransportprozess (Energiestrom oder *Leistung*, gemessen in *Watt* [1 W = 1 Js^{-1}]) geht einher mit einem Impulsstrom, welcher ein Geschwindigkeitsgefälle ab- bzw. aufbaut. Die Geschwindigkeit ist also die prozesstreibende bzw. prozesshemmende Größe (je nach Vorzeichen) für den die Energie transportierenden Impulsstrom. Damit wären wir konsistent mit der in Abschnitt 4.1.1 eingeführten Gibb'schen Fundamentalform (Gl. 4.4). Aber wie speichert die Feder Impuls? Wie lässt sich die in der Feder gespeicherte Bewegungsmenge bestimmen und schließlich auch messen? Beantworten lassen sich diese Fragen, indem man die zeitliche Änderung der potentiellen Energie E_D der Feder betrachtet

$$\frac{\mathrm{d}E_D}{\mathrm{d}t} = \boldsymbol{v}_m \cdot Dx = \boldsymbol{v}_m \cdot \frac{\mathrm{d}\boldsymbol{p}_D}{\mathrm{d}t} \qquad \text{Gl. 4.65}$$

Die Federkonstante D lässt sich für kleine Auslenkungen x über den materialspezifischen (effektiven[78]) Elastizitätsmodul E_{eff} beschreiben:

$$D = E_{\text{eff}} \cdot \frac{A}{x_0} \qquad \text{Gl. 4.66}$$

Für den Impulsstrom folgt dann

$$\frac{\mathrm{d}\boldsymbol{p}_D}{\mathrm{d}t} = D \cdot \boldsymbol{x}(t) = \frac{\boldsymbol{x}(t)}{x_0} \cdot E_{\text{eff}} \cdot A = \boldsymbol{\varepsilon}(t) E_{\text{eff}} \cdot A = \boldsymbol{\sigma}(t) \cdot A \qquad \text{Gl. 4.67}$$

Der Impulsstrom in der Feder ist somit über die mechanische Spannung $\boldsymbol{\sigma}(t) = \boldsymbol{\varepsilon}(t) \cdot E_{\text{eff}}$ des Federmaterials bestimmt. Genau genommen beschreibt $\boldsymbol{\sigma}(t)$ die Impulsstromdichte $\boldsymbol{j}_D(t)$ in diesem Material, d. h.

$$\mathbf{j}_D(t) = \frac{1}{A} \cdot \frac{\mathrm{d}\mathbf{p}_D}{\mathrm{d}t} = \boldsymbol{\sigma}(t) \qquad \text{Gl. 4.68}$$

Im Gegensatz zur Kraft ist die Federspannung messbar! Anzumerken wäre noch, dass die Impulsstromdichte oder äquivalent die mechanische Spannung (beides gemessen in [N/m^2]) auch als Energiedichte [$N{\cdot}m/m^3$] interpretiert werden kann, für all jene, die sich in diesem Bild mehr zu Hause und damit *„etwas wohler fühlen sollten"*. Es ergibt sich somit ein anderes, alternatives Bild zur Mechanik deformierbarer Körper:

„Ein deformierbarer Körper steht genau dann unter mechanischer Spannung, wenn darin ein Impulsstrom fließt.“

Diese Interpretation verknüpft die *„Statik“* untrennbar mit der Kinetik, und sie zeigt insbesondere auf, dass es in der Physik grundsätzlich keine *„statischen Zustände“* im Wortsinne geben kann. Beispielsweise fließen innerhalb tragender Teile eines Gebäudes oder einer Brücke permanent hohe Impulsströme (bzw. Impulsstromdichten ≡ Spannungen). Das ist ein *Prozess* (!), der mit der Zeit auch das Material schädigen kann (*„Materialermüdung“* oder *„Materialalterung“* z.B. durch Kriechphänomene bzw. Versprödung).[79]

Prinzipiell lassen sich in einem Körper *zwei* gerichtete mechanische Spannungen unterscheiden: Die Zug- und die Druckspannung. Sowohl die Stromrichtung des Impulses als auch dessen Orientierung lassen sich mit der jeweiligen Spannung innerhalb des Materials korrelieren. Legt man willkürlich fest, dass der Impuls in positiven Einheiten gezählt werden soll und diese in einem kartesischen Koordinatensystem jeweils in positiver Achsenrichtung liegen, so ergibt sich für die spannungsabhängige Stromrichtung des Impulses der in Tabelle 4.4 beschriebene Zusammenhang.

Tabelle 4.4 Zur Vorzeichendefinition von Impuls und Impulsstrom bei einer Zug- bzw. Druckspannung parallel zur x-Achse.

Mechanische Spannung (1-dim.)		Orientierung des Impulsstroms	
Spannung	Richtung	Impuls	Strom
Zug	parallel zur x-Achse	positiv / negativ	negativ / positiv
Druck		positiv / negativ	positiv / negativ

Im eindimensionalen Fall ist anhand von Bild 4.21 leicht zu ersehen, dass die (gerichtete) Spannung keine spezifische Orientierung aufweist und der jeweilige Impulsstrom bei Zug-/Druckspannung genau dann in die negative/positive x-Achsenrichtung fließt, wenn der zugehörige x-Impulsvektor (per Definition) in die positive x-Richtung zeigt, ansonsten kehrt sich die Stromrichtung einfach um. Im zweidimensionalen Fall, hier am Beispiel eines sich im Schwerefeld biegenden Balkens, sind die Vorgänge etwas komplizierter: Der Balken nimmt aus dem Schwerefeld permanent z-Impuls auf, der im Gleichgewicht über die Verankerung abfließen muss, schließlich bewegt sich der Balken nicht. Dieser Prozess geht mit einer kombinierten Zug-Druckspannung in x-Richtung einher, d.h. in diesem Fall stehen z-Impuls und z-Impulsstrom senkrecht zueinander. Unterbricht man den Stromfluss, indem man die Verankerung löst, so verschwindet unmittelbar die Zug-Druckspannung und der Balken beginnt in z-Richtung beschleunigt zu fallen, als eine Folge der steten z-Impulsaufnahme aus dem Schwerefeld (genauer sollte man sagen: „ ..., *als eine unmittelbare Erscheinungsform der z-Impulsaufnahme aus dem Schwerefeld.*" Das beschleunigte Fallen ist nämlich keine „*Folge*" der „*Schwerkraft*"-Wirkung und wird auch nicht durch diese „*induziert*" oder „*verursacht*" etc. Uns begegnet auch hier das bereits angesprochene „*Kausalitätsproblem*" der Physik, das in Abschnitt 4.3.4 diskutiert wird).

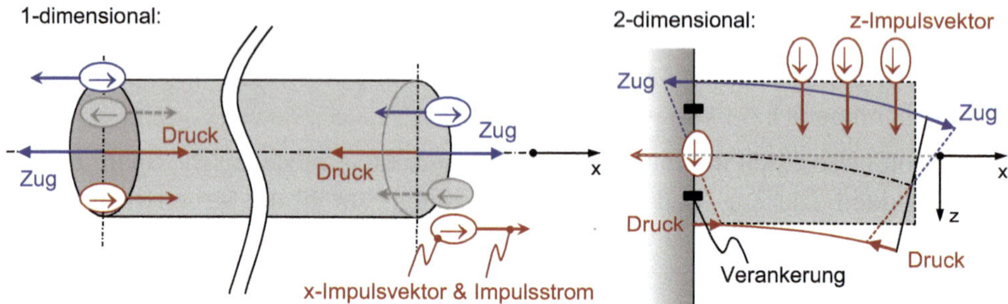

Bild 4.21 Zusammenhang zwischen Spannungsrichtung und zugehöriger Orientierung des Impulsstroms.

Was treibt beide Ströme an? Wir werden später sehen, dass einem Gravitationsfeld in Feldrichtung eine Druckspannung zugeordnet werden kann. Ein materieller Körper steht also permanent unter Druck. Der zugehörige Impulsstrom ist über die mit der lokalen Bewegung einhergehende Balkendeformation erkennbar. Für den materiellen Zusammenhalt des Balkens sind wiederum elektrische Felder verantwortlich, welche in Feldrichtung Zugspannung aufbauen und zudem makroskopisch die elastischen Kenngrößen eines Materials bestimmen (vgl. Abschnitt 5.3 *Feldwechselwirkungen*). Im dynamischen Gleichgewicht halten sich beide Impulsstromstärken sowohl in x- also auch in z-Richtung die Waage, d. h. für das Balkenvolumen gilt

$$\frac{\mathrm{d}}{\mathrm{d}t}\left(\boldsymbol{p}_{\mathrm{Zug}} + \boldsymbol{p}_{\mathrm{Druck}}\right)\Big|_{V_{\mathrm{Balken}}} = 0 \qquad \text{Gl. 4.69}$$

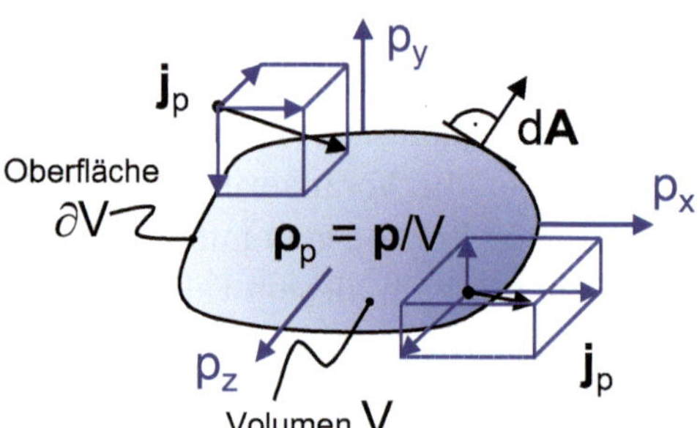

Bild 4.22
Schema zur Beschreibung der Impulsänderung eines Körpers

Ändert sich der Bewegungszustand eines Körpers mit Volumen V und Oberfläche ∂V, beispielsweise in x-Richtung, so ändert sich dessen Impulsbetrag, gemäß Bild 4.22. Hierfür gilt

$$\left.\left(\frac{\partial p_x}{\partial t}\right)\right|_V = -\oint_{\partial V} \boldsymbol{j}_{p_x} \cdot \mathrm{d}\boldsymbol{A} \qquad \text{Gl. 4.70}$$

bzw. mit der skalaren Impulsdichte $\rho_{px} = p_x/V$

$$\int_V \left(\frac{\partial \rho_{p_x}}{\partial t}\right) \cdot \mathrm{d}V = -\oint_{\partial V} \boldsymbol{j}_{p_x} \cdot \mathrm{d}\boldsymbol{A} \qquad \text{Gl. 4.71}$$

Gl. 4.71 lässt sich auch mithilfe des Gauß'schen Satzes kompakt in Form einer Kontinuitätsgleichung für den x-Impuls schreiben

$$\frac{\partial \rho_{p_x}}{\partial t} + \mathbf{div}\boldsymbol{j}_{p_x} = 0 \qquad \text{Gl. 4.72}$$

Die Kontinuitätsgleichung (Gl. 4.72) ersetzt ohne jegliche Einschränkung, und *ohne zusätzliche Ad-hoc-Annahmen*, Newtons vollständigen Satz an Axiomen und Bilanzierungsregeln für *„Kraftwirkungen"*, wobei die (zeitabhängige) Impulsstromdichte $\boldsymbol{j}_{px}(t)$ in einem Körper durch dessen (zeitabhängige) Spannungsverteilung $\boldsymbol{\sigma}_{\mathrm{mech}}(t)$ beschrieben wird. Im Allgemeinen zeigen diese Spannungen eine nicht isotrope 3D-Verteilung und werden mathematisch durch sogenannte *Tensoren* beschrieben, gemäß

$$\frac{\partial}{\partial t}\begin{pmatrix} \rho_{p_x} \\ \rho_{p_y} \\ \rho_{p_z} \end{pmatrix} = -\mathbf{div}\hat{\boldsymbol{\sigma}}_{\mathrm{mech}} = -\mathbf{div}\begin{pmatrix} \boldsymbol{j}_{p_x} & \boldsymbol{j}_{p_y} & \boldsymbol{j}_{p_z} \end{pmatrix} \qquad \text{Gl. 4.73}$$

Die zeitliche Änderung der lokalen (jetzt vektoriellen!) Impulsdichte ist gleich der negativen Divergenz des mechanischen Spannungstensors, unter Anwendung der Vorzeichenregelung aus Tabelle 4.4 für die hier zusätzlich aufgeführte y- bzw. z-Komponente. Der Tensor ist symmetrisch aufgebaut und beschreibt die jeweiligen ortsabhängigen Impulsstromdichten in x,y,z-Richtung

$$\hat{\boldsymbol{\sigma}}_{\mathrm{mech}} = \begin{pmatrix} \boldsymbol{j}_{p_x} & \boldsymbol{j}_{p_y} & \boldsymbol{j}_{p_z} \end{pmatrix} = \begin{pmatrix} \boldsymbol{j}_{p_x} \\ \boldsymbol{j}_{p_y} \\ \boldsymbol{j}_{p_z} \end{pmatrix} \qquad \text{Gl. 4.74}$$

Eine genaue tensorielle Beschreibung der Bilanzgleichungen erfolgt später in Kapitel 5 *Impulsströme*. Vorab lässt sich aber festhalten, dass das Impulsstrom-Modell konsistent mechanische Wechselwirkungen beschreibt und sich zudem logisch in die allgemeine Struktur der Kontinuum-Theorien einfügt, indem es das mechanische Analogon zum Ladungsträgerstrom (Elektrodynamik), zum Entropiestrom (Thermodynamik) und zum Stoffmengenstrom (physikalische Chemie) darstellt. Warum also dieser Umstand, mechanische Wechselwirkungen über fiktive Kräftepaare zu definieren, welche längs fiktiver Linien an fiktiven Punkten angreifen?

Das hat vor allem praktische Gründe, z. B. lassen sich ingenieurtechnische Fragestellungen mit dieser Modellvorstellung schnell und *zielführend* beantworten, ohne sich mit *„physikalischen Details"* befassen zu müssen. Ein ähnliches Beispiel hierfür ist die sogenannte *„technische Stromrichtung"*, welche vom positiven zum negativen Pol einer Spannungsquelle zeigt, obgleich (etwa in metallischen Leitern) die negativ geladenen Elektronen den Ladungsträgerstrom definieren, wie wir alle gelernt haben. In den Anfängen der Elektrotechnik wusste man noch nichts von der Substruktur der Materie und nahm an, dass ein unipolares Fluidum (→ unitarische Theorie) für den Stromfluss verantwortlich ist, indem es bestehende Konzentrationsunterschiede ausgleicht (Überschuss: positiv, Mangel: negativ).[80] Mit dieser Modellvorstellung lassen sich eine Vielzahl elektrotechnischer Fragestellungen ebenso *„richtig"*, d. h. *zielführend* beantworten, weshalb dieses physikalisch recht einfache Bild bis in die heutige Zeit erhalten blieb und man immer noch in Lehrbüchern die *„technische"* oder *„konventionelle"* von der *„physikalischen"* Stromrichtung der Ladungsträger (→ Teilchenstrom) glaubt unterscheiden zu müssen – zum Leidwesen vieler Schüler. In diesem Sinne unterscheidet sich auch die *„technische Kraft"* vom *„physikalischen Impulsstrom"*.

Aus historischer Sicht ist das Bild wirkender Kräfte das Resultat erster *„Gehversuche"* auf dem noch jungen Gebiet der *Analytischen Mechanik*. Darüber hinaus wusste man zu Zeiten von Newton und Leibniz[81] noch nicht, wie das Phänomen der Bewegung konsistent zu beschreiben ist, d. h. wie die hierfür relevanten Parameter zu definieren sind und wie diese in Beziehung zueinander stehen. Das erforderliche mathematische Werkzeug – die Infinitesimalrechnung – musste zu jener Zeit von beiden Protagonisten auch noch geschaffen werden.[82] Es herrschte noch reichlich Konfusion im Verständnis der physikalischen Begriffe *„Impuls"* und *„kinetische Energie"*. Impuls beschrieb man über die skalare Größe *„Bewegungsmenge"* (lat. *„quantitas motus"*) und vermutete bereits, dass diese Menge erhalten ist.[83] Erst später erkannte Huygens und Newton durch das Studium der Kreisbewegung die zusätzliche Vektoreigenschaft der Bewegungsgröße, d. h. die Erhaltung der Bewegungsmenge muss unabhängig für jede Raumrichtung erfüllt sein. Die Energie wurde seinerzeit im Lateinischen ebenfalls mit *„vis"* (→ *„Kraft"*) umschrieben. Newtons Kraftbegriff machte deshalb eine weitere Differenzierung erforderlich, und Leibniz schuf u. a. den Begriff *„vis viva"* (→ *„lebendige Kraft"*) und beschrieb damit was wir heute kinetische Energie nennen. Diese Modellvorstellung hatte sich bis Anfang des 20. Jahrhundert erhalten, beispielsweise findet sich dieser Begriff tatsächlich noch in Einsteins Publikation zum photoelektrischen Effekt aus dem Jahre 1905.[84]

Es ist recht aufschlussreich die in diesem Abschnitt geschilderte Problematik zur Newton'schen Mechanik aus der Perspektive eines versierten Mathematikers zu sehen. Michael Spivak hatte es sich einmal zur Aufgabe gemacht ein Buch *„Physik für Mathematiker"* zu schreiben und begründete seine Initiative damit, dass es gerade die Grundlagen der Newton'schen Mechanik seien, die mathematisch nur schwerlich zu verstehen sind (zumindest für Mathematiker, denn Physiker scheinen ja damit keine Probleme zu haben) und deshalb einer genaueren Betrachtung bedürfen. Er schreibt hierzu

„When I say that I don't understand elementary mechanics, I mean, for example, that I don't understand this:

Of course everyone knows about levers. [...] Most of us also know the law of the lever, but this law is simply a quantitative statement [...] and doesn't give us a clue as to why it is true, how such a small force at one end can exert a great force at the other."[85]

Die auf einer recht subtilen Ideengrundlage aufbauende *Analytische Mechanik* von Lagrange und Hamilton sei hingegen vergleichsweise simpel, so Spivak weiter, weil es sich dann nur noch um Mathematik handle!

Die Physik des nicht nur für Mathematiker so rätselhaften Hebelgesetzes und weitere elementare Gesetzmäßigkeiten der Mechanik, wie etwa das *„Kräfteparallelogramm"* werden später in Kapitel 5 *Impulsströme* eingehend diskutiert und, so hoffe ich, im Rahmen der Impulsstrom-Mechanik allgemein verständlich und damit auch nachvollziehbar.

Fazit: Wählt man anstelle der Geschwindigkeit $\boldsymbol{v}$, der Beschleunigung $\boldsymbol{a}$ und der Masse m eines Körpers einzig dessen Impuls $\boldsymbol{p}$ als die physikalisch relevante Basisgröße der Bewegung, so bedarf es keiner *„Kräfte"* und keiner axiomatischen Struktur *„äußerer Krafteinwirkungen"*, um das Bewegungsverhalten des Körpers auf eindeutige Weise zu beschreiben.

Übrigens: Damit wäre auch das in P. C. Hägeles Limerick humorvoll beschriebene physikalische Dilemma der Newton'schen Mechanik endlich behoben:

„Axiom ist's, bei Newton schon steht's:
Die Kraft ist Impulsänd'rung jetzt.
Doch Zweifel, die nagen,
verwirrt muss man fragen:
Ist's Definition, ist's Gesetz?"[86]

Zweifellos ist es weder das eine noch das andere - „*die Kraft*“ ist bestenfalls eine hilfreiche Gedankenstütze, nicht mehr aber auch nicht weniger.

4.2.2 Die Analytische Mechanik

Die *Analytische* oder auch *Klassische Mechanik* baut auf einem Variationsprinzip auf. Sowohl der Lagrange- als auch der Hamilton-Formalismus[87] der klassischen Mechanik benötigen keine Kräfte, um die Bewegungsgleichungen für eine gegebene Problemstellung zu erhalten. Das Bewegungsgesetz eines einzelnen Teilchens oder auch eines Systems von Teilchen ergibt sich aus einem Extremalprinzip, dem sogenannten Hamilton'schen Prinzip oder Wirkungsprinzip (Goldstein, 1978):

„Beschreiben n generalisierte Koordinaten q_i, i = 1...n, die Konfiguration eines konservativen Systems zu einem bestimmten Zeitpunkt t_0, dann bewegt sich das System im Konfigurationsraum als Funktion der Zeit derart, dass das Linienintegral (Wirkungsintegral)

$$W(t_0,t)=\int_{t_0}^{t} L(q_i,\dot{q}_i,t')\,\mathrm{d}t' \qquad \text{Gl. 4.75}$$

gemäß Bild 4.23 im betrachteten (festen) Zeitintervall $[t_0,t]$ für die durchlaufene Bahn extremal wird“.

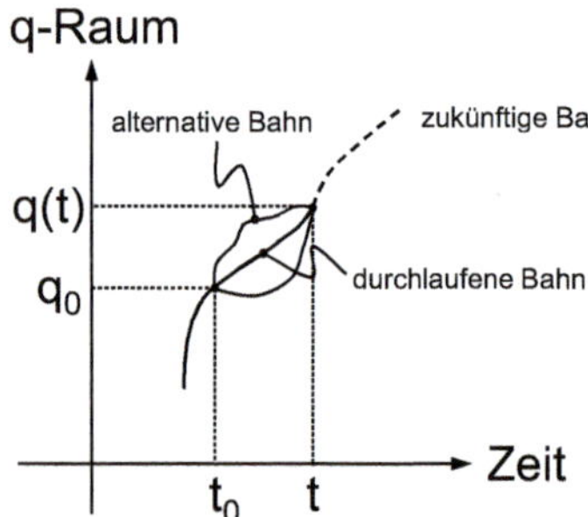

Bild 4.23
Mögliche Bahnen eines physikalischen Systems im q-Raum (→ Konfigurationsraum).

Sog. generalisierte (oder verallgemeinerte) Koordinaten $\boldsymbol{q} = (q_i)$ definieren einen minimalen Parametersatz, der ein gegebenes physikalisches Problem vollständig zu beschreiben vermag. Das müssen keine kartesischen Ortskoordinaten im Raum sein.[88] Der Integrand L ist die das System beschreibende Lagrange-Funktion

$$L=T^{*}-V \qquad \text{Gl. 4.76}$$

und ist definitionsgemäß gleich der Differenz aus kinetischer (Ko-)Energie T^* und potentieller Energie V. Die *Wirkung W* wird somit in den SI-Einheiten [Js] gemessen. Das Hamilton'sche Prinzip ist sowohl notwendige als auch hinreichende Bedingung für die zugehörigen Lagrange'schen Bewegungsgleichungen zweiter Ordnung in den Koordinaten $q_i(t)$:

$$\frac{\mathrm{d}}{\mathrm{d}t}\left(\frac{\partial L}{\partial \dot{q}_i}\right)-\frac{\partial L}{\partial q_i}=0, \quad i=1,\ldots,n \qquad \text{Gl. 4.77}$$

Die explizite Zeitableitung der q_{i} wird in diesem Abschnitt der Übersicht wegen mit einem Punkt ($\mathrm{d}/\mathrm{d}t \equiv \cdot$) gekennzeichnet (→ *generalisierte Geschwindigkeit*). Definieren wir zusätzlich einen *generalisierten Impuls* p_i gemäß

$$p_i=\frac{\partial L}{\partial \dot{q}_i}, \quad i=1,\ldots,n \qquad \text{Gl. 4.78}$$

p_i wird verschiedentlich auch der zu q_i *konjugierte* oder *kanonische Impuls* genannt („*konjugiert*" im Sinne von „*zugehörig*" und „*kanonisch*" im Sinne von „*natürlich*").[89] Damit erhalten wir einen allgemeinen Ausdruck für den generalisierten Impulsstrom in vektorieller Schreibweise

$$\frac{\mathrm{d}\boldsymbol{p}}{\mathrm{d}t}=\mathbf{grad}L\left(\boldsymbol{q},\dot{\boldsymbol{q}},t\right) \qquad \text{Gl. 4.79}$$

Ist beispielsweise $\boldsymbol{q} = (x,y,z)$ der Ortsvektor in einem kartesischen Koordinatensytem $K(x,y,z)$, dann entspricht $\boldsymbol{p}$ dem uns vertrauten mechanischen Impuls. Insbesondere fließt immer dann ein Impulsstrom $\mathrm{d}\boldsymbol{p}/\mathrm{d}t$, wenn die Lagrange-Funktion explizit von $\boldsymbol{q}$ abhängt, ansonsten verschwindet der Gradient und der (generalisierte) Impuls ist eine Erhaltungsgröße. Wie ist das zu verstehen? Nun, die Ortsabhängigkeit von L bricht die Translations-Symmetrie des Problems. Es lässt sich ganz allgemein zeigen, dass die Impulserhaltung nur dann gegeben ist, wenn die das Problem charakterisierenden Lagrange-Gleichungen bei einer Translation im Raum forminvariant bleiben (→ Noether'sches Theorem). Gl. 4.79 ist umfassender als das Newton'schen Gesetz zur Impulserhaltung. Wie wir später sehen werden, scheitert z. B. das Newton'sche Aktions- bzw. Reaktionsprinzip im Falle elektromagnetischer Felder, während (Gl. 4.79) hierfür einen allgemeineren Impulserhaltungssatz liefert, welcher zusätzlich den Impuls des elektromagnetischen Feldes berücksichtigt.

Verwendet man zur Beschreibung eines gegebenen Systems anstelle der Lagrange-Funktion L die Hamilton-Funktion H, indem man einen Satz von 2n unabhängigen Koordinaten (q_{i}, p_{i}) einführt, gemäß

$$H\left(\boldsymbol{q},\boldsymbol{p},t\right)=\dot{\boldsymbol{q}}\cdot\boldsymbol{p}-L\left(\boldsymbol{q},\dot{\boldsymbol{q}},t\right) \qquad \text{Gl. 4.80}$$

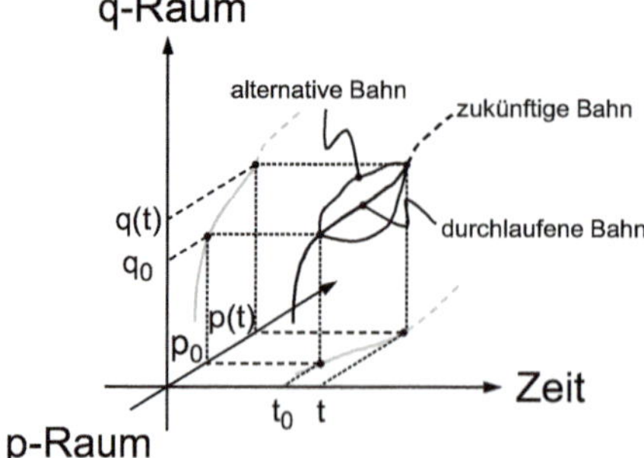

Bild 4.24
Mögliche Bahnen eines physikalischen Systems im (q,p)-Raum (→ Phasenraum).

so erhält man mit diesem Ansatz 2n Bewegungsgleichungen erster Ordnung, die sogenannten Hamilton'schen Gleichungen

$$\dot{q}_i = \frac{\partial H(\boldsymbol{q},\boldsymbol{p},t)}{\partial p_i} \wedge \dot{p}_i = -\frac{\partial H(\boldsymbol{q},\boldsymbol{p},t)}{\partial q_i} \qquad \text{Gl. 4.81}$$

Mit der Legendre-Transformation (Gl. 4.80) werden die Zeitableitungen der unabhängigen Koordinaten $\boldsymbol{q}$ durch einen zweiten unabhängigen Koordinatensatz $\boldsymbol{p}$ ersetzt. Auch diese Gleichungen lassen sich über ein Variationsprinzip ableiten: Das Linienintegral von H wird nämlich für die durchlaufene Bahn im $(\boldsymbol{q},\boldsymbol{p})$-Raum extremal (vgl. Bild 4.24). Der generalisierte Impulsstrom im Hamilton-Formalismus ist dann

$$\frac{\mathrm{d}\boldsymbol{p}}{\mathrm{d}t} = -\mathbf{grad} H(\boldsymbol{q},\boldsymbol{p},t) \qquad \text{Gl. 4.82}$$

Betrachten wir hierzu beispielhaft die eindimensionale Bewegung eines Feder-Schwinger-Systems mit Koordinaten $q = x$, $\dot{q} = v$ gemäß Bild 4.25. Die zugehörige Langrange-Funktion lautet in diesem Fall

$$L(x,v,t) = T^*(v) - V(x) = \frac{1}{2}mv^2 - \frac{1}{2}D(x-x_0)^2 \qquad \text{Gl. 4.83}$$

Die Bewegungsgleichung ergibt sich dann direkt aus (Gl. 4.77) zu

$$\frac{\mathrm{d}}{\mathrm{d}t}(mv) + D(x-x_0) = 0 \qquad \text{Gl. 4.84}$$

Um hieraus das Newton'sche Bild fiktiver Kräftepaare zu erhalten ist die rechte Seite mit **null (!)** *„Kräften"* F zu erweitern und darüber hinaus noch unterschiedlich zu benennen, je nach Vorzeichen, d. h.

$$\frac{\mathrm{d}}{\mathrm{d}t}(mv) + D(x-x_0) = F - F = F_{\text{actio}} - F_{\text{reactio}} \qquad \text{Gl. 4.85}$$

oder

$$\frac{\mathrm{d}}{\mathrm{d}t}(mv)+F_{\text{reactio}}=F_{\text{actio}}-D(x-x_0) \qquad \text{Gl. 4.86}$$

und wie folgt zu interpretieren

$$\frac{\mathrm{d}}{\mathrm{d}t}(mv)=F_{\text{actio}}=F_{\text{reactio}}=-D(x-x_0) \qquad \text{Gl. 4.87}$$

Man darf natürlich zu Recht fragen, welche Art von Erkenntnisgewinn mit diesem *„Taschenspielertrick“* verbunden sein soll?

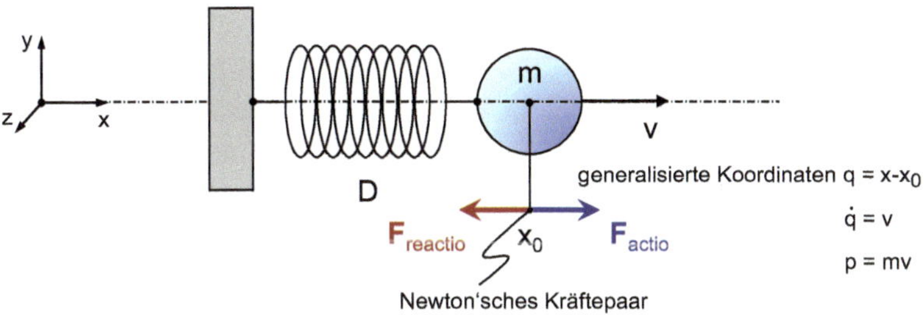

Bild 4.25 Beschreibung des eindimensionalen Feder-Schwinger-Systems im Lagrange- bzw. Hamilton-Formalismus der klassischen Mechanik. Exemplarisch ist zusätzlich ein Newton'sches Kräftepaar angegeben, das am Schwerpunkt des Schwingers angreift.

Im Hamilton-Formalismus erhält man für die gleiche Problemstellung

$$H(x,p,t)=v\cdot p-L(x,v,t)=v\cdot p-\frac{1}{2}mv^2+\frac{1}{2}D(x-x_0)^2 \qquad \text{Gl. 4.88}$$

$$H(x,p,t)=T(p)+V(x)=\frac{1}{2}\cdot\left(\frac{p^2}{m}+D(x-x_0)^2\right) \qquad \text{Gl. 4.89}$$

Aus den Hamilton-Gleichungen (Gl. 4.81) folgt dann direkt

$$\frac{\mathrm{d}x}{\mathrm{d}t}=\frac{\partial H(x,p,t)}{\partial p}=v=\frac{p}{m}\ \wedge\ \frac{\mathrm{d}p}{\mathrm{d}t}=-\frac{\partial H(x,p,t)}{\partial x}=-D(x-x_0) \qquad \text{Gl. 4.90}$$

Ein System von n solchen Schwingern belegen im 2n-dimensionale $(\boldsymbol{q},\boldsymbol{p})$-Raum (→ Phasenraum) ein endliches Volumen $V_n(t)$. Sind alle Randbedingungen verschieden, so können sich die jeweiligen Bahnen $[q_k(t), p_k(t)]_{k=1,..,n}$ im Phasenraum nicht schneiden. Die Gesamtzahl der Phasenraumpunkte verhält sich somit wie ein Kontinuum der Dichte $\rho_n(t) = n/V_n(t)$ und deren Zeitverhalten genügt dann ebenfalls einer Kontinuitätsgleichung der bereits bekannten Form (*Satz von Liouville*)[90]

$$\frac{\partial\rho_n}{\partial t}+\mathbf{div}(\rho_n\boldsymbol{v})=0 \qquad \text{Gl. 4.91}$$

Noch eine abschließende Anmerkung zum Thema Erhaltungssätze und Symmetrieeigenschaften: Das Hamilton'sche Extremalprinzip liefert nicht nur auf elegante Weise die Bewegungsgleichungen zu einer gegebenen Problemstellung. Emmy Noether zeigte zudem, dass die Forminvarianz der Lagrange-Gleichungen bei einer infinitesimalen Symmetrietransformation gemäß

$$\chi' = \chi + \delta\chi \qquad \text{Gl. 4.92}$$

jeweils einen Erhaltungssatz zur Folge hat, wie in Tabelle 4.5 zusammengefasst.[91]

Tabelle 4.5 Zum Noether'schen Zusammenhang zwischen Symmetrie und Erhaltungsgröße.

Erhaltungsgröße	infinitesimale Symmetrietransformation $\chi' = \chi + \delta\chi$	notwendige Bedingung für L bzw. H	zugeh. Eigenschaft & Koordinate(n)
Energie	Translation in der Zeit	keine Zeitabhängigkeit	stationär & $\chi = t$
Impuls	Translation im Raum	keine Ortsabhängigkeit	homogen & $\chi = x, y, z$
Drehimpuls	Rotation im Raum	keine Richtungsabhängigkeit	isotrop & $\chi = \varphi, \theta$

Die Impulserhaltung folgt beispielsweise direkt aus (Gl. 4.79) für die Lagrange-Funktion L bzw. aus (Gl. 4.82) für die Hamilton-Funktion H. Insbesondere zeigt das Noether'sche Theorem, dass die physikalischen Größenpaare (Energie-Zeit, Impuls-Ort und Drehimpuls-Drehwinkel) in besonderer Weise miteinander verknüpft sind. Ein Sachverhalt, der u.a. in der Quantenmechanik eine wesentliche Rolle spielt (Fick, 1979). Das Produkt der jeweiligen Größenpaare hat stets die Dimension einer Wirkung W [Js = Nms = Hym] und beschreibt daher den gleichen physikalischen Sachverhalt. Ist ein durch den Lagrange-Hamilton-Formalismus beschriebene physikalische Problemstellung stationär, homogen und isotrop, so sind auch unmittelbar die Energie, der Impuls und der Drehimpuls erhalten.

Die klassische Mechanik kennt diesbezüglich noch ein weiteres nützliches Variationsprinzip: Das sogenannte Prinzip der kleinsten Wirkung. Dieses Prinzip besagt, dass der physikalische Zustand eines Teilchen-Systems, beschrieben in einem Konfigurationsraum generalisierter Koordinaten, unter allen möglichen Bahnen für die H eine Erhaltungsgröße darstellt, jene mit der *kleinsten* Wirkung W durchläuft, d.h. die zugehörige Variation δW wird für diese Bahn null:

$$\delta W\Big|_{H=\text{const}} = \delta\left(\int_{t_0}^{t} L\, dt'\right)\Bigg|_{H=\text{const}} = 0 \qquad \text{Gl. 4.93}$$

Mit (Gl. 4.80) folgt hieraus (die Gesamtenergie H ist konstant)

$$\delta W\big|_{H=\text{const}} = \delta\left(\int_{t_0}^{t} \boldsymbol{p}\cdot\dot{\boldsymbol{q}}\,dt'\right) - H\cdot\delta(t-t_0) = 0 \qquad \text{Gl. 4.94}$$

Ist zusätzlich die (kinetische) Koenergie T^* erhalten, so folgt unmittelbar

$$\delta(t-t_0) = 0 \qquad \text{Gl. 4.95}$$

Im Falle der Energieerhaltung beschreibt das System exakt jene Bahn im Konfigurationsraum mit extremaler Laufzeit, genauer: Zwei beliebige Punkte im Konfigurationsraum werden stets durch die Bahn mit der *kürzesten* Laufzeit verbunden.[92]

Aus (Gl. 4.94) leitet sich noch ein weiterer interessanter Aspekt zur physikalischen Wirkung W ab.[93] In kartesischen Koordinaten genügt die Trajektorie $\boldsymbol{r}(t)$ eines Teilchens, das sich von $\boldsymbol{r}_0$ nach $\boldsymbol{r}_1$ bewegt, der Beziehung

$$W(\boldsymbol{r}_0,\boldsymbol{r}_1) = \int_{\boldsymbol{r}_0}^{\boldsymbol{r}_1} \boldsymbol{p}(\boldsymbol{r})\cdot \mathrm{d}\boldsymbol{r} - H\cdot(t_1-t_0) \qquad \text{Gl. 4.96}$$

Als Funktion des Endpunktes $\boldsymbol{r}_1 \equiv \boldsymbol{r}$ (und $t_1 \equiv t$) heißt das aber

$$\mathbf{grad}\,W(\boldsymbol{r}) = \boldsymbol{p}(\boldsymbol{r}) \qquad \text{Gl. 4.97}$$

Das skalare Wirkungsfeld $W(\boldsymbol{r})$ kann somit als *„Potential"* des Teilchenimpulses $\boldsymbol{p}(\boldsymbol{r})$ verstanden werden und die Teilchenbewegung erfolgt stets senkrecht zu den *Äquipotentialflächen*, also den Flächen gleicher Wirkung $W(\boldsymbol{r})$ = const. Bewegt sich das Teilchen zusätzlich in einem *äußeren konservativen „Kraftfeld"*, beschrieben durch ein weiteres Potential $V(\boldsymbol{r})$, dann ist mit (Gl. 4.97)

$$(\mathbf{grad}\,W)^2 = \boldsymbol{p}^2(\boldsymbol{r}) = 2m\cdot\left[H - V(\boldsymbol{r})\right] \qquad \text{Gl. 4.98}$$

H steht für die Gesamtenergie und man erhält hieraus die sog. Hamilton-Jacobi[94]-Gleichung

$$\frac{(\mathbf{grad}\,W)^2}{2m} + V(\boldsymbol{r}) = -\frac{\partial W}{\partial t} = H \qquad \text{Gl. 4.99}$$

Man beachte: Aufgrund der Teilchenbewegung ist das Potential W allerdings selbst wieder eine Funktion der Zeit, d. h.

$$\mathrm{d}W = \mathbf{grad}\,W\cdot \mathrm{d}\boldsymbol{r} - H\cdot \mathrm{d}t = \mathrm{grad}\,W\cdot \mathrm{d}n - H\cdot \mathrm{d}t \qquad \text{Gl. 4.100}$$

$\boldsymbol{n}$ sei der Normalenvektor zur W-Äquipotentialfläche. Die konstanten W-Flächen (d. h. feste Werte der Wirkung!) bewegen sich also ebenfalls in Richtung der Flächennormalen $\boldsymbol{n}$ und zwar mit der Geschwindigkeit

$$v_n = \left(\frac{\mathrm{d}n}{\mathrm{d}t}\right) = \frac{H}{\mathrm{grad}W} = \frac{H}{p} \qquad \text{Gl. 4.101}$$

d.h. das Wirkungsfeld wächst, es dehnt sich kontinuierlich aus. Für ein freies (nicht-relativistisches) Teilchen folgt unmittelbar aus (Gl. 4.101) $v_n = v/2$. In diesem Fall ist

$$\boldsymbol{r}(t) = \boldsymbol{r}_0 + \boldsymbol{v}_1 \cdot (t - t_0) \text{ und } \boldsymbol{v}_1 = \frac{\boldsymbol{r}_1 - \boldsymbol{r}_0}{t_1 - t_0} = \text{const.} \qquad \text{Gl. 4.102}$$

und mit (Gl. 4.98) bzw. (Gl. 4.97) folgt für den Impuls bzw. die Wirkung

$$\boldsymbol{p}(\boldsymbol{r}_0, \boldsymbol{r}_1) = \sqrt{2mH} \cdot \frac{\boldsymbol{r}_1 - \boldsymbol{r}_0}{|\boldsymbol{r}_1 - \boldsymbol{r}_0|} \Rightarrow W(\boldsymbol{r}_0, \boldsymbol{r}_1) = \sqrt{2mH} \cdot |\boldsymbol{r}_1 - \boldsymbol{r}_0| \qquad \text{Gl. 4.103}$$

Die Flächen konstanter Wirkung sind demnach Sphären um den Mittelpunkt $\boldsymbol{r}_0$ deren Radien mit p skalieren, wie in Bild 4.26 dargestellt. Bei Vorgabe der Gesamtenergie H ist das die Teilchenbewegung beschreibende Wirkungsfeld $W(r)$ und damit auch der Impuls $\boldsymbol{p}$, in Betrag und Richtung, zu jedem Zeitpunkt eindeutig festgelegt.

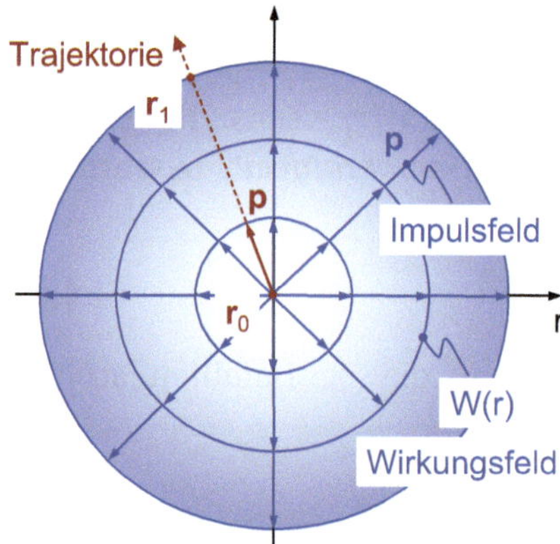

Bild 4.26
Das sphärische Potential $W(r)$ und das zugehörige Impulsfeld $p(r)$ zum Bewegungsverhalten eines freien Teilchens.

Die Trajektorie eines freien Teilchens hängt nur noch von der Wahl des Zielvektors $\boldsymbol{r}_1$ ab und verläuft stets so, dass der lokale Bahnimpuls $\boldsymbol{p}$ des Teilchens den lokalen Wert des Impulsfeldes $\boldsymbol{p}(\boldsymbol{r}) = \mathbf{grad}W(\boldsymbol{r})$ wiedergibt. Mögliche alternative Trajektorien, die ebenfalls dem Energiesatz genügen, entfallen zwangsläufig, weil sie längere Laufzeiten erfordern. In diesem Sinne dokumentiert die zu beobachtende Teilchenbewegung $\boldsymbol{r}(t)$ sowohl die Existenz des Impulsfeldes als auch des zugehörigen Potentials, nämlich die Wirkungsfunktion selbst, gemäß (Gl. 4.96). Dieser ausgesprochen interessante Aspekt zur Bewegung eines freien Teilchens begegnet uns erneut in Abschnitt 4.4.5 *Ein kosmologisches Modell.*

A$_{4-3}$: Wie sehen die geschilderten Zusammenhänge bei einer Bewegung im konstanten Gravitationsfeld aus, etwa beim schrägen Wurf?

Fazit: Die Analytische Mechanik kennt keine *„Kräfte"* im Newton'schen Sinne. Das Bewegungsverhalten eines Körpers genügt einem Extremalprinzip und die Konstanten der Bewegung (Energie, Impuls, Drehimpuls) folgen auf eindeutige Weise aus den Randbedingungen, wonach die Physik des zu beschreibenden Bewegungsvorganges nicht davon abhängt, zu welchem Zeitpunkt (stationär), an welchem Ort (homogen) und mit welcher räumlichen Orientierung (isotrop) der Vorgang messtechnisch erfasst wird (Noether'sches Theorem).

4.2.3 Die Kontinuumsmechanik

Die Kontinuumsmechanik beschreibt das Verformungsverhalten eines Körpers unter Belastung. Die hierfür entwickelte Modellvorstellung kennt keine Substruktur der Materie. Man nimmt hingegen an, dass das Volumen eines Körpers stetig mit einer materiellen Substanz, dem *Kontinuum* erfüllt ist und spezifische Materialeigenschaften dieses Kontinuums das Verformungsverhalten des Körpers auf eindeutige Weise bestimmen. Experimentelle Befunde zum lastabhängigen Materialverhalten gliedert die Kontinuumsmechanik in vier Teilgebiete: Die Elastizitäts- bzw. die Plastizitätstheorie beschreiben reversibles bzw. nichtreversibles Materialverhalten und die Theorien zur Viskoelastizität und zur Viskoplastizität berücksichtigen jeweils eine zusätzliche Zeitabhängigkeit. Ist die Viskosität (vernachlässigbar) klein, wird das Bewegungsverhalten des Kontinuums im Rahmen einer weiteren Teildisziplin, der Hydrodynamik, beschrieben (→ Strömung von Flüssigkeiten und Gasen).

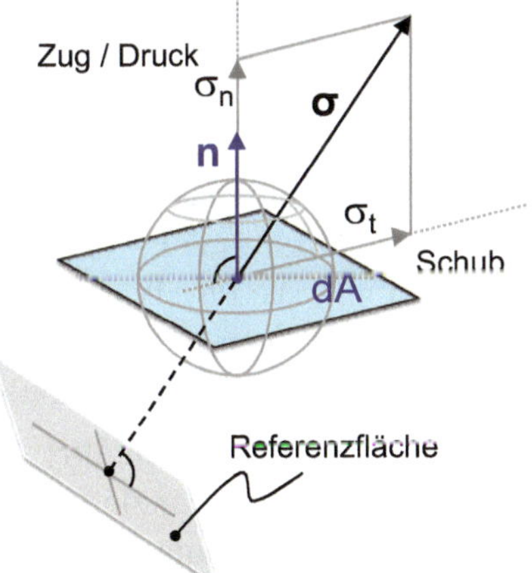

Bild 4.27
Die mechanische Spannung als vektorielle Größe.

Ein zentrales mathematisches Werkzeug in der Kontinuumsmechanik ist die Vektor- und Tensorrechnung.[95] Die Methodik und die daraus resultierenden Gesetzmäßigkeiten erlauben nicht nur die einheitliche Behandlung von materiellen Kontinuen in fester, flüssiger und gasförmiger Phase, sie lassen sich in gleicher Weise auch auf gänzlich andere Kontinuen anwenden, beispielsweise auf den *„Phasenraum“* der *Klassischen Mechanik*, auf das Kontinuum *„Raumzeit“* (→ allgemeine Relativitätstheorie) oder auf spezielle physikalische Felder, wie etwa auf das Kontinuum *„elektromagnetisches Feld“* (→ Elektrodynamik - Maxwell'scher Spannungstensor).

In der Kontinuumsmechanik ist das entscheidende Maß für die mechanische Belastung eines Körpers *nicht etwa* die Newton'sche Kraft $\boldsymbol{F}$, sondern die *mechanische Spannung* $\boldsymbol{\sigma}$

$$\boldsymbol{\sigma} = \frac{\mathrm{d}\boldsymbol{F}}{\mathrm{d}A} = \frac{\mathrm{d}^2\boldsymbol{p}}{\mathrm{d}A\mathrm{d}t} = \boldsymbol{j}_p \qquad \text{Gl. 4.104}$$

d. h. die auf eine (zu spezifizierende) Referenzfläche dA bezogene zeitliche Änderung des Impulses $\boldsymbol{p}$, was einem Impulsstrom je Flächeneinheit (→ *„Flächenkraft“* oder *„Druck“*), also einer Impulsstromdichte $\boldsymbol{j}_p$ entspricht.

Im Allgemeinen ist die mechanische Spannung eines Körpers ein dreidimensionales Phänomen, d. h. der Spannungsvektor (Gl. 4.104) ist im folgenden Sinne richtungsabhängig: *Einjeder* dieser Spannungsvektoren $\boldsymbol{\sigma}(\boldsymbol{r})$ kann stets durch drei linear unabhängige Referenzvektoren dargestellt werden, sie bilden die (vektoriellen) Komponenten des sogenannten Spannungstensors $\hat{\boldsymbol{\sigma}}$. Zu gegebenem Spannungsfeld $\hat{\boldsymbol{\sigma}}(\boldsymbol{r})$ ist zudem die Wahl der Bezugsfläche $\mathrm{d}\boldsymbol{A} = \boldsymbol{n}\mathrm{d}A$ prinzipiell willkürlich, sodass die Spannungswerte (→ Komponenten) normal bzw. tangential zur jeweiligen Flächennormalen $\boldsymbol{n}$ mit ihrer relativen Lage im Raum variieren (vgl. Bild 4.27).

Im Ingenieurwesen gilt es u. a. mechanische Belastungen an Grenzflächen optimal zu verteilen, beispielsweise tangentiale oder normale Spannungsanteile zu minimieren, indem man etwa die Begrenzungsflächen geeignet wählt. Selbstverständlich hat dann auch die modifizierte Volumengeometrie entscheidenden Einfluss auf die sich einstellende Spannungsverteilung. Der Ingenieur spricht in diesem Zusammenhang (nicht ganz korrekt) vom optimierten *„Kraftfluss“* bzw. von *„Lasten“*, die über optimierte Tragwerke *„gegen Erde abgeleitet werden müssen“* und meint damit nicht etwa *„Kraftströme“* dF/dt, sondern Impulsströme $F = \mathrm{d}p/\mathrm{d}t$ bzw. die zugehörigen Stromdichten, die es zu kontrollieren gilt. Die Physik und die Ingenieurwissenschaften beschreiben hierbei dasselbe Phänomen und wählen zur Problemlösung auch dieselbe Vorgehensweise, trotz unterschiedlichen Vokabulars.

In Abschnitt 4.2.1 zur Newton'schen Mechanik wurde bereits ausgeführt, dass *„Kräfte“* prinzipiell nicht messbar sind, weil es sich um fiktive Bilanzierungsgrößen handelt. Wie verhält es sich dann mit mechanischen Spannungen? In vielen Lehrbüchern zur Mechanik fester Körper heißt es diesbezüglich lapidar, Spannungen könne man auf direktem Wege gar nicht messen. Zu gegebener Grenz- bzw. Querschnittsfläche seien sie bestenfalls nur integral über die jeweils resultierende Kraft zu erfassen, unter Verwendung eines *„Kraftmessers"*. Na sowas ...?! Diese recht unbekümmerte These beschreibt beispielhaft einmal mehr, wie unreflektiert doch oftmals in der *„exakten Wissenschaft"* Physik argumentiert wird und wie sorglos entsprechende Ansichten einfach übernommen werden, obwohl es auch in diesem Fall an einer sinnvollen physikalischen Begründung fehlt. Aber was genau detektieren *„Kraftmesser"*, wenn *„Kräfte"* hierfür *definitiv* (!) nicht infrage kommen können? In der Regel beruht das Messprinzip auf einem materialspezifischen Effekt, welcher durch *spannungsinduzierte* lokale Veränderungen der Materialdichte bzw. des Materialvolumens hervorgerufen wird, wie dies z. B. beim piezoelektrischen Effekt der Fall ist. Das Messsignal eines Piezoelementes ist folglich proportional zur mechanischen Spannungsverteilung in diesem Element. Entsprechendes gilt für alternative Methoden, wie z. B. bei einem Dehnmessstreifen (→ Widerstandsmessung), ebenso für optische Verfahren (→ *Spannungs*doppelbrechung) oder für thermische Verfahren (→ Thermoelastizität). Man detektiert also in all diesen Fällen auf direktem oder indirektem Wege *ausschließlich* (!) mechanische Spannungen.[96]

4.2.3.1 Der kartesische Spannungstensor

Im Gegensatz zu einem starren Körper zeigt ein Kontinuum i. Allg. kein kollektives (math.: *integrales*) sondern ein lokales (math.: *differentielles*) Antwortverhalten auf Impulseinträge, sodass die *„individuelle"* Veränderung einzelner Volumenelemente $\mathrm{d}V(\boldsymbol{r})$ am jeweiligen Ort $\boldsymbol{r}$ und deren Wechselwirkung mit ihrer unmittelbaren Umgebung beschrieben werden muss. Verwendet man hierfür ein kartesisches Koordinatensystem, so lassen sich mathematische Konzepte aus der Vektor- und Matrizenrechnung direkt übernehmen, was die Anwendung der Tensorrechnung erheblich erleichtert.

Tensoren sind mathematische Objekte, deren spezifische Eigenschaften, ähnlich den Vektoren, nicht von der Wahl eines Koordinatensystems abhängen, also insbesondere bezüglich Drehungen invariant sind. Dies gilt selbstverständlich nicht für die Komponenten des in dem jeweiligen Koordinatensystem darzustellenden Objekts, seien es die skalaren Komponenten eines Impulsvektors $\boldsymbol{p} = (p_x, p_y, p_z)$ oder die bereits angesprochenen vektoriellen Komponenten des Spannungstensors $\hat{\boldsymbol{\sigma}} = \begin{pmatrix} \boldsymbol{j}_{px} & \boldsymbol{j}_{py} & \boldsymbol{j}_{pz} \end{pmatrix}$, beide Darstellungen sind im Allgemeinen in unterschiedlichen Koordinatensystemen verschieden.

Die lokale Spannung in einem Volumenelement $\mathrm{d}V(\boldsymbol{r}) = \mathrm{d}x\mathrm{d}y\mathrm{d}z$ ist über die Spannungsvektoren $\boldsymbol{j}_{px,py,pz}$ eindeutig festgelegt. Sie definieren aus Symmetriegründen (→ Momentengleichgewicht) insgesamt sechs unabhängige Spannungs-Komponenten σ_{ij}, die in einem kartesischen Koordinatensystem den sogenannten *kartesischen Spannungstensor* aufbauen

$$\hat{\sigma} = (\sigma_{ij}) = \begin{pmatrix} \boldsymbol{j}_{p_x} & \boldsymbol{j}_{p_y} & \boldsymbol{j}_{p_z} \end{pmatrix} = \begin{pmatrix} \sigma_{xx} & \sigma_{xy} & \sigma_{xz} \\ \sigma_{yx} & \sigma_{yy} & \sigma_{yz} \\ \sigma_{zx} & \sigma_{zy} & \sigma_{zz} \end{pmatrix} = \begin{pmatrix} \boldsymbol{j}_{p_x} \\ \boldsymbol{j}_{p_y} \\ \boldsymbol{j}_{p_z} \end{pmatrix} \qquad \text{Gl. 4.105}$$

Die Diagonalelemente σ_{ii} (→ Normalspannungen, vgl. Bild 4.28) entsprechen der jeweiligen x-, y- bzw. z-Komponente der drei Spannungsvektoren senkrecht auf den infinitesimalen Begrenzungsflächen von dV. Diese zeigen im Falle einer Zug-/Druckspannung in bzw. entgegen der Richtung der jeweiligen Flächennormalen $\mathbf{n}_i$, d. h. sie dehnen bzw. komprimieren das Volumenelement. Die Nichtdiagonalelemente σ_{ij} wirken in den Begrenzungsflächen und definieren die kartesischen Komponenten der Scherspannungsvektoren in den jeweiligen Flächen (→ Schubspannung). Die Zeilen bzw. Spalten des Tensors beschreiben somit Impulsstromdichten $\boldsymbol{j}_{pl}$ in l-Richtung.

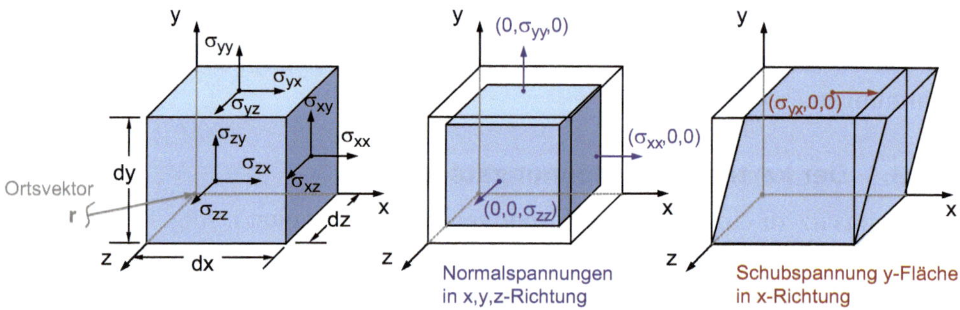

Bild 4.28 Der Spannungstensor beschrieben im kartesischen Koordinatensystem.

Mittels einer einfachen Bilanzbetrachtung lässt sich zeigen, dass genau dann eine Verformung (d. h. eine lokale Bewegung) des Volumens dV in l-Richtung stattfindet (vgl. Bild 4.29), wenn folgende Beziehung erfüllt ist

$$\frac{1}{\mathrm{d}V}\cdot\frac{\mathrm{d}p_l}{\mathrm{d}t} \equiv \frac{\mathrm{d}\rho_{p_l}}{\mathrm{d}t} = -\mathbf{div}\left(\boldsymbol{j}_{p_l}\right) = -\sum_k \partial_k \sigma_{kl} \qquad \text{Gl. 4.106}$$

Die Indizes k, l durchlaufen jeweils die kartesischen Bezeichner (x,y,z).

In Tensordarstellung schreibt sich die Beziehung (Gl. 4.106) allgemein

$$\frac{\mathrm{d}\boldsymbol{\rho}_p}{\mathrm{d}t} = -\mathbf{div}(\hat{\sigma}) \qquad \text{Gl. 4.107}$$

Gl. 4.107 beschreibt den Dichtevektor der Impulsstromstärke $\mathrm{d}\boldsymbol{\rho}_p/\mathrm{d}t = \mathbf{f}$ (→ *„Kraftdichte"*).

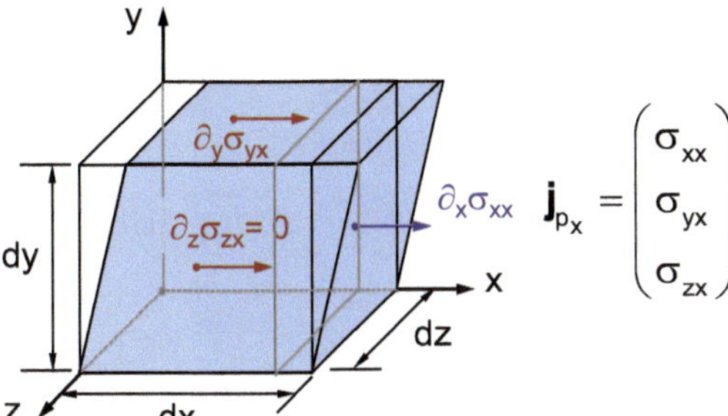

$$\mathbf{j}_{p_x} = \begin{pmatrix} \sigma_{xx} \\ \sigma_{yx} \\ \sigma_{zx} \end{pmatrix}$$

Bild 4.29
Verformung und zugehörige Änderung der Impulsstromdichte im Volumenelement d*V*.

Drei Anmerkungen hierzu:

1. Die *„Dichte der Impulsstromstärke"* $\mathrm{d}\boldsymbol{\rho}_p/\mathrm{d}t$ [Nm^{-3}] ist stets volumenbezogen, während sich die *„Impulsstrom-Dichte"* $\boldsymbol{j}_p$ [Nm^{-2}] gemäß Bild 4.27 immer auf eine Fläche bezieht.
2. Die jeweiligen Vektoren der Impulsstromdichte $\boldsymbol{j}_{px,py,pz}$ haben nicht nur eine Komponente in x,y,z-Richtung (→ Normalspannung), sondern eben auch Komponenten senkrecht dazu (→ Schubspannungsanteile).
3. Der Dichte*vektor* $\boldsymbol{\rho}_p$ kann als vektorielle Größe sowohl den Betrag als auch unabhängig davon die Richtung ändern, je nach der Divergenz des Spannungstensors. Ist die lokale Divergenz der Impulstromdichte $\boldsymbol{j}_{pl}$ in l-Richtung positiv, so muss die entsprechende Impulsdichte ρ_{pl} im Volumenelement zwangsläufig abnehmen, wenn der Impuls erhalten ist. Die Vorzeichenregelung entspricht also der getroffenen Vereinbarung in Tabelle 4.4.

Im Ingenieurwesen interpretiert man die linke Seite der (Gl. 4.107) zuweilen als zusätzlichen Quellterm, als eine *„Volumenkraft"*, die durch einwirkende *„Flächenkräfte"* im Gleichgewicht gehalten wird. Die *„Schwerkraft"* ist von dieser Art und wird der Kategorie *„Fernkraft"* zugeordnet, während Flächenkräfte zu den sogenannten *„Nahkräften"* gezählt werden. Die Physik spricht in diesen Fällen stattdessen von *„Massekräften"* und *„Oberflächenkräften"* und vergrößert damit den *„physikalischen Zoo der Kräfte"* um zwei weitere Kategorien.

Tensoren der Form (Gl. 4.105) kann man immer in einen symmetrischen und einen antisymmetrischen Anteil zerlegen, gemäß[97]

$$\hat{\boldsymbol{\sigma}} = \left(\sigma_{ij}\right) = \frac{1}{2}\cdot\left(\sigma_{ij}+\sigma_{ji}\right) - \frac{1}{2}\cdot\left(\sigma_{ij}-\sigma_{ji}\right) = \hat{\boldsymbol{\sigma}}_{\mathrm{s}} + \hat{\boldsymbol{\sigma}}_{\mathrm{a}} \qquad \text{Gl. 4.108}$$

Ohne Einschränkung der Allgemeingültigkeit lassen sich die so definierten Anteile durch eine geeignete Koordinatentransformation in folgende Form bringen

$$\hat{\boldsymbol{\sigma}}_s = \left(\hat{\sigma}_{ij}\right) = \begin{pmatrix} \hat{\sigma}_{xx} & 0 & 0 \\ 0 & \hat{\sigma}_{yy} & 0 \\ 0 & 0 & \hat{\sigma}_{zz} \end{pmatrix} \qquad \text{Gl. 4.109}$$

$$\hat{\boldsymbol{\sigma}}_a = \left(\hat{\tau}_{ij}\right) = \begin{pmatrix} 0 & \hat{\tau}_{xy} & -\hat{\tau}_{zx} \\ -\hat{\tau}_{xy} & 0 & \hat{\tau}_{yz} \\ \hat{\tau}_{zx} & -\hat{\tau}_{yz} & 0 \end{pmatrix} \qquad \text{Gl. 4.110}$$

Das zugehörige Koordinatensystem, auch *Hauptachsen-System* genannt, zeichnet sich dadurch aus, dass die transformierten Normal- und Schubspannungswerte des Tensors extremal werden. Man erhält demnach tatsächlich nur sechs unabhängige Komponenten des Spannungstensors, drei Hauptnormalspannungen $\hat{\sigma}_{ii}$ in Richtung der *Hauptachsen* und entsprechend drei Hauptschubspannungen $\hat{\tau}_{ij}$ in den jeweiligen Ebenen senkrecht zu diesen. Man beachte jedoch, dass $\hat{\boldsymbol{\sigma}}_{s,a} = \hat{\boldsymbol{\sigma}}_{s,a}(\boldsymbol{r})$, d. h. Spannungs-Tensoren sind lokal definiert. Daher sind ihre Komponenten $(\sigma_{ij})_{s,a}$ und damit auch das zugehörige Hauptachsen-System i. Allg. ortsabhängig! Im Ingenieurwesen sind deshalb Körper durch geeignet zu wählende Schnitte erst *„freizuschneiden“*, um die lokale Spannungsverteilung, d. h. die entsprechenden Komponenten des Tensors, *„sichtbar“* zu machen. Im Grunde ein recht anschauliches obgleich für (uns) Physiker eventuell ungewohntes Bild.

4.2.3.2 Der kartesische Verzerrungstensor

Analog zum Spannungstensor lässt sich auch ein sogenannter Verzerrungstensor definieren, um den Verformungszustand eines belasteten Volumenelementes zu beschreiben:

$$\hat{\boldsymbol{\varepsilon}} = \left(\varepsilon_{ij}\right) = \begin{pmatrix} \varepsilon_{xx} & \varepsilon_{xy} & \varepsilon_{xz} \\ \varepsilon_{yx} & \varepsilon_{yy} & \varepsilon_{yz} \\ \varepsilon_{zx} & \varepsilon_{zy} & \varepsilon_{zz} \end{pmatrix} \qquad \text{Gl. 4.111}$$

Erfährt ein Punkt $\boldsymbol{x} = (x_i) = (x,y,z)$ des infinitesimalen Volumenelementes dV unter Last eine Verschiebung $\boldsymbol{u} = (u_i) = (u,v,w)$ so erhält man die zugehörige Verzerrung in diesem Punkt gemäß

$$\varepsilon_{ij} = \frac{1}{2} \cdot \left(\frac{\partial u_i}{\partial x_j} + \frac{\partial u_j}{\partial x_i} \right) = \frac{1}{2} \cdot \gamma_{ij} \qquad \text{Gl. 4.112}$$

Die Verzerrung ist eine dimensionslose Größe und beschreibt die durch die Volumenverformung verursachte lokale relative Dehnung. Der auf diese Weise definierte Verzerrungstensor ist symmetrisch und damit existiert hierfür ebenfalls ein Hauptachsen-System, das nur im Falle des homogenen und isotropen Kontinuums mit jenem des Spannungstensors übereinstimmt. Die Diagonalelemente ε_{ii} entsprechen reinen Dehnungen (relative Längenänderungen), die Nichtdiagonalelemente ε_{ij} Schubverzerrungen (durch entsprechende Winkeländerungen γ_{ij}).

4.2.3.3 Materialeigenschaften

„Ut tensio sic vis“ – Wie die Dehnung, so die Kraft (Hooke'sches Gesetz).[98]

Für kleine Verformungen verhalten sich viele Materialien linear-elastisch, d. h. Spannung und relative Dehnung sind einander proportional und zeitlich konstant. Der eindimensionale Lastfall setzt jeweils die ersten Komponenten im Spannungs- und Verzerrungstensor in Beziehung zueinander (alle anderen Komponenten sind null). Die materialspezifische Proportionalitätskonstante ist der Elastizitätsmodul E, gemessen in [Nm^{-2}], d. h.

$$\sigma = E \cdot \varepsilon \qquad \text{Gl. 4.113}$$

mit der relativen Dehnung ε, etwa für den Fall eines um ΔL gedehnten Stabes der Ausgangslänge L_0:

$$\varepsilon = \frac{\Delta L}{L_0} = \frac{\partial u}{\partial x} = \varepsilon_{xx} = \frac{1}{E} \cdot \sigma_{xx} \qquad \text{Gl. 4.114}$$

Der allgemeine dreidimensionale Lastfall ist deutlich komplexer und wird durch eine Tensorgleichung beschrieben:[99]

$$\hat{\boldsymbol{\sigma}} = \hat{\boldsymbol{E}} \cdot \hat{\boldsymbol{\varepsilon}} \Leftrightarrow (\sigma_{ij}) = (E_{ijkl}) \cdot (\varepsilon_{kl}) \qquad \text{Gl. 4.115}$$

Der Elastizitätstensor $\hat{\boldsymbol{E}} = (E_{ijkl})$ hat insgesamt $3^2 \times 3^2 = 81$ Komponenten, die prinzipiell *alle* experimentell ermittelt werden müssen! Aufgrund der o. g. Symmetrieeigenschaften verbleiben jedoch für den Fall eines homogenen Kontinuums *„nur“* 21 unabhängige Materialkonstanten zu bestimmen, die insgesamt 6 Spannungen (σ_{ij}) mit den verbliebenen 6 Verzerrungen (ε_{kl}) verknüpfen. Ist das Kontinuum darüber hinaus noch isotrop, dann wird der Elastizitätstensor zusätzlich invariant gegenüber Drehungen, und das allgemeine Hooke'sche Gesetz (Gl. 4.115) vereinfacht sich zu

$$(\sigma_{ij}) = \frac{E}{1+\mu} \cdot \left(\frac{\mu}{1-2\mu} \cdot \delta_{ij} \varepsilon_{kk} + \varepsilon_{ij} \right) \qquad \text{Gl. 4.116}$$

mit nur noch 2 verbleibenden Materialkonstanten, dem Elastizitätsmodul E und der sogenannten Poisson'schen Querkontraktion μ, sowie dem Einheitstensor (δ_{ij})

$$\hat{\mathbf{I}} = (\delta_{ij}) = \begin{pmatrix} 1 & 0 & 0 \\ 0 & 1 & 0 \\ 0 & 0 & 1 \end{pmatrix} \qquad \text{Gl. 4.117}$$

In der Physik verwendet man, je nach experimentellem Befund, unterschiedliche Bezeichner und Definitionen für die beiden Materialkonstanten eines homogenen und isotropen Kontinuums. Bei Volumenänderungen ΔV definiert man den Kompressionsmodul K, bei Scherung bzw. Torsion um den Winkel γ wird der Schubmodul G eingeführt, weil man prinzipiell die Volumen- und Gestaltelastizität eines Kontinuums als voneinander verschiedene Phänomene betrachten kann.

Der Kompressionsmodul K

$$\sigma = K \cdot \frac{\Delta V(\varepsilon)}{V_0} \Leftrightarrow \sigma = 3 \cdot K \cdot (1 - 2\mu) \cdot \varepsilon \qquad \text{Gl. 4.118}$$

Der Schubmodul G

$$\sigma = G \cdot \gamma(\varepsilon) \Leftrightarrow \sigma = 2 \cdot G \cdot (1 + \mu) \cdot \varepsilon \qquad \text{Gl. 4.119}$$

Tabelle 4.6 zeigt die gegenseitige Abhängigkeit der elastischen Konstanten E, G, K und der Poisson'schen Querkontraktion μ, bei Vorgabe eines beliebigen Paares unabhängiger Materialkonstanten. In älterer Literatur verwendet man stattdessen die sogenannten Lamé'schen Materialkonstanten[100] λ und ν, wobei folgender Zusammenhang gilt:

$$\nu = G \text{ und } \lambda + \frac{2}{3}\nu = K \qquad \text{Gl. 4.120}$$

Damit schreibt sich das Hooke'sche Gesetz (Gl. 4.116):

$$(\sigma_{ij}) = \lambda \varepsilon_{kk} \cdot (\delta_{ij}) + 2\nu \cdot (\varepsilon_{ij}) \qquad \text{Gl. 4.121}$$

Der erste Summand steht für die Volumenänderung und der zweite Summand beschreibt davon unabhängig die Gestaltänderung eines materiellen Körpers.

Tabelle 4.6 Die wechselseitige Abhängigkeit der Materialkonstanten eines homogenen und isotropen Kontinuums (aus (Leipholz, 1968), S. 101 und ergänzt um die Lamé-Konstanten ν, λ).

abhängig / unabhängig	E-Modul	G-Modul	K-Modul	μ	ν	λ
E-Modul, μ	E	$\frac{E}{2\cdot(1+\mu)}$	$\frac{E}{3\cdot(1-2\mu)}$	μ	$\frac{E}{2\cdot(1+\mu)}$	$\frac{E\cdot\mu}{(1+\mu)\cdot(1-2\mu)}$
G-Modul, μ	$2G\cdot(1+\mu)$	G	$\frac{2G\cdot(1+\mu)}{3\cdot(1-2\mu)}$	μ	G	$\frac{2G\cdot\mu}{1-2\mu}$
K-Modul, μ	$3K\cdot(1-2\mu)$	$\frac{3K\cdot(1-2\mu)}{2\cdot(1+\mu)}$	K	μ	$\frac{3K\cdot(1-2\mu)}{2\cdot(1+\mu)}$	$\frac{3K\cdot\mu}{1+\mu}$
E,K- Modul	E	$\frac{3\cdot E\cdot K}{9\cdot K-E}$	K	$\frac{3\cdot K-E}{6\cdot K}$	$\frac{3E\cdot K}{9K-E}$	$\frac{3K\cdot(3K-E)}{9K-E}$
G,K-Modul	$\frac{9\cdot G\cdot K}{6\cdot K+G}$	G	K	$\frac{3\cdot K-2\cdot G}{6\cdot K+2\cdot G}$	G	$\frac{3K-2G}{3}$
E,G-Modul	E	G	$\frac{E\cdot G}{3\cdot(3G-E)}$	$\frac{E-2\cdot G}{2\cdot G}$	G	$\frac{G\cdot(E-2G)}{3G-E}$
ν, λ	$\frac{\nu\cdot(3\lambda+2\nu)}{\nu+\lambda}$	ν	$\frac{3\lambda+2\nu}{3}$	$\frac{\lambda}{2\cdot(\lambda+\nu)}$	ν	λ

4.2.3.4 Die Bilanzgleichungen

Die Kontinuum-Theorien basieren auf Bilanzgleichungen von Erhaltungsgrößen. In unserem Fall sind dies die extensiven Größen *Masse m*, *Impuls* $\mathbf{p}$, *Drehimpuls* $\mathbf{L}$ und *Energie E*.

- **Die Erhaltung der Masse** (→ Materiemenge)[101]

$$\frac{\partial \rho_m}{\partial t} + \mathbf{div}(\rho_m \mathbf{v}) = 0 \Leftrightarrow \left.\frac{\mathrm{d}m}{\mathrm{d}t}\right|_V = -\oint_{\partial V} (\mathbf{j}_m \cdot \mathbf{n})\,\mathrm{d}A \qquad \text{Gl. 4.122}$$

mit der Massedichte ρ_m und der Geschwindigkeit $\mathbf{v} = \partial \mathbf{u}/\partial t$. In Worten beschreibt (Gl. 4.122) folgenden Sachverhalt:

„In einem Kontinuum mit Volumen V ändert sich die Masse m nur dann, wenn der zugehörige Massestrom durch die volumenbegrenzende Oberfläche ∂V von Null verschieden ist."

- **Die Erhaltung des linearen Impulses** (→ Bewegungsmenge Translation)

  1. Bewegungsgleichung von Cauchy:

  $$\frac{\partial \boldsymbol{\rho}_p}{\partial t} + \mathbf{div}\hat{\boldsymbol{\sigma}} = \rho_m \cdot \frac{\partial \boldsymbol{v}}{\partial t} \qquad \text{Gl. 4.123}$$

  mit der Impulsstromdichte $\partial \boldsymbol{\rho}_p / \partial t$ (→ *„Kraftdichte"*, als Quellterm auch *„Volumenkraft"* genannt) und dem Spannungstensor $\hat{\boldsymbol{\sigma}}$. Finden im Volumen V keine zusätzlichen Verschiebungsprozesse statt, so wird daraus

  $$\frac{\partial \boldsymbol{\rho}_p}{\partial t} + \mathbf{div}\hat{\boldsymbol{\sigma}} = \mathbf{0} \Leftrightarrow \left.\frac{\mathrm{d}\boldsymbol{p}}{\mathrm{d}t}\right|_V = -\oint_{\partial V} \hat{\boldsymbol{\sigma}}\boldsymbol{n} \cdot \mathrm{d}A = -\oint_{\partial V} \boldsymbol{\sigma}_\mathrm{n} \cdot \mathrm{d}A \qquad \text{Gl. 4.124}$$

  Analog zum sogenannten *„Erhaltungssatz der Masse"* gilt demnach folgende Aussage:

  „In einem Kontinuum mit Volumen V ändert sich der Impuls **p** *nur dann, wenn die zugehörige Impulsstromdichte durch die volumenbegrenzende Oberfläche ∂V von Null verschieden ist."*

- **Die Erhaltung des Drehimpulses** (→ Bewegungsmenge Rotation)

  2. Bewegungsgleichung von Cauchy:

  $$\hat{\boldsymbol{\sigma}} = \hat{\boldsymbol{\sigma}}^T \qquad \text{Gl. 4.125}$$

  „Der Drehimpuls ist genau dann erhalten, wenn der Spannungstensor symmetrisch ist."

- **Die Erhaltung der Energie** (→ Energiemenge)

  $$\frac{\partial \rho_E}{\partial t} = \frac{\partial \rho_\mathrm{kin}}{\partial t} + \hat{\boldsymbol{\sigma}} \cdot \dot{\hat{\boldsymbol{\varepsilon}}} \qquad \text{Gl. 4.126}$$

  „Die zeitliche Änderung der Energiedichte ρ_E (Energiestromdichte) eines Körpers wird anteilig bestimmt durch die Summe der Stromdichten aus kinetischer Energie und spezifischer Formänderungsenergie (Verzerrungsenergie)."

Der Vollständigkeit halber seien an dieser Stelle noch die beiden Hauptsätze aus der Thermodynamik angegeben. In der Kontinuum-Thermomechanik wird bei der Ermittlung der Energiedichte noch der zusätzliche Beitrag einer spezifischen Wärmequelle Q_T [$\mathrm{Jm^{-3}}$] im Innern und einer Wärmestromdichte $\boldsymbol{j}_T$ [$\mathrm{Jm^{-2}s^{-1}}$] über die Oberfläche des Körpers berücksichtigt. Der Energiesatz lautet in diesem Fall (ohne den kinetischen Anteil einer möglichen Starrköperbewegung)

1. Hauptsatz der Thermodynamik:

$$\frac{\partial \rho_E}{\partial t} = \hat{\boldsymbol{\sigma}} \cdot \dot{\hat{\boldsymbol{\varepsilon}}} + \frac{\partial Q_T}{\partial t} - \mathbf{div}\boldsymbol{j}_T \qquad \text{Gl. 4.127}$$

„Die Leistungsdichte der (inneren) Energie ρ_E entspricht der Summe aus den Leistungsdichten von Verzerrung und zugeführter Wärmemenge."

Zusätzlich lässt sich noch eine Bilanz für die Entropiedichte aufstellen und man erhält den

2. Hauptsatz der Thermodynamik:

$$\frac{\partial \rho_S}{\partial t} = \frac{\partial Q_S}{\partial t} + \frac{1}{T} \cdot \frac{\partial Q_T}{\partial t} - \mathbf{div}\left(\frac{\mathbf{j}_T}{T}\right) \qquad \text{Gl. 4.128}$$

oder

$$\frac{\partial \rho_S}{\partial t} = \frac{\partial Q_S}{\partial t} + \frac{1}{T} \cdot \left(\frac{\partial Q_T}{\partial t} - \mathbf{div}\mathbf{j}_T\right) + \frac{1}{T^2} \cdot \mathbf{j}_T \cdot \mathbf{grad}T \qquad \text{Gl. 4.129}$$

„Die zeitliche Änderung der lokalen Entropiedichte ρ_S entspricht der Summe aus Entropieproduktion Q_S und Entropiezufuhr durch eine Wärmequelle Q_T im Innern und der Wärmestromdichte $\mathbf{j}_T$ über die Oberfläche des Körpers."

Fazit: Vom Standpunkt der klassischen Physik aus gesehen, d. h. der Modellvorstellung einer *„analogen"* Erfahrungswelt, beschreiben diese Bilanzgleichungen auf konsistente Weise die uns bekannten Grundgesetze der Physik. Eine Definition von *„Kräften"* im Newton'schen Sinne ist hierfür an keiner Stelle erforderlich.

4.2.4 Die Quantenmechanik

„There is no quantum world."

Niels Bohr[102]

In der Zeit des ausgehenden 19. und beginnenden 20. Jahrhunderts war die vorherrschende Meinung in der Physikergemeinde, dass das *„Feld der Physik"* soweit bestellt sei. Es mochte noch die eine oder andere unbedeutende Parzelle in Randbereichen dieses Feldes geben, die eventuell noch kleinerer naturwissenschaftlicher Ausbesserungsarbeiten bedurften, aber ansonsten habe man das erforderliche theoretische Verständnis erreicht, um unsere Erfahrungswelt zur Gänze konsistent zu beschreiben! Nach Ansicht der damals bereits etablierten Forscher versprachen die beruflichen Aussichten dem naturwissenschaftlichen Nachwuchs jener Zeit eine brotlose Zukunft, und manche Universitätsabsolventen fühlten sich um die Jahrhundertwende in die falsche Zeit geboren – woran sollte man noch arbeiten?

A. A. Michelson schreibt beispielsweise zur Anwendung hochauflösender Messtechnik in der Physik (1903):

„What would be the use of such extreme refinement in the science of measurement? Very briefly and in general terms the answer would be that in this direction the greater part of all future discovery must lie. The more important fundamental laws and facts of physical science have all been discovered, and these are now so firmly established that the possibility of their ever being supplanted in consequence of new discoveries is exceedingly remote. [...] Our future discoveries must be looked for in the sixth place of decimals.“[103]

Für wahr, recht trübe Aussichten für Studenten der Physik in jener Zeit ...!

4.2.4.1 Randerscheinungen in der Physik um 1900

Die noch verbliebenen *„unbedeutenden Parzellen“* waren z. T. altbekannte experimentelle Befunde, seinerzeit noch als marginal abgetan und deshalb nicht im Fokus des wissenschaftlichen Zeitgeistes, obwohl sie so gar nicht in das klassische Weltbild der damaligen Physik passten. Diese Welt war streng deterministisch und basierte auf wenigen mechanischen Prinzipien. Die zugehörigen physikalischen Größen genügten stetig differenzierbaren parametrischen Darstellungen mit kontinuierlichen Wertebereichen, die sich natürlich auch ausnahmslos exakt berechnen lassen, sofern man die Werte aller Eingangsgrößen nur mit ausreichender Genauigkeit kennt, davon war man fest überzeugt. Selbst die damals neue Theorie elektromagnetischer Erscheinungen, die Maxwell'sche Elektrodynamik, sollte sich alsbald in die bestehende mechanistische Sichtweise einpassen lassen – hierüber bestand weitestgehend Einigkeit. Wären da nicht diese *„exotischen“* Befunde, die trotz aller Bemühungen sich schwerlich in das bestehende Weltbild einordnen ließen.

Einige historische Beispiele in Kürze:

1802:	*Diskrete* Absorptionslinien im Sonnenlicht	W. H. Wollaston[104]
1814:	*Diskrete* Na-Emissionslinie	J. v. Fraunhofer[105]
1827:	Die Brown'sche Bewegung → *Unstetige* Zitterbewegung in kolloidalen Lösungen	R. Brown[106]
1859:	*Diskrete* Emissionslinien von Gasen und Dämpfen → Energetische Anregung → Spektralanalyse	G.R. Kirchhoff[107] R.W. Bunsen[108]
1860:	Die Wärmestrahlung (Schwarzkörperstrahlung)	G.R. Kirchhoff
1885:	Das *quantisierte* H-Spektrum (Linienspektrum): Ein seinerzeit überraschender empirischer Befund; die Wellenlängen λ_n des Emissionslinienspektrums von Wasserstoff genügen exakt folgender Beziehung $\lambda_n = \lambda_0 \cdot \frac{n^2}{n^2-4},\ n = 3, 4, \ldots$	J. J. Balmer[109]
1888:	Der photoelektrische Effekt	W. Hallwachs[110]

1896:	Die Emissionslinienaufspaltung im Magnetfeld	P. Zeeman[111]
1897:	Das Elektron Die *quantisierte* elektrische Ladung	 J. J. Thomson[112]
1900:	Das Spektrum der Hohlraumstrahlung	O. Lummer[113] E. Pringsheim[114]

Wie aber sind die zu beobachtenden Unstetigkeiten in einer ansonsten kontinuierlichen Erfahrungswelt zu verstehen? Es entstanden erste grundlegende Ideen, um die experimentellen Befunde zumindest mathematisch konsistent zu beschreiben. Ein umfassendes Verständnis hierzu, im Sinne von physikalisch plausiblen Begründungen zum mathematischen Formalismus der modernen Quantentheorie ist - vorsichtig formuliert - *nicht so einfach zu entwickeln*, zumal die damit erzielten und experimentell auf hervorragende Weise bestätigten Resultate nicht selten unserer klassischen Erwartungshaltung entgegenstehen.

4.2.4.2 Erste quantenmechanische Modell-Ansätze

1900:	Das Strahlungsverhalten eines schwarzen Körpers lässt sich konsistent beschreiben, indem man die Energiezustände der als lineare Oszillatoren modellierten Atome quantisiert: $E_n(\nu)=\left(n+\frac{1}{2}\right)\cdot h\nu,\ n=0,1,2,...$ Nach einer Aussage Plancks war diese Arbeitshypothese ein *„Akt der Verzweiflung"*, um das nach ihm benannte Strahlungsgesetz mathematisch konsistent zu entwickeln, und er habe sich im Grunde nichts weiter dabei gedacht.[115]	M. Planck
1905:	Das Konzept *„Photon"*: Der photoelektrische Effekt lässt sich konsistent beschreiben, indem man die elektromagnetische Feldenergie quantisiert (Nobelpreis 1921).[116] $E(\nu)=n\cdot h\nu,\ n=1,2,...$	A. Einstein
1905	Die Brown'sche Bewegung lässt sich konsistent beschreiben, indem man auf Basis des Konzeptes *„Atom"* bzw. *„Molekül"* die irreguläre Teilchenbewegung auf statistische Fluktuationen von Stoßvorgängen mit Wassermolekülen zurückführt.[117] Der quantisierte Aufbau der Materie.	A. Einstein
1913:	Das Bohr'sches Atommodell:[118] Die diskrete Absorption und Emission elektromagnetischer Strahlung lässt sich konsistent beschreiben, indem man die intra-atomaren Elektronenzustände quantisiert (→ *„erlaubte Elektronenbahnen"*): $W_n=\oint p\cdot \mathrm{d}q=n\cdot h,\ n=1,2,...$	N. Bohr

Die Bohr'sche Phasenintegralbedingung war ein weiterer *„Verzweiflungsakt"*. Wohlwissend, dass solche Elektronenbahnen klassisch nicht existieren können, hatte Bohr sie *„einfach"* axiomatisch vorausgesetzt. Man musste ja *„irgendwie"* weiterkommen! Aber, *„wenn dieser Unsinn, den Bohr da publiziert hat, richtig sein sollte, dann gebe ich es auf, Physiker zu sein"*, so meinte seinerzeit zumindest Otto Stern.[119]

Es folgten in den Jahren danach die *de Broglie*-Materiewellen, die Unschärferelation *Heisenbergs*, die *Schrödinger*-Gleichung, u. v. m.[120] Die deterministischen Prozesse der Makrophysik werden im Mikrokosmos der Elementarteilchen durch Wahrscheinlichkeitsaussagen ersetzt. Die mathematischen Strukturen der Quantenphysik ermöglichen nur noch Wahrscheinlichkeiten dafür zu berechnen, welches Resultat ein Experiment am Ende liefern wird. Diese Wahrscheinlichkeiten sind zudem wesentlich durch den Messprozess selbst beeinflusst. Der Beobachter verliert somit in der Quantenwelt seinen Neutralitätsstatus und wird ein wesentlicher Bestandteil *„des Spiels"*. Wenn man es also bis dahin noch nicht bemerkt haben sollte, die Quantenphysik führt einen deutlich vor Augen, dass wir Physiker in Gänze die Verantwortung dafür zu tragen haben, was wir messen oder zu messen glauben!

Die moderne Quantentheorie ist ungemein erfolgreich, und man weiß eigentlich nicht so recht, weshalb das so ist, d. h. es fehlt immer noch an einer schlüssigen physikalischen Begründung dafür, wieso dieser (komplexe) mathematische Formalismus trägt. Die Physikergemeinde diskutiert hierzu gleich *fünf* (!) verschiedene Interpretationsmöglichkeiten, aber womöglich muss man sich (weiterhin) mit Richard Feynmans pragmatischen Standpunkt zufriedengeben:

> *„Niemand begreift es. [...] Die Natur, wie sie die [Quantentheorie] beschreibt, erscheint dem gesunden Menschenverstand absurd. Dennoch decken sich Theorie und Experiment. Und so hoffe ich, dass sie die Natur akzeptieren können, wie sie ist - absurd."*[121]

4.2.4.3 Erste grundlegende Experimente zur Quantenmechanik

Welche Experimente erlaubten seinerzeit den sich abzeichnenden Quantencharakter im Mikrokosmos auf eindeutige Weise zu prüfen? Auch hierzu einige Beispiele in aller Kürze:

1908: Die Brown'sche Bewegung (Atomhypothese)

Jean Baptiste Perrins experimentelle Bestätigung der Einstein'schen Ausarbeitung zur molekularkinetischen Theorie der Brown'schen Bewegung. Perrins Fazit:

> *„En résumé, la théorie cinétique moléculaire du mouvement brownien se vérifie à tel point dans toutes ses conséquences qu'il devient difficile, quelque prévention qu'on ait contre l'atomisme, de rejeter cette théorie."*[122]

Die Atomhypothese war Anfang des 20. Jahrhunderts immer noch umstritten. Die Arbeiten Einsteins und Perrins untermauerten jedoch das Bild eines quantisierten Aufbaus der Materie durch Atome bzw. Moleküle.

1922: Der Stern-Gerlach Versuch (Richtungsquantelung)

Otto Stern und Walther Gerlach[123] erdachten einen Versuchsaufbau, um das Bohr'sche Atommodell, also nach Sterns Auffassung *„diesen Unsinn, den Bohr da publiziert hat"*, auf experimentellem Wege zu überprüfen (soll heißen zu widerlegen!). H. B. G. Casimir schrieb später zu diesem Experiment:

> *„Der Stern-Gerlach-Versuch gehört zu den ganz seltenen Gedankenexperimenten, die sich nicht nur ausdenken, sondern auch tatsächlich durchführen ließen."*[124]

Ein durch thermische Verdampfung erzeugter Atomstrahl durchläuft ein inhomogenes Magnetfeld. Zeigen die Atome ein von Null verschiedenes magnetisches Moment (z. B. Silberatome oder auch Alkalielemente wie Kalium), so werden sie im Feld abgelenkt. Klassisch sollte sich deshalb eine linienförmige Spreizung des Strahls parallel zum Feldgradienten zeigen, entsprechend der zufälligen Ausrichtung der atomaren Momente relativ zur Magnetfeldrichtung. Tatsächlich erhält man jedoch eine Aufspaltung in zwei räumlich getrennte *„Spots"*, als gäbe es nur zwei mögliche Orientierungen aller magnetischen Momente im Atomstrahl.

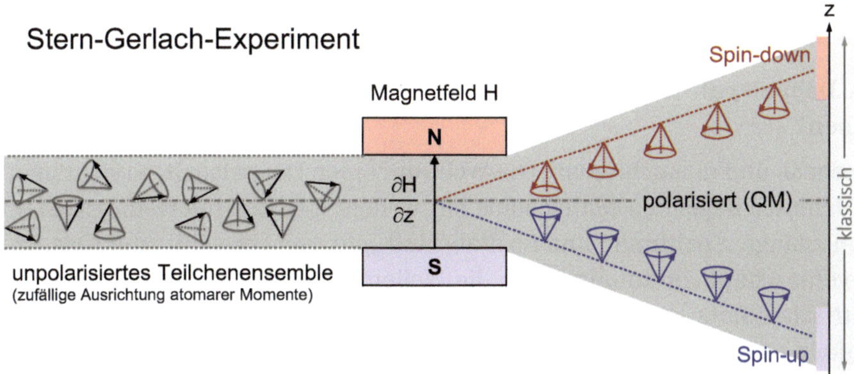

Das Stern-Gerlach Experiment bestätigt unmittelbar eine ganze Reihe quantenmechanischer Phänomene, u. a.

- die Existenz eines atomaren magnetischen Momentes,
- die Existenz permanenter diskreter Zustände im (sub-)atomaren Mikrokosmos,
- die Richtungsquantelung,
- die Existenz des Elektronenspins,
- die Bedeutung des Messprozesses auf quantenmechanischer Ebene.

In der Folge hatte Otto Stern seine Tätigkeit als Physiker erfreulicherweise doch nicht aufgegeben, und er erhielt schließlich 1943 für seine richtungsweisenden Forschungsarbeiten den Nobelpreis.

1922: Die Compton-Streuung (Teilchennatur elektromagnetischer Wellen)

Arthur Compton untersuchte die Wechselwirkung eines Röntgenstrahls mit Elektronen (in einem Kristallgitter) und fand alle Aspekte eines Teilchenstoßprozesses erfüllt, wenn man von der Hypothese ausging, dass das Röntgenquant vor dem Stoß die Energie $E = h\nu$ und den Impuls $p_{ph} = E/c_0$ trägt. Der in damaliger Zeit noch richtungsweisende Versuchsaufbau zum sogenannten Compton-Effekt gehörte bereits zu meiner Schulzeit zum experimentellen Fundus des Physikunterrichts der gymnasialen Oberstufe.

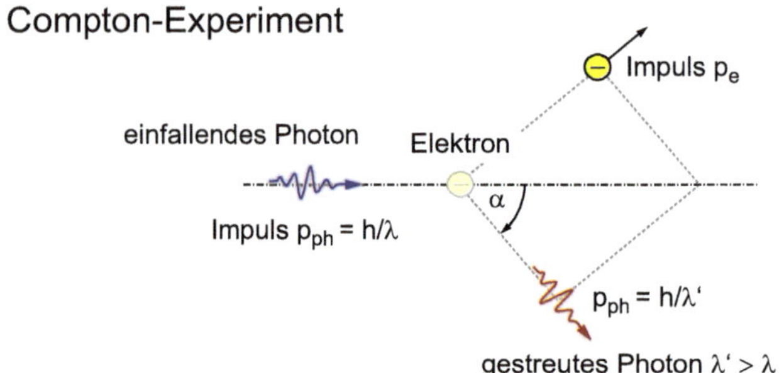

1959: Das Doppelspalt-Experiment mit (einzelnen) Elektronen (Wellennatur von Teilchen)

Trifft eine ebene und monochromatische Welle auf einen Doppelspalt, so sieht man auf einer dahinter liegenden Mattscheibe ein wellentypisches Interferenzmuster, sofern Wellenlänge, Spaltbreite und Spaltabstand *„passend"* gewählt sind. Das Experiment veranschaulicht unumstößlich die Wellennatur des Lichtes, obgleich der photoelektrische Effekt und die Compton-Streuung auf eindeutige Weise den Teilchencharakter elektromagnetischer Strahlung untermauert. Entsprechend kann man das Doppelspalt-Experiment auch mit (sub-)atomaren Teilchen ausführen und erhält ebenso ein Interferenzmuster, beispielsweise für Elektronen, als habe man es mit einer ebenen und monochromatischen *„Elektronenwelle"* zu tun. Die zugehörige Wellenlänge erhält man über die de Broglie'sche Beziehung. Der experimentelle Aufbau ist aufgrund der ausgesprochen geringen Elektronen-Wellenlänge sehr anspruchsvoll, weshalb es erstmals 1959 von Claus Jönsson[125] erfolgreich durchgeführt werden konnte.

U. v. m.

Der Applikationsbereich der Quantenmechanik ist letztlich die Physik kohärenter Zustände. Hierfür bedarf es immer eines wohldefinierten abgeschlossenen Systems, das den jeweiligen Versuchsaufbau mit umfasst! Jede Interaktion über eine Systemgrenze hinweg mit Teilen der Außenwelt zerstört im Allgemeinen die Kohärenz und das System genügt in der Folge klassischen Gesetzmäßigkeiten. Mittlerweile lassen sich Interferenzexperimente selbst mit sehr großen Molekülen durchführen, beispielsweise mit Fullerenen des Typs C_{60} oder C_{70}. In diesem Zusammenhang lässt sich auch das wissenschaftlich interessante Phänomen der Dekohärenz untersuchen. Hierbei geht man der spannenden Frage nach, unter welchen Bedingungen die Quantenwelt eigentlich klassisch wird?[126]

4.2.4.4 Der quantenmechanische Kraftbegriff

In ihren Anfängen baute die *Quantenmechanik* auf den bewährten Konzepten der *Klassischen Mechanik* auf, d.h. die entsprechenden mathematischen Strukturen lassen sich aufeinander abbilden. Deshalb mag es nicht überraschen, dass man die Vorstellung von Kraftwirkungen nicht benötigt, um damit Phänomene auf (sub-) atomarer Ebene konsistent zu beschreiben. Auch die moderne Quantentheorie kennt den Kraftbegriff nicht. Vielmehr interagieren Objekte auf der quantenmechanischen Modellebene indem sie sogenannte *virtuelle Teilchen* austauschen. Diese Austauschteilchen *„entstehen"* und *„vergehen"* im Rahmen der Energie-Zeit-Unschärfe, womit sich auf direktem Wege eine mittlere *Reichweite* der jeweiligen Wechselwirkung angeben lässt. Der mit dem Teilchenaustausch verknüpfte *Impulstransfer* (!) bestimmt die Stärke dieser Wechselwirkung. Mit der Quantentheorie sind wir also auf der (vorerst) untersten Modellebene der Physik[127] angelangt, einem wohlstrukturierten Mikrokosmos mit einer begrenzten Anzahl von Teilchen, die sich anhand von mathematischen Symmetrieoperationen klassifizieren und deren Interaktionen sich durch *Impulsaustauschprozesse* (!) darstellen lassen. Auf diesen fundamentalen Konzepten baut letztlich die gesamte makroskopische Physik auf.

Fazit: Die Quantenmechanik kennt ebenfalls keine *„Kräfte"*. Teilchenwechselwirkungen werden grundsätzlich über Impulsaustauschprozesse beschrieben, sodass man (nicht nur) im Rahmen der Quantentheorie fast zwangsläufig zu einer wichtigen Erkenntnis gelangt:

„Es gibt keine Kräfte!"

Es kann sie demnach gar nicht geben, weshalb es auch nicht weiter überraschen kann, dass die Einführung eines solchen Konzeptes im Rahmen der makroskopischen Physik recht unverständliche Zusatzkonstrukte (→ physikalische Arbeitsanweisungen, vgl. Abschnitt 4.2.1 *Die Newton'sche Mechanik*) erfordert, um damit sinnvolle Ergebnisse zu erzielen.

4.3 Das Konzept der Zeit

„Es gibt drei Zeiten, die Vergangenheit, Gegenwart und Zukunft, genau würde man vielleicht sagen müssen: Es gibt drei Zeiten, eine Gegenwart in Hinsicht auf die Gegenwart, eine Gegenwart in Hinsicht auf die Vergangenheit und eine Gegenwart in Hinsicht auf die Zukunft. [...] Gegenwärtig ist hinsichtlich des Vergangenen die Erinnerung, gegenwärtig hinsichtlich der Gegenwart die Anschauung und gegenwärtig hinsichtlich der Zukunft die Erwartung.“

Augustinus von Hippo[128]

Das Phänomen *„Zeit“* ist in unserer Erfahrungswelt über Prozessabläufe zumindest einer indirekten Beobachtung zugänglich, beispielsweise durch das Studium von Bewegungsvorgängen oder über Wachstums- und Zerfallsprozesse aber auch über die eigenen Lernprozesse (→ Erfahrungswerte) im Sinne des einführenden Augustinus-Zitats: *„Erwartung → Anschauung → Erinnerung“*. Diese Sichtweise findet sich auch in der modernen Philosophie, wonach unser subjektives Zeitempfinden, d. h. die Kontinuität der *erlebten Zeit* stets mit einer Reminiszenz des Vergangenen sowie Erwartungen an die Zukunft verbunden sei. Dieses Zurück- und Vorauslaufen verleihe unserer Gegenwart Tiefe. Nur so könne man zum Beispiel Melodien wahrnehmen, statt in jedem Moment lediglich einzelne Töne zu hören. Ein ansprechendes Bild, auch wenn es physikalisch und physiologisch so nicht zutreffen kann.[129] Wohl auch deshalb bleibt *„Zeit“* für uns Menschen ein fortwährend faszinierendes Thema, das in allen kulturellen Entwicklungsepochen der Menschheit stets im Fokus eingehender naturphilosophischer Betrachtungen war.

Was ist Zeit?

Die Beantwortung dieser Frage ist selbst nach heutigem Kenntnisstand schwierig und immer wieder gerne ein Anlass für wissenschaftliche Kontroversen. Die philosophisch-naturwissenschaftliche Bedeutung des Zeitbegriffs erfuhr im Verlauf von mehr als zwei Jahrtausenden, beginnend mit Aristoteles über Newton hin zu Einstein, einen umfassenden Wandel: Von Aristoteles Messzahl einer Bewegung über Newtons absoluten, mathematischen Parameter hin zu Einsteins relativer Größe, die im Allgemeinen für jeden Beobachter andere Werte annehmen kann. Es erscheint mir deshalb sinnvoll einige grundsätzliche Aspekte des Zeitbegriffs anzusprechen, weil in der physikalischen Lehre allzu oft recht oberflächlich behandelt und in der Folge dann auch irrtümlich dargestellt, als wolle man dieses eher leidige Thema möglichst rasch hinter sich bringen, um sich im Anschluss den wirklich wichtigen Problemstellungen zu widmen, die je nach Fachgebiet der Wissenschaftler ganz unterschiedlich ausfallen können, denn *„Zeit“*, so heißt es oftmals lapidar, hat in fast allen physikalischen Disziplinen ohnehin nur die beschreibende Funktion eines absoluten und prozessunabhängigen Parameters, ganz im Sinne der altehrwürdigen Newton'schen Vorstellung:

„Absolute, true, and mathematical time, of itself, and from its own nature flows equably without regard to anything external, and by another name is called duration.“[130]

Dieses Zitat zur Newton'schen Zeitvorstellung beschreibt allerdings nur die halbe Wahrheit. Newtons Auffassung nach gibt es nämlich noch eine weitere Form der Zeit:

„Relative, apparent, and common time, is some sensible and external (whether accurate or unequable) measure of duration by the means of motion, which is commonly used instead of true time; such as an hour, a day, a month, a year.“[131]

Und beides, so Newton, sei sehr wohl zu unterscheiden (!), womit eines der Probleme zum physikalischen Konzept der Zeit auch schon beschrieben wäre: Unsere intuitive und scheinbar unumstößliche Überzeugung, dass es eine absolute Zeit geben muss. Auch Sie, lieber Leser sind im Grunde dieser Meinung. Wieso bin ich mir da so sicher? Nun, wenn man Ihnen eine Reihe von Zeitmessern vorlegen würde, verbunden mit der Frage, welcher davon wohl am genauesten geht, so sind Sie vermutlich davon überzeugt, dass sich diese Frage eindeutig beantworten lässt - zumindest prinzipiell, oder etwa nicht? Es mag tröstlich wirken, dass Sie mit dieser Meinung nicht alleine dastehen![132]

Das allgemeine Zeitverständnis kann auch signifikante kulturelle Unterschiede aufweisen, was sich unmittelbar in der jeweiligen Alltagssprache und im Alltagsverhalten manifestiert. Für die *Pormpuraawans*, einer Aborigine-Gemeinschaft in Australien, hat der Lauf der Zeit eine *feste* (!) räumliche Ausrichtung, nämlich von Osten nach Westen. Schauen Aborigines also nach Osten, so fließt die Zeit auf sie zu, blicken sie jedoch nach Westen, dann strömt die Zeit von ihnen weg - ein wahrlich faszinierender Gedanke, der fest im Alltag verankert ist. Ordnen (nicht nur) wir Europäer beispielsweise die zeitliche Abfolge einer Bildersequenz, so legen wir diese intuitiv stets von links nach rechts aus. Bei einem Aborigine ist das aber nur dann der Fall, wenn seine Blickrichtung nach Süden weist. Schaut er hingegen nach Norden, so ordnet er die Abfolge der Bilder ganz selbstverständlich von rechts nach links![133]

4.3.1 Was ist Zeit?

„Was ist also die Zeit? Wenn mich niemand danach fragt, weiß ich es, wenn ich es aber einem, der mich fragt, erklären sollte, weiß ich es nicht.“

Augustinus von Hippo[134]

Augustinus beschreibt hier mit eigenen Worten die bereits in Abschnitt 1.4 diskutierte grundsätzliche Schwierigkeit beim Aufbau eines physikalischen Modells, nämlich die oftmals überraschende Erkenntnis, wie wenig man doch über eine vorliegende Problemstellung tatsächlich aussagen kann, sobald man sich zur Aufgabe macht eine adäquate Beschreibung für einen tragfähigen Modellansatz zu liefern.

Mit der Frage *„Was ist Zeit?"* wollen wir auch für dieses Konzept den physikalischen Kontext der Modellvorstellung zumindest im Rahmen der klassischen Physik eingehender beleuchten. Nach Albert Einstein ist unser alltäglicher Zeitbegriff, also die Differenzierung zwischen Vergangenheit, Gegenwart und Zukunft nur eine hartnäckige Illusion, die gerade deshalb einen objektiven wissenschaftlichen Zugang zu diesem Phänomen außerordentlich erschwert.[135] Diese Illusion sei letztlich die Konsequenz der Teilung des Universums in Beobachter und Beobachtetes, wonach Zeit keine physikalische Eigenschaft des Universums sein könne - stellt Henning Genz hierzu fest.[136] Für G. J. Whitrow hingegen ist Zeit ein grundlegendes Merkmal des Universums und dessen Beziehung zu Beobachtern, das sich auf nichts anderes zurückführen lässt.[137] Es lassen sich zu dieser Grundsatzfrage noch weitaus mehr und z. T. recht unterschiedliche Ansichten kompetenter Wissenschaftler finden. Allerdings ist so manche Stellungnahme eine mehr oder weniger wortgewandte Umschreibung des Problems und liefert keine zufriedenstellende Antwort auf die ursprünglich gestellte Frage.

Was also ist Zeit?

Die eindeutige Beantwortung dieser Frage wird allein schon dadurch erschwert, wie sollte es auch anders sein, dass die heutige Physik gleich sechs Zeitbegriffe kennt: Drei *topologische Zeiten*, zwei *para-metrische Zeiten*[138] und eine *metrische Zeit*, letztere zudem methodisch auf unterschiedlichste Weise erfasst, wodurch ein konsistenter Modellaufbau kaum erleichtert wird. Die *thermodynamische Zeit* (→ Zunahme der Entropie), die *psychologische Zeit* (→ Zunahme unserer Erfahrungswerte) und die *kosmologische Zeit* (→ Zunahme der Ausdehnung des Universums) definieren sogenannte topologische Größen. Topologisch deshalb, weil man in den gerichteten Prozessabläufen auch eine *„Zeitrichtung"* zu erkennen glaubt, den sogenannten *„Zeitpfeil"*. In diesem Zusammenhang hätten wir sodann zwei weitere Fragen zu klären, nämlich ob und gegebenenfalls worin sie sich physikalisch unterscheiden und welche *„Richtungen"* sie dann wohl in einer *„Zeitlandschaft"* auszeichnen, sollten sie tatsächlich als unabhängige Modellgrößen relevant sein. Darauf aufbauend und in Ermangelung eines einheitlichen Zeitkonzeptes unterscheidet die theoretische Physik prinzipiell zwei Zeitkategorien: Die *Koordinaten-Zeit* oder auch *parametrische Zeit t* der klassischen Physik (und der Quantenphysik) sowie die sogenannte *Eigenzeit* oder auch *kosmologische Zeit τ* der Relativitätstheorie (vgl. Abschnitt 4.3.5 *Zeit-Paradoxien*).[139]

Davon unabhängig ist allerdings eine andere Fragestellung, nämlich die nach einer Zeitmetrik (→ Newtons *„relative time"*), d. h. nach einer für die Zeitmessung geeigneten Methode und der Festlegung einer entsprechenden Maßeinheit. Diese Frage ist nicht trivial, wie etwa Thomas Filk[140] recht aufschlussreich an dem einfachen Beispiel einer Pendeluhr erläutert, deren Schwingungsdauer T bekanntlich nur von der Pendellänge l und der konstanten Gravitationsbeschleunigung g abhängt, gemäß

$$T = 2\pi \cdot \sqrt{\frac{l}{g}} \qquad \text{Gl. 4.130}$$

Die Schwingungsdauer ist demnach auf dem Mond wesentlich größer als auf der Erde, denn $g_{Mond} \cong 1/6\ g_{Erde}$. Muss man aus diesem Befund schließen, dass die Zeit auf dem Mond langsamer vergeht oder gar in der Leere des interstellaren Raumes nahezu stillsteht? – Natürlich nicht und Thomas Filk stellt diesbezüglich an gleicher Stelle fest:

„Irgendwie scheint das Problem damit zusammenzuhängen, dass sich manche physikalischen Systeme eher als Uhr eignen als andere. Dabei geht es nicht nur um das Problem der Gleichförmigkeit, denn auch ein Pendel schwingt auf dem Mond gleichförmig."[141]

Die auf einen 24 h-Erdtag kalibrierte Pendelschwingung ist eben *keine* universell einsetzbare Methode zur Zeitmessung, denn das Funktionsprinzip der Pendeluhr beruht gerade *nicht* auf einer gleichförmigen Bewegung des Pendelkörpers, sondern auf der Konstanz der Periodendauer der harmonischen Pendelschwingung, und diese wiederum ist sowohl abhängig vom Ort als auch abhängig von der relativen Lage der Uhr im (jeweiligen) Schwerefeld.

4.3.2 Die Zeit als Messgröße

„Wenn ein Davor und Danach wahrgenommen wird, dann nennen wir es Zeit. Denn eben das ist die Zeit: Die Messzahl von Bewegung hinsichtlich des Davor und Danach."

Aristoteles[142]

Wir hatten bereits in Abschnitt 3.4 *Die Zeitmessung* ausgeführt, dass die messtechnische Erfassung der physikalischen Größe *„Zeit"* letztlich auf der Beobachtung gleichförmiger Bewegungsabläufe beruht. Aber was heißt das genau? Das einführende Zitat von Aristoteles beschreibt diesbezüglich folgenden Sachverhalt: Definiert man zu einem gegebenen Bewegungszustand einen Längenmaßstab mit äquidistanter Einteilung, so beschreibt die Zählung $n \rightarrow n + 1$ (*„Davor"* → *„Danach"*) der durch eine Referenzbewegung zurückgelegten Einheitslängen die Zeitdauer dieses Vorganges, heutzutage gemessen in der Einheit *Sekunde*. Man beachte hierbei: *Gleichförmigkeit* ist in diesem Zusammenhang ein relativer Begriff, d. h. zwei Bewegungsvorgänge X,Y heißen genau dann gleichförmig, wenn zu gegebenem Längenmaßstab die jeweiligen Zählungen n_x, m_y proportional zueinander sind, gemäß $n_x = k_{x\text{-}y} \cdot m_y$, mit einem *konstanten* Faktor $k_{x\text{-}y}$. Prinzipiell ließe sich auf dieselbe Weise eine hierzu äquivalente Zeitmetrik auf Basis eines Längenmaßstabes definieren und die Zeit in der Einheit *Meter* messen, bei Vorgabe einer hierfür passenden Referenzbewegung. In der vorindustriellen *„Prä-GPS-Zeit“*[143] bestimmten beispielsweise die Seefahrer, die zu jener Zeit noch klimafreundlich per Segelschiff unterwegs waren, nach der geschilderten Methode den Längengradabstand Δn_{Erde} ihrer aktuellen Position auf dem Meer relativ zu ihrem Heimathafen. Steht die Sonne im Zenit, so kann man zu diesem Zweck nämlich folgende einfache Beziehung nutzen

$$\Delta n_{\mathrm{Erde}}\left[^\circ\right] = k_{\mathrm{Erde\text{-}Uhr}} \cdot \Delta m_{\mathrm{Uhr}}\left[\mathrm{h}\right] = \left(\frac{360^\circ}{24\mathrm{h}}\right)_{\mathrm{Erde\text{-}Uhr}} \cdot \Delta m_{\mathrm{Uhr}}\left[\mathrm{h}\right] \qquad \text{Gl. 4.131}$$

Allerdings benötigte der Navigator dafür eine ganggenaue Uhr, um den Zeitunterschied Δm_{Uhr} zum Sonnenhöchststand bezüglich seines Heimathafens mit ausreichender Genauigkeit zu ermitteln (→ *„12 h-Mittags-Referenz“*). Der Bau solcher Uhren war zu jener Zeit jedoch eine große technische Herausforderung. Obwohl erste tragbare Uhren mit Federmechanik bereits im 16. Jahrhundert bekannt waren (Peter Henlein[144], 1510) und im 17. Jahrhundert exakt arbeitende Pendeluhren gebaut wurden (Christiaan Huygens, 1657), waren beide Konzepte nicht *„seefest“*, sodass für lange Zeit ausschließlich Sanduhren (→ Stundengläser) zum Einsatz kamen, deren robuste Funktionsweise sich anhand der Impulsstrom-Mechanik sehr schön aufzeigen lässt (vgl. Abschnitt 5.2.4 *Beispiele zur Impulsstrom-Mechanik*).[145] Die erste für die Seefahrt geeignete und mit hoher Präzision laufende mechanische Uhr in kompakter Bauweise wurde schließlich von John Harrison[146] im Jahre 1759 gefertigt.

Wie das Eingangszitat vermuten lässt, hatte sich bereits Aristoteles um 350 v. Chr. eingehend mit dem Phänomen *„Zeit“* auseinandergesetzt und seine Überlegungen über die enge Beziehung von *„Zeit und Bewegung“* in seinem IV. Buch der Physik dokumentiert. Im 10. bzw. 11. Kapitel heißt es hierzu[147]

[...] Da aber die Zeit zumeist eine Bewegung und eine Veränderung zu sein scheint, so dürfte dieß zu erwägen sein. Die Veränderung nun und Bewegung eines jeden Einzelnen ist nur in dem Dinge selbst, welches sich verändert, oder da, wo eben das Ding selbst ist, welches bewegt wird und sich verändert; die Zeit aber ist gleichmäßig sowohl überall als auch bei Allem. Ferner jede Veränderung ist schneller und langsamer, die Zeit aber ist dieß nicht; denn das Langsam und Schnell ist eben durch die Zeit bestimmt (schnell, was in weniger Zeit viel bewegt wird, langsam aber, was in vieler Zeit wenig), die Zeit aber ist nicht durch Zeit bestimmt, weder in ihrem quantitativen noch in ihrem qualitativen Sein. Daß sie demnach nicht Bewegung ist, ist augenfällig;

und weiter

> [...] wir müſſen aber, da wir ſuchen, was die Zeit ſei, zunächſt, indem wir von da aus beginnen, auffaſſen, was an der Bewegung ſie denn ſei; denn zugleich nehmen wir Bewegung und Zeit wahr;

Aristoteles bringt die Problemstellung auf den Punkt: Die Zeit definiert sich einerseits über Bewegung und andererseits wird die Bewegung vermöge der Zeit beschrieben – eine unangenehme Sache, wenn man *„Zeit an sich“* beschreiben will! Zudem scheint die Zeit nicht durch Bewegung beeinflussbar, also kann Zeit auch keine Bewegung sein – allerdings wird Albert Einstein etwa 2200 Jahre später diesen Aspekt nochmals aufgreifen und zu einer gänzlich anderen Einsicht gelangen.

Aber: Verstehen wir die Zeit in erster Linie als eine Messgröße, so beinhalten die bisherigen Ausführungen über einen adäquaten Messaufbau – eine Uhr – und der zugehörigen Messvorschrift signifikante Probleme, die rasch übersehen, soll heißen eigentlich gerne übergangen werden. Wir hatten bereits festgestellt, dass der Begriff der Gleichförmigkeit repetitiver Vorgänge ein relativer Begriff ist, d. h. es gibt prinzipiell keine Möglichkeit zu ermitteln, ob aufeinanderfolgende Wiederholungen solcher Abläufe tatsächlich *„gleiche Zeitintervalle“* abdecken. Genau genommen sind wir noch nicht einmal in der Lage festzulegen, was exakt wir darunter zu verstehen haben. Der eingangs geschilderte *„Physiker-Trick“*, nämlich den vagen Begriff *„Zeitintervall“* mithilfe eines äquidistant unterteilten Längenmaßstabes festzulegen hilft uns tatsächlich nicht wirklich weiter, er verlagert (und kaschiert) nur das geschilderte Problem. Zum einen setzt er bereits eine gleichförmige Referenzbewegung voraus und zum anderen erfordert eine äquidistante Unterteilung die zeitgleiche Bestimmung der Lagekoordinaten zweier Markierungen, sodass wir vorab nicht nur festzulegen hätten, was mit *„Gleichförmigkeit“* eigentlich gemeint sein soll, wir hätten auch noch den äußerst problematischen, weil willkürlichen Begriff der *„Gleichzeitigkeit“* zu definieren. Nicht zu vergessen: Was genau verstehen wir unter einer *„äquidistanten Unterteilung“*? Ein Dilemma, das so u. a. bei E. A. Milne, *A Modern Conception of Time*, nachzulesen steht.[148] Milne liefert auch einen bemerkenswerten Lösungsansatz, den wir bei der Diskussion kosmologischer Modelle in Abschnitt 4.4.5 aufgreifen werden, denn die Begriffe *„Zeit“* und *„Raum“* sind insbesondere in der Kosmologie von zentraler Bedeutung.

Ob die Zeit eine bestimmte Richtung hat (→ *„Zeitpfeil“*), d. h. tatsächlich eine Zeit-Topologie definiert werden kann, wonach sie in dieser *„Zeitlandschaft“* vorwärts oder rückwärts schreiten oder gar willkürlich die Orientierung wechseln kann, hat physikalisch keine Relevanz und lässt sich mittels physikalischer Gesetzmäßigkeiten auch nicht feststellen. Die klassischen Gesetze der Physik sind nämlich invariant gegenüber Zeitumkehr $t \to -t$. Deshalb laufen auch die beiden Uhren in Bild 4.30 in gleicher Weise, sowohl für den positiven als auch für den negativen Zeitverlauf, nämlich beide Male in *„Uhrzeigerrichtung“*.

Betrachten wir zur Verdeutlichung dieses Sachverhaltes die in dieser Abbildung dargestellte Trajektorie eines sich bewegenden (starren) Körpers im Raum und beschreiben diese in Bezug auf ein kartesisches Koordinatensystem K(x,y,z) und der Referenzbewegung *„positive Uhr"*. Zum Zeitpunkt t habe der Körper den Ort $\boldsymbol{r}(t)$ erreicht und, aus welchen Gründen auch immer, wechsle die Zeit das Vorzeichen $t \rightarrow -t$ (→ *„negative Uhr"*). Der aktuelle Ortsvektor bleibt hiervon unberührt $\boldsymbol{r}(t) = \boldsymbol{r}(-t)$, ebenso die geschwindigkeitsabhängige räumliche Verschiebung $\mathrm{d}\boldsymbol{r}$, denn diese ist per Definition nicht vom gewählten Zeitverlauf abhängig! In der Folge ist dann auch $\boldsymbol{r}(t + \mathrm{d}t) = \boldsymbol{r}(-t - \mathrm{d}t)$ und der Körper folgt weiterhin derselben Trajektorie. Man könnte natürlich auch umgekehrt argumentieren: Nachdem der Verschiebungsvektor $\mathrm{d}\boldsymbol{r}$ nicht von der Zeitumkehr betroffen sein kann, sind auch die entsprechenden Ortsvektoren vor und nach der infinitesimalen Translation nicht davon abhängig.

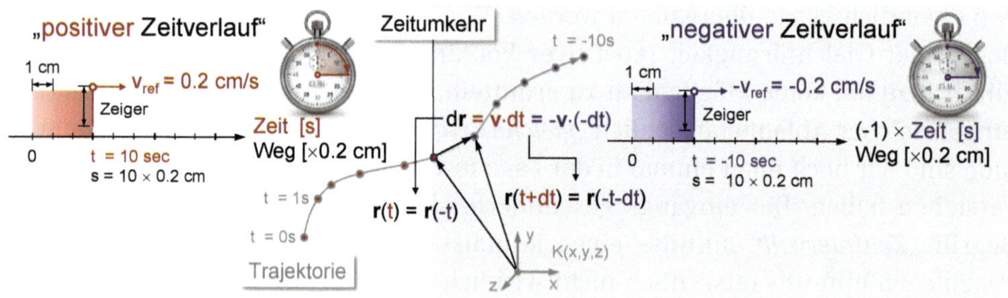

Bild 4.30 Zur Beschreibung der Trajektorie eines Körpers im Falle eines positiven bzw. negativen Zeitverlaufs. Die typischen Maße einer analogen Stoppuhr sind anhand der Translationsbewegung $v_{ref} = 0{,}2\ \mathrm{cms}^{-1}$ des Zeigers dargestellt.

Eine Zeitumkehr lässt sich also in keiner Weise feststellen, weder anhand der Uhr(en) noch anhand der damit dokumentierten relativen Bewegung des Körpers. Es bleibt die Frage zu klären, ob es eventuell andere physikalische Größen gibt, die eine Zeitumkehr erkennen lassen? Es heißt diesbezüglich, die Entropie besitze diese Eigenschaft, schließlich genüge der Zeitverlauf dieser Größe einer Ungleichung, sodass sich eine Zeitumkehr zwangsläufig erkennen lassen müsse, gemäß

positive Zeit — negative Zeit

$$\frac{\mathrm{d}S}{\mathrm{d}t} \geq 0 \xleftrightarrow{+t \leftrightarrow -t} \frac{\mathrm{d}S}{\mathrm{d}t} \leq 0 \qquad \text{Gl. 4.132}$$

Die physikalische Schlussfolgerung auf Basis der mathematischen Beziehung (Gl. 4.132) erscheint in einer Weise evident, dass es keiner genaueren Betrachtung mehr bedarf. Aber ist dem tatsächlich so?

4.3.3 Entropie und die Richtung der Zeit

„Das Anwachsen der Unordnung oder Entropie mit der Zeit ist ein Beispiel für das, was wir Zeitpfeil nennen, für etwas, das die Vergangenheit von der Zukunft unterscheidet, indem es der Zeit eine Richtung gibt."

Stephen Hawking[149]

Das einführende Zitat kann in ähnlicher Form praktisch in *jeder* Abhandlung zum Thema *„Entropie und Zeit"* nachgelesen werden und man fühlt sich fast zwangsläufig an Eugen Roth erinnert: *„Die Wissenschaft, sie ist und bleibt, was einer ab vom andern schreibt."* Stephen Hawking führt an gleicher Stelle seiner *„Kurzen Geschichte der Zeit"* aus, dass sich durch das Entropieprinzip der im alltäglichen Leben zu beobachtende Unterschied zwischen Vorwärts- und Rückwärtsrichtung der Zeit konsistent beschreiben ließe. Beide Aussagen erweisen sich jedoch bei näherer Betrachtung als unzutreffend und sind weitere typische Beispiele dafür, wie wissenschaftliche Thesen unreflektiert übernommen werden, weil scheinbar plausibel und gemäß (Gl. 4.132) mathematisch doch so einfach nachzuvollziehen, so hat es zumindest den Anschein, obwohl es ganz offensichtlich an einer sinnvollen physikalischen Begründung mangelt! Sehen wir einmal davon ab, dass *„Unordnung"*, also der subjektive Eindruck *„fehlender Ordnung"*, kein physikalischer Begriff ist, weshalb er mit *„Entropie"* auch nur bedingt in Verbindung gebracht werden kann (Schollwöck, 2017) und beschränken uns ausschließlich auf die Bewertung der *„Zeitpfeil"*-Aussagen.

Wir beobachten in unserer Erfahrungswelt Prozessabläufe und verknüpfen damit die *Hypothese* eines *„vorwärts gerichteten"*, d.h. in Prozessrichtung orientierten Zeitverlaufs. Man argumentiert auf Basis dieser *Ad-hoc-Interpretation*, dass der hierzu inverse Effekt augenscheinlich nicht beobachtet werde, womit die ursprüngliche Hypothese einem gesicherten wissenschaftlichen Befund gleichzusetzen und damit erwiesen sei – na sowas?! Wir Physiker sind mit den Gesetzen der Logik nicht allzu vertraut, wie es scheint, zumal wir in diesem Fall auch noch *„Äpfel mit Birnen"* vergleichen. Leider finden sich deshalb diese oder ähnlich unglückliche Formulierungen recht häufig in einschlägiger Literatur, nicht nur in populärwissenschaftlichen Darstellungen zur Physik, sondern auch in Fachbüchern zur klassischen Thermodynamik, sobald Aspekte der Entropie diskutiert werden. Was man eigentlich damit sagen will ist, dass das Entropieprinzip die Ablaufrichtung und die zeitliche Entwicklung von Vorgängen beschreibt. Ein *„Zeitpfeil"* im Sinne einer per Definition positiv (oder negativ) orientierten Zeitrichtung aus der Vergangenheit in die Zukunft (oder umgekehrt) wird durch dieses Prinzip jedoch nicht festgelegt. Gemäß der Gibbs'schen Fundamentalform (Gl. 4.133) (vgl. hierzu Abschnitt 4.1.1 *Was ist Energie?*) ist eine Entropieänderung immer verknüpft mit mindestens einem weiteren Energietransportprozess. Diese allgemein gültige Beziehung ist invariant gegenüber Zeitumkehr $t \rightarrow -t$:

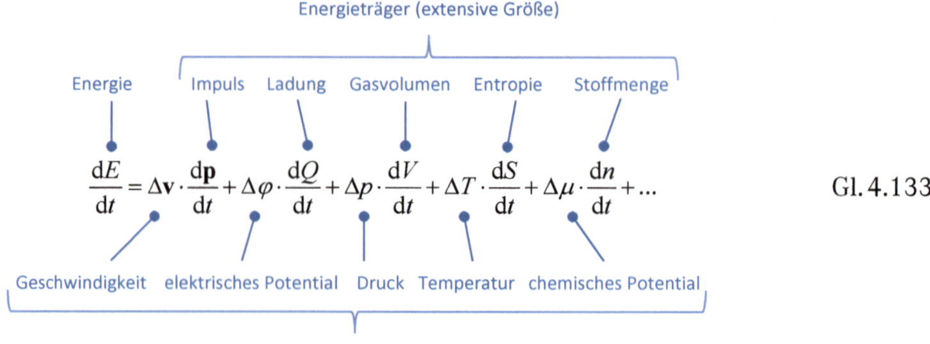

$$\frac{\mathrm{d}E}{\mathrm{d}t} = \Delta\mathbf{v}\cdot\frac{\mathrm{d}\mathbf{p}}{\mathrm{d}t} + \Delta\varphi\cdot\frac{\mathrm{d}Q}{\mathrm{d}t} + \Delta p\cdot\frac{\mathrm{d}V}{\mathrm{d}t} + \Delta T\cdot\frac{\mathrm{d}S}{\mathrm{d}t} + \Delta\mu\cdot\frac{\mathrm{d}n}{\mathrm{d}t} + \ldots \qquad \text{Gl. 4.133}$$

Jedwede Zeitumkehrtransformation $t \leftrightarrow -t$ macht sich im gerichteten Verlauf des Energietransportprozesses nicht bemerkbar. Insbesondere bleibt auch die infinitesimale Entropieänderung immer positiv, d. h. $\mathrm{d}S(t) = \mathrm{d}S(-t) \geq 0$.

Grundsätzlich behalten auch vektorielle Größen ihre relative Orientierung im Raum, schließlich werden die räumlichen Koordinaten nicht transformiert. Spiegeln wir die gewählte Parametrisierung (→ parametrische Zeit) der Trajektorie in Bild 4.30, so zeigen davon abhängige Vektoren, wie z. B. die Geschwindigkeit, in der gespiegelten (negativen) Darstellung nur deshalb eine Umkehrung ihrer relativen Ausrichtung, weil man aus einer zwanghaften Gewohnheit heraus den damit verknüpften Prozessablauf auch weiterhin mit einer *„positiven Zeit"* verbindet und aufgrund dessen bei der weiteren Beschreibung möglicher Folgen der Zeitumkehr für alle damit verknüpften Größen (einschließlich jene, die sich über den Beobachter selbst definieren!)[150] in diesem Bezugssystem mit positiver Zeitachse verbleibt. Berücksichtigt man jedoch die Inversion der Zeitachse und der sukzessiven Abfolge von (jetzt negativen) Zeitintervallen während des Bewegungsvorganges, so muss sich für beide Darstellungen der Trajektorie selbstverständlich dasselbe Resultat ergeben, man beschreibt schließlich nur die *eine* bewegungsinduzierte Verschiebung im Raum!

Die übereilte Interpretation, dass eine Zeitumkehr rückwärts laufende Prozesse, gerne plausibilisiert durch einen rückwärts laufenden Film, also insbesondere auch eine abnehmende Entropie zur Folge haben soll, beruht also letztlich darauf, dass man das Zeitverhalten fälschlicherweise bezüglich der nicht transformierten positiven Zeitkoordinate beschreibt, weil man diese mit der Ablaufrichtung des Prozesses korreliert (→ absolute Zeit), d. h. hinsichtlich der inversen Zeitzählung *nicht* in das neue (zeitgespiegelte) Koordinatensystem wechselt. Man unterscheidet also weiterhin zwischen Beobachter und Beobachtetes und belässt hierbei den Beobachter in seiner *„positiven Zeit"*, die damit der antiquierten Newton'schen Definition einer absoluten Zeit genügt. Nur deshalb beschreibt $-\mathrm{d}t$ auf der *positiven* (!) Zeitachse tatsächlich ein *„Rückwärtszählen"* wobei $\mathrm{d}S(t)$ dann aber ebenfalls negativ wird, sodass für den zugehörigen Entropiestrom auch weiterhin $\mathrm{d}S/\mathrm{d}t \geq 0$

erfüllt ist, denn die Steigung $S'(t)$ (mit $t > 0$) bleibt schließlich prozessbedingt erhalten und kann daher kaum, wie oft zu lesen steht, als Kriterium für die Unterscheidung von *„zeitlich vorwärts/rückwärts"* in unserer Erfahrungswelt herangezogen werden!

Entsprechendes gilt aber auch für den gespiegelten Zeitverlauf, denn der geschilderte Sachverhalt ist bezüglich der Zeitausrichtung streng symmetrisch, gemäß Bild 4.31. Die Steigung ist in diesem Falle sehr wohl negativ, gemäß der invertierten Zählrichtung, dennoch nimmt S mit der gespiegelten Zeit stetig zu und ein *„zeitlich vorwärts/rückwärts"* kann auch in der Spiegelwelt anhand der dort vorliegenden Steigung $S'(-t)$ (mit $t > 0$) nicht unterschieden werden. Zumal *alle* dem Entropieprinzip genügenden Begleitprozesse dasselbe Zeitverhalten zeigen, sodass die Physik in der Spiegelwelt unverändert bleibt und sich damit nicht von der Erfahrungswelt unterscheidet: Die Ablaufrichtung aller Prozesse ist auch weiterhin durch die entsprechenden Intensitätsgradienten bestimmt, und deren zeitliche Entwicklung wird *auch dann* durch eine Entropiezunahme $dS \geq 0$ beschrieben!

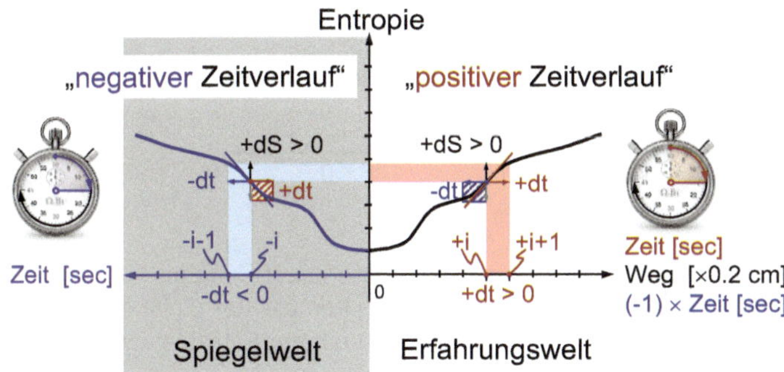

Bild 4.31 Zur qualitativen Entwicklung der Entropie als Funktion eines positiven/negativen Zeitverlaufs.

Henning Genz stellt deshalb folgerichtig fest:

> *„Die Zeit selbst besitzt keine Richtung; nur Abläufe besitzen eine."*[151]

Mit anderen Worten: Es gibt keinen *„thermodynamischen Zeitpfeil"* und in der Folge kann es auch keinen *„psychologischen Zeitpfeil"* geben, weil davon auszugehen ist, dass der menschliche Erkenntnisprozess letztlich auf biochemische Prozesse zurückgeführt werden kann, also die Gesetze der Thermodynamik auch dafür gelten. In Sachen *„psychologischer Zeitpfeil"* kam übrigens Augustinus in seinen philosophischen Überlegungen über das Wesen der Zeit zu einem etwas anderen Ergebnis. Demnach fließt die Zeit von der Zukunft über die Gegenwart in Richtung Vergangenheit und dieser *„psychologische Zeitpfeil"* vollzieht sich, *„[...] indem der gegenwärtige Bewußtseinsakt das noch Künftige in die Vergangenheit hinüberschafft, so daß um die Minderung der Zukunft die Vergangenheit wächst [...]."* Im entropischen Sinne ist die Überlegung des Augustinus plausibler als die Hawking'sche Vermutung, wonach der thermodynamische und der psychologische *„Zeitpfeil"* gleichgerichtet seien, denn die Schaffung von Erinnerung ist mit einer Abnahme der Entropie (→ Shannon-Entropie: Mangel an Information!) verbunden, und die anfallende *„mentale Prozesswärme"* muss der Welt der Thermodynamik zugeordnet werden (→ thermodynamische Entropie).

Und wie verhält es sich mit dem *„kosmologischen Zeitpfeil"*? Der *„kosmologische Zeitpfeil"* kann nach den bisherigen Ausführungen ebenfalls keine Zeitrichtung auszeichnen, denn der Expansionsprozess muss in einer Spiegelwelt mit *„negativer Zeit"* in gleicher Weise ablaufen - trivialerweise!

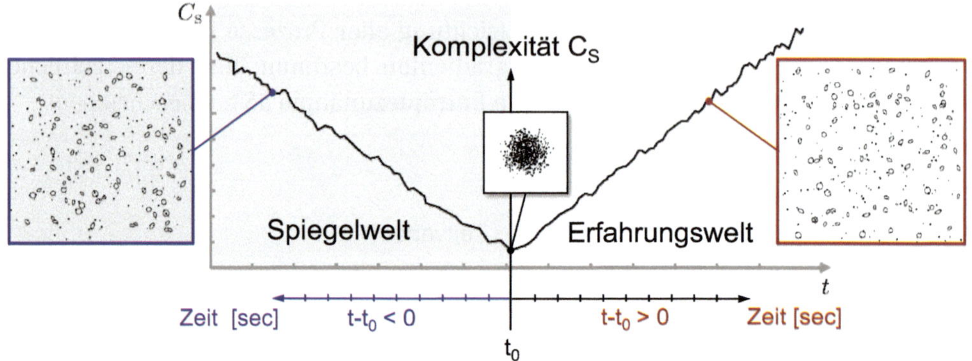

Bild 4.32 Numerische Berechnung der Komplexität C_S der Materieverteilung als Funktion der Zeit für $N = 1000$ Körper; Diagramm aus J. Barbour et al.[152] Die Komplexität C_S ist ein modellspezifischer Ordnungsparameter und in diesem Sinne (bedingt) mit der Entropie vergleichbar.

Dieser Aspekt war auch Ergebnis einer Studie von J. Barbour et al., publiziert in Physical Review Letters.[152] Die Autoren berechneten auf Basis des klassischen Newton'schen Gravitationsgesetzes das Zeitverhalten eines N-Körper-Problems als Funktion der Startbedingungen. Entgegen der scheinbar plausiblen Annahme, dass sich für zeitumkehrsymmetrische Gesetze, wie dem Gravitationsgesetz, durch die Wahl einer *„passenden Anfangsbedingung"* auf eindeutige Weise *ein „Zeitpfeil"* definieren lässt, fanden sie jedoch in ihrem kosmologischen Modell immer zwei entgegen gerichtete Prozessverläufe, gemäß Bild 4.32, wobei der Beobachter allerdings immer nur einen davon messtechnisch erfassen kann! Die Gründe hierfür hatte ich im Falle der Entropie bereits eingehend erläutert.

Die geschilderten Resultate zum Thema *„Zeitumkehrsymmetrie und Zeitpfeil"* decken sich also mit obigen Ausführungen, wobei der Titel ihrer Arbeit *„Identification of a Gravitational Arrow of Time"* vermuten lässt, dass die Autoren ihre Ergebnisse nicht so recht einzuordnen wussten, zumal ihre Arbeitshypothese bereits unzutreffend formuliert ist, wenn sie einleitend feststellen: *„Many different pheno-*

mena in the Universe are time asymmetric and define an arrow of time that points in the same direction everywhere at all times" und sich damit unreflektiert *Ad-hoc-Aussagen* mancher Lehrbücher zum Thema *„Zeitpfeil"* anschließen.[153] Die darin diskutierte *„physikalische Basis"* für eine *„Zeitrichtung"* gibt es nicht! Gern zitierte Phänomene, wie z.B. Zerfallsprozesse oder die Ausbreitung elektromagnetischer Wellen verhalten sich nämlich bei Zeitumkehr in gleicher Weise wie das von Barbour et al. untersuchte Gravitationsgesetz.

Fazit: Es gibt keinen Zeitpfeil, der sich über sog. zeitasymmetrische Phänomene definieren ließe. Auch die Mechanik eines Filmprojektors, ebenso wie die einer Uhr oder anderer mechanischer Gerätschaften, reagiert nicht auf eine Zeitumkehr. Die Orientierung sämtlicher Kräfte $\boldsymbol{F} = \mathrm{d}\boldsymbol{p}/\mathrm{d}t$ (→ Impulsströme) und Drehmomente $\boldsymbol{M} = \boldsymbol{r} \times \boldsymbol{F} = \mathrm{d}\boldsymbol{L}/\mathrm{d}t$ (→ Drehimpulsströme) des Antriebssystems bleibt davon unberührt, sodass die eingelegte Filmrolle immer mit der gleichen Bildersequenz abgespielt wird, selbst wenn im Verlauf der Filmvorführung die Zeit mehrfach willkürlich das Vorzeichen wechseln sollte, denn ein Beobachter kann immer nur Prozessabläufe verfolgen. Diese werden, wie bereits erläutert, einzig über Gradienten intensiver Größen bestimmt und nicht über einen *„gerichteten Zeitverlauf"*, in welcher Form auch immer.

4.3.4 Das Kausalitätsproblem in der Physik

> *„Es ist ein Fehlverständnis der theoretischen Physik, wenn man meint, daß sie die Absicht habe, Ursache-Wirkungs-Zusammenhänge aufzuklären. Die theoretische Physik ist keine Kausalanalyse der Vorgänge."*
>
> *Günther Ludwig*[154]

Mit dieser Feststellung hat Günther Ludwig das sogenannte Kausalitätsproblem in der Physik in Grundzügen bereits beschrieben. Der Kausalitätsbegriff wird in erster Linie deshalb zu einem *„Problem"*, weil im Allgemeinen die Darstellung des physikalischen Zeitbegriffs erhebliche Mängel aufweist, indem man einerseits annimmt, dass Zeit eine Richtung zugeordnet werden könne und man anderseits unmittelbar daraus folgert, dass es damit auch prinzipiell eine Gegenrichtung geben müsse.

Eine Kausalität jedoch, wonach Ursachen entsprechende Wirkungen nach sich ziehen und damit eine Zeitrichtung in einer Weise festlegen, wie wir sie in unserer Erfahrungswelt auch zu erkennen glauben, gibt es nicht! Ernst Mach beschrieb diesen Sachverhalt mit den folgenden Worten:

„Wenn wir von Ursache und Wirkung sprechen, so heben wir willkürlich jene Momente heraus, auf deren Zusammenhang wir bei Nachbildung einer Thatsache in der für uns wichtigen Richtung zu achten haben. In der Natur gibt es keine Ursache und keine Wirkung. Die Natur ist nur einmal da. Wiederholungen gleicher Fälle, in welchem A immer mit B verknüpft wäre, also gleiche Erfolge unter gleichen Umständen, also das Wesentliche des Zusammenhanges von Ursache und Wirkung, existiren nur in der Abstraction, die wir zum Zwecke der Nachbildung der Thatsachen vornehmen. [...] Ursache und Wirkung sind also Gedankendinge von ökonomischer Function.“[155]

Ein allgemeiner gefasstes Kausalitätsprinzip hingegen, womit sich in der Physik Prozessabläufe darstellen lassen, kann sehr wohl formuliert werden. Dieses Prinzip steht nicht für das vereinfachte zu Erkenntniszwecken gerichtete Ursache-Wirkung-Modell (nach E. Mach erdacht zum *„Zwecke der Nachbildung von Thatsachen“*), vielmehr legt es die Randbedingungen für die Lösbarkeit einer gegebenen Problemstellung fest. Auf diese Weise beschreibt es nach Karòly Simonyi auch die Grenzen, innerhalb derer physikalische Ereignisse miteinander wechselwirken können (Simonyi, 2001). Ein Ereignis $\mathbf{E}_0$, das beispielsweise im Rahmen eines Prozessablaufs zu einem Zeitpunkt t_0 stattfindet, kann vorangegangene Ereignisse $\mathbf{E}(t)$ dieses Prozesses zu Zeiten $t < t_0$ nicht mehr beeinflussen (→ *kausale Vergangenheit* von $\mathbf{E}_0$), jedoch Ausgangspunkt (→ Randbedingung) für eine spezifische zukünftige Prozessentwicklung sein (→ *kausale Zukunft* von E_0). Ausgeschlossen sind nach diesem Prinzip auch Wechselwirkungen mit Ereignissen **E'**, die im Sinne der Relativitätstheorie in keiner zeitlichen Relation zu $\mathbf{E}_0$ stehen können (→ *kausales Komplement* von $\mathbf{E}_0$).[156]

Zur Verdeutlichung der Mach'schen Überlegung betrachten wir beispielhaft den Energietransportprozess durch den (vermeintlichen) Energieträger *„elektrische Ladung“*. Der zugehörige Energiestrom $P = \mathrm{d}E/\mathrm{d}t$ (→ elektrische Leistung) ist bekanntlich durch das Produkt aus der Potentialdifferenz $U = \Delta\varphi$ und dem Ladungsträgerstrom $I = \mathrm{d}Q/\mathrm{d}t$ gegeben, gemäß

$$P(t) = \frac{\mathrm{d}E}{\mathrm{d}t} = U(t) \cdot \frac{\mathrm{d}Q}{\mathrm{d}t} \qquad \text{Gl. 4.134}$$

Zu *„Lernzwecken“* wird gerne behauptet, dass die Potentialdifferenz ursächlich den elektrischen Stromfluss bewirke, wie etwa in Bild 4.33 auf recht kreative Weise dargestellt, d. h. im Umkehrschluss: Fließt kein Strom, so liegt auch kein Potentialgefälle vor – aber ist dem so?! Man hätte stattdessen ebenso gut die Behauptung aufstellen können, dass ein Stromfluss immer einen Potentialabfall zur Folge habe, d. h. ist kein Potentialgefälle nachweisbar, so fließt zwangsläufig auch kein Strom?!

Bild 4.33
Das Thema *„Elektrizität“* ausgesprochen einprägsam *„erklärt“* - Lerninhalte, die im Grunde so nicht zutreffen.[157]

Beide Aussagen sind im Allgemeinen unzutreffend, denn es gibt diese Art von *„kausaler Abhängigkeit“* zwischen Strom I und Spannung U nicht! Beide Größen stehen vielmehr in einer wechselseitigen Beziehung dergestalt, dass sich sowohl der Ladungstransportprozess als auch die zugehörige Potentialdifferenz sich mit der Zeit verändern, wobei der aktuelle Zustand $P(t_0)$ zum einen der Ausgangspunkt (→ Randbedingung) für zukünftige Zustände $P(t > t_0)$ sein kann und zum anderen das Resultat einer Abfolge früherer Zustände $P(t < t_0)$ ist und diese Zustände rückwirkend nicht mehr durch $P(t_0)$ beeinflusst werden können. Der gesamte Prozessablauf wird schließlich über *eine* Differentialgleichung beschrieben, denn *„die Natur ist nur einmal da“* (E. Mach).

Bei genauer Betrachtung ist selbst das zu *„Lernzwecken“* geschaffene *„plausible“* Strom-Spannungs-Bild im Grunde unzutreffend, denn zu gegebener Spannung U wird die Energie nicht durch den Ladungsträgerstrom I, sondern durch den Feld-Vektor $\boldsymbol{S} = \boldsymbol{E} \times \boldsymbol{H}$ (→ Poynting-Vektor) beschrieben, hierbei stehen $\boldsymbol{E}, \boldsymbol{H}$ für die elektrische bzw. magnetische Feldstärke. Die *„elektrische Energie“* ist nämlich Feldenergie, wobei die Messgrößen U, I mit den eigentlichen Feldgrößen $\boldsymbol{E}, \boldsymbol{H}$ in einer Weise korrelieren, dass der Feldenergiestrom P sich auch als Produkt von Spannung U und Stromstärke I darstellen lässt (vgl. Abschnitt 5.3.4 *Der Maxwell'sche Spannungstensor*), was immer wieder zu missverständlichen Interpretationen führt.

Eine exzellente Beschreibung des allgemeinen Kausalitätsprinzips stammt übrigens nicht aus der Feder eines Physikers; sie wurde 1832 von Heinrich Heine verfasst:

> *„Der heutige Tag ist ein Resultat des gestrigen. Was dieser gewollt hat, müssen wir erforschen, wenn wir zu wissen wünschen, was jener will. [...] Es ist dieses ein doppelt nützliches Geschäft, da, indem man die Gegenwart durch die Vergangenheit zu erklären sucht, zu gleicher Zeit offenbar wird, wie diese, die Vergangenheit, erst durch jene, die Gegenwart, ihr eigentliches Verständnis findet, und jeder neue Tag ein neues Licht auf sie wirft [...].“*[158]

4.3.5 Zeit-Paradoxien

> *„No position is so absurd that a philosopher cannot be found to argue on it.“*
>
> *Michael Lockwood*[159]

Nicht nur Philosophen wie Michael Lockwood, auch wir Physiker gehen zuweilen *„absurden Gedanken“* nach, wie etwa diesem:

> *Gibt es physikalische Prozesse die eine Translation „in der Zeit“ ermöglichen, d. h. eine „Zeitreise“ um eine beliebige Zeitspanne Δt in die Zukunft oder Vergangenheit, formal beschrieben durch die Abbildungsvorschrift $t \rightarrow t' = t \pm \Delta t$?*

Tatsächlich gibt es keine physikalische Theorie bzw. kein Naturgesetz, dass *„Zeitreisen“* der beschriebenen Art grundsätzlich untersagt. Im Gegenteil: Die spezielle Relativitätstheorie erlaubt *„Reisen in die Zukunft“* und spezielle Modelle aus der Quantenmechanik und der **A**llgemeinen **R**elativitäts-**T**heorie (ART) gestatten zudem *„Reisen in die Vergangenheit“*. In Verbindung mit der sich bereits als unzutreffend erwiesenen *„Zeitpfeil“*-Vorstellung (vgl. Abschnitt 4.3.3) und dem geschilderten Kausalitätsproblem in den Naturwissenschaften (vgl. Abschnitt 4.3.4) sind jedoch widersprüchliche Interpretationen möglicher Konsequenzen einer *„Bewegung in der Zeit“* praktisch vorprogrammiert. Ausgehend von der Annahme, dass eine Translation in der Zeit möglich sei, wird auf Basis der angesprochenen Hypothesen von *„Kausalität“* und *„Zeitpfeil“* einen Sachverhalt konstruiert, welcher in keiner Weise der auf diesen Voraussetzungen beruhenden Erwartungshaltung entspricht und schon glaubt man, ein Zeit-Paradoxon gefunden zu haben, das die ursprüngliche Annahme widerlegen soll, denn die *„allzu plausiblen“* Zusatzhypothesen stehen selbstverständlich nicht zur Disposition.

Das sogenannte *„Großvaterparadoxon“* ist ein solches Konstrukt, welches verschiedentlich auch in einer *„Großmutter-Variante“* formuliert abgedruckt zu finden ist, jeweils mit dem Ziel, mögliche *„Zeitreisen“* in die Vergangenheit mithilfe *„logischer Überlegungen“* grundsätzlich auszuschließen. Im Folgenden (m)eine etwas allgemeinere Fassung des *„Paradoxons“*:

Das (erwachsene und physikbegeisterte) Enkelkind entdeckt eine Möglichkeit in der Zeit zu reisen. Es begibt sich in die Vergangenheit und verursacht in der Jugendzeit seiner zukünftigen Großeltern durch einen tragischen Unfall den Tod eines Großelternteils. Wenn aber in der Folge die seinerzeit noch hypothetischen Großeltern keine gemeinsamen Nachkommen haben werden, wird auch der Zeitreisende dereinst nicht existieren und die Zeitreise wird hernach nicht stattgefunden haben.

Selbst in heutiger Zeit gelten das *„Großvaterparadoxon"* oder ähnlich konstruierte Geschichten als das überzeugendste Argument gegen Zeitreisen in die Vergangenheit.

A$_{4-4}$: Man finde die zahlreichen Fehler in dieser Geschichte!

Zur Erleichterung der Fehlersuche habe ich die grammatikalisch korrekten Zeitformen der jeweiligen physikalischen Zeit im Paradoxon gegenübergestellt. Zur maximalen Verwirrung wird für gewöhnlich in solchen Erzählungen durchweg die Vergangenheitsform gewählt. Bevor wir uns eingehender mit diesem *„Paradoxon"* befassen werden, betrachten wir zuvor thematisch wichtige Aussagen der Einstein'schen speziellen Relativitätstheorie über Zeit und Raum und studieren darauf aufbauend *„Zeitreisen"* in die Zukunft, ein auf Grundlage dieser Theorie zulässiger und experimentell bestätigter Prozess – so heißt es zumindest.

4.3.5.1 Die Spezielle Relativitätstheorie: Eine kurze Einführung

Die im Jahre 1905 von Albert Einstein publizierte **S**pezielle **R**elativitäts-**T**heorie (SRT) ist ein typisches Beispiel einer sogenannten Prinzipientheorie. Ausgehend von (nur) zwei Grundsätzen, deren allgemeine Gültigkeit axiomatisch vorausgesetzt wird, beschreibt die SRT konsistent die Physik für Beobachter mit beliebiger Relativgeschwindigkeit.

Axiom 1 – Das Prinzip *absoluter* physikalischer Gesetze: Die Gesetze der Physik sind in allen Bezugssystemen, die sich mit gleichförmiger Geschwindigkeit bewegen dieselben (→ Relativitätsprinzip).

Die Relativität der Bewegung ergibt sich allgemein aus der Forderung, dass man mit keinem physikalischen Experiment den absoluten Bewegungszustand eines Beobachters (→ Bezugssystems) bestimmen kann. Dieses Prinzip ist Grundvoraussetzung, um überhaupt Naturwissenschaft zu betreiben, d.h. zu objektiven Aussagen hinsichtlich des Verlaufs eines physikalischen Experimentes zu gelangen. Solche Aussagen sollten schließlich nicht davon abhängen wo und wann das Experiment durchgeführt wird und wie es im Raum orientiert ist (→ Noether'sches Theorem). Ein (erkennbarer) absoluter Bewegungszustand hätte aber genau das zur Folge, sodass man vergleichende Physik prinzipiell nur im Zustand der absoluten Ruhe betreiben könnte!

Axiom 2 - Das Prinzip einer *absoluten* Grenzgeschwindigkeit: Es gibt eine Obergrenze für die Relativgeschwindigkeit, die in jedem Bezugssystem denselben konstanten Wert c_0 aufweist - den Wert der Vakuum-Lichtgeschwindigkeit.

Diese Forderung ist somit gemäß **Axiom 1** ein physikalisches Gesetz! Wenn aber zueinander bewegte Beobachter immer dieselbe Lichtgeschwindigkeit messen, so müssen die jeweiligen Längen- bzw. Zeitmessungen von der Relativbewegung abhängen, also insbesondere für beide Beobachter verschiedene Werte liefern. In einem bewegten Bezugssystem erscheinen sowohl Längen- als auch Zeitintervalle mit zunehmender Relativgeschwindigkeit in gleicher Weise verkürzt, in der Physik besser bekannt als relativistische Längenkontraktion und Zeitdilatation, sodass der Wert der Verhältnisgröße *„relative Geschwindigkeit"* erhalten ist, d. h. für beide Beobachter gleich bleibt. In der Folge addieren Geschwindigkeiten auch nicht mehr linear, sondern genügen einem relativistischen Additionstheorem, das nur für den Grenzfall kleiner Relativgeschwindigkeiten die uns geläufige lineare Superposition der Verhältnisgrößen beschreibt.

Genau genommen ist **Axiom 2** reine Konvention und kann unmittelbar aus **Axiom 1** abgeleitet werden, einzig auf der Basis vergleichender Zeitmessungen zweier Beobachter (→ Bezugssysteme).[160] Das Phänomen der Zeitdilatation ist nämlich im Gegensatz zur relativistischen Längenkontraktion oder auch der relativistischen Massenzunahme ein *realer, d. h. objektiv feststellbarer* Effekt. Das Laufverhalten, also die Eigenschaft wie schnell eine Uhr tickt, ist für baugleiche Uhren die relativ zueinander an einem Ort ruhen immer identisch.[161] Wird jedoch von zwei baugleichen und synchron laufenden Uhren nur eine bezüglich eines Referenzsystems in relative Bewegung versetzt (→ beschleunigt), während die andere auch weiterhin in diesem System ruht, so wird die bewegte Uhr *immer* nachgehen, sobald man sie wieder am Ort der Referenzuhr mit deren Anzeige vergleicht. Untersuchen wir das Laufverhalten beider Uhren, also die damit definierte Referenzbewegung, so verhält sich das Zeitintervall $\mathrm{d}\tau(v)$ einer sich mit v bewegenden Uhr relativ zum Intervall $\mathrm{d}t$ der im Referenzsystem ruhenden Uhr gemäß

$$\frac{\mathrm{d}\tau(v)}{\mathrm{d}t} = \sqrt{1-\frac{v^2}{c_0^2}} \overset{v \ll c_0}{\cong} 1-\frac{1}{2}\cdot\left(\frac{v}{c_0}\right)^2 \xrightarrow{v \le 10^7\,\mathrm{ms}^{-1}} \cong 1 \qquad \text{Gl. 4.135}$$

Beide Zeitintervalle sind für typische Geschwindigkeiten aus unserer Alltagswelt praktisch identisch. Die quantitative Übereinstimmung gilt selbst noch für die nach heutigem Stand der Raumfahrttechnik ausgesprochen hohen Relativgeschwindigkeiten bis zu 10^4 km/s, womit sich beispielsweise die Strecke Erde-Mond in ca. 38 Sekunden zurücklegen ließe! Bei einer weiteren Erhöhung der Geschwindigkeit zeigen sich dann erste Abweichungen im Prozentbereich, die mit weiter anwachsendem $v \to c_0$ signifikant zunehmen, sodass $\mathrm{d}\tau/\mathrm{d}t \to 0$ geht. Demnach muss also ein geschwindigkeitsabhängiges Laufverhalten die ursprünglich synchrone Einstellung beider Anzeigen beeinflussen - eine Schlussweise, die in vielen Textbüchern über die SRT so nachgelesen werden kann und zumindest auf den ersten Blick unzweifelhaft erscheint. Allerdings wäre es schon merkwürdig, wenn der Transportvorgang von Hardware, nämlich in unserem Falle die gleichförmige Bewegung einer Uhr, deren Funktion auf systematische Weise beeinflussen sollte. Woher sollte die Uhr von ihrem relativen Bewegungszustand bezüglich eines im Grunde *beliebigen* (!) Beobachters wissen?

Führt man das gleiche Experiment mit zwei identischen Maßstäben der Einheitslänge von einem Meter durch, so zeigen diese auch nach Abschluss des Versuchs identische Längen (wie auch die Uhren ein identisches Laufverhalten zeigen). Die aus Sicht des ruhenden Beobachters gemessene Längenkontraktion eines sich bewegenden Maßstabes kann also nur ein scheinbarer Effekt sein und ist letztlich eine Folge des Messprinzips, nämlich der Notwendigkeit beide Enden des Maßstabes *gleichzeitig* (!) zu erfassen, um dessen Länge zu ermitteln. *Gleichzeitigkeit* ist jedoch ein Begriff aus unserer nicht-relativistischen (Newton'schen) Erfahrungswelt und *nur* in dieser Näherung halbwegs sinnvoll zu gebrauchen. Ereignisse, die an verschiedenen Orten stattfinden, wie z. B. die für eine Erfassung erforderlichen Lichtreflektionen am Anfang und am Ende eines Maßstabes, sind in unserer Alltagswelt nahezu zeitgleich und zudem unabhängig von dessen Bewegungszustand, weil die Licht-Laufzeitunterschiede $\delta t(v)$ von der Größenordnung $(v/c_0)^2$ und deshalb vernachlässigbar klein sind. Im Rahmen der SRT verliert jedoch der klassische Begriff der Gleichzeitigkeit seine absolute Bedeutung, weshalb auch die Länge einer Strecke nicht mehr auf eindeutige Weise z. B. über die Messung der Transitzeit bezüglich eines Referenzpunktes ermittelt werden kann.[162]

Verdeutlichen lässt sich der Zeitdilatationseffekt mithilfe von *„3D-Licht-Uhren"*, wie in Bild 4.34 dargestellt. Zwei Beobachter B, B' messen jeweils in ihrem Bezugssystem das Zeitintervall Δt bzw. $\Delta t'$ indem sie einen Lichtpuls eine wohldefinierte Referenzstrecke mit Radius $R_0 = R_0'$ zu einem kugelförmigen Hohlspiegel und wieder zurücklaufen lassen. Beide Uhren *„ticken"* in gleicher Weise, d. h. das Laufverhalten jeder Uhr kann stets mit der radialen Laufzeit des Lichtpulses synchronisiert werden und beide Beobachter erhalten identische Messresultate, nämlich

$$\Delta t' = \frac{2 \cdot R_0'}{c_0} = \frac{2 \cdot R_0}{c_0} = \Delta t \qquad \text{Gl. 4.136}$$

Allerdings ist diese Identität nur dann gegeben, wenn die Bezugssysteme relativ zueinander ruhen - trivialerweise.

Der Sachverhalt ist ein anderer, sobald sich die Bezugssysteme B, B' in relativer Bewegung befinden. Für Beobachter B bewege sich beispielsweise B' mit der Geschwindigkeit $v = 0{,}8c_0$ in eine beliebige Richtung. Gemäß **Axiom 1** der SRT breitet sich ein Lichtpuls für beide Beobachter in gleicher Weise aus (nämlich in Form einer Kugelwelle), sodass für B das Licht in Bewegungsrichtung einen längeren radialen Weg bis zum B'-Spiegel zurücklegt und die Spiegelhemisphäre entgegen der Bewegungsrichtung den Laufweg des Lichtpulses entsprechend verkürzt. Zudem ist die Ausbreitungsgeschwindigkeit c_0 der Welle für B und B' die gleiche (→ SRT-**Axiom 2**), sodass die B'-Welle für B zu unterschiedlichen Zeiten auf den Spiegel trifft. Für den Beobachter B' hingegen ist kein Wegunterschied feststellbar. Seine Messungen zeigen auch weiterhin eine kugelsymmetrische Prozessabfolge, mit jeweils zeitgleicher Emission, Reflektion und Absorption des Lichtpulses. Dieser Umstand mag auf den ersten Blick wenig einsichtig sein und ist deshalb wohl auch ein entscheidender Knackpunkt für das physikalische Verständnis der SRT. Weshalb zu diesem Thema immer wieder wenig Sinnvolles publiziert wird, in heutiger Zeit vorzugsweise im Internet und mehrheitlich bedingt durch ähnlich gelagerte Anschauungsprobleme und Missverständnisse seitens der Autoren.[163]

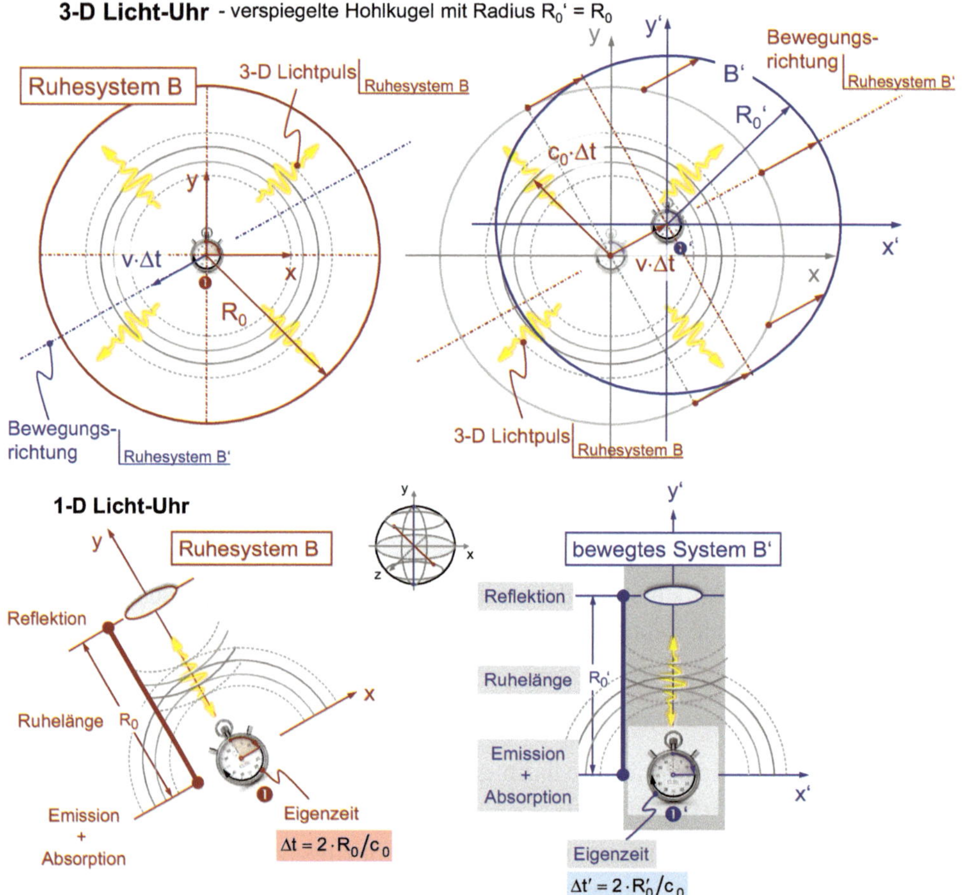

Bild 4.34 Schnitt durch 3D-Licht-Uhren (z=z'=0 Ebene) zweier Beobachter B, B'. Der Beobachter B' bewegt sich mit der Geschwindigkeit v relativ zu B (→ Ruhesystem). Die einfachen 1D-Licht-Uhren berücksichtigen jeweils nur ein Spiegelsegment der Hohlkugel.

Das Problem: Wenn B aufgrund der Relativbewegung von B' eine nachvollziehbare Asymmetrie beim radialen Verlauf des Lichtwegs beobachtet, warum sollte B' diesen Effekt in seinem Bezugssystem nicht sehen können? Schließlich wird doch die Kugelwelle, einmal ausgesandt, nicht in Bewegungsrichtung mitgeführt, denn c_0 bleibt doch auch für B' konstant?! Wird die Welle aber doch mitgeführt, dann ist die Symmetrie erhalten und B' kann tatsächlich keine Aussage zu seinem Bewegungszustand machen. Allerdings sollte B in diesem Fall auch keine Asymmetrie im Prozessablauf feststellen können?!

Die mathematische Lösung: Eine wesentliche Konsequenz aus beiden Axiomen der SRT ist, dass die Physik der Lichtausbreitung als ein *absolutes* Phänomen verstanden werden muss, d. h. für je zwei Beobachter B, B' in gleichförmiger Relativbewegung stellt sich die Lichtausbreitung in gleicher Weise dar, nämlich als sphärische Wellenfront deren Radius $\boldsymbol{r}(t)$ bzw. $\boldsymbol{r}'(t')$ mit konstanter Geschwindigkeit c_0 anwächst. Fallen insbesondere beide Koordinatensysteme zum Zeitpunkt der Emission $\boldsymbol{r}(0) = \boldsymbol{r}'(0)$ zusammen, so genügt die Wellenausbreitung im jeweiligen Bezugssystem *derselben* (!) Gleichung $f(\boldsymbol{r},t)$:

$$f(\boldsymbol{r},t) = \boldsymbol{r}^2(t) - c_0 t^2 = 0 = \boldsymbol{r}'^2(t') - c_0 t'^2 = f(\boldsymbol{r}',t') \qquad \text{Gl. 4.137}$$

Eine bemerkenswerte Sache: Beide Beobachter sehen also nicht einfach nur das gleiche Resultat, gemäß $f(\boldsymbol{r},t) = f'(\boldsymbol{r}',t')$, sie sehen die *gleiche Gesetzmäßigkeit* $f(\cdot,\cdot)$! Aus dieser Beziehung lassen sich die sogenannten Lorentz-Transformationsgleichungen herleiten, mit deren Hilfe man zu jedem Ereignis in B' mit den Koordinaten $(\boldsymbol{r}',t')$ die entsprechenden Koordinaten $(\boldsymbol{r},t)$ in B finden kann. Darauf aufbauend lassen sich alle Phänomene der SRT mathematisch korrekt beschreiben. Fehlt es uns also am physikalischen Verständnis, so haben wir immer die Möglichkeit uns auf den mathematischen Standpunkt der Lorentz-Transformation zurückzuziehen. Aber *„Ausreden"* solcher Art wollen wir natürlich vermeiden, deshalb folgt ...

... eine physikalische Lösung: Angenommen Beobachter B' bewege sich relativ zu B mit gleichförmiger Geschwindigkeit $\boldsymbol{v}$ und befinde sich am Ort seiner Uhr im Zentrum der verspiegelten Hohlkugel, d. h. ohne jegliche Sicht auf seine Außenwelt. Welche experimentellen Möglichkeiten hat B', um etwas über seinen Bewegungszustand zu erfahren? Er stellt dazu folgende Überlegung an:

„Die Lichtausbreitung erfolgt unabhängig von meinem Bewegungszustand in alle Raumrichtungen auf gleiche Weise, aber meine Bewegung zeichnet definitiv eine Richtung aus. Sende ich also einen Lichtpuls zum Spiegel, so sollte sich während der Lichtlaufzeit bis zum Wiedereintreffen der reflektierten Welle meine gesamte Versuchsanordnung (zusammen mit mir) um eine bestimmte Wegstrecke verschoben haben, sodass sich richtungsabhängig Laufzeitunterschiede ergeben müssten, mit einem Maximum in Bewegungsrichtung."

B' führt daraufhin das Experiment aus - mit negativem Resultat, es sind keine Laufzeitunterschiede festzustellen! Weshalb jetzt das? Nun, das emittierte Licht kann nicht wissen worauf sich die Relativbewegung von B' eigentlich beziehen soll. Die angesprochene Referenz B ist schließlich willkürlich gewählt und B könnte selbst wiederum (und damit auch B'!) bezüglich eines weiteren Beobachters B'' sich mit beliebiger (gleichförmiger) Geschwindigkeit $\boldsymbol{v}''$ in eine gänzlich andere Richtung bewegen. Es sei denn, es existiert ein weiteres, ein absolutes Bezugssystem indem die Lichtausbreitung erfolgt - das sog. *Äthersystem* - und die Bewegungen von B, B', B'' etc. sind darauf zu beziehen. Das scheint jedoch nicht der Fall zu sein, wie ein Experiment verdeutlicht, das erstmals im Jahre 1881 von A.A. Michelson durchgeführt wurde.[164] Der experimentelle Befund, dass im Ortsraum kein absolutes Bezugssystem zur Beschreibung von Bewegungsvorgängen identifiziert werden kann, in Verbindung mit einer absoluten Grenzgeschwindigkeit c_0 für jegliche Relativbewegung, hat eine ganze Reihe faszinierender Konsequenzen, die im Rahmen der SRT allesamt korrekt beschrieben werden. Die Zeitdilatation ist eines dieser Phänomene. Eine 3D-Licht-Uhr funktioniert in allen Raumrichtungen auf die gleiche Weise, sodass wir zur Herleitung der Zeitdilatation uns auf 1D-Lichtuhr-Segmente beschränken können. Die (relative) Bewegungsrichtung zeichnet hierbei zwei dieser Segmente aus, nämlich jene mit einer Ausrichtung senkrecht bzw. parallel zur Relativbewegung. Das Laufzeitverhalten aller anderen Segmente kann immer als Linearkombination dieser beiden Uhren dargestellt werden.

Verwenden wir kartesische Koordinaten und legen die gemeinsame x-x'-Achse in Bewegungsrichtung so liefert eine einfache geometrische Betrachtung (vgl. Bild 4.35)

$$\Delta t = \frac{2 \cdot R_0}{\sqrt{c_0^2 - v^2}} \qquad \text{Gl. 4.138}$$

Beide Beobachter verwenden Uhren identischer Bauart, d.h. der Radius R_0 in B ist gerade gleich R_0' der B'-Uhr, sodass B seine Referenzlänge durch das entsprechende Zeitintervall $\Delta t'$ ersetzen kann

$$\frac{\Delta t'}{\Delta t} = \frac{\sqrt{c_0^2 - v^2}}{c_0} = \frac{c(v)}{c(v=0)} \xrightarrow{v=0{,}8c_0} \frac{\Delta t'}{\Delta t} = 0{,}6 \qquad \text{Gl. 4.139}$$

Das von B' mit *(s)einer* Uhr-① ' an *(s)einem* Ort $x_{①}$' gemessene *Zeitintervall* $\Delta t'$ (→ *Eigenzeit*[165]) zwischen Emission und Absorption des Lichtpulses ist demnach kleiner (in unserem Beispiel um den Faktor 0,6) als das entsprechende von B ermittelte Zeitintervall Δt, gemessen mit zwei (synchronisierten) Zeitmessern Uhr-① und Uhr-③, jeweils lokalisiert an verschiedenen Orten $x_{①}$ und $x_{③}$. Das Verhältnis beider Zeitintervalle lässt sich auch als ein Geschwindigkeitsverhältnis interpretieren, indem man eine *Zeitgeschwindigkeit* $c(v) = \sqrt{c_0^2 - v^2}$ definiert, deren Bedeutung in Abschnitt 4.4 näher erläutert wird.

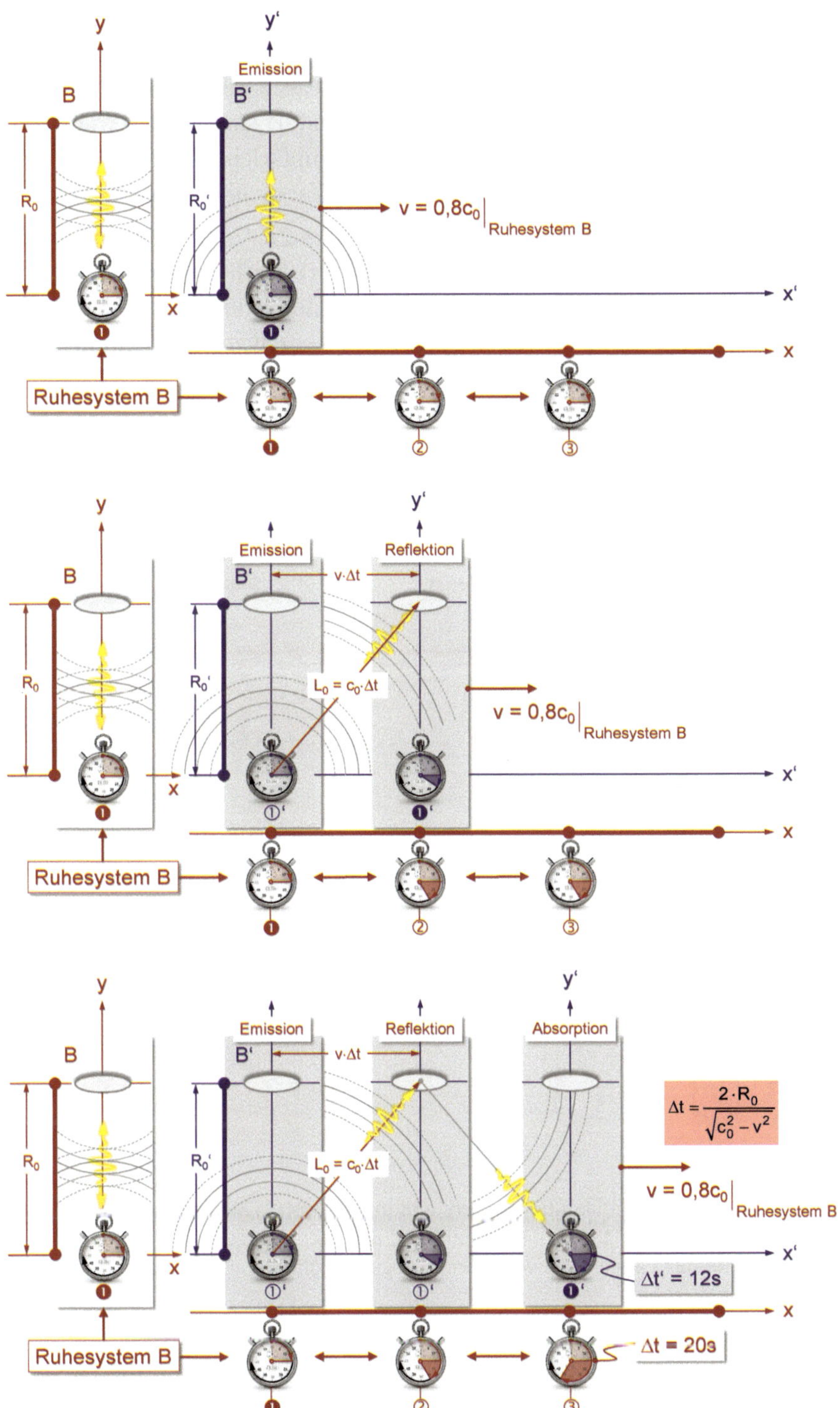

Bild 4.35 Zum Phänomen der Zeitdilatation, untersucht mithilfe von 1D-Licht-Uhren. Der Beobachter B' bewege sich relativ zum Ruhesystem B mit 80 % der Lichtgeschwindigkeit in x-Richtung. Für B tickt die Licht-Uhr von B' um den Faktor 0,6 langsamer.

Das Phänomen der Längenkontraktion, also der bewegungsbedingten scheinbaren Veränderung räumlicher Abmessungen, ist in der bisherigen Betrachtung nicht aufgetreten, weil die relative Bewegung senkrecht zur Messstrecke erfolgt, welche die Lichtlaufzeit und damit das Zeitmaß festlegt. Das ändert sich jedoch, wenn wir die Licht-Uhr von B' um 90° drehen, um sie in Bewegungsrichtung zu positionieren, entsprechend Bild 4.36, unter ansonsten gleichen Versuchsbedingungen.

B' ermittelt gemäß (Gl. 4.136) dieselbe Lichtlaufzeit $\Delta t' = 2R_0'/c_0 = 12$ s wie zuvor, schließlich kann sein Ergebnis nicht von der relativen Orientierung des Messaufbaus im Raum abhängen. Für Beobachter B berechnet sich jedoch die Gesamtlaufzeit Δt zwischen Emission und Absorption aus zwei *unterschiedlichen* Zeitanteilen.

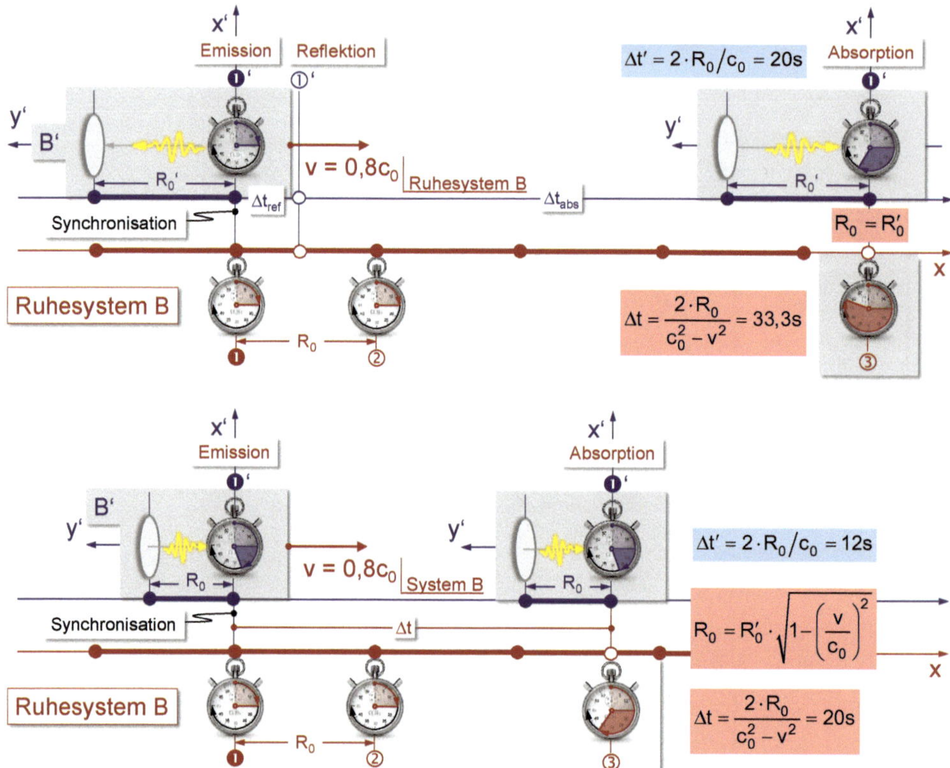

Bild 4.36 Zum Phänomen der Zeitdilatation, untersucht mithilfe von 1D-Licht-Uhren. Der Beobachter B' bewege sich relativ zum Ruhesystem B mit 80 % der Lichtgeschwindigkeit in x-Richtung. Für B scheint das Längenmaß von B' in Bewegungsrichtung um den Faktor 0,6 verkürzt.

Nach der Emission bewegt sich nämlich der B'-Spiegel auf den Lichtpuls zu, d. h. das Zeitintervall bis zur Reflektion Δt_{ref} muss folgender Beziehung genügen

$$c_0 \cdot \Delta t_{ref} = R_0 - v \cdot \Delta t_{ref} \Leftrightarrow \Delta t_{ref} = \frac{R_0}{c_0 + v} \qquad \text{Gl. 4.140}$$

Entsprechend erhält man nach der Reflektion für das Zeitintervall Δt_{abs} bis zur Absorption

$$c_0 \cdot \Delta t_{\text{abs}} = R_0 + v \cdot \Delta t_{\text{abs}} \Leftrightarrow \Delta t_{\text{abs}} = \frac{R_0}{c_0 - v} \qquad \text{Gl. 4.141}$$

weil sich der Absorber vom Lichtpuls mit der Geschwindigkeit v wegbewegt. Für die Gesamtlaufzeit ergibt sich demnach

$$c_0 \cdot \Delta t_{\text{abs}} = R_0 + v \cdot \Delta t_{\text{abs}} \Leftrightarrow \Delta t_{\text{abs}} = \frac{R_0}{c_0 - v} \qquad \text{Gl. 4.142}$$

hierbei ist R_0 der von B ermittelte Spiegelabstand der Licht-Uhr.

Mit $v = 0{,}8c_0$ erhalten wir demnach für B eine Gesamtlaufzeit von $\Delta t = 33{,}3$ s ($\rightarrow \Delta t' = 20$ s). Dieser Wert liegt allerdings um den Faktor 1/0,6 über dem Messresultat von $\Delta t = 20$ s ($\rightarrow \Delta t' = 12$ s). Beobachter B schließt hieraus, dass die plausible Annahme $R_0 = R_0$' für den einzig noch *„freien"* Parameter[166] nicht erfüllt sein kann, was sich auch formal bestätigt, wenn man (Gl. 4.142) bei der Zeitdilatation gemäß (Gl. 4.139) berücksichtigt

$$\Delta t' = \frac{2 \cdot R_0'}{c_0} = \frac{2 \cdot R_0}{c_0^2 - v^2} \cdot \sqrt{1 - \frac{v^2}{c_0^2}} \Leftrightarrow R_0 = R_0' \cdot \sqrt{1 - \frac{v^2}{c_0^2}} \qquad \text{Gl. 4.143}$$

Für einen ruhenden Beobachter erscheint also das die Laufzeit bestimmende Abstandsmaß R_0' in Bewegungsrichtung verkürzt! Erweitern wir das Resultat auf die gesamte Geometrie der 3D Licht-Uhr von B', so zeigt B's Messung keine kugelförmige Gestalt, sondern ein in Bewegungsrichtung um den Faktor 0,6 abgeplattetes linsenförmiges Ellipsoid. Wie ist dieser merkwürdige Befund zu verstehen? Die ermittelte Gestaltänderung kann schließlich nicht das Resultat einer mechanischen Deformation sein, zumal sie für weitere Beobachter B'', B''' in relativer Bewegung $\mathbf{v}'' \neq \mathbf{v}''' \neq \mathbf{v}$ im Allgemeinen anders aussehen wird?!

Man muss in diesem Zusammenhang zwischen der gemessenen und der visuellen Erscheinungsform eines Objektes wohl unterscheiden. Eine Vermessung der Objektgeometrie mittels Licht-Laufzeiten müsste per Definition das von allen Objektpunkten zeitgleich emittierte Licht erfassen, was aber prinzipiell nicht möglich ist, solange wir nur von *einem* Beobachter an *einem* Beobachtungspunkt ausgehen. Das zugehörige visuelle Erscheinungsbild wird nämlich durch das emittierte Licht bestimmt, das zeitgleich an eben diesem Beobachtungspunkt auf einen optischen Detektor (→ Fotoplatte, Netzhaut, etc.) trifft, also je nach relativem Abstand zum Objekt zu ganz unterschiedlichen Zeiten von dort ausgesandt wurde. Ein Sachverhalt, der prinzipiell immer zutrifft. Um dennoch die Geometrie eines bewegten Körpers wenigstens theoretisch zu erfassen, denkt man sich den Beobachtungsraum mit einem hypothetischen 3D-Sensorgitter ausgestattet, also einer Vielzahl von Beobachtungspunkten (→ Beobachtern!), womit die lokalen Zeitpunkte räumlicher Überschneidungen mit dem Körper aufgezeichnet werden, um so die ermittelten Datensätze nachträglich auswerten zu können. Die relativistische Längenkontraktion ist das Ergebnis genau dieser hypothetischen Methode der Datenerfassung und Auswertung, die zumindest prinzipiell sicherstellt, dass für beliebige Relativgeschwindigkeiten die erforderliche Gleichzeitigkeitsbedingung erfüllt werden kann, auch wenn sie praktisch keine sinnvollen Resultate liefert (→ deformierte Körpergeometrie?!). In unserem Beispiel bleibt daher die kugelförmige Gestalt der sich mit 80 % Lichtgeschwindigkeit bewegenden B'-Uhr im Auge des *einen* ruhenden Betrachters B unverzerrt erhalten, trotz der signifikanten Längenkontraktion auf 60 % der Ruhelänge! Die visuelle Erscheinung eines schnell bewegten Körpers erfährt lediglich eine (scheinbare) Rotation um eine Achse senkrecht zur Bewegungs- und Beobachtungsrichtung, weshalb die Kugel auch keine Formveränderung zeigen kann. Wir greifen diesen *„räumlichen"* Aspekt der Relativbewegung, nämlich einer *„bewegungsinduzierten"* Veränderung der Körpergeometrie in Abschnitt 4.4.4 nochmals auf.

Ein entsprechendes Phänomen ist übrigens auch im Falle identischer Massen zu beobachten. Die relativistische Massenzunahme ist ebenfalls eine Folge der Zeitdilatation, wenn der Impulserhaltungssatz tatsächlich ein physikalisches Gesetz beschreiben soll! In diesem Fall ist der Impuls eines Körpers der Masse m_0 in allen gleichförmig bewegten Bezugssystemen in gleicher Weise zu definieren, nämlich bezüglich der jeweiligen *Systemzeit* (!) (→ *Eigenzeit* τ) und muss daher unter Verwendung von (Gl. 4.135) folgender Beziehung genügen

$$\boldsymbol{p} = m_0 \cdot \left(\frac{\mathrm{d}\boldsymbol{r}}{\mathrm{d}\tau}\right) = \frac{m_0}{\sqrt{1-\left(\frac{v}{c_0}\right)^2}} \cdot \left(\frac{\mathrm{d}\boldsymbol{r}}{\mathrm{d}t}\right) \overset{v \ll c_0}{\cong} m_0 \cdot \left(\frac{\mathrm{d}\boldsymbol{r}}{\mathrm{d}t}\right) \qquad \text{Gl. 4.144}$$

Robert Resnick[167] weist auch deshalb zu Recht darauf hin, dass der Ursprung der relativistischen Massenzunahme also rein kinematischer Natur ist, entsprechend der Zielsetzung der SRT, nämlich unser klassisches Verständnis von Raum und Zeit dahingehend zu korrigieren, dass physikalische Gesetze auch für hohe Relativgeschwindigkeiten nahe der Grenzgeschwindigkeit c_0 konsistent bleiben. Zwangsläufig müssen sich kinematische Größen wie z. B. die Geschwindigkeit oder auch die Beschleunigung ändern, während körperbezogene Eigenschaften, wie etwa die Masse oder auch die Ladung, davon nicht betroffen sein können (Resnick, 1976). In diesem Sinne bleibt die Körpergeometrie selbstverständlich auch erhalten, trotz relativistischer Längenkontraktion, ebenso dessen (Ruhe-)Energiedichte, etwa bedingt durch mechanische Spannungen, die chemische Zusammensetzung oder den *„Wärmeinhalt"*, etc. Der Wärmeinhalt definiert sich gemäß Abschnitt 4.1.2 über die Entropiedichte und die Temperatur des Körpers, und diese Größe (→ thermische Energiedichte) ist erhalten, obwohl die relativistische Temperatur $T(v)$ für $v \to c_0$

gegen Null (Kelvin) geht.[168] Ein Astronaut kann in seinem Raumschiff nicht erfrieren, selbst wenn er sich mit nahezu Lichtgeschwindigkeit bewegen sollte.

Die Verwendung der *Eigenzeit* τ anstatt der *Koordinatenzeit* t führt also zu einer deutlichen Vereinfachung der Bewegungsgleichung. Die Beschleunigung schreibt sich dann auch weiterhin auf gewohnte Weise, nämlich

$$\left(\frac{\mathrm{d}\boldsymbol{p}}{\mathrm{d}\tau}\right)=m_0\cdot\left(\frac{\mathrm{d}^2\boldsymbol{r}}{\mathrm{d}\tau^2}\right)\overset{v\ll c_0}{\cong}m_0\cdot\left(\frac{\mathrm{d}^2\boldsymbol{r}}{\mathrm{d}t^2}\right)=\left(\frac{\mathrm{d}\boldsymbol{p}}{\mathrm{d}t}\right) \qquad \text{Gl. 4.145}$$

Unter Verwendung der Koordinatenzeit wird die Sache hingegen für B erheblich komplizierter, soll heißen mathematisch umständlicher, weil sich in diesem Falle für $v \to c_0$ longitudinal (Index L) und transversal (Index T) zur relativen Bewegung unterschiedliche Massen $m_{\mathrm{L,T}}(\boldsymbol{v})$ (bzw. unterschiedliche *„Kräfte"* $\mathrm{d}\boldsymbol{p}/\mathrm{d}t|_{\mathrm{L,T}}$) ergeben, die dann bei der Lösung $\boldsymbol{r}(t)$ der Bewegungsgleichung sehr wohl zu berücksichtigen sind.

A$_{4-5}$: Welche relativistischen Massen $m_{\mathrm{L,T}}$ und Kräfte $\boldsymbol{F}_{\mathrm{L,T}}$ ergeben sich longitudinal bzw. transversal zur Bewegung, wenn ein Beobachter B seine Koordinatenzeit t anstatt der Eigenzeit τ verwendet, um dynamische Prozesse in B' zu beschreiben?

Mathematisch ist es also eine ausgesprochen angenehme Sache die Bewegung mit τ und nicht mit t zu parametrisieren, physikalisch erscheint das jedoch problematisch, weil auf den ersten Blick ziemlich verwirrend! Welche *„Eigenzeit"* gilt denn nun für B' zur Beschreibung seiner Erfahrungswelt? Jene, gemäß (Gl. 4.139), definiert aufgrund der Relativbewegung $\boldsymbol{v}$ bezüglich B oder doch vielleicht eine andere - beispielsweise die Eigenzeit, die sich in Zusammenhang mit der Relativbewegung $\boldsymbol{u} \neq \boldsymbol{v}$ bezüglich eines weiteren Beobachters B'' ergibt? Die Auswahl an *„Eigenzeiten"* für B' scheint beliebig groß, entsprechend der Anzahl möglicher weiterer Beobachter B* in gleichförmiger Relativbewegung mit prinzipiell beliebigen Geschwindigkeiten $w^* \in [0,c_0]$. Aber B' kann einem Ereignis in seiner Erfahrungswelt jedoch immer nur *eine Zeitkoordinate* auf eindeutige Weise zuordnen, nämlich *seine Koordinatenzeit t* die er *lokal* mittels *seiner Uhr* bestimmt. Nur diese Zeit ist ihm im Wortsinne *„zu Eigen"* und es muss ihn hierbei nicht interessieren, dass etwaige andere Beobachter B, B'' seiner Zeitkoordinate unter Umständen andere Werte zuordnen, nämlich deren *„Eigenzeit"-Messungen* τ bzw. τ'', je nach relativem Bewegungszustand $\boldsymbol{v}$, $\boldsymbol{u}$ dieser Beobachter bezüglich B'. Insofern ist der Begriff *„Eigenzeit"* etwas unglücklich gewählt, weil das Zeitmaß nun einmal eine relative Größe beschreibt. Entsprechendes gilt für die relative Geschwindigkeit: Der in der Literatur recht häufig anzutreffende Begriff *„Eigengeschwindigkeit"* eines Körpers macht physikalisch ebenso wenig Sinn!

Im Rahmen der SRT sind es also ausschließlich die jeweiligen Zeitmaße, welche durch Veränderungen des relativen Bewegungszustandes (→ Beschleunigungen) auf objektive Weise (→ messbar!) beeinflusst werden und zwar *unabhängig* von der methodischen Umsetzung der Zeiterfassung (→ Uhr).[169] Greifen wir den oben zitierten Gedankengang von Aristoteles nochmals auf, dann kann Zeit also doch nicht *nur* Messzahl von Bewegung sein, vielmehr stützen die zahlreichen experimentellen Befunde zur Zeitdilatation, unter anderem aus der Hochenergiephysik, seine ursprüngliche Hypothese: Zeit und Bewegung repräsentieren *dasselbe* physikalische Phänomen - Zeit *ist* Bewegung!

4.3.5.2 Zeitreisen in die Zukunft: Das Zwillingsparadoxon

Nach dieser kurzen Einführung in die spezielle Relativitätstheorie stellt sich das sogenannte *„Zwillingsparadoxon"* wie folgt dar:

> *„Wir stellen uns vor, dass an Neujahr Albert seinen gleichaltrigen Zwillingsbruder Max verlässt, der in einem im Weltraum treibenden Raumschiff zurückbleibt, während Albert in einem anderen Raumschiff die Triebwerke zündet, so dass er auf eine zu Max relative Geschwindigkeit von $\Delta v = 0{,}8c_0$ beschleunigt wird. Er reist so nach seiner Borduhr drei Jahre lang. Dann zündet er das entgegengesetzte Triebwerk und kehrt damit seine Bewegung genau um, so dass er nach drei weiteren Jahren (nach seiner Uhr) zu Max zurückkehrt, um ein drittes Mal seine Triebwerke zu zünden, bis er unmittelbar neben Max zur Ruhe kommt. Dann vergleicht Albert die Aufzeichnungen der Uhren. Nach seiner Borduhr sind seit dem Abflug erwartungsgemäß sechs Jahre vergangen, aber nach Max Uhr war Albert zehn Jahre unterwegs."* [170]

Max ist also nach Abschluss des Experimentalflugs vier Jahre älter als sein Zwillingsbruder Albert! Befände sich Max mit seinem Raumschiff in einem Erdorbit, dann wären näherungsweise[171] auch auf der Erde bzw. im gesamten Sonnensystem in etwa diese zehn Jahre vergangen und Albert ist somit innerhalb von sechs Jahren um vier weitere Jahre in *„die Zukunft"* gereist - eine wahrlich faszinierende Interpretation des Geschehens!

Paradox erscheint diese Überlegung nur deshalb, weil man aufgrund der Relativität der Bewegung aus Sicht von Albert auch ein Zeitdilatationseffekt bei Max feststellen sollte. Es ist jedoch Albert der objektiv, d. h. messbar seinen Bewegungszustand änderte. Indem er sein Raumschiff je zweimal beschleunigte bzw. verzögerte wechselte er im Verlauf dieser Phasen ständig sein Bezugssystem (genauer: seinen Beobachterstatus!), bevor er bei Max wieder eintraf. Während dessen hat sich der Bewegungszustand von Max nicht verändert.

Aber: *„Die Zukunft"* beschreibt physikalisch was genau? Das Zwillingsparadoxon lehrt uns, dass es kein universelles Zeitmaß geben kann, und damit beschreibt auch *„die Zukunft"* keinen objektiven physikalischen Sachverhalt. Stattdessen scheint jedem Beobachter/Objekt eine individuelle Uhr zu eigen zu sein, deren Laufverhalten und damit deren Betriebsdauer (→ Alter) von der jeweiligen Bewegungsgeschichte abhängt. Beobachter bzw. Objekte, welche nahezu am gleichen Ort zur nahezu gleichen (Orts-)Zeit zusammentreffen, können also bis *dahin* gänzlich unterschiedliche *„Zeitstrecken“* überbrückt haben, wie sie auch bis *dorthin* gänzlich unterschiedliche räumliche Strecken zurückgelegt haben.[172] Letzteres sind wir gerne bereit zu akzeptieren, weil ganz offensichtlich in Einklang mit Beobachtungen aus unserer Erfahrungswelt. Das individuelle Zeitmaß erkennen wir als solches jedoch nicht und *interpretieren* deshalb ganz selbstverständlich, dass *„unser Zeitmaß“* absolute Gültigkeit hat. Einen möglichen Gangunterschied im Sinne eines Altersunterschiedes erscheint uns nur dann schlüssig, wenn sich weitere Datierungsunterschiede in Zusammenhang mit der *Betriebsdauer* der jeweiligen Uhr feststellen lassen. Die Konstanz der mit einer Uhr definierten Referenzbewegung hinterfragen wir im Allgemeinen nicht, weil sich in unserer Erfahrungswelt keine unmittelbaren Anhaltspunkte dafür finden lassen!

Geometrisch veranschaulichen lässt sich dieser Effekt mithilfe eines sogenannten Minkowski-Diagramms[173] (vgl. Bild 4.37). Zur Vereinfachung der Darstellung wird der Ortsraum nur durch eine radiale Koordinate repräsentiert, gemessen in der Einheit eines Lichtjahres, senkrecht hierzu beschreibt die w-Koordinate in der gleichen Einheit den zugehörigen Zeitraum: $w = c_0 t$. In diesem (geometrischen!) Bild bewegt sich also ein Raumpunkt $P(r_0)$ mit der Grenzgeschwindigkeit c_0 durch den *„Zeitraum“* (→ Zeitgeschwindigkeit[174]), wobei die Punktmenge $P(r_0,t)$ eine Kurve in einer 4-dimensionalen *„Raumzeit“* beschreibt, die sogenannte *„Weltlinie“* von $P(r_0)$.

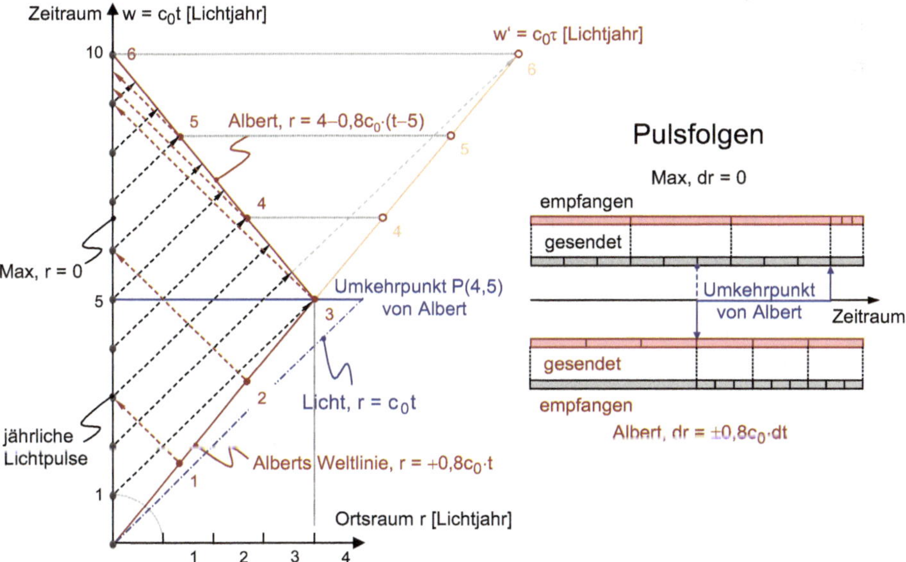

Bild 4.37 Minkowski-Diagramm zur Beschreibung der Zeitdilatation zwischen Albert und Max im Falle einer Relativgeschwindigkeit von $v = \pm 0{,}8c_0$; Darstellung nach (Resnick, 1976). Das zugehörige 3:1-Verhältnis der Lichtpulsfolgen (Lichtuhr) ist zur Verdeutlichung nochmals separat dargestellt.

Das zugehörige invariante Wegelement dw ist maximal, wenn keine Relativbewegung im Ortsraum vorliegt und wird sukzessive kleiner, je größer die Geschwindigkeit v wird, um schließlich für $v = c_0$ zu verschwinden, d.h. bei Erreichen der Grenzgeschwindigkeit im Ortsraum (→ *„Lichtgeschwindigkeit"*) findet keine Bewegung im *„Zeitraum"* statt, die Zeitgeschwindigkeit und folglich auch die zurückgelegte Zeitstrecke ist dann Null:

$$\mathrm{d}w^2 = \left(c_0 \mathrm{d}t\right)^2 - \left(v \mathrm{d}t\right)^2 \Leftrightarrow \mathrm{d}w = \mathrm{d}t \cdot c_0 \cdot \sqrt{1 - \left(\frac{v}{c_0}\right)^2} = \mathrm{d}\tau \cdot c_0 \qquad \text{Gl. 4.146}$$

Diese Interpretation ist wahrlich nicht neu.[175] Sie stützt obige Hypothese, dass Zeit und Bewegung identische Phänomene unserer Erfahrungswelt sein müssen. Wir werden die Modellvorstellung zur Beantwortung der Frage *„Kann Raum bewegt werden?"* in Abschnitt 4.4 erneut aufgreifen und dort auch weiter vertiefen, weil damit das bereits mehrfach angesprochene Impulsstrom-Bild auf kosmologischer Ebene schlüssig ergänzt werden kann.

In der Minkowski-Darstellung wird Alberts Weltlinie durch die Geraden $r(t) = +0{,}8c_0 t$ (→ Hinflug) bzw. $r(t) = 4 - 0{,}8c_0 \cdot (t-5)$ (→ Rückflug) beschrieben, während Max' Weltlinie identisch mit der Zeitraum-Achse $r = 0$ ist. Während des Experimentalflugs senden Max und Albert zur genauen Orientierung jährlich Lichtpulse ins All. Solange sie sich gleichförmig voneinander entfernen, empfangen beide diese Lichtpulse nach ihrer Zeitrechnung in einem 3-Jahresrythmus (→ Dopplereffekt), d.h. die Zeit des jeweiligen Absenders muss um einen Faktor 1/3 langsamer vergehen. Kehrt Albert nach drei Jahren Bordzeit um, ist die Symmetrie des Bewegungsablaufs nicht mehr gegeben. Albert fliegt Max entgegen und weist aufgrund des Dopplereffektes in kurzer Folge neun weitere Lichtpulse nach, während Max nur deren drei detektiert. Max ist also tatsächlich bei ihrem Wiedersehen um vier weitere Jahre gealtert!

Noch wesentlich interessanter ist jedoch ein anderer Aspekt, nämlich das Albert und Max in ihren *„treibenden Raumschiffen"* keine Aussage darüber treffen können, ob die erstmalige Triebwerkszündung von Albert tatsächlich eine relative Beschleunigung (wie in obigem Text beiläufig formuliert) oder eventuell eine relative Verzögerung zur Folge hatte, denn unsere Protagonisten haben prinzipiell keine Möglichkeit ihren aktuellen Bewegungszustand absolut zu bestimmen. Intuitiv verbindet man relativistische Effekte immer mit einem *„absoluten Geschwindigkeitsanstieg"* in Richtung der Grenzgeschwindigkeit c_0, bedingt durch Interpretationsweisen, die sich in unserer alltäglichen Newton'schen Weltanschauung bewährt und (leider) entsprechend gefestigt haben. Bewegung ist aber ein relatives Phänomen, nur der zugehörige Messwert – der Betrag der Relativgeschwindigkeit v – bleibt absolut, weshalb beide Raumfahrer nicht nur das gleiche c_0, sondern eben auch das gleiche v messen. Für Albert wird auch im Falle einer Verzögerung relativ zu Max' Bewegungszustand weniger Zeit vergangen sein! In diesem Sinne kann *„Beschleunigung"* also kein absolutes Phänomen sein, wie beispielsweise von Newton zur Beschreibung seines absoluten Raumes noch angenommen (weiteres hierzu in Abschnitt 4.4 *Das Konzept des Raumes*).

Die bisherigen Schilderungen verdeutlichen, dass *„Gleichzeitigkeit"* im Grunde ein physikalisch sinnloser Begriff ist, was sich zumindest im Falle relativistischer Bewegungsverhältnisse auch unmittelbar zeigt. Entsprechend sind die ermittelten Resultate *„gleichzeitiger Messungen"* einzuordnen, sodass sich im Grunde eine wissenschaftliche Diskussion *„sinnloser Daten"* von vornherein erübrigen sollte. Dennoch verwenden wir Physiker immer wieder sehr viel Zeit darauf, die sich scheinbar daraus ergebenden *„Widersprüche"* zu erörtern, d.h. sie im Rahmen unseres eingeschränkten Newton'sches Weltbildes *„richtig"* einzuordnen - als gäbe es nichts Besseres zu tun?!

Fazit: Ist nun Max tatsächlich in *„die Zukunft"* gereist? *Nein - das ist er nicht*, den Alberts Gegenwart ist *ebenso wenig* Max' Zukunft wie Max' Gegenwart Alberts Vergangenheit sein kann. Eine derartige Klassifizierung wäre nur in einem absoluten Bezugssystem möglich, das es aber prinzipiell nicht geben kann. Bezugssysteme zur Beschreibung unserer Erfahrungswelt sind stets über die jeweiligen Beobachter definiert, und ein jeder Beobachter kann zur weiteren mathematischen Darstellung seiner Beobachtungen wiederum beliebige Koordinatensysteme K, K' wählen. Man beachte also: Ein Wechsel des Koordinatensystems K → K' bedeutet also nicht notwendig ein Wechsel des Bezugssystems (→ des Beobachters!) - das ist physikalisch sehr wohl zu unterscheiden!

4.3.5.3 Zeitreisen in die Vergangenheit: Das allgemeine Kausalitätsprinzip

Die generationenübergreifende familiäre Tragödie des anfänglich geschilderten *„Großvaterparadoxons"* ermahnt uns zur Vorsicht, sodass wir im Folgenden potentielle gegenwärtige Auswirkungen einer Zeitreise in die Vergangenheit anhand eines physikalischen Experiments untersuchen werden. Ausgehend von der Hypothese, dass sogenannte *„Wurmlöcher"* Wege in der Zeit eröffnen, also insbesondere Reisen in die Vergangenheit ermöglichen, betrachten wir klassische Stoßvorgänge und beziehen hierbei die von Nathan Rosen[176] im Jahre 1935 gefundene *„Wurmloch-Lösung"* der Einstein'schen Feldgleichungen der ART mit ein. Aktuellere quantentheoretische Untersuchungen zeigen, dass diese spezielle topologische Raum-Zeit-Struktur (→ Einstein-Rosen-Brücke) tatsächlich passierbar zu sein scheint.[177] Ob dem aber tatsächlich so ist, spielt für die nachfolgende Betrachtung keine Rolle.[178]

Das linke Schema in Bild 4.38 skizziert einen elastischen nichtzentralen Stoß zweier Kugeln mit identischen Massen und zwar in unmittelbarer Nähe eines Wurmlochs, dessen Eingang entstehe zur Zeit $t = 0$ am Ort $\boldsymbol{r}_0$ und bleibe in der

Folge stationär. Der zugehörige Ausgang befinde sich am Ort $\boldsymbol{r}_1$, allerdings um $\Delta t = -10$ s zeitversetzt, er sei also (für uns) noch nicht gegenwärtig. Die rote Kugel trage den Impuls $\boldsymbol{p}_0$ und treffe nach $t = 5$ s auf die in unserem Bezugssystem K(x,y,z,t) ruhende blaue Kugel. Der Stoßparameter sei so gewählt, dass beide Kugeln um jeweils 45° aus der $\boldsymbol{p}_0$-Richtung abgelenkt werden und sich mit einem Impuls vom Betrage $p_0' = p_1 = p_0/\sqrt{2}$ weiter bewegen. Die blaue Kugel nähert sich hierbei dem (sphärischen) Wurmloch am Ort $\boldsymbol{r}_0$ und passiert den Eingang der Einstein-Rosen-Brücke zum Zeitpunkt $t = 10$ s, während sich die rote Kugel nach dem Stoß ungestört mit gleichförmiger Geschwindigkeit durch den Raumbereich des ERB-Ausganges bewegen kann – schließlich ist er (immer) noch nicht gegenwärtig.

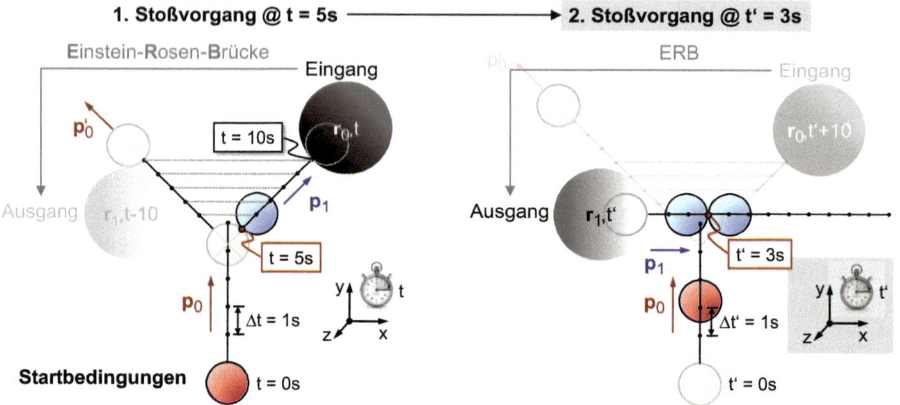

Bild 4.38 Klassische Stoßfolge nach dem allgemeinen Kausalitätsprinzip, wobei ein Stoßpartner im Prozessverlauf durch ein *„Wurmloch"* um $\Delta t = -10$ s zurück versetzt wird.

Folgen wir weiter der blauen Kugel, so verlässt sie zum Zeitpunkt $t' = t - 10\text{ s} = 0$ das Wurmloch am Ort $\boldsymbol{r}_1$ und trifft bereits nach $\Delta t' = 3$ s zentral auf die uns aus der Ausgangskonfiguration bekannte ruhende Kugel (2. Stoßvorgang), sodass der ursprüngliche Stoßprozess zukünftig nicht mehr in der gleichen Weise stattfinden kann.[179] Zudem ist der zum Brückenausgang ($\boldsymbol{r}_1$,t') gehörende Zugang am Ort $\boldsymbol{r}_0$ nicht gegenwärtig, weil um $\Delta t' = +10$ s zeitversetzt, womit eine unmittelbare Wiederholung des Vorganges ohnehin ausgeschlossen ist.[180]

In der Folge stößt die rote Kugel zum Zeitpunkt $t' = 4{,}5$ s auf das blaue Pendant aus der Zukunft (3. Stoßvorgang, Bild 4.39) und zum Zeitpunkt $t' = 10$ s liegt schließlich eine gänzlich andere physikalische Konstellation vor als jene zum gleichen Zeitpunkt jenseits der Einstein-Rosen-Brücke. Dort schreiben wir mittlerweile die Zeit $t = t' + 10\text{ s} = 20$ s und die rote Kugel mit Impuls $\boldsymbol{p}_1$ hat mittlerweile die Wurmlochregion verlassen. Der geschilderte Prozessablauf genügt dem allgemeinen Kausalitätsprinzip und bietet im Grunde wenig Überraschendes, insbesondere kein Paradoxon! Im Gegenteil, durch die Einstein-Rosen-Brücke haben wir stattdessen weitere Freiheitsgrade für eine *klassisch-deterministische* (!) Bewegung hinzugewonnen, d.h. die *„physikalische Spielwiese“* möglicher Prozessabläufe hat sich deutlich vergrößert. Genau genommen ergeben sich sogar beliebig viele ERB-Bahnen, die wiederspruchsfrei den Gesetzen der klassischen Physik genügen.[181] Prinzipiell ist eine Passage durch das Wurmloch in beide Richtungen denkbar, sodass im Verlauf eines Stoßprozesses ein (oder mehrere) Wechselwirkungspartner auch den Weg zurückfinden und in der Folge im Eingangsbereich der Einstein-Rosen-Brücke weitere Wechselwirkungsprozesse durchlaufen können - kausalwidrige Paradoxien werden auch dann nicht hervorgerufen!

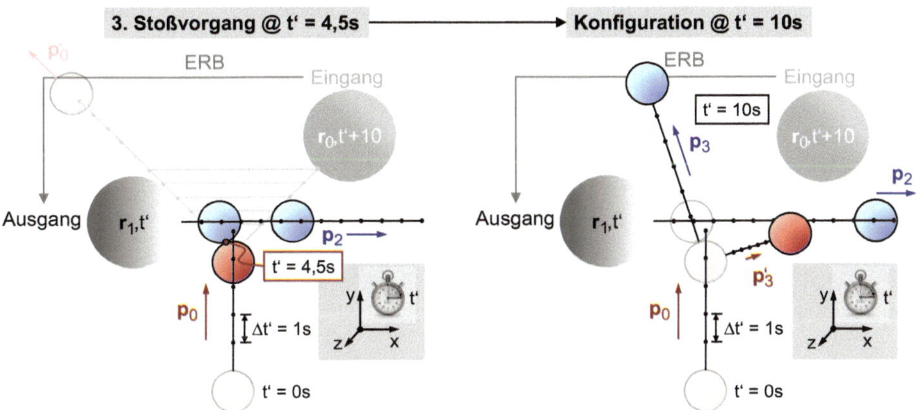

Bild 4.39 Klassische Stoßfolge nach dem allgemeinen Kausalitätsprinzip. Weiterer Prozessverlauf im Bereich des Ausganges der Einstein-Rosen-Brücke.

Die gute Nachricht lautet also: Man kann auch über ein Wurmloch *„ganz bequem“* in *„die Zukunft“* gelangen ohne langwierige Raumflüge mit hoher Relativgeschwindigkeit durchführen zu müssen ...

Es ist in diesem Kontext ganz instruktiv weitere Prozessabläufe zu studieren. Beispielsweise solche, wie zuvor bereits angesprochen, in deren Verlauf die zeitreisende Kugel tatsächlich wieder in unser Bezugssystem zurückkehrt und zwar *nachdem* sie den initialen Stoßvorgang *„verhindert“* haben wird, indem sie - wie gezeigt - sich in der Vergangenheit selbst aus dem Weg räumt (→ entsprechend dem zu Beginn geschilderten *„Großvaterparadoxon“*). Bild 4.40 zeigt sowohl den zugehörigen Ausgangszustand, ergänzt um eine am Ort $\boldsymbol{r}_2$ verankerte starre Wand, sodass die Kugel nach dem 3. Stoßvorgang in der Vergangenheit elastisch reflektiert werden wird, um in der Folge das Wurmloch zum Zeitpunkt $t' = 10$ s bei $\boldsymbol{r}_1$ zu passieren und schließlich bei $\boldsymbol{r}_0$ zum Zeitpunkt $t = t' + 10$ s = 20 s wieder in unserer Gegenwart zu erscheinen.

Die Einstein-Rosen-Brücke ist im Übrigen nicht das einzige klassische Modell im mathematischen Umfeld der ART, das auf konsistente Weise ein Reisen in der Zeit beschreiben kann. Beispielsweise fand Kurt Gödel[182] im Jahre 1949 eine weitere Lösung der Einstein'schen Feldgleichungen, wonach ein rotierendes Universum in sich geschlossene Weltlinien ermöglicht. Bisher ergaben sich jedoch keine experimentellen Befunde, die auf einen kosmologischen Rotationszustand schließen lassen. Eine dritte Möglichkeit wurde 1963 von Roy Kerr[183] gefunden: Die sogenannte Kerr-Singularität beschreibt ein rotierendes schwarzes Loch und dessen Auswirkung auf die umliegende Raumzeit-Metrik. Man beachte jedoch: Solange sich den gefundenen Lösungen keine Beobachtungen aus unserer Erfahrungswelt zuordnen lassen, handelt es sich nur um *„mathematische Spielereien"* aus dem Modellbaukasten der ART und man läuft Gefahr sich bei der weiteren Suche nach geeigneten physikalischen Modellansätzen gänzlich in der Mathematik zu verlieren.

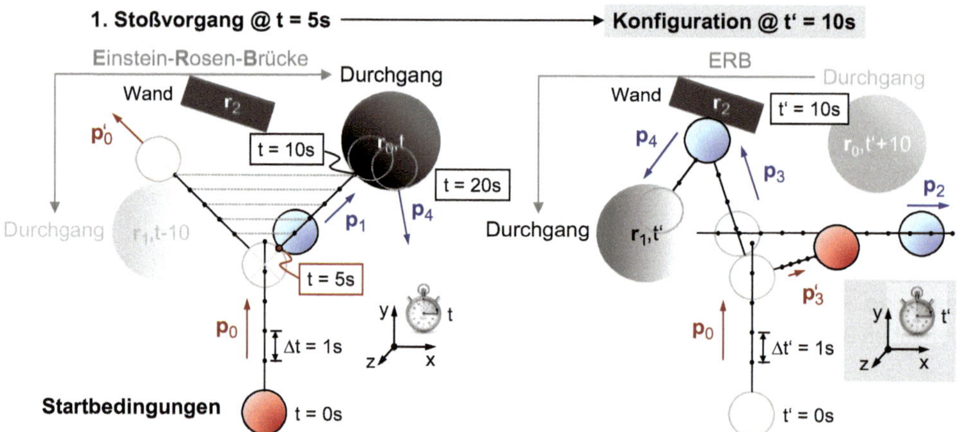

Bild 4.40 Klassische Stoßfolge nach dem allgemeinen Kausalitätsprinzip. Der Prozessverlauf beinhaltet eine vollständige Zeitschleife, indem ein Stoßpartner erst in die Vergangenheit und anschließend zurück in die Gegenwart gelangt.

Mittlerweile finden sich weitere quantenmechanische Modellansätze die *„Zeitreisen"* widerspruchsfrei zulassen. Das ganze Thema *„Zeitparadoxien"* lässt ich deshalb auch mit den Worten von Michael Lockwood und David Deutsch treffend zusammenfassen:

> *„Es gibt weit und breit kein schlüssiges Argument gegen Zeitreisen, denn die üblichen Einwände beruhen allesamt auf falschen Modellvorstellungen zu den vorliegenden physikalischen Gegebenheiten. Wer dennoch Zeitreisen für ausgeschlossen hält, wird diese These mit neuen und vor allem tragfähigeren wissenschaftlichen oder (gerne auch) philosophischen Argumenten begründen müssen."*[184]

Was also ist Zeit?

Eine bedenkenswerte Antwort auf diese Grundsatzfrage lieferte meines Erachtens der Mathematiker G.J. Whitrow:

> *„Although our perception of time has many subjective and even sociological features, it is based on an objective factor that provides an external control for the timing of our physiological processes. This objective factor is what we call physical time. It is an ultimate feature of the universe and its relationship with observers, [...] which cannot be reduced to anything else. But this does not mean that it exists in its own right: it is an aspect of phenomena. The essence of time is its transitional nature."*[185]

Mit anderen Worten: Zeit *ist* Bewegung! Ein Sachverhalt, der sich auf eine Vielzahl theoretischer wie auch experimenteller Befunde im Rahmen der Einstein'schen SRT stützt und den Aristoteles möglicherweise schon um 350 v. Chr. vermutete, aber seinerzeit in unserer Erfahrungswelt keine stichhaltigen Belege für diese Hypothese finden konnte, sodass er den Gedankengang zwangsläufig aufgeben musste. Es ist wiederum Ernst Mach, der auch zum physikalischen Konzept der Zeit und insbesondere zur Problematik der messtechnischen Erfassung von *„Zeit"* mittels gleichförmiger Bewegungsabläufe einen ausgesprochen klaren Standpunkt vertrat:

> *„Wir sind ganz ausser Stand die Veränderungen der Dinge an der Zeit zu messen. Die Zeit ist vielmehr eine Abstraction, zu der wir durch die Veränderung der Dinge gelangen, weil wir auf kein bestimmtes Maass angewiesen sind, da eben alle untereindander zusammenhängen. Wir nennen eine Bewegung gleichförmig, in welcher gleiche Wegzuwüchse gleichen Wegzuwüchsen einer Vergleichsbewegung (der Drehung der Erde) entsprechen. Eine Bewegung kann gleichförmig sein in Bezug auf eine andere. Die Frage, ob eine Bewegung an sich gleichförmig sei, hat gar keinen Sinn. Ebensowenig können wir von einer »absoluten Zeit« (unabhängig von jeder Veränderung) sprechen. Diese absolute Zeit kann an gar keiner Bewegung abgemessen werden, sie hat also auch gar keinen praktischen und auch keinen wissenschaftlichen Werth, niemand ist berechtigt zu sagen, dass er von derselben etwas wisse, sie ist ein müssiger »metaphysischer« Begriff."*[186]

Fazit: In diesem Sinne kann man das physikalische Konzept der Zeit auch mit den Worten Albert Einsteins zusammenfassend beschreiben:

„Zeit ist das, was man an der Uhr abliest."

Nach den Ausführungen in diesem Abschnitt eine tatsächlich nur auf den ersten Blick trivial erscheinende Feststellung!

4.4 Das Konzept des Raumes

„The scientific attitude to a thing, if you can't do anything else with it, is to measure it."
William Thomson[187]

Die wissenschaftliche Einstellung zu einer Sache, wenn man nichts anderes mit ihr machen könne, sei sie zu messen, so also die Meinung eines führenden Protagonisten der Physik des 19. Jahrhunderts – Lord Kelvin. Wenn das immer so einfach wäre, schließlich kann der Messprozess nicht unabhängig von Modellüberlegungen verstanden werden. Man sollte also schon *„irgendwie"* wissen, was man wie und zu welchem Zweck (→ Modell) messtechnisch zu erfassen versucht!

Es ist insbesondere unsere wissenschaftliche Einstellung zum physikalischen Konzept des Raumes die verdeutlicht, wie sehr das Wissen um die geschichtliche Entwicklung einer physikalischen Modellvorstellung wesentlich zum Verständnis der dem Modell zugrunde liegenden Überlegungen beiträgt. Der historische Kontext sollte sich hierbei nicht darauf beschränken, in einer Fußnote zu benennen, wer thematisch was und wann erstmals formuliert oder publiziert hatte. Er sollte vielmehr darlegen, was seinerzeit gedacht wurde, um auf diese Weise die jeweilige Sicht auf die Problemstellung nachzuvollziehen und zu verstehen weshalb man zur Lösung genau *die* vorliegende Idee entwickelte und zu jener Zeit eventuelle Alternativen außer Acht ließ. Leider wird dieser wichtige Aspekt in der Physikausbildung nahezu komplett vernachlässigt, mit wenigen Ausnahmen, die sich erfrischend vom üblichen akademischen Lehralltag abheben. Beispielhaft sei hier die Vorlesung *„Modelle von Raum und Zeit"* von Thomas Filk[188] benannt, worin die Problematik grundlegender physikalischer Konzepte anhand historischer Originalarbeiten fachkundig vermittelt wird.

Die geschichtliche Entwicklung der physikalischen Modellvorstellungen zum vorliegenden Thema *„Raum"* wurde u. a. von Max Jammer in *„Concepts of Space – The History of Theories of Space in Physics"* umfassend ausgearbeitet und ausgesprochen kompetent kommentiert (Jammer, 1993). Insbesondere zeigt diese Studie, dass

> *„[...] our knowledge of large-scale as well as small-scale properties of physical space is intimately related to the progress in cosmology and microphysics, respectively. And as long as these branches of scientific research fail to offer satisfactory solutions to their fundamental questions the problem of space will have to be classed as unfinished business."*[189]

Obschon Max Jammers abschließende Einschätzung bald 70 Jahre zurückliegt, trifft sie auch heute noch uneingeschränkt zu. Das physikalische Konzept des Raumes ist auch weiterhin ein *„unfinished business"*.

4.4.1 Was ist Raum?

„Absolute space, in its own nature, without regard to anything external, remains always similar and immovable."

Isaac Newton[190]

Was ist Raum? – Diese naturwissenschaftlich-philosophische Grundsatzfrage ist wohl seit Menschengedenken eine der nachhaltigsten Arbeitsbeschaffungsmaßnahmen in den Naturwissenschaften schlechthin, weil seit mehr als 2500 Jahren Generationen von Physikern und Philosophen unentwegt an einer adäquaten Modellvorstellung arbeiten, um eine zufriedenstellende Antwort zu finden. In heutiger Zeit ist es wohl immer noch die eingangs zitierte Newton'sche Vorstellung eines absoluten Raumes, die wir von Kindesbeinen an unreflektiert übernehmen und verinnerlichen, weil ausgesprochen plausibel und in jeder Hinsicht konform mit unseren Alltagserfahrungen. Selbst in unserer Alltagssprache entwickelte sich hierfür ein detailliertes Vokabular, um das Augenscheinliche, nämlich die relative Lage von Objekten in dem uns umgebenden *„Erfahrungsraum"* zu beschreiben. Wir ordnen jedem Gegenstand eine absolute Position zu, einen wohldefinierten Platz in diesem Raum und über dessen relative Lage zu anderen Dingen glauben wir etwas über die dreidimensionale Struktur dieses Raumes zu erfahren. Indem wir Gegenstände übereinander (→ „**da**-rüber, **da**-runter"), nebeneinander (→ „**da**-neben") oder hintereinander (→ „**da**-hinter, **da**-vor") anordnen, definieren wir durch deren „**Da**-sein" ein lokales objektspezifisches Bezugssystem und unterscheiden damit ganz beiläufig drei verschiedene und offensichtlich zueinander orthogonale Ausrichtungen: Ein „Oben-Unten", ein „Links-Rechts" und ein „Vorne-Hinten" – eine triviale Sache also, wo genau ist das Problem?

Nun, nach Überlegungen von Gottfried Wilhelm Leibniz beispielsweise, existiert dieser absolute Raum Newton'scher Prägung nicht. *„Raum"* ist vielmehr nur ein gedankliches Gebilde, ein Bezeichner für die geschilderte relationale Anordnung von Gegenständen, gleichsam Mach'sche *„... Gedankendinge von ökonomischer Function,"* mit deren Hilfe man beispielsweise Einsteins *„Lagerungsgesetze starrer Körper"*[191] zu umschreiben vermag. Entfernt man alle Objekte, so hat man nicht etwa einen *„leeren Raum"* geschaffen, ähnlich einem leeren Behälter, es gibt dann in der Leibniz'schen Modellvorstellung auch keinen Raum mehr. Auch für René Descartes konnte es keinen leeren Raum *ohne* Materie geben, vielmehr ist Raum seiner Ansicht nach *immer* mit Materie erfüllt und einzig über das materielle Volumen definiert. Rund 200 Jahre (!) nach Newton und Leibniz, sowie einer Vielzahl weiterer naturwissenschaftlich-philosophischer Raum-Betrachtungen z. T. durch namhafte Autoren, allerdings ohne entscheidende Fortschritte bei der Beantwortung unserer *„Was ist ..."*-Frage zu erzielen, nahm sich auch Albert Einstein des Themas an und zwar mit dem Ziel, *„Raum"* im Rahmen einer allgemeinen Feldtheorie zu beschreiben, letztlich motiviert durch die Erfolge bei der relativistischen

Formulierung der Maxwell'schen Feldtheorie elektrodynamischer Naturerscheinungen. Einsteins Überlegung zielte darauf ab, unsere Erfahrungswelt gänzlich über Felder zu beschreiben, deren Komponenten von vier Raumzeit-Koordinaten abhängen sollten. Wenn die damit verknüpften Gesetze forminvariant, d. h. koordinatensystemunabhängig (→ *„kovariant“*) formuliert werden können, dann wäre die Einführung eines absoluten Raumes nicht mehr erforderlich. Die uns vertraute räumliche Struktur wäre dann das Resultat der Vierdimensionalität dieses Feldes und es gäbe keinen *„leeren Raum“*, d. h. keinen Raum ohne Feld![192]

Andererseits *„[...] purely mathematical considerations lead nowhere other than chaos"*, so ein Zeitgenosse Einsteins, der Mathematiker und Astrophysiker E. A. Milne. Nach Milne gibt es in unserer physikalischen Welt kein System *„Raum“* (oder *„Zeit“* oder *„Raum-Zeit“*) mit wohldefinierten geometrischen Eigenschaften. Ganz im Gegenteil, ein jeder Beobachter habe prinzipiell die Wahl: Entweder **(a)** zu einer gegebenen mathematischen Struktur (→ Geometrie) durch Beobachtung (→ Messung) die entsprechenden Naturgesetze in (bzw. für) diese Raumgeometrie zu identifizieren oder aber **(b)** Naturgesetze axiomatisch vorauszusetzen und daraufhin die passende Mathematik zu erarbeiten, sodass sich die Beobachtungen konsistent beschreiben lassen.[193] In diesem Sinne wäre *„Raum“* ein reines Modellierungskonzept, entsprechend der Leibniz'schen Vorstellung. Auf diese bemerkenswerte Interpretation werden wir später nochmals eingehen.

Was also ist Raum?

Raum ist *„unfinished business“*, d. h. wir Physiker geraten insbesondere bei diesem Konzept gehörig *„ins Schwimmen“*, sobald wir versuchen auf diese Frage eine möglichst sinnvolle, soll heißen naturwissenschaftlich fundierte Antwort zu geben. Die *„Raum-Experten“* aus der Kosmologie sind wahrlich in keiner beneidenswerten Situation, denn ein wesentlicher Aspekt ihrer Arbeitsgrundlage umfasst schließlich genau *die* Physik des Raumes, worauf unsere W-Frage letztlich abzielt. Unsere Alltagsvorstellung über den uns umgebenden *„physikalischen Raum“* basiert auf einer ganzen Reihe von *Ad-hoc-Annahmen*, also stillschweigende Voraussetzungen, die einfach so *„vom Himmel fallen“* und in keiner Weise wissenschaftlich gesichert sind, sodass wir uns im Grunde eingestehen müssen, recht wenig über die vorliegende Problemstellung zu wissen, um ein konsistentes Raum-Modell aufzubauen (vgl. hierzu den Modellierungsleitfaden in Abschnitt 1.4):

- Ist etwa die dreidimensionale Struktur unseres Erfahrungsraumes tatsächlich nur eine Ausprägung der relationalen Beziehung materieller Objekte (→ Leibniz)?
- Was ist in diesem Fall mit dem Raum, den die Objekte selbst einnehmen, also dem materiellen Volumen (→ Descartes)?
- Oder gibt es vielleicht doch leeren Raum an sich (→ Newton)?
- Wie wäre ein solcher Raum zu beschreiben, etwa als eine Art von Kontinuum?

- Besteht eine Wechselwirkung zwischen diesem Raum und materiellen Objekten?
- Wenn ja, wie ist diese Wechselwirkung zu verstehen (→ *„Was wechselwirkt denn da“*)?
- Wieso lässt sich der physikalische Raum (lokal) so einfach vermessen (→ Euklid)?
- Wie groß ist dieser Raum und genügt er überall der euklidischen Geometrie?
- Ist Raum tatsächlich unveränderlich und unbeweglich (→ Newton)?
- Wenn nicht, was genau verändert sich am bzw. im Raum?
- Kann Raum bewegt werden?[194]

Paul Ehrenfest beschrieb in einer wissenschaftlichen Abhandlung das physikalische Raum-Problem noch aus einer etwas anderen Perspektive:

> *„Warum hat unser Raum gerade drei Dimensionen oder anders gefragt: Welche singulären Vorkommnisse unterscheiden die Physik des R_3 vor der in den übrigen R_n? - So gestellt sind die Fragen vielleicht sinnlos, jedenfalls fordern sie zur Kritik heraus. Denn »ist« der Raum? »Ist« er dreidimensional? Und vollends die Frage nach dem »warum«. Auch: Was muß man unter »der« Physik des R_4 oder R_7 verstehen?“*[195]

Das ursprüngliche Konzept eines absoluten Raumes ist untrennbar verknüpft mit dem Konzept der Kraft, das ursächlich für jede Änderung eines Bewegungszustandes stehen soll. Nach Einsteins Auffassung war Newton sich vermutlich bewusst, dass

> *„[...] es außer den Massen und ihren zeitlich veränderlichen Abständen noch etwas geben muß, was für das Geschehen maßgebend ist: Dieses »Etwas« faßt er als die Beziehung zum »absoluten Raum« auf. Er erkennt, daß der Raum eine Art physikalischer Realität besitzen muß, eine Realität von der selben Art wie die materiellen Punkte und die Abstände, wenn seine Bewegungsgesetze einen Sinn haben sollen.“*[196]

Ohne Krafteinwirkung bleibt demnach der absolute oder wahre Bewegungszustand eines Körpers erhalten (→ 1. Newton’sche Gesetz), d.h. er bleibt auch weiterhin entweder im Zustand der Ruhe, also an einem wohldefinierten Ort, oder in einem Zustand der geradlinig gleichförmigen Bewegung. Hierfür bedarf es aber nach Newton eines ausgezeichneten Referenzsystems, den absoluten Raum eben, um diesen *wahren Ort* und diese *wahre Bewegung* des Körpers zu bestimmen. Newton schreibt zu diesem Punkt recht aufschlussreich:

> *„The causes by which true and relative motions are distinguished one from the other, are the forces impressed upon bodies to generate motion. True motion is neither generated nor altered, but by some force impressed on the body moved; but relative motion may be generated or altered without any force impressed upon the body. For it is sufficient only to impress some force on other bodies with which the former is compared, that by their giving way, that relation may be changed, in which the relative rest or motion of this other body did consist. [...]*

It is indeed a matter of great difficulty to discover, and effectually to distinguish, the true motions of particular bodies from the apparent; because the parts of the immovable space, in which those motions are performed, do by no means come under the observation of our senses. Yet the thing is not altogether desperate; for we have some arguments to guide us, partly from the apparent motions, which are the differences of the true motions; partly from the forces, which are the causes and effects of the true motions."[197]

Newton wusste also um die Ununterscheidbarkeit von gleichförmig bewegten Bezugssystemen (→ *„relative space"* in *„relative motion"*) und sah in der auf einen Körper einwirkenden Kraft, im Sinne einer Ursache-Wirkung-Relation (→ *„cause and effect"*), die einzige Möglichkeit dessen absoluten Bewegungszustand (→ *„absolute motion"*) und damit den absoluten Raum (→ *„absolute space"*) zu erkennen. Einem absoluten Raum kann nach Newton somit keine Geschwindigkeit zugeordnet werden, aber sehr wohl eine Beschleunigung und man interpretiert deshalb das Phänomen der Massenträgheit zuweilen auch heute noch als eine unmittelbare Wirkung des (absoluten) Raumes. Abschnitt 4.2 zeigt jedoch die erheblichen Defizite des Kraftmodells auf, insbesondere fehlt ein unabhängiger empirischer Befund für die Existenz solcher Krafteinwirkungen, schließlich hat bisher noch niemand eine Kraft gemessen! Ein weiteres Problem ergibt sich aus dem Kausalitätsprinzip, wonach jede Wirkung auf eine Ursache zurückgeführt werden kann. In unserem Fall besagt dieses Prinzip, dass einer Beschleunigung zwangsläufig eine Krafteinwirkung vorausgegangen sein muss. Trotz der *„in Stein gemeißelten"* Lehrbuchmeinung ist dem aber nicht so, weil es diese Form der Ursache-Wirkung-Relation in unserer Erfahrungswelt nicht geben kann. Es handelt sich vielmehr um eine gedankliche Stütze, eine Ad-hoc-Interpretation, die uns eine Klassifizierung des Geschehens erleichtern soll, jedoch nichts mit der eigentlichen Physik des Prozessablaufs zu tun hat und damit wenig hilfreich den Blick auf das Wesentliche des Geschehens verstellt, also erkenntnistheoretisch gerade das Gegenteil von dem bewirkt wozu es eigentlich erdacht wurde (zum Kausalitätsproblem vgl. Abschnitt 4.3.4). Einzig der jeweils vorliegende experimentelle Befund sollte für die Modellbildung ausschlaggebend sein, denn schließlich

„[...] liegt nur der eine Versuch vor, und wir haben denselben mit den übrigen uns bekannten Thatsachen, nicht aber mit unsern willkürlichen Dichtungen in Einklang zu bringen."[198]

Die Beschleunigung spielt also bei der Beantwortung der eingangs gestellten Frage *„Was ist Raum?"* eine entscheidende Rolle. Es sind insbesondere die Beschleunigungen hervorgerufen durch sogenannte *„Fliehkräfte"*, etwa im Verlauf einer Drehbewegung (→ *„Scheinkräfte"*), die uns Physikern immer wieder erhebliche Kopfschmerzen bereiten. Wir sind sehr wohl in der Lage die mit einer Rotation verknüpfte mechanische Spannung zu bestimmen, wir spüren sie sogar körperlich, selbst wenn weit und breit keine Referenz angegeben werden kann bezüglich derer die Drehung erfolgt – ein metaphysisches Rätsel?! Ja, zumindest solange wir dieses Phänomen mit unserer *„willkürlichen Dichtung"* über *„mechanische Krafteinwirkungen"* in Einklang zu bringen versuchen, um einmal mehr mit den Worten Ernst Machs zu sprechen.

Albert Einstein beschreibt das damit verknüpfte Grundsatzproblem der klassischen Mechanik anhand eines Gedankenexperiments, womit die notwendige Erweiterung der SRT begründet werden soll, denn ein physikalisches Gesetz, so Einstein, müsse auch für beschleunigte Bezugssysteme gelten (vgl. den Textauszug in Bild 4.41).[199] Interessant ist hierbei die Prämisse zu dieser Überlegung, nämlich die Gültigkeit eines *„Kausalitätsgesetzes"*, wonach Ursachen entsprechende Wirkungen zur Folge haben und beides beobachtbar, d.h. messbar sein muss, wenn dieses *„Gesetz"* sinnvolle Aussagen über unsere Erfahrungswelt liefern soll. In dem vorliegenden Experiment haben wir zwei kugelförmige (planetare) Körper in einer relativen Rotationsbewegung bezüglich ihrer Verbindungsachse (Symmetrieachse) vorliegen, aber nur einer davon zeigt eine drehbewegungstypische und messbare Erfahrungstatsache, nämlich die Ausbildung eines Rotationsellipsoids. Sucht man nach einer Ursache, so kann es augenscheinlich nicht die relative Drehung sein. Was beschreibt stattdessen das unterschiedliche Verhalten beider Körper?

Im Grunde benennt Einstein mit diesem Beispiel gleich zwei erkenntnistheoretische Probleme. Einmal das bereits angesprochene Kausalitätsproblem und zum anderen das altbekannte Problem eine Beobachtung zwingend auf das Wirken *„äußere Kräfte"* zurückführen zu müssen. In Sachen Kausalitätsgesetz sei auf Abschnitt 4.3.4 verwiesen, worin erläutert wird, dass Aussagen, wie z.B.

- *„Der Körper hat Drehimpuls"*,
- *„Am Körper greift ein Drehmoment an"*,
- *„Der Körper zeigt eine Rotationsbewegung"*,
- *„Auf den Körper wirken Zentrifugal- bzw. Zentripetalkräfte"*,
- *„Der Körper bildet ein Rotationsellipsoid aus"*,
- etc.

ausnahmslos *identische Befunde* darstellen, d.h. sie beschreiben alle das *gleiche Phänomen*, den *gleichen* physikalischen Prozess. Sie stehen deshalb auch in *keiner* Ursache-Wirkung Relation! Es ist physikalisch unsinnig davon zu sprechen, dass an einem Körper ein Drehmoment angreift, woraufhin sich eine Rotationsbewegung einstellt und diese wiederum Fliehkräfte erzeugt, sodass sich in der Folge ein Rotationsellipsoid ausbildet. Die Natur ist schließlich nur einmal da, d.h. der Prozess *„Rotation eines Körpers"* läuft nicht in wohldefinierten sukzessiven Schritten ab, sondern nur *einmal* oder mathematisch formuliert: Der Vorgang genügt genau *einer* Differentialgleichung! Es gibt in der Physik kein Kausalitätsgesetz, zumindest nicht in dem oben geschilderten Sinne.

Die Grundlage der allgemeinen Relativitätstheorie. 771

§ 2. Über die Gründe, welche eine Erweiterung des Relativitätspostulates nahelegen.

Der klassischen Mechanik und nicht minder der speziellen Relativitätstheorie haftet ein erkenntnistheoretischer Mangel an, der vielleicht zum ersten Male von E. Mach klar hervorgehoben wurde. Wir erläutern ihn am folgenden Beispiel. Zwei flüssige Körper von gleicher Größe und Art schweben frei im Raume in so großer Entfernung voneinander (und von allen übrigen Massen), daß nur diejenigen Gravitationskräfte berücksichtigt werden müssen, welche die Teile *eines* dieser Körper aufeinander ausüben. Die Entfernung der Körper voneinander sei unveränderlich. Relative Bewegungen der Teile eines der Körper gegeneinander sollen nicht auftreten. Aber jede Masse soll — von einem relativ zu der anderen Masse ruhenden Beobachter aus beurteilt — um die Verbindungslinie der Massen mit konstanter Winkelgeschwindigkeit rotieren (es ist dies eine konstatierbare Relativbewegung beider Massen). Nun denken wir uns die Oberflächen beider Körper (S_1 und S_2) mit Hilfe (relativ ruhender) Maßstäbe ausgemessen; es ergebe sich, daß die Oberfläche von S_1 eine Kugel, die von S_2 ein Rotationsellipsoid sei.

Wir fragen nun: Aus welchem Grunde verhalten sich die Körper S_1 und S_2 verschieden? Eine Antwort auf diese Frage kann nur dann als erkenntnistheoretisch befriedigend[1]) anerkannt werden, wenn die als Grund angegebene Sache eine *beobachtbare Erfahrungstatsache* ist; denn das Kausalitätsgesetz hat nur dann den Sinn einer Aussage über die Erfahrungswelt, wenn als Ursachen und Wirkungen letzten Endes nur *beobachtbare Tatsachen* auftreten.

Die Newtonsche Mechanik gibt auf diese Frage keine befriedigende Antwort. Sie sagt nämlich folgendes. Die Gesetze der Mechanik gelten wohl für einen Raum R_1, gegen welchen der Körper S_1 in Ruhe ist, nicht aber gegenüber einem Raume R_2, gegen welchen S_2 in Ruhe ist. Der berechtigte Galileische Raum R_1, der hierbei eingeführt wird, ist aber eine *bloß fingierte* Ursache, keine beobachtbare Sache. Es ist also klar, daß die Newtonsche Mechanik der Forderung

1) Eine derartige erkenntnistheoretisch befriedigende Antwort kann natürlich immer noch *physikalisch* unzutreffend sein, falls sie mit anderen Erfahrungen im Widerspruch ist.

50*

772 *A. Einstein.*

der Kausalität in dem betrachteten Falle nicht wirklich, sondern nur scheinbar Genüge leistet, indem sie die bloß fingierte Ursache R_1 für das beobachtbare verschiedene Verhalten der Körper S_1 und S_2 verantwortlich macht.

Eine befriedigende Antwort auf die oben aufgeworfene Frage kann nur so lauten: Das aus S_1 und S_2 bestehende physikalische System zeigt für sich allein keine denkbare Ursache, auf welche das verschiedene Verhalten von S_1 und S_2 zurückgeführt werden könnte. Die Ursache muß also *außerhalb* dieses Systems liegen. Man gelangt zu der Auffassung, daß die allgemeinen Bewegungsgesetze, welche im speziellen die Gestalten von S_1 und S_2 bestimmen, derart sein müssen, daß das mechanische Verhalten von S_1 und S_2 ganz wesentlich durch ferne Massen mitbedingt werden muß, welche wir nicht zu dem betrachteten System gerechnet hatten. Diese fernen Massen (und ihre Relativbewegungen gegen die betrachteten Körper) sind dann als Träger prinzipiell beobachtbarer Ursachen für das verschiedene Verhalten unserer betrachteten Körper anzusehen; sie übernehmen die Rolle der fingierten Ursache R_1. Von allen denkbaren, relativ zueinander beliebig bewegten Räumen R_1, R_2 usw. darf a priori keiner als bevorzugt angesehen werden, wenn nicht der dargelegte erkenntnistheoretische Einwand wieder aufleben soll. *Die Gesetze der Physik müssen so beschaffen sein, daß sie in bezug auf beliebig bewegte Bezugssysteme gelten.* Wir gelangen also auf diesem Wege zu einer Erweiterung des Relativitätspostulates.

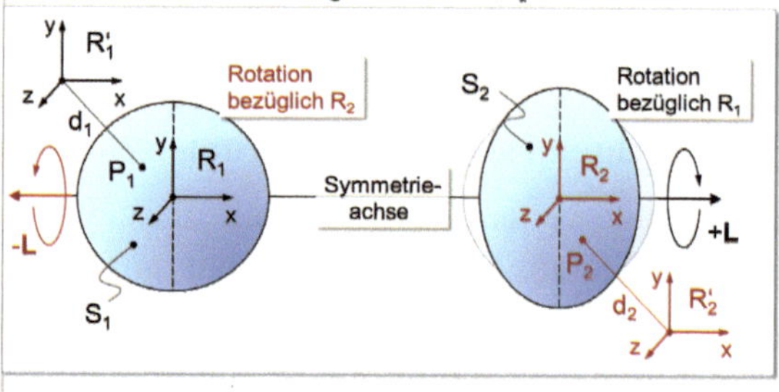

Bild 4.41 Auszug aus A. Einsteins Publikation zur Grundlage der allgemeinen Relativitätstheorie aus dem Jahr 1916. Die zusätzliche schematische Darstellung dient der Veranschaulichung des geschilderten Gedankenexperiments.

Im Hinblick auf das zweite Problem ist es bemerkenswert, dass Einstein völlig zu Recht die Messbarkeit einer physikalischen Begründung einfordert, wenn diese als eine Erfahrungstatsache erkenntnistheoretisch akzeptabel sein soll, um dann in einer *Ad-hoc-Interpretation* den äußeren Einfluss *„ferner Massen und deren Relativbewegung gegen die betrachteten Körper"* anzuführen, deren unterschiedliche *„äußere Kraftwirkung"* letztlich die geschilderte Asymmetrie hervorrufen soll - eine recht komplexe Auslegung des Geschehens und im Wortsinne *„ziemlich weit hergeholt"*, zumal kein Aspekt davon *für sich messbar ist*! Solche Fernwirkungen sind jedoch physikalisch auszuschließen, nicht zuletzt aufgrund der Relativität des Gleichzeitigkeitsbegriffs. Das Grundsatzproblem der klassischen Mechanik ist ein anderes, nämlich der Newton'sche Kraftbegriff selbst, wie in Abschnitt 4.2 bereits ausführlich erläutert, handelt es sich hierbei um eine fiktive Größe, *interpretiert* als die *„äußere Ursache"* für die Änderung des Bewegungszustandes eines Körpers. Insofern ist das Beispiel schlecht gewählt, um damit die Erweiterung des Relativitätspostulats zu begründen. Nach den bisherigen Ausführungen lässt sich die Frage wie diese *„rotationsbedingte Kraftwirkung"* eigentlich zustande kommt, die augenscheinlich das Rotationsellipsoid *„verursacht"*, recht einfach beantworten: Diesen Zusammenhang gibt es nicht!

Das *„rätselhafte Verhalten"* ist, wie so häufig bei physikalischen Rätseln, ein Missverständnis bedingt durch eine fehlerhafte Interpretation des Geschehens, indem man für das Offensichtliche eine kausale Struktur aufzubauen versucht. Löst man die Impulstransportgleichung zu den gegebenen Randbedingungen, so ergibt sich *ein* stationärer Impulstransportprozess. Die gefundene Lösung spiegelt sich in einer ganzen Reihe messtechnisch zugänglicher Phänomene wider, die allesamt Ausdruck *dieses einen* Transportvorganges sind und deshalb in *keiner* kausalen Beziehung zueinander stehen können!

Was unterscheidet demnach beide Körper aus mechanischer Sicht, wie kommt es zu der Asymmetrie? Im Körper S_2 findet *messbar* (!) ein Impulstransport statt, in S_1 hingegen nicht. Dieser Transportvorgang wird im fünften Kapitel eingehend diskutiert und ist messtechnisch über den Deformationszustand, die mechanische Spannungsverteilung oder die ortsabhängige Oberflächenbeschleunigung objektiv nachweisbar. Die S_1-Bewegung ist im Gegensatz dazu nur die Folge einer perspektivischen Projektion, d. h. es wird kein Impuls transportiert und entsprechend stellen sich auch keine der genannten Phänomene ein. Verwenden wir keine körperfesten Referenzsysteme $R_{1,2}$, sondern Bezugssysteme $R'_{1,2}$, die beispielsweise in einem festen Abstand $d_{1,2}$ (mit ortsfestem Fußpunkt $P_{1,2}$) zu den jeweiligen Oberflächen $S_{1,2}$ ruhen sollen, so lässt sich auch dann objektiv der Bewegungszustand beider Körper unterscheiden. R'_1 erfährt nämlich eine radiale Beschleunigung in Richtung P_1 (→ zu kompensierende *„Anziehungskraft"*), R'_2 jedoch nicht (→ *„kräftefreie"* geostationäre Umlaufbahn), also rotiert S_2.

4.4.2 Inertialsysteme und Bewegung im Raum

> *„Mit Bezug auf ein Inertialsystem ist die Bahn jedes beliebigen sich selbst überlassenen Punktes geradlinig."*
>
> *Ludwig Lange*[200]

Wir hatten bereits bei der Diskussion zum physikalischen Konzept der Kraft den Begriff des Inertialsystems kennengelernt. Demnach zeichnet sich ein solches Bezugssystem dadurch aus, dass ein Körper darin ruhen oder sich geradlinig gleichförmig bewegen soll, wenn *keine* Kräfte auf ihn einwirken. Insbesondere können beschleunigte Bezugssysteme nach dieser Festlegung keine Inertialsysteme sein. Nachdem es aber prinzipiell nicht möglich ist, die auf einen Körper einwirkende Kraft auf unabhängige Weise zu messen, schließlich interpretieren wir die einzig messbaren körperspezifischen Veränderungen als Resultat eben dieser (fiktiven) Kraftwirkungen, so ist die damit verknüpfte Definition einer ausgezeichneten Klasse von Bezugssystemen ein wenig sinnvolles, weil tautologisches Konstrukt: Ein Inertialsystem definiert sich über die Gültigkeit der Newton'schen Gesetze, die wiederum das Inertialsystem voraussetzen?! Dennoch gab es zahlreiche Versuche mittels einer geeigneten *„physikalischen Arbeitsanweisung"* ein Inertialsystem so zu konstruieren, dass die Newton'schen Gesetze tatsächlich einen physikalisch nicht-trivialen Sachverhalt beschreiben - letztlich ohne Erfolg, weil das gewünschte Resultat auf die eine oder andere Weise jeweils implizit vorausgesetzt wurde. Beispielsweise ist Ludwig Lange faktisch keinen Schritt weiter, wenn er Newtons Axiom zur kräftefreien, geradlinig gleichförmigen Bewegung wie eingangs zitiert zu umschreiben versucht. Was bitte soll ein *„sich selbst überlassener Punkt"* sein, wenn nicht *„kräftefrei"*?!

Bild 4.42 zeigt hierzu beispielhaft drei unterschiedliche Bewegungsabläufe eines Körpers aus Sicht eines Beobachters, dessen Laborsystem auf der Erde ruht (linkes Diagramm): Ein schiefer Wurf mit $\boldsymbol{v}(t = 0) = \boldsymbol{v}_W = (2,0,50)$, ein freier Fall mit $\boldsymbol{v}(t{=}0) = \boldsymbol{v}_F = (0,0,0)$ und eine gleichförmige horizontale Bewegung mit $\boldsymbol{v}(t{=}0) = \boldsymbol{v}_R = (2,0,0)$.[201] Anhand der Trajektorien stellt der erdgebundene Beobachter fest, dass sowohl beim schiefen Wurf als auch beim freien Fall eine Kraft in z-Richtung auf den jeweiligen Körper einwirken muss, denn in beiden Fällen liegt offensichtlich eine beschleunigte Bewegung vor mit $\boldsymbol{a} = (0,0,10)$. Bei der gleichförmigen (reibungsfreien) Bewegung ist hingegen keine Kraftwirkung erkennbar.

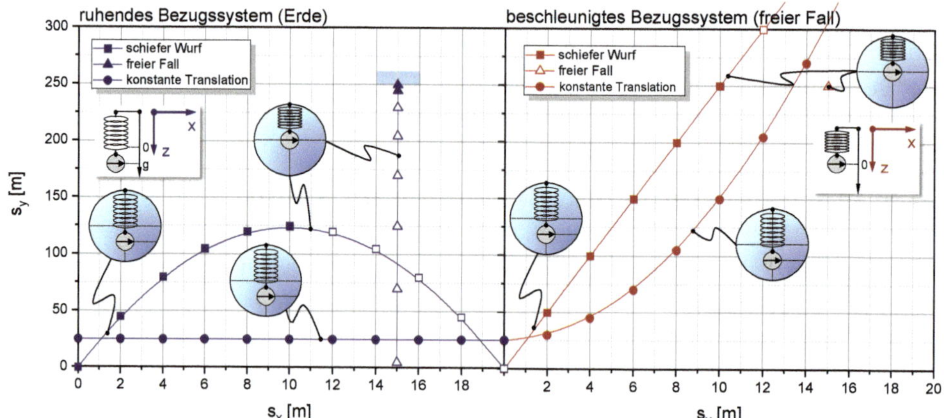

Bild 4.42 Idealisierte (reibungsfreie) Bewegungsabläufe im konstanten Gravitationsfeld der Erde, beschrieben in einem relativ zur Erde ruhenden Bezugssystem (links), in einem frei fallenden Bezugssystem (rechts) und jeweils im körpereigenen Bezugssystem (→ *„Kraftmesser"*).

Ein zusätzlich im Körper integrierter *„Kraftmesser“*[202] (→ körpereigenes Bezugssystem) zeigt tatsächlich eine Beschleunigung a_z an, kontinuierlich abnehmend im Abstiegsbereich der Wurfparabel und durchweg konstant bei der Translation. Für die beschleunigte Fallbewegung jedoch, ist in beiden Fällen $a_z = 0$ (dargestellt durch offene Symbole), sodass ein Beobachter im körpereigenen Bezugssystem anhand der Newton'schen Axiomatik keine verlässliche Aussage zu seinem Bewegungszustand treffen kann, insbesondere ist die Beobachtung einer aus seiner Sicht kräftefreien Bewegung kein hinreichendes Kriterium für das Vorliegen eines gleichförmig bewegten Bezugssystems (→ Inertialsystem).

Das relativ zur Erde ruhende Laborsystem ist aufgrund der beschleunigenden Wirkung der Gravitation ebenfalls kein Inertialsystem. Der erdgebundene Beobachter kann diesen Gravitationseffekt zu $a_z = g$ bestimmen und damit den Verlauf der Trajektorien beschreiben indem er das Geschehen wie folgt interpretiert: Die beschleunigende Kraft der Gravitation wirkt in jedem Fall, allerdings widersetzt sich ein Körper jeder Änderung seines Bewegungszustandes, d. h. es geht eine zusätzliche kompensierende Gegenkraft (→ *„Trägheitskraft“*) von diesem Körper aus und man schreibt diese Wirkung (→ *„actio“*) dem Raum zu. Eine entsprechende Gegenwirkung (→ *„reactio“*) des Körpers *„auf den Raum“* soll es in diesem Fall allerdings nicht geben. Hier begegnet uns wieder das alte Problem der *„äußeren Kraft“*: Die *„actio-reactio“*-Kraftkette endet im Nichts und es ist weit und breit auch nichts auszumachen woran man die *„reactio“* im Wortsinne *„festmachen“* kann – dann bleiben eben nur die Fixsterne in den unendlichen Weiten des Universums?!

Befindet sich das Laborsystem inklusive Beobachter im freien Fall (→ beschleunigtes Bezugssystem!) ergeben sich gänzlich andere Befunde (rechtes Diagramm in Bild 4.42): Der Beobachter selbst ist kräftefrei, sein *„Kraftmesser“* zeigt nämlich nichts an. Entsprechendes gilt für den bezüglich der Erde frei fallenden Körper, dieser ruht in diesem Bezugssystem und die im erdgebundenen Koordinatensystem beobachtete Wurfparabel erscheint jetzt als eine gleichförmig geradlinige Bewegung. Einem Inertialsystem entsprechend scheinen demnach alle Bewegungsvorgänge tatsächlich den Newton'schen Gesetzen zu genügen. Die gleichförmige Translation geht hierbei in eine beschleunigte Bewegung in negativer z-Richtung über. Lässt sich der Beobachter per Telemetrie zusätzlich die Daten der körpereigenen *„Kraftmesser“* zukommen, so bestätigen diese weitestgehend seine Beobachtungen: Der ruhende Körper misst keinerlei Kraftwirkung. Der beschleunigte Körper zeigt einen konstanten positiven a_z-Wert an, der als eine Folge der Massenträgheit interpretiert werden kann. Die Telemetrie zur gleichförmig linearen Bewegung passt hingegen nicht ins Bild: Die Daten weisen anfangs auf einen ebenfalls positiven jedoch kontinuierlich abnehmenden a_z-Wert hin, bis die Kraftwirkung schließlich erwartungsgemäß verschwindet. Eine sorgfältige Datenanalyse zeigt ferner, dass auch der ruhende Körper während eines kurzen Zeitintervalls ähnliche Daten lieferte, die ebenso nicht recht ins Bild passen wollen und (deshalb) in einer ersten Auswertung (gerne) als Datenerfassungs- bzw. Übertragungsfehler missdeutet werden. Ein in der Physik durchaus üblicher (fast pathologischer) Ansatz, wenn ansonsten das Gros der Daten konsistent die Modellvorstellung stützt.[203]

Wir haben also einerseits ein augenscheinlich ruhendes erdgebundenes Bezugssystem, das aufgrund des konstanten Gravitationsfeldes kein Inertialsystem sein kann. Zudem lassen die Trajektorien-Daten auch den Schluss zu, dass sich der Erdbeobachter stattdessen in einem in negative z-Richtung beschleunigten Bezugssystem befindet. Andererseits scheint ein in diesem Feld frei fallendes (und damit beschleunigtes) Referenzsystem alle Kriterien eines Inertialsystems zu erfüllen, und zu guter Letzt verdeutlicht das körpereigene Bezugssystem, dass eben diese Kriterien keine Rückschlüsse auf den tatsächlichen Bewegungszustand zulassen. Mit anderen Worten: In der Physik gibt es keine Inertialsysteme, die für eine konsistente Beschreibung unserer Erfahrungswelt bevorzugt zu wählen wären. Albert Einstein formuliert diesen Sachverhalt mit den Worten:

> *„Die Gesetze der Physik müssen so beschaffen sein, dass sie in bezug auf beliebig bewegte Bezugssysteme gelten."*

Fazit: Der Begriff *„Inertialsystem"* ist, wie das Konzept *„Kraft"* oder auch das Kausalitätsprinzip im Sinne *„Ursache → Wirkung"*, nur eine unglückliche Erfindung unsererseits bei dem Versuch Bewegungsvorgänge methodisch zu beschreiben bzw. zu klassifizieren und hat in unserer Erfahrungswelt tatsächlich keine physikalische Relevanz. ■

Bewegung im Raum konsistent zu beschreiben ist also kein einfaches Unterfangen. Wir benötigen mindestens eine Referenz $\mathbf{R}_{①}$ bezüglich derer wir eine Geschwindigkeit und gegebenenfalls auch eine Beschleunigung angeben können, wobei wir im Falle einer Beschleunigung keine Aussage darüber treffen können ob wir bezüglich $\mathbf{R}_{①}$ *„schneller"* oder *„langsamer"* werden, selbst bei Hinzunahme weiterer Referenzen.

Ein Beispiel: Angenommen wir befinden uns auf der Erdoberfläche an einem Ort direkt am Äquator, etwa in *San Antonio de Pichincha,* einer kleinen Stadt in Ecuador auf einer Höhe von 2850 m über dem Meeresspiegel. In diesem Fall bewegen wir uns relativ zur Rotationsachse bzw. zum Schwerpunkt der Erde mit einer Geschwindigkeit von etwa v_R = 1669 km/h = 0,46 km/s. Die Erde wiederum bewegt sich auf ihrer (schwach) elliptischen Umlaufbahn relativ zur Sonne mit einer mittleren Geschwindigkeit von v_E = 29,8 km/s. Die Geschwindigkeit unserer Sonne um das galaktische Zentrum beträgt ca. v_S = 250 km/s usw. ... Und wie dann weiter, mit welcher Geschwindigkeit bewegt sich unser galaktisches Zentrum und in welche Richtung? Eine Antwort auf diese Frage hängt davon ab, welches Objekt wir in der näheren kosmologischen Umgebung unserer Milchstraße als Referenz festlegen wollen. Prinzipiell sollte die Anzahl von Objekten im Universum bezüglich derer wir Relativbewegungen angeben können endlich sein, wenn sie auch *sehr* groß zu sein scheint. Eines davon, nämlich das letzte in der willkürlichen Abfolge von Bezugspunkten, definiert dann zwangsläufig den (relativen) Ruhezustand. Jede beliebige Permutation der Abfolge ändert nichts an der Gesamtenergie und am Gesamtimpuls aller auf diese Weise beschriebenen Bewegungsvorgänge im Universum - und schon haben wir wieder **ein Problem:** Diese sehr große (aber vermutlich endliche) Wolke astronomischer Objekte sollte sich dann als Ganzes in einem absoluten (unendlichen?) Raum in eine bestimmte Richtung bewegen - im Widerspruch zu den Prinzipien der SRT! Mindestens eine in dieser Überlegung getroffenen Annahmen muss also falsch sein, aber welche?!

Das Bezugssystem des isotropen CMB

Eine mögliche Alternative scheint die im Jahre 1964 zufällig entdeckte sogenannte kosmische Hintergrundstrahlung (engl. **C**osmic **M**icrowave **B**ackground - CMB)[204] zu bieten, eine (vermutlich) isotrope elektromagnetische Strahlung deren maximale Intensität im Mikrowellenbereich bei einer Wellenlänge von λ_{max} = 1073 µm (Frequenz ν_{max} = 279 GHz) liegt, was gemäß Wien'sches Verschiebungsgesetz[205] der Wärmestrahlung eines schwarzen Körpers bei einer Temperatur von T = 2,7 K entspricht. Die Doppler-korrigierte räumliche Temperaturverteilung zeigt tatsächlich nur eine geringe mittlere quadratische Abweichung von ΔT = 20 µK, sodass die verbliebene relative Fluktuation von $\Delta T/T < 10^{-5}$ klein genug ist, um die Isotropie-Hypothese zu stützten, zumal praktisch keine weitere Richtungsabhängigkeit in der korrigierten Verteilung zu erkennen ist (vgl. Bild 4.43).

Die Isotropie also vorausgesetzt, ermöglicht uns der Mikrowellenhintergrund anhand der bewegungsinduzierten Frequenzverschiebung sowohl die Geschwindigkeit als auch die momentane Bewegungsrichtung unserer Sonne relativ zum CMB zu ermitteln. Man erhält auf diese Weise eine Relativgeschwindigkeit von etwa $v_{S\text{-}CMB}$ = 370 km/s in Richtung des Sternbildes Löwe. Nachdem aber eine Sternbildkonstellation das Resultat einer perspektivischen Projektion ist und damit keine verlässliche Referenz darstellen kann, werden entsprechende Richtungsangaben mithilfe des sogenannten *galaktischen Koordinatensystems* angegeben: Der galaktische Längengrad von l = 0° bis l = 360° und der galaktische Breitengrad von b = -90° bis b = +90°, wobei die Bezugsrichtung (l = 0°, b = 0°) durch die Verbindungslinie Erde - Milchstraßenzentrum definiert wird. Die Bewegungsrichtung unserer Sonne im galaktischen Koordinatensystem lautet demnach: (l_S = 264,021°, b_S = 48,253°). Unserer Milchstraße wiederum bewegt sich mit der Geschwindigkeit $v_{M\text{-}CMB}$ = 565 km/s nach (l_M = 265,76°, b_M = 28,38°). Zusammen mit der Andromeda-Galaxie gehören wir der sogenannten *Lokalen Gruppe* an, deren Schwerpunkt sich anhand der Messdaten mit $v_{LG\text{-}CMB}$ = 620 km/s nach (l_{LG} = 271,9°, b_{LG} = 29,6°) bewegt.

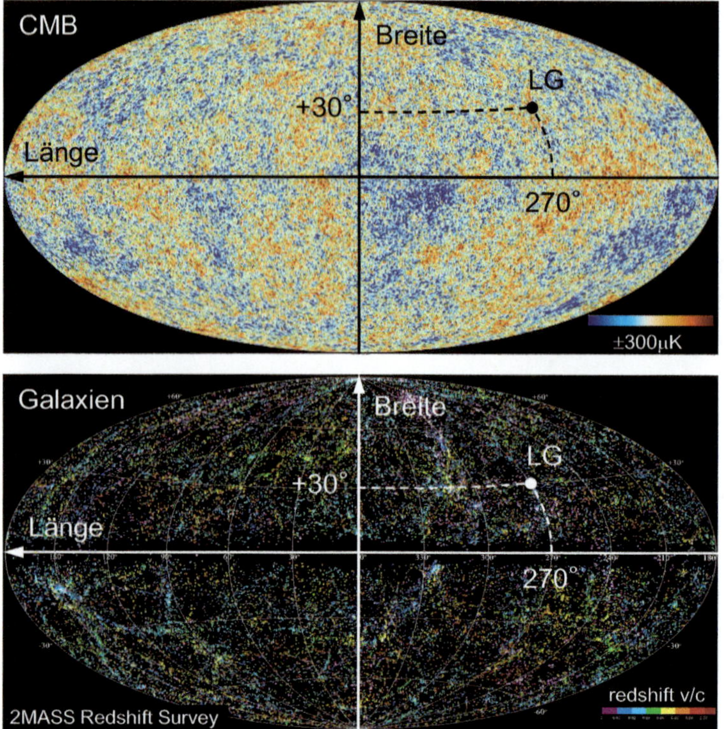

Bild 4.43 Hochauflösende Aufnahme der CMB-Fluktuationen von maximal ±300 μK durch den Planck-Satelliten der ESA (oben)[206] und zum Vergleich die lokale Verteilung von 44 049 Galaxien mit einer kosmologische Rotverschiebung bis z = 0,09 aus dem erdgebundenen 2MASS Redshift Survey (unten).[207] Angedeutet ist auch die ungefähre Bewegungsrichtung der lokalen Gruppe LG.

Das sind alles recht überschaubare Bewegungsgrößen verglichen mit der Lichtgeschwindigkeit c_0 von etwa 300 000 km/s. Wieso diese auffällige Lokalisierung auf wenige Promille von c_0 in einem doch sehr viel größeren physikalisch zulässigen Geschwindigkeitsintervall $[0,c_0]$? Eine mögliche Antwort auf diese Frage wird in Abschnitt 4.4.5 *Ein kosmologisches Modell* diskutiert. Zum Vergleich ist in Bild 4.43 auch die lokale Galaxienverteilung des Universums dargestellt bis zu einer kosmologischen Rotverschiebung von z = 0,09. Abhängig von der Entfernung lassen sich großräumige netzartige Strukturen der (sichtbaren) Materieverteilung erkennen.

Beschreibt womöglich der CMB den absolut ruhenden Raum Isaac Newtons und steht dieses Phänomen somit im Widerspruch zur SRT, wonach es kein absolutes Bezugssystem geben kann? Diese Frage ist keineswegs trivial und deshalb auch nicht so einfach zu beantworten, schließlich kann im thermischen Gleichgewicht keine räumliche Umgebung geschaffen werden, die frei von jeglicher Mikrowellenstrahlung wäre, d. h. der CMB ist prinzipiell überall nachweisbar. Wir hätten hier also gemäß Einstein tatsächlich ein Feld, genauer ein Temperaturfeld $T(x,y,z,t)$ zur

Verfügung, mit dessen Hilfe wir den Raum und Bewegung in diesem Raum darstellen könnten. Die bewegungsabhängige Anisotropie des Temperaturfeldes sollte es zudem erlauben festzustellen, ob eine Beschleunigung die Geschwindigkeit unseres Bewegungszustandes relativ zum CMB tatsächlich erhöht oder eventuell erniedrigt - oder etwa nicht?!

Die isotrope Mikrowellenhintergrundstrahlung definiert in der Tat eine spezielle Klasse von Bezugssystemen, nämlich genau die Ruhesysteme, die der Isotropiebedingung genügen - nicht mehr aber auch nicht weniger! Ein so definiertes *Isotropiesystem* hat den Vorteil, dass wir darin Relativbewegungen astronomischer Objekte einheitlich darstellen und auf einfache Weise vergleichen können. Physikalisch ist es somit von gleicher Qualität wie etwa das *Schwerpunktsystem*, das beispielsweise eine einfachere Beschreibung von Stoßprozessen ermöglicht, weil eine überlagerte gemeinsame Bewegung (→ Schwerpunktbewegung) aller Stoßpartner darin entfällt. Beide Bezugssysteme sind aber keineswegs absolut, sie gestalten nur die mathematische Modellierung des Problems etwas handlicher. Wir werden später sehen, dass im kosmologischen Modell nach Milne das *Isotropiesystem* dem Schwerpunktsystem aller elektromagnetischen Strahler entspricht mit der besonderen Eigenschaft, dass darin auch deren Gesamtimpuls Null sein muss.

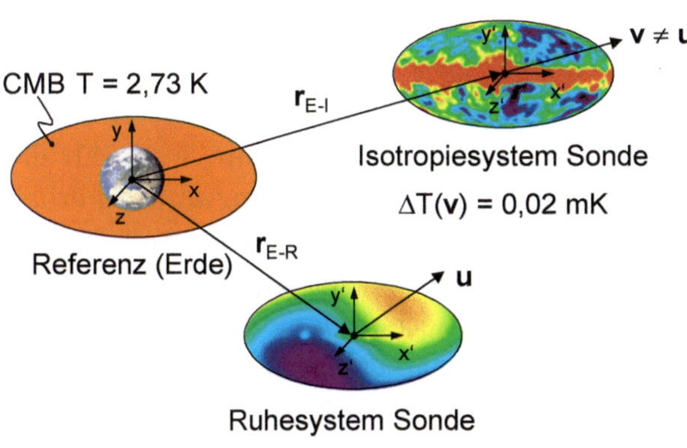

Bild 4.44 Die CMB-Verteilungen für ein Bezugssystem (Raumsonde), dass sich mit konstanter Geschwindigkeit $\boldsymbol{u}$ bewegt (Ruhesystem der Sonde) und im Falle der entsprechend korrigierten Geschwindigkeit $\boldsymbol{v}$ (Isotropiesystem der Sonde).

In einem Bezugssystem, das sich relativ zu diesem *Isotropiesystem* bewegt ist diese Bedingung nicht mehr erfüllt, sodass man zwangsläufig eine andere Strahlungsverteilung mit mathematisch komplizierterem Funktionsverlauf beobachtet. Für beide Systeme gelten aber weiterhin die gleichen physikalischen Gesetze - wie es nach dem Relativitätsprinzip auch sein muss. Das *Isotropiesystem* existiert aber nicht nur theoretisch, indem man wie beschrieben Dopplereffekte aufgrund von Eigenbewegungen aus der gemessenen CMB-Verteilung herausrechnet. Man kann auch ganz praktisch solch ein Ruhesystem finden (vgl. Bild 4.44). Man begebe sich mithilfe eines Raumfahrzeugs in eine möglichst gravitationsfeldfreie aber ansonsten beliebige Umgebung des Weltalls. Dort angekommen vermesse man den CMB und korrigiere sodann die Relativbewegung mit der aktuellen („*Eigen*"-)Geschwindigkeit $\boldsymbol{u}$ solange, bis sich das isotrope Verteilungsmuster zeigt.

Die geschilderte Vorgehensweise verdeutlicht einmal mehr, dass das so geschaffene Bezugssystem mit dann angepasster Relativgeschwindigkeit $\boldsymbol{v} \neq \boldsymbol{u}$ sich grundsätzlich nicht von anderen Referenzsystemen unterscheidet. Man mag sich dennoch fragen, ob solche *Isotropiesysteme* eventuell noch weitere interessante Beobachtungen ermöglichen, außer der eines isotropen und quasi-stationären Mikrowellenhintergrundes? Eine Antwort auf diese Frage wird in Abschnitt 4.4.5 *Ein kosmologisches Modell* diskutiert.

4.4.3 Die Vermessung des Raumes

> *„Nach den letzten Ergebnissen der Relativitätstheorie ist es wahrscheinlich, daß auch unser dreidimensionaler Raum ein angenähert sphärischer ist, d. h. daß die Lagerungsgesetze starrer Körper in ihm nicht durch die euklidische, sondern angenähert durch die sphärische Geometrie gegeben werden, wenn man nur genügend große Gebiete der Betrachtung unterwirft."*
>
> *Albert Einstein*[208]

Wie ist die Vermessung des physikalischen Raumes methodisch umzusetzen, insbesondere auf kosmologischem Maßstab, um auf reproduzierbare Weise für die eingangs zitierten *„großen Gebiete"* Einsteins verlässliche Distanzwerte zu erhalten? Diese Frage beinhaltet genau genommen zwei komplementäre Aufgabenfelder. Zum einen die praktische Suche nach einer geeigneten experimentellen Vorgehensweise, um unseren Erfahrungsraum messtechnisch zu erfassen und zum anderen die theoretische Fragestellung, welche mathematische Struktur (→ Geometrie) sich für dessen Beschreibung eignet. Das mathematische Bild bedarf zudem einer plausiblen physikalischen Begründung, weil das alleinige Studium formaler Aspekte der Mathematisierung nicht zielführend sein kann - schließlich sollte die Physik stets im Fokus unserer Betrachtung bleiben.

In einem ersten Schritt ließe sich beispielsweise ein empirischer Befund nutzen, wonach der uns umgebende (lokale) physikalische Raum den Gesetzen der *Euklidischen Geometrie* zu genügen scheint. Aber was heißt das eigentlich genau, zumal die Geometrie Euklids den Begriff *„Raum"* überhaupt nicht kennt? Zeichnen wir zwei Orte A, B mittels eines (starren) Körpers aus, beispielsweise durch die beiden Enden eines dünnen und geradlinigen Stabes, so ist deren Abstand AB definiert über dessen Länge l_{AB} und dieser Wert ist unabhängig von der Lage und der Orientierung des Stabes im Raum. Beschaffen wir uns zusätzlich weitere identische Referenzstäbe mit der Einheitslänge l_0 = 1 m (also Kopien des Ur-Meters), so können wir l_{AB} in der Einheit [m] durch sukzessives anlegen der Meterstäbe ermitteln. Zu diesem Zweck müssen sie allerdings bewegt werden, d. h. nach und nach muss jeder einzelne Stab an Ort und Stelle des Messobjekts gebracht werden und relativ dazu ruhen. Nach der SRT hat der erforderliche Bewegungsvorgang tatsächlich keinen Einfluss auf die (Ruhe-)Länge der Maßstäbe, sodass man mit dieser Messmethode durch direkten Vergleich auf reproduzierbare Art und Weise beliebige Abstände bestimmen kann, zumindest prinzipiell. Die Zeit spielt hierbei keine Rolle, wenn man davon absieht, dass es selbstverständlich etwas dauern kann, möchte man auf diese Weise große Distanzen vermessen.

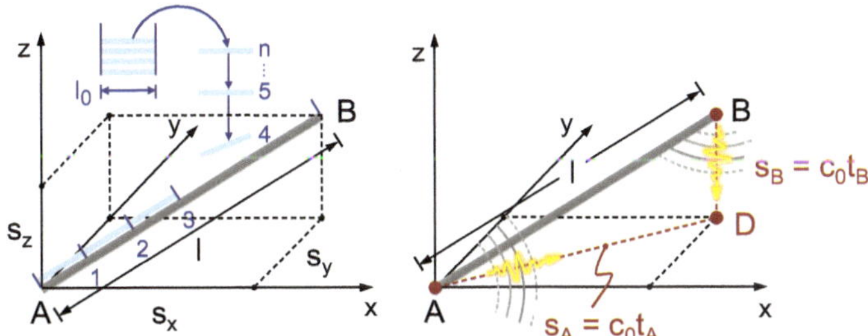

Bild 4.45 Längenmessung durch direkten Vergleich mit einem Längennormal l_0 (links) und auf indirektem Wege über die Messung von Lichtlaufzeiten $t_{A,B}$ (rechts).

Ein weiterer Aspekt der Geometrie Euklids bezieht sich auf die Winkelsumme in einem Dreieck. Diese ergibt sich immer zu 180°, sodass man unter Verwendung eines kartesischen Koordinatensystems[209] den Abstand AB auch koordinatengeometrisch bestimmen kann, nämlich gemäß Bild 4.45 für n Maßstäbe der Länge l_0 zu

$$n^2 \cdot l_0^2 = l^2 = s_x^2 + s_y^2 + s_z^2 \qquad \text{Gl. 4.147}$$

Kennt man eine Seite des Dreiecks und zudem beide Sichtwinkel zu einem gegebenen Punkt P, so lässt sich dessen Abstand auch auf einfache Weise berechnen (→ Triangulierung). Tatsächlich werden in der Physik keine starren Körper umhergetragen um relative Abstände auszumessen. Das geschilderte Verfahren ist viel zu umständlich und zudem ungenau, insbesondere, weil es keine ideal starren Körper gibt.

Alternativ hierzu bestimmt ein indirektes Messverfahren die Laufzeiten $t_{A,B}$ zweier Lichtpulse die *zeitgleich* (!) von beiden Enden des Stabes ausgehen und anschließend von einem Detektor D registriert werden. Die Forderung nach Gleichzeitigkeit berücksichtigt eine mögliche relative Translations- und/oder Rotationsbewegung des Stabes. In beiden Fällen würde nämlich eine sukzessive Messabfolge *„erst A dann B"* zwangsläufig zu einem falschen Resultat führen. Es gilt nämlich

$$l^2 = s_A^2 + s_B^2 = c_0^2 \cdot \left(t_A^2 + t_B^2\right) \qquad \text{Gl. 4.148}$$

Das Ergebnis würde ebenso verfälscht, wenn die Ausbreitungsgeschwindigkeit der zeitgleich emittierten Lichtpulse zusätzlich von der jeweiligen Geschwindigkeit der Stabenden abhängen sollte. Die Bestimmung der Lichtlaufzeit ist auch die Methode der Wahl, um größere Distanzen zu vermessen, sofern man Kenntnis darüber hat zu welchem Zeitpunkt T_0 das Licht ausgesandt wurde. Die Entfernung Erde-Mond kann noch mittels eines leistungsstarken *„Laserpointers“*[210] gemessen werden, sodass man T_0 kennt und somit die Distanz zu einem installierten Reflektor auf der Mondoberfläche zentimetergenau bestimmen kann. Mit diesem Verfahren stellte man u. a. fest, dass der Mond sich von der Erde kontinuierlich entfernt und zwar um etwa $\Delta s \cong 4$ cm pro Jahr. Damit verbunden ist auch eine Abnahme der Eigenrotationsfrequenz der Erde.[211]

Interplanetare Entfernungen, beispielsweise die Distanz Erde-Jupiter, können auf ähnliche Weise bestimmt werden. Man kennt seit Galileo Galilei die Umlaufzeiten der vier großen Jupitermonde, sodass man sehr genau berechnen kann zu welchen Zeiten T_0 sie aus dem Jupiterschatten hervortreten. Die signifikante Zeitdifferenz ΔT von etwa 16 Minuten, bis der jeweilige Mond schließlich auch für uns Erdbeobachter sichtbar wird, entspricht der Lichtlaufzeit Erde-Jupiter. Basierend auf Beobachtungen von Ole Rømer[212] bestimmte Christiaan Huygens 1678 auf diese Weise erstmals einen (endlichen!) Wert für die Lichtgeschwindigkeit c_0. Die erforderlichen Daten zur Jupiterbahn und damit dessen Distanz zur Erde beschafft man sich über das Newton’sche Gravitationsgesetz.

Wie verhält es sich aber mit der Bestimmung von Distanzen auf kosmologischer Ebene, beispielsweise der Entfernung zu Sternen in unserer unmittelbaren Umgebung oder etwa zur nächstgelegenen Spiralgalaxie Andromeda? Bild 4.46 zeigt beispielhaft die Sternpositionen im Umkreis von 10 pc ≅ 30 Lj um unsere Sonne, wie sie im Rahmen der astrometrischen Gaia-Mission ermittelt wurden.[213] Die Zusammenstellung umfasst alle bis dato bekannten Objekte, sowohl Einzelsterne als auch Sternsysteme sowie bestätigte Exoplaneten. Wie also lässt sich die Entfernung astronomischer Objekte bestimmen? Hierfür kommen verschiedene Verfahrensweisen zum Einsatz, die z. T. auf gänzlich unterschiedlichen Hypothesen beruhen und zudem nur für spezifische Entfernungsbereiche anwendbar sind. Die allgemeine Gültigkeit der jeweiligen Modellvorstellung vorausgesetzt, erhält man auf diesem Wege eine entsprechende Distanz. Uns begegnet also auch hier das Problem, dass die Physik gleich mehrere Entfernungsmaße im Angebot hat, um den Abstand zu einem lichtemittierenden astronomischen Objekt im Wortsinne zu *bewerten*, und diese Werte fallen in der Regel unterschiedlich aus!

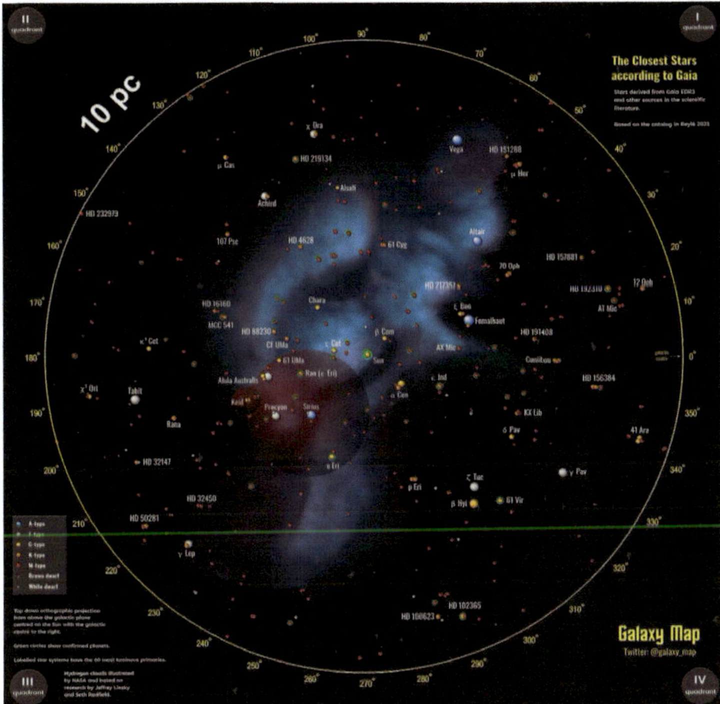

Bild 4.46 Eine orthografische Projektion von oberhalb der galaktischen Ebene der nächstgelegenen Sterne im Umkreis von 10 pc um unsere Sonne. Die Daten stammen u. a. von der astrometrischen Gaia-Mission. Insgesamt wurden 540 Objekte in 339 Systemen katalogisiert, davon 77 Exoplaneten (Bild © galaxymap.org, Twitter: @galaxy_map, CC BY-SA 3.0).

Neben der bereits geschilderten Laufzeitentfernung kennt man u. a. verschiedene Varianten der Helligkeitsentfernung, die Parallaxenentfernung und die Dopplerentfernung (kosmologische Rotverschiebung). Die Messwerte zur Laufzeit, zur Helligkeit und zur Parallaxe eines Objektes hängen jeweils auf einfache geometrische Weise mit dem relativen Abstand zusammen, sofern man geeignete Referenzwerte zur Verfügung hat. Die sogenannte Parallaxe basiert auf der Triangulierungsmethode, wobei der Durchmesser der nahezu kreisförmigen Erdbahn eine Seite des Dreiecks definiert und halbjährlich die beiden Sichtwinkel zum fraglichen astronomischen Objekt bestimmt werden. Zur Ermittlung der Helligkeitsentfernung nutzt die Astrophysik je nach astronomischem Objekt entsprechende Leuchtkraft-Modelle. Im Rahmen der Entstehung und der zeitlichen Entwicklung von Sternen erlauben diese Modelle eine Klassifizierung des Sterns und damit die Berechnung der zugehörigen Referenzwerte. Insbesondere das Leuchtverhalten von periodisch veränderlichen Sternen (→ Cepheiden[214]) und von Supernovae sind *theoretisch* gut verstanden, sodass aus dem gemessenen Helligkeitsverlauf einer Sternexplosion oder eines pulsierenden Sterns die Entfernung des Geschehens errechnet werden kann. Mithilfe solcher Daten kann ein weiteres astrophysikalisches Phänomen für eine Entfernungsbestimmung kalibriert werden, die sogenannte Dopplerentfernung oder kosmologische Rotverschiebung. Die genaue Kalibrierung der genannten Methoden birgt allerdings auch ein Problem. Die Parallaxe funktioniert nur im Nahbereich unserer Sonne. Findet sich im Grenzbereich des apparativen Winkelauflösungsvermögens ein veränderlicher Stern, so lässt sich dessen Leuchtverhalten auch eine entsprechend fehlerbehaftete Entfernung zuordnen. Mit diesem Ausgangsfehler bestimmt man sukzessive größere Entfernungen, bis das Leuchtvermögen der Cepheiden messtechnisch ebenfalls kaum noch erfasst werden kann, also zwangsläufig weitere signifikante Messfehler auftreten. Entdeckt man in diesem Entfernungsbereich zufällig eine deutlich intensivere Lichtquelle, z. B. eine Supernova, so kennt man auch deren ungefähren Abstand und kann methodisch darauf aufbauen, um die Distanz zu Objekten in noch größerer Entfernung zu bestimmen oder besser gesagt abzuschätzen, denn die jeweiligen Messfehler der aufeinander aufbauenden Methoden akkumulieren zu einem nicht unerheblichen Gesamtfehler. Zudem zeigen jüngste Studien, dass bereits *„lokale"* Materiedichteschwankungen im Entfernungsbereich 40–100 Mpc sich systematisch auf die Kalibrierung der geschilderten *„Distanz-Leiter"* auswirken. Zu alledem sollte sich auf kosmologischen Distanzen Einsteins sphärische Raumgeometrie ebenfalls bemerkbar machen.

Die Entdeckung der kosmologischen Rotverschiebung durch Vesto Slipher[215] geht auf das Jahr 1912 zurück. Erste Spektralanalysen weit entfernter astronomischer Objekte lieferten seinerzeit einen überraschenden Befund: Die Wellenlänge λ_0 typischer Spektrallinien erscheinen systematisch um $\Delta\lambda$ zu größeren Wellenlängen hin verschoben und deren Rotverschiebung $z(s)$, definitionsgemäß gegeben durch

$$z(s) = \frac{\lambda(s) - \lambda_0}{\lambda_0} = \frac{\nu_0}{\nu(s)} - 1 \qquad \text{Gl. 4.149}$$

scheint zudem richtungsunabhängig und umso ausgeprägter, je größer die vermutete Distanz s zu diesem Objekt. Nachdem für alle Beobachter das Produkt aus Frequenz ν und Wellenlänge λ konstant und gleich der Lichtgeschwindigkeit c_0 ist, muss also auch die Frequenz $\nu(s)$ mit zunehmender Distanz abnehmen. Interpretiert man nach Vesto Slipher diese Beobachtung als (longitudinalen) Dopplereffekt, so scheint es, dass sich alle astronomischen Objekte umso schneller entfernen, je weiter weg sie sich befinden. Die radiale Fluchtgeschwindigkeit $v_{\text{H-L}}(s)$ korreliert dann mit der gemessenen Frequenz $\nu(s)$ gemäß

$$\nu(s) = \nu_0 \cdot \sqrt{\frac{c_0 - v_{\text{H-L}}(s)}{c_0 + v_{\text{H-L}}(s)}} \qquad \text{Gl. 4.150}$$

Diese Beziehung ergibt sich direkt aus den Lorentz-Transformationsgleichungen der SRT. Die Radialgeschwindigkeit genügt der sog. Hubble-Lemaître Beziehung[216]

$$v_{\text{H-L}}(s) = H_0 \cdot s \qquad \text{Gl. 4.151}$$

mit der Hubble-Konstanten H_0. Aufgrund der Isotropie könne die Bewegung dennoch nicht *„echt"* sein, im Sinne einer gerichteten Bewegung der Objekte *im* Raum, so steht häufig zu lesen. Daher bleibe nur die Hypothese, dass sich der Raum selbst in alle Richtungen gleichmäßig vergrößern müsse, sodass auf diese Weise die entsprechenden Abstände zwischen den astronomischen Objekten kontinuierlich anwachsen. Die Objekte selbst nehmen allerdings an diesem Vergrößerungsprozess nicht teil – wie es den Anschein hat. Die kosmologische Rotverschiebung sei deshalb auch kein Doppler-Effekt im eigentlichen Sinne, sondern ein durch die Expansion des Raumes verursachter *„Gravitations-Effekt"*, der nur im Rahmen der ART zu verstehen sei.

Aber: Ist es überhaupt physikalisch plausibel, auf Basis des Isotropie-Arguments *„echte"* von *„scheinbaren"* Bewegungen zu unterscheiden? Wenn dem so ist, warum sollten *„scheinbare"* Relativbewegungen lichtemittierender Objekte *eine „echte"* Rotverschiebung im Linienspektrum der ausgesandten Strahlung verursachen? Erkennt die elektromagnetische Strahlung etwa den relativen Bewegungszustand eines lichtemittierenden oder lichtabsorbierenden Objektes?

Um die erste Frage zu beantworten: Nein, es ist ganz und gar nicht evident! Eine zu beobachtende isotrope 3D-Bewegung gemäß (Gl. 4.151) ist ebenso *„echt"*, wie jeder andere räumlich gerichtete 1D-Bewegungsvorgang. Die Isotropie ist kein hinreichendes Argument für die Hypothese eines sich kontinuierlich ausdehnenden Raumes. Tatsächlich beruht diese Interpretation in erster Linie auf dem mathematischen Formalismus der ART, der entsprechende Modelluniversen mit einer zeitlich veränderlichen Raumgeometrie beschreibt. Diese dynamischen Modelle erlauben ein Expansions-, Kompressions- und Oszillationsverhalten, je nach Wahl der mathematischen Randbedingungen. Ein Sachverhalt, der perfekt die seinerzeit überraschenden experimentellen Befunde zu beschreiben vermochte, sodass alternative Modellansätze außen vor blieben, etwa plausiblere kinematische Modelle. Eine aktuellere Arbeit von E. F. Bunn et al.[217] geht auf diese Problemstellung ausführlich ein und verdeutlicht, dass die kosmologische Rotverschiebung in erster Linie als ein kinematischer Effekt aufgefasst werden sollte, was uns zur zweiten Frage führt: Ein jeder Bewegungsvorgang ändert kontinuierlich die geometrischen Verhältnisse, in unserem Fall vergrößert sich der Abstand zwischen Sender und Empfänger. Sehen wir von möglichen (weiteren) Eigenbewegungen ab, so kann der eigentliche Emissionsprozess selbstverständlich nicht von einer spektralen Rotverschiebung betroffen sein, dieser Prozess findet schließlich nur einmal statt. Man denke sich beispielsweise die jeweiligen Empfänger in einer Linie zum Emitter positioniert, dann *„sehen"* diese Empfänger abstandsabhängig eine mehr oder weniger ausgeprägte Verschiebung desselben (zu einem festen Zeitpunkt an einem festen Ort) emittierten Linienspektrums. Entscheidend ist jeweils der aktuelle (relative) Bewegungszustand bzw. Abstand des Empfängers zur ursprünglichen Position des Senders, der sich während der Lichtlaufzeit bewegungsbedingt kontinuierlich vergrößert.

Veranschaulichen kann man sich den Vorgang eines expandierenden Raumes indem man Einsteins sphärischen dreidimensionalen Raum auf die zweidimensionale Oberfläche einer Kugel reduziert und diese sich in radialer Richtung ausdehnen lässt, also die Kugel mit einer Radialgeschwindigkeit $v_r = \mathrm{d}R/\mathrm{d}t$ in Richtung der verbleibenden dritten Dimension anwächst. In diesem Bild vergrößert sich der Abstand zwischen zwei beliebigen Oberflächenpunkten A, B auf dem zugehörigen Großkreis proportional zur jeweiligen Bogenlänge s gemäß

$$v_r(s) = \frac{\mathrm{d}s}{\mathrm{d}t} = \frac{s}{R} \cdot \left(\frac{\mathrm{d}R}{\mathrm{d}t} \right) \qquad \text{Gl. 4.152}$$

Bild 4.47 verdeutlicht schematisch die geometrischen Zusammenhänge und zeigt zudem das Originaldiagramm, das Hubble im Jahre 1929 im Wesentlichen anhand der Spektralanalysedaten von Slipher publizierte.[218] Er untermauerte damit die von Georges Lemaître bereits 1927 publizierte Hypothese eines expandierenden Universums, motiviert aufgrund einer speziellen Lösung der Einstein'schen Feldgleichungen der ART.[219]

Abgesehen von der fehlerhaften Achsenbeschriftung ist ein linearer Zusammenhang gemäß (Gl. 4.151) jedoch nur mit sehr viel Wohlwollen zu erkennen, zumal einige Objekte eine erkennbare Blauverschiebung zeigen und eine Fehlerabschätzung zu den Daten fehlt. [220] Umso erstaunlicher, dass die Wissenschaftsgemeinde auf Grundlage dieses Diagramms die Hubble-Lemaître Hypothese zu akzeptieren bereit war – vermutlich aufgrund eines seinerzeit ausgeprägten *„ART-Hypes"*, eine Faszination die bis heute uneingeschränkt anzuhalten scheint. Für die Hubble-Konstante ergab sich demnach ein erster Wert von H_0 = 500 $\mathrm{kms^{-1}/Mpc}$ und der zugehörige Kehrwert sollte eine Abschätzung für die Dauer T_H dieses (als konstant angenommenen) Expansionsvorganges erlauben: Der Wert $T_H = 1/H_0 \cong 1{,}9 \cdot 10^9$ Jahre lieferte somit ein ungefähres Alter des Universums, das allerdings weniger als halb so alt schien wie die Erde selbst?!

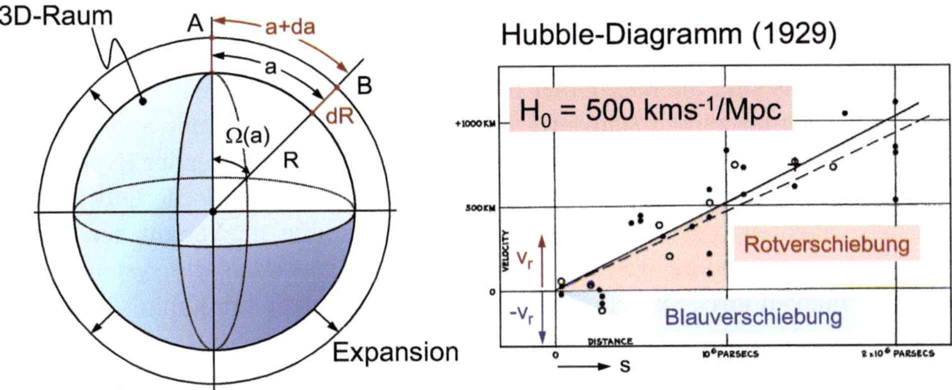

Bild 4.47 Schematische Darstellung eines sphärischen 3D-Raums (Oberfläche einer 4D-Kugel mit Radius R, nach Einstein) und die mit einer Expansion verknüpfte Vergrößerung des relativen Abstandes zwischen zwei Raumpunkten A,B (nach Lemaître). Diese Modellvorstellung wurde durch das im Jahre 1929 publizierte Hubble-Diagramm gestützt.

Es begegnen uns hier gleich mehrere Probleme: Eine grundsätzliche Schwierigkeit besteht bereits darin, dem physikalisch noch recht vagen Begriff *„Raum“* (wir wissen eigentlich noch nicht so recht, was wir davon zu halten haben) eine (differential-)geometrische Struktur zuzuordnen. Damit wird *„Raum“* zu einem physikalischen System mit ersten wohldefinierten geometrischen Eigenschaften, die selbstverständlich noch physikalisch zu begründen sind, was weiterer Modellannahmen bedarf. Dadurch ist die Arbeitsgrundlage der Modellierungsaufgabe bereits festgeschrieben: *„Raum“* soll ein dem *„Äther“* (altgriech.: αἰθήρ = (blauer) Himmel), also einem hypothetischen Trägermedium elektromagnetischer Wellen entsprechendes Kontinuum darstellen. Desweiteren kann die Abschätzung so nicht ganz korrekt sein, denn nach (Gl. 4.152) muss die Geschwindigkeit des Expansionsvorgangs zeitabhängig sein, wenn H_0 tatsächlich konstant ist, denn

$$\left(\frac{\mathrm{d}R}{\mathrm{d}t}\right) = H_0 \cdot R \to 0 \text{ und } \left(\frac{\mathrm{d}^2 R}{\mathrm{d}t^2}\right) = H_0^2 \cdot R \to 0 \text{ für R} \to 0 \qquad \text{Gl. 4.153}$$

sodass der gesamte Vorgang tatsächlich nicht nur deutlich länger dauern müsste, er sollte von selbst gar nicht anlaufen können. Das Zeitverhalten von H_0 folgt nämlich der logarithmischen Gesetzmäßigkeit

$$H_0(t) = \frac{\mathrm{d}}{\mathrm{d}t} \ln R(t) = \frac{1}{t} \qquad \text{Gl. 4.154}$$

Weiterhin zeigt das Diagramm in Bild 4.47 auch Objekte mit negativer Radialgeschwindigkeit (→ Blauverschiebung), d.h. im Sinne der Modellüberlegung scheinen zusätzliche Eigenbewegungen (→ Pekuliarbewegungen) die messtechnische Erfassung einer systematischen Expansionsbewegung signifikant zu stören. Diese

Störungen müssen zuvor auf anderem Wege identifiziert und herausgerechnet werden - wenn möglich.

Darüber hinaus sind die Messfehler bei der Distanzbestimmung in der Astrophysik erheblich und zudem schwierig abzuschätzen, weil nicht nur apparativ bedingt, sondern eben auch abhängig von der Gültigkeit grundlegender Hypothesen zum jeweiligen Messprinzip. Bild 4.48 dokumentiert die historische Entwicklung der experimentellen Bestimmung der Hubble-Konstante im Verlauf der letzten 100 Jahre, insbesondere wie sehr die Experten einmal mehr die systematische Messgenauigkeit ihres Experiments unterschätzten (vgl. hierzu Kapitel 3 *Der Messprozess und Maßeinheiten*).

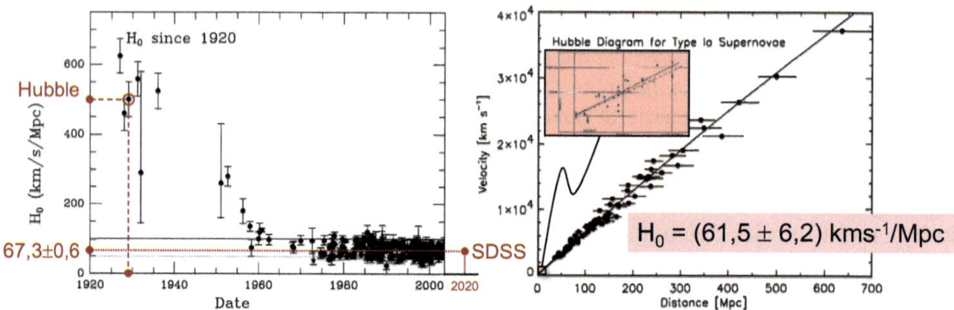

Bild 4.48 Historische Entwicklung von H_0 (links), ergänzt um das SDSS-Resultat aus dem Jahr 2020, sowie ein rezenteres Ergebnis einer SNe-Ia Studie aus dem Jahr 2002 (rechts). Zu Orientierung ist zusätzlich der entsprechende Ausschnitt des Hubble-Diagramms von 1929 eingetragen.[221]

Betrachtet man ausschließlich die Datenwolke im Zeitraum von 1980 bis heute, so scheint für H_0 im Intervall [25,125] kms^{-1}/Mpc alles möglich. Ein 2003 mittels *Hubble-Space Telescope* durchgeführte Cepheiden-Studie bestimmte den Wert für die Hubble-Konstante zu $H_0 = (72 \pm 2) \pm 7$ kms^{-1}/Mpc[222], unter Angabe eines statistischen Fehlers $\Delta_{stat}H_0 = \pm 2$ kms^{-1}/Mpc (1σ-Statistik) und eines systematischen Fehlers $\Delta_{sys}H_0 = \pm 7$ kms^{-1}/Mpc. Weitere Beobachtungen mit diesem Teleskop, jeweils unter der wissenschaftlichen Leitung von Allan Sandage, lieferten 2006 für Typ-Ia Supernovae einen Wert von $H_0 = (62{,}3 \pm 1{,}3) \pm 5{,}0$ kms^{-1}/Mpc und etwa zur gleichen Zeit für spezielle rote Riesensterne (sogenannte TRGB-Sterne[223]) den Wert $H_0 = (62{,}9 \pm 1{,}6)$ kms^{-1}/Mpc.[224] Die ESA publizierte schließlich im Jahre 2019 das Messergebnis ihrer CMB-Studie, durchgeführt im Rahmen der Planck-Kollaboration, wonach $H_0 = (67{,}4 \pm 0{,}5)$ kms^{-1}/Mpc (1σ-Statistik) betragen soll und damit gerade noch durch das systematische Fehlerintervall der Hubble-Studien von 2003 bzw. 2006 abgedeckt wird, sodass das Alter des Universums aktuell bei etwa $T_H \cong 14{,}4$ Milliarden Jahren liegen sollte.[225] Die seinerzeit ausgesprochen mutige Extrapolation Hubbles veranschaulicht das rechte Diagramm in Bild 4.48. Die

Daten in dieser Darstellung stammen aus dem Jahr 2002 und umfassen Typ-Ia Supernovae (SNe-Ia) bis zu einer Entfernung von 700 Mpc und Fluchtgeschwindigkeiten bis 40 000 kms^{-1} (dies entspricht 13 % der Lichtgeschwindigkeit!). Eingebunden ist Hubbles Originaldiagramm aus dem Jahr 1929. In Anbetracht des geringen Datenumfangs und den großen Fehlertoleranzen (Hubble lag damals nahezu eine Größenordnung daneben!) muss wohl eher der Wunsch Vater der dargestellten Ausgleichsgeraden gewesen sein – dennoch verfolgte Hubble den richtigen Gedanken bezüglich eines zielführenden Modellansatzes zur konsistenten Beschreibung der Beobachtungsdaten, zumindest im mathematischen Rahmen der ART, wie aktuelle astrophysikalische Studien bestätigen.

Also scheint es doch Newtons leeren Raum an sich zu geben, unabhängig von den darin enthaltenen materiellen Objekten, oder was sollte sich ansonsten nach Einstein (sphärisch) krümmen und sich zudem durch Expansion kontinuierlich vergrößern, wie seinerzeit erstmals von Lemaître theoretisch beschrieben? Wenn dem so ist, worin krümmt sich dieser leere Raum? Das Modell benötigt zusätzlich einen *absoluten* (und *leeren?*) 4D-Raum (mit *euklidischer Geometrie?*) worin ein ausgezeichneter Ruhepunkt, nämlich das Zentrum der Expansionsbewegung definiert werden kann. Die Expansion lässt sich dann mittels einer universellen parametrischen (Newton'schen) Zeit beschreiben. Im Grunde verlagert man also die erkenntnistheoretische Fragestellung zum Aufbau unseres Universums und zur Physik des Raumbegriffs auf eine andere, eine geometrische Modellierungsebene, womit man prinzipiell keinen Schritt weiter ist.

Bevor wir diese Punkte weiter erörtern noch eine abschließende quantitative Einordnung zur Hubble-Konstanten. Wovon reden wir Physiker eigentlich wenn behauptet wird, dass sich unser Universum mit einer Rate von $H_0 = (67{,}4 \pm 0{,}5)\ kms^{-1}/Mpc$ ausdehnen soll, gemäß jüngster Beobachtungsresultate beispielsweise im Rahmen der Planck-Kollaboration oder der SDSS-Kollaboration (vgl. Bild 4.49). Bilden wir diesen Wert auf unseren unmittelbaren Erfahrungsbereich ab, so vergrößert sich das Raumvolumen von einem Kubikmeter in jede Raumrichtung im Laufe eines Jahres um ca. 22 pm = $22 \cdot 10^{-12}$ m, d. h. um etwa den nominellen Radius eines Wasserstoffatoms, wie unlängst in einem online-Beitrag zur Problematik der Hubble-Konstanten recht aufschlussreich verdeutlicht.[226] Seit den Anfängen der modernen Kosmologie, also vor etwas mehr als 100 Jahren, sollte demnach ein Kubikmeter Raumvolumen um etwa $\Delta V \cong 6{,}6 \cdot 10^{-27}\ m^3$ angewachsen sein. Führen wir diesen Gedanken fort, so nähme der räumliche Abstand Erde-Mond entsprechend um etwa 0,8 cm und der Abstand Erde-Sonne sogar um etwa 3,3 m pro Jahr zu.

Aber ist dem tatsächlich so – das sollte sich doch mittlerweile messen lassen? Stand unsere Erde vor zwei Milliarden Jahre etwa 6,6 Millionen Kilometer (das sind immerhin 4,4 % des heutigen mittleren Abstandes!) näher zur Sonne und befand sie sich damit grenzwertig außerhalb der habitablen Zone? Aufgrund der Sonnennähe müsste es damals eigentlich viel zu heiß gewesen sein, auf dass es Wasser in flüssiger Form hätte geben können (→ selbstverstärkender Treibhauseffekt). Dennoch war die Erde zu dieser Zeit nachweislich *vollständig* (!) vereist.[227]

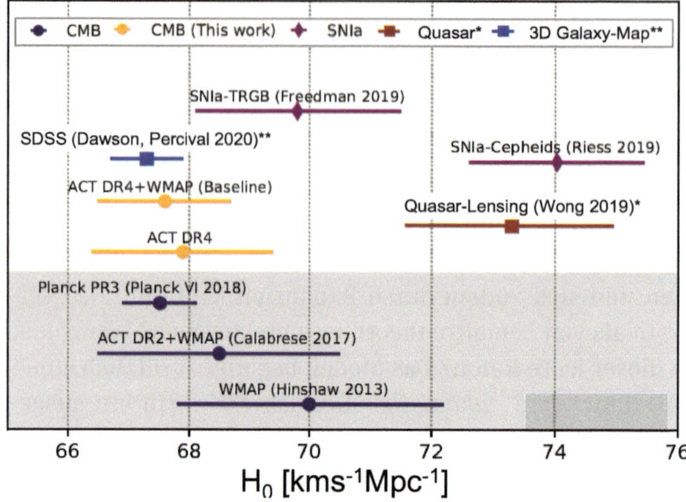

Bild 4.49 Vergleich der Messwerte zur Hubble-Konstanten, jeweils ermittelt im Rahmen verschiedener kosmologischer Studien auf der Grundlage von CMB, Supernovae des Typs SN-Ia, Cepheiden und TRGBs.[228] Das Diagramm wurde der Vollständigkeit halber um die jüngsten Resultate einer Quasar-Studie[229] (*) und der SDSS-Kollaboration[230] (**) ergänzt.

Nun, dem ist tatsächlich nicht so, denn die extrapolierte lokale Expansion, als eine direkte Ausprägung des kosmologischen Hubble-Effekts, ist in unserem unmittelbaren Erfahrungsraum nicht nachzuweisen. Nicht etwa weil die Hubble-Expansion lokal vernachlässigbar klein wäre - nein, es gibt sie nicht. Ein kosmologisches Paradoxon!

4.4.4 Das kosmologische Paradoxon – Kann Raum bewegt werden?

> *„It is not a matter of debate - it is a matter of observation."*
>
> Allan Sandage[231]

Im Rahmen der physikalischen Modellbildung können sogenannte *„Erfahrungstatsachen"* ausgesprochen tückische Befunde darstellen, denn mit jeder Beobachtung, d. h. mit jedem Bezug auf das *„Offensichtliche"* ist auch immer eine (erste) intuitive Interpretation des beobachteten Sachverhalts verbunden, die auf suggestive Weise eine allzu plausible Modellvorstellung favorisieren und alternative Modellansätze ausblenden kann (was schließlich zu einer subtilen Form von *„physikalischer Betriebsblindheit"* führt, vgl. hierzu Abschnitt 1.5 *Potential, Grenzen und Risiken der Modellierung*). *„Plausibilität"* ist jedoch kein hinreichendes Kriterium für eine zielführende Modellidee. Man sollte deshalb die *„Beobachtungstatsache"* eines *„sich bewegenden, d. h. expandierenden Raumes"*, auf das sich das Eingangszitat von Alan Sandage bezieht, mit entsprechender Vorsicht behandeln. Fakt ist lediglich der experimentelle Befund einer abstandsabhängigen spektralen Rotverschiebung, die auf eine gleichförmige und isotrope Relativbewegung astronomischer Objekte im Raum schließen lässt. Möchte man das in unserer Erfahrungswelt auftretende Phänomen der Bewegung und insbesondere die Relativität gleichförmiger Bewegung verstehen, so ist also die folgende nicht-triviale Frage von entscheidender Bedeutung: *„Kann Raum tatsächlich bewegt werden?"* Ein damit verknüpftes Relativitätsprinzip wurde bereits von Newton in seiner *Philosophiae Naturalis Principia Mathematica* beschrieben:

> *„The motions of bodies included in a given space are the same among themselves, whether that space is at rest, or moves uniformly forwards in a right line without any circular motion."*[232]

Folgen wir diesbezüglich der Einschätzung des Physikers und Wissenschaftshistorikers Max Jammer, so wählte Isaac Newton seine Worte stets mit Bedacht, sodass wir eine mögliche *„Formulierungsschwäche"* in diesem Zusammenhang wohl ausschließen dürfen. Ist also die Newton'sche Aussage zutreffend? Bewegt sich der durch eine materielle Begrenzung abgeschlossene Raum tatsächlich oder bewegt sich doch nur die volumenbegrenzende Wandung *„durch den Raum"*? Wir wollen diese Frage auf einem etwas größeren physikalischen Maßstab weiter erörtern und auf kosmologischer Ebene *„mathematisch durchspielen"*, auf dass sich im Zuge der Mathematisierung eventuell weitere modellrelevante Hinweise finden lassen.

Seit den richtungsweisenden experimentellen bzw. theoretischen Forschungsarbeiten von Vesto Slipher (1912) und Edwin Hubble (1929) einerseits bzw. Alexander Friedmann (1925) und Georges Lemaître (1927) andererseits, scheint es mittlerweile eine astronomische *„Erfahrungstatsache"* zu sein – *„a matter of observation"* (Allan Sandage), dass unser Universum expandiert, soll heißen, es bewegt sich! Das Universum dehnt sich kontinuierlich aus, wobei der durch ein materielles Objekt besetzte Raum an diesem Prozess allerdings nicht teilzunehmen scheint. Würde nämlich durch den kosmologischen Expansionsvorgang alles in unserer Erfahrungswelt zueinander proportional anwachsen, so würden wir prinzipiell nicht in der Lage sein diesen Vorgang überhaupt zu beobachten, weil davon auszugehen ist, dass die uns bekannten *„Naturkonstanten"* ebenfalls diesem Prozess unterworfen wären. Es ergäbe sich also keine feststellbare Relativbewegung. Die Expansion muss also auf eine noch zu klärende Weise zusätzlichen Raum *zwischen* den Objekten schaffen, sodass ein relativer Bewegungszustand nicht nur möglich, sondern auch erkennbar wird. Von der Isotropie einmal abgesehen, unterscheidet sich nämlich diese kollektive Bewegung physikalisch nicht von der uns vertrauten räumlich gerichteten Bewegung einzelner Objekte. Es stellt sich in beiden Fällen ein (longitudinaler) Dopplereffekt ein und man beobachtet davon unabhängig auch eine Zeitdilatation (transversaler Dopplereffekt)[233], womit alle anderen damit einhergehenden relativistischen Phänomenen (Längenkontraktion, Massenzunahme) ebenfalls gegeben sind.

In diesem Sinne muss sich also Raum, soll heißen das durch ein Objekt besetzte Volumen, ebenfalls bewegen. Dieses Volumen sollte nämlich durch die kontinuierliche Erzeugung von *Zwischenraum* fortwährend in Expansionsrichtung verdrängt werden, ein Sachverhalt, der sich auch über eine Transportgleichung beschreiben lässt, wenn man Raum als ein Kontinuum interpretiert. Zur Erinnerung: Kontinuen erlauben per Definition keine Überschneidungen, salopp gesprochen: *„Wo bereits etwas ist, kann nichts anderes hin!“* Die Verschiebung (→ Bewegung!) des Körpervolumens im Raum wäre in einem statischen Raum-Kontinuum demnach gar nicht möglich. Man stelle sich beispielsweise einen würfel- oder kugelförmigen Behälter vor. Das durch die materielle Wandung eingeschlossene Volumen bleibt erhalten (ansonsten wären in der Wand erhebliche mechanische Spannungen nachweisbar). Führt dieser Behälter eine gerichtete räumliche Bewegung aus, so kann er das nur unter der Voraussetzung, dass um ihm herum permanent Raum geschaffen wird. Einerseits wird durch diesen Vorgang der ursprüngliche Volumenbereich am jeweiligen Ausgangspunkt der Bewegung kontinuierlich ersetzt und andererseits stehen dadurch lokal drei Bewegungsfreiheitsgrade zur Verfügung.

Wie schnell können sich in diesem Fall das Behältnis und damit auch das umschlossene Behältervolumen frei bewegen? Bestenfalls so schnell wie zusätzliches Raum-Kontinuum geschaffen wird, d.h. es muss zwangsläufig eine Grenzgeschwindigkeit für den gerichteten Bewegungsvorgang eines materiellen Objektes im Raum geben, nämlich die Expansionsgeschwindigkeit $\mathrm{d}R/\mathrm{d}t$ des Universums selbst, d.h. im Umkehrschluss

$$\frac{\mathrm{d}R(t)}{\mathrm{d}t} = c_0 \Leftrightarrow \frac{v_{\text{H-L}}(s)}{c_0} = \frac{s}{R} \qquad \text{Gl. 4.155}$$

Der Parameter s beschreibt hierbei die zum Raumwinkel Ω gehörende Bogenlänge (Großkreis-Segment), die zwei astronomische Objekte A und B verbindet.

Bild 4.50 beschreibt schematisch die geometrischen Verhältnisse beim Expansionsvorgang einer Kugel mit Radius R, eingebettet in einen 4-dimensionalen euklidischen Raum. Die Kugeloberfläche entspricht unserem 3-dimensionalen nichteuklidischen Raum. Die räumliche Entfernung s zwischen Erde und einem beliebigen astronomischen Objekt, etwa dem Andromeda-Nebel, folgt der Raumkrümmung. Von der Erde aus sehen wir allerdings astronomische Objekte prinzipiell nur bis zu einem Abstand $s = R$, dann wird nämlich $v_{\text{H-L}} = c_0$. Wegen der endlichen Licht-

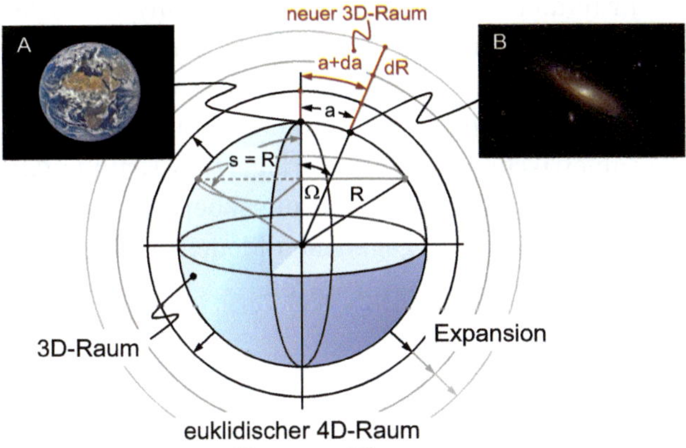

Bild 4.50 Expansion einer 4D-Kugel mit Radius *R*. Die Kugeloberfläche entspricht hierbei unserem dreidimensionalen (nichteuklidischen) Raum. Das Liniensegment *a* zum Raumwinkel *Ω* beschreibt entsprechend die 2D-Flächenbegrenzung des 3D-Raumes. Durch den Expansionsvorgang vergrößert sich kontinuierlich der Abstand AB beispielsweise zwischen der Erde (A) und der Andromeda-Galaxie (B).[234]

laufzeit erfassen wir zudem nur Objekte bis zu einer Distanz $s_{max} = R/2$. Der theoretisch einsehbare 3D-Raum $V(r_{eG})$ hätte dann in euklidischer Geometrie (Index eG) ein Volumen von

euklidische Geometrie sphärische Geometrie

$$V\left(r_{eG}\right)=\frac{4}{3}\pi\cdot r_{eG}^{3}\equiv 4\pi\cdot R^{3}\cdot\left[\frac{1}{2}\cdot\left(\frac{s}{R}\right)-\frac{1}{4}\cdot\sin\left(\frac{2\cdot s}{R}\right)\right]\cong\frac{1}{5}\pi\cdot R^{3} \qquad \text{Gl. 4.156}$$

also in guter Näherung $r_{eG} \cong 0{,}5 \cdot R = s_{max}$. Die sphärische Krümmung ist also praktisch nicht zu erkennen, weil man im Grunde nur eine 4D-Kugelkalotte mit dem maximalen Öffnungswinkel von $\alpha = 1/2$ einsehen kann. Für $s/R = \pi$ erhalten wir schließlich die Gesamtoberfläche A_4 der 4D-Kugel, also das Gesamtvolumen V_3 des sphärisch gekrümmten 3D-Raumes:

$$V_3 = A_4\left(R\right)=2\cdot\pi^2\cdot R^3 \cong 10\pi\cdot V\left(r_{eG}\right) \qquad \text{Gl. 4.157}$$

Das Universum wäre also tatsächlich etwa 30-mal größer als wir messtechnisch erfassen können.

Vergrößert sich der Kugelradius *R* um d*R*, so wächst zwangsläufig auch der Abstand *s* zweier astronomischer Objekte A, B um d*s* an. Das Modell beschreibt (zumindest) auf geometrisch einfache Weise sowohl die Isotropie als auch das beobachtete Abstandsverhalten von $v_{H\text{-}L}(s)$. Physikalisch ist das Modell jedoch alles andere als einfach, denn sämtliche der eingangs gestellten Fragen zum Raumkonzept bleiben weiterhin offen und es kommen neue hinzu: Was *ist* dieser gekrümmte

Raum? Was genau soll sich daran krümmen und ausdehnen? Welche physikalische Bedeutung hat in diesem Zusammenhang der absolute und unveränderliche Einbettungsraum Newton'scher Prägung? Wieso hat *„unser Erfahrungsraum"* in diesem höherdimensionalen *„Nichterfahrungsraum"* genau die beschriebenen Eigenschaften? Die Festlegung einer geometrischen Struktur verlagert im Grunde das ganze Problem auf eine andere (und komplexere) Modellierungsebene in der Hoffnung auf *„neue Physik"* anstatt es im Rahmen der gegebenen Modellwelt zu lösen und generiert demzufolge weitaus mehr Fragen als Antworten.

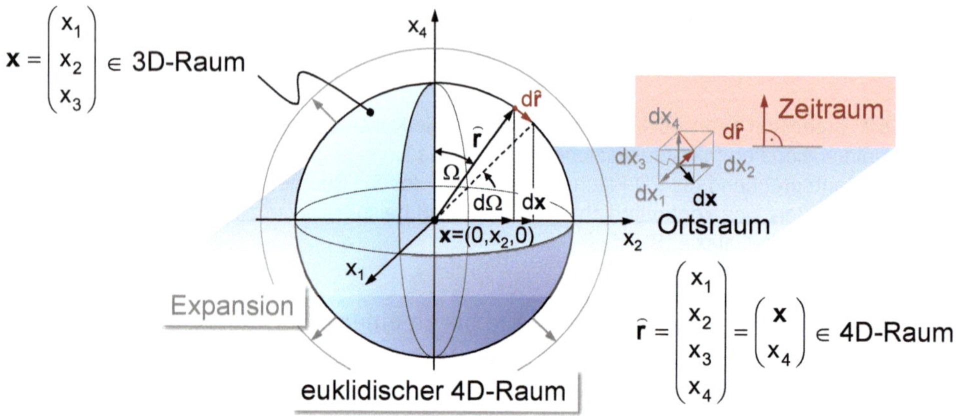

Bild 4.51 Bestimmung des Wegelementes d*s* in einem gekrümmten dreidimensionalen Raum. Der Ortsraum erscheint lokal eben, der Zeitraum erstreckt sich in diesem Bild senkrecht dazu.

Bleiben wir aber vorerst noch in der analytisch-geometrischen 4D-Modellwelt. Wie kann man in einem gekrümmten 3D-Raum das dann nichteuklidische Wegelement d*s* berechnen? Im Grunde recht einfach (vgl. Bild 4.51): Ein beliebiger Punkt auf der Oberfläche A_4 einer 4D-Kugel mit Radius R lässt sich in einem vierdimensionalen euklidischen Koordinatensystem durch einen Vektor $\hat{\boldsymbol{r}} = (x_1, x_2, x_3, x_4) \in \mathbb{R}^4$ darstellen, dessen Komponenten folgender Randbedingung genügen müssen

$$\hat{\boldsymbol{r}} \cdot \hat{\boldsymbol{r}} = R^2 = \sum_{\mu=1}^{4} x_\mu^2 \;\Rightarrow\; x_4^2 = R^2 - \sum_{i=1}^{3} x_i^2 \qquad \text{Gl. 4.158}$$

oder kürzer in vektorieller Schreibweise mit $\boldsymbol{x} = (x_1, x_2, x_3) \in \mathbb{R}^3$:

$$x_4^2 = R^2 - \boldsymbol{x} \cdot \boldsymbol{x} \Rightarrow \mathrm{d}x_4^2 = \frac{(\boldsymbol{x} \cdot \mathrm{d}\boldsymbol{x})^2}{R^2 - \boldsymbol{x}^2} \qquad \text{Gl. 4.159}$$

Alle Punkte auf der Kugeloberfläche haben schließlich den gleichen Abstand R zum Mittelpunkt dieser Kugel. Damit erhalten wir für das Wegelement ds folgende einfache Beziehung

$$ds^2 = d\boldsymbol{x} \cdot d\boldsymbol{x} + \frac{(\boldsymbol{x} \cdot d\boldsymbol{x})^2}{R^2 - \boldsymbol{x}^2} \qquad \text{Gl. 4.160}$$

d. h. jeder infinitesimalen Translation d$\boldsymbol{x}$ in einem gekrümmten 3D-Raum kann immer eine endliche x_4-Komponente zugeordnet werden, es sei denn die Verschiebung erfolgt senkrecht zum Ortsvektor $\boldsymbol{x}$, wie etwa im Falle einer Rotationsbewegung, dann wird nämlich das Skalarprodukt ($\boldsymbol{x} \cdot d\boldsymbol{x}$) gleich Null.[235] Variiert zudem der Kugelradius R (→ Expansionsvorgang), so erhalten wir

$$dx_4 = \frac{R \cdot dR - \boldsymbol{x} \cdot d\boldsymbol{x}}{\sqrt{R^2 - \boldsymbol{x}^2}} \qquad \text{Gl. 4.161}$$

Mit den Bewegungs-Substitutionen $R(t) = c_0 \cdot t$ und $\boldsymbol{x}(t) = \boldsymbol{v} \cdot t$ erhält man hieraus

$$\frac{dx_4}{dt} = c(v) = c_0 \cdot \sqrt{1 - \frac{v^2}{c_0^2}} \qquad \text{Gl. 4.162}$$

Demnach ist die Bewegung im *Zeitraum* (→ x_4-Richtung) gleich c_0, wenn keine räumliche Bewegung vorliegt ($v = 0$) und sie wird identisch Null, wenn $v = c_0$. Entsprechend verhalten sich die zurückgelegten *Zeitstrecken* $\Delta x_4(v)$ in Richtung des Zeitraums.

Man kann diesen Sachverhalt selbstverständlich auch im Sinne der SRT interpretieren, indem man axiomatisch $c(v) = c_0$ setzt

$$\Delta x_4(v) = c_0 \cdot \sqrt{1 - \frac{v^2}{c_0^2}} \cdot \Delta t = c(v) \cdot \Delta t = c_0 \cdot \Delta\tau(v) \qquad \text{Gl. 4.163}$$

und anstelle des parametrischen Zeitintervalls Δt das sogenannte *Eigenzeitintervall* $\Delta\tau(v)$ definiert, also

$$\Delta\tau = \sqrt{1 - \frac{v^2}{c_0^2}} \cdot \Delta t \qquad \text{Gl. 4.164}$$

und entsprechend (Gl. 4.161) als Transformationsgleichung der Zeitkoordinate $\Delta t \to \Delta\tau$ auslegt, gemäß

$$\frac{dx_4}{c_0} = d\tau = \frac{dt - \frac{\boldsymbol{v}}{c_0^2} \cdot d\boldsymbol{x}}{\sqrt{1 - \frac{v^2}{c_0^2}}} \qquad \text{Gl. 4.165}$$

Einsteins c_0-Axiom der SRT ist letztlich nur *eine* mögliche Auslegung der experimentellen Befunde, wonach die Lichtgeschwindigkeit c_0 nicht vom (relativen) Bewegungszustand v des Beobachters bzw. der Lichtquelle abzuhängen scheint. Im Modell eines gekrümmten und expandierenden Raumes hingegen ist sowohl die Konstanz der Lichtgeschwindigkeit als auch deren Grenzcharakter *im Ortsraum* das Resultat der Überlagerung zweier Bewegungsvorgänge: Zum einen die Bewegung im gekrümmten dreidimensionalen Raum mit variabler Geschwindigkeit $\boldsymbol{v} = \mathrm{d}\boldsymbol{x}/\mathrm{d}t$ und zum anderen die Expansion dieses Raumes mit konstanter Geschwindigkeit c_0 im Zeitraum, also senkrecht dazu. Die Superposition beider Vorgänge definiert einen vierdimensionalen Geschwindigkeitsvektor (zur Unterscheidung werden sog. 4D- oder Vierer-Vektoren mit einer Tilde ~ gekennzeichnet)

$$\frac{\mathrm{d}\tilde{\boldsymbol{r}}}{\mathrm{d}t}(\boldsymbol{v}) = \begin{pmatrix} v_1 \\ v_2 \\ v_3 \\ c_0 \cdot \sqrt{1-\frac{v^2}{c_0^2}} \end{pmatrix} \qquad \text{Gl. 4.166}$$

mit der besonderen Eigenschaft

$$\left(\frac{\mathrm{d}\tilde{\boldsymbol{r}}}{\mathrm{d}t}\right)^2 = \boldsymbol{v}^2 + \left(\frac{\mathrm{d}x_4}{\mathrm{d}t}\right)^2 = c_0^2 \Rightarrow \left|\frac{\mathrm{d}\tilde{\boldsymbol{r}}}{\mathrm{d}t}(\boldsymbol{v})\right| = c_0 \qquad \text{Gl. 4.167}$$

d. h. der Geschwindigkeitsbetrag bleibt stets konstant gleich c_0. Für die zugehörige Bewegungsmenge erhält man entsprechend

$$\tilde{\boldsymbol{p}}(\boldsymbol{v}) = m_0 \cdot \begin{pmatrix} v_1 \\ v_2 \\ v_3 \\ c_0 \cdot \sqrt{1-\frac{v^2}{c_0^2}} \end{pmatrix} = \sqrt{1-\frac{v^2}{c_0^2}} \cdot \begin{pmatrix} m \cdot v_1 \\ m \cdot v_2 \\ m \cdot v_3 \\ m_0 \cdot c_0 \end{pmatrix} \; mit \; m = \frac{m_0}{\sqrt{1-\frac{v^2}{c_0^2}}} \qquad \text{Gl. 4.168}$$

woraus zu ersehen ist, dass sich die relativistische Massenzunahme $m(v)$ einzig auf den Ortsraum beschränkt und zudem nur eine Ausprägung des geänderten Zeitmaßes ist, wie bereits in Abschnitt 4.3.5 angesprochen. Die Bewegung im Zeitraum kommt für $v \rightarrow c_0$ zum Erliegen und damit wird im Ortsraum keine weitere Geschwindigkeitszunahme möglich, was man im Rahmen der SRT einer kontinuierlich ansteigenden Impulskapazität (→ Masse) des Körpers zuschreibt. Eine missverständliche Interpretation, denn der Betrag des Gesamtimpulses bleibt ohnehin stets konstant

$$p_0 = \left|\tilde{\boldsymbol{p}}(\boldsymbol{v})\right| = m_0 \cdot c_0 \qquad \text{Gl. 4.169}$$

sodass im Verlauf dieses Prozesses Bewegungsmengen weder erzeugt noch vernichtet werden. Es ändern sich nur anteilig die entsprechenden Teilbeträge im Orts- bzw. Zeitraum, d.h. zu gegebenem $\boldsymbol{v}$ dreht der 4D-Geschwindigkeitsvektor $\tilde{\boldsymbol{v}} = \mathrm{d}\tilde{\boldsymbol{r}}/\mathrm{d}t$ um den Winkel α aus der x_4-Richtung gemäß (vgl. Bild 4.52)

$$\tan(\alpha) = \frac{v}{c(v)} \Leftrightarrow v(\alpha) = c(v) \cdot \tan(\alpha) \qquad \text{Gl. 4.170}$$

Sowohl die Zeitdilatation (→ *„bewegte Zeit"*) als auch die Längenkontraktion (→ *„bewegter Raum"*) sind letztlich messtechnische Befunde dieser Drehung.

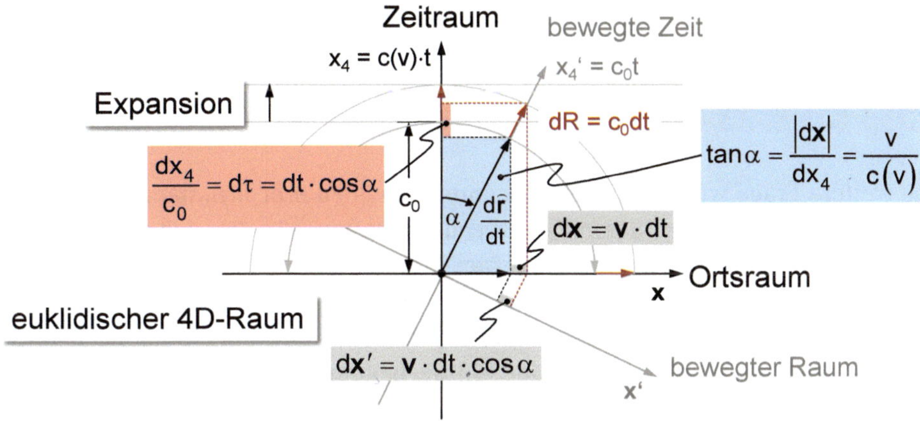

Bild 4.52 Die Zeitdilatation der SRT als 4D-Bewegungsvorgang geometrisch interpretiert. Die Bewegung im Zeitraum erfolgt stets senkrecht zum Ortsraum.

Normiert man in (Gl. 4.168) den Impuls $\tilde{\boldsymbol{p}}$ bezüglich des veränderten Zeitmaßes, also bezüglich der Eigenzeit τ, so erscheint der relativistische Impuls $\boldsymbol{p}_{\mathrm{rel}}(\boldsymbol{v}) = m(v) \cdot \boldsymbol{v}$ eines materiellen Körpers als spezifische Größe des Ortsraums und die Zeitraumkomponente $p_0 = m_0 \cdot c_0$ bleibt konstant

$$\tilde{\boldsymbol{p}}_\tau(\boldsymbol{v}) = m_0 \cdot \frac{\mathrm{d}\boldsymbol{r}}{\mathrm{d}\tau}(\boldsymbol{v}) = \begin{pmatrix} m(v)\cdot v_1 \\ m(v)\cdot v_2 \\ m(v)\cdot v_3 \\ p_0 \end{pmatrix} = \begin{pmatrix} \boldsymbol{p}_{\mathrm{rel}}(\boldsymbol{v}) \\ p_0 \end{pmatrix} \qquad \text{Gl. 4.171}$$

Wir erhalten auf diese Weise das uns vertraute Bild der SRT. Die zugehörige Energie $E(\boldsymbol{v})$ berechnet sich dann über den Impulsstrom gemäß

$$E(v)=\int_0^v v\cdot d\boldsymbol{p}_{rel}=\int_0^v v\cdot(v\mathrm{d}m+m\mathrm{d}v)=\int_0^v c_0^2\cdot\mathrm{d}m \qquad \text{Gl. 4.172}$$

mit der ebenfalls aus der SRT bekannten Beziehung

$$E(v)=\int_{m_0}^{m} c_0^2\cdot\mathrm{d}m=\left(m(v)-m_0\right)\cdot c_0^2=m(v)\cdot c_0^2-E_0 \qquad \text{Gl. 4.173}$$

E_0 beschreibt die sogenannte Ruheenergie eines materiellen Körpers der Masse m_0

$$E_0=E(c_0)=m_0\cdot c_0^2 \qquad \text{Gl. 4.174}$$

und kann demnach als eine Ausprägung der Expansionsbewegung c_0 des Ortsraumes interpretiert werden, weil jegliche Materie durch diesen Prozess im Orts- und Zeitraum mitgeführt wird.

A$_{4-6}$: Kann hierauf der Faktor 2 in (Gl. 4.174) zurückgeführt werden, d. h. $E = 2\cdot m_0/2c_0^2 = m_0c_0^2$?

Eine weitere Frage wäre in diesem Zusammenhang zu erörtern, nämlich zu einer möglichen expansionsbedingten Druckbeaufschlagung: Übt das sich ausdehnende Raum-Kontinuum durch den geschilderten Mitführungseffekt einen permanenten Druck auf das materielle Körpervolumen aus und zwar proportional zur umschlossenen Impulskapazität (→ Masse) des Körpers, und korreliert womöglich diese Druckbeaufschlagung mit dem in der Physik bekannten Phänomen der Gravitation? Wir werden diesen Aspekt in Abschnitt 5.3.1 *Das Gravitationsfeld* ausführlicher diskutieren.

Die Symmetrie der Bewegung (→ Relativitätsprinzip) und insbesondere die Invarianz des Eigenzeitintervalls folgen unmittelbar aus dem Modellansatzes, wie Bild 4.53 verdeutlichen soll. Das obere Schema skizziert die relative Bewegung zweier Bezugssysteme mit der Geschwindigkeit $\boldsymbol{v}$ im Ortsraum. Beide Beobachter erfahren identische Verschiebungen $dx = |\pm d\boldsymbol{x}|$ bzw. dx_4 im jeweiligen Orts- bzw. Zeitraum. Das untere Schema verdeutlicht die Invarianz des Eigenzeitintervalls am Beispiel zweier ortsfester Ereignisse ①,② in einem bewegten Bezugssystem mit der Geschwindigkeit $u > v$ (Drehwinkel $\gamma > \alpha$). Beide Schemata zeigen zudem, dass die relativistische Längenkontraktion kein *„echter Effekt“* ist, d. h. die geometrischen Abmessungen eines Körpers bleiben selbstverständlich erhalten. Der Beobachter hat schließlich keine Möglichkeit den Drehvorgang und das damit einhergehende geänderte Zeitmaß in seinem Bezugssystem auf direktem Wege zu erfassen. Er wird stattdessen annehmen, dass *„sein“* Ortsraum auch weiterhin senkrecht zu *„seiner“* x_4-Achse (→ Eigenzeit) steht weshalb ihm Längenintervalle zwangsläufig, weil projektionsbedingt, verkürzt erscheinen.

Mit anderen Worten: Ein Beobachter kann sehr wohl den 4D-Drehvorgang im 3D-Raum auf indirektem Wege über die sich einstellende Längenkontraktion erfassen (d. h. messen) und die Rotation sogar sehen, interpretiert er nur die Datenlage entsprechend!

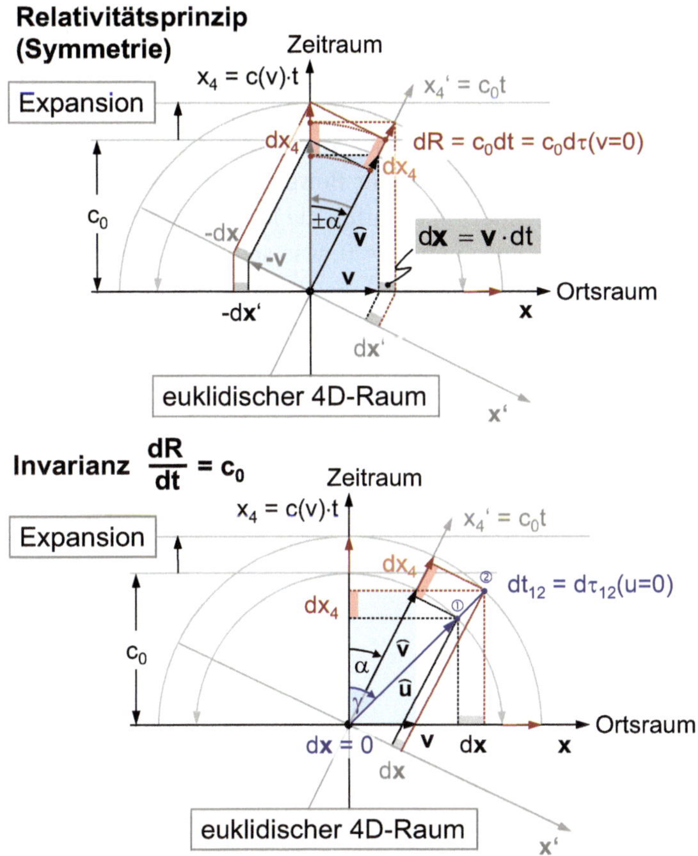

Bild 4.53 Das Relativitätsprinzip der SRT und die Konstanz der Lichtgeschwindigkeit als 4D-Bewegungsvorgang geometrisch interpretiert.

Ein Beispiel:[236] Man denke sich, gemäß Bild 4.54 einen würfelförmigen Körper mit der Kantenlänge $l = 1$ m, der sich parallel zu einer der Würfelkanten bewegt. Senkrecht zur Bewegungsrichtung sieht ein relativ dazu ruhender Beobachter ($v = 0$) die Kante AB mit nomineller Länge (und damit natürlich auch die zugehörige quadratische Würfelfläche). Bewegt sich der Würfel hingegen mit hoher Relativgeschwindigkeit ($v = 0{,}8c_0$), so misst der ruhende Beobachter mithilfe seines lokalen Sensorgitters in Bewegungsrichtung nur noch eine Kantenlänge von AB = 0,6 m (→ Längenkontraktion). Visuell nimmt er jedoch in ausreichend großer Entfernung $d \gg l$ einen um den Winkel α gedrehten Würfel wahr und sieht projektionsbedingt sowohl die Kante AB = sinα = 0,6 m als auch die (zuvor nicht sichtbare) Kante DA = cosα = 0,8 m. Für den Drehwinkel α gilt die uns bereits bekannte Beziehung

$$\sin\alpha = \frac{v}{c_0} \qquad \text{Gl. 4.175}$$

Man beachte: Die zu beobachtende Drehung eines Körpers im Falle hoher Relativgeschwindigkeit entspricht *keiner* gewöhnlichen Rotation im Ortsraum und die gemessene Längenkontraktion ist damit auch *keine* Folge einer durch die Rotation veränderten räumlichen Perspektive. Vielmehr beschreibt die Geschwindigkeit $v(\alpha)$ im Ortsraum die relative Ausrichtung $\alpha > 0$ der Bewegung im Zeitraum. Das im Ortsraum ruhende Sensorgitter definiert aber durch die Messvorschrift *„Gleichzeitigkeit"* eine zeitlich fixierte Projektionsebene α = 0, was schließlich zu dem geschilderten *Messeffekt* der Kontraktion führt.

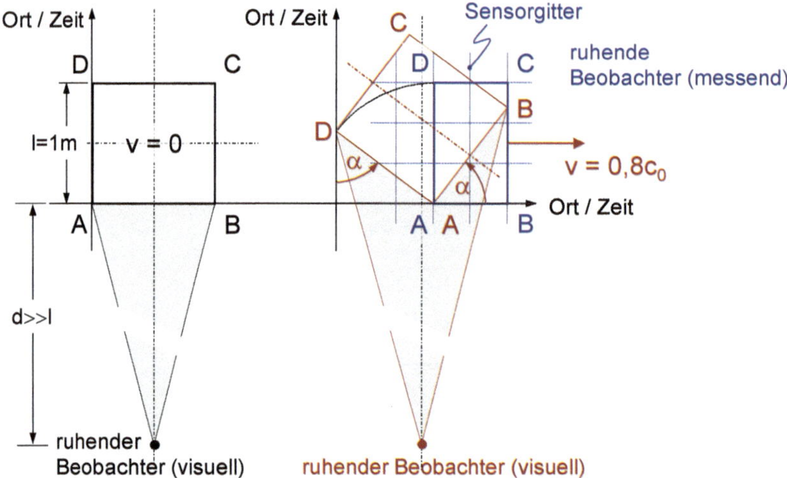

Bild 4.54 Relativistische Längenkontraktion oder Rotation – Für einen (ruhenden) Beobachter ist das visuelle Erscheinungsbild eines sich schnell bewegenden Würfels um den Winkel α gedreht. Die Messdaten (mittels Sensorgitter) zeigen hingegen eine Längenkontraktion in Bewegungsrichtung.[237]

Die visuelle Wahrnehmung unterliegt diesbezüglich keiner zeitlichen Einschränkung, sodass die Körpergeometrie stets unverzerrt wahrgenommen wird. Jedoch führen geometrisch bedingte Laufzeitunterschiede im Ortsraum zwangsläufig zu einem *optischen Effekt* der auf die geänderte Ausrichtung der Bewegung im Zeitraum hinweist. Beide Effekte sind also nur spezifische Ausprägungen der gewählten Beobachtungsmethoden und beschreiben somit keine durch die Bewegung hervorgerufene Veränderung körperbezogener physikalischer Eigenschaften. Deutlich wird dies bei der Betrachtung einer sich schnell bewegenden Kugel (vgl. Bild 4.55). Aufgrund der Längenkontraktion wird daraus ein linsenförmiges Ellipsoid. Der geschilderte Rotationseffekt hat jedoch keinen Einfluss auf die räumliche Perspektive und kann deshalb nicht mehr als *„plausible Erklärung"* für das gemessene Ellipsoid angeführt werden. Mit anderen Worten: Das Sensorgitter entspricht nicht *„einem Beobachter"*, sondern repräsentiert *„viele Beobachter"*. Einjeder dieser Beobachter ordnet der Kugel (oder dem Würfel) bewegungsbedingt spezifische Koordinaten zu. Führt man diese Daten zusammmen, motiviert durch die *„etwas schlichte"* Überlegung, dass sie sich schließlich auf denselben Körper beziehen, so ergibt sich eine in Bewegungsrichtung *„deformierte Körpergeometrie"* - diese Art von Datenauswertung ist also grundsätzlich (d. h. physikalisch) keine gute Idee!

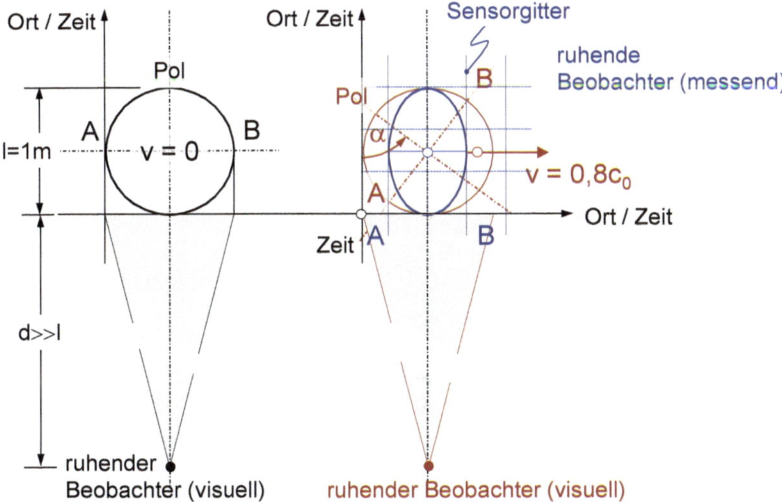

Bild 4.55 Relativistische Längenkontraktion oder Rotation - am Beispiel einer sich schnell bewegenden Kugel.

Betrachten wir abschließend noch die Verknüpfung von Bewegungszuständen im Ortsraum. Bewegt sich ein Körper mit der Geschwindigkeit $\boldsymbol{u}$ in einem Bezugssystem S', welches sich wiederum mit $\boldsymbol{v}$ bezüglich S bewegt, so kann dessen Geschwindigkeit $\boldsymbol{w}$ in S prinzipiell keine lineare Superposition der Form $\boldsymbol{w} = \boldsymbol{u} + \boldsymbol{v}$ sein, denn w kann die Grenzgeschwindigkeit c_0 nicht überschreiten, d. h. die Bewegung kann prinzipiell nicht schneller ablaufen als durch die Expansion vorgegeben. Ebenso genügen die zu den Geschwindigkeiten $\boldsymbol{u}$, $\boldsymbol{v}$, $\boldsymbol{w}$ gehörenden Drehwinkel α, β, γ keiner linearen Gleichung der Form $\gamma = \alpha + \beta$, denn γ kann den Grenzwinkel $\pi/2$ nicht überschreiten: $\gamma \leq \pi/2$. Obschon jeder geschwindigkeitsabhängige Drehwinkel $\alpha(v)$ dieser Einschränkung genügt, gemäß

$$\tan(\alpha) = \frac{v}{c(v)} = \frac{\frac{v}{c_0}}{\sqrt{1-\left(\frac{v}{c_0}\right)^2}} = \frac{\sin(\alpha)}{\cos(\alpha)} \Rightarrow \lim_{v\to c_0} \alpha(v) = \frac{\pi}{2} \qquad \text{Gl. 4.176}$$

und zudem für kleine Geschwindigkeiten $u,v,w \ll c_0$ näherungsweise auch die uns vertraute additive Gesetzmäßigkeit erfüllt ist, denn

$$w \cong c_0 \cdot \tan(\gamma) = c_0 \cdot \tan(\alpha+\beta) = c_0 \cdot \frac{\tan(\alpha)+\tan(\beta)}{1-\tan(\alpha)\cdot\tan(\beta)} \cong u+v \qquad \text{Gl. 4.177}$$

genügt diese Beziehung jedoch nicht der o. g. Grenzbedingung für u, $v \to c_0$. Demnach müssen sich Bewegungsvorgänge auf andere Weise überlagern, aber wie genau?

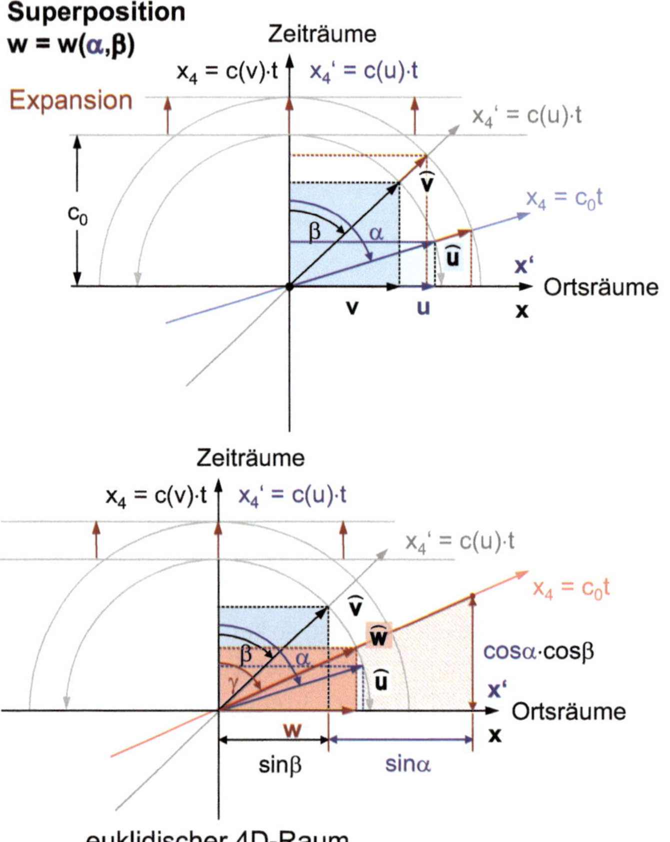

Bild 4.56 Zur Superposition zweier 4D-Bewegungsvorgänge geometrisch interpretiert.

Das hier diskutierte Modell beschreibt Bewegungsvorgänge $\boldsymbol{u},\boldsymbol{v},\boldsymbol{w}$ im Ortsraum durch vierdimensionale Geschwindigkeitsvektoren $\tilde{\boldsymbol{u}},\tilde{\boldsymbol{v}},\tilde{\boldsymbol{w}}$ mit der besonderen Eigenschaft, dass deren Beträge jeweils konstant und gleich der Grenzgeschwindigkeit c_0 sind. Jede relative räumliche Bewegung entspricht demnach einer relativen Drehung α, β, γ dieser Vektoren, wie in Bild 4.56 dargestellt, wobei $\hat{\boldsymbol{u}},\hat{\boldsymbol{v}},\hat{\boldsymbol{w}}$ zueinander parallele Einheitsvektoren im 3D-Ortsraum darstellen.[238] Ein Körper bewege sich im Bezugssystem B' mit der Geschwindigkeit

$$\tilde{\boldsymbol{u}} = c_0 \cdot (\hat{\boldsymbol{u}} \cdot \sin\alpha, \cos\alpha) \qquad \text{Gl. 4.178}$$

welches sich wiederum relativ zu B mit

$$\tilde{\boldsymbol{v}} = c_0 \cdot (\hat{\boldsymbol{v}} \cdot \sin\beta, \cos\beta) \qquad \text{Gl. 4.179}$$

bewegen soll. Für die Superposition $\tilde{\boldsymbol{w}}$ beider Bewegungen in S erhalten wir

$$\tilde{\boldsymbol{w}} = c_0 \cdot \begin{pmatrix} \hat{\boldsymbol{w}} \cdot \sin\gamma \\ \cos\gamma \end{pmatrix} = \frac{c_0}{1+\sin\alpha\cdot\sin\beta} \cdot \begin{pmatrix} \hat{\boldsymbol{u}}\cdot\sin\alpha + \hat{\boldsymbol{v}}\cdot\sin\beta \\ \cos\alpha\cdot\cos\beta \end{pmatrix} \qquad \text{Gl. 4.180}$$

wie sich mittels einer einfachen trigonometrischen Rechnung zeigen lässt. Für $\alpha = 0$ (keine Relativbewegung in B') oder $\beta = 0$ (keine Relativbewegung zwischen B und B') erhalten wir erwartungsgemäß die Identitäten

$$\tilde{\boldsymbol{w}} = c_0 \cdot \begin{pmatrix} \hat{\boldsymbol{w}} \cdot \sin\gamma \\ \cos\gamma \end{pmatrix} = \begin{cases} \tilde{\boldsymbol{v}} & ,\alpha = 0 \\ \tilde{\boldsymbol{u}} & ,\beta = 0 \end{cases} \qquad \text{Gl. 4.181}$$

und für die Grenzwinkel gilt stets

$$\tilde{\boldsymbol{w}} = c_0 \cdot (\hat{\boldsymbol{w}}\cdot\sin\gamma, \cos\gamma) = c_0 \cdot \begin{cases} (\boldsymbol{0},1) & ,\alpha,\beta = 0 \\ (\pm\hat{\boldsymbol{w}},0) & ,\alpha,\beta = \pm\pi/2 \end{cases} \qquad \text{Gl. 4.182}$$

Betrachten wir für den allgemeinen Fall α, $\beta \neq 0$ jeweils die Ortsraum- bzw. die Zeitraumkomponente von $\tilde{\mathbf{w}}$, so erhalten wir für den Geschwindigkeitsvektor $\boldsymbol{w}$ im Ortsraum das aus der SRT bekannte *nichtlineare* Additionstheorem für Geschwindigkeiten

$$\boldsymbol{w} = c_0 \cdot \sin\gamma \cdot \hat{\boldsymbol{w}} = c_0 \cdot \frac{\hat{\boldsymbol{u}}\cdot\sin\alpha + \hat{\boldsymbol{v}}\cdot\sin\beta}{1+\hat{\boldsymbol{u}}\cdot\sin\alpha\cdot\hat{\boldsymbol{v}}\cdot\sin\beta} = \frac{\boldsymbol{u}+\boldsymbol{v}}{1+\frac{\boldsymbol{u}\cdot\boldsymbol{v}}{c_0^2}} \qquad \text{Gl. 4.183}$$

Für die Bewegung im Zeitraum erhält man mit (Gl. 4.183) entsprechend

$$\frac{c(w)}{c_0} = \cos\gamma = \frac{\cos\alpha\cdot\cos\beta}{1+\sin\alpha\cdot\sin\beta} = \sqrt{1-\left(\frac{\sin\alpha+\sin\beta}{1+\sin\alpha\cdot\sin\beta}\right)^2} = \sqrt{1-\frac{w^2}{c_0^2}} \qquad \text{Gl. 4.184}$$

also die SRT-Beziehung für das differentielle Eigenzeitintervall $\mathrm{d}\tau(w)/\mathrm{d}t$.

Selbstverständlich kann man auf Basis dieser Modellvorstellung das Einstein'sche Additionstheorem (Gl. 4.183) für Geschwindigkeiten auch *„zu Fuß"* herleiten, indem man die relativistischen Ausdrücke für die Zeitdilatation und die Längenkontraktion explizit verwendet. Allerdings müssen wir zu diesem Zweck den Ortsraum ebenfalls drehen (vgl. Bild 4.57). Die in B' gemessene Geschwindigkeit ***u*** errechnet sich im Bezugssystem B gemäß

Bezugssystem B' B

$$\mathbf{u} = \frac{d\mathbf{x}'}{dx'_4} = \frac{d\mathbf{y} - \mathbf{v} \cdot dt}{dt - \frac{\mathbf{v}}{c_0^2} \cdot d\mathbf{y}} = \frac{\mathbf{w} - \mathbf{v}}{1 - \frac{v \cdot w}{c_0^2}} \qquad \text{Gl. 4.185}$$

mit der Substitution $w = dy/dt$.

Durch einfaches Umstellen erhalten wir hieraus das gewünschte Resultat

$$w = \frac{dy}{dt} = \frac{u + v}{1 + \frac{u \cdot v}{c_0^2}} \qquad \text{Gl. 4.186}$$

Die erforderliche Drehung des Ortsraumes ist der Relativität der Bewegung geschuldet, d. h. die vierdimensionalen Geschwindigkeitsvektoren $\tilde{u}, \tilde{v}$, ... geben jeweils die relativen Zeitachsen der Bezugssysteme B, B',... vor und die zugehörigen Raumdimensionen stehen entsprechend senkrecht dazu. Obgleich wir messtechnisch über die Zeitdilatation bzw. Längenkontraktion genau diesen Sachverhalt ermitteln, interpretieren wir die Resultate nicht wie beschrieben, weil die absolute Ausrichtung des Koordinatensystems für Raum und Zeit nicht zu erkennen ist.

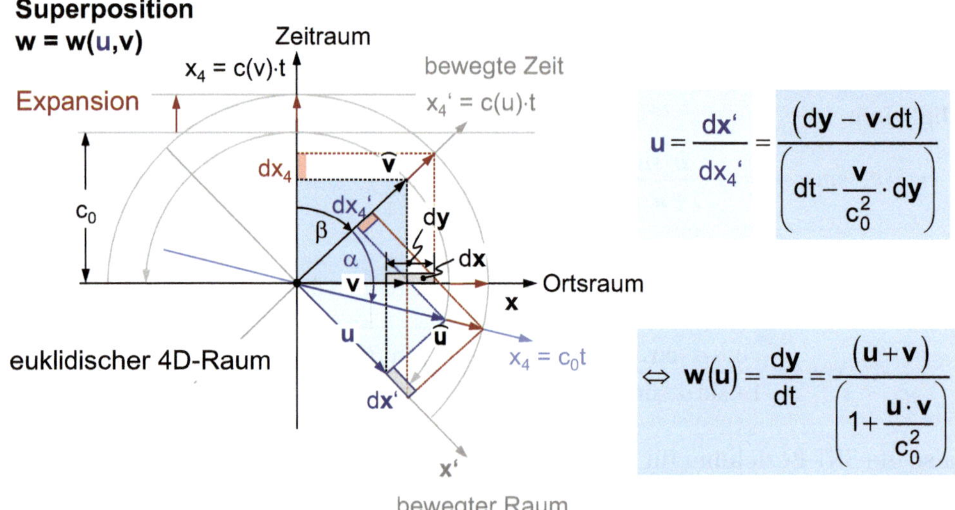

Bild 4.57 Das Additionstheorem der SRT als 4D-Bewegungsvorgang geometrisch interpretiert.

Die geometrische Modellvorstellung eines expandierenden Universums ist also kompatibel mit der SRT. Allerdings bleiben Fragen zur Physik des absoluten Einbettungsraumes (→ *„Zeitraum“*), der Expansionsbewegung selbst (→ *„bewegter Raum?“*), der Drehung des 4D-Geschwindigkeitsvektors eines Körpers, der Raumkrümmung und nicht zuletzt der Raumdehnung unbeantwortet. Weshalb oftmals zu lesen steht, dass zumindest die Fragen zur Raumgeometrie im Grunde allesamt bedeutungslos wären, weil es sich um *intrinsische Eigenschaften des* Raumes handele und diese nicht in einem übergeordneten Einbettungsraum darzustellen seien. Na sowas ...?! Wir Physiker scheinen tatsächlich nicht um Ausreden verlegen zu sein, wenn es zu einem mathematischen Modell an der adäquaten physikalischen Begründung mangelt.

Aber was genau versteht man unter einer *„intrinsischen Raumkrümmung“*? Nun, mathematisch lassen sich prinzipiell zwei Formen der (Raum-)Krümmung unterscheiden: Die sogenannte extrinsische (äußere) Krümmung des Raumes ist im Gegensatz zur intrinsischen (inneren) Krümmung so ohne weiteres nicht zu erkennen. Weshalb nicht? Ausgehend von einer ebenen (euklidischen) Raumgeometrie ändern sich die geometrischen (euklidischen) Gesetzmäßigkeiten bei einer extrinsischen Krümmung des Raumes nicht, wie etwa im Falle eines zylindrischen 3D-Raumes (siehe Bild 4.58), d. h. die Summe der Innenwinkel eines Dreiecks beträgt auch weiterhin 180°, parallele Geraden bleiben parallel etc. Mit anderen Worten, die geometrische Abbildung „3D-Raum flach → 3D-Raum zylindrisch“ ist ohne jegliche geometrische Verzerrung durchführbar.

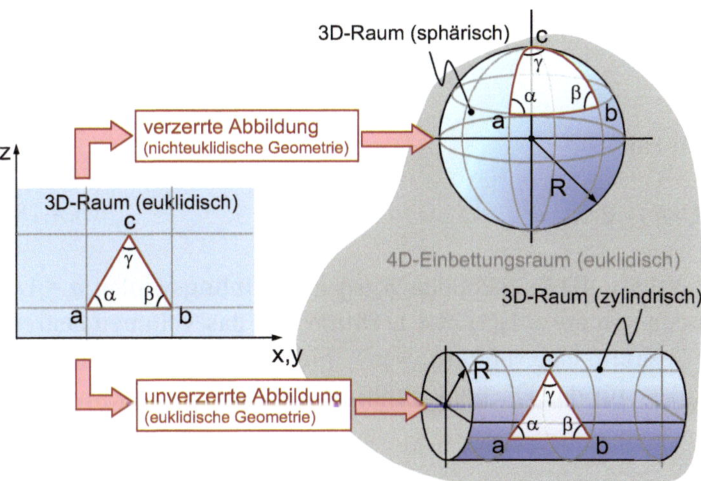

Bild 4.58 Zur äußeren und inneren Raum-Krümmung (weitere Erläuterungen im Text).

Man hat somit keine Möglichkeit den Krümmungsradius R des eigenen (jetzt zylindrischen) 3D-Raumes auf experimentellem Wege zu ermitteln, es sei denn man begibt sich in den äußeren höherdimensionalen Einbettungsraum - weshalb man auch von einer *„äußeren Krümmung“* spricht. Der Zylinder erscheint also *intrinsisch* eben (d.h. euklidisch), obwohl er *extrinsisch* gekrümmt ist. Die Sachlage ist eine andere bei einem sphärisch (oder hyperbolisch) gekrümmten 3D-Raum. Hierbei ändern sich abbildungsbedingt die geometrischen Gesetze Euklids, sodass man den zugehörigen Krümmungsradius R auch innerhalb des modifizierten, jetzt nichteuklidischen Raumes messtechnisch ermitteln kann. Man muss sich also nicht erst in den Einbettungsraum begeben, um das Phänomen der Raumkrümmung zu erkennen. In unserem Beispiel einer 3D-Sphäre ist die Summe der Innenwinkel des Dreiecks sehr viel größer, nämlich 270° und ursprünglich parallele Geraden konvergieren auf charakteristische Weise. Selbstverständlich krümmt sich auch für diesen Fall der 3D-Raum im *„äußeren“* 4D-Einbettungsraum und der zugehörige Krümmungsradius R ist auf mathematisch eindeutige Weise mit dem *„Oberflächenvolumen“* der 3D-Sphäre verknüpft. Diese Form der *„äußeren Krümmung“* ist also im Inneren des Volumens sichtbar, weshalb man zur Unterscheidung die vielleicht etwas unglückliche Bezeichnung *„innere Krümmung“* einführt.

Damit kann man den wesentlichen *„Knackpunkt“* der diskutierten Modellvorstellung einer sphärischen Raumgeometrie auf experimentellem Wege prüfen. In einem n-dimensionalen euklidischen Raum berechnen sich das Volumen V_n und die Oberfläche A_n einer Kugel mit Radius R gemäß[239]

$$V_n(R) = \frac{\pi^{\frac{n}{2}} \cdot R^n}{\Gamma\left(1+\frac{n}{2}\right)} = \int_0^R A_n(r) \cdot \mathrm{d}r \text{ mit } A_n(r) = \frac{2 \cdot \pi^{\frac{n}{2}} \cdot r^{n-1}}{\Gamma\left(\frac{n}{2}\right)} \qquad \text{Gl. 4.187}$$

d.h. im 4-dimensionalen Fall

$$V_4(R) = \frac{\pi^2}{2} \cdot R^4 \text{ und } A_4(R) = 2 \cdot \pi^2 \cdot R^3 \qquad \text{Gl. 4.188}$$

Die messtechnisch erfassbare 4D-Kugelkalotte $A_4(\alpha)$ mit Öffnungswinkel $\alpha = 1/2$ entspricht einem Volumen von etwa $A_4(1/2) \cong 1/15\pi^2 R^3$, die das Volumen begrenzende Sphäre hat eine Gesamtfläche von $S_4(\alpha) \cong \pi R^2$. Eine genaue Berechnung der geometrischen Verhältnisse für das Flächenverhältnis A_3/S_4 liefert

$$\frac{A_3}{S_4} = \frac{1}{4 \cdot \sin^2(1/2)} \cong 1{,}087 \qquad \text{Gl. 4.189}$$

d.h. bei gleichem Abstand $r = s(\alpha)$ ist die euklidische Begrenzungssphäre $A_3(r)$ etwa 9 % größer als jene des einsehbaren sphärisch gekrümmten Raumes $S_4(s)$. Mit anderen Worten: In einem nichteuklidischen Raum sollten entfernte Strukturen in nominell gleichem mittlerem Abstand *projektionsbedingt* größer erscheinen und etwas weiter auseinanderstehen als in einem Raum mit euklidischer Geometrie. Die am weitesten entfernten Strukturen sind die räumlichen Temperaturfluktuationen des CMB (vgl. Bild 4.43). Bisherige Analysen entsprechender Messungen u. a. von der Planck-Kollaboration und (methodisch davon unabhängig) der SDSS-Kollaboration zeigen jedoch, dass unser Erfahrungsraum eben sein muss! Eine sphärische Krümmung ist anhand der Daten nicht zu erkennen. Der zugehörige Fitparameter im heute favorisierten kosmologischen Standardmodell ist Null! Demnach scheint die auf geometrischen Überlegungen basierende Vermutung Einsteins aus dem Jahre 1921, *„...daß auch unser dreidimensionaler Raum ein angenähert sphärischer ist“*, tatsächlich *nicht* zuzutreffen!

Fazit: Damit ist die in diesem Abschnitt dargestellte Anbindung des sphärischen Raumkonzeptes an die SRT mathematisch *„zwar ganz nett“* aber physikalisch nicht zu gebrauchen. Prinzipiell stehen uns jetzt zwei Wege offen, wie mit dem experimentellen Befund umzugehen ist:

1. Wir *„glauben“* auch weiterhin an die Modellvorstellung eines sphärisch gekrümmten Raumes und *„begründen“* diesen Glauben letztlich damit, dass die bisher erzielten *„schönen mathematischen Zusammenhänge“* doch nicht *„nur zufällig“* sein können, um die Hypothese einfach so zu verwerfen. Wir suchen also nach *„Auswegen“*, um Theorie und Experiment irgendwie in Einklang zu bringen und hoffen, dass wir im Verlauf dieser Suche noch auf eine adäquate physikalische Begründung stoßen werden (→ Wunschdenken!).

2. Wir erinnern uns an die *zahlreichen* (!) offenen Fragen und Zusatzhypothesen, die mit diesem kosmologischen Ansatz verbunden sind und suchen stattdessen nach tragfähigeren Modellalternativen, die sich schlüssiger in das bisher bestehende Modellierungskonzept einbauen lassen (→ Wissenschaft!).

Der erste Weg führt mehr oder weniger direkt zum gegenwärtig favorisierten Standardmodell der Kosmologie – ein mittlerweile recht *„unübersichtliches Terrain“* mit vielen Fitparametern und *„obskuren“* Hypothesen zu *„neuer Physik“*, auf dass die Theorie *„doch irgendwie“* die experimentellen Befunde wiedergibt. Deshalb soll in nachfolgendem Abschnitt eine interessante Modellalternative besprochen werden, die nichts von alledem benötigt bzw. voraussetzt und dennoch funktioniert.

4.4.5 Ein kosmologisches Modell

„[...] a host of writers have explored the different possible models that can be constructed for the universe on the basis of general relativity. It has been shown that models can be described in spaces of positive, negative, or zero curvature, expanding, oscillating, or contracting, and with positive, negative, or zero values of the cosmical constant. No criterion has been suggested which would decide which of

these would be expected to apply to the universe disclosed by astronomy, nor has any decision been come to as to which of these (if any) does in fact correspond to the observed universe.“

E. A. Milne[240]

Das Zitat von E. A. Milne zum Stand kosmologischer Modelle stammt aus dem Jahre 1935 und trifft selbst heute noch voll umfänglich zu, denn *„Raum“* ist, wie bereits mehrfach in diesem Abschnitt betont, konzeptionell eine der vielen *„unerledigten Aufgaben“* in der Physik. Die Modellierung unseres Universums war und ist nämlich eine ausgesprochen schwierige und kontrovers diskutierte Aufgabenstellung. Ein Sachverhalt, der sich auch in Lev Landaus kritischer Bewertung aus jener Zeit widerspiegelt: *„Cosmologists are often in error, but never in doubt!“*[241] Kosmologen scheint es also nicht an ausgeprägtem Selbstbewusstsein zu mangeln, insbesondere wenn es die wichtige Frage betrifft, wie sich der Aufbau unseres Universums konsistent beschreiben lässt. Aber wie kam es zu diesen Vorbehalten gegenüber der Kosmologie? Nun, *„for millennia, cosmology has been a theorist's domain, where elegant theory was only occasionally endangered by inconvenient facts“*, so Saul Perlmutters plausible Erklärung,[242] womit er einmal mehr die bereits in Abschnitt 1.5 diskutierte allgemeine Problematik naturwissenschaftlicher Modellierung recht treffend umschreibt. Auch deshalb wird verschiedentlich die kritische Frage aufgeworfen, ob die Kosmologie denn tatsächlich eine Wissenschaft sei. Schließlich könne man keine kontrollierten Experimente durchführen, und man habe nicht einmal die Möglichkeit auf das Wenige, was tatsächlich beobachtet werde, prüfende statistische Verfahren anzuwenden, denn es gibt schließlich nur das eine Universum.[243] Wenn in heutiger Zeit die Datenlage es dennoch erlaubt statistische Auswerteverfahren einzusetzen, vorwiegend in der modernen Astrophysik, beispielsweise bei der Analyse von $m(z)$-Daten (zur Leuchtkraft m vs. Rotverschiebung z stellarer Objekte), etwa aus astronomischen SNe-Ia Studien, so werden sie *nicht* im Sinne einer objektiven statistischen Prüfung zur Anwendbarkeit eines kosmologischen Modellansatzes verwendet. Ganz im Gegenteil, man setzt dessen Gültigkeit voraus und errechnet lediglich Konfidenzintervalle diverser (und z. T. willkürlich gewählter) modellspezifischer Fitparameter.[244] Solch eine Vorgehensweise ist wissenschaftlich aber nur dann gerechtfertigt, wenn die Fitqualität der fraglichen Modellparameter anhand von Messungen mathematisch erwiesen ist und damit eventuelle Zufälligkeiten ausgeschlossen sind! Hierfür stellt die Mathematik eine ganze Reihe statistischer Testverfahren zur Verfügung, sodass einer wissenschaftlich sinnvollen Prüfung kosmologischer Modelle eigentlich nichts entgegenstehen sollte.

Die heute allgemein akzeptierte kosmologische Theorie basiert auf Albert Einsteins ART zur Physik der Gravitation aus dem Jahr 1916.[245] Wie bereits das Eingangszitat zu diesem Kapitel verdeutlicht, erlaubt die ART eine Vielzahl z. T. ganz unterschiedlicher Modell-Universen, welche allesamt mit den grundlegenden (lokalen) Gesetzen der Physik kompatibel sind, weil deren allgemeine Gültigkeit in der Modellierungswelt der ART Ausgangspunkt einjeder theoretischen Betrachtung ist. Bestenfalls kann aber nur eines davon unserem beobachtbaren Universum entsprechen, so Milne, was aber aufgrund der Ausgangssituation experimentell nicht zu ermitteln ist. Ein kosmologisches Dilemma!

Weitere Probleme ergeben sich, wenn wir uns von der Überlegung leiten lassen, dass *„physikalischer Raum"*, also *„Raum an sich"*, im Sinne eines unabhängigen physikalischen Systems, doch ganz offensichtlich existieren muss. Modellieren wir diesen Raum, beispielsweise auf Basis eines Kontinuum-Ansatzes, so kann er prinzipiell nicht statisch sein, wenn wir zusätzlich fordern, dass Bewegung im Raumkontinuum möglich sein soll. Bewegung wäre hierbei auf zweierlei Weise denkbar: Zum einen könnte ein sich bewegender Körper entlang seiner Trajektorie das ihn umgebene Raumkontinuum verdrängen, um auf diese Weise Platz für das eigene Körpervolumen zu schaffen. Ein solcher Vorgang müsste allerdings *„reibungsfrei"*, also ohne jeglichen Impulstransport und entsprechendem Energieverlust ablaufen, um konsistent zu den Bewegungsgesetzen zu sein. In diesem Fall wäre der Raum eine Art Äther - ein inkompressibles und superfluides Medium. Es finden sich jedoch keinerlei experimentelle Befunde, die zwingend einen solchen Ansatz stützen. Andererseits lassen astrophysikalische Beobachtungen die Interpretation zu, dass sich der uns umgebende Ortsraum kontinuierlich vergrößert. Also *„dehnt"* sich entweder das Raum-Kontinuum selbst, etwa im Sinne eines mechanischen Spannungsvorganges, oder aber es wird permanent *„neuer Raum"* geschaffen. In beiden Fällen scheint aber nur Raum *zwischen* den materiellen Objekten an dem jeweiligen Prozess beteiligt zu sein. Also wird sämtliche Materie, einem Transportvorgang gleich, im Verlauf der Expansion durch das Raumkontinuum mitgeführt, sodass der physikalische Raum irgendwie an der Materie *„anhaften"* müsste. Dies widerspricht unmittelbar unserer ersten Modellüberlegung über eine mögliche reibungsfreie Bewegung materieller Körper in einem Raumkontinuum. Die alternativen Hypothesen einer *„Raumdehnung"* bzw. einer *„Raumerzeugung"* implizieren zudem weitere problematische Fragen, beispielsweise nach den *„elastischen Eigenschaften"* bzw. nach der *„Quelle"* für neuen Raum, sowie dessen *„Haftungseigenschaften"* bezüglich materieller Körper und nicht zuletzt nach der erforderlichen *„kinetischen Energiequelle"* für die mitgeführte Materie. Unser Raummodell zerfällt in der Folge in komplizierte Teilmodelle: Wir benötigen eine Art Elastizitätstheorie des Raums bzw. eine entsprechende Quellentheorie sowie eine dazu kompatible Wechselwirkungstheorie mit Materie und müssten noch *„irgendwie"* den Energieerhaltungssatz retten. Ist ein solcher Aufwand tatsächlich notwendig, um auf kosmologischer Ebene das Phänomen *„Bewegung im Raum"* konsistent zu beschreiben?! Im Grunde nicht - es geht tatsächlich bedeutend einfacher!

Zur weiteren mathematischen Beschreibung betrachten wir deshalb im Folgenden ein alternatives kosmologisches Modell, das in dieser Form erstmals 1933 von Edward Arthur Milne beschrieben wurde.[246] Gelegentlich steht zu lesen, dass das Milne-Modell eine spezielle Lösung der ART sei, nämlich für den exotischen Fall eines leeren Universums ohne Materie bzw. Energie und damit unmittelbar den Beobachtungen widerspreche und deshalb widerlegt sei. Vergleiche dieser Art erlauben jedoch grundsätzlich keine Rückschlüsse auf die Qualität eines Modells, gemäß unseres Modellierungsgrundsatzes **G-2**, weshalb sie auch völlig sinnlos sind. Die einzig mögliche Erkenntnis aus dieser Gegenüberstellung wäre bestenfalls, dass der differentialgeometrische Ansatz der ART das Milne-Modell nicht abzubilden vermag. Der Milne-Ansatz ist nämlich ein gänzlich anderer, er basiert auf dem kosmologischen Prinzip Einsteins und der plausiblen Annahme, dass *die Materie* (es gibt sie also!) im Universum einem Erhaltungssatz genügen muss. Komplizierte und z. T. recht spekulative Modellüberlegungen, wie o. g. gedehnte oder gekrümmte Räume (→ mathematisch beschrieben über *„metrische Tensoren“*), die Erzeugung von Raum, das Wirken obskurer Kräfte/Materie/Energie (→ *„dunkle Materie/Energie“*) oder gänzlich neue Feldtheorien (→ *„Inflatonfeld“*), sind hierfür nicht erforderlich. Milnes Betrachtung ist in gewissem Sinne rein kinematischer Natur, d. h. es gibt (auch hier!) keine Kräfte und die damit verknüpften physikalischen Modellgrößen, denn

> *„[...] dynamical concepts are mere convenient modes of thought - labels introduced by the analyst - and are in the first instance unnecessary in an astronomical description. Dynamical concepts only become necessary when we wish to carry over laws of nature, astronomically ascertained, to other physical phenomena in arranged experiments or to other astronomical situations.“*[247]

Dynamische Konzepte gehören also nach Milne bestenfalls zu den Mach'schen *„Gedankendinge von ökonomischer Function“*, die im Bedarfsfall, beispielsweise zur mathematisch kompakten Darstellung verschiedener physikalischer Phänomene, ganz nützlich sein mögen - mehr aber auch nicht. In diesem Zusammenhang wird gerne argumentiert, dass Milnes Modellierungsansatz doch ganz offensichtlich im *„Widerspruch zur Erfahrung“* stehe, denn schließlich seien *„Kraftwirkungen“* allgegenwärtig festzustellen, sodass Milnes *„Kinematik“* die allseits zu beobachtende *„Dynamik“* unserer Erfahrungswelt prinzipiell nicht darstellen könne. Ein bedauerliches Missverständnis und wohl in erster Linie eine Folge mangelnder Sachkenntnis zu den Grundlagen der physikalischen Modellierung und den hierfür geschaffenen Konzepten.

Die für unsere Betrachtung wesentlichen (mathematischen) Aspekte des Milne-Modells stammen aus einer späteren Publikation des Autors (Milne, 1935). Zum besseren Verständnis werden Milnes *mathematische* Modellüberlegungen in den folgenden Abschnitten *„physikalisch aufbereitet“* zusammengefasst und durch zusätzliche Abbildungen ergänzt.

4.4.5.1 Das erweiterte Relativitätsprinzip

Ausgangspunkt der Betrachtung ist eine Erweiterung des kosmologischen Prinzips Einsteins, wonach es im Universum keine ausgezeichneten Punkte geben kann, denn alle Orte sind physikalisch gleichwertig, d. h. auf großen Skalen ist unser Kosmos homogen und isotrop. Milne erweitert dieses Prinzip auf uns Beobachter: Ein jeder Beobachter sieht von wo auch immer und wann auch immer denselben Weltenraum. Diese weitreichendere Forderung ist phänomenologisch zu begründen, denn das eine Universum stellt sich uns genau auf diese Weise dar und es gibt kein anderes. Zur Verdeutlichung der Milne'schen Idee (vgl. hierzu Bild 4.59): Einsteins Relativitätsprinzip besagt, dass das Resultat einer physikalischen Gesetzmäßigkeit $f(\cdot,\cdot)$ nicht davon abhängen kann, welchen mathematischen Rahmen man zu dessen Beschreibung verwendet, d. h. es muss stets gelten

$$f(x,y,z,t) = f'(x',y',z',t') \qquad \text{Gl. 4.190}$$

unabhängig vom jeweils gewählten Koordinatensystem $K(x,y,z,t)$ bzw. $K'(x',y',z',t')$. In der Folge sind die damit verknüpften Naturgesetze forminvariant in K, K'. Die Koordinatensysteme K, K' sind aber nicht notwendig mit unterschiedlichen Beobachtern B, B' gleichzusetzen. Jedem Beobachter steht es schließlich frei, welche mathematische Struktur er zur Beschreibung seiner Erfahrungswelt heranziehen möchte. Wesentlich ist nur, dass das Resultat seiner Beobachtung davon nicht abhängen darf! Das erweiterte Relativitätsprinzip Milnes fordert stattdessen für *verschiedene* Beobachter B, B' in gleichförmiger Relativbewegung $\Delta u \neq 0$

$$f(x,y,z,t) = f(x',y',z',t') \qquad \text{Gl. 4.191}$$

Beide Beobachter sehen also nicht einfach nur das *gleiche* Resultat $f(\cdot,\cdot) = f'(\cdot,\cdot)$, sie sehen exakt *dieselbe* Gesetzmäßigkeit $f(\cdot,\cdot)$! Beispielsweise ist eine der Grundannahmen in Einsteins SRT, nämlich die Lichtausbreitung solle sich für alle Beobachter auf dieselbe Weise darstellen, genau von dieser Art. Tatsächlich ist Milnes Forderung weniger stringent bezüglich möglicher Naturgesetze als das Einstein'sche Relativitätsprinzip, denn dieses bezieht sich ausschließlich auf das Transformationsverhalten beim Wechsel von Koordinatensystemen (→ Mathematik). Nach Milne führt dieses Vorgehen aber bestenfalls zu einer weiteren, einer alternativen Beschreibung des gleichen Phänomens durch denselben Beobachter.

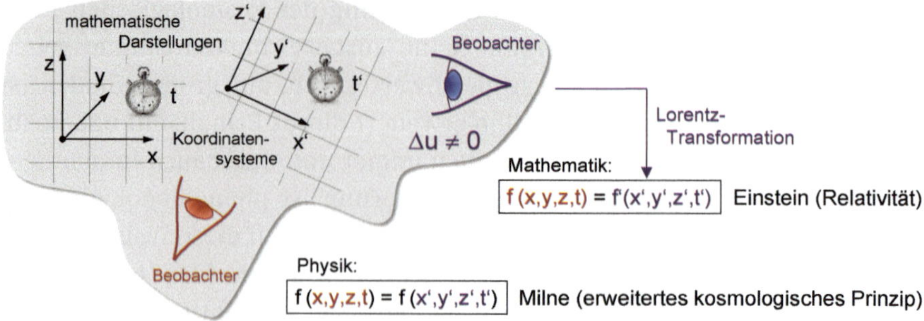

Bild 4.59 Das erweiterte Relativitätsprinzip nach Milne. Es zielt nicht auf das Transformationsverhalten einer physikalischen Gesetzmäßigkeit, etwa bei Verwendung verschiedener Koordinatensysteme (Mathematik), sondern betrachtet stattdessen mögliche Einflüsse auf die Physik beim Wechsel des Beobachters.

Im Gegensatz dazu steht das erweiterte Relativitätsprinzip, wonach ein entscheidender Erkenntnisgewinn bezüglich eines physikalischen Phänomens nur dann möglich ist, wenn man es aus verschiedenen Perspektiven (→ Beobachter) betrachtet. Sind die Beobachter physikalisch gleichwertig und stimmen sie darin überein, wie ihre Ergebnisse auf einheitliche Weise zu beschreiben sind (→ Koordinatenwahl/Mathematik), so werden sie zwangsläufig identische Ergebnisse erzielen (→ Beobachtungen/Physik).[248] Einsteins (mathematische) Forderung ist für eine eindeutige Beschreibung unserer Erfahrungswelt auf kosmologischer Ebene notwendig aber nicht hinreichend, was eine Vielzahl verschiedener Modelluniversen ermöglicht. Im Gegensatz dazu zielt Milnes Forderung, als eine Erfahrungstatsache – Alan Sandages *„matter of observation"* sozusagen – auf die Physik des Geschehens ab. Welche Auswirkung hat dieser Ansatz auf das physikalische Modell unseres Kosmos?

4.4.5.2 Zeit und Raum nach Milne

> *„I feel strongly that Euclid put us on the wrong track, so that we put space first and time second [...]. My view is that, of all measurements we make in physics, the measurement of time is the most basic, and the theory underlying those measurements is the most basic theory at all."*
>
> *J. L. Synge*[249]

Milne verdeutlicht seine Vorstellung von Raum und Zeit indem er dezidiert auf eine Aussage seines Zeitgenossen James Jeans Bezug nimmt.[250] Raum ist demnach nur eine Folge unserer relationalen Wahrnehmung von Objekten (→ Leibniz, um 1730) und Zeit vermittelt sich über das Erleben unserer Erfahrungswelt (→ Augustinus, um 420). Insbesondere ist Milnes physikalische Zeit einfach *„... das, was* *man an einer Uhr abliest"* und spiegelt somit die Einstein'sche Zeitvorstellung wider. Eine Uhr ist hierbei eine Messvorrichtung $t_n \rightarrow t_{n+1}, n \in \mathbb{N}$, die es einem Beobachter erlaubt lokale, d.h. in seinem unmittelbaren Erfahrungsbereich stattfindende Ereignisse $\mathbf{E}(t_n)$ im aristotelischen Sinne eines *„Davor"* und *„Danach"* ($n \rightarrow n + 1$) auf eindeutige Weise sequenziell zu ordnen, indem er mittels seiner Uhr jedem Ereignis eine reelle Zahl $t_n < t_{n+1}$ zuordnet, sodass $\mathbf{E}(t_0) < \mathbf{E}(t_1) < \ldots < \mathbf{E}(t_n) < \mathbf{E}(t_{n+1})$.

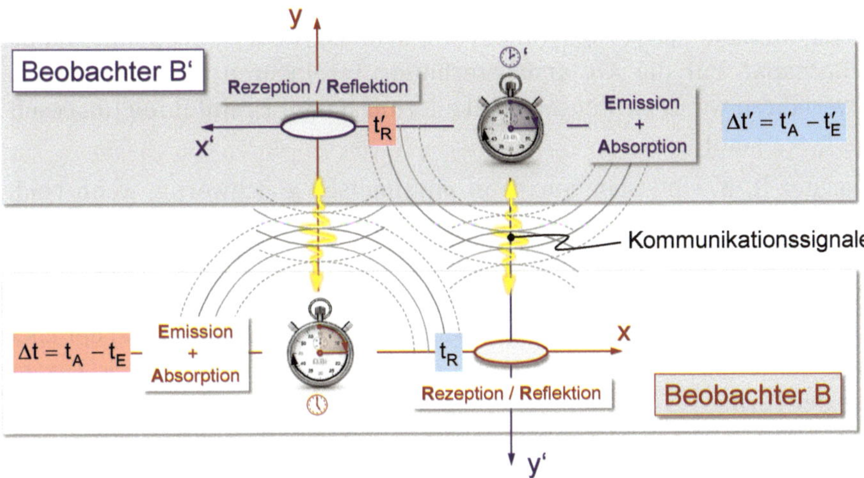

Bild 4.60 Signalaustausch und die zugehörige Zeiterfassung zweier Beobachter. Die gleichfarbig hinterlegten Zeiten sind dem jeweiligen Beobachter bekannt. Die (x,y)- bzw. (x',y')-Koordinatensysteme sind dafür nicht relevant und dienen nur der Orientierung.

Zwei Beobachter B, B' seien nur mit Uhren 🕓, 🕑' ausgestattet, deren Laufverhalten und Maßeinteilungen vorerst beliebig sein können. Sie ordnen damit ausschließlich Ereignisse in ihrem Erfahrungsbereich, indem sie beispielsweise Kommunikationssignale (welcher Art auch immer!) aussenden bzw. empfangen und die zugehörigen Emissions- und Absorptionszeitpunkte t_E bzw. t_A bestimmen (vgl. Bild 4.60). Auf Basis dieser Zuordnung kann B bzw. B' zu jedem Rezeptionsereignis E_R in B' bzw. B zwei *Koordinaten* berechnen, nämlich *Zeitpunkte* t_R, t_R' und entsprechende *(Zeit-)Abstände* d_R, d_R' gemäß folgender Vorschrift

E_R' gesehen von B

$$t_R = t_E + \frac{\Delta t}{2} \text{ und } d_R = c_0 \cdot \frac{\Delta t}{2} \text{ mit } \Delta t = t_A - t_E \qquad \text{Gl. 4.192}$$

E_R gesehen von B'

$$t_R' = t_E' + \frac{\Delta t'}{2} \text{ und } d_R' = c_0 \cdot \frac{\Delta t'}{2} \text{ mit } \Delta t' = t_A' - t_E' \qquad \text{Gl. 4.193}$$

Aber was genau versteht man in diesem Zusammenhang unter einer *Koordinate*? Der Begriff ist im Grunde bedeutungsgleich mit *Koordination* oder *koordinieren* und geht auf das Lateinische *„cordinare"* zurück, was je nach Kontext *„ordnen, zuordnen, zusammenstellen, einordnen, etc."* bedeuten kann. Prinzipiell kann ein Beobachter seine Messwerte t_E, t_A mathematisch auf beliebige Weise verknüpfen, um damit seine Ereignisse mittels *Koordinaten* $y_i = f_i(t_E,t_A)$ zusammenzustellen und *„irgendwie"* systematisch zu ordnen, beispielsweise beginnend mit einem linearen Ansatz von der Form $y = f(t_E,t_A) = t_A + a \cdot (t_A - t_E)$ mit $a = 1$, gemäß (Gl. 4.192). Auf diese Weise werden sämtliche Ereignisse *koordiniert* betrachtet, indem jedem Ereignis genau ein Zahlenpaar zugeordnet wird, nämlich besagter *Zeitpunkt* und besagter *Zeitabstand*. Für die Abstandsberechnung vereinbaren beide das gleiche Auswerteverfahren wofür sie denselben Skalierungsfaktor c_0 einführen (insbesondere kann $c_0 = 1$ sein).

Die Beobachter B, B' sind aber nur dann physikalisch gleichwertig, wenn beide identische Uhren verwenden, d. h. sowohl das Laufverhalten als auch die Maßeinteilung beider Uhren müssen übereinstimmen. Um dies sicherzustellen führen sie weitere Messreihen durch, indem sie an den Kommunikationspartner noch zusätzlich den Rezeptionszeitpunkt t_R seines Signals übermitteln, entsprechend der lokalen Anzeige der jeweils eigenen Uhr. Damit erhalten B und B' funktionale Zusammenhänge der Form:

Sichtweise von B

$$t'_R = \mathrm{T}(t_R) \text{ und } d'_R = c_0 \cdot \mathrm{A}(t_R) \qquad \text{Gl. 4.194}$$

Sichtweise von B'

$$t_R = \mathrm{T}(t'_R) \text{ und } d_R = c_0 \cdot \mathrm{A}(t'_R), \qquad \text{Gl. 4.195}$$

die in beiden Fällen den gleichen Gesetzmäßigkeiten $T(\cdot)$ und $A(\cdot)$ genügen müssen, gemäß dem erweiterten Relativitätsprinzip, schließlich ist keiner der Beobachter in irgendeiner Weise ausgezeichnet, d. h. B und B' sehen jeweils dieselbe Umwelt!

Darüber hinaus können die funktionalen Zusammenhänge nicht unabhängig voneinander sein, vielmehr gilt mit (Gl. 4.192) ganz allgemein (Rezeption ≡ Reflektion):

$$\mathrm{T}(t) = t' + \mathrm{A}(t') \qquad \text{Gl. 4.196}$$

$$\mathrm{T}(t') = t - \mathrm{A}(t) \qquad \text{Gl. 4.197}$$

Die (Gl. 4.196) und (Gl. 4.197) beschreiben das erweiterte Relativitätsprinzip in mathematischer Form und implizieren zugleich alle Aspekte der SRT, wie im Folgenden kurz gezeigt werden soll. Nehmen wir beispielsweise an, dass die Abstand-

Zeit-Funktion $A(t)$ zwischen B, B' konstant ist, dann folgt zwangsläufig $T(t) = t$, d.h. beide Uhren zeigen das gleiche an. Sobald $A(t)$ nicht mehr konstant ist, stimmen auch die Zeitangaben nicht mehr überein. Oder physikalisch: Eine Relativbewegung ist *gleichbedeutend* (→ *physikalisch gleichwertig!*) mit einer Abweichung in den jeweils ermittelten Zeitkoordinaten!

Die Zeitdilatation

Im Rahmen der SRT ist das Phänomen der Zeitdilatation von zentraler Bedeutung, wonach (populärwissenschaftlich formuliert) bewegte Uhren langsamer laufen oder allgemeiner jegliche Prozesse in einem bewegten Bezugssystem verlangsamt ablaufen. Ein Effekt, der sich auch messtechnisch auf indirektem Wege nachweisen lässt, sei es über die relativistische Längenkontraktion oder über die relativistische Massenzunahme, wie bereits in Abschnitt 4.3.5.1 erläutert. Bei Vorgabe entsprechender Koordinatensysteme K, K' in gleichförmiger Relativbewegung berechnen sich diese Effekte in der SRT mithilfe der Lorentz-Transformationsgleichungen. Nachdem aber den Begriffen *„Zeit"* und *„Raum"* im Milne-Modell keine physikalische Bedeutung zukommen, wie erklärt sich dann nach Milne der mittlerweile auch experimentell bestätigte Befund der Zeitdilatation?

Das (konstant angenommene) Verhältnis der jeweiligen Zeitparameter t/t' kann ohne Einschränkung der Allgemeingültigkeit über ein Frequenzverhältnis ν'/ν eines (beliebigen) atomaren Anregungszustandes dargestellt werden, gemäß

$$s = \frac{t}{t'} = \frac{\nu'}{\nu} = \text{const.} \qquad \text{Gl. 4.198}$$

Diese Auswahl stellt sicher, dass beide Beobachter unzweifelhaft mit identischen Uhren (→ Atomuhren) ausgestattet sind.

Mithilfe des Frequenz-Ansatzes lassen sich die Funktionen $T(\cdot)$ und $A(\cdot)$ auch parametrisch darstellen[251]

$$\mathrm{T}(\tau) = \frac{2s}{s^2+1}\cdot\tau \;\wedge\; \mathrm{A}(\tau) = \frac{s^2-1}{s^2+1}\cdot\tau \qquad \text{Gl. 4.199}$$

A$_{4-7}$: Man beweise, dass die Beziehungen (Gl. 4.199) die Gleichung (Gl. 4.196) bzw. (Gl. 4.197) erfüllen.

Hieraus erhält Beobachter B unmittelbar ein Abstand-Zeit-Gesetz

$$d_{\mathrm{R}} = c_0\cdot\frac{s^2-1}{s^2+1}\cdot t_{\mathrm{R}} \qquad \text{Gl. 4.200}$$

und eine Rate mit der sich die berechnete *(Zeit-)Abstand-Koordinate* kontinuierlich vergrößert oder physikalisch: Eine *radiale Geschwindigkeit* v_r mit der sich B' aus Sicht von B kontinuierlich entfernt, sofern $s > 1$ ist

$$v_r = \frac{d_R}{t_R} = c_0 \cdot \frac{s^2 - 1}{s^2 + 1} \quad \text{Gl. 4.201}$$

Die zugehörige Frequenzverschiebung (→ Doppler-Effekt!) stellt sich dann als Funktion der Vergrößerungsrate v_r wie folgt dar

$$s = \sqrt{\frac{1 + v_r/c_0}{1 - v_r/c_0}} \quad \text{Gl. 4.202}$$

und für die jeweiligen Zeitmessungen t', t erhält man daraus mit (Gl. 4.198) die Beziehung

$$t' = \sqrt{1 - (v_r/c_0)^2} \cdot t \quad \text{Gl. 4.203}$$

Das sind aber die wesentlichen Beziehungen aus der SRT!

Die Milne'sche Herleitung dieser Zusammenhänge gibt jedoch Anlass zu einer gänzlich anderen Interpretation der physikalischen Verhältnisse: Demnach stehen die Phänomene *Zeitdilatation*, *Doppler-Effekt* und *Bewegung (Laufzeit)* in keiner kausalen Beziehung zueinander. Sie sind vielmehr unterschiedliche Ausprägungen desselben physikalischen Sachverhaltes. Die Bewegung einer Uhr kann also ursächlich *nicht* deren Laufverhalten verlangsamen, ebenso wenig wie die Bewegung eines Atoms die Emissionsfrequenz eines atomaren Anregungszustandes verändern kann. Vielmehr ist das Phänomen genau dann zu beobachten, wenn die von B bzw. B' gemessenen Zeitabstände Δt bzw. $\Delta t'$ nachweislich selbst wieder von der Zeit abhängen, d. h. entsprechende Messreihen Δt_n bzw. $\Delta t'_m$ ein monotones Verhalten zeigen, wobei die maximale Änderungsrate dieser Abstände gegen eine per Konvention festgelegte Konstante c_0 geht, also $v_r/c_0 \to 1$.

Fazit: Eine *Relativbewegung* zwischen B und B' ist physikalisch *gleichbedeutend* mit einer Abweichung der jeweils ermittelten Zeitkoordinaten, d. h. beide Phänomene stehen in keinem kausalen Zusammenhang! Ein für B' lokales Ereignis E, das nach dessen Uhr zu einem Zeitpunkt t_E' stattfindet, ordnet B gemäß (Gl. 4.203) einen späteren Zeitpunkt $t_E > t_E'$ zu (→ Zeitdilatation) und erfasst dieses Ereignis schließlich erst zum Zeitpunkt $t = s \cdot t_E'$ (→ Doppler-Effekt), d. h. $t = (1 + v_r/c_0) \cdot t_E$ (→ Laufzeit-Effekt).

Die Lorentz-Transformation

Geht man in der Betrachtung einen Schritt weiter und beschreibt die Koordinaten (*R*,*T*) bzw. (*R'*,*T'*), jeweils ermittelt von B bzw. B' beim Signalaustausch mit einem weiteren Beobachter B'' in radialer Verlängerung zu deren Relativbewegung v_r, gemäß Bild 4.61, so erhält man für die entsprechenden Emissions- und Absorptionszeitpunkte:

Emissionszeitpunkte t_E', t_E mit $t_E' = s \cdot t_E$

$$T' - \frac{R'}{c_0} = \sqrt{\frac{1+v_r/c_0}{1-v_r/c_0}} \cdot \left(T - \frac{R}{c_0}\right) \qquad \text{Gl. 4.204}$$

Absorptionszeitpunkte t_A', t_A mit $t_A' = s^{-1} \cdot t_A$

$$T' + \frac{R'}{c_0} = \sqrt{\frac{1-v_r/c_0}{1+v_r/c_0}} \cdot \left(T + \frac{R}{c_0}\right) \qquad \text{Gl. 4.205}$$

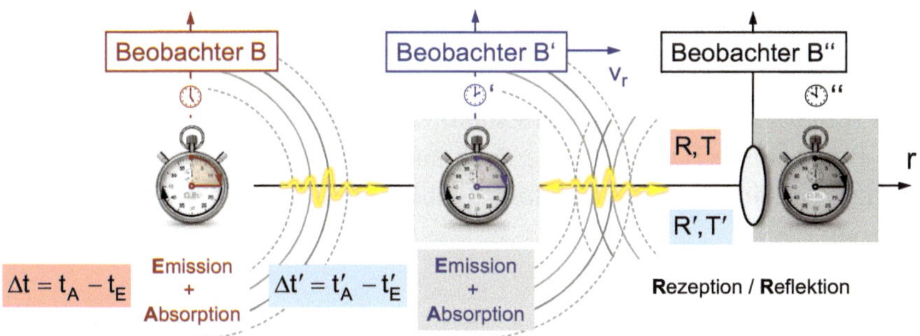

Bild 4.61 Signalaustausch und zugehörige Zeiterfassung zweier mit B'' kommunizierende Beobachter B, B'. Die gleichfarbig hinterlegten Zeiten sind dem jeweiligen Beobachter bekannt.

Die (Gl. 4.204) bzw. (Gl. 4.205) beschreiben die Lorentz-Transformation B(*R*,*T*) ↔ B'(*R'*,*T'*) und liefern zudem auf einfache Weise folgende Invariante der Beobachtung:

Das Raum-Zeit-Intervall

$$T'^2 - \left(\frac{R'}{c_0}\right)^2 = T^2 - \left(\frac{R}{c_0}\right)^2 \qquad \text{Gl. 4.206}$$

Diese (nahezu triviale) Beziehung zwischen den Mess-Zeitpunkten *T*, *T'* und Mess-Zeitabständen *R*, *R'* eines in B" lokalen Ereignisses **E**", jeweils ermittelt von den Beobachtern B, B' in konstanter relativer Bewegung, wird in der einschlägigen Literatur immer wieder recht bedeutungsvoll diskutiert, je nach mathematischer Beschreibungsweise. Die damit verknüpften physikalischen Interpretationsversuche sind allerdings von ähnlicher Qualität wie das o.g. *„bewegungsabhängige Laufverhalten"* einer Uhr.

Die Längenkontraktion

Wie an anderer Stelle bereits erwähnt, lassen sich die Lorentz-Gleichungen für die Koordinatentransformation B(R,T) ↔ B'(R',T') direkt aus den Beziehungen (Gl. 4.204) bzw. (4.205) ableiten. Durch einfaches Umstellen erhält man

$$T' = \frac{T - v_r R/c_0^2}{\sqrt{1-(v_r/c_0)^2}} \text{ und } R' = \frac{R - v_r T}{\sqrt{1-(v_r/c_0)^2}} \qquad \text{Gl. 4.207}$$

$$T = \frac{T' + v_r R'/c_0^2}{\sqrt{1-(v_r/c_0)^2}} \text{ und R} = \frac{R' + v_r T'}{\sqrt{1-(v_r/c_0)^2}} \qquad \text{Gl. 4.208}$$

Betrachtet B' *zeitgleiche* Ereignisse ($R'_{1,2}$,T'), die also zu jedem Zeitpunkt T' einen festen (Zeit-)Abstand R'_2 - R'_1 = L' aufweisen, dann findet B gemäß (Gl. 4.208) für dieselben Ereignisse

$$R_2 - R_1 = \frac{L'}{\sqrt{1-(v_r/c_0)^2}} \text{ und } T_2 - T_1 = \frac{v_r}{c_0^2}\cdot(R_2 - R_1) \qquad \text{Gl. 4.209}$$

d. h. er ordnet beiden Ereignissen zwangsläufig einen größeren (Zeit-)Abstand zu, weil diese aus seiner Sicht auch zu unterschiedlichen Zeitpunkten stattfanden. Beschränkt sich B in seinem Datensatz ebenfalls auf *„gleichzeitige Ereignisse“*, so ergibt sich stattdessen eine Verkürzung des zugehörigen (*„räumlichen“*) Abstandes dieser Ereignisse

$$R_2 - R_1 = L'\cdot\sqrt{1-(v_r/c_0)^2} \qquad \text{Gl. 4.210}$$

denn beide Ereignisse müssen dann zwangsläufig für B einen geringeren *Zeitabstand* aufweisen. Wir erhalten also die bereits aus der SRT bekannte Längenkontraktion. Allerdings muss B seine Daten erst entsprechend aufarbeiten, d. h. er *„sieht“* diese *„Längenkontraktion“* nicht unmittelbar. Vielmehr muss er die Länge nachträglich berechnen. Tatsächlich sieht B nur Signale die zeitgleich eintreffen, also T_1 = T_2 und damit wird L' = L = 0. Beide Ereignisse erscheinen visuell in gleichem (Zeit-)Abstand R_1 = R_2 stattzufinden. Das sind nicht wirklich überraschende Befunde.

Die Superposition von Bewegungsvorgängen

Betrachtet man vereinfachend drei Beobachter B, B' und B“, die sich längs einer Richtung bewegen sollen. Die Paare (B, B') und (B, B'') seien jeweils physikalisch gleichwertig. Was ist (sind) die notwendige(n) und hinreichende(n) Bedingung(en) dafür, dass diese Forderung für das Paar (B', B'') ebenfalls zutrifft? Eine typische Frage, wie sie wohl nur ein Mathematiker wie Milne stellen kann. Im Grunde sollten wir Physiker stets mit ähnlicher Strenge auf mathematisch analytische Weise vorgehen, wenn die Physik schon mathematische Strukturen zur Beschreibung unserer Erfahrungswelt heranzieht. Milnes Beweisführung liefert darauf folgende Antwort: Sind s_{12} und s_{13} die gegebenen Doppler-Verschiebungen zu (B, B') und (B, B''), mit den zugehörigen Inversen $s_{21} = 1/s_{12}$ bzw. $s_{31} = 1/s_{13}$. Dann ist das Paar (B', B'') genau dann physikalisch gleichwertig, wenn die jeweiligen Doppler-Verschiebungen auf bestimmte Weise vertauschen (→ kommutieren), nämlich

$$s_{23} \equiv \left(s_{21}s_{13} = s_{13}s_{21}\right) = \frac{s_{13}}{s_{12}} \wedge s_{32} \equiv \left(s_{31}s_{12} = s_{12}s_{31}\right) = \frac{s_{31}}{s_{21}} = \frac{s_{12}}{s_{13}} \qquad \text{Gl. 4.211}$$

Verwenden wir mit (Gl. 4.202) Relativgeschwindigkeiten anstatt der Doppler-Verschiebungen, so erhält man entsprechend für s_{13}

$$s_{13} = \sqrt{\frac{1+v_{13}/c_0}{1-v_{13}/c_0}} = \sqrt{\frac{1+v_{12}/c_0}{1-v_{12}/c_0}} \cdot \sqrt{\frac{1+v_{23}/c_0}{1-v_{23}/c_0}} \qquad \text{Gl. 4.212}$$

oder

$$v_{13} = \frac{v_{12}+v_{23}}{1+\frac{v_{12}v_{23}}{c_0^2}} \qquad \text{Gl. 4.213}$$

also das aus der SRT bekannte Einstein'schen Additionstheorem für Geschwindigkeiten. Damit lassen sich auch auf einfache Weise die entsprechenden Relationen für die Relativbewegungen v_{12} bzw. v_{23} ermitteln. Man könnte natürlich auch die jeweils zugeordneten Zeitparameter (Gl. 4.198) verwenden, also

$$s_{13} = \frac{t}{t''} = \left(\frac{t}{t'}\right) \cdot \left(\frac{t'}{t''}\right) = s_{12} \cdot s_{23} \qquad \text{Gl. 4.214}$$

Aber irgendwie erscheint auch diese Beziehung trivial und kaum der Rede wert, obwohl sie identisch ist mit Einsteins *„legendärem“* Additionstheorem der Geschwindigkeiten (Gl. 4.212, Gl. 4.213). Weshalb also dieses Aufhebens in der Physikergemeinde, selbst in heutiger Zeit, über die Feststellung, dass eine Verhältnisgröße sich stets mit Eins erweitern lässt? Nun, es mangelt oftmals an der adäquaten physikalischen Interpretation zu einer mathematischen Größe. In unserem Fall ist die Bedeutung der Verhältnisgröße *„Geschwindigkeit“* mit allerlei unnützem Ballast belegt, u. a. bedingt durch die Festlegung wie diese Größe messtechnisch zu bestimmen ist, um das Phänomen *„Bewegung“* quantitativ zu beschreiben. Darüber hinaus wird diese Verhältnisgröße stets einem Objekt zugeordnet, indem man glaubt damit dessen *„Eigengeschwindigkeit“* darzustellen, weil man fest davon überzeugt ist das Phänomen in unserer Erfahrungswelt genau so zu beobachten. Schließlich meint man auch noch überraschende, weil nicht alltägliche kausale Zusammenhänge erkannt zu haben, etwa zwischen der *„Eigengeschwindigkeit“* einer Uhr und deren Laufverhalten.

Abschließend sollte nicht unerwähnt bleiben, dass aus den gleichen Gründen Milnes Ansatz auf die eine oder andere Weise durch verschiedene Autoren immer wieder einmal *„neu entdeckt“* und sogleich publiziert wird, allerdings ohne nennenswerte Beachtung seitens der Physikergemeinde, weil eben nicht konform zu bestehenden wissenschaftlichen Trends und Ansichten.[252]

Zusammenfassung

Ausgangspunkt der Milne'schen Betrachtung zu Zeit und Raum ist einzig das erweiterte Relativitätsprinzip, d.h. die physikalische Gleichwertigkeit zweier Beobachter B, B'. Messen diese mittels ihrer Uhren eine Relativbewegung (Gl. 4.201), so entspricht dies einem zeitlich konstanten Doppler-Effekt (Gl. 4.202) und ist gleichbedeutend mit einer Zeitdilatation (Gl. 4.203). Bemerkenswert ist zudem, dass für diese Überlegung keinerlei axiomatische Voraussetzungen notwendig waren, die vorab eine spezifische Form der *„Lichtausbreitung“* oder eine besondere Definition der *„Lichtgeschwindigkeit“* erfordern. Genau genommen kommt diese Betrachtung ganz ohne die Begriffe *„Geschwindigkeit“* und *„räumlicher Abstand“* aus. Insbesondere bedarf es auch keiner geometrischen Betrachtung zu Einsteins *„Lagerungsgesetze starrer Körper“*, sei es in einem euklidischen oder in einem nichteuklidischen Raum.

Interpretieren beide Beobachter *„relative Bewegung“* als eine zeitliche Veränderung der jeweiligen (Zeit-)Abstandskoordinate und versehen die Veränderungsrate mit dem Begriff *„Geschwindigkeit“*, wie allgemein üblich definiert als den Quotienten aus der Differenz von Zeitabständen und der zugehörigen Differenz von Zeitpunkten, so erhalten beide für die Geschwindigkeit ihres Kommunikationssignals identische Werte, nämlich die Konstante c_0 – trivialerweise, denn c_0 ist schließlich nur ein per Vereinbarung festgelegter Skalierungsfaktor zur Ermittlung eben dieser Abstandskoordinaten. Interpretiert man c_0 als *„Lichtgeschwindigkeit“*, so erkennt man, dass Einsteins zweites Axiom tatsächlich nur eine Konvention darstellt. Man schließt aber im Rahmen der SRT, dass der gleichförmigen Relativbewegung von Zeit- und Längenmaße eine physikalische Bedeutung zukommen müsse, weshalb, so die Argumentation, c_0 letztlich konstant bleibe. Diese Interpretation setzt allerdings dreierlei voraus: Einerseits die *Gleichförmigkeit* der Relativbewegung beider Bezugssysteme. Zum zweiten müssen in jedem dieser Bezugssysteme *identische Referenzmaße* vorliegen, und drittens darf *keine kausale Struktur* zwischen Bewegungsvorgang und der Lichtausbreitung bestehen. Die SRT benennt jedoch für *keine* der drei Voraussetzungen mögliche Testverfahren, um diese Annahmen zu prüfen, vielmehr werden sie axiomatisch vorausgesetzt. Das Milne-Modell hingegen beruht nur auf der Zeitmessung und benennt auch ein Verfahren um sicherzustellen, dass die Beobachter hierfür identische Uhren verwenden. Irgendwelche *„Längenmaßstäbe“* oder *„gleichförmige Bewegungsvorgänge“* oder eine *„Konstanz der Lichtgeschwindigkeit“* werden in diesem Zusammenhang nicht gebraucht.

4.4.5.3 Das Milne-Universum

Unter den gegebenen Randbedingungen eines erweiterten Relativitätsprinzips ist das Milne-Universum nicht nur das einzig mögliche Modell, es ist zudem außergewöhnlich einfach aufgebaut. Die formale Struktur für eine konsistente mathematische Beschreibung beschränkt sich auf die komplexe Zahlenebene der Minkowski'schen Raum-Zeit. Die erforderliche Geometrie bleibt demnach euklidisch, und die Koordinaten-Zeit ist rein parametrischer Natur.

Es zeigt sich ganz grundsätzlich, dass *jede* ein Geschwindigkeitsintervall $[0,c_0]$ abdeckende und nicht beschränkte (Massen-)Punktwolke sich zwangsläufig mit $v = c_0$ ausdehnen muss und zudem der Hubble-Lemaître Beziehung genügt, unabhängig von einer möglichen gravitativen Wechselwirkung (welcher Art auch immer!). Jeder Beobachter sieht zwangsläufig (s)eine Welt mit sphärischer Symmetrie mit (s)einem Zeit(koordinaten)-Ursprung $t = 0$ und (s)einem Raum(koordinaten)-Ursprung $r = 0$, einzig bedingt durch die Festlegung (s)eines Koordinatensystems. Ohne diesen Beobachter gibt es demnach keinen ausgezeichneten Ort und keinen ausgezeichneten Zeitpunkt, d.h. das Modell kennt keinen absoluten Raum und keine absolute Zeit. Darüber hinaus liefert das Modell auf mathematisch *eindeutige Weise* die Geschwindigkeits- *und* die Massenverteilung der Punktwolke, die sowohl den Prinzipien der SRT genügen als auch für beliebige Beobachter B, B' in deren Koordinatensysteme K, K' jeweils identisch erscheinen. Ein Sachverhalt der uns bereits bei der Beschreibung der Lichtausbreitung begegnet ist, die sich ebenfalls für jeden Beobachter in gleicher Weise, nämlich als expandierende Kugelwelle darstellt und im Rahmen der SRT axiomatisch gefordert wird.

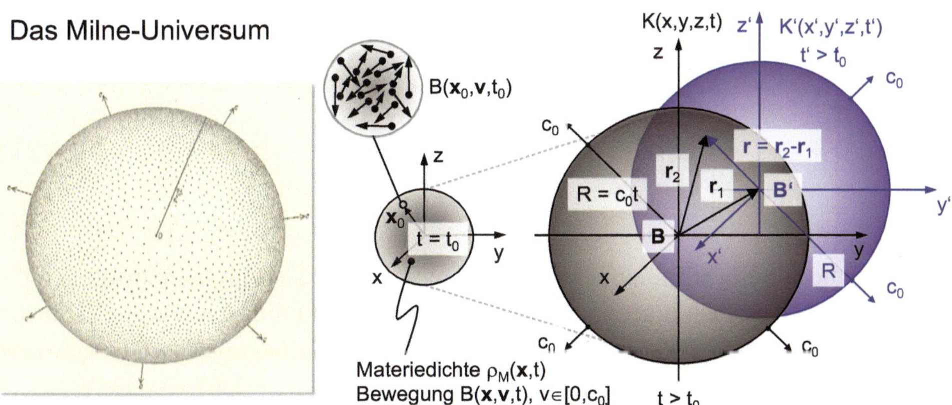

Bild 4.62 Das Milne-Universum. Die schematische Darstellung links ist der Originalpublikation entnommen (Milne, 1935).

Entsprechend kann die Lichtausbreitung im Milne-Modell als Grenzfall für einen Bewegungsvorgang mit $v = c_0$ beschrieben werden. Sieht B ein sphärisch symmetrisches Universum mit Radius $R(t) = c_0 t$, so folgt die sphärische Symmetrie für B' unmittelbar aus der relativistischen Addition der Geschwindigkeiten. Insbesondere schließt ein jeder Beobachter zwangsläufig auf (s)einen eigenen *„Urknall"* ($t = 0$), der folglich überall und nirgendwo stattgefunden haben muss. Die Geschwindigkeit $\boldsymbol{v}$ am Ort $\boldsymbol{r}$ genügt der Hubble-Lemaître Beziehung

$$\boldsymbol{v} = \frac{\boldsymbol{r}}{t} \Rightarrow H_0 = \frac{1}{t} \qquad \text{Gl. 4.215}$$

Nehmen wir zusätzlich an, dass die Materie M im Universum erhalten und deren Dichte $\rho_M(\boldsymbol{x},t)$ zumindest auf großen Skalen isotrop und homogen sei. Die Gültigkeit des Newton'schen Gravitationsgesetzes vorausgesetzt, erzwingt diese Homogenitätsforderung allerdings $\rho_M = 0$ zu allen Zeiten, sodass es im Rahmen der ART einer speziellen Raumgeometrie bedarf, um in Verbindung mit einer semiempirischen Korrektur das Gravitationsgesetz zu retten und damit ein statisches Modelluniversum zu erhalten. Die Homogenitätsforderung genügt jedoch nicht dem Relativitätsprinzip, weil für zwei beliebige Beobachter B, B' im Allgemeinen $\rho_M(\boldsymbol{x},t) \neq \rho'_M(\boldsymbol{x}'=\boldsymbol{x},t')$.

Im Kontext des erweiterten Relativitätsprinzips wäre nach Milne eine Materiedichte sinnvollerweise genau dann (lokal) homogen zu nennen, wenn $\rho_M(\boldsymbol{x},t) = \rho_M(\boldsymbol{x}',t')$. Wobei die Beobachter B, B' sich an verschiedenen Orten $\boldsymbol{x}$ bzw. $\boldsymbol{x}'$ befinden. Es ist mathematisch nicht aufwendig eine allgemeine Geschwindigkeits- und Dichteverteilung zu finden, die für beliebige Beobachter B, B' in gleichförmiger Relativbewegung $\boldsymbol{u} \neq \boldsymbol{0}$ das erweiterte Relativitätsprinzip erfüllen. Unter Verwendung eines kartesischen Koordinatensystems K($\boldsymbol{r}$,t) erhält man für diese Geschwindigkeitsverteilung $f(\boldsymbol{v})$, mit $v \in [0,c_0]$

$$f(\boldsymbol{v})d^3\boldsymbol{v} = \frac{A}{\left(1-\frac{\boldsymbol{v}^2}{c_0^2}\right)^2} d^3\left(\frac{\boldsymbol{v}}{c_0}\right) \qquad \text{Gl. 4.216}$$

Mit einer noch zu bestimmenden Konstanten A. Berücksichtigt man zusätzlich die Hubble-Lemaître-Beziehung, so ergibt sich daraus direkt die zugehörige Dichteverteilung

$$\rho(\boldsymbol{r},t)d^3\boldsymbol{r} = \frac{A \cdot c_0 t}{\left(c_0^2 \cdot t^2 - \boldsymbol{r}^2\right)^2} \mathrm{d}^3\boldsymbol{r} = \frac{A \cdot R(t)}{\left(R^2(t) - \boldsymbol{r}^2\right)^2} \mathrm{d}^3\boldsymbol{r} \qquad \text{Gl. 4.217}$$

$R(t) = c_0 t$ beschreibt den zeitabhängigen Radius der mit c_0 expandierenden Dichteverteilung. Zudem genügt der mit der Expansion verknüpfte Materialtransport einer Kontinuitätsgleichung, wie sie bereits in Abschnitt 4.2.3 zur Kontinuumsmechanik eingeführt wurde:

$$\frac{\partial \rho}{\partial t} + \mathbf{div}(\rho \boldsymbol{v}) = 0 = \frac{\partial \rho}{\partial t} + \boldsymbol{v} \cdot \mathbf{grad}(\rho) + \rho \cdot \mathbf{div}(\boldsymbol{v}) \qquad \text{Gl. 4.218}$$

Die Beziehungen (Gl. 4.216), (Gl. 4.217) und (Gl. 4.218) sind für Beobachter B, B' in relativer Bewegung $\boldsymbol{u} \neq \boldsymbol{0}$ tatsächlich identisch. Verwenden diese Koordinatensysteme $K(\boldsymbol{r},t)$, $K'(\boldsymbol{r}',t')$, so gilt also stets

$$\begin{gathered} f(\boldsymbol{v}) = f(\boldsymbol{v}') \\ \rho(\boldsymbol{r},t) = \rho(\boldsymbol{r}',t') \\ \frac{\partial \rho(\boldsymbol{r},t)}{\partial t} + \mathbf{div}(\rho \boldsymbol{v}) = 0 = \frac{\partial \rho(\boldsymbol{r}',t')}{\partial t'} + \mathbf{div}'(\rho \boldsymbol{v}') \end{gathered} \qquad \text{Gl. 4.219}$$

Ein wahrlich bemerkenswertes Resultat der Milne'schen Überlegung!

Führt man diesen Gedanken fort, so kann man die freie Expansion der Materie-Punktwolke auch als einen Strömungsvorgang beschreiben, wie beispielsweise Andreas Schadschneider auf anschauliche Weise verdeutlicht (Schadschneider, 2011). Unter Verwendung der aus der Hydrodynamik bekannten *Euler-Gleichung* und der *„plausiblen Annahme"*, dass die Newton'sche Gravitation $\boldsymbol{f}_g \equiv \rho \boldsymbol{g}_N$ (→ *„gravitative Kraftdichte"*) auf die expansive Materieströmung rückwirken muss, gilt

$$\rho \cdot \frac{\mathrm{d}}{\mathrm{d}t} \boldsymbol{v}(\boldsymbol{r},t) = \rho \cdot \left(\frac{\partial \boldsymbol{v}}{\partial t} + (\boldsymbol{v} \cdot \nabla) \boldsymbol{v} \right) = \rho \cdot \boldsymbol{g}_N \qquad \text{Gl. 4.220}$$

Man beachte: Die zeitliche Änderung der Geschwindigkeit besteht im Allgemeinen aus zwei Anteilen, neben einer expliziten Zeitabhängigkeit führt die Bewegung selbst zu einer weiteren Geschwindigkeitsänderung, sofern $\boldsymbol{v}$ zusätzlich vom Ort $\boldsymbol{r}$ abhängt. Mithilfe der Kontinuitätsgleichung (Gl. 4.218) und der Hubble-Lemaître Beziehung (Gl. 4.215) erhält man schließlich folgende Bestimmungsgleichung für den Expansionsradius R[253]

$$\frac{1}{2} \cdot \left(\frac{\mathrm{d}R}{\mathrm{d}t} \right)^2 = \frac{G_N M_0}{R} - k \qquad \text{Gl. 4.221}$$

M_0 steht hierbei für die Gesamtmasse, G_N für die Newton'sche Gravitationskonstante und die Konstante k beschreibt in diesem Kontext eine (noch zu spezifizierende) *negative* Energiedichte (→ Impulsstromdichte).[254] Die Beziehung (Gl. 4.221) entspricht formal der aus der ART bekannten *Friedmann-Gleichung*, wobei k in der ART-Modellvorstellung als ein Maß für die jeweils vorliegende Raumkrümmung interpretiert wird.

Für $k \leq 0$ nimmt $R(t)$ kontinuierlich mit der Zeit zu (→ steter Expansionsvorgang), für $k > 0$ erreicht $R(t)$ im Verlauf der Expansionsphase einen Maximalwert mit sich anschließender Kontraktionsphase $R \to 0$. Interessant sind hierbei die einfachen Randbedingungen des Strömungsmodells, die mit obigen Milne'schen Annahmen identisch sind: Die Materie ist erhalten und die Materiedichte ist lokal homogen, der Raum ist zudem euklidisch und es gilt die Hubble-Lemaître Beziehung. Verbleibende *„Knackpunkte"* in der Betrachtung sind: Die explizite Berücksichtigung von Newtons Gravitationsgesetz in klassischer Form, wodurch $1/H_0$ bestenfalls eine obere Schranke für das Alter des Universums definieren kann;[255] zudem bleibt zu prüfen, unter welchen Voraussetzungen die Newton'sche Beschleunigung $\boldsymbol{g}_{\mathrm{N}}$ dem allgemeinen Relativitätsprinzip genügt; auch bleibt die Physik einer *expliziten* $\boldsymbol{v}(\boldsymbol{r})$-Abhängigkeit der *„kosmologischen Hubble-Strömung"* völlig unklar (→ Energieerhaltung?). Die angeführten Probleme wollen wir jedoch an dieser Stelle nicht weiter diskutieren und widmen uns stattdessen der interessanteren Frage, wie sich die allgegenwärtig zu beobachtende Gravitationswechselwirkung im Milne-Modell verstehen lässt?

4.4.5.4 Lokale Beschleunigungen und Gravitationskräfte

Die bisherige Betrachtung geht (vereinfachend) von einer wechselwirkungsfreien und gleichförmigen Relativbewegung aller Materie aus, um in einem ersten Schritt die Frage zu klären, ob sich im Rahmen eines erweiterten Relativitätsprinzips auf eindeutige Weise ein expandierendes Modelluniversum bilden lässt, das für jeden Beobachter identisch erscheint. Das ist tatsächlich möglich und darüber hinaus genügt zur mathematischen Beschreibung des Milne-Universums das Konzept der euklidischen Geometrie (→ ein *„flacher Raum"*) in Verbindung mit der parametrischen Zeit Newtons. Ein jeder Beobachter sieht demnach eine kugelsymmetrische Geschwindigkeits- und Dichteverteilung, sodass sich der Zustand der gleichförmigen Bewegung prinzipiell nicht ändern kann, weil jede lokale Änderung zwangsläufig eine spezifische Richtung auszeichnet und damit einen Symmetriebruch darstellt, entgegen den Voraussetzungen des erweiterten Relativitätsprinzips. Es versteht sich also von selbst, dass für diese Konfiguration der Gesamtimpuls stets erhalten und identisch Null sein muss.

Wie passt die Gravitation in dieses Bild? Mathematisch lässt sich der Sachverhalt folgendermaßen beschreiben: Nehmen wir an es gäbe eine beschleunigende Wechselwirkung derart, dass eine Beobachter B eine Beschleunigungsfunktion $\boldsymbol{g}(\boldsymbol{r},\boldsymbol{v},t)$ ermittelt, gemäß

$$\frac{\mathrm{d}\boldsymbol{v}}{\mathrm{d}t} = \boldsymbol{g}(\boldsymbol{r},\boldsymbol{v},t) \qquad \text{Gl. 4.222}$$

Ist B' ein zu B physikalisch gleichwertiger Beobachter in relativer Bewegung $\boldsymbol{u} \neq \boldsymbol{0}$, dann muss er prinzipiell denselben funktionalen Zusammenhang sehen, d. h.

$$\frac{d\boldsymbol{v}}{dt} = \boldsymbol{g}(\boldsymbol{r},\boldsymbol{v},t) = \boldsymbol{g}(\boldsymbol{r}',\boldsymbol{v}',t') = \frac{d\boldsymbol{v}'}{dt'} \qquad \text{Gl. 4.223}$$

Mit anderen Worten: Zu jedem Beschleunigungsereignis $\boldsymbol{g}(\boldsymbol{r},\boldsymbol{v},t)$ in B mit Koordinaten $(\boldsymbol{r}',\boldsymbol{v}',t')$ in B' gibt es auch ein dazu entsprechendes Ereignis $\boldsymbol{g}(\boldsymbol{r}',\boldsymbol{v}',t')$ in B. Schließlich kann B (ebenso wie B') das Koordinatensystem frei wählen, und der funktionale Zusammenhang $\boldsymbol{g}(\cdot,\cdot,\cdot)$ darf davon nicht abhängen, wenn das Relativitätsprinzip gelten soll. Unter Berücksichtigung der Lorentz-Transformation B → B' definiert die Beziehung (Gl. 4.223) ein System von neun Gleichungen mit insgesamt sieben Variablen $\boldsymbol{r},\boldsymbol{v},t$. Die Lösung des Gleichungssystems ist von der allgemeinen Form[256]

$$\boldsymbol{g}(\boldsymbol{r},\boldsymbol{v},t) = (\boldsymbol{r} - \boldsymbol{v}\cdot t)\cdot\frac{c_0^2 - \boldsymbol{v}^2}{R^2 - \boldsymbol{r}^2}\cdot G(\xi) \text{ mit } \xi = \frac{(R\cdot c_0 - \boldsymbol{r}\cdot\boldsymbol{v})^2}{(R^2 - \boldsymbol{r}^2)\cdot(c_0^2 - \boldsymbol{v}^2)} \qquad \text{Gl. 4.224}$$

mit einer noch zu spezifizierenden skalaren Funktion $G(\xi)$, die allerdings nur noch von *einem* skalaren und zudem transformationsinvarianten Parameter $\xi = \xi(\boldsymbol{r},\boldsymbol{v},t)$ abhängt. Insbesondere ist damit $\boldsymbol{g} = \boldsymbol{0}$ für *jedes* Teilchenensemble, das dem erweiterten Relativitätsprinzip genügt, denn für diesen Fall gilt stets die Expansionsbedingung $\boldsymbol{r} = \boldsymbol{v}\cdot t$ (und $\xi = 1$). Ist die Bewegung jedoch nicht expansiv, d. h. $\boldsymbol{r} \neq \boldsymbol{v}\cdot t$, dann lässt sich gemäß (Gl. 4.224) diesem Bewegungsvorgang eine Beschleunigung $d\boldsymbol{v}/dt = \boldsymbol{g}(\boldsymbol{r},\boldsymbol{v},t)$ zuordnen. Dieses bemerkenswerte Resultat beschrieb Milne recht aufschlussreich in eigenen Worten:

> *„We may impose any kind of interaction between the particles we like, involving any number of »universal« constants γ, λ,..., we may adopt any »theory« of gravitation we choose, but provided the interaction is relativistic, provided the theory is compatible with its description by equivalent observers in equivalent terms, the motion is unaffected. We have thus constructed what may be called a gravitating system of particles, in the flat space and Newtonian time of any occurring particle-observer, whose motion is the same on any theory of gravitation. Specialization of the »law of gravitation« might affect the function $G(\xi)$ (a priori) and so affect the general path of free test-particles, but will not affect the motion of the given or fundamental particles given to be present and supposed to originate the field."*[257]

Der von Milne geschilderte Sachverhalt erschließt sich womöglich nicht unmittelbar, insbesondere mag in (Gl. 4.222) die Abhängigkeit der (Gravitations-)Beschleunigung $\boldsymbol{g}$ von der Expansionsgeschwindigkeit $\boldsymbol{v}$ *„intuitiv stören"*. Man beachte jedoch, dass jeder Beobachter B' zwangsläufig Ursprung und Symmetriezentrum seines eigenen Bezugssystems ist, d. h. aus Sicht eines weiteren (physikalisch gleichwertigen) Beobachters B kann B' ein Ortsvektor $\boldsymbol{r}$ zugeordnet werden und damit auch eine zu B relative (Expansions-)Geschwindigkeit $\boldsymbol{v} = \boldsymbol{r}/t$.

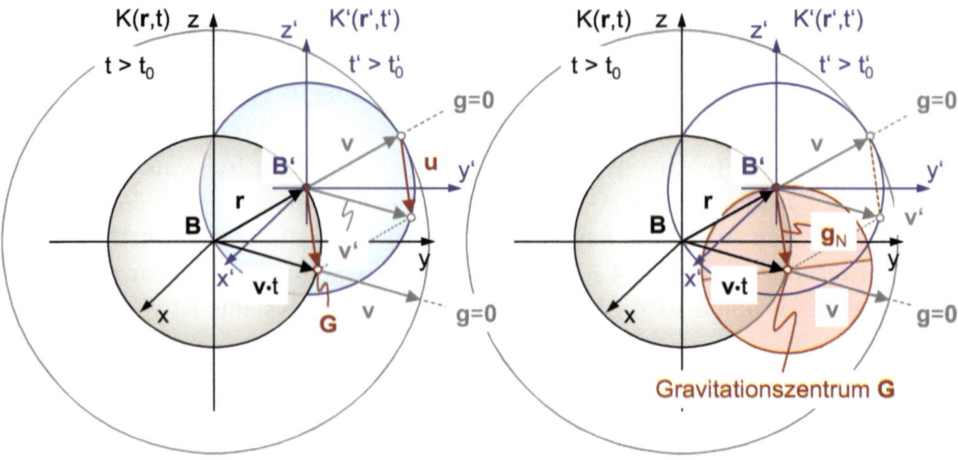

Bild 4.63 Zwei physikalisch gleichwertige Bobachter B, G beschreiben die nicht-expansive Bewegung **u** eines Probekörpers von B'.

Startet nun beispielsweise aus Sicht von B am Ort von B' ein Probekörper mit $\boldsymbol{u} \neq \boldsymbol{r}/t$, gemäß linkem Schema in Bild 4.63, so zeichnet dieser Bewegungsvorgang ein weiteres Bezugssystem G aus, indem dieser Probekörper momentan ruht und dessen Ursprung für B durch den Verbindungsvektor $\boldsymbol{r} - \boldsymbol{v} \cdot t$ beschrieben werden kann. Nachdem im Milne-Modell aber prinzipiell jeder Punkt $P(\boldsymbol{r},\boldsymbol{v},t)$ mit $\boldsymbol{r} = \boldsymbol{v} \cdot t$ ein physikalisch gleichwertiges Symmetriezentrum darstellt, so auch G, erscheint der Probekörper auch aus Sicht von G beschleunigt und zwar in Richtung von $\boldsymbol{u} \propto (\boldsymbol{r} - \boldsymbol{v} \cdot t)$. Wie aber beschreibt G das Bewegungsverhalten des Probekörpers, d. h. welchen Betrag und welche Orientierung hat der Beschleunigungsvektor $\boldsymbol{g}$? Hierzu betrachten wir der Einfachheit halber entsprechende Probekörper mit beliebiger Relativbewegung $\boldsymbol{v}'$, die bezüglich B (zumindest) momentan ruhen ($\boldsymbol{v} = \boldsymbol{0}$). Gehen wir zudem lokal (d. h. für $r \ll R$) von einer homogenen Dichteverteilung $\rho(t) \cong A/(c_0 t)^3$ aus,[258] dann erfahren diese Probekörper eine Beschleunigung $\boldsymbol{g}(\boldsymbol{r},t)$ in Richtung des *„Kraftzentrums"* B, gemäß

$$\boldsymbol{g}(\boldsymbol{r},\boldsymbol{v}=\boldsymbol{0},t) = \frac{\boldsymbol{r}}{t^2 - \frac{\boldsymbol{r}^2}{c_0^2}} \cdot G(\xi) \cong \frac{\boldsymbol{r}}{t^2} \cdot G(1) = \frac{c_0^2 \cdot R(t) \cdot G(1)}{A} \cdot \rho \cdot \boldsymbol{r} \qquad \text{Gl. 4.225}$$

Gl. 4.225 beschreibt bezüglich B ein radialsymmetrisches Beschleunigungsfeld, das einzig von der lokalen (Teilchen-)Dichteverteilung $\rho(t)$ der Hubble-Strömung abhängt. Die Masse des Probekörpers spielt keine Rolle.

Interpretieren wir dieses Feld als die uns bekannte Newton'schen Gravitationsbeschleunigung $\boldsymbol{g}_N(\boldsymbol{r})$, ergibt sich folgende Beziehung

Newton — Milne — Newton ≡ Milne

$$\mathbf{g}_{\mathrm{N}}(\mathbf{r}) = -\frac{M}{3\cdot\gamma_0}\cdot\rho\cdot\mathbf{r} = \frac{c_0^2\cdot R(t)\cdot G(1)}{A}\cdot\rho\cdot\mathbf{r} \Leftrightarrow G(1) = -\frac{M\cdot A}{3\cdot\gamma_0\cdot c_0^2\cdot R(t)} \qquad \text{Gl. 4.226}$$

M steht hierbei für die Teilchenmasse der Punktwolke. Nachdem aber $G(1)$ und A konstant sind, muss demnach die Gravitationsfeldkonstante γ_0 von der Zeit abhängen, gemäß

$$\gamma_0 = \frac{H_0}{c_0^3}\cdot \mathrm{M}_0 \qquad \text{Gl. 4.227}$$

Mit einem aktuellen Wert für $H_0 = 1/t = (67{,}3 \pm 0{,}6)\ \mathrm{kms^{-1}Mpc^{-1}} \cong 2{,}181 \cdot 10^{-18}\ \mathrm{s^{-1}}$ erhalten wir nach (Gl. 4.227) für die Milne-Konstante $M_0 \cong 1{,}473 \cdot 10^{52}$ kg. Dieser Wert entspricht etwa der 10^6-fachen Gesamtmasse des in Bild 4.64 dargestellten *Virgo-Superhaufens* von ca. $2 \cdot 10^{46}$ kg.[259] Berücksichtigt man dessen Abmessungen, so entspricht M_0 der Gesamtmasse *aller* Objekte (ob sichtbar oder auch unsichtbar) im einsehbaren Universum, also bis zu einem Radius von $R \cong 10^{10}$ Lj. Die theoretische Masse im Bereich des Virgo-Superhaufens ist dann nach Milne um eben diesen Faktor 10^6 kleiner, also $M_{\mathrm{Virgo}} \cong 1{,}5 \cdot 10^{46}$ kg – in guter Übereinstimmung mit den Beobachtungen.

Aus (Gl. 4.227) folgt auch, dass die zeitliche Änderung der Newton'sche Gravitationskonstante G_{N} konstant sein muss, nämlich

$$\frac{\mathrm{d}G_{\mathrm{N}}}{\mathrm{d}t} = H_0\cdot G_{\mathrm{N}} = \frac{c_0^3}{4\pi\cdot M_0} \cong 1{,}2\cdot 10^{-29}\,\frac{\mathrm{m}^3}{\mathrm{kg\cdot s^3}} \qquad \text{Gl. 4.228}$$

Insbesondere *muss* G_{N} für $t \to 0$ verschwinden, weil zu Anfang (→ *„Urknall"*) noch keine symmetrische Hubble-Strömung vorliegen kann. Hat sich hingegen die Hubble-Strömung voll ausgebildet, so muss G_{N} proportional zum Expansionsradius $R(t) = c_0 t$ kontinuierlich anwachsen.

Bewertet man das Gravitationsgesetz (Gl. 4.224) anhand der in Kapitel 1 diskutierten Modellierungskriterien, so überzeugt Milnes Ansatz gleich aus mehreren Gründen, wie er auch selbst herauszustellen wusste:

> *„It rests on no assumptions as to the existence of action at a distance or otherwise, it rests on no causative principle, it is not derived from any assumption of an »effect« on »space-curvature« or geometry due to the presence of matter, it involves no introduction of an ether. Whatever law of gravitation is imposed, adopted, or formulated, equivalent observers O must describe the function* **g** *in the same terms, i. e. must arrive at a single universal function* **g***, and it is then a consequence of the equivalence of the observers that* **g** *is of the form [Gl. 4.222]. A general law of gravitation can be none other than a compact statement of all the motions of free test-*

particles released in the presence of a distribution of given particles, [...] namely that defined by [Gl. 4.216] and [Gl. 4.217]."[260]

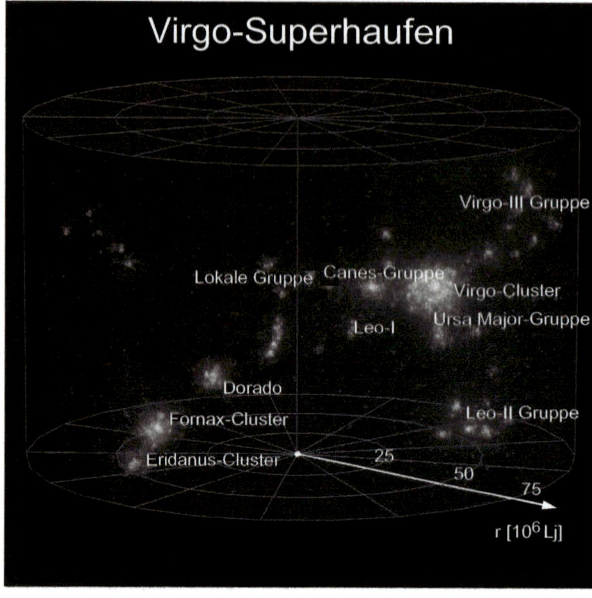

Bild 4.64
Schematische Darstellung des Virgo-Superhaufens mit der Position der sog. Lokalen Gruppe, die u. a. unsere Milchstraße und die Andromeda-Galaxie sowie etwa 80 weitere Sternsysteme umfasst.[261]

Milnes Vergleich bezieht sich auf die seinerzeit einzig bekannten kosmologischen Modellansätze von Newton bzw. Einstein und unterstreicht die bestechend einfache Ausgangshypothese des Modell-Ansatzes.

Berücksichtigen wir in dieser Betrachtung zudem das heute allgemein favorisierte sogenannte Standardmodell Λ-CDM[262], so zeigen sich weitere Vorteile: Das Milne-Universum bedarf keiner *kosmologischen Konstanten*, keiner zusätzlichen Definition von *Dunkler Materie* und *Dunkler Energie*. Zudem benötigt man keinen *Inflationseffekt*, um auf großen Skalen homogene Strukturen zu erzwingen. Insbesondere lässt sich im Sinne des Milne-Ansatzes argumentieren, dass die im Standardmodell zusätzlich erforderliche *Dunkle Materie* im Milne-Modell bereits durch die vorgegebene Massen-Punktwolke implementiert ist. Auch deshalb vermag das Modell auf bemerkenswerte Weise aktuelle kosmologische Beobachtungsergebnisse zu beschreiben, nicht nur im Zusammenhang mit der Rotverschiebung und der Entstehung großräumiger Strukturen im Universum, sondern auch wesentliche Aspekte zur primordialen Nukleosynthese[263] oder der kosmischen Hintergrundstrahlung (siehe Abschnitt 4.4.5.6).

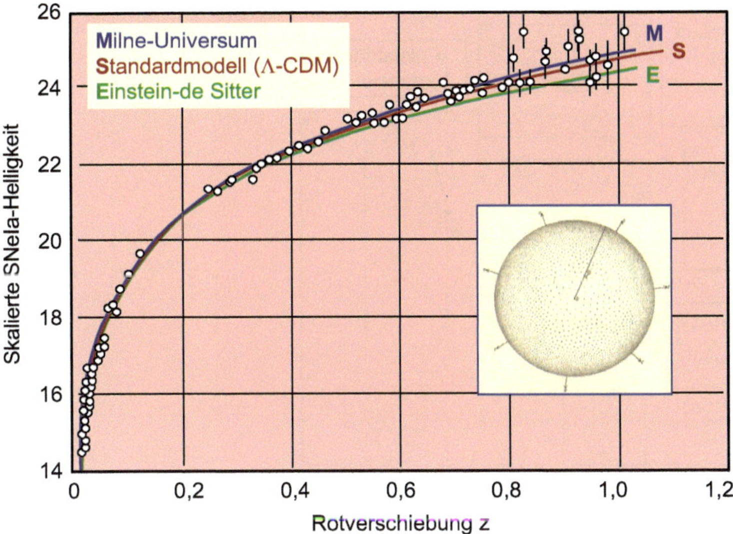

Bild 4.65 Die gemessene (skalierte) Helligkeit von Typ-Ia Supernovae in Abhängigkeit von der Rotverschiebung. Dargestellt sind entsprechende Prognosen dreier kosmologischer Modelle (Diagramm nach Benoit-Lévy et al.[264]).

Dies ist umso beachtenswerter als das Milne-Modell im Gegensatz zum Standardmodell *keine* freien Fitparameter aufweist, die sich bei Bedarf an die experimentellen Befunde anpassen lassen. Bild 4.65 zeigt beispielhaft die skalierte Helligkeit von SN-Ia Objekten als Funktion der Rotverschiebung z und vergleicht den Verlauf mit den entsprechenden Prognosen verschiedener Modell-Universen. Während das klassische Einstein-de Sitter Modell der ART für $z > 0{,}5$ die Daten nicht zu beschreiben vermag, liefern sowohl der parametrische Fit des Standardmodells als auch das Milne-Modell ähnlich gute Übereinstimmungen.

In diesem Zusammenhang sollen detaillierte Messungen zur Rotverschiebung weit entfernter Supernovae vom Typ SN-Ia auf eine beschleunigte Expansion des Universums hindeuten, wie in Bild 4.66 dargestellt. Im Rahmen der Fehlerabschätzung (1σ-Statistik, d. h. 67 % Konfidenz) liegen jedoch gerade einmal 8 Messpunkte (!) im Bereich *„beschleunigte Expansion“*. Vergrößert man das Konfidenzintervall auf 97 % (2σ-Statistik), so erlaubt *kein einziger* Messpunkt eine gesicherte Aussage, weder über ein beschleunigtes noch über ein verzögertes Expansionsverhalten des Universums. Im Gegenteil, berücksichtigt man zusätzlich die low-z Daten von Hamuy et al., so ist ein gleichförmiges Expansionsverhalten die meines Erachtens einzig seriöse Interpretation der dargestellten messtechnischen Befunde, zumindest im Rahmen der vorliegenden Fehlerstatistik.

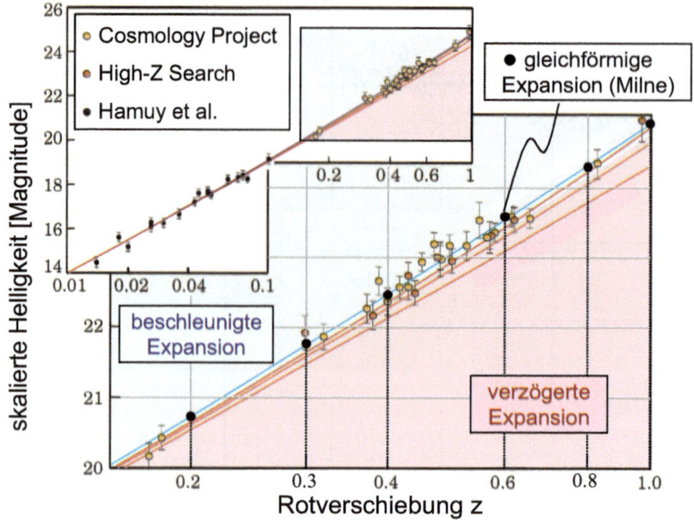

Bild 4.66 Verschiedene kosmologische Λ-CDM Modelle berücksichtigen gravitationsbedingte Beschleunigungs- bzw. Verzögerungseffekte durch Materie, dunkle Materie bzw. dunkler Energie (siehe blaue/rote Fitgerade(n) mit/ohne Berücksichtigung dunkler Energie); [265] zum Vergleich einige Datenpunkte des Milne-Modells aus Bild 4.65, die allesamt auf der blauen Ausgleichsgeraden des besten Datenfits liegen.

Übertragen wir zum Vergleich die entsprechenden Daten des Milne-Modells nach Benoit-Lévy et al. aus Bild 4.65, so liegen diese auf der Ausgleichsgeraden zu einem der Standardmodelle mit beschleunigter Expansion (blaue Gerade), die zugleich die $m(z)$-Messungen dieser Studie bestmöglich repräsentiert. Nach Milne erfährt jedes materielle Objekt, das nicht unmittelbar am sog. *Hubble-Flow* $\boldsymbol{r} = \boldsymbol{v} \cdot t \cdot (\boldsymbol{g} = \boldsymbol{0})$ teilnimmt eine (lokale) Gravitationswechselwirkung $\boldsymbol{g} \neq \boldsymbol{0}$. Gravitation ist also ein direktes Maß für jedwede Abweichung von der Hubble-Strömung. Im Umkehrschluss heißt das, unser Planetensystem folgt nicht der Hubble-Lemaître Expansion! Die Planetenbahnen bleiben somit bestehen. Entsprechendes gilt auch für die Milliarden von Sonnen in unserem Milchstraßensystem, aber auch für jeden anderen Körper der ein Beschleunigungsprozess durchläuft. Das im Abschnitt 4.4.4 diskutierte kosmologische Paradoxon existiert im Milne-Modell nicht.

Im Standardmodell ist es erheblich schwieriger eine zufriedenstellende Antwort auf die Problemstellung zu erhalten. Hierzu schreiben beispielsweise Cooperstock et al.:

> *„The question of whether the expansion of the universe affects local systems like clusters of galaxies or planetary systems was first raised many years ago [z. B. von McVittie im Jahre 1933 ...]. The recurrent attention paid to this issue indicates that to this point a definitive answer is still lacking [→ Max Jammers „unfinished business“]. However, it is our sense that the prevalent perception is that the physics of*

systems which are small compared to the radius of curvature of the cosmological background is essentially unaffected by the expansion of the universe."[266]

Das ist selbstverständlich keine zufriedenstellende Antwort. Was bedeutet „*klein bezüglich der kosmologischen Raumkrümmung*"? Sollte es für die Größe eines physikalischen Systems tatsächlich einen Schwellenwert geben, ab dem Expansion einsetzt?! Serano et al. ergänzen:

„*At present time, the Solar system, according to the Λ-CDM scenario emerging from observational cosmology, should be expanding if we consider only the effect of the cosmological background. Its fate is determined by the equation of state of the dark energy alone.*"[267]

Man weiß also nicht so recht, wie das Paradoxon zu lösen ist und setzt deshalb auf die „*Dunkle Energie*", deren Zustandsgleichung „*schon irgendwie*" eine Schwelle für expansives Verhalten festlegen wird.

J.A. Peacock stellt schließlich in seiner Tirade „*A diatribe on expanding space*"[268] klar, dass die Problemstellung doch wohl in erster Linie von mathematischer Natur sei, bedingt durch die Einführung spezifischer Koordinatensysteme und die damit einhergehende Festlegung bestimmter geometrischer Strukturen – womit er letztlich Milnes Standpunkt aus dem Jahre 1933 vertritt, was seinerzeit zur Formulierung des erweiterten Relativitätsprinzips führte.

Kommen wir abschließend auf die Frage aus Abschnitt 4.4.3 zurück: Zeigen *Isotropiesysteme*, also genau die Klasse von Bezugssystemen worin Beobachter eine isotrope Verteilung der Mikrowellenhintergrundstrahlung messen, womöglich noch andere physikalisch interessante Aspekte? Nach den bisherigen Ausführungen zum Milne-Universum werden sie die Antwort vermutlich bereits kennen: *Isotropiesysteme* nehmen unmittelbar am *Hubble-Flow* $\boldsymbol{r} = \boldsymbol{v} \cdot t$ teil und erfahren somit keine lokale Gravitationsbeschleunigung, d.h. $\boldsymbol{g}(\boldsymbol{r},\boldsymbol{v},t) = \boldsymbol{0}$. Insbesondere repräsentiert *jedes* dieser Bezugssysteme ein Symmetriezentrum der Hubble-Strömung, weshalb es ja auch beliebig viele davon gibt!

Rüstet man beispielsweise eine Raumsonde zusätzlich zu einem „*CMB-Detektor*" mit „*Gravitations-Sensorik*" aus, etwa mit dem in Abschnitt 5.3.1 beschriebenen Gravitations-Plattenkondensator, so unterliegen beide Platten keiner wechselseitigen „*Anziehungskraft*" mehr sobald die Sonde ein *Isotropiesystem* definiert, wie in Abschnitt 4.4.2 erläutert und in Bild 4.67 schematisch dargestellt. Im Gegenteil, der Abstandsvektor $\boldsymbol{d}$ der Kondensatoranordnung wird mit der Zeit sogar anwachsen, gemäß $\boldsymbol{d} = \boldsymbol{v} \cdot t = \boldsymbol{v}/H_0$. Für $d = 1$ m beträgt die Separationsgeschwindigkeit allerdings nur etwa $v \cong 22$ pm/Jahr $\cong 7 \cdot 10^{-19}$ m/s, unter Verwendung eines aktuellen Wertes für die Hubble Konstante H_0.

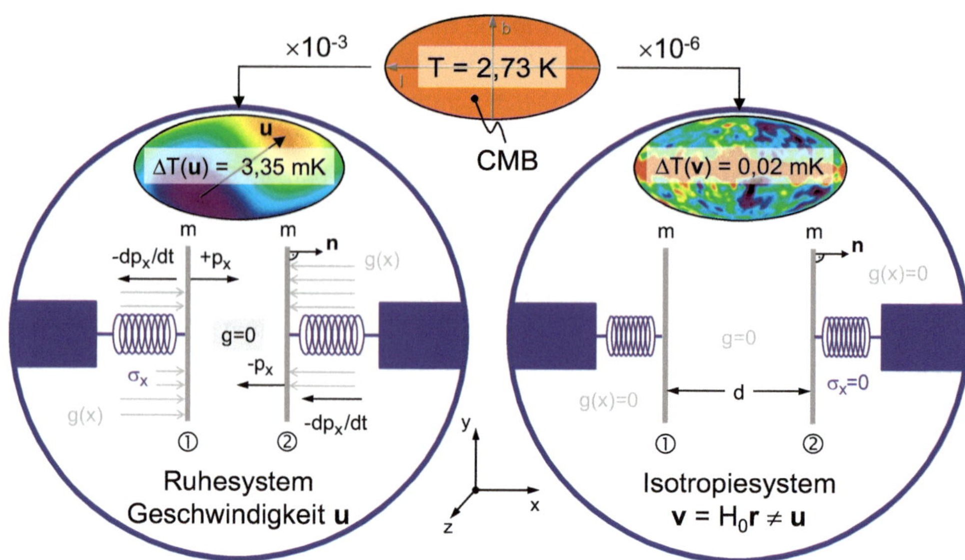

Bild 4.67 Schematische Darstellung einer Raumsonde mit Gravitations- und CMB-Sensorik zur Bestimmung der *„Anziehungskraft"* zweier im Abstand *d* parallel ausgerichteter Platten der Masse *m*. Während im Ruhesystem (mit beliebiger aber konstanter Geschwindigkeit ***u***, linkes Schema) eine Newton'sche *„Gravitationskraft"* detektiert wird, verschwindet diese *„Kraftwirkung"* im Isotropiesystem bei entsprechend angepasster Relativgeschwindigkeit ***v*** (rechtes Schema), sofern wir uns in einem Milne-Universum befinden.

Das ist jetzt kein sonderlich beindruckender Effekt und praktisch nicht zu messen. Wirkt hingegen weiterhin die Newton'sche Gravitationskraft, so erfährt jede Platte eine relative Beschleunigung von etwa 10^{-8} m/s², bei einer angenommenen Massenbelegung je Platte von 10 kg/m². Ein Effekt der wiederum recht einfach zu messen ist, denn die Platten bewegen sich unmittelbar aufeinander zu und würden ohne Rückhaltevorrichtung nach einer Zeitspanne von etwa 3,5 h mit $v \cong 3 \cdot 10^{-3}$ m/s *„kollidieren"*. Befinden wir uns in einem Milne-Universum, sollte die mitgeführte Sensorik demnach eine signifikante systematische Abweichung von der Newton'schen Gravitationsanziehung anzeigen: Die gemessene *„Gravitationskraft"* der Platten muss nach Milne zumindest *deutlich* (!) schwächer ausfallen und im Idealfall sogar gänzlich verschwinden.

Aber wie kann der CMB *„davon wissen"*, woher die Sonde kam, sodass sich *„wie von Geisterhand"* genau dort das Symmetriezentrum der Hubble-Strömung zeigt, wenn zu einer beliebigen Zeit an einem beliebigen Ort im Weltall die ursprüngliche Relativgeschwindigkeit $\boldsymbol{u}(\boldsymbol{r},t)$ der Sonde auf $\boldsymbol{v}(\boldsymbol{r},t)$ korrigiert wird, sodass $\boldsymbol{v}(\boldsymbol{r},t) = H_0 \cdot \boldsymbol{r}(t)$ erfüllt ist? Zeigt sich hier ein weiteres kosmologisches Rätsel, etwa das *„Milne-Paradoxon"*? – Keineswegs! Nach Milne ist schließlich jeder Punkt der Hubble-Strömung Ursprung und Symmetriezentrum der expansiven Bewegung, beschrieben durch das erweiterte Relativitätsprinzip. Wie bereits im vorherigen

Abschnitt 4.4.5.3 erläutert, sieht daher jeder Beobachter, also auch die Sonde, zwangsläufig eine Welt mit sphärischer Symmetrie mit eigenem Zeit(koordinaten)-Ursprung $t' = 0$ und eigenem Raum(koordinaten)-Ursprung $\boldsymbol{r}' = 0$, einzig bedingt durch die Festlegung eines eigenen Koordinatensystems $K'(\boldsymbol{r}',t')$. Der Ursprungsort der Sonde $\boldsymbol{r}' = -\boldsymbol{r}$ entfernt sich deshalb kontinuierlich mit $\boldsymbol{v}' = -\boldsymbol{v} = -H_0 \cdot \boldsymbol{r} = +H_0 \cdot \boldsymbol{r}'$, was zu zeigen war. Man könnte stattdessen auch ganz lapidar antworten: *„Der Ursprungsort der Sonde ist deshalb ein Symmetriezentrum, weil das Universum sich uns auf diese Weise darstellt und es gibt kein anderes!“*

4.4.5.5 Die Lichtablenkung im Gravitationsfeld

Es heißt, dass jedes kosmologische Modell die Ablenkung eines Lichtstrahls im Gravitationsfeld auf konsistente Weise beschreiben müsse. Schließlich handele es sich hierbei um den ersten entscheidenden experimentellen Befund pro Einsteins ART und contra Newtons klassischer Vorstellung. Worum geht's? Beobachtet man beispielsweise im Verlauf einer Sonnenfinsternis die Sternpositionen in unmittelbarer Nähe zur Sonne und vergleicht diese Daten mit deren ursprünglichen Lagekoordinaten, so ist eine systematische Verschiebung zu erkennen. Der scheinbare radiale Sternabstand r_0 zum Mittelpunkt der Sonne verändert sich umso stärker, je näher der Stern perspektivisch zur Sonne steht und zwar proportional zur Gravitationsfeldstärke der Sonne, also $\propto 1/r_0^2$.

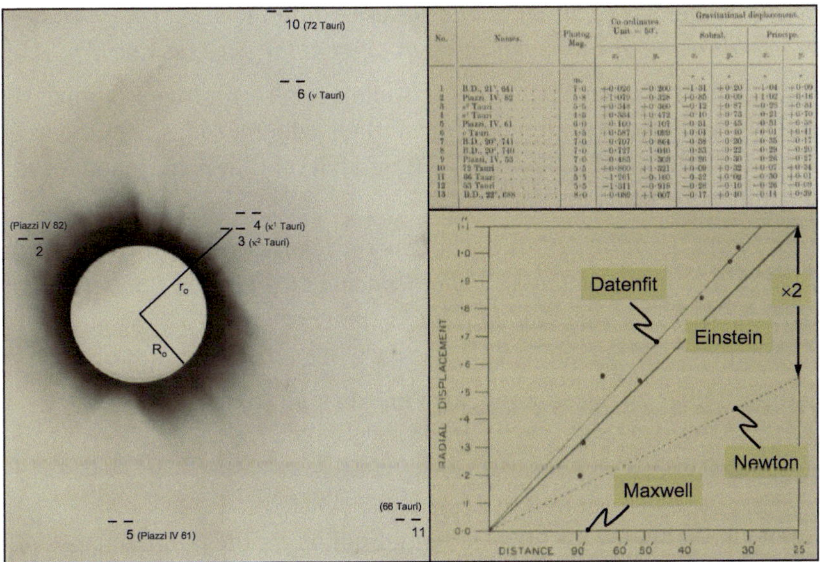

Bild 4.68 Resultate aus der Beobachtung der Sonnenfinsternis vom 29. Mai 1919. Links ist eine von 8 Originalaufnahmen aus Sobral zu sehen, ergänzt um einige Sternbezeichner (Sternbild Stier) und für die Auswertung relevante geometrische Größen. Die Datenauswertung (rechts) bestätigt schließlich Einsteins Vorhersage.[269] Zur besseren Übersicht wurde die Grafik zusätzlich beschriftet.

Einstein hatte diesen Effekt im Rahmen der ART seinerzeit vorhergesagt, wenn auch zu Anfang aufgrund einer fehlerhaften Annahme um einen Faktor 2 zu klein. Eine Gruppe englischer Wissenschaftler, namentlich Dyson, Eddington, Crommelin und Davidson,[270] nutzten die totale Sonnenfinsternis vom 29. Mai 1919, um dieses theoretische Resultat auf experimentellem Wege zu prüfen. Im Rahmen zweier zeitgleich durchgeführter Expeditionen, nach Sobral (Brasilien) und auf die Insel Principe im Golf von Guinea (Afrika), wurden im Verlauf der Sonnenfinsternis eine Reihe von Sternpositionen auf Fotoplatten festgehalten und später ausgewertet (siehe Bild 4.68). Die gewonnenen Daten bestätigen Einsteins Vorhersage auf Basis der ART (– Linie) und widerlegen einerseits Newtons Korpuskulartheorie (---- Linie) und andererseits die alternative (dritte) Hypothese, wonach aufgrund der Wellennatur des Lichts (→ Maxwell) keine Ablenkung erfolgen kann, schließlich hat Licht in dieser Modellvorstellung keine Masse.

Einsteins Überlegung, wonach Licht im Schwerefeld eines massiven Körpers abgelenkt werden kann, war seinerzeit nicht neu. Bereits 1801 publizierte J. Soldner eine entsprechende Betrachtung zu diesem Thema und zwar auf Basis der Newton'schen Korpuskulartheorie.[271] Nach D. S. L. Soares mag die Berechnung Soldners auch durch einen entsprechenden Hinweis Newtons motiviert gewesen sein, der im dritten Teil seines Buches *Opticks* aus dem Jahre 1730 abschließend noch eine ganze Reihe offener Fragen formuliert und den jeweiligen physikalischen Kontext eingehender beschreibt. Er beginnt seine Ausführungen mit:

> *„Query 1. Do not Bodies act upon Light at a distance, and by their action bend its Rays; and is not this action (cæteris paribus) strongest at the least distance? [...]"*[272]

Newton hatte speziell zu diesem Thema keine weiteren Berechnungen publiziert, soweit bekannt. Die Sachlage erschien ihm vermutlich evident, sodass er eine weitere theoretische wie experimentelle Ausarbeitung anderen überließ, indem er an gleicher Stelle einführend schrieb:

> *„[...] And since I have not finish'd this part of my Design [to repeat previous observations with more care and exactness], I shall conclude with proposing only some Queries, in order to a farther search to be made by others."*[273]

Soldner fand schließlich für die Winkelablenkung δ_{Newton} von Licht-Teilchen, welche die Sonne unmittelbar an deren Rand, also im Abstand R_o passieren

$$\delta_{\text{Newton}} \cong \frac{2 \cdot G_N M_o}{R_o c_0^2} \cong 0{,}88'' \qquad \text{Gl. 4.229}$$

unter Verwendung aktueller Werte für den Sonnenradius R_o, die Sonnenmasse M_o und die Gravitationskonstante G_N. Im Rahmen der ART erhält man hingegen[274]

$$\delta_{\text{ART}} \cong \frac{4 \cdot G_N M_o}{R_o c_0^2} \cdot \left(\frac{1+\gamma_{\text{ART}}}{2} \right) \cong 1{,}76'' = 2 \cdot \delta_{\text{Newton}} \Leftrightarrow \gamma_{\text{ART}} = 1 \qquad \text{Gl. 4.230}$$

also *genau dann* den (exakt) doppelten Wert, wenn man den zugehörigen ART-Fitparameter $\gamma_{ART} = 1$ setzt. Der Paramter γ_{ART} legt die *„passende"* Metrik (→ Geometrie) und damit die *„richtigen"* Feldgleichungen fest, damit ART-Modell und Experiment schließlich in Einklang gebracht werden können. Ist somit unzweifelhaft Einstein bestätigt und Newton widerlegt oder versteckt sich in der *„klassischen"* Überlegung womöglich noch ein grundsätzlicher Fehler?

Eine rethorische Frage, die wie folgt beantwortet werden kann: Tatsächlich beschreibt die klassische Darstellung das Streuproblem *„Lichtteilchen-Sonne"*, wobei die Frage nach der Masse m_{Ph} eines Lichtkorpuskels (→ Photon) keine Rolle spielt, als sie ohnehin in der die Teilchenbewegung beschreibenden Differentialgleichung nicht vorkommt. Die zugehörige Bahngleichung im Gravitationsfeld der Sonne (→ *„Kraftzentrum"*) beschreibt eine Hyperbel und deren Herleitung kann praktisch in jedem Buch über klassische Mechanik nachgelesen werden.[275]

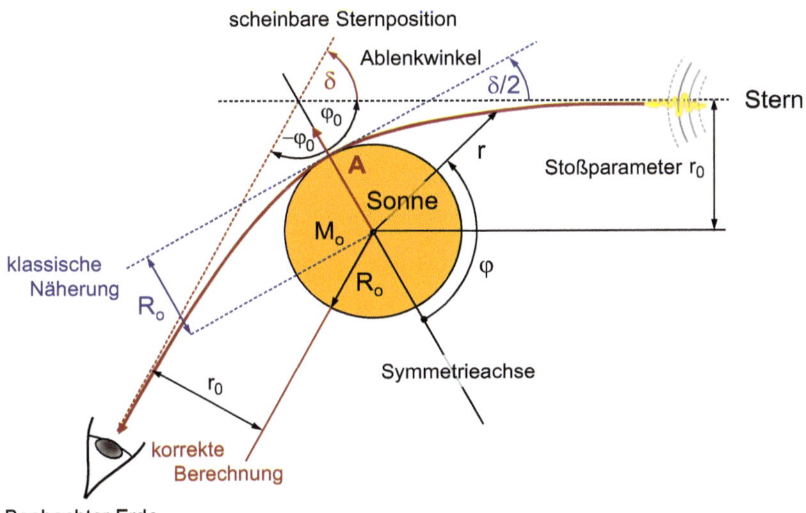

Bild 4.69 Schematische Darstellung zur Lichtablenkung im Gravitationsfeld der Sonne (nicht maßstäblich). ***A*** beschreibt den Lenz-Runge-Vektor. Die klassische Näherung endet (oder beginnt) am Symmetriepunkt der tatsächlichen Teilchenbahn und liefert daher nur den halben Ablenkwinkel (weitere Erläuterungen im Text).

In Polarkoordinaten (r,φ) erhält man hierfür den allgemeinen Ausdruck eines Kegelschnittes, nämlich

$$\frac{P}{r} = 1 - \varepsilon \cdot \cos(\varphi) \qquad \text{Gl. 4.231}$$

mit der *Exzentrizität* $\varepsilon > 1$ und dem *Referenzradius* $P = r(\pi/2)$, wie in Bild 4.69 schematisch dargestellt. Unter Verwendung der Erhaltungsgrößen von Drehimpuls $\boldsymbol{L}$ und Gesamtenergie E lassen sich P und ε wie folgt darstellen

$$\mathrm{P} = \frac{L^2}{m_{\mathrm{Ph}}^2 \cdot G_{\mathrm{N}} M_{\mathrm{o}}} \wedge \varepsilon = \sqrt{1 + \frac{2E \cdot L^2}{m_{\mathrm{Ph}}^3 \cdot G_{\mathrm{N}}^2 M_{\mathrm{o}}^2}} \qquad \text{Gl. 4.232}$$

woraus unmittelbar zu ersehen ist, dass m_{Ph} tatsächlich entfällt, denn man geht (klassisch) von folgenden Anfangsbedingungen für $r \to \infty$ aus

$$L = m_{\mathrm{Ph}} c_0 \cdot R_{\mathrm{o}} \wedge E = \frac{1}{2} m_{\mathrm{Ph}} \cdot c_0^2 \qquad \text{Gl. 4.233}$$

Hieraus erhält man schließlich für den Ablenkwinkel das o. g. Resultat (Gl. 4.229) gemäß

$$\delta_{\mathrm{Newton}} = \pi - 2\varphi_0 = \pi - 2 \cdot \cos^{-1}\left(\frac{G_{\mathrm{N}} M_{\mathrm{o}}}{R_{\mathrm{o}} c_0^2}\right) \cong 2 \cdot \frac{G_{\mathrm{N}} M_{\mathrm{o}}}{R_{\mathrm{o}} c_0^2} \cong 0{,}88'' = \frac{0{,}88°}{3600} \qquad \text{Gl. 4.234}$$

Die bisherige Betrachtung setzt allerdings auf die Gültigkeit gleich dreier Näherungen. Zum einen geht man davon aus, dass die kinetische Energie eines Teilchens, für $v \ll c_0$ formal darstellbar über dessen Koenergie $E^*(v) = 1/2 \cdot mv^2$, auch für $v \to c_0$ dieser Beziehung genügt. In Abschnitt 4.1.1.2 wurde jedoch gezeigt, dass dem nicht so ist, vielmehr gilt $E^*(c_0) = mc_0{}^2$. Zum anderen nimmt man an, dass sich das Streuproblem *„Photon-Sonne"* stets durch das einfachere Problem der Bewegung des Photons im festgehaltenen Zentralkraftfeld der Sonne beschreiben lässt, denn es gilt in jedem Fall $m_{\mathrm{Ph}} \ll M_{\mathrm{o}}$, d. h. die Sonne definiert in dieser Näherung ein absolutes, raumfestes Bezugssystem. Die dritte Näherung betrifft den Lenz-Runge-Vektor $\boldsymbol{A}$, eine weitere Erhaltungsgröße des Zentralkraft-Problems – neben Energie und Drehimpuls. Diese Invariante der Bewegung wird in obiger Betrachtung nicht weiter berücksichtigt.[276]

Nachdem es aber in der Physik keine absoluten Bezugssysteme geben kann und Streuprozesse grundsätzlich Zwei-Körper-Probleme darstellen, schauen wir etwas genauer hin und betrachten das mathematisch äquivalente Ein-Teilchen-Problem mit reduzierter Masse im Schwerpunktsystem (**C**enter of **M**ass – CM) von Sonne und Photon. Gemäß einer detaillierten Studie von S. A. Deines[277] erhält man für den Ablenkwinkel des Photons bezüglich des gemeinsamen Schwerpunktes

$$\delta_{\mathrm{CM}}\big|_{\mathrm{Photon}} \cong 2 \cdot \frac{G_{\mathrm{N}}\left(m_{\mathrm{Ph}} + M_{\mathrm{o}}\right)}{R_{\mathrm{o}} c_0^2} \cong 0{,}88'' \qquad \text{Gl. 4.235}$$

also exakt den gleichen Wert wie seinerzeit von Soldner bestimmt. Bleibt allerdings noch den Bahnverlauf der Sonne im Schwerpunktsystem zu bestimmen, sodass man hieraus die Gesamtablenkung des Photons relativ zum Sonnenzentrum ermitteln kann. Eine analoge mathematische Betrachtung zeigt, dass sehr wohl das Apsidenverhältnis a_0/a_{Ph} durch das Massenverhältnis m_{Ph}/M_0 bestimmt wird, d.h. das Sonnenzentrum steht *„extrem nah"* am Schnittpunkt beider Asymptoten $r \to \pm\infty$, jedoch bleibt (wenig überraschend) die Exzentrizität der Sonnenbahn im Schwerpunktsystem unverändert und wir erhalten somit für den gesuchten Ablenkwinkel[278]

$$\delta_{CM}\big|_{Sonne} = -\delta_{CM}\big|_{Photon} \cong -0{,}88'' \qquad \text{Gl. 4.236}$$

und damit

$$\delta_{Newton} = \delta_{CM}\big|_{Photon} - \delta_{CM}\big|_{Sonne} \cong 1{,}76'' \qquad \text{Gl. 4.237}$$

also das identische Resultat aus der ART!

Wie lässt sich das (mathematisch korrekte) Ergebnis physikalisch begründen? Erfährt die Sonne tatsächlich eine Ablenkung, trotz des vernachlässigbar kleinen Massenverhältnisses m_{Ph}/M_0? Selbstverständlich ist das nicht der Fall, auch wenn diese Interpretation rein mathematisch zulässig sein mag. Physikalisch sorgt die in der angegebenen Publikation explizite Berücksichtigung des Lenz-Runge-Vektors $\boldsymbol{A}$ dafür, dass die gesamte Teilchenbahn im Modell wiedergegeben wird. In der *„klassischen Näherung"* beginnt oder endet die Bahn am Symmetriepunkt der eigentlichen Trajektorie, sodass entweder die Position der Projektionsebene (Fotoplatte) oder aber die der Lichtquelle (Stern) einer zusätzlichen Korrektur bedarf. In beiden Fälle ist der ursprünglich ermittelte Ablenkwinkel zu verdoppeln. Erst durch diese Maßnahme spiegelt das Modell die experimentellen Gegebenheiten wider und liefert den korrekten Wert für die Lichtablenkung. Die in der Literatur stets angeführte klassische Betrachtung berücksichtigt aufgrund der dort vorgenommenen Vereinfachungen tatsächlich nur die halbe im Zentralkraftfeld der Sonne zurückgelegte Strecke des Photons.[279]

Fazit: Die zu beobachtende Lichtablenkung im Gravitationsfeld ist auch klassisch darstellbar und daher kein Alleinstellungsmerkmal der ART. Identifiziert man in diesem Kontext die Newton'sche Gravitationsbeschleunigung $\boldsymbol{g}_N(\boldsymbol{r})$ mit dem radialsymmetrischen Beschleunigungsfeld $\boldsymbol{g}(\boldsymbol{r},\boldsymbol{v},t)$ nach Milne, so liefert das Milne-Modell die gleichen Ergebnisse. Zudem beschreibt das Modell auf konsistente Weise sämtliche Aspekte der SRT, womit weitere ART-Resultate, wie etwa die Zeitdilatation oder die Rotverschiebung im Gravitationsfeld auf einfache Weise dargestellt werden können.

4.4.5.6 Milne und das Olbers-Paradoxon

Im Rahmen des Milne-Modells muss eine weitere *„althergebrachte"* kosmologische Frage erneut diskutiert werden, nämlich

„Wieso erscheint uns der nächtliche Himmel dunkel?"

Eine lesenswerte Abhandlung zur Physik des dunklen Nachthimmels und zum historischen Bezug dieser nicht-trivialen Frage wurde von E. R. Harrison verfasst.[280] Demnach haben Astronomen bereits Anfang des 18. Jahrhunderts über dieses Problem nachgedacht, wobei E. Halley[281] und J. P. Loÿs de Cheseaux[282] erste qualitative Überlegungen dazu publizierten. Etwa ein Jahrhundert später nahm sich H. W. M. Olbers des Themas wieder an, indem er mithilfe quantitativer Abschätzungen zur scheinbaren Leuchtkraft der Sterne den dunklen Nachthimmel über Absorptionseffekte erstmals wissenschaftlich zu erklären versuchte. Aber warum sollte der Nachthimmel nicht dunkel sein? Olbers beschrieb das Problem wie folgt:

> *„Sind wirklich im ganzen unendlichen Raum Sonnen vorhanden, sie mögen nun in ungefähr gleichen Abständen von einander, oder in Milchstraßen-Systeme vertheilt sein, so wird ihre Menge unendlich, und da müßte der ganze Himmel eben so hell sein, wie die Sonne. Denn jede Linie, die ich mir von unserem Auge gezogen denken kann, wird nothwendig auf irgend einen Fixstern treffen, und also müßte uns jeder Punkt am Himmel Fixsternlicht, also Sonnenlicht zusenden."*[283]

Der Knackpunkt scheint also zu sein, dass sich in einem unendlich großen Raum mit homogener und isotroper Materiedichte beliebig viele lichtemittierende Objekte befinden müssten, deren Leuchtkraft sich entsprechend überlagern sollte. Die nach heutigem Stand der Forschung *„üblichen Erklärungsvorschläge"* (z. B. gekrümmte, expandierende und insbesondere endliche Räume, die Rotverschiebung, die endliche Lichtgeschwindigkeit, Lichtabsorption durch nicht sichtbare Materie, etc.) greifen nicht in dem erforderlichen Maße bzw. setzen weitere nicht oder nur schwerlich zu begründende Zusatzannahmen voraus. Harrison kommt in seinem Beitrag zu einer recht einfachen Schlussfolgerung:

> *„[...] the night sky is dark because the time required for the radiation field to reach thermodynamic equilibrium is large compared with all other time scales of interest."*[284]

Es sind demnach die deutlich unterschiedlichen Zeitskalen, die bei genauerer Betrachtung entscheidend sind, d. h. nach gegenwärtigem Kenntnisstand: Das Alter des Universums von etwa 10^{10} Jahren (gemäß Standardmodell), die mittlere Lebenszeit der Sterne (also etwa 10^{8} Jahre), die mittlere Absorptionszeit eines Photons bei gegebener Materiedichte im Raum (etwa 10^{24} Jahre) sowie die mittlere Zeit bis zum Erreichen des thermodynamischen Strahlungsgleichgewichts im Weltraum von ebenfalls etwa 10^{24} Jahren. Letzteres dominiere schließlich alle anderen Effekte.

Dennoch wird auch in heutiger Zeit das Paradoxon bei der Diskussion kosmologischer Fragestellungen immer wieder angeführt. Wird beispielsweise die Rotverschiebung als Ursache für den dunklen Nachthimmel verantwortlich gemacht, wonach der sichtbare Lichtanteil ferner Sterne ins Infrarote verschoben und damit für das menschliche Auge unsichtbar ist, dann finden sich spontan *„Gegenargumente“* wonach die kurzwellige Strahlung eines Sterns entsprechend in den sichtbaren Bereich schiebt und der Nachthimmel weiterhin hell erscheinen müsste u. v. m. Wie so oft bei physikalischen Kontroversen erscheint die *„Qualität“* der Argumente in einer Weise überzeugend, dass eine genaue quantitative Betrachtung erst gar nicht in Erwägung gezogen wird. Weshalb das geschilderte *„spektrale Paradoxon“* für verschiedene Modelluniversen erstmals 1991 (!) von P. S. Wesson auch quantitativ untersucht wurde, u. a. für das Milne-Universum, wobei sich im Wesentlichen die frühere Argumentation von Harrison bestätigte.[285]

Das Olbers'sche Paradoxon ist an dieser Stelle dennoch einer genaueren Betrachtung wert, denn die zitierten kosmologischen Studien untersuchen im Allgemeinen Universen mit homogener Materiedichte, wobei das sog. *„Milne-Universum“* sich auf eine damit nicht vergleichbare Variante bezieht, wie sie ausschließlich im Rahmen der ART definiert werden kann. Im eigentlichen Milne-Modell ist die Materiedichte jedoch nur lokal homogen und strebt formal für $r \to R(t)$ gegen Unendlich. Deshalb gilt es zu klären, ob denn der Nachthimmel auch im ursprünglichen Milne-Universum dunkel bleibt. Mit anderen Worten: Welche Energiedichte (→ Temperatur) hat das extragalaktische Hintergrundleuchten EBL (**E**xtragalactic **B**ackground **L**ight), wenn die Dichte potentieller Emitter mit der Entfernung anwächst aber zugleich deren Beitrag aufgrund der Rotverschiebung zunehmend niederenergetischer wird?

Wagen wir also eine erste Abschätzung der Energieverhältnisse: Ausgangspunkt sei die Leuchtkraft $L_0 \cong 4 \cdot 10^{26}$ W unserer Sonne mit einer Masse von $M_0 \cong 2 \cdot 10^{30}$ kg und einer mittleren Oberflächentemperatur von etwa $T_0 \cong 6000$ K (gerundete Werte). Gemäß der Olbers'schen Überlegung seien eine Vielzahl entsprechender Sonnen zumindest lokal homogen verteilt. Betrachten wir beispielhaft das Raumvolumen um unsere Milchstraße bis zur nächsten Galaxie – Andromeda, so können wir von etwa 400 Milliarden Sonnen in einem Radius von 2,5 Millionen Lichtjahre ausgehen. Damit ergibt sich eine mittlere Sonnendichte von $\rho_0 \cong 10^{-8}$ Lj^{-3}.

Gemäß (Gl. 4.217) gilt aber auch[286]

$$\rho_0 = \frac{3 \cdot \gamma_0 \cdot c_0^2}{M_\text{o} \cdot R^2} \cdot G(1) \cong \frac{3 \cdot \gamma_0}{M_\text{o} \cdot t^2} \qquad \text{Gl. 4.238}$$

womit sich unmittelbar das Entwicklungsalter t des Universums abschätzen lässt:

$$t^2 = \frac{3 \cdot \gamma_0}{M_\text{o} \cdot \rho_0} \cong \frac{3 \cdot 10^9 \,\text{kgs}^2\text{m}^{-3} \cdot 10^8 \cdot 10^{48} \,\text{m}^3}{2 \cdot 10^{30} \,\text{kg}} \cong 10^{36} \,\text{s}^2 \qquad \text{Gl. 4.239}$$

d. h.

$$t \cong 10^{18}\,\mathrm{s} \Rightarrow R \cong 3 \cdot 10^{26}\,\mathrm{m} \cong 3 \cdot 10^{10}\,\mathrm{Lj} \qquad \text{Gl. 4.240}$$

wobei 1 Lj. ≅ $1 \cdot 10^{16}$ m. Expansionsbedingt ist allerdings nur der Raum bis $R/2 = 1{,}5 \cdot 10^{10}$ Lj einer direkten Beobachtung zugänglich.

Für einen Beobachter an einem beliebigen Raumpunkt ergibt sich die Gesamtenergiedichte ε aufgrund der radialen Einwirkung aller Umgebungsstrahler durch Integration der zugehörigen Dichteverteilung $\rho(r)$, also

$$\varepsilon = \int_0^R \mathrm{d}\varepsilon = \frac{L_\circ}{4 \cdot c_0} \cdot \int_0^R \rho(r) \cdot \mathrm{d}r = \frac{\rho_0}{c_0} \cdot \frac{L_\circ}{4} \cdot \int_0^R \left(1 - \frac{r^2}{R^2}\right)^{-2} \mathrm{d}r \qquad \text{Gl. 4.241}$$

Die Angabe der Leuchtkraft L_0 eines Sterns bezieht sich auf den gesamten Raumwinkel $\Omega = 4\pi$, uns interessiert aber nur der effektive Flächenanteil $L_0/4$ einer quasi-punktförmigen Lichtquelle in radialer Richtung zum Beobachter. Wir substituieren in (Gl. 4.241) noch r durch s, um bezüglich der ortsabhängigen Rotverschiebung zu integrieren, d. h.

$$\frac{r}{R} = \frac{v}{c_0} = \frac{s^2 - 1}{s^2 + 1} \Rightarrow \mathrm{d}r = c_0 t \cdot \frac{4s}{\left(s^2 + 1\right)^2} \mathrm{d}s \qquad \text{Gl. 4.242}$$

und erhalten

$$\varepsilon = \frac{\rho_0}{c_0} \cdot \frac{L_\circ}{4} \cdot c_0 t \cdot \int_1^\infty \frac{1}{s^4} \cdot \left[\frac{\left(s^2 + 1\right)^2}{4s^2}\right]^2 \cdot \frac{4s}{\left(s^2 + 1\right)^2} \cdot \mathrm{d}s \qquad \text{Gl. 4.243}$$

Der erste Faktor im Integranden berücksichtigt zusätzlich die Rotverschiebung der emittierten Strahlungsleistung $L_0 \propto T_0^{\,4}$. Das Integral lässt sich berechnen, wobei der Strahlungsanteil für $s \to \infty$ tatsächlich verschwindet. Unter Verwendung des Planck'schen Strahlungsgesetzes erhält man für die Temperatur T_{EBL} des extragalaktischen Strahlungsfeldes zum Zeitpunkt t schließlich folgende Bestimmungsgleichung

$$\frac{\sigma_{\mathrm{Pl}}}{c_0} \cdot T_{\mathrm{EBL}}^4 = \frac{3 \cdot \gamma_0}{M_\circ \cdot t} \cdot \frac{L_\circ}{4} \cdot 0{,}177 \text{ mit } \sigma_{\mathrm{Pl}} = 5{,}67 \cdot 10^{-8}\,\mathrm{Wm^{-2}K^{-4}} \qquad \text{Gl. 4.244}$$

Einsetzen aller Konstanten inklusive obiger Abschätzung (Gl. 4.240) für das Entwicklungsalter des Universums $t = 1 \cdot 10^{18}$ s liefert für die Temperatur des extragalaktischen Hintergrundlichtes $T_{\mathrm{EBL}} = 3{,}4$ K. Dieser EBL-Wert ist nahezu identisch mit der aktuellen Temperatur des CMB von $T_{\mathrm{CMB}} = 2{,}7$ K. Ein durchaus überraschendes Ergebnis, wenn man bedenkt, dass solch eine simple Abschätzung *„ganz ohne Taschenspielertricks"* auf Anhieb den annähernd gleichen Temperaturwert liefert. Gemäß Standardmodell führt eine Superposition unendlich vieler

Strahler entweder zu einer Divergenz $T_{EBL} \rightarrow \infty$ oder die Strahlungstemperatur kann nur, gemäß Harrison, durch die zusätzliche Einführung einer exponentiellen Abschwächung, also einem *„obskuren"* Olbers'schen Energieverlustmechanismus, zumindest auf den Wert $T_{EBL} = T_0$ gezwungen werden, allerdings erst nach $t = 10^{24}$ Jahren (→ thermodynamisches Gleichgewicht). Beide Resultate liegen also um viele Größenordnungen daneben, weshalb es subtilerer Überlegungen bedarf, um das Phänomen CMB konsistent zu beschreiben. Nehmen wir an, dass das Universum tatsächlich älter ist als in obiger Abschätzung angegeben, so erhalten wir für $t = 2 \cdot 10^{18}$ s bereits das gewünschte Resultat $T_{EBL} = 2{,}8$ K, d.h. eine Übereintimmung mit dem aktuellen CMB-Messwert. Das Milne-Modell liefert somit eine recht plausible Beschreibung der kosmischen Hintergrundstrahlung: Es handelt sich um die Überlagerung der Emissionen aller Strahlungsquellen seit $t = 0$ (→ Urknall) unter Berücksichtigung der expansionsbedingten Rotverschiebung. Die endliche Lebensdauer der Strahler spielt hierbei keine Rolle, weil es beliebig viele davon gibt und die Energie der emittierten Strahlung prinzipiell nicht verloren gehen kann.

Fazit: Das EBL im Milne-Modell ist identisch mit dem CMB im Standardmodell, allerdings müsste das Universum etwa doppelt so alt sein wie derzeit angenommen, wenn die hier vorgenommenen Abschätzungen für die mittlere Sonnendichte und die mittlere Leuchtkraft halbwegs zutreffen sollten.

4.4.5.7 Zusammenfassung

Das in diesem Abschnitt vorgestellte kosmologische Raum-Modell nach Milne führt zu einer ganzen Reihe interessanter Einsichten:

- Raum ist *kein* physikalisches System, dem spezifische Eigenschaften zuzuordnen wären, insbesondere keine intrinsische nichteuklidische geometrische Struktur, wie z.B. eine sphärische oder hyperbolische Geometrie.
- Die Definition räumlicher Abstände gemäß $\Delta s = c_0 \Delta t$ genügt also stets der euklidischen Geometrie, d.h. das Universum ist dreidimensional und *„flach"*.
- Die expansive Geschwindigkeit $\boldsymbol{v}(r)$ eines astronomischen Objektes ist ein direktes Maß für dessen *relative* (!) radiale Entfernung r.
- Das Universum existiert prinzipiell nur bis zu einer maximalen radialen Distanz $R(t)$, dann wird nämlich $v(R) = c_0$. Für uns einsehbar ist jedoch nur der Bereich bis $R/2$, also 1/8 des Gesamtvolumens. Gemäß (Gl. 4.151) beträgt der aktuelle Radius

$$R_0 = \frac{c_0}{H_0} = c_0 \cdot T_H \cong 14{,}4 \cdot 10^9 \text{ Lj}$$

- H_0 ist nicht konstant, sondern zeitabhängig und entspricht exakt der reziproken Dauer der Expansion. Daher gilt

  $$\frac{dH_0}{H_0}(t) = -\frac{dt}{t},\ t \geq 0$$

- Insbesondere nimmt H_0 mit zunehmendem Alter des Universums sukzessive ab. Im Verlauf der letzten 100 Jahre, also seit der Entdeckung der kosmologischen Rotverschiebung, wurde H_0 demnach um den Faktor 0,99999999 kleiner. Ein Effekt, der im Rahmen der Messgenauigkeit und entsprechender Modellannahmen (noch) nicht nachzuweisen ist.
- Der kosmologische Mikrowellenhintergrund CMB des Standardmodells entspricht im Milne-Modell dem extragalaktischen Hintergrundlicht EBL.
- Die erforderliche mittlere Gesamtmasse je Volumeneinheit, um sowohl lokale als auch großräumige kosmologische Gravitationseffekte zu beschreiben, folgt unmittelbar aus dem Modellansatz.
- Jedes materielle Objekt mit (Ruhe-)Masse m_0 trägt aufgrund der Expansion sowohl Impuls p_0 als auch Energie E_0 (→ kinetische Koenergie) vom Betrag

  $$p_0 = m_0 c_0$$

  und

  $$\mathrm{E}_0 = m_0 c_0^2$$

  Wir verstehen weshalb beide Größen p, E jeweils einer Kontinuitätsgleichung genügen und sich deshalb ausschließlich Impulsströme dp/dt bzw. Energieströme dE/dt ausbilden können. Zudem wird deutlich wieso Impuls und Energie weder erzeugt noch vernichtet werden können. Insbesondere ist der Gesamtimpuls als vektorielle Größe stets der Nullvektor und die Gesamtenergie bleibt erhalten.
- Gravitation ist ein kinematischer Effekt und beschreibt die lokale Abweichung der Bewegung eines Körpers von der Hubble-Strömung. Ein ausgesprochen interessanter Befund, insbesondere im Hinblick auf die bisher vergeblichen Bemühungen um eine Physik der Quantengravitation. Zudem erklären sich unmittelbar folgende Aspekte:
  - *„Gravitationskräfte“* erscheinen ausschließlich *„anziehend“*,
  - Beschleunigung und Gravitation sind identische Phänomene (träge Masse = schwere Masse),
  - *„Gravitationskräfte“* verhalten sich wie *„Scheinkräfte“*,
  - *„Gravitationskräfte“* lassen sich nicht abschirmen,
  - *„Gravitationskräfte“* skalieren mit $1/r^2$,

- *„Gravitationskräfte"* wirken auf Materie und auf Antimaterie in gleicher Weise,
- die zu beobachtende Beschränkung der Relativgeschwindigkeiten lokaler astronomischer Objekte auf wenige Promille von c_0.

- Ist insbesondere ein Bezugssystem (→ Raumsonde) Teil der Hubble-Strömung, so erscheint der CMB (→ EBL) isotrop (→ Isotropiesystem) und sämtliche *„Gravitationseffekte"* verschwinden ($\boldsymbol{g} = \boldsymbol{0}$).
  - Weshalb man einem Gravitationsfeld keine Masse (gemäß $E = mc_0^2$), d.h. auch keinen Feldimpuls (gemäß $p = E/c_0$) zuordnen kann und es daher auch keine Quelle eines eigenen Feldes sein kann. Ebenso wird klar, dass die relativistische Masse $m(v)$ eines Körpers mit Relativgeschwindigkeit v das zugehörige Gravitationsfeld bestimmen muss und nicht etwa dessen Ruhemasse m_0, u. v. m.[287]

Fazit – Was also ist Raum? Folgen wir dem Milne'schen Modell, so ist Raum nichts anderes als unsere temporale Wahrnehmung von Objekten, quantitativ erfasst mit Hilfe einer Uhr. Auf Grundlage des erweiterten Relativitätsprinzips ermöglicht die Zeitmessung die Definition einer dreidimensionalen relationalen Struktur zwischen diesen Objekten, charakterisiert durch die Messung von Zeit-Abständen und entsprechenden Änderungsraten (→ Geschwindigkeiten). Es ergeben sich hieraus unmittelbar die Gesetzmäßigkeiten der SRT, insbesondere die Konstanz der Lichtgeschwindigkeit c_0, einem simplen Umrechnungsfaktor. Appliziert man ein geometrisches Konzept zur Beschreibung räumlicher Abstände, soll heißen der mit c_0 skalierten Zeitabstände, so ist die zugehörige Raumgeometrie flach, d. h. euklidisch. Demnach sind materielle Objekte nicht in einem Raum enthalten, sie definieren vielmehr diesen Raum.

Aus dieser Überlegung folgt unmittelbar:

Kein Raum, keine Bewegung und keine Relativität ohne materielle Objekte!

Hermann Helmholtz wusste diesen Sachverhalt recht aufschlussreich darzustellen, indem er seinerzeit (im Jahre 1847!) das Phänomen *„Bewegung im Raum"* durch eine sie *„verursachende Bewegungskraft"* folgendermaßen beschrieb (→ Zitat $\mathbf{Z}_{10}$):

Bewegung ist Aenderung der räumlichen Verhältnisse. Räumliche Verhältnisse sind nur möglich gegen abgegrenzte Raumgrössen, nicht gegen den unterschiedslosen leeren Raum. Bewegung kann deshalb in der Erfahrung nur vorkommen als Aenderung der räumlichen Verhältnisse wenigstens zweier materieller Körper gegen einander; Bewegungskraft, als ihre Ursache, also auch immer nur erschlossen werden für das Verhältniss mindestens zweier Körper gegen einander, sie ist also zu definiren als das Bestreben zweier Massen, ihre gegenseitige Lage zu wechseln. Die Kraft aber, welche zwei ganze Massen gegen einander ausüben, muss aufgelöst werden in die Kräfte aller ihrer Theile gegen einander; die Mechanik geht deshalb zurück auf die Kräfte der materiellen Puncte, d. h. der Puncte des mit Materie gefüllten Raums. Puncte haben aber keine räumliche Beziehung gegen einander als ihre Entfernung, denn die Richtung ihrer Verbindungslinie kann nur im Verhältniss gegen mindestens noch zwei andere Puncte bestimmt werden. Eine Bewegungskraft, welche sie gegen einander ausüben, kann deshalb auch nur Ursache zur Aenderung ihrer Entfernung sein, d. h. eine anziehende oder abstossende. Dies folgt auch sogleich aus dem Satz vom zureichenden Grunde. Die Kräfte, welche zwei Massen auf einander ausüben, müssen nothwendig ihrer Grösse und Richtung nach bestimmt sein, sobald die Lage der Massen vollständig gegeben ist. Durch zwei Puncte ist aber nur eine einzige Richtung vollständig gegeben, nämlich die ihrer Verbindungslinie; folglich müssen die Kräfte, welche sie gegen einander ausüben, nach dieser Linie gerichtet sein, und ihre Intensität kann nur von der Entfernung abhängen.[288]

Die grafische Darstellung in Bild 4.70 soll die geschilderten Zusammenhänge zumindest ansatzweise verdeutlichen. Ein einzelner Beobachter ①, ausgestattet mit temporalem Wahrnehmungsvermögen, also der Fähigkeit zur Erinnerung, Anschauung und Erwartung (→ Augustinus von Hippo) sowie einer Uhr, hat definitiv *„schlechte Karten“* möchte er etwas über seine zeit-räumliche Umgebung erfahren.

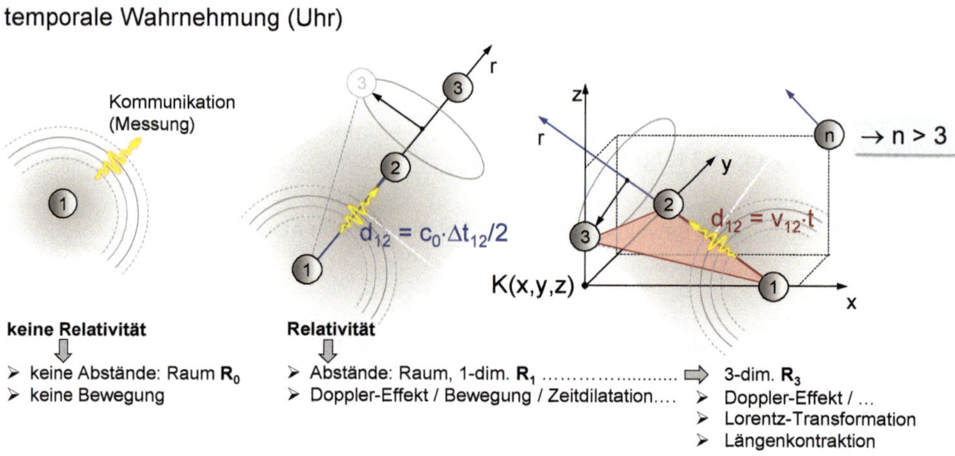

Bild 4.70 Zur temporalen Erfassung der Erfahrungswelt durch Beobachtung.

Zwei solche Beobachter ①, ② sind bereits imstande Signale auszutauschen, deren Analyse die Definition eines *relativen Abstandes* und einer *relativen Geschwindigkeit*, sowie die quantitative Erfassung des Phänomens *Dopplereffekt* bzw. *Zeitdilatation* erlauben. Die Hinzunahme eines dritten Wechselwirkungspartners ③ führt schließlich auf die *Lorentz-Transformationen* und die *Längenkontraktion* sowie die Identifikation der dreidimensionalen Struktur des (Zeit-)Abstand-Raumes. Zusätzliche Beobachter $n > 3$ fördern darüber hinaus keine neuen Erkenntnisse in Sachen Raum (und Zeit) zu Tage.

Aber: Die Überlegungen gemäß Bild 4.70, so plausibel sie auf den ersten Blick auch erscheinen mögen, sollten dennoch mit Vorsicht behandelt werden, weil im Grunde bereits im Ansatz fehlerhaft! Wir Physiker neigen praktisch immer dazu eine Problemstellung soweit zu vereinfachen, dass die hierfür wesentlichen Aspekte (bzw. das, was wir für wesentlich erachten) erkennbar werden. Diese reduktionistische Vorgehensweise hat sich im Allgemeinen als recht erfolgreich erwiesen, jedoch ist sie in unserem Falle nur bedingt zielführend, obschon die Argumentation in sich schlüssig erscheinen mag (wie etwa das Helmholtz-Zitat $\mathbf{Z}_{10}$ verdeutlicht). Konstruktionen dieser Art sind auf kosmologischer Ebene deshalb nicht sinnvoll, weil sie spezifische Punkte und/oder Richtungen im Raum auszeichnen und damit unmittelbar dem kosmologischen Prinzip widersprechen. In diesem Fall ist also die Physik für das Ganze nicht einfach die Extrapolation physikalischer Gegebenheiten von willkürlich festgelegten Teilbereichen (→ Emergenz). Durch die Reduktion wechselt man die Modellebene (entgegen unserem Modellierungsgrundsatz **G-3**), wodurch wesentliche physikalische Aspekte verloren gehen und dafür andere hinzukommen können, die selbstverständlich nicht ohne weiteres auf das Ausgangsmodell übertragbar sind.

Es ist ausgesprochen spannend das Milne-Modell auf weitere astrophysikalische *„Alleinstellungsmerkmale"* der ART hin zu überprüfen (→ Gravitationswellen, Lense-Thirring-Effekt, Periheldrehung, etc.), was jedoch im Rahmen einer Einführung in die physikalische Modellierung nicht weiter ausgeführt werden kann.

Entsprechende Überlegungen und Resultate, auch zu weiteren Modellalternativen, wie etwa zum Gravito-Elektromagnetismus, werden deshalb an anderer Stelle beschrieben und dort ausführlich diskutiert:

„Geometrie oder Kinematik – Eine Einführung in die Physik der Gravitation"

Anmerkungen

1 Max Jammer (1915 - 2010), israelischer Physiker und Wissenschaftshistoriker; Zitat aus (Jammer, 1999).

2 vgl. Abschnitt 1.5 *Potential, Grenzen und Risiken der Modellierung.*

3 Aristoteles (384 - 322 v. Chr.), griechischer Philosoph und Naturforscher, Zitat aus (Fischer, 2017).

4 nach Henri Poincaré (1854 - 1912), französischer Mathematiker: *„Il y a quelque chose qui demeure constant."* aus H. Poincaré, *La Science et l'Hypothèse*, E. Flammarion, Paris (1908), S. 158.

5 Kreative Wortschöpfungen solcher Art sind auffällig oft in sog. *„technischen Lehrbüchern"* zu finden, wie etwa in Büchern über *„Technische Thermodynamik"*, worin dann auch weitere, ähnlich phantasievolle *„technische Begriffe"*, wie z. B. *„reine Exergie"* aufgeführt werden, wohl im vergeblichen Bemühen *„irgendwie"* Alleinstellungsmerkmale zu schaffen, um sich von der Physik bzw. in diesem Fall von der Thermodynamik fachlich abzugrenzen. Solcherlei Merkmale gibt es jedoch nicht, weshalb sich auch keine eigenständige *„technische Disziplin"* jenseits der Physik definieren lässt.

6 Womöglich kennen sie noch weitere *„fachspezifische Energiebegriffe"* (mit der Bitte um Rückmeldung). Das Science-Fiction-Genre ist diesbezüglich auch recht erfinderisch: Gängige Kino-, TV- und Streaming-Formate kennen neben *„der Energie"* oder *„der Primärenergie"*, die in prekären Situationen oftmals nicht in ausreichendem Maße zur Verfügung steht, glücklicherweise noch *„die Sekundärenergie"*, zudem *„die Zusatzenergie"* sowie ergänzend *„die Hilfs- und die Reserveenergie"*, und nicht zu vergessen: *„Die Notenergie"*, sollte am Ende doch noch etwas Energie fehlen, um eine brenzlige Lage erfolgreich zu meistern .... Die Rechtschreibreform von 1996 hat uns Physikern ein weiteres Qualitätssiegel für *„Energie"* beschert: Die *„potenzielle Energie"*, als eine im Wortsinne besonders leistungsfähige *„Energieform"*. Gemeint ist natürlich auch weiterhin die *„potentielle Energie"*, die einem *„physikalischen Potential"* zuzuordnen ist. Letzteres glaubt man jedoch bedeutungsgleich durch *„Potenzial"* ersetzen zu können - na sowas?!

7 Frank Wilczek, *A beautiful question*, Penguin Press, New York (2015), S. 283; amerikanischer Physiker und Nobelpreisträger (2004).

8 benannt nach James Prescott Joule (1818 - 1889), englischer Physiker.

9 R. P. Feynman, *Lectures on Physics*, Vol. I, chap. 4 - 1, page 4 - 2; *http://www.feynmanlectures.caltech.edu/.*

10 Ein historischer Überblick zum Energie-Begriff findet sich in: M. Jammer, *Energy*, in D. M. Borchert, Encyclopedia of Philosophy, vol. 3, 2nd Edition (2006), S. 224 - 234; *http://archive.org/details/encyclopedia-of-philosophy_202009/Volume%203/page/224/mode/2up.*

11 Th. Young, *A course of lectures on natural philosophy and the mechanical arts*, vol.I, printed for J. Johnson, London (1807), S. 78: *„The term energy may be applied, with great propriety, to the product of the mass or weight of a body, into the square of the number expressing its velocity."*

12 Hermann Helmholtz (1821 - 1894), deutscher Arzt und Physiker; H. Helmholtz, *Über die Erhaltung der Kraft, eine physikalische Abhandlung*, Abschnitt I und II, Reimer Verlag, Berlin (1847); *http://www.deutschestextarchiv.de/book/show/helmholtz_erhaltung_1847.*

13 J. P. Joule, XXXI. *On the existence of an Equivalent Relation between Heat and the ordinary Forms of Mechanical Power*, The London, Edinburgh, and Dublin Philosophical Magazine and Journal of Science, 27,179, (1845), S. 205 - 207; *http://doi.org/10.1080/14786444508645256.*

14 Julius Robert Mayer (1814-1878), deutscher Arzt; R. Mayer, *Bemerkungen über die Kräfte der unbelebten Natur*, Annalen der Chemie und Pharmacie, Bd. 42, Heft 2 (1842), S. 233 - 240; *http://doi.org/10.1002/jlac.18420420212.* Eine erste Arbeit Mayers zum Energieerhaltungssatz wurde 1841 von dem zuständigen Redakteur der *Annalen der Physik* (H. Ch. Poggendorff) als *„unphysikalische Spekulation"* abgelehnt und deshalb nicht veröffentlicht (aus *http://doi.org/10.1002/phbl.19820380206*).

15 vgl. z. B. Dorn-Bader, Physik - Mittelstufe, S. 51 ff, Hermann Schroedel Verlag KG, Hannover, 1974; singgemäß steht diese *„Definition"* praktisch *überall* nachzulesen, denn *„... die Wissenschaft sie ist*

und bleibt, was einer ab vom andern schreibt.“ Zudem birgt der in dieser Definition verwendete Wärme-Begriff selbst eine Reihe von Problemen, die im Zusammenhang mit der Entropie diskutiert werden (vgl. Abschnitt 4.1.2).

16 Eine nicht-triviale Frage. Wird beispielsweise ein Körper der Masse m im Gravitationsfeld der Erde um die Höhe h angehoben, so ändert sich dessen Energieinhalt - sollte es ihn tatsächlich geben - definitiv nicht, obgleich in jedem einführenden Lehrbuch zur Physik das Gegenteil zu lesen steht! Wir beleuchten diesen Punkt etwas eingehender in Abschnitt 5.3.1 *Das Gravitationsfeld*.

17 James Watt (1736 - 1819), schottischer Ingenieur.

18 Lord Kelvin - William Thomson (1824 - 1907), englischer Physiker.

19 Nicolas Léonard Sadi Carnot (1796 - 1832), französischer Physiker und Ingenieur; die Einheit *Carnot* [Ct] geht auf einen Vorschlag von H. L. Callendar zurück, publiziert in H. L. Callendar, *The Caloric Theory of Heat and Carnot's Principle*, Proc. Phys. Society (London), Vol. XXIII (1911), S. 153 - 189; zitiert in (Herrmann, et al., 2002), S. 85.

20 Josiah Willard Gibbs (1839 - 1903), amerikanischer Physiker.

21 Eine entsprechende Tabelle findet sich u. a. bei J. Leisen, *Energie und Entropie*, PZ-Information Physik 1/2000, Pädagogisches Zentrum Rheinland-Pfalz, Bad Kreuznach, 1999; allerdings sind dort nicht alle Zuordnungen der extensiven/intensiven Größen konsistent wiedergegeben.

22 Das *„Erdpotential“* ist also keineswegs ladungsneutral, entgegen so mancher Erzählung aus dem Physikunterricht; vgl. z. B. (Bergmann-Schaefer, 1971), S. 86 - 89.

23 A. Einstein, *Ist die Trägheit eines Körpers von seinem Energieinhalt abhängig?* Annalen der Physik, 1905. Die Einstein'sche Betrachtung ist allerdings fehlerhaft: *„It is therefore interesting to note that the very first proof of this relation - Einstein's 1905 derivation - has been criticized as being a logical fallacy involving a vicious circle.”* Zitat aus (Jammer, Concepts of Mass, 2000), *Chap. 3: The Mass-Energy Relation*, S. 62; siehe hierzu auch die entsprechenden Anmerkungen in (Simonyi, 2001), Farbtafel XXIV.

24 M. Planck, *Zur Dynamik bewegter Körper*, Annalen der Physik, 331, 6 (1906), S. 1 - 34. Hierbei ist $m_0 = m(v = 0)$; auch hier gilt die Gleichheit, d. h. es gibt keine *„Umwandlung“* Energie ↔ Masse!

25 Man beachte bei der Integration: $\boldsymbol{p}(\boldsymbol{v}) = m(v) \cdot \boldsymbol{v}$.

26 aus M. Planck, *Vorlesungen über Thermodynamik*, Verlag von Veith & Comp., Leipzig, 1897, S. 96.

27 aus A. Bartels, *Zur Begriffsentwicklung und Bedeutung der Entropie*, PdN-Ph. 1/44, 1995, S. 27.

28 Ludwig Boltzmann (1844 - 1906), österreichischer Physiker und Begründer der statistischen Mechanik.

29 Claude Shannon (1916 - 2001), amerikanischer Mathematiker und Elektrotechniker.

30 Jacob D. Bekenstein (1947 - 2015), amerikanischer Physiker.

31 John von Neumann (1903 - 1957), amerikanischer Mathematiker.

32 Zitat aus M. Tribus, E. C. McIrvine, *Energy and Information*, Scientific American, **225**, 3 (1971), S. 179 ff.; *http://www.jstor.org/stable/10.2307/24923125*); zur Bedeutungsvielfalt des Entropiebegriffs siehe z. B. weitere Ausführungen in (Altaner, 2017), worin auch eine Variante des Tribus-Zitats zu finden ist.

33 In diesem Zusammenhang ein empfehlenswertes Lehrbuch: J. C. Maxwell, *Theory of Heat*, London (1872); meine Leseempfehlung *bevor* man zeitgenössische Publikationen zu diesem Thema zu Rate zieht - sehr aufschlussreich!

34 Rudolf Clausius (1822 - 1888), deutscher Physiker, formulierte dieses Kunstwort 1865 in Anlehnung an den Begriff *„Energie“* in Altgriechisch unter Verwendung einer ähnlichen Lautfolge, um die verwandtschaftliche Nähe beider Größen zum Ausdruck zu bringen (vgl. Zitat $\mathbf{Z}_6$). In der Literatur finden sich zuweilen Verweise auf die neugriechische Übersetzung des Begriffs *„Entropie“*: εντροπια = *„entropia“*.

35 Aus heutiger Sicht ein *„sympathisch naiver Gedanke"*. Im angegebenen Zitat müssten wir noch konsequenterweise *„Temperatur"* durch *„Wärme***intensität**" ersetzen.

36 Diese Modellvorstellung wurde ursprünglich von dem schottischen Chemiker und Mediziner Joseph Black (1728 - 1799) erdacht, vgl. hierzu beispielsweise (Simonyi, 2001), S. 357 f.

37 Nicolas Léonard Sadi Carnot (1796 - 1832), französischer Physiker und Ingenieur; S. Carnot, *Réflexions sur la puissance motrice du feu et sur les machines propres à développer cette puissance*, Paris, 1824; S. 398. Annales scientifiques de l'École Normale Supérieure, Série 2, Volume 1 (1872), S. 393 - 457; *http://www.numdam.org/item?id=ASENS_1872_2_1__393_0.*
„Die Erzeugung von bewegender Kraft ist daher bei den Dampfmaschinen nicht sowohl auf einen Verbrauch des Wärmestoffs zurückzuführen, sondern auf seinen Uebergang von einem heissen Körper zu einem kalten, d. h. auf die Herstellung seines Gleichgewichtes, welches durch irgendeine Ursache, eine chemische Wirkung, wie die Verbrennung, oder irgendeine andere, gestört worden war. [...] Nach diesem Prinzip genügt es zur Gewinnung bewegender Kraft nicht, Wärme hervorzubringen: man muss sich auch Kälte verschaffen; ohne sie wäre die Wärme unnütz."
Deutsche Übersetzung: *„Betrachtungen über die bewegende Kraft des Feuers und die zur Entwickelung dieser Kraft geeigneten Maschinen"*, von W. Ostwald in *Ostwald's Klassiker der exakten Wissenschaften*, Nr. 37, Willhelm Engelmann Verlag, Leipzig, 1892.

38 J. P. Joule, XXXI. *On the existence of an Equivalent Relation between Heat and the ordinary Forms of Mechanical Power*, The London, Edinburgh, and Dublin Philosophical Magazine and Journal of Science, 27,179, (1845), S. 205 - 207; *http://doi.org/10.1080/14786444508645256.*

39 vgl. hierzu Zitat $\mathbf{Z}_7$.

40 Deshalb die Bezeichnung *„innere Energie"*, um diese von eventuellen *„äußeren Energien"* wie etwa der kinetischen Energie oder der potentiellen Energie des Körpers zu unterscheiden, sollte dieser sich zusätzlich bewegen oder sich in einem äußeren Kraftfeld befinden.

41 Der in der Tabelle aufgeführte Begriff *„potentielle Energie"* wurde erstmals von William Rankine (1820 - 1872) eingeführt, einem schottischen Physiker, um damit *nicht-kinetische* Energiespeicher zu beschreiben, welche zudem über eine Potentialfunktion darstellbar sind (siehe J. C. Maxwell, *Theory of Heat*, London (1872), S. 91).

42 Durchläuft ein System einen sog. thermodynamischen Kreisprozess, so erreichen per Definition alle Systemgrößen p, V, T, ... am Ende des Prozesses wieder ihre Ausgangswerte, wobei man diesen Werten nicht entnehmen kann, ob der Gesamtprozess reversibel oder irreversibel ablief, d. h. ein thermodynamischer Zustand hat prinzipiell keine *„Geschichte"*.

43 Mit anderen Worten: *„Kaffee wird von selbst kalt ... Bier nicht!"*

44 aus A. Bartels, *Zur Begriffsentwicklung und Bedeutung der Entropie*, PdN-Ph. 1/44, 1995, S. 28.

45 ebd., S. 28 f.

46 Ein in der Lehre häufig anzutreffende und dennoch völlig sinnfreie Schlussfolgerung, wenn *„Wärmemenge"* tatsächlich als *„Energiemenge"* im Sinne eines Energiegehaltes verstanden werden soll! *„Energie"* erhielte auf diese Weise tatsächlich eine Art von Wertigkeit?!

47 Max Planck, *Vorlesungen zur Thermodynamik*, Verlag von Veith & Comp., Leipzig 1897, S. 74.

48 Wenn ein thermodynamisches System Wärmemengen im Sinne einer Energiemenge aufnehmen und abgeben könnte, so hätten wir z. B. im Carnot-Prozess ein echtes *„Perpetuum mobile"*-Problem! Gemäß Wärmediagramm wäre im Zustand **c** noch die Wärmemenge $Q_c = Q_2 + S_0 T_2$ im System *„vorhanden"*. Die nachfolgende isotherme Kompression *„generiert"* aber nochmals die Wärmemenge Q_2, die beim Übergang in den Zustand **d** an das Reservoir $\mathrm{R}(T_2)$ *„abgegeben"* wird, d. h. wir hätten am Ende der Prozesskette im Zustand **a** die *„Energiemenge"* Q_2 zu viel?!

49 nach H. L. Callendar (1911), zitiert in (Herrmann et al., 2002), S. 85; vgl. Fußnote 20.

50 Hans-Joachim Schlichting (* 1946), deutscher Physiker, *http://hjschlichting.wordpress.com/.*

51 Kommentare im Text, jeweils zitiert in (Schlichting, 1984). Entsprechende Referenzen ebd.: E. A. Guggenheim, *Modern Thermodynamics by the Methods of Willard Gibbs*, London, Methuen 1933;

J. N. Brønsted, *Principles and Problems of Energetics*, New York, Interscience 1955; V. K. La Mer, *Some current misinterpretations of N. L. Sadi Carnot's Memoir and Cycle*; vgl. Zitat $\mathbf{Z}_8$. Am. J. Phys. 22, 20 (1954) sowie Am. J. Phys. 23,95 (1955); P. Lervig, *On the structure of Carnot's theory of heat*, Arch. Hist. Exact Sci. IX (1972), S. 222 - 239.

52 Unter der Voraussetzung, dass $dQ > 0$ die Energieaufnahme durch thermische Arbeit beschreibt, sonst gilt nämlich $dS/dt \leq 0$.

53 Walther Nernst (1864 - 1941), deutscher Physiker und Chemiker, Nobelpreisträger (1920).

54 Bei realen Gasen kann sich bei diesem Experiment auch die Temperatur ändern, und man interpretiert diesen Effekt (im Rahmen eines anderen Modellansatzes!) als Folge molekularer Wechselwirkungen (→ Joule-Thomson-Effekt).

55 Beispiele: Der mechanische Kontakt zweier identischer Federn (Serienschaltung), wovon eine mechanisch vorgespannt (→ gedehnt) ist; der elektrische Kontakt (Parallelschaltung) zweier identischer Kondensatoren, wovon einer elektrisch vorgespannt (→ geladen) ist, der thermische Kontakt zweier identischer Körper, wovon einer thermisch vorgespannt (→ heißer) ist, u. v. m.

56 Ein interessanter Aspekt im Hinblick auf ein sich permanent ausdehnendes Universum (vgl. hierzu die Ausführungen in Abschnitt 4.4 *Das Konzept des Raumes*).

57 Jean Baptiste Joseph Fourier (1768 - 1830), französischer Mathematiker und Physiker.

58 Robert Hooke, *An attempt to prove the motion of the earth by observations*, London, 1674, S. 28; siehe *http://www.e-rara.ch/zut/content/pageview/20706615*.

59 aus H. Volz, *Einführung in die Theoretische Mechanik I*, S. 22.

60 Gaspard Gustave de Coriolis (1792 - 1843), französischer Mathematiker und Physiker.

61 Jean Bernard Léon Foucault (1819 - 1868), französischer Physiker.

62 aus I. Newton, *Mathematical Principles of Natural Philosophy*, Book I, Definition II, S. 2.

63 Vergleiche hierzu beispielsweise (Simonyi, 2001), Kapitel 3.7, S. 252 ff., *Newton und die Principia*, oder (Szabó, 1996), Kapitel I, Abschnitt A.2, Seite 7 - 18, Die Newton'schen Bewegungsgesetze. István Szabó dokumentiert ausführlich, dass *„[...] - im Gegensatz zu den üblichen historischen Bemerkungen - Newton das nach ihm benannte Gesetz »Kraft gleich Masse mal Beschleunigung« nirgends und niemals, nicht in Worten und erst recht nicht in mathematischer Formulierung niedergeschrieben hat."*

64 Das Prinzip der Kausalität ist an sich schon problematisch - wir werden das *Kausalitätsproblem* der Physik in Abschnitt 4.3 *Das Konzept der Zeit* diskutieren. An dieser Stelle wollen wir einfach annehmen, Kausalität bedeute, dass die *ursächliche* Krafteinwirkung *zeitlich vor* der *einsetzenden* Beschleunigung liege und nicht umgekehrt.

65 aus dem Lateinischen: *„Mutationem [quantitas] motus proportionalem esse vi motrici impressae, et fieri secundum lineam rectam qua vis illa imprimitur"*, vgl. z. B. auch (Jammer, 1999), S. 124.

66 aus dem Lateinischen: *„Quantitas motus est mensura eiusdem orta ex velocitate et quanitate materiae conjunctim."*

67 vgl. (Jammer, 1999), S. 124.

68 aus (Simonyi, 2001), S. 261/62.

69 Entsprechend dem einführenden Zitat von Robert Hooke aus dem Jahre 1674. Ein erstes Trägheitsprinzip wurde bereits von Galileo Galilei formuliert. Man sollte meinen, dass das Newton'sche Trägheitsprinzip trivialerweise aus dem Aktionsprinzip folgt. In moderner Interpretation - ja (vielleicht), nach Newton - nein.

70 vgl. (Jammer, 1993), S. 102 ff.

71 Um die grundlegende Bedeutung der Impulseinheit hervorzuheben, schlägt u. a. F. Herrmann im sog. Karlsruher Physik-Kurs (KPK) vor, diese in *Huygens* [Hy] zu messen, zu Ehren eines ihrer Erfinder, des holländischen Physikers Christiaan Huygens (Herrmann, 1997).

72 Genau genommen handelt es sich bei dieser spiralförmigen Feder um eine Torsionsfeder. Bei Zug oder Druck erfährt der Federdraht fast ausschließlich Torsion.

73 Der mechanische Wirkungsgrad eines trainierten Muskels liegt etwa bei 20 %, sodass ein wesentlicher Teil der Energie als *„Wärme“* (→ Entropiestrom) verloren geht und abgeführt werden muss (wir schwitzen bei körperlicher Anstrengung).

74 Positiver/negativer Impuls zeigt definitionsgemäß in die positive/negative x-Achsenrichtung.

75 vgl. hierzu Abschnitt 1.5 *Potential, Grenzen und Risiken der Modellierung.*

76 Zitate aus (Jammer, 1999), S. 123 - 124.

77 Die Masse der Feder und damit die kinetische Energie der Federbewegung seien hier vernachlässigt.

78 Effektiv, weil wir das Elastizitätsmodul auf die geometrische Querschnittsfläche A der Feder beziehen, ebenso gehen hier der Drahtdurchmesser und die Windungszahl je Einheitslänge ein. Insbesondere steht E_{eff} [kPa] nicht für den E-Modul [GPa] des eigentlichen Drahtmaterials, deren Beträge unterscheiden sich um viele Größenordnungen! Wird die Spiralfeder zunehmend in die Länge gezogen, etwa aufgrund zu großer Lasten, so geht E_{eff} gegen E, sofern der Drahtquerschnitt der Belastung auf Dauer standhält.

79 In Analogie zur Schädigung elektrischer oder thermischer Bauteile, wenn entsprechend zu hohe elektrische oder thermische Ströme fließen.

80 Völlig analog zur Substanz *„Caloricum“* aus der Wärmelehre. Solche Stoffansätze, wie der seinerzeit von Benjamin Franklin (1706 - 1790) *„Ladung“* genannte Ansatz, waren damals sehr beliebt, weil ausgesprochen plausibel. Ein alternativer Ansatz aus jener Zeit verfolgte hingegen die Hypothese von der Existenz gleich zweier Fluida.

81 Gottfried Wilhelm Leibniz (1646 - 1716), deutscher Philosoph, Naturwissenschaftler und Mathematiker.

82 ... nämlich die Newton'sche *Fluxionsrechnung* (1687) bzw. die Leibniz'sche *Differentialrechnung* (1684); Leibniz entwickelte seinerzeit u. a. das Binärsystem und den ersten mechanischen Rechner für sämtliche Grundrechenarten (1671) u. v. m.

83 Der Begriff *„Bewegungsmenge“* geht ursprünglich auf René Descartes und Christiaan Huygens zurück, seinerzeit eingeführt zur Beschreibung des Stoßvorgangs zweier Körper.

84 Leibniz beschrieb mit *„vis viva“* das Produkt mv^2, in Abgrenzung zu Galileis Begriff *„tote Kraft“* (*„vis mortua“*), die nicht in direkter Beziehung zum Bewegungszustand eines Körpers steht (→ Druck, Spannung, Last). Leibniz berücksichtigt in diesem Zusammenhang die potentielle Energie (*„potentia motrix“*) und ist diese einmal *„lebendig“* geworden, stellt *„vis viva“* eine Erhaltungsgröße der Bewegung dar. Die *„Kraftbegriffe“* von Leibniz sind aus heutiger Sicht meist energiebezogen, während Newtons *„Kräfte“* (wie etwa *„vis motrix“*) sich auf den Impuls beziehen. Es folgte eine Jahrzehnte andauernde Kontroverse um das *„wahre Kraftmaß“*.

85 Michael Spivak (1940 - 2020), amerikanischer Mathematiker; M. Spivak, *Elementary Mechanics from a Mathematician's Viewpoint* (2004), S. 3.

86 P. Hägele, *Freche Verse - physikalisch, Limericks über Physik und Physiker*, Vieweg-Verlag (1995).

87 Joseph-Luis de Lagrange (1736 - 1813), italienischer Mathematiker und Astronom; William Rowan Hamilton (1805 - 1865), irischer Mathematiker und Astronom.

88 Beispielsweise kann man im Falle eines starren Pendels die Bewegung des Pendelkörpers, wie gewohnt, über dessen (x,y,z)-Position darstellen. Deutlich einfacher wird es allerdings, wenn man zur mathematischen Beschreibung der Problemstellung die *drei* Raumkoordinaten $\boldsymbol{q} = (q_1,q_2,q_3) = (x,y,z)$ durch *eine generalisierte Ortskoordinate* ersetzt, nämlich durch den Auslenkungswinkel $q = \varphi$ des Pendels.

89 Im zuvor angesprochenen Pendelbeispiel erhält man demnach den *generalisierten Impuls* (= Drehimpuls), wenn man die Lagrange-Funktion $L(\varphi,\omega,t)$ nach der *generalisierten Geschwindigkeit* $\omega = \mathrm{d}\varphi/\mathrm{d}t$ (= Winkelgeschwindigkeit) ableitet.

90 Joseph Liouville (1809 - 1882), französischer Mathematiker.

91 χ steht hier stellvertretend für eine generalisierte Koordinate. Die Forminvarianz wird verschiedentlich auch *Kovarianz* genannt.

92 also völlig analog zum Fermat'schen Prinzip aus der geometrischen Optik.

93 vgl. hierzu (Fick, 1979), § 2 Die Wirkungsfunktion, S. 34 ff.

94 Carl Gustav Jacob Jacobi (1804 - 1851), deutscher Mathematiker.

95 vgl. hierzu die Ausführungen in Kapitel 9 *Mathematischer Anhang.*

96 Ein Experiment für zu Hause: Sonnenbrillen sind oftmals mit einem Polarisationsfilter versehen. Betrachtet man beispielsweise das Glas einer gewöhnlichen Brille vor dem hell erleuchteten Hintergrund eines LED-Monitors durch eine Sonnenbrille, so werden die fertigungs- und verbaubedingten mechanischen Spannungen im Brillenglas sichtbar. Das zu beobachtende Spannungsmuster hängt von der relativen Orientierung beider Brillen ab. Das funktioniert selsbtverständlich auch bei anderen Objekten aus Glas oder transparentem Kunststoff. Einfach mal ausprobieren ... Weitere Spannungs-Messverfahren, vgl. *http://de.wikipedia.org/wiki/Kraftaufnehmer.*

97 vgl. Kapitel 9 *Mathematischer Anhang.*

98 Ein von Robert Hooke (1535 - 1703), englischer Gelehrter, im Jahr 1678 formuliertes Gesetz.

99 Unter Verwendung der Einstein'schen Summenkonvention: Über mehrfach auftretende Indizes wird summiert, sofern sie nur auf einer Seite der Gleichung auftreten (hier k, l bzw. k in der darauf folgenden Gleichung).

100 Gabriel Lamé (1795 - 1870), französischer Mathematiker.

101 Gemeint ist hier tatsächlich die Erhaltung der Menge an Materie (Stoffmenge). Die Masse ist eine physikalische Eigenschaft der Materie und deren Betrag ist zudem abhängig vom Bezugssystem (vgl. Abschnitt 2.3 *Die Massenbestimmung*). Für kleine Relativgeschwindigkeiten ist die Proportionalität zwischen Stoffmenge und deren Masse konstant und kann nur dann als vom Bezugssystem unabhängiges Maß für die Menge an Materie verwendet werden.

102 Inwiefern dieses Zitat tatsächlich Niels Bohr zugeordnet werden kann, vgl. N. D. Merlin, *What's wrong with this quantum world?*, Physics Today **57**, 2, 10 (2004); *http://doi.org/10.1063/1.1688051.*

103 Albert Abraham Michelson (1852 - 1931), amerikanischer Physiker und Nobelpreisträger (1907); A. A. Michelson, *Light Waves and their Uses*, The University of Chicago Press, Chicago (1903), S. 23 - 24; u. a. zitiert in (Simonyi, 2001), S. 393.

104 William Hyde Wollaston (1766 - 1828), englischer Physiker, Chemiker und Physiologe.

105 Joseph von Fraunhofer (1787 - 1826), deutscher Physiker.

106 Robert Brown (1773 - 1858), schottischer Arzt und Botaniker.

107 Gustav Robert Kirchhoff (1824 - 1887), deutscher Physiker.

108 Robert Wilhelm Bunsen (1811 - 1899), deutscher Chemiker.

109 Johann Jakob Balmer (1825 - 1898), Schweizer Mathematiker und Physiker.

110 Wilhelm Hallwachs (1859 - 1922), deutscher Physiker.

111 Pieter Zeeman (1865 - 1943), niederländischer Physiker und Nobelpreisträger (1902).

112 Joseph John Thomson (1856 - 1940), englischer Physiker und Nobelpreisträger (1906).

113 Otto Lummer (1860 - 1925), deutscher Physiker.

114 Ernst Pringsheim (1859 - 1917), deutscher Physiker.

115 M. Planck, *Über die Begründung des Gesetzes der schwarzen Strahlung*, Annalen der Physik 342, Nr. 4 (1912), S. 642 - 656; *http://doi.org/10.1002/andp.19123420403;* zitiert aus (Filk, 2019), Kap. 3.1 Das Planck'sche Strahlungsgesetz, S. 49.

116 A. Einstein, *Über einen die Erzeugung und Verwandlung des Lichtes betreffenden heuristischen Gesichtspunkt*, Annalen der Physik 322, Nr. 6 (1905), S. 132 - 148; *http://doi.org/10.1002/andp.19053220607.*

117 A. Einstein, *Über die von der molekularkinetischen Theorie der Wärme geforderte Bewegung von in ruhenden Flüssigkeiten suspendierten Teilchen*, Annalen der Physik 322, Nr. 8 (1905), S. 549 - 560;

118 N. Bohr, *On the Constitution of Atoms and Molecules, Part I,II*, Phil. Magazine 26 (1913), S. 1, S. 476.

119 Otto Stern (1888 - 1969), deutscher Physiker, Nobelpreisträger (1943); Zitat aus, siehe Endnote 131.

120 Louis-Victor de Broglie (1892 - 1987), französischer Physiker und Nobelpreisträger (1929); Werner Heisenberg (1901 - 1976), deutscher Physiker und Nobelpreisträger (1932).

121 Zitat aus (Feynman, 1985), QED - Die seltsame Theorie des Lichts und der Materie, S. 21.

122 Jean-Baptiste Perrin (1870 - 1942), französischer Physiker und Nobelpreisträger (1926); zitiert aus J. Perrin, *Mouvement brownien et réalité moléculaire*, Annales de Chimie et de Physique 8, 18 (1909), S. 5 - 114 ; *„Zusammenfassend lässt sich sagen, dass die molekular-kinetische Theorie der Brownschen Bewegung in all ihren Konsequenzen so sehr bestätigt wird, dass es schwierig wird diese Theorie abzulehnen, ganz gleich, welche Vorbehalte man gegen die atomistische Sichtweise hat.“* (eigene Übersetzung).

123 Walther Gerlach (1889 - 1979), deutsche Physiker.

124 H. B. G. Casimir, *Die Bedeutung des Stern-Gerlach-Experimentes für die Entwicklung der Quantentheorie*, Festvortrag anlässlich des Gedenk-Kolloquiums zum Tode von Walther Gerlach, am 25. Feb. 1980 in München; Phys. Bl. 37 (1981), Nr. 3, S. 57 - 58.

125 Claus Jönsson, *Elektroneninterferenzen an mehreren künstlich hergestellten Feinspalten*, Z. Physik 161, S .454 - 474 (1961); *http://doi.org/10.1007/BF01342460.*

126 M. Arndt, L. Hackermüller, K. Hornberger, *Wann wird ein Quantenobjekt klassisch?*, Phys. i. u. Zeit 1/2006 (37), S. 24 - 29; *http://doi:10.1002/piuz.200501091.*

127 Wir wollen die (bisher vergeblichen) Bemühungen im Rahmen der Stringtheorien außen vor lassen, weil immer noch keine gesicherten empirischen Befunde hierfür gefunden wurden.

128 aus Augustinus, *Bekenntnisse, 11. Buch*, 20. Kapitel; Übersetzung von Otto F. Lachmann: *Die Bekenntnisse des heiligen Augustinus*, Reclam, Leipzig (1888); ein PDF findet sich unter *http://www.projekt-gutenberg.org/augustin/bekennt/bekennt.html*; Augustinus hat mit seinem religiösen Glaubensbekenntnis aus der Zeit um 300 n. Chr. philosophische Betrachtungen zu verschiedenen Aspekten unserer Existenz verbunden. Insbesondere zum Thema *„Zeit“* werden seine wohldurchdachten Aussagen immer wieder gerne zitiert. Augustinus war ursprünglich Manichäer und musste seinem Glauben abschwören, weil die orientalische Erweckungsbewegung des Manichäismus zu jener Zeit (nicht nur) vom christlichen Rom verfolgt wurde (vgl. D. Gerlach, *Die letzten Geheimnisse des Orients*, C. Bertelsmann, S. 12).

129 aus L. M. Schulz, *Phänomenologie - Das Sein in der Erscheinung*, in *Was ist Real?*, SdW-Kompakt, 17.20, S. 42 - 48.

130 Isaac Newton, *Philosophiae Naturalis Principia Mathematica*, London (1713), Scholium I, S. 6; reprint by Univ. of Glasgow (1871): *„Tempus absolutum, verum, & mathematicum, in se & natura sua sine relatione ad externum quodvis, aequabiliter fluit, alioque nomine dicitur duratio.“* Übersetzung aus dem Lateinischen von Andrew Motte (1729), vgl. *http://en.wikisource.org/wiki/The_Mathematical_Principles_of_Natural_Philosophy_(1846).*

131 ebd.: *„[Tempus] relativum, apparens, & vulgare est sensibilis & externa quaevis durationis per motum mensura (seu accurata seu inaequabilis) qua vulgus vice veri temporis utitur; ut hora, dies, mensis, annus.“*

132 Google lieferte auf die Frage *„Welche Uhr geht am genauesten?“* immerhin 637 000 Treffer (Stand 5/22)!

133 L. Boroditsky, A. Gaby, *Remembrances of Times East: Absolute Spatial Representations of Time in an Australian Aboriginal Community*, Psychological Science 21 (11), 2010, S. 1635 - 1639.

134 aus Augustinus, *Bekenntnisse, 11. Buch*, 14. Kapitel: *„Quid est ergo «tempus»? Si nemo ex me quaerat, scio; si quaerenti explicare velim, nescio.“*

135 *„Für uns gläubige Physiker hat die Scheidung zwischen Vergangenheit, Gegenwart und Zukunft nur die Bedeutung einer wenn auch hartnäckigen Illusion."* A. Einstein, in einem Brief an Familie Besso, vom 21. 03. 55. Die moderne Kognitionsforschung würde wohl eher von einer evolutionsbedingten, sensorisch-kontrollierten Halluzination sprechen.

136 vgl. (Genz, 1996), S. 17.

137 vgl. (Whitrow, 1972), S. 177.

138 Eine physikalische Modellgröße heißt *para-metrisch*, wenn sie eineindeutig (→ bijektiv) einer *metrischen* Größe zugeordnet werden kann. In diesem Sinne lassen sich beliebig viele *„parametrische Zeiten"* definieren.

139 In älterer Literatur, vorwiegend aus dem anglo-amerikanischen Sprachraum, finden sich hierfür auch die Begriffe *standard time t* und *local time* τ.

140 Thomas Filk, deutscher Physiker; Zitat aus (Filk, 2011), S. 28 f.

141 ebd., S. 29.

142 Zitat aus H. G. Zekl, *Aristoteles' Physik*, 1. Band: Bücher I - IV, Felix Meiner Verlag, Hamburg (1987), S. 213; Buch der Physik IV, Kapitel 11; u. a. zitiert in (Filk, 2011), S. 43. In einer deutlich älteren Übersetzung liest sich die gleiche Textstelle allerdings weniger technisch: *„Wann hingegen wir das Früher und Später wahrnehmen, dann sprechen wir von einer Zeit; denn dieß ist eben die Zeit: Zahl einer Bewegung nach dem Früher und Später. Nicht also Bewegung ist die Zeit, sondern nur inwieferne die Bewegung Zahl hat;"* aus C. Prantl, *Aristoteles' Acht Bücher Physik*, Verlag Wilhelm Engelmann, Leipzig (1854).

143 GPS - **G**lobal-**P**ositioning-**S**ystem steht synonym für satellitengestützte Navigationssysteme. Weitere Informationen hierüber finden sich z. B. unter *http://de.wikipedia.org/wiki/Global_Positioning_System*.

144 Peter Henlein (1480 - 1542), Nürnberger Schlossermeister und Uhrmacher sowie Erfinder des federgetriebenen Uhrwerks.

145 Beispielsweise soll Ferdinand Magellan im Jahre 1519 bei dem Versuch die Welt zu umsegeln auf jedem seiner fünf Schiffe 18 Stundengläser mitgeführt haben (aus (Pickover, 2015), *Stundenglas*, S. 68). Im Jahre 1522 kehrte schließlich Magellans Steuermann Juan Sebastián Elcano auf dem einzig noch verbliebenen Schiff zurück und zeigte damit nicht nur, dass die Erde tatsächlich rund ist, sondern insbesondere auch, dass sich die Erde dreht, denn sie hatten gemäß Logbucheintragungen einen Tag *„verloren"*! Ein Vorschlag Galileo Galileis, nämlich die Umläufe der Jupitermonde zu tabellieren (→ Ephemeriden-Tabelle), sodass ein Seefahrer anhand der Beobachtung der aktuellen Stellung der Jupitermonde die Zeit eindeutig bestimmen kann, hat sich seinerzeit nicht durchsetzen können (Simonyi, 2001), S. 197; vermutlich mangels einer hierfür ausreichenden Messgenauigkeit damaliger Fernrohre (Filk et al., 2004), S. 60.

146 John Harrison (1693 - 1776), englischer Tischlermeister und Uhrmacher. Die mit seiner Uhr erzielte Genauigkeit lag bei etwa $2 \cdot 10^{-6}$ (→ 1 Sekunde Abweichung in 6 Tagen).

147 aus C. Prantl, *Aristoteles' Acht Bücher Physik*, Verlag Wilhelm Engelmann, Leipzig (1854), S. 207 - 208. Diese und weitere interessante Aspekte zu Aristoteles' Überlegungen über die Zeit werden u. a. in (Filk, 2011) vorgestellt und von den Autoren recht aufschlussreich diskutiert.

148 E. A. Milne, *A Modern Conception of Time*, Philosophy, Vol. 25, no. 92 (1950), S. 68 - 72; *http://www.jstor.org/stable/3748003*.

149 Stephen Hawking (1942 - 2018), englischer Physiker. Zitat aus S. Hawking, *Die illustrierte kurze Geschichte der Zeit*, Rowohlt Verlag, Hamburg (1997), S. 182 ff.

150 Der Mensch ist in vielerlei Hinsicht selbst eine Uhr, definiert über periodisch verlaufende biochemische Prozesse, die u. a. sein Beobachten, Erkennen und Erinnern steuern. Die *Chronobiologie* kennt gleich mehrere solche Zeitmesser im menschlichen Körper. Dessen zentrale Uhr definiert eine neuronale Struktur im menschlichen Gehirn, der *nucleus suprachiasmaticus* im Kreuzungsbereich der Sehnerven, welcher u. a. einen konstanten 30ms-Takt vorgibt, der für

unsere Fähigkeit der zeitlichen Einordnung von (visuellen) Erfahrungswerten verantwortlich sein soll.
Darüber hinaus verfügt (nicht nur) das menschliche Gehirn über *„Zeitzellen"* im sog. *hippocampal-entorhinale System*. Das sind Neuronen, deren Aktivitätsmuster Zeitverläufe dokumentieren. Allerdings nicht wie eine simple Uhr, vielmehr kodieren sie relative Veränderungen zur Dauer eines spezifischen Prozesses und verbinden diese zudem mit räumlichen Informationen zum jeweiligen Vorgang. Neuronale Netzwerke aus Zeit- und Ortszellen bilden schließlich sog. *„mentale Karten"*, deren relationalen Informationen uns eine Orientierung in Raum und Zeit erst ermöglichen (vgl. M. Schafer, D. Schiller, *Soziale Landkarten im Gehirn*, Spektrum der Wissenschaft 2.21, S. 34 – 40).

151 aus (Genz, 1996), S. 40.

152 J. Barbour, T. Koslowski, F. Mercati, *Identification of a Gravitational Arrow of Time*, Phys. Rev. Lett. 113, 181101 (2014); *http://doi.org/10.1103/PhysRevLett.113.181101.*

153 vgl. z. B. H. D. Zeh, *The Physical Basis of the Direction of Time*, Springer Verlag, Berlin, 1989; Heinz-Dieter Zeh (1932-2018), deutscher Physiker. Zu diesem Thema finden sich immer wieder Arbeiten, die o. g. *„Zeitpfeil"*-Vorstellungen auch weiterhin wissenschaftlich zu ergründen suchen, um letztlich die Frage zu beantworten, weshalb *„…gemäß unserer Alltagserfahrung die Zeit doch ganz offensichtlich nach vorne fließt?"* Beispielsweise in A. Albrecht, *Cosmic Inflation and the Arrow of Time*, in *Big Questions in Cosmology*, Cambridge University Press (2011); in der Einführung zu Kapitel 18 heisst es hierzu lapidar: *„One of the most obvious and compelling aspects of the physical world is that it has an »arrow of time«. Certain processes (such as breaking a glass or burning fuel) appear all the time in our everyday experience, but the time reverse of these processes is never seen."* Nachzulesen auf *http://arxiv.org/ftp/astro-ph/papers/0210/0210527.pdf.*

154 aus (Ludwig, 1978), S. 320; Günther Ludwig (1918 – 2007), deutscher Physiker.

155 aus (Mach, 1897), S. 474 f.; u. a. zitiert in (Simonyi, 2001), S. 461.

156 Unter Verwendung der Kausalitätsbegriffe aus (Filk et al., 2004), S. 162 ff. Im Rahmen der SRT werden in diesem Buch die Themen Kausalität und Gleichzeitigkeit ausgesprochen kompetent dargestellt und ausführlich erläutert.

157 Unter *„electricity explained"* finden sich im Netz unzählige Varianten zu dieser Skizze des mir unbekannten Künstlers.

158 Heinrich Heine, *Ich rede von der Cholera*, ein Bericht aus Paris von 1832, Hoffmann und Campe Verlag, Hamburg, 1. Auflage 2020; eine empfehlenswerte Lektüre, die an so manche Erfahrung im Rahmen der aktuellen Corona-Pandemie erinnert!

159 Michael Lockwood (1944 – 2018), englischer Philosoph; Zitat aus (Davies, 2005).

160 vgl. (Milne, 1935), § 26, S. 38 – 40. Voraussetzung ist, dass beide Beobachter ihre Welt auf dieselbe Weise beschreiben können (→ kosmologisches Prinzip). Verwenden sie dafür ausschließlich Uhren, einmal zur Abstandsbestimmung (→ Laufzeitmessungen) sowie zur Ermittlung des Laufverhaltens der jeweils anderen Uhr (→ Doppler-Effekt), so erhält man zwangsläufig die Resultate der SRT, insbesondere ergibt sich daraus auch die Konstanz der Lichtgeschwindigkeit (siehe Abschnitt 4.4.5 *Ein kosmologisches Modell*).

161 … und zwar unabhängig von der jeweiligen Vorgeschichte.

162 Das in diesem Zusammenhang oft zitierte nahezu lichtschnelle Pion aus der Hochenergiephysik legt also im Laborsystem der Erde nur deshalb eine deutlich größere Strecke zurück bevor es zerfällt, weil es in unserem Zeitrahmen länger lebt, d. h. die Pion-Uhr (für uns) entsprechend langsamer tickt und nicht etwa, weil das *„Labor Erde"* im Pion-Bezugssystem in Bewegungsrichtung kleiner erscheint.

163 Eine Vielzahl von z. T. recht geistreichen Ausführungen über scheinbare SRT-Probleme und Paradoxien finden sich samt den physikalisch korrekten Lösungen in einer lesenswerten Abhandlung über *Spacetime Physics* von E. F. Taylor und J. A. Wheeler (Taylor & Wheeler, 1963).

164 A. A. Michelson (1852 - 1931), amerikanische Physiker; E. W. Morley (1838 - 1923), amerikanischer Chemiker; Michelson erfand das optische Interferometer (Nobelpreis 1907) und führte damit das geschilderte Experiment erstmals 1881 in Berlin durch. Zusammen mit Morley verbesserte er die Messgenauigkeit des interferometrischen Aufbaus und wiederholte die Messung 1887 in Cleveland - beide Male mit negativem Ausgang. Der Ätherbegriff steht oftmals synonym sowohl für ein absolutes Bezugssystem als auch für ein potentielles Trägermedium der elektromagnetischen Welle. Das negative experimentelle Ergebnis von Michelson und Morley zeigt lediglich, dass es kein absolutes Bezugssystem für Bewegungsvorgänge im Ortsraum geben kann. Zu einem möglichen Trägermedium macht es jedoch keine Aussage.

165 Dieser Begriff wurde ursprünglich von Hermann Minkowski eingeführt. Die *Eigenzeit* eines Objektes/Beobachters beschreibt im Grunde dessen *Alter*, um einen vertrauteren Zeitbegriff zu verwenden. Gelegentlich findet sich in der Literatur auch die Bezeichnung *„kosmische Zeit"*, eine vorwiegend im anglo-amerikanischen Sprachraum übliche Formulierung.

166 *„frei"* im Sinne von *„nicht durch eine unabhängige Messung quantitativ bestätigt"*.

167 Robert Resnick (1923 - 2014), amerikanischer Physiker und Autor einer Reihe von empfehlenswerten Physik-Lehrbüchern.

168 A.Einstein, *Über das Relativitätsprinzip und die aus demselben gezogenen Folgerungen*, Jahrbuch der Radioaktivität und Elektronik 4 (1907), S. 411 ff.; Korrekturen ebd. 5 (1908), S. 98 ff., Hirzel-Verlag, Leipzig.

169 Es spielt tatsächlich keine Rolle welches physikalische Prinzip zur Zeiterfassung genutzt wird. Sämtliche Prozesse, ob physikalische (Schwingungen, Ströme, etc.), biologische oder chemische (Stoffwechsel), radioaktive (Zerfall), etc. unterliegen dem Phänomen der Zeitdilatation.

170 aus (Resnick, 1976), S. 194 f.; nur die Namen der Protagonisten sind im Text andere.

171 unter Vernachlässigung weiterer Einflüsse, z. B. bedingt durch die Superposition interplanetarer Geschwindigkeiten und zusätzlicher Gravitationseffekte, die im Rahmen der allgemeinen Relativitätstheorie diskutiert werden: Uhren laufen in einem Gravitationsfeld umso langsamer je höher die lokale Feldstärke ist.

172 Man beachte: Zwei Objekte können prinzipiell nicht *„gleichzeitig"* denselben Ort einnehmen. Die räumliche Trennung führt zwangsläufig zu einer Relativierung der Gleichzeitigkeit. Einstein prägte den Begriff *„Zeitstrecke"* in Zusammenhang mit Minkowskis Raum-Zeit-Darstellung in der komplexen Zahlenebene.

173 Hermann Minkowski (1864 - 1909), deutscher Mathematiker.

174 aus W. Kinnebrock, *Was macht die Zeit, wenn sie vergeht?* Verlag C. H. Beck, München (2012), S. 59 ff.

175 Einstein selbst hatte seinerzeit bereits eingeräumt, dass man die Minkowski-Darstellung auf diese Weise schlüssig interpretieren kann. Die Invarianz von dw folgt übrigens direkt aus den Axiomen der SRT. Möchte man weiterhin mit orthogonalen Koordinatensystemen $K(r,w)$ bzw. $K'(r',w')$ arbeiten (unter Beibehaltung trigonometrischer Relationen), setze man $w = ic_0t$ bzw. $w' = ic_0t'$ und beschreibe damit Weltlinien $P(r,t)$ formal in der komplexen Zahlenebene. Für den dann ebenfalls imaginären Drehwinkel $\gamma(v)$ zwischen K und K' gilt dann $\tan(\gamma) = i \cdot v/c_0$ (vgl. z. B. A. Sommerfeld, *Electrodynamics*, Part III - *Theory of Relativity and Electron Theory*, S. 225 ff.).

176 Nathan Rosen (1909 - 1995), amerikanisch-israelischer Physiker und ehemaliger wissenschaftlicher Mitarbeiter von Albert Einstein. A. Einstein, N. Rosen, *The Particle Problem in the General Theory of Relativity*, Phys. Rev., Vol. 48, 73 (1935); *http://doi.org/10.1103/PhysRev.48.73.*

177 P. Gao, D. L. Jafferis, A. C. Wall, *Traversable Wormholes via a Double Trace Deformation*; September 2019; *https://arxiv.org/abs/1608.05687v3.*

178 Diese Betrachtung bezieht sich auf das sog. Polchinski-Billiardkugel-Paradoxon, erstmals formuliert im Jahre 1989 von Joseph Polchinski (1954 - 2018), einem amerikanischen Physiker, und u. a. beschrieben in Kip S. Thorne, *Gekrümmter Raum und verbogene Zeit*, Knaur-Verlag, München (1994), S. 579 ff.

179 In diesem Beispiel ändert der Impuls $\boldsymbol{p}_2$ beim Durchgang durch das Wurmloch zusätzlich seine Ausrichtung. Für die weiteren Ausführungen ist dieser Aspekt jedoch nicht relevant. Zudem wäre die t'-Zeiteinheit nicht in [s], sondern in [s'] anzugeben. Der Einfachheit halber setzen wir identische Einheiten voraus.

180 Die unmittelbare Passage eines weiteren ERB'-Einganges bei $\boldsymbol{r}_0$ zum Zeitpunkt $t' < 10$s würde die Kugel nach $\boldsymbol{r}_1$ und $t'' = t'$-10s versetzen, also vor den Startzeitpunkt $t' = 0$ des Experiments.

181 P. Gao, D. L. Jafferis, A. C. Wall, *Traversable Wormholes via a Double Trace Deformation* ; September 2019; *https://arxiv.org/abs/1608.05687v3.*

182 Kurt Gödel (1906 - 1978), österreichischer Mathematiker und Philosoph. K. Gödel, *An Example of a New Type of Cosmological Solution of Einstein's Field Equations of Gravitation*, Reviews of Modern Physics, Vol. 21, No. 3 (1949), S. 447 - 450.

183 Roy Kerr (* 1934), neuseeländischer Mathematiker; R. Kerr, *Gravitational Field of a Spinning Mass as an Example of Algebraically Special Metrics*, Phys. Rev. Lett., Vol. 11 (1963), S. 237.

184 David Deutsch (* 1953), israelisch-englischer Physiker; D. Deutsch, M. Lockwood, *Die Quantenphysik der Zeitreise*, Spektrum der Wissenschaft SdW-11/1994.

185 Gerald James Whitrow (1912 - 2000), englischer Mathematiker und ehemaliger Mitarbeiter von E. A. Milne; aus (Whitrow, 1972), S. 177; rückblickend erscheint mir dieses Buch aus meiner Schulzeit selbst heute noch als eines der besten populärwissenschaftlichen Bücher zum Thema Zeit. Ein ebenfalls sehr zu empfehlendes Buch zu diesem Thema stammt aus aktuelleren Tagen, verfasst von Th. Filk und D. Giulini (Filk et al., 2004).

186 vgl. (Mach, 1897), S. 218.

187 Zitat aus E. A. Milne, *A Modern Conception of Time*, Philosophy, Vol. 25, no. 92 (1950), S. 68 - 72; *http://www.jstor.org/stable/3748003.*

188 Thomas Filk, *Modelle von Raum und Zeit*, Vorlesungsskript (2011), Fakultät für Mathematik und Physik, Universität Freiburg; *http://www.mathphys.uni-freiburg.de/physik/filk/public_html/.*

189 aus (Jammer, 1993), S. 234; die erste Auflage stammt aus dem Jahre 1954.

190 Isaac Newton, *Philosophiae Naturalis Principia Mathematica*, London (1713), *Scholium I*, S. 6; reprint by Univ. of Glasgow (1871): *„Spatium absolutum, natura sua sine relatione ad externum quodvis, semper manet similar & immobile.“* Übersetzung ins Englische von Andrew Motte (1729).

191 siehe späteres Zitat in Abschnitt 4.4.3 *Die Vermessung des Raums.*

192 A. Einstein, Foreword in (Jammer, 1993), S. XVII, Princeton, New Jersey (1953). Eine bibliografische Studie von F. Caruso, R. M. Xavier, *Sources for the History of Space-Concepts in Physics*, CBPF- Centro Brasileiro de Pesquisas Físicas, benennt beispielsweise für den Zeitraum von 1845 bis 1995 insgesamt 1075 Arbeiten nur über das physikalische Konzept der *„Raumdimensionalität“*. Demnach wurden bis zum Jahre 1905 jährlich nur etwa ein Beitrag zum Thema veröffentlicht, gefolgt von weiteren 100 Publikationen bis 1935 mit einer bis zum heutigen Tage kontinuierlich ansteigenden Tendenz.

193 Edward Arthur Milne (1896 - 1950), englischer Mathematiker und Astrophysiker; E. A. Milne, *World-Structure and the Expansion of the Universe*, Zeitschrift für Astrophysik, Band 6 (1933), § 6, S. 29. Milne nennt hierfür Beispiele: (a) Das Newton'sche Gravitationsgesetz auf Basis der Euklidischen Geometrie und Newtons Zeitbegriff; (b) Die Raum-Zeit Geometrie Einsteins auf Basis des Relativitäts- und Äquivalenzprinzips.

194 u. v. m.; vgl. hierzu auch die entsprechenden Ausführungen in (Filk, 2011), S. 13 ff.

195 P. Ehrenfest, *Welche Rolle spielt die Dreidimensionalität des Raumes in den Grundgesetzen der Physik?,* Annalen der Physik 61 (1920), S. 440 - 446.

196 aus (Einstein, 1927), S. 275.

197 Isaac Newton, *Philosophiae Naturalis Principia Mathematica*, London (1713), *Definitiones*, S. 9; reprint by Univ. of Glasgow (1871); zitiert in (Jammer, 1993), S. 105.

198 (Mach, 1897), S. 227.

199 A. Einstein, *Die Grundlage der allgemeinen Relativitätstheorie*, Annalen der Physik, 49 (1916), S. 769 - 822.

200 Ludwig Gustav Lange (1863 - 1936), deutscher Physiker und Psychologe; L. Lange, *Nochmals über das Beharrungsgesetz*, Philosophische Studien, Vol. 2 (Jan. 1885), S. 539 - 545; siehe auch entsprechende Ausführungen in (Filk, 2011), Abschnitt 9.3 *Ludwig Gustav Lange*, S. 121 ff.

201 Alle Werte beziehen sich auf die in Kapitel 2 beschriebenen SI-Einheiten; zur Vereinfachung wurde die Erdbeschleunigung auf $g = 10$ ms^{-2} gesetzt.

202 Tatsächlich messen Vorrichtungen dieser Art ausschließlich mechanische Spannungen (vgl. hierzu die Ausführungen in Abschnitt 4.2.3).

203 Ein eventueller Trugschluss sollte sich aber durch eine (unabhängige) Wiederholung des Experiments ggf. in Verbindung mit einer genaueren Messwerterfassung rasch aufklären lassen.

204 Die amerikanischen Physiker Robert Wilson und Arno Penzias scheiterten nämlich beim Versuch eines Nullabgleichs ihres Radioteleskops, wofür sie schließlich 1978 den Nobelpreis erhielten (... also nicht den Mut verlieren, selbst wenn Ihr Experiment bereits im Ansatz nicht klappen sollte!); A. A. Penzias, R. W. Wilson, *A Measurement of Excess Antenna Temperature at 4080 Mc/s*, Astrophysical Journal, vol.142 (1965), S. 419 - 421

205 Wilhelm Wien (1864 - 1928), deutscher Physiker und Nobelpreisträger (1911).

206 Planck Collaboration, *Planck 2018 Results I - Overview and the cosmological legacy of Planck*, Astronomy & Astrophysics, Dec. 2019; *http://arxiv.org/pdf/1807.06205.pdf*; Bild: *http://www.esa.int/ESA_Multimedia/Images/2013/03/Planck_CMB.*

207 Th. Jarrett, *Large Scale Structure in the Local Universe - The 2MASS Galaxy Catalog*, Publications of the Astronomical Society of Australia, vol.21 (2004), S. 396 - 403; Bild: *http://wise2.ipac.caltech.edu/staff/jarrett/2mrs/2MRS.allsky.png.* Die in der Durchmusterung erfasste Galaxienverteilung N(z) ist bis $z = 0.1$ in Intervallen von $\Delta z = 0.01$ von Violett nach Rot farbkodiert dargestellt N(z) = (3287,9802,11586,9487,5077,2792,1318,495,205).

208 aus A. Einstein, *Geometrie und Erfahrung*, Festvortrag gehalten an der Preußischen Akademie der Wissenschaften, Berlin 1921.

209 Die Geometrie Euklids kannte Konzepte dieser Art nicht. Auch waren die Methoden der formalen Mathematik im antiken Griechenland ausgesprochen schwach entwickelt.

210 **L**unar **L**aser **R**anging (LLR), ein im Rahmen des Apollo-Programms der NASA installiertes System; vgl. *http://ilrs.cddis.eosdis.nasa.gov/.*

211 Beide Beobachtungen stehen jedoch in *keinem* (!) kausalen Zusammenhang. Zum Problem der Kausalität in der Physik vgl. die Ausführungen in Abschnitt 4.3.4.

212 Ole Rømer (1644 - 1710), dänischer Astronom.

213 C. Reylé, K. Jardine et al., *The 10 parsec sample in the Gaia era*, Astronomy & Astrophysics (2021); weitere Information und 3D-Kartenmaterial hierzu finden sich auf der Seite *http://gruze.org/10pc/resources/*, sowie auf der ESA-Seite *http://www.cosmos.esa.int/web/gaia*; Gaia (altgriech.: Γαῖα = Erde) bezeichnet die Erdgöttin aus der griechischen Mythologie.

214 So benannt nach dem ersten Stern dieses Typs, entdeckt im Sternbild Cepheus: *Delta Cephei*. Das zugehörige Perioden-Leuchtkraft Gesetz wurde um 1910 von der amerikanischen Astronomin Henrietta Swan Leavitt (1868 - 1921) entdeckt.

215 Vesto Melvin Slipher (1875 - 1969), amerikanischer Astronom; V. M. Slipher, *The radial velocity of the Andromeda nebula*, Lowell Observatory Bulletin 58, Vol. II, no.8, S. 57 - 58.

216 Edwin Powell Hubble (1889 - 1953), amerikanischer Astronom und Jurist; E. P. Hubble, *A relation between distance and radial velocity among extra-galactic nebulae*, Proc. Natl. Acad. Sci. 15 (1929), S. 168 - 173.

217 E.F. Bunn, D. W. Hogg, *The kinematic origin of the cosmological redshift*, Am.J.Phys. 77 (2009), S. 688 - 694; *http://arxiv.org/abs/0808.1081v2.*

218 R.P. Kirshner, *Hubble's diagram and cosmic expansion*, Proc. Natl. Acad. Sci. 101 (2004), S. 8 - 13; *http://www.pnas.org/cgi/doi/10.1073/pnas.2536799100.*

219 Georges Edouard Lemaître (1894 - 1966), belgischer Mathematiker, Astrophysiker und Theologe. Originalarbeit: M. l'Abbé Georges Lemaître, *Un univers homogène de masse constante et de rayon croissant, rendant compte de la vitesse radiale des nébuleuses extra-galactiques*, Annales de la Société Scientifique de Bruxelles 47 A (1927), S. 49 - 59; *http://articles.adsabs.harvard.edu/pdf/1927ASSB...47...49L.* Englische Übersetzung: Abbé G. Lemaître, *A homogeneous universe of constant mass and increasing radius accounting for the radial velocity of extra-galactic nebulae*, Monthly Notices of the Royal Astronomical Society, Vol. 91 (1931), S. 483 - 490; *http://adsabs.harvard.edu/full/1931MNRAS..91..483L.*

220 Jede Maßeinheit, so auch die Distanzeinheit Parallaxensekunde [Parsec] hat keinen Plural und die Geschwindigkeit wird selbstverständlich in [km/s] gemessen.

221 R.P. Kirshner, *Hubble's diagram and cosmic expansion*, Proc. Natl. Acad. Sci. 101 (2004), S. 8 - 13; *http://www.pnas.org/cgi/doi/10.1073/pnas.2536799100.*

222 ebd., S. 10.

223 TRGB - **T**ip of **R**ed **G**iant **B**ranch: Die *Spitze des Roten-Riesen-Astes* beschreibt einen Sternentypus sog. roter Riesensterne im Herzsprung-Russel-Diagramm, die am Ende ihrer Entwicklung intensive *„Helium-Blitze"* erzeugen und deshalb auf sehr spezifische Weise besonders hell aufleuchten und damit auf große Distanzen identifiziert werden können.

224 Allan Sandage (1926 - 2010), amerikanischer Astronom; G. A. Tammann, B. Reindl, *Allan Sandage and the Distance Scale*, Advancing the Physics of Cosmic Distances, Proceedings IAU Symposium 289 (2013).

225 Planck Collaboration, *Planck 2018 Results VI - Cosmological parameters*, Astronomy & Astrophysics, Sep. 2019; *http://www.cosmos.esa.int/web/planck/publications; http://arxiv.org/abs/1807.06209.*

226 *http://www.spektrum.de/physik*; M. Bartelmann, J. Schwinn, *Trouble mit Hubble*, 11/2020.

227 Die sog. paläoproterozoische Vereisung liegt ca. 2,3 Mrd. Jahre zurück und soll etwa 300 Mio. Jahre angedauert haben.

228 S. Aiola et al., *The Atacama Cosmology Telescope: DR4 Maps and Cosmological Parameters*, (July 2020); *http://arxiv.org/abs/2007.07288v2.*

229 K.C. Wong et al., *H0LiCOW VIII. A 2.4% measurement of H_0 from lensed quasars: 5.3σ tension between early and late Universe probes*, (July 2019); *http://arxiv.org/abs/1907.04869v2.*

230 Siehe Pressemitteilung vom 19.07.2020 der **S**loan **D**igital **S**ky **S**urvey (SDSS) Kollaboration.

231 Zitat aus G. A. Tammann, B. Reindl, *Allan Sandage and the Distance Scale*, Advancing the Physics of Cosmic Distances, Proceedings IAU Symposium 289 (2013).

232 I. Newton, *The Mathematical Principles of Natural Philosophy* (1846), Corollary V; Übersetzung aus dem Lateinischen von Andrew Motte (1827).

233 Einen longitudinalen von einem transversalen Doppler-Effekt zu unterscheiden ist im Grunde physikalisch wenig sinnvoll und beruht vermutlich darauf, dass man im Rahmen der SRT dem Transportvorgang einer Uhr (bzw. eines Längenmaßstabes) eine physikalische Bedeutung beizumessen glaubt, die ursächlich dazu führen soll, dass die Lichtgeschwindigkeit c_0 für beliebige Beobachter konstant bleibt.

234 Bilder A,B © Wikimedia CC BY-SA 2.0

235 Stellt man den Ortsraumvektor $\boldsymbol{x}$ in Polarkoordinaten dar, erhält man für das Wegelement ds die aus der ART bekannte Robertson-Walker-Gleichung, benannt nach Howard P. Robertson (1903 - 1961), amerikanischer Mathematiker und Physiker, Arthur G. Walker (1909 - 2001), englischer Mathematiker.

236 aus (Taylor, et al., 1963), *Contraction or Rotation*, S. 96.

237 ebd., S. 96.

238 Der allgemeine Fall lässt sich auf die gleiche Weise darstellen, soll aber im Detail an anderer Stelle behandelt werden (vgl. hierzu beispielsweise A. Sommerfeld, *Electrodynamics*, Part III - *Theory of Relativity and Electron Theory*, Section H, S. 233).

239 Beide Beziehungen sind mittels vollständiger Induktion recht einfach zu beweisen, unter Verwendung folgender Identität zur Gamma-Funktion: $\Gamma(n + 1) = n \cdot \Gamma(n)$.

240 aus E. A. Milne, *Relativity, Gravitation and World Structure*; Oxford University Press, Oxford UK (1935), S. 2.

241 Lev Dawidowitsch Landau (1908 - 1968), russischer Physiker und Nobelpreisträger (1962). Zu Beginn des 20. Jahrhunderts zählte Landau zu jener Generation junger Physiker, die sich besorgt fragten, woran man als Naturwissenschaftler noch arbeiten könne, schließlich sei doch alles von Bedeutung bereits entdeckt und entsprechende Theorien seien konsistent ausgearbeitet ... (vgl. Abschnitt 4.2.4 *Die Quantenmechanik*).

242 Saul Perlmutter, amerikanischer Astrophysiker und Nobelpreisträger (2011); Zitat aus S. Perlmutter, *Supernovae, Dark Energy, and the Accelerating Universe*, Physics Today **56**, 4, 53 (2003); DOI: 10.1063/1.1580050.

243 vgl. hierzu etwa die Ausführungen in Current Science, Vol. 82, No. 10 (25 May 2002), S. 1204 - 1206.

244 eine kritische Analyse ist z. B. in Universe 2018, 4, 73 zu finden; *http://dx.doi.org/10.3390/universe4060073*.

245 A. Einstein, *Die Grundlage der allgemeinen Relativitätstheorie*, Annalen der Physik, 49 (1916), S. 769 - 822. Eine ausführliche Darstellung der ART findet sich im wohl umfangreichsten Lehrbuch über die geometrische Beschreibung der Gravitation von C. W. Misner, K. S. Thorne, J. A. Wheeler, *Gravitation*, W. H. Freeman and Company, San Francisco (1973). Eine kompakte und dennoch verständliche Einführung zu Einsteins Relativitätstheorien stammt von R. J. A. Lambourne, *Relativity, Gravitation and Cosmology*, Cambridge University Press, Cambridge (2010).

246 E. A. Milne, *World-Structure and the Expansion of the Universe*, Zeitschrift für Astrophysik, Band 6 (1933), S. 1 - 95.

247 ebd. § 3, S. 3; vgl. hierzu auch die Ausführungen in Abschnitt 3.2 *Das Konzept der Kraft*.

248 (Milne, 1935), § 2 *The Principle of Relativity*, S. 5.

249 J. L. Synge, *A plea for chronometry*, The New Scientist, Feb. 1959, S. 410 - 412.

250 James Jeans (1877 - 1946), englischer Physiker, Astronom und Mathematiker; J. Jeans, *The New Background of Science*, Cambridge University Press (1933), S. 96.

251 vgl. (Milne, 1935), § 21, S. 34 ff.

252 N. D. Mermin, *Relativity without light*, Am. J. Phys. 52 (2), Feb.1984, S. 119 - 124.

253 nach einigen Umformungen, vgl. (Schadschneider, 2011), Kapitel II.4.1 Modell des Kosmos, S. 25 ff.

254 Das wäre dann die Spur des mechanischen Spannungstensors zum Gravitationsfeld (vgl. Abschnitt 5.3.1).

255 (Schadschneider, 2011), ebd. S. 30.

256 (Milne, 1935), § 101, S. 95.

257 (Milne, 1935), § 103, S. 97.

258 Diese Bedingung ist für $r \ll R$ immer erfüllt, wie sich leicht mittels (Gl. 4.217) zeigen lässt.

259 Die Masse des Virgo-Superhaufens wird über das zu beobachtende gravitative Bewegungsverhalten einer Vielzahl von Galaxien in dieser kosmologischen Struktur abgeschätzt. Das Resultat übersteigt deutlich den Wert der sichtbaren Materie.

260 vgl. (Milne, 1935), § 104, S. 98 f.

261 Bild: Virgo-Superhaufen Wikimedia © CC BY-SA 3.0 ; Original von Andrew Z. Colvin.

262 Das Λ-**C**old **D**ark **M**atter Standardmodell verwendet, neben der kosmologischen Konstante Λ, insgesamt 5 weitere Parameter, die Eigenschaften bzw. Effekte der Dunklen Materie/Energie abbilden sollen.

263 A. Benoit-Lévy, G. Chardin, *Observational constraints of a symmetric Milne universe*, Proceedings of the 43rd Rencontres de Moriond 2008; *http://arxiv.org/abs/0811.2149.*

264 ebd., S. 3.

265 aus S. Perlmutter, *Supernovae, Dark Energy, and the Accelerating Universe*, Physics Today 56, 4, 53 (2003).

266 F. I. Cooperstock, V. Faraoni, D. N. Vollick, *The influence of the cosmological expansion on local systems*, Astrophys. J. 503 (1998) S. 61 - 66; *http://arxiv.org/abs/astro-ph/9803097v1.*

267 M. Serano, Ph. Jetzer, *Evolution of gravitational orbits in the expanding universe*, Phys. Rev. D 75 (6), 064031-1-8 (2007); *http://arxiv.org/abs/astro-ph/0703121v1.*

268 J. A. Peacock, *A diatribe on expanding space*, (2008); *http://arxiv.org/abs/0809.4573v1.*

269 aus F. W. Dyson, A. S. Eddington, C. Davidson, *Determination of the Deflection of Light by the Sun's Gravitational Field, from Observations made at the Total Eclipse of May 29, 1919*; (1920), S. 291; Quelle: *http://royalsocietypublishing.org/*. Die Datenauswertung erfolgte damals selektiv (→ *„brauchbare Daten"*), denn Eddington suchte die Bestätigung der Einstein'schen Theorie. Eine seriöse Berücksichtigung aller Daten hätte dies seinerzeit (noch) nicht leisten können.

270 Frank W. Dyson (1868 - 1939) Astronom, Arthur S. Eddington (1882 - 1944) Astrophysiker, Andrew C. D. Crommelin (1865 - 1939), Charles R. Davidson (1875 - 1970) wiss. Mitarbeiter. Davidson führte auch die (einzig brauchbaren) Messungen in Sobral (Brasilien) durch, zusammen mit Crommelin, während Dyson und Eddington die Sonnenfinsternis auf der Insel Principe beobachteten.

271 Johann Georg von Soldner (1776 - 1833), deutscher Astronom und Geodät; J. Soldner, *Über die Ablenkung eines Lichtstrahls von seiner geradlinigen Bewegung, durch die Attraktion eines Weltkörpers, an welchem er nahe vorbeigeht*, Sammlung astronomischer Abhandlungen, Beobachtungen und Nachrichten (1801), S. 161 - 172.

272 Isaac Newton, *Opticks*, 4th Edition (1730), *Book III*, S. 313; zitiert in D. S. L. Soares, *Newtonian gravitational deflection of light revisited*; *http://arxiv.org/abs/physics/0508030v4.*

273 ebd., S. 313.

274 vgl. (Weinberg, 1972), Kapitel 8 *Classical Tests of Einstein's Theory*, S. 175 ff.

275 vgl. (Goldstein, 1978), S. 83 ff., oder H. Volz, *Einführung in die Theoretische Mechanik I*, S. 52 ff., W. Greiner, *Theoretische Physik, Band 1: Mechanik I*, S. 203 ff., A. Sommerfeld, *Mechanics*, § 6, S. 38 ff., u. v. m.

276 benannt nach Carl Runge (1856 - 1927), deutscher Mathematiker, Wilhelm Lenz (1888 - 1957), deutscher Physiker.

277 S. D. Deines, *Classical Derivation of the Total Solar Deflection of Light*, Int. Journal of Appl. Mathematics and Theoretical Physics, Vol. 2, No. 4 (2016), S. 52 - 56.

278 ebd., S. 55.

279 Einmal mehr gilt, *„… die Wissenschaft sie ist und bleibt, was einer ab vom andern schreibt."* (Eugen Roth).

280 Edward R. Harrison (1919 - 2007), amerikanischer Astronom. E. R. Harrison, *Why the sky is dark at night*, Phys. Today **27**,2,30 (1974); *http://doi.org/10.1063/1.3128443.*

281 Edmond Halley (1656 - 1742), englischer Astronom und Mathematiker; E. Halley, *Of the Infinity of the Sphere of Fix'd Stars*, Phil. Trans. 31, 364 (1720), S. 22 - 24; *http://www.jstor.org/stable/103379.* E. Halley, *Of the Number, Order, and Light of the Fix'd Stars*, Phil. Trans. 31, 364 (1720), S. 24 - 26; *http://www.jstor.org/stable/103380.*

282 Jean-Philippe Loÿs de Cheseaux (1718 – 1751), Schweizer Astronom; J. P. Loÿs de Cheseaux, *Traité de la Comète qui a paru en Décembre 1743 & en Janvier, Février & Mars 1744,* Marc-Michel Bousquet & Compagnie, Lausanne et Genève (1744); app. II, S. 223.

283 Heinrich Wilhelm Matthias Olbers (1758 – 1840), deutscher Astronom und Arzt; H. W. M. Olbers, *Über die Durchsichtigkeit des Weltraums*, publiziert in Astronomisches Jahrbuch für das Jahr 1826, Berlin (1823), S. 110 – 121.; Zitat S. 113.

284 E. R. Harrison, *Why the sky is dark at night*, Phys. Today **27**,2,30 (1974), S. 30.

285 P. S. Wesson, *Olber's Paradoxon and the Spectral Intensity of the Extragalactic Background Light*, The Astrophysical Journal, 367 (1991), S. 399 – 406.

286 mit $G(1) \cong 1$, nach (Milne, 1935), § 145 *Determination of local density*, S. 130.

287 Wer sich zu diesen Grundsatzfragen einen ersten Überblick verschaffen möchte: Ch. T. Sebens, *The Mass of the Gravitational Field,* Jan. 2019; *http://arxiv.org/pdf/1811.10602.pdf.*

288 aus H. Helmholtz, *Über die Erhaltung der Kraft, eine physikalische Abhandlung*, Einleitung, S. 5, Reimer Verlag, Berlin (1847); *http://www.deutschestextarchiv.de/book/show/helmholtz_erhaltung_1847.*

5 Impulsströme

„[...] Denn wenn auch diese Bewegung nur ein Zustand an der bewegten Materie ist, so bildet sie doch eine feste und bestimmte Menge, die sehr wohl in der ganzen Welt zusammen die gleiche bleiben kann, wenn sie sich auch bei den einzelnen Theilen verändert, nämlich in der Art, dass bei der doppelt so schnellen Bewegung eines Theiles gegen einen anderen, und bei der doppelten Grösse dieses gegen den ersten man annimmt, dass in dem kleinen so viel Bewegung wie in dem grossen ist, und dass, um so viel als die Bewegung eines Theiles langsamer wird, um so viel müsse die Bewegung eines anderen ebenso grossen Theiles schneller werden."

René Descartes[1]

Im vorangegangenen Kapitel 4 wurden die uns scheinbar allzu vertrauten physikalischen Konzepte *Energie* bzw. *Entropie*, *Kraft*, *Zeit* und *Raum* auf die Probe gestellt und etwas eingehender diskutiert, entgegen der in der physikalischen Lehre üblichen Praxis. Auf diese Weise wurden die z. T. erheblichen Defizite der betrachteten Modellvorstellungen deutlich, mit deren Hilfe wir schließlich versuchen unsere Erfahrungswelt auf konsistente Weise zu beschreiben. Bereits Einstein mahnte in diesem Zusammenhang, dass wir Wissenschaftler uns allzu selten der geschilderten Probleme bewusst sind und deshalb solchen Modellüberlegungen oftmals einen objektiven Wahrheitsgehalt zuordnen, und die *„Wahrheit"* kann selbstverständlich niemand ernsthaft anzweifeln wollen (vgl. hierzu Kapitel 1 *Modelle in der Physik*). Wahrheit ist jedoch kein wissenschaftliches Kriterium, zumindest nicht in der naturwissenschaftlichen Modellwelt der Physik.

In diesem Kapitel wollen wir die Betrachtungen aus Abschnitt 4.2 zum *„Impulsstrom"*, als die schlüssigere Alternative zum traditionellen Konzept der *„Kraft"*, weiter vertiefen. Nicht zuletzt auch deshalb, weil dieses Konzept sich nahtlos in das im vorherigen Kapitel vorgestellte Raum-Zeit-Modell nach Milne einfügt. Insbesondere werden wir die Frage erörtern, ob und in welcher Weise der Impulsstrom einen *„realen"* d.h. messbaren Transportprozess beschreibt, wie dies beispielsweise für Ladungsträgerströme oder allgemeiner für Stoffmengenströme der Fall zu sein scheint. Zu diesem Zweck ist jedoch vorab noch eine grundsätzliche Frage zu klären:

Was genau verbindet die Physik mit dem Modellbegriff *„Strom"*?

Nicht nur in der Schule, auch an Universitäten werden in der physikalischen Lehre sehr gerne Analogien zur Veranschaulichung naturwissenschaftlicher Modellvorstellungen verwendet, was durchaus problematisch sein kann, wie bereits in Kapitel 1 ausgeführt wurde. Die zu Lernzwecken stets angeführte Analogie zum physikalischen Konzept *„Strom"* ist für gewöhnlich *„strömendes Wasser"*. Eine wenig hilfreiche Gedankenstütze, denn dieser *„didaktische Klimmzug"* ist tatsächlich qualitativ sehr schwach, ausgesprochen suggestiv und in hohem Maße unlogisch, um es mit den analogiekritischen Worten des Physikers und Wissenschaftstheoretikers Peter C. Hägele zu formulieren! Gemäß Gibbs'scher Fundamentalform umfasst nämlich der Energietransportprozess *„strömendes Wasser"* gleich eine ganze Reihe von Energieträgerströmen (→ Impuls + Stoffmenge(n) + Entropie + Masse + Ladung(en) +...), wobei einzig die mit dem Materiestrom einhergehende Bewegung als das *„augenscheinliche Äquivalent"* für den Gesamtprozess herangezogen wird. Die Physik spezifischer Trägerströme lässt sich aber auf diese Weise nicht veranschaulichen. *„Bewegung"* ist schließlich ein Zustand, *„Strom"* hingegen ist ein Prozess! Selbstverständlich lässt sich einem Prozess auch eine Prozessgeschwindigkeit zuordnen, möchte man z.B. den zeitlichen Ablauf des Vorgangs näher beschreiben. Diese *„Geschwindigkeit"* setzt jedoch keine Kinematik voraus! Man löse sich also bitte von diesem Gedanken, auch wenn es vermutlich nicht leicht fallen mag - er verfehlt den eigentlichen Lernzweck, weil physikalisch irreführend.[2]

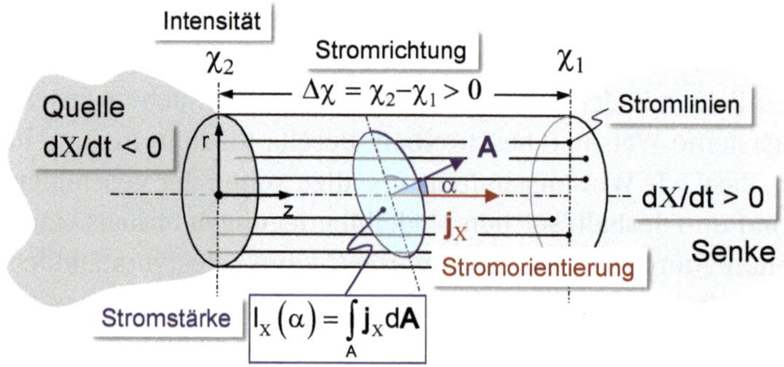

Bild 5.1 Zur Definition des physikalischen Modellbegriffs „Strom" einer extensiven Größe X, nach F. Herrmann. X strömt von der Quelle $dX/dt < 0$ zur Senke $dX/dt > 0$ und folgt dem zugehörigen Intensitätsgefälle $\Delta\chi$.

Mit dem physikalischen Begriff *„X-Strom"* einer extensiven Größe X sind gleich *fünf* (!) weitere Begriffe verknüpft, die einer Klärung bedürfen, weil aufgrund der etwas unglücklichen *„Wasser-Analogie"* keineswegs mehr trivial. Ein Umstand, auf den bereits F. Herrmann aufmerksam machte (siehe Bild 5.1).[3] Einmal ist die *„Richtung"*, zum anderen die *„Stärke"* sowie die *„Orientierung"* des Stroms $I_X = dX/dt$ zu definieren. Die (lokale) Stromrichtung ist über die infinitesimale Änderung $d\chi$ der zugehörigen intensiven Größe bestimmt, gerne veranschaulicht durch sog. Stromlinien, welche die *„X-Strom-Quelle"* (→ $dX/dt < 0$) mit der *„X-Strom-Senke"* (→ $dX/dt > 0$) verbinden, womit die beiden noch fehlenden Begriffe zur Modellüberlegung *„Strom"* ebenfalls festgelegt wären. Die Stromstärke wie auch die Orientierung des Stromflusses sind relative Größen und man beachte, dass diese im Allgemeinen sowohl von der (vektoriellen) Stromdichte $\boldsymbol{j}_X$ als auch von der relativen Lage d$\boldsymbol{A}$ der betrachteten Referenzfläche im Raum abhängen! Dennoch hat sich in der physikalischen Lehre wenig an der recht legeren Auslegung des Modellbegriffs *„Strom"* und den damit verknüpften Missverständnissen geändert, so hat es zumindest den Anschein.

Vor diesem Hintergrund betrachten wir im Folgenden u. a. Stoßprozesse und werden zu deren Beschreibung zwei unterschiedliche Modelle erstellen. Als Modellierungsleitfaden diene jeweils die im gleichnamigen Abschnitt 1.4 vorgestellte Vorgehensweise. Zum besseren Verständnis werden hierfür die Kontaktwechselwirkung und die Feldwechselwirkung getrennt betrachtet, in erster Linie deshalb, weil man *„Kräfte"* der Newton'schen Mechanik einzig mit makroskopischen Eigenschaften materieller Körper *glaubt* in Verbinden bringen zu können, allzu überzeugend vermittelt im Verlauf der Schul- bzw. Universitätsausbildung, weil sich durch stete Wiederholung mit der Zeit eben auch eine Art von *„Plausibilität"* manifestieren kann. Diese beruht aber mehr auf Gewohnheit, denn auf wissenschaftlicher Begründung und entsprechende Modellvorstellungen werden schließlich unreflektiert übernommen. Im Grunde handelt es sich hierbei um eine ausgesprochen subtile Ausprägung dessen, was Irving Langmuir einst als *„pathologische Wissenschaft"* beschrieb (vgl. hierzu Kapitel 3). Die vorwiegend ingenieurtechnische (soll heißen anwendungsorientierte) Differenzierung zwischen der Kontaktwechselwirkung materieller Körper und allgemeinen Feldwechselwirkungen ist physikalisch nicht zu begründen. Kontaktphänomene, wie sie z. B. in der Statik behandelt werden, aber auch in der Kinetik anzutreffen sind, beispielsweise bei Stößen oder Reibung, lassen sich ebenfalls auf (elektromagnetische) Feldeffekte zurückführen, welche einerseits auf atomarer Ebene den materiellen Zusammenhalt bewirken und andererseits eine makroskopische materielle Durchdringung unterbinden.

5.1 Der allgemeine Impulserhaltungssatz

„Bewegung" ist eines der faszinierendsten Phänomene in der Physik, das zudem einer direkten Beobachtung zugänglich ist und wohl deshalb schon immer Gegenstand intensiver philosophischer Naturbetrachtungen war. Bereits Aristoteles wusste zwischen dem natürlichen Bewegungszustand eines Körpers und der erforderlichen Wirkung äußerer Kontaktkräfte (griech.: δύναμις – *„dynamis"* – *„Kraft, Potenz"*) zu unterscheiden, um mittels Zug oder Druck das natürliche Bewegungsverhalten eines Körpers zu beeinflussen. Die *aristotelische Dynamik* beruhte auf der Beobachtung von Alltagserscheinungen, deren Vielfalt auch dem Beobachter in

heutiger Zeit kaum Möglichkeiten bietet das dem Bewegungsvorgang zugrunde liegende physikalische Prinzip zu erkennen. Nach Aristoteles ist Bewegung ein *Prozess* für dessen Aufrechterhaltung Kräfte erforderlich sind.[4] Dieser Gedanke war seinerzeit in einer Weise prägend, dass Aristoteles die mögliche Existenz eines Vakuums mit der heutzutage verblüffenden Begründung ablehnte, in einem leeren Raum wäre der Bewegungszustand eines Körpers ansonsten konstant, wenn keine weitere Kraft auf diesen einwirke![5]

Selbst Newton konstatierte diesbezüglich noch um 1700:

> *„[...] it appears that Motion may be got or lost. But by reason of the Tenacity of Fluids, and Attrition of their Parts, and the Weakness of Elasticity in Solids, Motion is much more apt to be lost than got, and is always upon the Decay.“*[6]

Die aristotelische Sichtweise überdauerte mehr als 2000 Jahre (!), trotz der ganz offensichtlichen Mängel die damit verbunden sind. Im 15. und 16. Jahrhundert deuteten erste systematische Studien zur Dynamik bewegter Körper darauf hin, dass Bewegung nicht als *Prozess*, sondern als ein *Zustand* verstanden werden muss. Galileo Galilei formulierte erstmals ein Prinzip der Trägheit, wenn auch z. T. noch religiös-esoterisch begründet. René Descartes stellte die nach ihm benannten *kartesischen* Bewegungsgesetze auf, und Christiaan Huygens identifizierte schließlich den Impuls (lat.: *quantitas motus* = *„Bewegungsmenge“*) als eine vorzeichenbehaftete Größe, die den Bewegungszustand eines Körpers beschreibt und sich nur im Falle äußerer Krafteinwirkung ändert (die späteren Newton'schen Gesetze). Ein weiterer Zeitgenosse, Edme Mariotte,[7] erkannte zudem die *physikalische Bedeutung* der Masse eines materiellen Körpers bei Stoßvorgängen und versuchte Bewegungsmengen mittels einer Waage zu bestimmen!

Die Vorstellung, dass es scheinbar immer einer *„äußeren Kraft“* bedarf, um den Bewegungszustand eines Körpers zu verändern, ist der Tatsache geschuldet, dass sich beim experimentellen Studium des Impulstransportes ein Wechselwirkungspartner der direkten (quantitativen) Beobachtung entzieht, nämlich unser Planet Erde. Die Erde definiert mit ihrer trägen Masse $m_E \cong 5{,}974 \cdot 10^{24}$ kg ein quasi unendlich großes Impulsaufnahmevermögen, sodass ihr Bewegungszustand sich in keinem dieser Experimente zu verändern scheint, d. h. sowohl der Impuls als auch die kinetische Energie der Erde treten nicht direkt in Erscheinung.

A_{5-1}: Die gesamte Menschheit versammle sich rund um den Äquator der Erde. Alle Menschen gehen synchron einen Schritt in Richtung Osten. Mit welcher Geschwindigkeit wird sich die Erde in der Folge nach Westen bewegen?

Im Falle der *Energie* wurde bereits in Abschnitt 4.1.1 ausgeführt, dass dieser physikalische Begriff prinzipiell keinen Plural haben kann. Die moderne Physik kennt daher keine unterschiedlichen Energien oder Energieformen, die ineinander umwandelbar wären, wohl aber unterschiedliche Energiespeicher und entsprechende Transportprozesse, die den Energietransfer von einem Speicher in einen anderen beschreiben. Ein alternatives physikalisches Konzept zur konsistenten Beschreibung von *„Energien"* und *„Umwandlungen"* zwischen diesen wäre deutlich komplizierter und würde u. a. energieformspezifische Erzeugungs- und Vernichtungsprozesse (→ *„energetische Kräfte"*) erfordern.

A_{5-2}: Wie hätte man *„energetische Kräfte"* zu definieren, um konsistent *„Energieumwandlungen"* zu beschreiben?

Man glaubte jedoch früh an den universellen Charakter des physikalischen Konzeptes *„Energie"* und formulierte bereits Mitte des 19. Jahrhundert *„Das Princip von der Erhaltung der Kraft"* (1847, H. Helmholtz).[8] Wenig später folgte die ergänzende Hypothese: *„Die Energie der Welt ist constant"* (1865, J. Clausius), womit Clausius zum Ausdruck bringen wollte: *„Die Energie eines unendlich großen Systems bleibt constant"* (1897, M. Planck), denn jedwede Änderung erfordert eine Wechselwirkung des Systems mit seiner Umgebung. Diese Interaktion kann aber nur über die systembegrenzende Oberfläche ablaufen, wobei das Verhältnis Oberfläche zu Volumen mit zunehmender Größe des Systems gegen Null geht. Wir verzichten dementsprechend auf die Einführung impulserzeugender oder impulsvernichtender Prozesse (d. h. auf fiktive Kraftwirkungen) und formulieren den Impulserhaltungssatz in strenger Form analog der Planck'schen Fassung zum Energieerhaltungssatz:

„Der Impuls, d. h. die Bewegungsmenge eines beliebig großen Systems ist konstant."

Auf Basis des im vorherigen Abschnitt 4.4.5 vorgestellten Milne-Universums, als das größtmögliche physikalische System, ist der *allgemeine Impulserhaltungssatz* unschwer nachzuvollziehen, insbesondere ist in diesem Modell die Konstante identisch Null – wie es im Grunde auch sein muss (→ erweitertes Relativitätsprinzip!).

Eine entsprechende Vermutung zur Bewegungsmenge wurde tatsächlich erstmals von René Descartes im Jahre 1644 publiziert (→ Eingangszitat zu diesem Kapitel). Es ist wiederum Max Planck der 1908 in seinen *„Bemerkungen zum Prinzip der Aktion und Reaktion in der allgemeinen Dynamik"* darauf aufmerksam machte, dass das 3. Newton'sche Gesetz der Mechanik allgemeiner zu interpretieren sei, möchte man Konsistenz zur Elektrodynamik und Thermodynamik herstellen:

> *„Wie die Konstanz der Energie den Begriff der Energieströmung, so zieht notwendig auch die Konstanz der Bewegungsgröße den Begriff der »Strömung der Bewegungsgröße«, oder kürzer gesprochen: der »Impulsströmung« nach sich. Denn die in einem bestimmten Raum befindliche Bewegungsgröße kann sich nur durch äußere Wirkungen, also nach der Theorie der Nahewirkung nur durch Vorgänge an der Oberfläche des Raumes ändern, also ist der Betrag der Änderung in der Zeiteinheit ein Oberflächenintegral, welches als die gesamte Impulsströmung in das Innere des Raumes hinein bezeichnet werden kann."*[9]

Impuls ist demnach nicht wandelbar, kann aber auf unterschiedliche Weise gespeichert werden, wobei spezifische Transportprozesse den Impulstransfer von einem Speicher in einen anderen beschreiben. Das Aufnahmevermögen, d. h. die *Impulskapazität* C_p eines solchen Speichers lässt sich wie folgt definieren

$$\Delta \boldsymbol{p} = C_p \cdot \Delta \boldsymbol{v} \qquad \text{Gl. 5.1}$$

Je größer die Impulskapazität eines Körpers, umso geringer ändert sich zu gegebenem Impulseintrag $\Delta \boldsymbol{p}$ dessen Geschwindigkeit $\Delta \boldsymbol{v}$. Einen ersten Impulsspeicher kennen wir somit bereits:

- **Die Masse eines Körpers**

  Bei der Bewegung eines Körpers legt dessen (träge) Masse die Impulskapazität fest:

  $$C_p = m \qquad \text{Gl. 5.2}$$

  Je größer die Masse, umso geringer ist die Geschwindigkeitsänderung zu gegebenem Impulseintrag. Die physikalische Eigenschaft *„träge Masse"* kann man demnach auch zutreffender mit dem alternativen Begriff *„Impulskapazität"* beschreiben.

Neben der Bewegung kennen wir noch einen weiteren Impulstransportprozess:

- **Die mechanische Spannung**

  Im Falle einer linear elastischen Feder gilt für ein Feder-Schwinger-System

  $$\left(\frac{\mathrm{d}p}{\mathrm{d}t}\right) = -D_{\text{Feder}} \cdot \Delta x = m_{\text{Schwinger}} \cdot \left(\frac{\mathrm{d}v}{\mathrm{d}t}\right) \qquad \text{Gl. 5.3}$$

  Der Impulsstrom $\mathrm{d}p/\mathrm{d}t$ ist auf Seiten der Feder über die Auslenkung Δx sowie einer elastischen Materialkenngröße D_{Feder} bestimmt und führt trivialerweise zu einer Geschwindigkeitsänderung $\mathrm{d}v/\mathrm{d}t$ des (starren) Schwingers, festgelegt durch dessen Impulskapazität $m_{\text{Schwinger}}$.

Insbesondere scheint die Impulsstrom-Interpretation zur mechanischen Spannung einer Feder i. Allg. erhebliche Probleme zu bereiten, selbst für *„Physik-Profis"*. In einem ersten *„Verständnisschritt"* mache man sich klar, dass (Gl. 5.3) eine *Identität* beschreibt – sowohl *mathematisch-quantitativ* als eben auch *physikalisch-qualitativ*! Beide Seiten einer physikalischen *Gleichung* sind nun einmal *gleich* (!), weshalb es nicht ratsam erscheint, die Sachlage unnötig zu komplizieren, indem man zu Interpretationszwecken hierfür zwei qualitativ verschiedene Modellvorstellungen zu verwenden sucht.

5.2 Kontaktwechselwirkungen

Das Kraftkonzept der Newton'sche Mechanik lehrt uns: Es gibt keine Einzelkräfte, d. h. Kräfte treten immer nur paarweise auf. Weshalb es auch keine unabhängige, objektive Bewegungsgröße geben kann, d. h. der relative Bewegungszustand eines Körpers bzw. dessen Bewegungsmenge oder Impuls lässt sich nur mithilfe und auf Kosten der entsprechenden Größe eines Wechselwirkungspartners verändern. Beides motiviert *zwingend* den Modellierungsansatz *„Impulsstrom"*. Als Erhaltungsgröße genügt der Impuls deshalb einer Kontinuitätsgleichung, gemäß

$$\mathbf{div}\boldsymbol{j}_p + \frac{\partial \rho_p}{\partial t} = 0 \qquad \text{Gl. 5.4}$$

Die skalare Impulsdichte ρ_p erfährt in einem gegebenen (und zeitlich konstanten) Volumen V nur dann eine Änderung mit der Zeit, wenn die Impulsstromdichte $\boldsymbol{j}_p$ durch die das Volumen begrenzende Oberfläche ungleich Null ist, d. h. mathematisch, wenn $\mathbf{div}\boldsymbol{j}_p \neq 0$.

Bild 5.2 verdeutlicht diese Modellvorstellung am Beispiel des sich einstellenden Impulsstromes $\mathrm{d}p_x/\mathrm{d}t$ (in positiver x-Richtung) zwischen der Erde und zweier reibungsfrei gelagerter Körper mit jeweiliger Masse m, M ($M > m$). Beide Körper sind durch eine linear-elastische Feder mechanisch verbunden. Zieht eine Zugfeder (vom Typ *„Muskel"*) stetig am kleineren Körper ①, so ist je Zeiteinheit $\mathrm{d}t$ dessen Impulsgewinn $\mathrm{d}p_x^{①} > 0$ gleich dem Impulsverlust $\mathrm{d}p_x < 0$ der Erde. Das Verhältnis der Impulskapazitäten m/M_{Erde} ist verschwindend klein, sodass der entsprechende Impulsstrom $\mathrm{d}p_x^{①}/\mathrm{d}t$ ausschließlich Körper ① in relative Bewegung zu versetzen scheint. In der Folge verliert dieser zunehmend positiven Impuls $p_x^{①}$ an Körper ②.

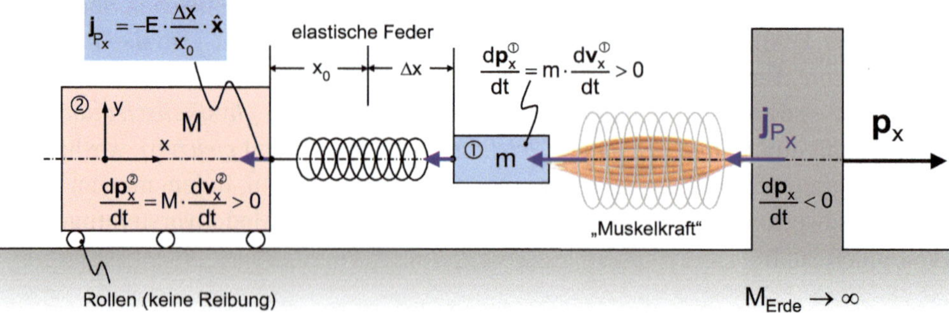

Bild 5.2 Schematische Darstellung der elastischen Kopplung zweier Körper zur Verdeutlichung des Impulsübertrags Erde-Körper ①-Körper ②.

Die zugehörige Impulsstromdichte $\boldsymbol{j}_{px}$ macht sich über die sich einstellende mechanische Spannung der Feder zwischen beiden Körpern bemerkbar. Aufgrund der höheren Impulskapazität M von Körper ② verlangsamt sich hierdurch die Bewegung von Körper ① und es stellt sich bei weiterhin konstantem Impulszustrom seitens der Erde eine kollektive Zunahme der Bewegungsgröße beider Körper ein, gemäß

$$\mathrm{d}\boldsymbol{p}_x = (m+M)\cdot \mathrm{d}\boldsymbol{v}_x \qquad \text{Gl. 5.5}$$

Die Verbindungsfeder steht hierbei unter konstanter Spannung σ, d. h. es fließt permanent der konstante Impulsstrom

$$\frac{\mathrm{d}\boldsymbol{p}_\sigma}{\mathrm{d}t} = \frac{\mathrm{d}\boldsymbol{p}_x}{\mathrm{d}t} - m\cdot\frac{\mathrm{d}\boldsymbol{v}_x}{\mathrm{d}t} \qquad \text{Gl. 5.6}$$

von Körper ① nach Körper ②. Der Gesamtimpuls ist zu jedem Zeitpunkt erhalten, d. h. es wird zu keinem Zeitpunkt Impuls erzeugt oder vernichtet, sondern es ändert sich nur die Impulsverteilung zwischen Erde und beiden Körpern. Deshalb erscheint es physikalisch wenig sinnvoll diesen Wechselwirkungsprozess über spezifisch wirkende impulserzeugende und impulsvernichtende Kräfte zu beschreiben. Vielmehr genügt die zeitliche Änderung der entsprechenden Impulsdichten $\rho_{px} = p_x/V$ der einfachen Kontinuitätsgleichung (Gl. 5.4).

Die Impulsstromleitfähigkeit der mechanischen Feder ist durch deren Elastizitätsmodul E bestimmt. Je größer E, umso ausgeprägter ist der Impulsstrom $\mathrm{d}p_x/\mathrm{d}t$ zu gegebener Auslenkung Δx. In diesem Sinne beschreibt ein starrer Körper einen perfekten Impulsleiter, während flexible, weiche Materialien mit kleinem E-Modul den Impuls nur schlecht übertragen.

5.2.1 Die allgemeine Kontinuitätsgleichung

Das im letzten Abschnitt diskutierte Beispiel beschreibt die mechanischen Verhältnisse eines linear-elastischen Festkörpers mit nur einem elastischen Freiheitsgrad und dem damit verbundenen Impulsübertrag durch Zug-/Druckspannung in x-Richtung. Im Allgemeinen ist jedoch die Spannungsverteilung eines materiellen Körpers dreidimensional und wird deshalb mathematisch durch sogenannte *Tensoren*[10] beschrieben (vgl. hierzu die Ausführungen zur Kontinuumsmechanik in Abschnitt 4.2.3).

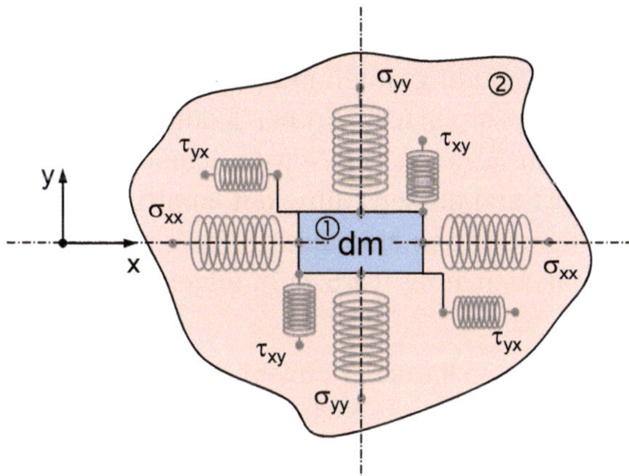

Bild 5.3
Mögliche 2D-Spannungskomponenten durch die mechanische Wechselwirkung zwischen einem Volumenelement ① und dessen Festkörperumgebung ②.

Je Raumrichtung wirken auf das Volumenelement der Masse m eine Zug-/Druckspannung σ_{nn} senkrecht zur Begrenzungsfläche (Normalspannung in n-Richtung) sowie eine Schubspannung τ_{nm} parallel zur Begrenzungsfläche. Bild 5.3 zeigt beispielhaft die zugehörige Federanordnung der mechanischen Anbindung eines Volumenelementes ① im Festkörper ② in der x-y-Ebene. Jede Feder repräsentiert einen der geschilderten Spannungswerte.

Die Kontinuitätsgleichung für den Impuls lautet deshalb in allgemeiner dreidimensionaler Form

$$\mathbf{div}\hat{\boldsymbol{\sigma}} + \frac{\partial \boldsymbol{\rho}_p}{\partial t} = \mathbf{0} \qquad \text{Gl. 5.7}$$

mit dem mechanischen Spannungstensor (in kartesischen Koordinaten)

$$\hat{\boldsymbol{\sigma}} = \left(\sigma_{ij}\right) = \begin{pmatrix} \sigma_{xx} & \sigma_{xy} & \sigma_{xz} \\ \sigma_{yx} & \sigma_{yy} & \sigma_{yz} \\ \sigma_{zx} & \sigma_{zy} & \sigma_{zz} \end{pmatrix} \qquad \text{Gl. 5.8}$$

und dem Dichtevektor der Impulsstromstärke (→ *„Kraftdichte“*) $\mathrm{d}\boldsymbol{\rho}_p/\mathrm{d}t = \boldsymbol{f}$.

Tensoren gemäß (Gl. 5.8) lassen sich prinzipiell immer in einen symmetrischen und einen antisymmetrischen Anteil zerlegen und in folgende Form bringen[11]

$$\widehat{\boldsymbol{\sigma}} = \widehat{\boldsymbol{\sigma}}_\mathrm{s} + \widehat{\boldsymbol{\sigma}}_\mathrm{a} = \begin{pmatrix} \hat{\sigma}_{xx} & 0 & 0 \\ 0 & \hat{\sigma}_{yy} & 0 \\ 0 & 0 & \hat{\sigma}_{zz} \end{pmatrix} + \begin{pmatrix} 0 & \hat{\tau}_{xy} & -\hat{\tau}_{zx} \\ -\hat{\tau}_{xy} & 0 & \hat{\tau}_{yz} \\ \hat{\tau}_{zx} & -\hat{\tau}_{yz} & 0 \end{pmatrix} \qquad \text{Gl. 5.9}$$

Unter Verwendung des verallgemeinerten Gauß'schen Satzes kann (Gl. 5.7) auch in integraler Form dargestellt werden

$$\frac{\mathrm{d}\boldsymbol{p}}{\mathrm{d}t} = -\oint_{\partial V} (\widehat{\boldsymbol{\sigma}} \cdot \boldsymbol{n})\, \mathrm{d}A = -\oint_{\partial V} (\widehat{\boldsymbol{\sigma}}_\mathrm{s} + \widehat{\boldsymbol{\sigma}}_\mathrm{a}) \cdot \boldsymbol{n}\, \mathrm{d}A \qquad \text{Gl. 5.10}$$

Ist beispielsweise der antisymmetrische Spannungsanteil null, so wird offensichtlich, dass (Gl. 5.10) das sogenannte Superpositionsprinzip der Kräfte beschreibt: Das *Newton'sche Kräfteparallelogramm*. Im Rahmen der Newton'schen Mechanik wird dieses Prinzip axiomatisch gefordert und dessen Gültigkeit empirisch untermauert.[12] Im Impulsstrombild ist die Superposition eine direkte Folge der Impulserhaltung, wie sie durch die Kontinuitätsgleichung (Gl. 5.7) in allgemeiner Form beschrieben wird.

Gibt es antisymmetrische Spannungsanteile, so kann der zugehörige integrale Anteil in (Gl. 5.10) auch vektoriell dargestellt werden. Es gilt nämlich folgende Identität

$$\oint_{\partial V} (\widehat{\boldsymbol{\sigma}}_\mathrm{a} \cdot \boldsymbol{n})\mathrm{d}A = \oint_{\partial V} (\boldsymbol{n} \times \boldsymbol{T})\mathrm{d}A \qquad \text{Gl. 5.11}$$

mit dem Schubspannungsvektor $\mathbf{T} = (\hat{\tau}_{yz}, \hat{\tau}_{zx}, \hat{\tau}_{xy})$.

Gl. 5.11 beschreibt das *Hebelgesetz*, wir werden in Abschnitt 5.2.3 noch ausführlicher darauf eingehen. Zuvor jedoch, müssen wir uns detaillierter mit der Physik eines mechanischen Impulstranportprozesses befassen – der sog. *Reibung*.

5.2.2 Die Reibung

Das physikalische Phänomen *„Reibung"* beschreibt einen wichtigen Impulsaustauschprozess. Ohne Reibung gibt es praktisch keine mechanische Wechselwirkung, weshalb auch viele mechanische Prinzipien wirkungslos blieben und in der Folge so manche Errungenschaft unseres technischen Fortschritts völlig nutzlos wäre. Reibung spielt deshalb in unserem Alltag eine herausragende Rolle und selbst das Leben, so wie wir es kennen, ist ohne Reibung nicht möglich (→ laminare Blutströmung). Aus diesem Grund entwickelte sich ein eigener interdisziplinärer Forschungsbereich, der sich eingehend mit der wissenschaftlichen Untersuchung dieses Phänomens beschäftigt – die *Tribologie* (altgriech.: τριβειν – *„tribein"* = *„rei-*

ben, abnutzen"). Trotz aller Wissenschaft finden sich in einführenden Texten zur Reibungslehre zuweilen recht unglückliche Versuche das Phänomen in Worte zu fassen, wie etwa die folgende Aussage:

> *„Die Reibung ruft weder eine Bewegung hervor, noch leistet sie Arbeit: Sie überträgt oder vermittelt Bewegung oder Arbeitsleistung, ohne selbst aktiv zu sein."*[13]

Letztlich spiegeln solche Formulierungen die z.T. erheblichen Defizite entsprechender Modellvorstellungen und Modellierungsansätze wider. In unserem Falle beispielsweise das Bild *„aktiver Krafteinwirkungen"* oder die Vorstellung eines *„aktiven Wechselwirkungsverhaltens"* im Sinne einer kausalen Ursache-Wirkung-Relation, die auf den ersten Blick plausibel erscheinen mögen aber dennoch recht wenig zum Verständnis in der Sache beitragen (vgl. hierzu die Ausführungen in Abschnitt 4.2.1 *Die Newton'sche Mechanik* bzw. zum Kausalitätsproblem den Abschnitt 4.3.4). Man war diesbezüglich bereits Mitte des 19. Jahrhunderts deutlich weiter (vgl. Zitat $\mathbf{Z}_9$ von H. Helmholtz, 1847). Betrachten wir also im Folgenden die Reibung, genauer die sog. trockene Reibung oder auch Coulomb-Reibung,[14] und zwar nicht im Sinne *„aktiv wirkender Kräftepaare"*, sondern einfach als das Phänomen, was es tatsächlich repräsentiert - nämlich einen Impulstransportprozess.

Die Physik unterscheidet beim Kontakt materieller Körper die sogenannte Haft- bzw. Gleitreibung (Index H bzw. G) von der Rollreibung (Index R) und der Bohrreibung (Index B). Das Ingenieurwesen unterscheidet zudem noch die Seilreibung und die Wälzreibung, beides sind jedoch nur spezifische Kombinationen der zuvor genannten Phänomene. Zur quantitativen Beschreibung dieser mit dem Begriff *„äußere Reibung"* klassifizierten Kontaktphänomene führt man materialspezifische Reibungskoeffizienten μ_X ein, die im Allgemeinen noch von der Oberflächenbeschaffenheit und der Relativgeschwindigkeit der Körper jedoch *nicht* von den Abmessungen der Kontaktfläche abhängen, wie experimentelle Befunde zeigen.

Für die Beträge dieser Wechselwirkung gilt allgemein

$$F_X = \mu_X \cdot F_N \Leftrightarrow \frac{dp_X}{dt} = \mu_X \cdot \frac{dp_N}{dt} \qquad \text{Gl. 5.12}$$

d.h. der Impulsaustausch (Impulsstrom vom Betrage F_X = *„Reibungskraft"*) aufgrund der relativen Bewegung *parallel* zur gemeinsamen Kontaktfläche A ist proportional zum Impulsstrom vom Betrage F_N *senkrecht* durch diese Kontaktfläche (*„Normalkraft"*), gemäß Bild 5.5. Auf diese Weise kommt es zur Angleichung der Relativbewegung bis der Zustand $\Delta v = 0$ erreicht ist. Ein Impulstransfer ist demnach ohne Reibung nicht möglich, d.h. mit anderen Worten die mechanische Reibung der Kontaktflächen beschreibt deren Impulsstromleitfähigkeit.

Im Falle der Haft- bzw. Gleitreibung sind die Koeffizienten μ_X dimensionslose Verhältnisgrößen. Für die Roll- bzw. Bohrreibung ist dies nicht so, weil man das für die Rotation erforderliche Drehmoment D_X ebenfalls mittels F_N beschreibt, sodass die zugehörigen μ_X in [m] gemessen werden

$$D_X = \mu_X \cdot F_N \Leftrightarrow R \cdot \frac{dp_X}{dt} = \mu_X \cdot \frac{dp_N}{dt} \qquad \text{Gl. 5.13}$$

Wir kommen auf diesen Sachverhalt später zurück.

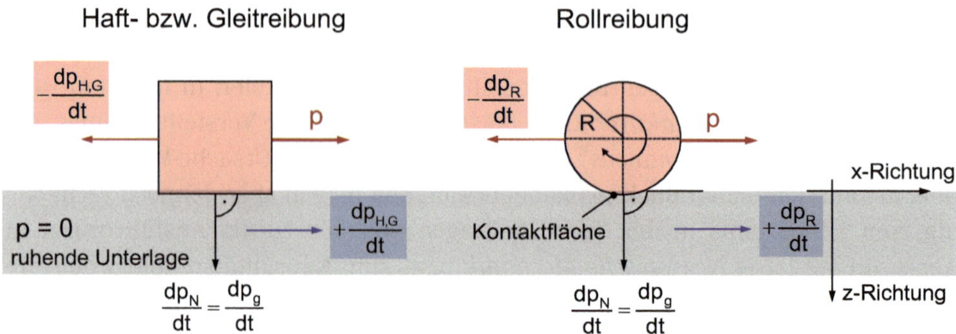

Bild 5.4 Die *„äußere Reibung"* beim Kontakt materieller Körper in relativer Bewegung. Die *„Normalkraft"* dp_N/dt ist gleich der *„Gewichtskraft"* dp_g/dt der jeweiligen Körper.

Zwei Probleme: Zum einen gilt (Gl. 5.12) nur für Beträge, obgleich die zugehörigen physikalischen Größen Vektoren sind. Die vektorielle *„Reibungskraft"* steht senkrecht auf dem *„Normalkraft"*-Vektor, aber wenn dem so ist, wie kommt dann die lineare Abhängigkeit zustande? Zudem ist die Unabhängigkeit der *„äußeren Reibung"* von der Kontaktfläche A unklar. Im Impulsstrombild ist es nämlich die Impulsstromdichte (→ mechanische Kompressionsspannung) die beide Körper im Bereich der Kontaktfläche deformiert, sodass sich auf diese Weise eine Flächenabhängigkeit zeigen sollte. Obwohl die Proportionalität der Reibung zu dp_N/dt den Zusammenhang bereits verdeutlicht, zeigt eine Kontaktflächenänderung nicht den erwarteten Effekt.

Das zweite Problem hängt unmittelbar mit einem weiteren Phänomen zusammen, das u.a. in der Oberflächenphysik eine zentrale Rolle spielt, die sog. Oberflächenrauigkeit einer Kontaktfläche. Prinzipiell sind Oberflächen materieller Körper nicht plan, ganz im Gegenteil, makroskopisch *„glatte"* Oberflächen zeigen häufig bereits auf der µm-Skala eine ausgeprägte Topografie - sie sind tatsächlich *„rau"*. Deshalb berühren sich solche Oberflächen nicht flächig, sondern nur über wenige, minimal drei *„Kontaktinseln"*. Deren Abmessungen sind i. Allg. klein gegen A und durch das jeweils vorliegende Rauigkeitsprofil bestimmt. Dementsprechend hoch sind die lokalen Impulsstromdichten und damit der lokale Materialverschleiß (→ mechanischer Abrieb und/oder thermoplastische Effekte). Mit der Zeit treten weitere Kontaktinseln hinzu (→ Glättung), sodass sich die effektive Kontaktfläche vergrößert und dadurch der lokale Materialverschleiß und damit auch der Reibungskoeffizient kontinuierlich zurückgehen. Die Unabhängigkeit der Reibung von der Kontaktfläche beruht also nicht auf einer physikalischen Gesetzmäßigkeit, sondern ist Ergebnis einer experimentellen Unzulänglichkeit. Man hat die Oberflächenbeschaffenheit im Experiment nicht unter Kontrolle und baut kurzerhand dieses Defizit in das physikalische Modell ein, indem man die Beobachtungsergebnisse unter dem Begriff *„äußere Reibung"* klassifiziert, als habe man es tatsächlich mit einem neuen (weil nennenswerten) physikalischen Phänomen zu tun. Eine solche Vorgehensweise ist in der physikalischen Modellierung weit verbreitet und führt deshalb (leider) immer wieder zu Missverständnissen in der Sache.

Die Lösung zum ersten Problem ergibt sich aus einer genaueren physikalischen Betrachtung, wie dieser Prozess der reibungsbedingten Geschwindigkeitsangleichung explizit abläuft (vgl. Bild 5.5). Reibung ist Impulstransfer, d.h. im infinitesimalen Volumenbereich der Kontaktfläche (mit Schichtdicke $\mathrm{d}z$) kommt es initial zum Impulsübertrag zwischen ruhender Unterlage und bewegtem Körper, ähnlich einem peripheren Stoß zweier Körper. In der Folge bildet sich ein Geschwindigkeitsgradient $\mathrm{d}u_x/\mathrm{d}z$ senkrecht zur Bewegungsrichtung aus, erkennbar durch die sich einstellende Schubspannung G. Diese Spannung ist auch als Superposition einer Zug-Druck-Spannung darstellbar, die eine Impulsstromdichte j_p *senkrecht* zur Bewegungsrichtung definiert, also *parallel* zum Geschwindigkeitsgradienten.

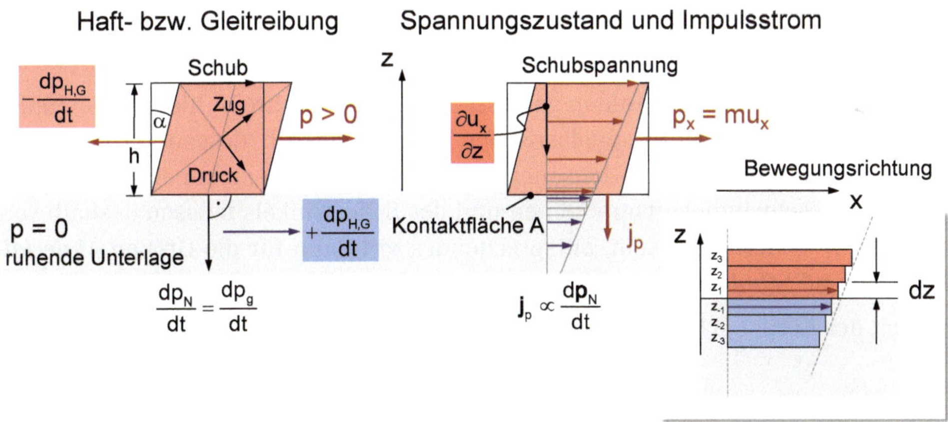

Bild 5.5 Mechanische Spannung und Impulsstrom am Beispiel der Reibung eines gleitenden Würfels mit der Grundfläche *A* und Höhe *h*.

Bei einem Würfel der Höhe h und Grundfläche A mit isotropen elastischen Materialkenngrößen stellt sich demzufolge ein geschwindigkeitsabhängiger Scherwinkel α ein, gemäß

$$j_p = G \cdot \alpha = \eta \cdot \frac{\partial u_x}{\partial z} \Leftrightarrow \eta \cdot \frac{\partial u_x}{\partial z} \cdot \hat{z} = \frac{\mu_G}{A} \cdot \frac{\mathrm{d}p_N}{\mathrm{d}t} \cdot \hat{z} \qquad \text{Gl. 5.14}$$

Der Vektor der Impulsstromdichte $\boldsymbol{j}_p$ liegt parallel zum Vektor der *„Normalkraft"* $\boldsymbol{F}_\mathrm{N}$ und kann somit durch diesen dargestellt werden. $\boldsymbol{j}_p$ beschreibt physikalisch den reibungsbedingten Impulsverlust Δp_x des gleitenden Würfels zur ruhenden Unterlage. Neben der tangential zur Kontaktfläche wirkenden Schubspannung treten auch Normalspannungen in $\hat{z}$-Richtung auf, deren Impulsströme $\pm \mathrm{d}p_z/\mathrm{d}t$ sich gerade kompensieren, sodass sich keine Relativbewegung Δv_z bezüglich der Unterlage einstellen kann. Damit folgt

$$\frac{\mathrm{d}p_x}{\mathrm{d}t} = \eta \cdot \int_A \boldsymbol{j}_p \cdot \mathrm{d}\boldsymbol{A} \Leftrightarrow \frac{\mathrm{d}p_x}{\mathrm{d}t} = \eta \frac{\partial u_x}{\partial z} \cdot \hat{z} \cdot h^2 \cdot \hat{z} = \boldsymbol{j}_p \cdot A \cdot \hat{z} \qquad \text{Gl. 5.15}$$

Die Transportrichtung des Impulsstromes senkrecht zur Bewegungsrichtung ergibt sich auch aus der Überlegung, dass die als ruhend angenommene Oberflächenschicht z_{-1} der Unterlage über die gemeinsame Kontaktfläche bremsend auf den Bewegungszustand der entsprechenden Schicht z_1 des gleitenden Körpers einwirkt, d. h. deren Impuls wird reduziert. Aufgrund der elastischen Kopplung wirkt jedoch die darüber liegende schnellere Schicht z_2 beschleunigend auf z_1 etc. Folglich stellt sich ein Impulstransport in Richtung des Geschwindigkeitsgefälles $\mathrm{d}u_x/\mathrm{d}z$ ein, gemäß

$$j_p = \frac{1}{A} \cdot \frac{\mathrm{d}p_\mathrm{G}}{\mathrm{d}t} = \rho \cdot dz \cdot \frac{u_x(z_{k+1}) - u_x(z_k)}{dz}, k = 1, 2, \ldots, n \qquad \text{Gl. 5.16}$$

mit der als homogen angenommenen Materialdichte ρ des Körpers.

Die Proportionalitätskonstante η, gemessen in [Pas], beschreibt hierbei die Zähigkeit des Materials unter elasto-plastischer Verformung, d. h. dessen Vermögen die spannungsbedingte Deformationsenergie (quasi-reversibel) aufzunehmen. Die Beträge des Geschwindigkeitsgradienten und des Scherwinkels müssen deshalb von gleicher Größenordnung sein, entsprechendes gilt dann für die Größen *Materialzähigkeit* und *Schubmodul.*

Kommt der Körper schließlich zur Ruhe, so zeigen experimentelle Befunde, dass

$$\mu_\mathrm{H} \geq \mu_\mathrm{G} \qquad \text{Gl. 5.17}$$

Demnach benötigt man anfänglich eine höhere Schubspannung, um den relativ zur Unterlage ruhenden Körper in gleichförmige Bewegung zu versetzen, als in der Folge erforderlich ist, diesen Bewegungszustand konstant aufrecht zu erhalten. Die Physik beschreibt die Oberflächenhaftung (→ *„Haftreibung"*) plausibel mit einer *„innigen Verzahnung"* rauer Oberflächen, sodass es einer Spannungserhöhung an der Grenzfläche bedarf, um diese zu lösen. Durch den unmittelbar einsetzenden Spannungsabbau setzt sich der Körper anfänglich beschleunigt in Bewegung, d. h. die Impulsstromleitfähigkeit zur Unterlage ist durch die einsetzende Gleitreibung reduziert (deren *„Widerstand"* hat sich erhöht), sodass bereits ein geringerer Impulsstrom die gleiche Relativgeschwindigkeit (Geschwindigkeitsdifferenz) hervorrufen kann. Die klassische Schulphysik verbindet mit dem Phänomen Reibung stets Bewegungsvorgänge, sodass der Begriff *„Haftreibung"* so manchem Schüler paradox erscheinen muss. Im Bild mechanischer Spannungen (→ Impulsstromdichten) besteht jedoch kein Widerspruch, schließlich haftet ein Körper auf einer rauen Oberfläche, solange der ihm zugeführte Impuls vollständig an die Unterlage abgegeben wird. Es liegt also auch hier ein Impulstransportprozess vor, völlig analog zu der zuvor diskutierten *„Gleitreibung"*.

Auch eine Kugel oder ein zylindrischer Körper (→ Walze) mit Radius R rollt bzw. haftet nicht zwangsläufig, sondern gleitet i. Allg. gleichförmig bezüglich einer rauen Unterlage, zumindest solange die durch Gleitreibung kontinuierlich abnehmende Translationsgeschwindigkeit $u_x(t)$ des Körpers die Rollbedingung (→ Drehimpulserhaltung) noch nicht erfüllt, d. h. beispielsweise im Falle einer Walze (Trägheitsmoment $J = m/2 \cdot R^2$):

$$u_x \leq \frac{R}{2} \cdot \omega \text{ bzw. } \mu_R \leq \frac{R}{2} \cdot \mu_H \qquad \text{Gl. 5.18}$$

In diesem Fall ist der Impulstransportprozess zwischen Körper und Unterlage über die sich einstellende Schubspannung gegeben, wie bereits am Beispiel des gleitenden Würfels diskutiert. Zu gegebener Translationsgeschwindigkeit (bei gleicher Materialkombination/Geometrie) wechselt der Körper also erst unterhalb einer kritischen Geschwindigkeit $u_{G\text{-}R}$ vom Gleiten ins Rollen, denn die Bedingung für μ_R ist praktisch immer erfüllt - wie kommt dieser Effekt zustande?

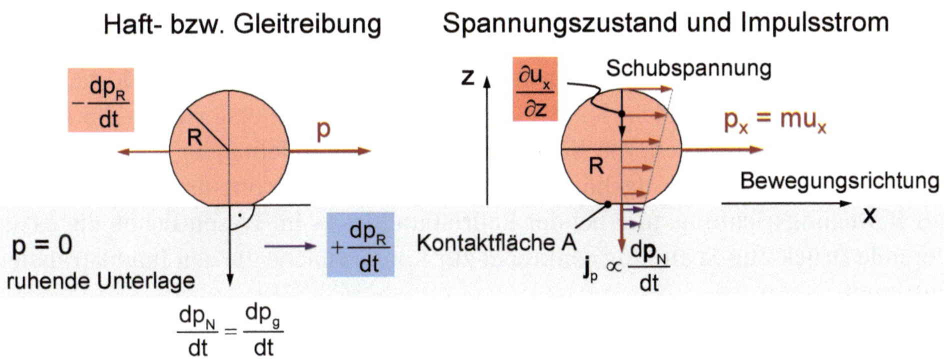

Bild 5.6 Mechanische Spannung und Impulsstrom bei der Gleitreibung am Beispiel eines rotationssymmetrischen Körpers mit Radius *R*.

Während des Gleitvorgangs verliert der Körper kontinuierlich Translationsimpuls über die Kontaktfläche an die Unterlage bis die Relativbewegung im Bereich der Kontaktfläche schließlich null wird (vgl. Bild 5.6). Der Körper haftet und es kann deshalb kein weiterer Translationsimpuls an die Unterlage abgegeben werden, d. h. in der Unterlage ist $j_p = 0$. Innerhalb des Körpers ist aber j_p immer noch ungleich Null, weil die Spannungsverteilung und damit auch der Geschwindigkeitsgradient weiterhin bestehen. Damit fließt aber ein Impulsstrom in radialer Richtung bis sich ein Gleichgewichtszustand mit symmetrischer Spannungsverteilung eingestellt hat und der Körper mit konstanter Winkelgeschwindigkeit ω rollt. Dies ist eine direkte Folge der Kontinuitätsgleichung für den Impuls (→ allgemeine Impulserhaltung). Die lokale Impulsdichte ρ_p ändert sich solange $\mathbf{div}\boldsymbol{j}_p$ ungleich Null ist. Für den Geschwindigkeitsgradienten der Walze gilt dann

$$\frac{\partial u_x}{\partial z} = \frac{2 \cdot u_x}{D} = \frac{u_x}{R} = \frac{\omega}{2} \qquad \text{Gl. 5.19}$$

Genau genommen müsste der Koeffizient der Rollreibung μ_R eigentlich null sein, weil aufgrund des Impulsstromgleichgewichts die Rotationsbewegung selbsterhaltend ist und Impuls nicht verloren gehen kann. Die Rollbewegung bewirkt jedoch im Bereich der Kontaktfläche weiterhin eine (wenn auch sehr kleine) Schubspannung, und aufgrund des Eigengewichts des Körpers besteht zusätzlich eine Druck-Zug-Spannung in z-Richtung, also parallel zur *„Normalkraft"*, gemäß Bild 5.7. Diese Spannungsverteilung ist nicht symmetrisch (Druck > Zug), sodass durch nichtlineares Materialverhalten über den Netto-Impulsstrom geringfügig Bewegungsenergie an die Unterlage abgegeben wird, gemäß

$$\frac{\mathrm{d}p_\mathrm{R}}{\mathrm{d}t} = \mu_\mathrm{R} \cdot \frac{\mathrm{d}p_\mathrm{N}}{\mathrm{d}t}, \qquad \text{Gl. 5.20}$$

mit

$$\mu_\mathrm{R} << \mu_\mathrm{G} < \mu_\mathrm{H} \qquad \text{Gl. 5.21}$$

Die Proportionalität des Impulstransfers zu $\mathrm{d}p_\mathrm{N}/\mathrm{d}t$ begründet sich also je nach Reibungstypus unterschiedlich. Bei der Haftreibung ist es in erster Linie die Druckspannung der Gravitation, die Körper und Unterlage aufeinander presst. Bei der Gleitreibung erzeugt die zugehörige Schubspannung einen Impulsstrom senkrecht zur Bewegungsrichtung, und bei der Rollreibung ist es im Wesentlichen die oszillierende Druck-Zug-Spannung senkrecht zur Kontaktfläche die den Impulstransfer bestimmt.

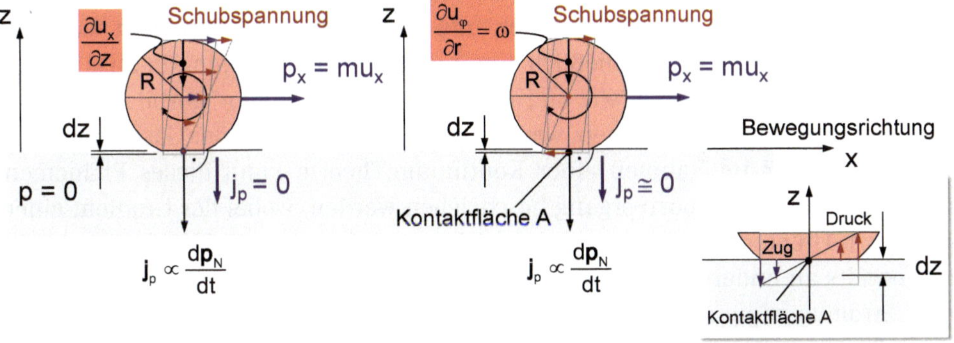

Bild 5.7 Mechanische Spannung und Impulsstrom bei der Rollreibung am Beispiel eines rotationssymmetrischen Körpers mit Radius *R*.

Die einleitend mit aufgeführte Bohrreibung passt in keine der bisher diskutierten Erscheinungsformen der *„äußeren Reibung"*. Sie beschreibt die Gleitreibung eines rotierenden Körpers, der über seine Oberfläche teilweise oder vollständig in Kontakt mit einem ihn umgebenden Medium steht (vgl. Bild 5.8). Die Rotationsbewegung des Bohrers erlaubt keinen Impulstransfer an die Umgebung ohne entsprechenden Anpressdruck σ. Dieser erzeugt die notwendige Torsionsspannung für den Materialabtrag (bei ausreichend hohen Impulsstromdichten) und sorgt zugleich für den Vortrieb des Bohrers, weil dessen Translationsimpuls aufgrund des Spannungsverlustes durch den Abrieb nicht mehr an das Medium weitergleitet wird. Das abgeriebene Material (→ Bohrmehl) wirkt zudem isolierend, sodass es kontinuierlich aus dem Bohrkanal entfernt werden muss, um einen optimalen Impulstransfer zwischen Bohrer und Medium zu gewährleisten.[15]

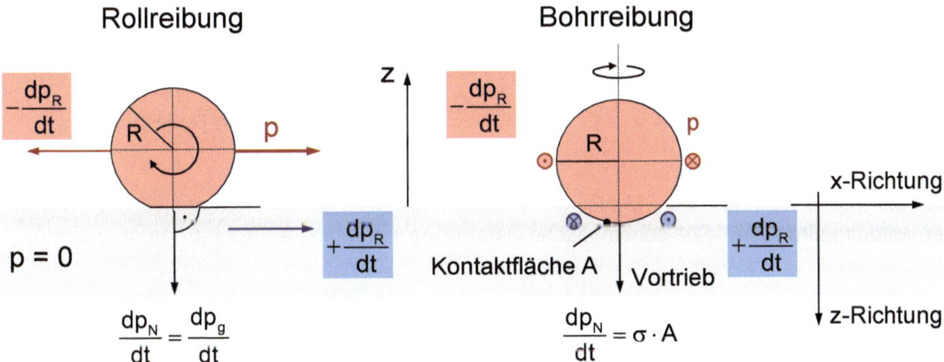

Bild 5.8 Vergleich der *„äußeren Reibung"* beim Rollen und Bohren.

Die mit (Gl. 5.14) eingeführte Zähigkeit η ist identisch mit der Materialeigenschaft *Viskosität*, wie man sie zur physikalische Darstellung der sogenannten *„inneren Reibung"* bei strömenden Flüssigkeiten und Gasen einführt. Verbindet man mit dem Begriff *„Reibung"* ausschließlich eine Kontaktwechselwirkung in Zusammenhang mit rauen Oberflächen (wie im Falle der *„äußeren Reibung"* gerne angeführt), so darf man sich natürlich fragen, was denn bei Flüssigkeiten oder Gasen im *„Inneren"* reiben soll? Im Rahmen einer Kontinuum-Theorie kann dieses Phänomen ebenfalls als ein Transportvorgang beschrieben werden, wobei der Gradient einer intensiven Größe die Strömung der zugehörigen extensiven Größe bestimmt, wie dies bereits an anderer Stelle erläutert wurde. Im Falle einer viskosen Strömung wird Strömungsimpuls in Richtung des Geschwindigkeitsgradienten senkrecht zur strömenden Substanz transportiert, was sich mithilfe eines einfachen molekular-kinetischen Modells auch veranschaulichen lässt. Wie in Bild 5.9 skizziert, dringen auf molekularer Ebene Teilchen aufgrund ihrer isotropen thermischen Bewegung im Bereich der mittleren freien Weglänge Λ aus der in z-Richtung schnelleren Schicht x_{i-1} in x_i ein und erhöhen dort durch Stoßprozesse die Impulskomponente der Moleküle in z-Richtung. Entsprechend wirkt die langsamere Schicht x_{i+1} bremsend auf x_i ein. Auf diese Weise stellt sich ein Impulstransport in Richtung des Geschwindigkeitsgefälles $\mathrm{d}u_z/\mathrm{d}x$ ein. Mit anderen Worten, die *„innere Reibung"* beschreibt tatsächlich das gleiche Phänomen, das im Falle der *„äußeren Reibung"* bereits ausführlich diskutiert wurde.[16]

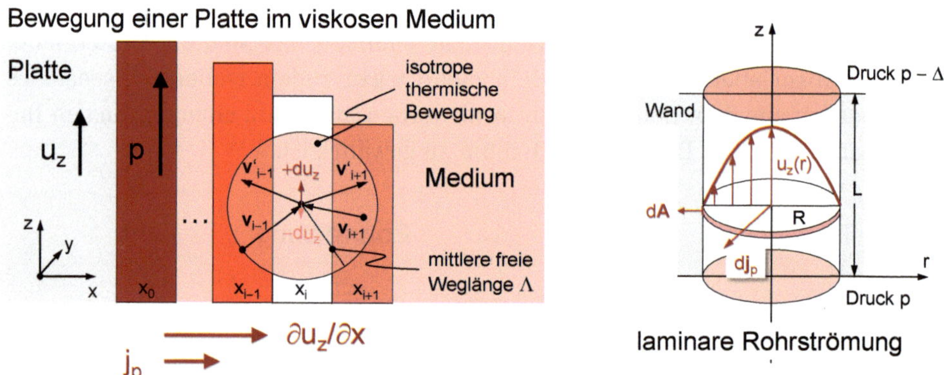

Bild 5.9 Molekularkinetisches Modell der Viskosität am Beispiel der Plattenbewegung im viskosen Medium (links) und eine schematische Darstellung zur laminaren Rohrströmung (rechts).

Man erhält für die Impulsstromdichte einer (laminaren) Strömung mit der Geschwindigkeit u_z in z-Richtung

$$\boldsymbol{j}_p = \eta \cdot \mathbf{grad}\, u_z = \eta \cdot \frac{\partial u_z}{\partial x} \hat{\boldsymbol{z}} \qquad \text{Gl. 5.22}$$

Die Impulserhaltung (→ Kontinuitätsgleichung) liefert schließlich für jede Komponente von Impulsstrom $\mathrm{d}\boldsymbol{p}/\mathrm{d}t$ und Strömungsgeschwindigkeit $\boldsymbol{u} = (u_x, u_y, u_z)$:

$$\frac{\mathrm{d}\boldsymbol{p}}{\mathrm{d}t} = \eta \cdot \int_V \Delta \boldsymbol{u} \cdot \mathrm{d}V \qquad \text{Gl. 5.23}$$

Wenden wir diese Beziehung auf das Problem der laminaren Rohrströmung an, so erhalten wir (Zylindersymmetrie)

$$\frac{\mathrm{d}p_z}{\mathrm{d}t} = \eta \cdot \int_{\partial V} \mathbf{grad}(u_z) \cdot \mathrm{d}\boldsymbol{A} \Leftrightarrow \frac{\mathrm{d}p_z}{\mathrm{d}t} = \eta \frac{\partial u_z}{\partial r} \cdot \hat{\boldsymbol{r}} \cdot 2\pi r L \cdot \hat{\boldsymbol{r}} = \boldsymbol{j}_p \cdot 2\pi r L \cdot \hat{\boldsymbol{r}} \qquad \text{Gl. 5.24}$$

Aufgrund des Impulstransfers durch thermisch induzierte molekulare Stoßvorgänge fließt also permanent ein Impulsstrom über die Mantelfläche ab, d.h. mit anderen Worten: Die Impulsdichte der Rohrströmung muss abnehmen und wir erhalten erwartungsgemäß

$$\left.\frac{\partial \rho_p}{\partial t}\right|_{V_{\mathrm{Rohr}}} = -\mathbf{div}\boldsymbol{j}_p \qquad \text{Gl. 5.25}$$

und im stationären Fall gilt

$$0 = \frac{1}{r} \cdot j_p + \eta \cdot \frac{\partial^2 u_z}{\partial r^2} \qquad \text{Gl. 5.26}$$

bzw.

$$-\frac{1}{r} \cdot \Delta p \cdot \frac{\pi r^2}{2\pi r L} = \eta \cdot \frac{\partial^2 u_z}{\partial r^2} \qquad \text{Gl. 5.27}$$

Der Gradient der Impulsstromdichte in z-Richtung $\Delta p/L$ ist also gerade gleich dem Impulsstromverlust durch die Mantelfläche, und wir erhalten für das sich einstellende radiale Geschwindigkeitsprofil die bekannte Beziehung

$$u_z(r) = \frac{\Delta p}{4\eta L} \cdot \left(R^2 - r^2\right) \qquad \text{Gl. 5.28}$$

Das stationäre Geschwindigkeitsprofil zeigt zum einen, dass die feste Rohrwandung permanent den sich einstellenden radialen Impulsstrom aus der viskosen Flüssigkeitsströmung aufnimmt und zum anderen, dass es sich tatsächlich um einen Flächeneffekt handelt, wie man es bei einer Stromleitung auch erwarten sollte. Aufgrund der Impulserhaltung kann man natürlich auch umgekehrt argumentieren, nämlich ein negativer Impulsstrom (von der relativ zur Flüssigkeit ruhenden Wand) bremst die Strömung ab. Dieser Effekt muss zum Zentrum der Rohrströmung hin kontinuierlich schwächer werden, gemäß des vorgestellten molekularkinetischen Modells aus Bild 5.9, sodass sich in der Folge das parabolische Geschwindigkeitsprofil (Gl. 5.28) einstellt.

Fazit: Der physikalische Begriff *„Reibung"* beschreibt somit in *beiden* Fällen, sowohl für die *„äußere"* als auch für die *„innere Reibung"* dasselbe Phänomen: Einen Impulstransportprozess senkrecht zur Bewegungsrichtung, weshalb der Begriff *Reibung*, unabhängig vom Aggregatszustand, synonym für jede Form des Impulstransfers zwischen Materie in relativer Bewegung verwendet werden kann.

5.2.3 Das Hebelgesetz

Das Hebelgesetz steht für einen der ersten sorgfältig dokumentierten experimentellen Befunde aus unserer Erfahrungswelt und ist meines Erachtens *die* grundlegende experimentelle Erkenntnis schlechthin, in Anbetracht der außerordentlichen Erfolge, die im Laufe der weiteren Entwicklungsgeschichte zur technischen Umsetzung dieses Prinzips erzielt wurden. Seit seiner Entdeckung waren Philosophen und Naturwissenschaftler bis in die heutige Zeit vergeblich darum bemüht das Hebelgesetz zu *erklären*, d.h. es auf noch grundlegendere, einfachere Prinzipien zurückzuführen, als eben dem Drehmoment-Gleichgewicht.

Bereits Aristoteles (384 - 322 v. Chr.) schrieb hierzu

> *„Wunderbar erscheint, was zwar naturgemäß erfolgt, wovon die Ursache sich nicht offenbart ... Denn ungereimt erscheint es, dass eine große Last durch eine kleine Kraft, jene noch verbunden mit einer größeren Last bewegt werde. Wer ohne Hebel eine Last nicht bewegen kann, bewegt diese leicht, die eines Hebels noch hinzufügend."* [17]

Es ist ausgesprochen aufschlussreich hierzu ältere Literatur zu studieren, beispielsweise die historisch-kritische Betrachtung von Ernst Mach zur *„Entwickelung der Principien der Statik"* (Mach, 1897), speziell seine Ausführungen im ersten Kapitel des Buches, woraus das Aristoteles-Zitat stammt. Man erfährt sehr viel darüber wie man in der Physik seinerzeit dachte, insbesondere wie man sich den Prozess der physikalischen Modellierung damals vorstellte. Vieles davon trifft selbst nach heutigem Kenntnisstand ohne jede Einschränkung zu, auch wenn man Ende des 19. Jahrhundert den tatsächlichen Entwicklungsstand der Physik und deren Leistungsfähigkeit gerade auf dem Gebiet der *Klassischen Mechanik* hoffnungslos überschätzte - *verständlicherweise*, muss hinzugefügt werden, angesichts der zu jener Zeit vorliegenden Erfolge in Naturwissenschaft und Technik.

Worauf beruht also das Hebelgesetz?

Betrachten wir hierzu den zweiarmigen, symmetrisch unterstützten Hebel in Bild 5.10.

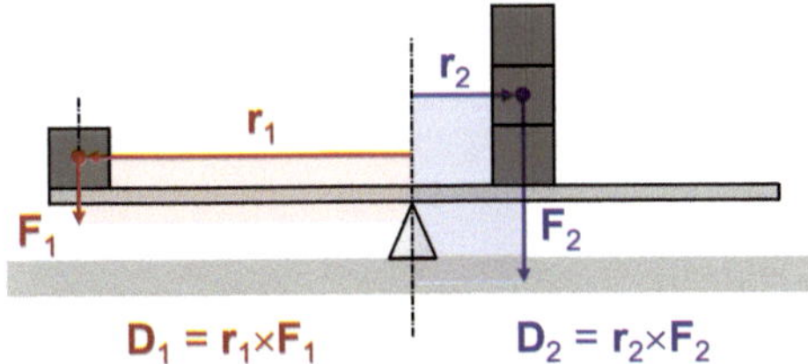

Bild 5.10
Das Hebelgesetz beschrieben durch das Momenten-Gleichgewicht $D_1 = D_2$.

Das Schema zeigt den oben zitierten *„naturgemäßen und wunderbaren Befund"* wie er von Aristoteles bereits vor mehr als 2300 Jahren beschrieben wurde. Archimedes (287 - 212 v. Chr.) stellte seinerzeit zudem fest, dass immer dann ein Gleichgewicht vorliegt, wenn das Verhältnis der Gewichte umgekehrt proportional zum Verhältnis der zugehörigen Abstände zum Auflagepunkt ist. Die moderne Physik stellt diesen Sachverhalt schließlich über das sogenannte Momenten-Gleichgewicht dar

$$\sum_k \boldsymbol{D}_k = \sum_k \boldsymbol{r}_k \times \boldsymbol{F}_k = \mathbf{0} \qquad \text{Gl. 5.29}$$

Mit diesem Ansatz lassen sich viele mechanische Problemstellungen erfolgreich bearbeiten, sodass man sich im Rahmen der heutigen physikalischen Grundausbildung oftmals genau darauf beschränkt und so den Eindruck vermittelt, es sei damit bereits alles umfassend und vollständig beschrieben, aber dem ist nicht so!

Aus Symmetriegründen darf man erwarten, dass der unbelastete symmetrisch unterstützte Hebel gemäß linkem Schema in Bild 5.11 immer im Gleichgewicht ist, also nach keiner Seite ausschlagen wird. Dennoch zeigt sich in diesem (scheinbar trivialen) Experiment bereits das allgemeine Hebelgesetz, wie Galileo Galilei in einem Gedankenexperiment deutlich machte.[18] Unterteilt man den Hebel nämlich in 2n Segmente mit jeweils gleichem Längenmaß Δl (hier $n = 6$), so kann man diesen gedanklich an jeder beliebigen Stelle auftrennen. Bestimmt man die Schwerpunkte beider Teilstücke, so erhält man relativ zum Auflagepunkt zwangsläufig das Hebelgesetz, wie die weiteren Beispiele in Bild 5.11 verdeutlichen sollen.

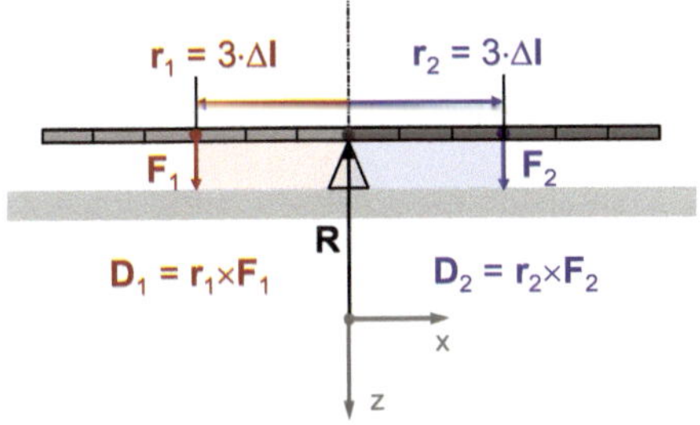

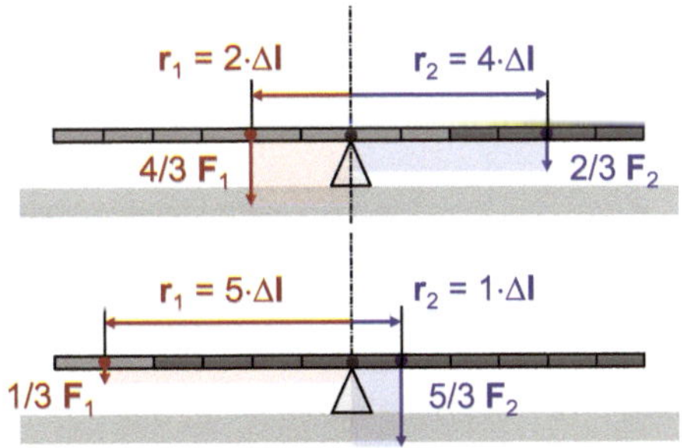

Bild 5.11 Beispiele zum Hebelgesetz nach Galilei und die entsprechenden Momentengleichgewichte $D_1 = D_2$ (farbig hervorgehobene Flächen).

Der Auflagepunkt ist zugleich Schwerpunkt der gesamten Anordnung. Für dessen Ortsvektor $\boldsymbol{R}$ gilt definitionsgemäß

$$\boldsymbol{R} = \frac{1}{M} \cdot \sum_{k=1}^{2n} m_k \cdot \boldsymbol{r}_k = \frac{1}{2n} \cdot \sum_{k=1}^{2n} \boldsymbol{r}_k \qquad \text{Gl. 5.30}$$

Die Vektorsumme (Gl. 5.30) lässt sich nach dem Assoziativgesetz auf beliebige Weise in Teilsummen $\boldsymbol{R}_{1,2}$ zerlegen

$$\boldsymbol{R} = \frac{j}{2n} \cdot \sum_{k=1}^{j} \boldsymbol{r}_k + \frac{2n-j}{2n} \cdot \sum_{k=j+1}^{2n} \boldsymbol{r}_k = \boldsymbol{R}_1 + \boldsymbol{R}_2, \text{ mit } 1 \leq j < 2n \qquad \text{Gl. 5.31}$$

Entsprechendes gilt für den Gesamtimpuls $\boldsymbol{P}$ und dessen zeitliche Änderung, den Gesamtimpulsstrom $\mathrm{d}\boldsymbol{P}/\mathrm{d}t$

$$\boldsymbol{P} = \sum_{k=1}^{2n} \boldsymbol{p}_k = \boldsymbol{P}_1 + \boldsymbol{P}_2 \Rightarrow \frac{\mathrm{d}\boldsymbol{P}}{\mathrm{d}t} = \sum_{k=1}^{2n} \frac{\mathrm{d}\boldsymbol{p}_k}{\mathrm{d}t} = \frac{\mathrm{d}\boldsymbol{P}_1}{\mathrm{d}t} + \frac{\mathrm{d}\boldsymbol{P}_2}{\mathrm{d}t}, \qquad \text{Gl. 5.32}$$

wobei

$$\frac{\mathrm{d}\boldsymbol{p}_k}{\mathrm{d}t} = m_k \cdot \boldsymbol{g} > 0, \; k = 1, \ldots, 2n \qquad \text{Gl. 5.33}$$

d. h., jedes Segment und damit die gesamte Hebelanordnung nimmt kontinuierlich Impuls auf, und dennoch ist keine Bewegung festzustellen – wieso eigentlich?

Im Newton'schen Kraftbild wird diese Frage *nicht* beantwortet, sondern *„elegant umschrieben"*, indem man das Konzept des Schwerpunktes einführt, womit man Galileis bzw. Archimedes' Gedankenexperiment auf mathematisch einfache Weise beschreiben kann und in der Folge auch das Drehmomentgleichgewicht erhält. Hierbei bedient man sich eines *„Physiker-Tricks"*: Man addiert auf geeignete Weise einen Nullvektor $\boldsymbol{0} = \boldsymbol{F} - \boldsymbol{F}$, nämlich im Schwerpunkt des Hebels und gruppiert bzw. benennt die so erhaltene Vektorkonfiguration neu (vgl. Bild 5.12). Man beachte $\boldsymbol{F}$ und $-\boldsymbol{F}$ greifen *beide* am Schwerpunkt an, sodass sich keine Bewegung einstellen kann. Die so entstandenen Kräftepaare $\pm\boldsymbol{F}_\mathrm{i}$ im Abstand $\boldsymbol{r}_\mathrm{i}$ fasst man zum Drehmoment $\boldsymbol{D}_\mathrm{i}$ bezüglich des Schwerpunktes zusammen und stellt fest, dass sich diese Momente im Gleichgewicht gerade aufheben, gemäß (Gl. 5.29).

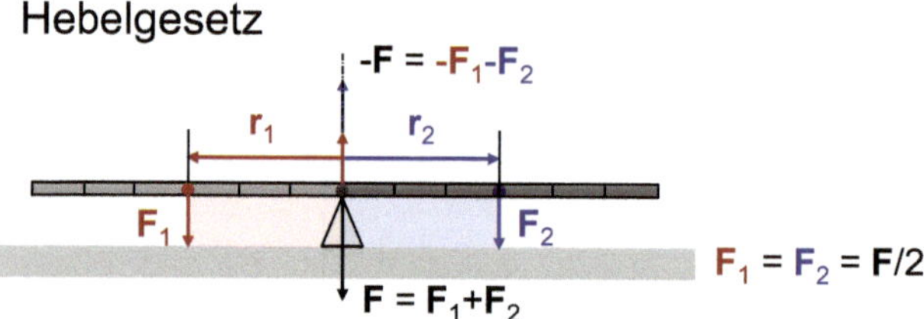

Bild 5.12 Das Hebelgesetz nach Galilei im Newton'schen Kraftbild.

Das Problem: Man ist keinen Schritt weiter! Das Resultat hat man nämlich implizit über die Schwerpunktdefinition bereits vorweg genommen. $+\boldsymbol{F}$ interpretiert man in gewohnter Weise als die im Schwerpunkt angreifende *„äußere Gravitationskraft"* und $-\boldsymbol{F}$ ist dann in diesem Bild die zugehörige *„Reaktionskraft"*, vermittelt durch die Hebellagerung und die axiomatisch geforderten *actio-reactio*-Kräftepaare zwischen Erde und Hebel.

Im Impulsstrombild stellt sich der Sachverhalt wie folgt dar: Jedes Segment bezieht aus dem Gravitationsfeld einen konstanten Impulsstrom $\mathrm{d}\boldsymbol{p}_K/\mathrm{d}t = \boldsymbol{j}_p \cdot \Delta A$. Wie man diesen Prozess genau zu verstehen hat, wird später im Zusammenhang mit Feldwechselwirkungen diskutiert (siehe Abschnitt 5.3.1 *Das Gravitationsfeld*). Gemäß der Kontinuitätsgleichung (Gl. 5.4) muss für die Impulsstromdichte stets folgende Beziehung gelten

$$\mathbf{div}\boldsymbol{j}_p = 0 \Leftrightarrow \oint_{\partial V} \boldsymbol{j}_p \cdot \mathrm{d}\boldsymbol{A} \qquad \text{Gl. 5.34}$$

und zwar für *jede* geschlossene Fläche ∂V, die den Hebel oder Teile davon umschließt (vgl. Bild 5.13). Mit anderen Worten: Der stete Impulszufluss (aus dem Gravitationsfeld) wird durch einen gleich großen Impulsabfluss kompensiert. Betrachtet man den gesamten Hebel, kann dies nur über dessen Auflagepunkt (Schwerpunkt) geschehen. Aufgrund der zugehörigen Impulsstromdichte muss sich folglich für jedes Einzelsegment eine Schubspannung in z-Richtung bzw. eine Zug-Druck-Spannung in x-Richtung einstellen.

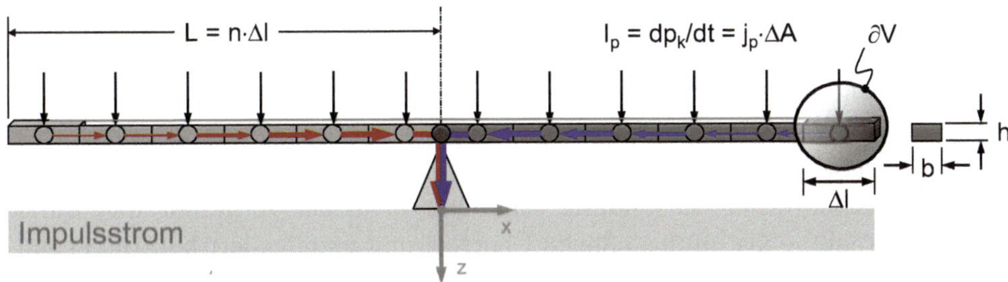

Bild 5.13 Das Hebelgesetz nach Galilei bzw. Archimedes im Impulsstrombild.

Der Gesamtimpulsstrom und damit auch die Gesamtimpulsstromdichte steigen (wegen der Impulserhaltung) durch die Beiträge der jeweiligen Segmente kontinuierlich in Richtung zum Auflagepunkt an und erreichen dort ein Maximum, wofür man leicht folgende Beziehung finden kann

$$\sigma_x = \pm 6 \cdot j_p \cdot \left(\frac{\Delta l}{h}\right)^2 \cdot n^2 \qquad \text{Gl. 5.35}$$

Dieser Strom fließt von dort zur Erde ab, sodass sich tatsächlich keine Relativbewegung zwischen Hebel und Erde einstellen kann.

A_{5-3}: Man zeige, dass dieser Ausdruck die geschilderten Zusammenhänge beschreibt.

Fazit: Das Hebelgesetz ist eine direkte Folge der allgemeinen Impulserhaltung. Diese lässt sich mithilfe eines Impulstransportprozesses beschreiben, d. h. der Impuls genügt einer Kontinuitätsgleichung und damit zwangsläufig verknüpft ist eine *„Knotenregel"* [19] für den Impulsstrom (d. h. *„Zustrom = Abstrom"*, im Kraftbild entspricht diese Regel dem *„Kräfteparallelogramm"*). Diese Knotenregel wird durch das Hebelgesetz beschrieben, womit man schließlich auch alle anderen mechanischen Prinzipien auf einfache Weise darstellen kann (beispielsweise den Flaschenzug, das Wellrad, die schiefe Ebene etc.). Das bedeutet im Umkehrschluss, dass in all diesen Fällen in gleicher Weise ein Impulstransportprozess vorliegen muss!

Mit anderen Worten: Impulsströme sind in unserer Erfahrungswelt allgegenwärtig. Zur weiteren Verdeutlichung dieses Sachverhaltes beschreibt der folgende Abschnitt einige Beispiele aus Physik und Technik.

5.2.4 Beispiele zur Impulsstrom-Mechanik

Impulsströme begegnen uns im Alltag auf vielfältige Weise. Leider nehmen wir sie nicht als solche wahr, weil die damit einhergehenden Phänomene gewöhnlich der Wirkung fiktiver Kräftepaare zugeordnet werden. Diese *„reflexartige"* Interpretation ist Folge einer leidigen Angewohnheit, die sich im Verlauf einer langjährigen naturwissenschaftlichen Ausbildung scheinbar plausibel vermittelt und durch stete Wiederholung als unumstößliche Überzeugung manifestiert hat. Die grundsätzliche Problematik des Kraftkonzeptes wurde bereits eingehend in Abschnitt 4.2 diskutiert. Im Folgenden möchte ich deshalb anhand einiger Beispiele aus der Physik und dem Ingenieurwesen aufzeigen, dass wir es *„tatsächlich"* mit Impulsströmen zu tun haben, soll heißen: Der Impulsstrom-Ansatz ist gegenüber dem Kraft-Ansatz das definitiv geeignetere Modell zur Beschreibung mechanischer Problemstellungen. Im Gegensatz zum Kraftkonzept benötigen wir nämlich im Impulsstrom-Bild zur Deutung dieser Phänomene keine zusätzlichen Ad-hoc-Hypothesen, d.h. nicht zu beweisende Zusatzannahmen, die im Grunde *„vom Himmel fallen"*, weil nur auf diese Weise an dem uns allzu vertrauten Kraftkonzept festgehalten werden kann. Der Erfolgsfall dient sodann als Rechtfertigung für die hierfür erforderlichen Voraussetzungen (→ Tautologie). In diesem Sinne ist das Impulsstrom-Modell zielführender, weil ohne Zusatzhypothesen und Zirkelschlüsse anwendbar.

5.2.4.1 Ein Vergleich: mechanische Spannung vs. elektrische Stromdichte

Die mechanische Impulsstromdichte (→ mechanische Spannung in [Nm^{-2}])und die elektrische Ladungsstromdichte (→ elektrische Stromdichte in [Am^{-2}]) sind zueinander analoge physikalische Größen. Die zugehörigen Modellvorstellungen entwickelten sich allerdings unabhängig voneinander, sodass man entsprechende experimentelle Befunde (leider) auf unterschiedliche Weise zu beschreiben pflegt.

Wird beispielsweise ein Stab der Querschnittsfläche A und der Länge L mit einem konstanten Strom F (→ Impulsstrom $\mathrm{d}p/\mathrm{d}t$) bzw. I (→ Ladungsstrom $\mathrm{d}q/\mathrm{d}t$) beaufschlagt, gemäß Bild 5.14, so beobachtet man in der Mechanik ein lineares Verschiebungsfeld $u(x)$ in Achsenrichtung, wobei die Stromdichte σ_m (→ mechanische Spannung) proportional zum Feldgradienten $\mathrm{d}u/\mathrm{d}x$ ist, gemäß

$$\sigma_\mathrm{m} = \frac{F}{A} = E_\mathrm{Stab} \cdot \frac{\mathrm{d}u}{\mathrm{d}x} = E_\mathrm{Stab} \cdot \varepsilon_\mathrm{Stab} \qquad \text{Gl. 5.36}$$

mit einer materialspezifischen Konstanten E_Stab, dem Elastizitätsmodul des Stabes, sowie der relativen Dehnung (→ Deformation) $\varepsilon_\mathrm{Stab} = \Delta l/L_0$.

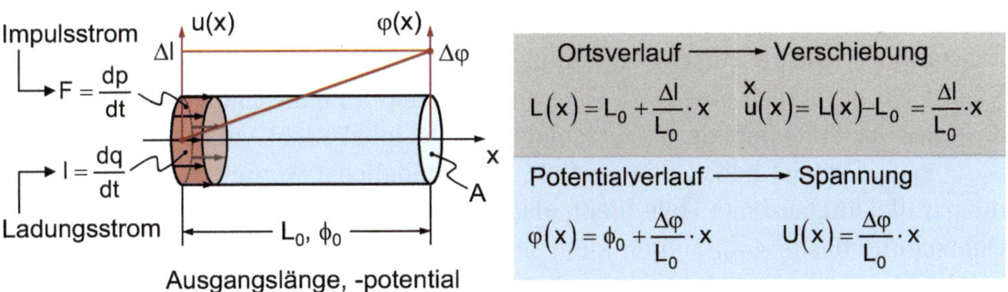

Bild 5.14 Mechanik vs. Elektrik: Impuls- und Ladungsströme längs eines Stabes.

Entsprechend beobachtet man in der Elektrik ein lineares Spannungsfeld $U(x)$ mit identischer Abhängigkeit zwischen Stromdichte σ_e und Feldgradienten $\mathrm{d}U/\mathrm{d}x$

$$\sigma_\mathrm{e} = \frac{I}{A} = \rho_\mathrm{Stab}^{-1} \cdot \frac{\mathrm{d}U}{\mathrm{d}x} = \rho_\mathrm{Stab}^{-1} \cdot \frac{\Delta\varphi}{L_0} \qquad \text{Gl. 5.37}$$

Die Materialkonstante ρ_Stab heißt in diesem Fall spezifischer Widerstand und der Kehrwert die spezifische Leitfähigkeit des Stabes. Der elektrische Feldgradient ist im Gegensatz zur analogen mechanischen Größe dimensionsbehaftet, weil wir zur Beschreibung des Potentialverlaufs längs des Stabes die Ortskoordinate x beibehalten haben. Wir hätten aber ebenso gut eine Skalierung der x-Achse vornehmen können, gemäß

$$\frac{\chi}{\phi_0} = \frac{x}{L_0} \Rightarrow \sigma_e = \frac{I}{A} = \rho_{\text{Stab}}^{-1} \cdot \frac{\mathrm{d}U}{\mathrm{d}\chi} = \rho_{\text{Stab}}^{-1} \cdot \frac{\Delta\varphi}{\phi_0} \qquad \text{Gl. 5.38}$$

Das Funktionsprinzip des **D**ehn-**M**ess-**S**treifens (DMS) zur Bestimmung der mechanischen Belastung von Bauteilen nutzt die gegenseitige Abhängigkeit beider Transportmechanismen. Wird ein elektrisch leitfähiger Stab *„bestromt"*, so verringert sich die gemessene Stromdichte σ_e sobald ein zusätzlicher Impulsstrom mit konstanter Stromdichte σ_m fließt

$$\sigma_e(\sigma_m) = \frac{E_{\text{Stab}}}{E_{\text{Stab}} + \sigma_m} \cdot \sigma_e(0) \qquad \text{Gl. 5.39}$$

sodass man prinzipiell die mechanische Belastung des Stabes indirekt über eine elektrische Messung bestimmen kann. Bei der experimentellen Umsetzung des Messprinzips verwendet man in der Regel dünne meanderförmige Leiterstrukturen, die man auf dem zu untersuchenden Körper aufklebt, gemäß Bild 5.15. Auf diese Weise bestimmen die mechanischen Eigenschaften des zu untersuchenden Körpers das Gesamtverhalten des Materialverbundes und zudem lassen sich damit auch mechanische Spannungen in elektrisch nicht leitenden Materialien untersuchen.

Im Impulsstrom-Bild ist das Messprinzip recht einfach nachzuvollziehen: Die zu bestimmende mechanische Stromdichte $\sigma_m = F/A$ ist über den Stabquerschnitt konstant, weil die spezifische Leitfähigkeit E_{Stab} als homogen vorausgesetzt wurde. Kleben wir zusätzlich eine DMS-Folie auf, sind deren Eigenschaften so zu wählen, dass das im Stab induzierte Verschiebungsfeld lokal nicht verändert wird, d. h. $\varepsilon_{\text{Stab}} = \varepsilon_{\text{DMS}}$. Dies ist genau dann erfüllt, wenn möglichst wenig Impulsstrom über die parallel angeordnete Folie fließt, also deren Leitfähigkeit E_{DMS} und/oder deren Querschnittsfläche A_{DMS} sollten klein sein (also völlig analog zur Vorgehensweise bei der Messung einer elektrischen Spannung).

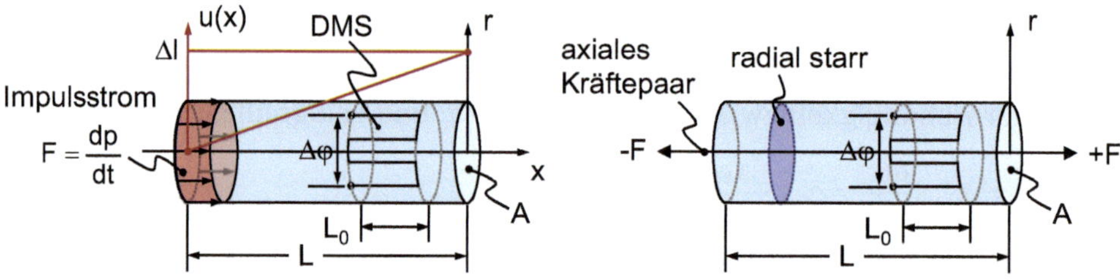

Bild 5.15 Axiale mechanische Belastung eines zylindrischen Stabes im Impulsstrom-Bild (links) und im Kraftbild (rechts).

Im Kraftbild bedarf es einer ganzen Reihe zusätzlicher Hypothesen, um die Beobachtung sowie das Messprinzip konsistent zu beschreiben:

1. Newton: Es wirken entgegengesetzt gleiche Zugkräfte längs der durch den Stabschwerpunkt gehenden Symmetrieachse (sog. Linienkräfte).
2. In Achsenrichtung verhalte sich der Stab elastisch, sodass sich in der Folge lokal (für $r = 0$) eine konstante relative Dehnung einstellen kann. Man sagt: Der Stab zeige eine *„kraftgesteuerte"* elastische Reaktion.
3. In der Ebene senkrecht dazu verhalte sich der Körper hingegen starr, sodass die axiale Dehnung unmittelbar über den gesamten Stabquerschnitt wirksam werde.
4. Die DMS-Folie zeige hingegen ein *„verschiebungsgesteuertes"* Verhalten, d.h.
   - in Dehnungsrichtung verhalte sich die Folie in einer Weise passiv, dass die durch die Verschiebung induzierten *„Reaktionskräfte"* gegenüber den *„eigentlichen Stabkräften"* vernachlässigbar bleiben.
   - in der Ebene senkrecht zur Symmetrieachse des Stabes verhalte sich auch die Folie inklusive Anbindung starr, damit die Messvoraussetzung $\varepsilon_{\text{Stab}} = \varepsilon_{\text{DMS}}$ auch erfüllt bleibt.

Nehmen wir allerdings eine kleine geometrische Veränderung vor, indem wir beispielsweise den Stabquerschnitt lokal einengen, wie in Bild 5.16 schematisch dargestellt, so scheitert unmittelbar die Beschreibung im Kraftbild aufgrund der sich einstellenden Nichtlinearität im Bereich der Taille. Die mechanische Spannung skaliert nämlich nicht einfach mit dem ortsabhängigen Flächenverhältnis $A_0/A(x)$ und sie ist zudem nicht mehr über dem Querschnitt $A(x)$ konstant. Im Impulsstrom-Bild erhalten wir hingegen auf direktem Wege die korrekte Stromdichteverteilung im Bereich der Einschnürung.

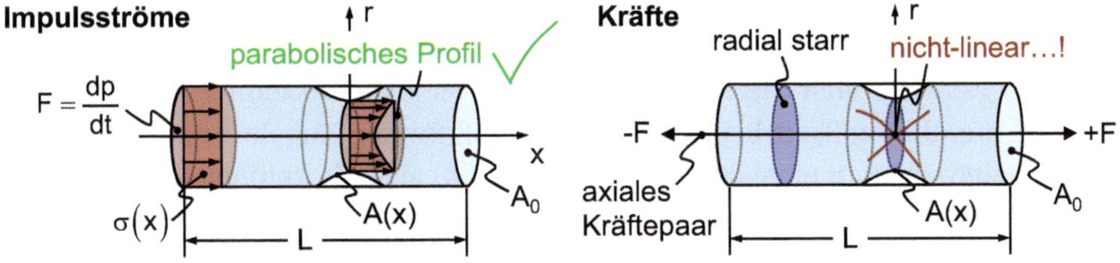

Bild 5.16 Axiale mechanische Belastung eines zylindrischen Stabes mit variablem Querschnitt im Impulsstrom-Bild (links) und im Kraftbild (rechts).

Die mechanische Spannung steigt in radialer Richtung parabolisch an und zeigt damit das gleiche Verhalten wie die elektrische Stromdichte in einem Ohm'schen Leiter gleicher Geometrie! Wegen der Impuls- bzw. Ladungserhaltung genügen nämlich beide Phänomene formal derselben Differentialgleichung (Kontinuitätsgleichung), sodass sich zwangsläufig die gleichen Stromdichteprofile ergeben. In unserem Beispiel (in Zylinderkoordinaten):

$$\mathbf{div}\sigma = \frac{1}{r}\cdot\frac{\partial}{\partial r}\left(r\cdot\sigma_r\right)+\frac{\partial\sigma_z}{\partial z}=0 \qquad \text{Gl. 5.40}$$

Offensichtlich beschreiben das *Hooke'sche Gesetz* zum elastischen Materialverhalten und das *Ohm'sche Gesetz* für elektrisch leitende Materialien gleiche physikalische Prozesse. Der elektrische Strom nimmt bekanntlich den Weg des geringsten Widerstandes, sodass es zwangsläufig zu einer Erhöhung der Stromdichte im Bereich des Taillenumfangs kommt. Entsprechendes gilt für die mechanische Spannung. Demnach fließt ein Impulsstrom durch den Stab und *„induziert"* ein Verschiebungsfeld $u(r,z)$ (genauer: $\mathrm{d}p/\mathrm{d}t$ *„manifestiert sich"* im Verschiebungsfeld, denn auch hier gibt es keine kausalen Zusammenhänge!). Der Gradient dieses Feldes, die Feldstärke $\varepsilon_{\text{Stab}}$, ist proportional zur Impulsstromdichte σ_{m}. Der (isotrope) Proportionalitätsfaktor E_{Stab} beschreibt die materialspezifische Impulsstromleitfähigkeit.

Interessant ist in diesem Zusammenhang die sogenannte Relaxationszeit des Impulses, in Anlehnung an die entsprechende Größe beim elektrischen Ladungstransport. Jede räumlich begrenzte Impulsverteilung in einem Körper hat einen ortsabhängigen Geschwindigkeitsgradienten zur Folge, d. h. der Körper beginnt sich solange lokal zu bewegen bis sich erneut ein mechanischer Gleichgewichtszustand eingestellt hat! Je nach (ev. zeitabhängiger) Leitfähigkeit äußert sich dieser Prozess ganz unterschiedlich, beispielsweise durch eine stationäre reversible Verschiebung (→ Deformation) bei elastischen Materialien, durch dauerhaftes plastisches Fließen bei weichen Materialien oder durch eine kurzzeitige (abrupte) lokale Bewegung bei Rissbildung spröder Materialien usw., bis hin zur Bewegung des Körpers als Ganzes. Damit sich überhaupt ein Gleichgewichtszustand einstellen kann, muss die eingetragene Bewegungsmenge relaxieren, d. h. idealerweise sich homogen im Körper verteilen bzw. aus diesem wieder abfließen können. Genau dieser Prozess wird über die materialspezifische Relaxationszeit beschrieben. Sie bestimmt u. a. die Stoßzeit beim elastischen Stoß zweier Kugeln und damit auch das Trägheitsverhalten eines Körpers der Masse m, also die zeitliche Entwicklung der mit der Impulsaufnahme bzw. -abgabe einhergehenden Geschwindigkeitsänderung. Wir greifen diesen wichtigen Punkt in Abschnitt 5.2.5 *Stoßvorgänge* nochmals auf.

5.2.4.2 Die Bewehrungstechnik im Bauingenieurwesen

Die Bewehrungs- oder Armierungstechnik im Bauwesen geht auf eine Entdeckung von Joseph Monier[20] zurück. Er fand um das Jahr 1850 heraus, dass Pflanzkübel und Regenwasserspeicher, seinerzeit aus sprödem Beton- (franz.: béton = Zement,

Mörtel) bzw. brüchigem Ziegelmaterial gefertigt, deutlich belastbarer sind (letztere insbesondere bei Vereisung im Winter), wenn man zusätzlich ein Drahtgeflecht einarbeitet. Seither ist die Verwendung sogenannter *„Moniereisen"* im Betonbau Stand der Technik, um auf diese Weise die mechanische Zug-/Druckbelastbarkeit eines Bauwerkes zu erhöhen.[21] Wie aber ist das möglich, schließlich ist die Sprödigkeit des Betons eine materialspezifische Eigenschaft, die erfahrungsgemäß durch das Mischungsverhältnis von Zement, Sand und Kies beeinflusst werden kann. Mit dem Mischungsverhältnis sollten auch die Materialkenngrößen des Betons und insbesondere dessen mechanische Spannungsfestigkeit unveränderlich festgelegt sein. Das Einbringen von Moniereisen kann daran nichts ändern, dennoch verbessert sich signifikant die mechanische Belastbarkeit des sogenannten Stahlbetons (in älterer Literatur auch Monier- oder Eisenbeton genannt).

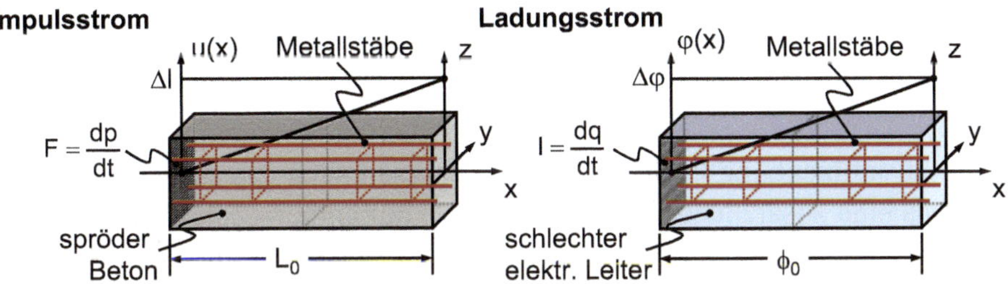

Bild 5.17 Mechanische und elektrische Stromleitung längs eines Stabes der zusätzlich mit gut leitfähigen Metallstäben versehen ist.

Auch in diesem Fall ist eine Betrachtung des analogen elektrischen Problems aufschlussreich (vgl. Bild 5.17). Versehen wir einen moderaten elektrischen Leiter zusätzlich mit gut leitfähigem Material, indem wir beispielsweise Metalldrähte einarbeiten, so überrascht uns nicht, dass die Stromleitfähigkeit des Materialverbundes sich deutlich verbessert. Allerdings ist nur dann eine merkliche Verbesserung zu verzeichnen, wenn wir für eine gute elektrische Anbindung zwischen dem eingebrachten Metall und der vergleichsweise schlecht leitenden Umgebung sorgen, sodass sich für den Ladungstransport Wege geringeren Widerstands ergeben.

Entsprechendes gilt für die erforderliche mechanische Anbindung der Metallstäbe im Beton und die damit einhergehende Verbesserung der Impulsstromleitfähigkeit des Materialverbundes. Deshalb sind Bewehrungsstäbe mit einer umlaufenden, gewindeähnlichen Riefelung versehen, damit sich die Schnittstelle Beton-Metall im Falle einer relativen Verschiebung nicht öffnen kann und in der Folge die Materialien einfach aufeinander abgleiten. Durch diese Maßnahme nehmen die Metallstäbe nachweislich die mechanische Belastung auf und verbessern dadurch insbesondere die Zugfestigkeit des Betons. Eine mathematisch konsistente Beschreibung dieses Phänomens ist nur über den mechanischen Spannungsbegriff (→ Impulsstromdichte) der Kontinuumsmechanik möglich. Im Newton'schen Kraftbild bleibt die Frage unbeantwortet, woher axial angreifende Kraftvektoren eigentlich *„wissen"*, dass diese im Falle einer eingearbeiteten Metallstruktur vorzugsweise dort anzugreifen haben?!

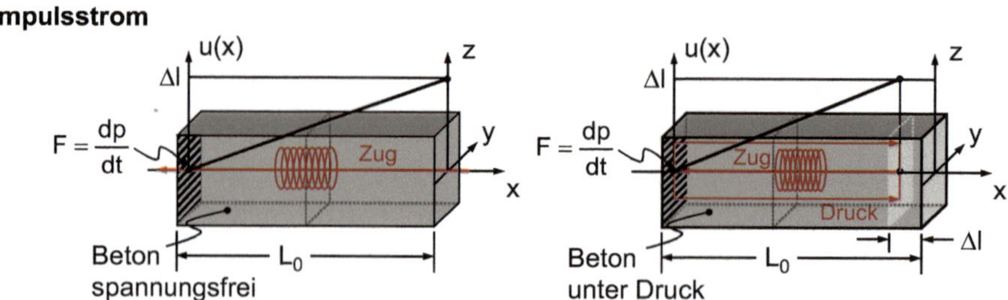

Bild 5.18 Prinzip des Spannbetons: mechanische Spannungsverteilung (Impulsstromdichten) längs eines Betonträgers während der Fertigung (links) und nach der Trocknung mit vorgespannter Bewehrung (rechts).

In diesem Zusammenhang ist im Bauingenieurwesen auch das Eigengewicht von Bauteilen als eine zusätzliche Impulsstromquelle auf entsprechende Weise zu berücksichtigen. Insbesondere im Brückenbau kann das Eigengewicht von Betonträgern insofern einen unerwünschten Beitrag zur Gesamtzuglast im Bauteil darstellen, als es die maximale Tragfähigkeit der Brücke zwangsläufig einschränkt. Wird jedoch, gemäß Bild 5.18, die integrierte Metallstruktur beim Guss des Betonfertigbauteils unter Zugspannung gesetzt und löst man erst nach der Trocknung die Spannvorrichtung auf der Bewehrung, so erfährt die Betonmatrix eine Druckspannung (→ Spannbeton). Bei der Endmontage des Bauteils muss das Eigengewicht erst diese Druckspannung abbauen bevor der Beton eine effektive Zuglast erfahren kann, sodass sich durch diese ausgesprochen findige Maßnahme die relative Tragfähigkeit der Brücke erhöht.

Die mechanische Belastung der Auflager einer Brücke ist ungleich schwieriger zu kontrollieren. Soll zu gegebener Belastung σ_0 die Impulsstromdichte im Lager aus Festigkeitsgründen einen Wert σ_{max} nicht überschreiten, müsste prinzipiell die Auflagefläche A_0 angepasst werden. Eine einfache Rechnung liefert jedoch die exponentielle Abhängigkeit

$$A(\sigma) = A_0 \cdot e^{\frac{\sigma_0}{\sigma_{max}}} \xrightarrow{\sigma_0 \ll \sigma_{max}} A(\sigma_0) = A_0 \cdot \left(1 + \frac{\sigma_0}{\sigma_{max}}\right) \cong A_0 \qquad \text{Gl. 5.41}$$

die nur für geringe Belastungen keine zusätzlichen Maßnahmen erfordern. Baut man allerdings in die Höhe, bei Brücken keineswegs unüblich, kommt das Eigengewicht der Säule (mit der Materialdichte ρ_m) noch im Wortsinne *„erschwerend"* hinzu

$$A(h) = A_0 \cdot e^{\frac{\sigma_0 + \rho_m \cdot g \cdot h}{\sigma_{max}}} \qquad \text{Gl. 5.42}$$

d. h. die Standfläche muss exponentiell mit der Bauhöhe h ansteigen, möchte man sicherstellen, dass die Stromdichte σ_0 im Pfeiler konstant bleibt (vgl. Bild 5.19). Es erfordert genau diese bauliche Maßnahme, um die Tragfähigkeit eines hohen und dennoch soliden Brückenpfeilers auf Dauer zu gewährleisten.

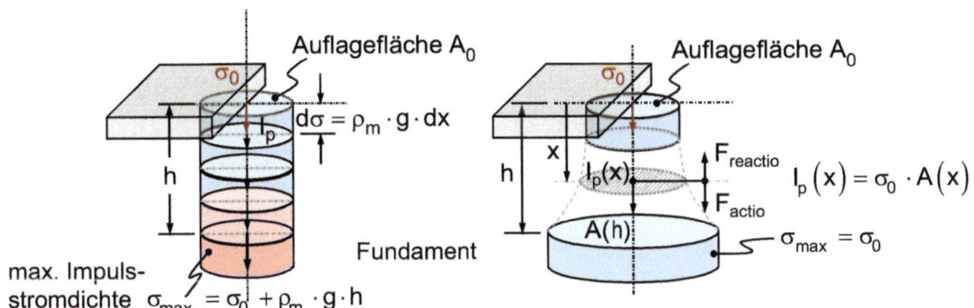

Bild 5.19 Anforderungen zum mechanischen Spannungsverlauf (Impulsstromdichte) in einem Brückenpfeiler.

Das *„Kräftegleichgewicht"* $F_{actio} = F_{reactio}$ ist statisch notwendig, aber für die Stabilität des Pfeilers ist diese Bedingung keineswegs hinreichend. Hierfür bedarf es einer definierten Stromdichteverteilung, die resultierende Kräftebilanz (Kontinuitätsgleichung) ist dann in der Folge zwangsläufig erfüllt!

Mit anderen Worten: Es fließen permanent Impulsströme durch diese Bauteile und die jeweilige Stromdichteverteilung bestimmt deren mechanische Stabilität. Sind diese Prozesse *stationär*, d. h. $d\mathbf{p}/dt = 0$, so vermittelt sich der Eindruck eines scheinbar unveränderlichen Zustandes und man interpretiert diesen Sachverhalt fälschlicherweise als *explizit* zeitunabhängig, also *statisch* $\partial\mathbf{p}/\partial t = 0$, gleichsam plausibilisiert durch das *„Kräftegleichgewicht"*. Tatsächlich ist aber die Divergenz der Impulsstromdichte als Folge des Schwerefeldes und damit auch die *explizite zeitliche Änderung* der lokalen Impulsdichte nicht identisch Null, sondern (annähernd) konstant, d. h. wir haben es mit einem Transportvorgang zu tun. Die Integration der Kontinuitätsgleichung liefert für die Impulsstromdichte am Fußpunkt des jeweiligen Pfeilers

$$\frac{\partial \rho_p}{\partial t} = \rho_m \cdot g \Leftrightarrow \sigma(h) = \begin{cases} \sigma_0 & , A = A(h) \\ \sigma_0 + \rho_m \cdot g \cdot h & , A = A_0 \end{cases} \qquad \text{Gl. 5.43}$$

Eine konsequente ingenieurtechnische Umsetzung dieses Prinzips sieht man beispielhaft am Eiffelturm, fertiggestellt im Jahre 1889 anlässlich der Weltausstellung in Paris.

5.2.4.3 Das Boussinesq-Problem

Der Grenzfall einer quasipunktförmigen Einschnürung des Impulsstromleiters ist als sogenanntes Boussinesq-Problem bekannt. Joseph Boussinesq[22] beschäftigte sich Ende des 19. Jahrhunderts mit dieser nicht-trivialen geomechanischen Fragestellung zum Kräftegleichgewicht zwischen dem Fundament eines Bauwerkes und dem darunter liegenden Erdboden oder mathematisch formuliert: *„Wie erhält man die resultierende Spannungsverteilung einer annähernd punktförmigen Last auf einem unendlich ausgedehnten elastischen Halbraum?“* Hierfür einen zielführenden Lösungsansatz im Newton'schen Kraftbild zu erstellen, gemäß der Arbeitsanweisung *„actio = reactio“*, gestaltet sich ausgesprochen schwierig, weil es an *„plausiblen“* Zusatzhypothesen mangelt, um den Kräfteansatz im Wortsinne zu stützen. Deutlich einfacher ist hingegen ein Strömungsansatz, und es wird in diesem Zusammenhang nicht überraschen zu erfahren, dass Boussinesq ein ausgewiesener Experte in Hydrodynamik war.

Je nach Modellvorstellung suchte Boussinesq seinerzeit also eine Antwort auf die Frage, wie sich im Impulsstrom-Bild die Impulsstromdichteverteilung, beispielsweise des in Bild 5.19 dargestellten Brückenpfeilers, ins Erdreich fortsetzt bzw. wie sich im Kraftbild die *„reactio“* im Erdboden aus der Tiefe und damit quasi aus dem Nichts aufbauen muss, um den jeweiligen Pfeiler an Ort und Stelle zu halten. Schließen wir hierfür einen *„Münchhausen-Effekt“* aus (→ Perpetuum mobile), so bleibt allerdings die Frage nach der Ursache dieser Kraftwirkung insofern unbeantwortet, als man dieses Problem sukzessive über das hypothetische Konstrukt *„äußere Kraft“* in die Tiefe verschiebt und auf diese Weise eine im Boden wirkende unendliche *„Kraftkette“* definieren muss.

Bleiben wir deshalb im physikalisch sinnvolleren Impulsstrom-Bild und lösen *„ganz einfach“* das mathematische Problem der stetigen Fortsetzung der entsprechenden Stromdichteverteilung ins Erdreich hinein. Boussinesq verwendete hierfür einen Potentialansatz, wie er bereits erfolgreich von Lamé und Clapeyron für eine ähnliche Problemstellung eingesetzt wurde.[23] Die mit der Stromdichte verknüpfte Verschiebung genügt nämlich, ebenso wie das elektrische Potential aus der Elektrodynamik und sogenannte Potentialströmungen aus der Hydrodynamik, unter bestimmten Randbedingungen einer Laplace-Gleichung, weshalb man zur Beschreibung und Lösung entsprechender Probleme dasselbe mathematische Repertoire anwenden kann. Diese Tatsache nutzte Boussinesq, als er seinerzeit über die *„... introduction naturelle des potentiels d'autres théories que celle des forces obéissant à la loi newtonienne“* schrieb und damit die zielführendere Alternative zum Newton'schen Kraftmodell vorstellte.

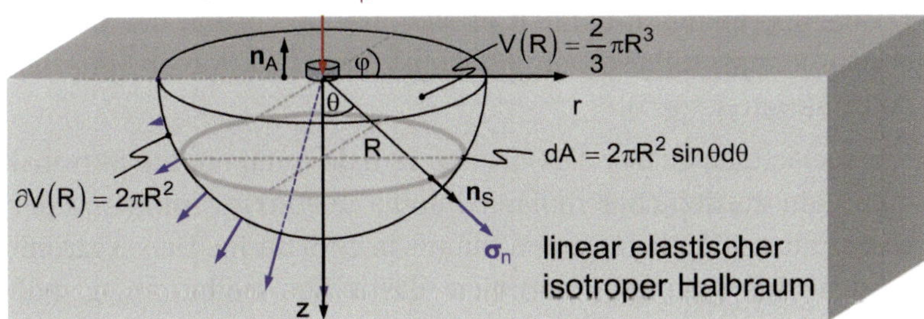

Bild 5.20 Das sogenannte Boussinesq-Problem einer punktförmigen Impulsstrom-Quelle auf der Oberfläche eines linear-elastischen isotropen Halbraums.

Die Problemstellung ist rotationssymmetrisch, gemäß Bild 5.20, d. h. zur Beschreibung eignen sich Zylinder- $[r,\varphi,z]$ bzw. Kugelkoordinaten $[R,\theta,\varphi]$. Im Gleichgewicht muss die Impulsstrombilanz für jedes Volumen $V(R)$ in alle Raumrichtungen Null ergeben, d. h. alle einströmenden Impulse werden durch ausströmende Impulse entsprechend kompensiert. Mathematisch wird dieser Sachverhalt durch die 1. Cauchy'sche Bewegungsgleichung beschrieben:

$$\frac{\partial \boldsymbol{\rho}_p}{\partial t} + \mathbf{div}\hat{\boldsymbol{\sigma}} = 0 \Leftrightarrow \left.\frac{\mathrm{d}\boldsymbol{p}}{\mathrm{d}t}\right|_V = -\oint_{\partial V} \hat{\boldsymbol{\sigma}}\boldsymbol{n} \cdot \mathrm{d}A \qquad \text{Gl. 5.44}$$

wobei die Gleichgewichtbedingung fordert, dass der Gesamtimpuls im betrachteten Volumen sich zeitlich nicht ändern darf, d. h.

$$\oint_{\partial V} \hat{\boldsymbol{\sigma}}\boldsymbol{n} \cdot \mathrm{d}A = \mathbf{0} \Leftrightarrow \oint_{\partial V} \boldsymbol{\sigma}_\mathrm{n} \cdot \mathrm{d}A = \begin{pmatrix} 0 \\ 0 \\ I_p \end{pmatrix} \qquad \text{Gl. 5.45}$$

Der Impulsstromdichtevektor $\boldsymbol{\sigma}_\mathrm{n}$ steht senkrecht auf der sphärischen Begrenzungsfläche $\partial V(R)$ und ist somit kollinear zum Normalenvektor $\boldsymbol{n}_\mathrm{S} = (\sin\theta, 0, \cos\theta)$ der Sphäre.

Mit der Randbedingung für den Impulsstrom $\boldsymbol{I}_\mathrm{n}$ (in Zylinderkoordinaten)

$$\boldsymbol{I}_n = \begin{pmatrix} I_r \\ I_\varphi \\ I_z \end{pmatrix} = \begin{pmatrix} 0 \\ 0 \\ I_p \end{pmatrix} \qquad \text{Gl. 5.46}$$

erhalten wir schließlich - *voilà* - die Lösung unseres Problems:

$$\boldsymbol{\sigma}_n = \begin{pmatrix} \sigma_r \\ \sigma_\varphi \\ \sigma_z \end{pmatrix} = \frac{3 \cdot I_p}{2\pi R^2} \cos\theta \cdot \boldsymbol{n}_S \qquad \text{Gl. 5.47}$$

Der allgemeine Verlauf des Impulsstromdichtevektors $\boldsymbol{\sigma}_{\mathrm{n}}(\theta)$ ist ebenfalls in Bild 5.20 skizziert. Genau genommen handelt es sich um die Lösung des Boussinesq-Problems für nichtkompressibles, volumenkonstantes (isochores) Materialverhalten (→ Querkontraktion $\mu = 0.5$).

Man beachte: Die Tatsache, dass dieser Vektor eine radiale Komponente aufweist heißt nicht, dass netto ein zusätzlicher radialer Impuls p_{r} auftritt. Aufgrund der Impulserhaltung gibt es ausschließlich axialen Impuls in z-Richtung. Dieser strömt jedoch winkelanteilig in den gesamten isotropen elastischen Halbraum, gemäß dem Skalarprodukt (Gl. 5.47), das sich auch wie folgt schreiben lässt

$$\frac{2}{3}\pi R^3 \cdot \boldsymbol{\sigma}_{\mathrm{n}} = \left(\boldsymbol{I}_p \cdot \boldsymbol{R}\right) \cdot \boldsymbol{n}_{\mathrm{S}} \qquad \text{Gl. 5.48}$$

Die mit diesem Strom verknüpfte Verteilung der Energiedichte zeigt deshalb sowohl eine radiale wie auch eine axiale Abhängigkeit, beides wird durch *denselben* (!) Vektor $\boldsymbol{\sigma}_{\mathrm{n}} = (\sigma_{\mathrm{r}},0,\sigma_{\mathrm{z}})$ dargestellt.

Es mag auf den ersten Blick überraschen, dass $\boldsymbol{I}_{\mathrm{n}}$ sehr wohl von $\boldsymbol{I}_{\mathrm{p}}$ und implizit von θ abhängt aber keinerlei R-Abhängigkeit zeigt. Eine Erwartungshaltung die auf der *„reactio“*-Vorstellung beruht, also dem Wirken einer obskuren Gegenkraft, welche im Abstand R im Erdreich *„von außen gegenhalten muss“*, um auf diese Weise der Ursache *„actio“* das Gleichgewicht zu halten. Solche kausalen Zusammenhänge gibt es aber nicht, wie bereits mehrfach betont, sie sind schlicht unzutreffend (vgl. Abschnitt 4.2.1 *Die Newton'sche Mechanik*)! Im Bilde einer Impulsströmung I_p wird stattdessen deutlich, dass durch die Hemisphäre mit Radius R nur die Impulsmenge strömen kann, die über die Oberfläche zugeführt wird, denn nur so bleibt die innerhalb des Volumens befindliche Bewegungsmenge konstant. Die zugehörige Stromdichte ist damit umgekehrt proportional zur begrenzenden Fläche, sodass diese in der weiteren Betrachtung zwangsläufig entfallen muss.

5.2.4.4 Tragwerke

Um die mechanische Belastung von Tragwerken oder Fachwerkstrukturen zu bestimmen (etwa bei Leichtbau-Konstruktionen von Brücken, Kranbauteilen, Stützwänden etc.) bedarf es im Kraftmodell eines ganzen Zoos an Kräften und den entsprechenden Bilanzgleichungen zum Kräftegleichgewicht (→ *„Statik“*). Die *Technische Mechanik* macht uns vertraut mit sog. Punkt-, Linien-, Flächen- und Volumenkräften sowie dem (umfangreichen) Regelwerk, wie methodisch vorzugehen ist, um zu einer gegebenen Trage- oder Stützkonstruktion die statische Lastaufnahme einzelner Komponenten zu ermitteln. Die Problemstellung ist tatsächlich nicht trivial, weil der lokale Lastzustand im Allgemeinen durch einen ortsabhängigen Tensor zu beschreiben ist, dessen Komponenten zudem von der Wahl des Koordinatensystems abhängen. Deshalb bedarf es im Kraftmodell einiges an (Fach-) Wissen, welche Strukturen wie zu beschreiben sind, um zu einem verwertbaren

Ergebnis zu gelangen. Die *Technische Mechanik* stellt hierfür einen ganzen *„Modellbaukasten"* typischer Konstruktionselemente sowie die zugehörigen Berechnungsansätze zur Verfügung. Das Impulsstrom-Modell ermöglicht jedoch in vielen Fällen einen einfacheren Zugang. Mechanische Spannungen sind schließlich Impulsstromdichten, d. h. in den Bauteilen fließen Impuls-*Ströme*, und hierfür gelten die gleichen Knoten- und Maschenregeln, wie man sie erstmals in der Mittelstufe für elektrische Stromkreise kennenlernte und seither ganz selbstverständlich anzuwenden weiß. Beides, die elektrische Ladung aber auch jede Komponente des mechanischen Impulsvektors sind nämlich extensive (mengenartige) Größen und genügen als solche einer Kontinuitätsgleichung.

M. Grabois und F. Herrmann haben anhand zahlreicher Beispiele gezeigt, wie sich mithilfe von Impulsstrom-Diagrammen der Belastungszustand von Tragwerken auf einfache Weise ermitteln lässt.[24] Zur Verdeutlichung betrachten wir eines dieser Beispiele, nämlich die 2D-Konfiguration in Bild 5.21. Die Tragekonstruktion aus mehreren Dreieckelementen lagert auf zwei Pfeilern und wird außermittig belastet. Vereinfachend seien (wie in der *Technischen Mechanik* zu Anfang üblich) alle Bauteile starr und masselos angenommen. Bei der Analyse der Lastverteilung sind die Impulsströme in x- und y-Richtung getrennt zu betrachten.

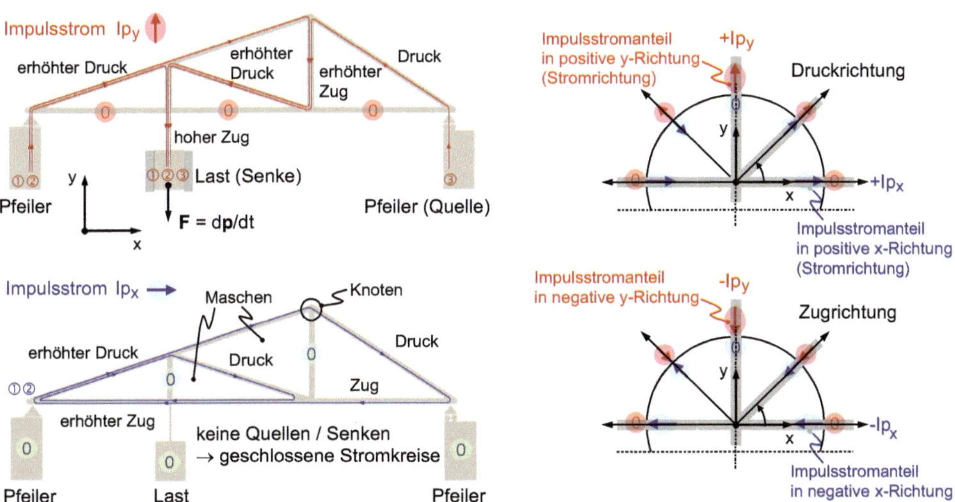

Bild 5.21 Belastungszustand eines masselosen und starren 2D-Tragwerkes im Falle einer zentralen Last (links); nach M. Garbois, F. Herrmann.[25] Die rechten Schemata zeigen die x- und y-Impulsstromrichtung unter Zug-/Druckspannung, je nach Orientierung des Bauteils in dem hier vorgegebenen kartesischen Koordinatensystem.

Zu gegebener Last korreliert die Stromrichtung mit der im Bauteil vorliegenden Druck- bzw. Zugspannung. Unter Druck fließt Impuls stets in positiver x- bzw. y-Richtung, unter Zug dreht sich die Stromrichtung um, wie in der rechten Abbildung schematisch veranschaulicht. Betrachten wir den Impulsstrom in x-Richtung (untere Darstellung), so erlauben die starren vertikalen Träger (→ Isolatoren) nur zwei mögliche Maschen geschlossener I_{px}-Ströme ① bzw. ②, wobei der x-Impuls stets im Urzeigersinn strömt. Es wird deutlich, dass die Schenkel zum festen Lager (linker Pfeiler) im Vergleich zum Rollenlager (rechts) einer erhöhten Druck- bzw. Zuglast ausgesetzt sind. Entsprechendes gilt für den Impulsstrom in y-Richtung (obere Darstellung). In diesem Fall wirken die horizontalen Träger isolierend. Der Stromfluss vom festen Lager (Quelle) führt ebenfalls über zwei Wege ①, ② zur Last (Senke), vom Rollenlager ausgehend gibt es nur einen möglichen Weg ③. In der Summe zeigt sich, dass die Dreiecksstruktur unmittelbar über der Aufhängung in y-Richtung einer erhöhten Druckbelastung ausgesetzt ist. Die Aufhängung selbst steht hingegen unter einer starken Zugbeanspruchung.

Das Beispiel verdeutlicht recht plausibel, dass *„die Statik“* untrennbar mit der Kinetik verknüpft ist und es in der Physik prinzipiell keine *„statischen Zustände“* im Wortsinne geben kann, wie dies bereits in Abschnitt 4.2 *Das Konzept der Kraft* ausgeführt wurde. Innerhalb tragender Teile eines Gebäudes, einer Brücke etc. fließen somit dauerhaft hohe Impulsströme (→ Impulsstromdichten = Spannungen), was mit der Zeit auch zu lokalen Materialschädigungen und in der Folge zu einem strukturellen Versagen des Bauteils führen kann (vgl. Abschnitt 5.2.4.8 *Spannungsinduzierte Bewegung*). Nicht von ungefähr soll eine alte Erkenntnis im Ingenieurwesen besagen, dass bauliche Strukturen nicht deshalb versagen, weil deren Maximalbelastung durch einwirkende *„äußere Kräfte“* überschritten wird, sondern weil an irgendeiner Stelle im Material die lokale *Spannung* (!) zu große Werte annimmt.[26]

Mit anderen Worten: In der Regel liegt in solchen Fällen eine Stromdichteüberlastung vor, es fließt einfach zu viel Impulsstrom durch den betroffenen Leiterquerschnitt. Im elektrischen Fall wird der Leiter heiß und brennt schließlich durch. Ein Phänomen, das auch in der Mechanik zu beobachten ist. Stellen sich hohe lokale Impulsströme in einem Bauteil ein, so führt das zu einem Temperaturanstieg in diesem Element, was mittels IR-Kamera auch sichtbar wird. Die TSA (**T**hermoelastische **S**pannungs-**A**nalyse) nutzt dieses Verfahren, um zerstörungsfrei mögliche Materialschädigungen frühzeitig zu entdecken.[27]

5.2.4.5 Verbundmaterialien

Ein sogenanntes Verbundmaterial ist eine heterogene Zusammensetzung von unterschiedlichen Materialkomponenten, deren Eigenschaften sich in einer Weise ergänzen, dass der Materialverbund als Ganzes ein verbessertes funktionelles Verhalten zeigt. In diesem Sinne ist der ursprünglich empirische Befund der vorteilhaften Eigenschaften von Beton letztlich das Resultat eines solchen Materialverbundes, besteht er doch aus einer homogenen Zementmatrix mit eingelagerten Quarzkristallen (Sand) und hochfesten Kieselsteinen (vgl. Bild 5.22). Das auf diese

Weise geschaffene künstliche Gestein ist mechanisch hoch belastbar, jedoch wie im vorherigen Abschnitt beschrieben, unter Zugspannung spröde, sodass man durch die zusätzliche Verwendung einer weiteren Komponente - eines Metallgeflechts - die elastischen Eigenschaften des Verbundes weiter zu verbessern sucht (→ Stahlbeton). Prinzipiell sollte das Konzept *„Stahlbeton“* aber auch funktionieren, wenn man anstelle eines Stahlgerüstes einen entsprechenden Volumenanteil dünner Stahlnadeln oder Stahlplättchen dem quasi-flüssigen Beton beimischt, analog zur Vorgehensweise bei der Herstellung eines faserverstärkten Kunststoffes.

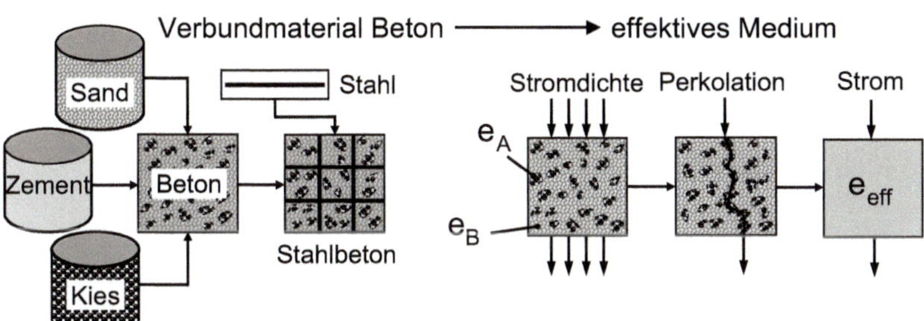

Bild 5.22 Das Prinzip des Verbundmaterials am Beispiel Beton (links) und eine schematische Darstellung zur Berechnung einer effektiven Materialeigenschaft e_{eff} bei Vorgabe der Komponenten $e_{A,B}$ eines heterogenen Verbundes zweier Materialien A,B. Für $a_v \geq a_p$ stellt sich Perkolation ein (rechts).

Das klassische Konzept der Kraft ist zur Beschreibung des mechanischen Verhaltens solcher Verbundmaterialien gänzlich ungeeignet. Im Gegenteil: Der experimentelle Befund, dass Verbundmaterialien auf makroskopischer Ebene stets reproduzierbare Materialeigenschaften aufweisen, obgleich deren mikroskopische Zusammensetzung statistischen Schwankungen unterworfen ist, zeigt, dass wir es tatsächlich mit einem Impulstransportprozess zu tun haben. Die Impulsströmung je Querschnittsfläche (→ mechanische Spannung) erfasst alle Materialstrukturen innerhalb des heterogenen Kontinuums gleichermaßen, sodass die lokalen strömungsinduzierten Wechselwirkungsprozesse im statistischen Mittel ein identisches effektives Materialverhalten des gesamten Verbundes zur Folge haben.

Betrachten wir zur Verdeutlichung dieses Sachverhaltes die homogene Durchmischung zweier Materialien A, B mit Eigenschaften $e_{A,B}$. Sowohl Material A als auch Material B bestehe aus Partikeln die je Volumeneinheit zufällig verteilt vorliegen und zwar mit relativen Volumenanteilen a_v für Komponente A bzw. $b_V = 1 - a_v$ für Komponente B. Für diesen Fall berechnet sich die effektive Eigenschaft e_{eff} eines homogenen Ersatzmediums (→ effektives Medium) gemäß der Landauer-Bruggeman-Gleichung[28]

$$a_v \cdot \frac{e_A - e_{eff}}{e_A + 2e_{eff}} + (1 - a_v) \cdot \frac{e_B - e_{eff}}{e_B + 2e_{eff}} = 0 \qquad \text{Gl. 5.49}$$

wie sich etwa am analogen Problem der elektrischen Leitfähigkeit eines 2-Komponenten-Materials *„relativ leicht“* zeigen lässt.

Die Anwendung dieses mathematischen Konzepts (→ **E**ffective **M**edium **A**pproximation – EMA) zur Ermittlung effektiver (makroskopischer) Materialeigenschaften eines heterogenen Mediums ist jedoch nicht auf die Bestimmung der elektrischen Leitfähigkeit beschränkt. Prinzipiell kann damit *jeder* Transportvorgang in einem heterogenen Medium beschrieben werden, der eine divergenzfreie Stromdichte mit einem rotationsfreien Feld verknüpft.[29] Also insbesondere auch für den Fall der Impulsstromdichte und des zugehörigen linearen Verzerrungsfeldes in einem heterogenen Festkörper. Simulationsprogramme zur rechnergestützten Optimierung der mechanischen Eigenschaften von Verbundmaterialien verwenden häufig Materialgesetze auf Basis der EMA.

Ist insbesondere B ein *„Isolator“* (d. h. $e_B = 0$), dann gilt

$$\begin{aligned} e_{\text{eff}} &= 0 && \text{für } a_v \le a_p \\ e_{\text{eff}} &= \frac{3}{2} e_A \cdot \left(a - a_p\right) && \text{für } a_v > a_p \end{aligned} \qquad \text{Gl. 5.50}$$

Die sogenannte Perkolationsschwelle a_p der zugehörigen Materialeigenschaft beschreibt das Auftreten erster geschlossener Verbindungswege durch die Teilchensorte A in der Matrix B, d. h. das Verbundmaterial wird bezüglich der Eigenschaft e_A *„durchlässig“*. Der hierfür erforderliche relative Volumenanteil hängt u. a. von der Partikelgeometrie ab und liegt für sphärische Teilchen bei $a_p = 0{,}3$.

Verwendet man bei der physikalischen Beschreibung eines heterogenen Verbundmaterials den einfacheren Modellansatz einer effektiven Materialeigenschaft, so kann die differentielle Stromdichte immer durch den integralen Strom ersetzt werden, d. h. im Falle der Mechanik ersetzt der Impulsstrom (der Stärke F → *„Kraft“*) die Impulsstromdichte σ (→ mechanische Spannung) und man *interpretiert* (!) diese Größe sodann als eine *„wirkende Kraft“*.

5.2.4.6 Granulare Materie

Im Allgemeinen besteht granulare Materie aus einer großen Anzahl von frei beweglichen Partikeln unterschiedlicher Größe, Gestalt und materieller Zusammensetzung. Im alltäglichen Gebrauch werden Granulate (oftmals gleicher Materialzusammensetzung) auch unter dem Sammelbegriff *„Schüttgut“* geführt. Typische Abmessungen solcher Partikel liegen in Bereichen von Bruchteilen eines Millimeters (z. B. feiner Quarzsand), über wenige Zentimeter (z. B. Kieselsteine) bis hin zu einigen Meter, wie das durch Erosion gebildete Geröll in Gebirgen, sodass das Bewegungsverhalten eines jeden Partikels prinzipiell den Gesetzen der *Klassischen Mechanik* genügen sollte.[30]

Bild 5.23 Granulare Materie im Gebirge am Beispiel von Geröllflächen in den Südtiroler Alpen (© WBi, private Aufnahmen).

Dennoch kann das kollektive Materialverhalten eines Granulats scheinbar paradoxe, weil unerwartete Eigenschaften aufweisen, die genau diesen Prinzipien der Mechanik zu widersprechen scheinen, weshalb beispielsweise Geröllflächen im Gebirge (siehe Bild 5.23) immer mit entsprechender Vorsicht passiert werden sollten! Der Grund hierfür liegt in unserer Modellvorstellung der paarweise gerichteten Wirkung von Kräften, die wir zudem bedenkenlos von der Ein-Teilchen-Welt auf die Vielteilchen-Welt der Granulate extrapolieren. Tatsächlich ist dieses Konzept auch für granulare Materialien nicht zu gebrauchen, weil man es prinzipiell auch hier mit einem Verbundmaterial zu tun hat, dessen Komponenten den Impuls auf sehr unterschiedliche Weise transportieren (vgl. Bild 5.24). Es sind einmal mehr die Impulsströme, die zugehörigen lokalen Stromdichten und die lokalen Leitfähigkeiten, die das makroskopische Materialverhalten bestimmen. Die Schulphysik verwendet allerdings auch im Falle der Granulatmechanik keinen Strömungsansatz. Stattdessen ist man immer wieder sehr darum bemüht, eine möglichst plausible Rückführung in die Newton'sche Modellwelt fiktiver Kräftepaare zu finden.

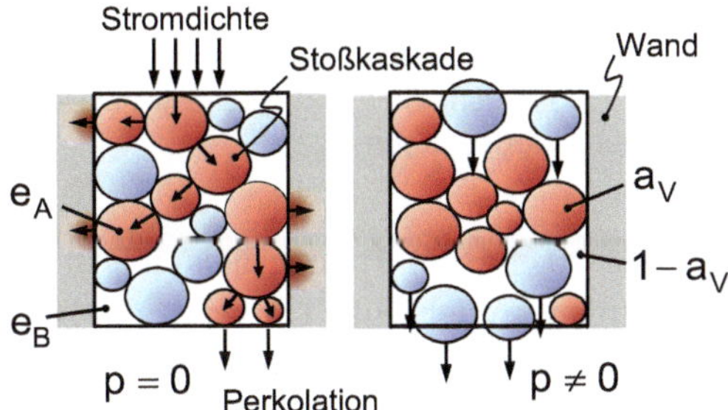

Bild 5.24
Das Granulat als heterogenes Verbundmaterial bestehend aus einer Komponente A mit guter Impulsleitfähigkeit und isolierenden Bereichen B. Im Falle der Perkolation (links) nehmen nicht notwendig alle Partikel am Impulstransport teil. Sind zudem Granulatpartikel in freier Bewegung (rechts) verändert dies zwangsläufig den nichtleitenden Volumenanteil 1 - a_V und damit den Perkolationszustand des Verbundes.

In granularer Materie werden Impuls und Energie über die Vielteilchenwechselwirkung sogenannter Stoßkaskaden transportiert und aufgrund von Kompressions- und Reibungsvorgängen sehr effizient gedämpft, d. h. auf eine große Anzahl von Stoßpartnern (ca. 10^2 - 10^6, je nach Partikeldichte) aufgeteilt und schließlich thermalisiert. Bei der Thermalisierung sind auf atomarer Ebene eines jeden Granulatpartikels eine ungleich größere Anzahl von Stoßpartnern involviert, nämlich ca. 10^{23} Teilchen je Mol. Die Mathematik zur Darstellung solcher Transportvorgänge ist identisch mit jener, die in der Materialforschung ursprünglich zur Modellierung atomarer bzw. molekularer Teilchen-Oberflächen-Wechselwirkungen entwickelt wurde, etwa zur quantitativen Beschreibung von Zerstäubungsprozessen beim Beschuss eines Festkörpers mit energiereichen Ionen (→ Sputtering[31]), weshalb zur rechnergestützten Simulation (→ Molekulardynamische Simulation) die gleichen Berechnungsmodelle (→ DEM - **D**iskrete **E**lemente **M**ethode) zur Anwendung kommen.

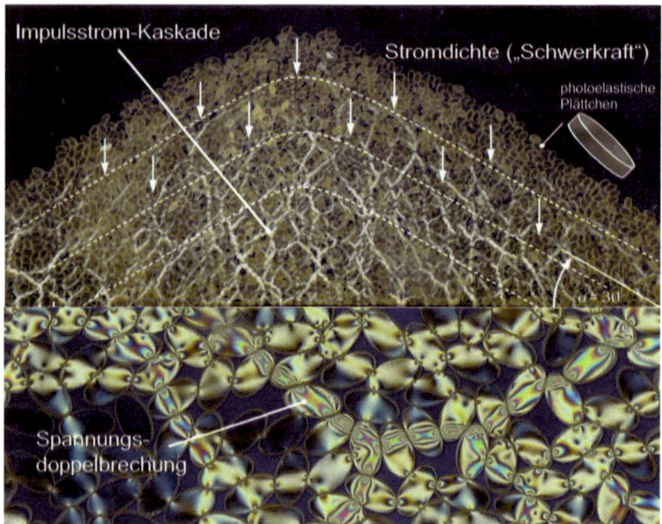

Bild 5.25 Ausbildung von Impulsstrom-Leitungsbahnen (→ *„Kraftketten"*) innerhalb einer Aufschüttung photo-elastischer Ellipsoidplättchen (oben) und typische Polarisationsmuster einzelner Leitungsbahnen (unten), visualisiert mittels Spannungsdoppelbrechung.[32]

Es gibt eindrucksvolle experimentelle Befunde zu diesem Thema, beispielsweise von der Forschungsgruppe von Robert P. Behringer an der Duke University in Durham, North Carolina.[33] Unter Verwendung von transparenten, photo-elastischen Granulatteilchen untersucht die Gruppe mittels der Methode der Spannungsdoppelbrechung den Impulstransport sowohl für statische als auch für dynamische Testkonfigurationen. Bild 5.25 zeigt die Schüttung von Ellipsoidplättchen und die sich aufgrund des Eigengewichtes der Plättchen ausbildende Impulsstrom-Kaskade (→ *„Kraftketten“*). Die Auflagefläche der Aufschüttung erfährt demnach keine homogene Belastung, sondern eine Vielzahl lokaler Belastungsspitzen. Ein typisches Polarisationsmuster solcher *„Kraftketten“* ist ausschnittsweise in der unteren Aufnahme zu sehen. Das Beispiel verdeutlicht, dass im Allgemeinen die maximale Belastung der Auflagefläche eines Schüttgutes nicht notwendig im Zentrum der Aufschüttung liegen muss. Eine durch das Kraftbild motivierte irrtümliche Annahme, mit oftmals überraschenden Folgen.

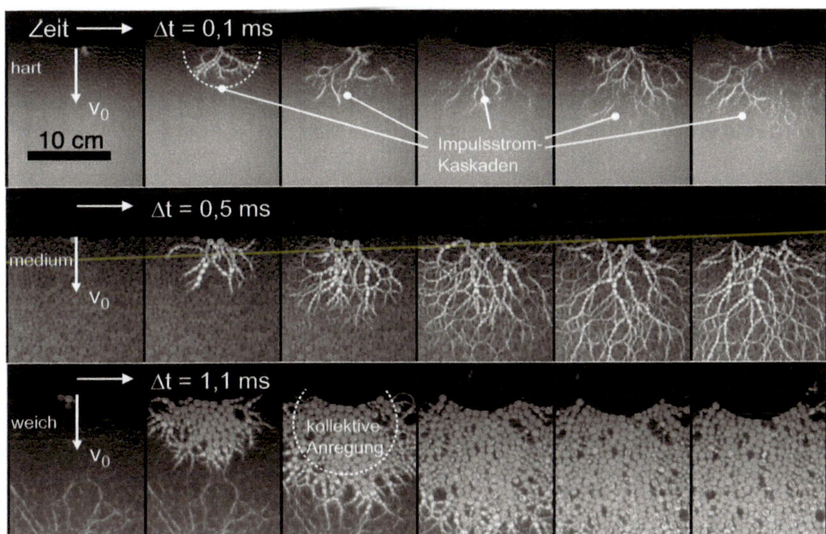

Bild 5.26 Ein Projektil trifft mit einer Geschwindigkeit von v_0 = 5 m/s auf eine Ansammlung photo-elastischer Plättchen unterschiedlicher Härte. Die Entwicklung individueller Impulsstrom-Kaskaden hängt von der Stoßzeit und damit von der Härte der Granulatpartikel ab. Je weicher die Teilchen desto ausgeprägter ist ein kollektives Kompressionsverhalten aufgrund der längeren Wechselwirkungszeiten zwischen den Plättchen.[34]

Ebenfalls sehr aufschlussreich sind experimentelle Befunde zur Dynamik des Stoßvorganges zwischen einem Projektil und Granulatmaterial. Die Hochgeschwindigkeitsaufnahmen in Bild 5.26 zeigen beispielhaft die zeitliche Abfolge des Eindringvorganges eines massiven Körpers in eine Ansammlung photoelastischer kreisförmiger Plättchen unterschiedlicher Härte (*E*-Modul). Demnach hat der Verdrängungsprozess keine stetige Abbremsung des Projektils zur Folge, in dessen Verlauf ein kollektiver Impuls- und Energieübertrag auf das Granulat zu beobachten wäre. Vielmehr erzeugt das Projektil im Verlauf des Einschlages statistisch fluktuierende akustische Pulse, indem sukzessive Impulsstrom-Ketten auf- (→ potentielle Energie) und wieder abgebaut werden (→ kinetische Energie). Je weicher das Granulatmaterial umso ausgeprägter wird das Netzwerk an Impuls-Leitungsbahnen mit steigender Anzahl gleichzeitig komprimierter bzw. frei beweglicher Granulatpartikel, die in der Folge die lokale Impulsstromleitfähigkeit reduzieren und schließlich zu einer kollektiven Abbremsung des Projektils führen. Das statistische Zeit- und Intensitätsverhalten dieser akustischen Pulsfolge scheinen zudem von der Projektilgröße unabhängig zu sein, wie eine weitere Studie zeigt.[35]

5.2.4.7 Die Sanduhr

Die Verwendung von Sanduhren als Zeitmesser (→ Stundenglas) lässt sich bis ins 14. Jahrhundert zurückverfolgen, und das vermutlich älteste noch erhaltene Exemplar einer solchen Uhr stammt aus dem Jahre 1520.[36] Deren Funktionsprinzip ist ein weiteres Beispiel für das im Rahmen der Newton'schen Mechanik paradox erscheinende Verhalten granularer Materie. Versieht man nämlich den Boden eines mit feinem Quarzsand gefüllten zylindrischen Gefäßes mit einer zentralen Öffnung, so strömen die Quarzpartikel gleichförmig, d. h. mit einer konstanten, von der Füllhöhe unabhängigen mittleren Geschwindigkeit (→ mittlerer Impuls) aus. Erschütterungen, Vibrationen und Temperaturschwankungen haben praktisch keinen Einfluss auf das ungewöhnliche Ausströmverhalten, weshalb diese Zeitmesser insbesondere in der frühen Segelschifffahrt erfolgreich zum Einsatz kamen. Vergleicht man in einem ersten Erklärungsversuch den *„statischen"* Druck (→ Impulsstromdichte) am Boden des Gefäßes als Funktion des Füllstandes, so stellt man tatsächlich fest, dass dessen Betrag ab einer gewissen Füllhöhe konstant bleibt und nicht, wie man ev. erwarten würde, mit zunehmender Höhe linear ansteigt. Damit wäre also eine mögliche *„Ursache"* für das unerwartete Ausströmverhalten gefunden. Füllt man zum Vergleich ein deutlich schwereres Granulatmaterial mit einer ca. 10-fach höheren Dichte in das Gefäß, bei ansonsten gleichen Bedingungen, so ändert sich das zu beobachtende Ausströmverhalten nicht, obwohl erwartungsgemäß eine entsprechende Erhöhung des Bodendrucks festzustellen ist.[37]

Die mechanische Last, d. h. die *„kollektive Krafteinwirkung"* der Materialsäule über der Öffnung scheint also im Falle eines Granulats keine Rolle zu spielen! Im Gegenteil, diese *„Kräfte"* werden, wie zuvor bereits erläutert, über Impulsstromkaskaden (→ *„Kraftketten"*) weitestgehend aus der *„Schwerkraftrichtung"* auf die seitliche Gefäßwand übertragen. Wesentlich für den mit der Teilchenbewegung einhergehenden Impuls- und Materialtransport ist nämlich der verfügbare Raum. Ein entscheidendes Prinzip der Kontinuumsmechanik lautet ja bekanntlich: *„Wo etwas ist, kann nichts anderes hin!"* Die Bewegung eines Granulatpartikels setzt prinzipiell erst dann ein, wenn es Impuls akkumulieren kann, d. h., wenn durch räumliche Isolation ein Impulstransport über entsprechende Wechselwirkungspartner (→ mechanische Spannung) nicht mehr möglich ist. Bild 5.27 verdeutlicht diesen Effekt am Beispiel eines siloförmigen und eines sanduhrförmigen Gefäßes, beide Male schichtweise gefüllt mit verschiedenfarbigem Granulat gleichen Materials und identischer Körnung.

Bild 5.27 Zeitlicher Verlauf des Partikelstroms am Beispiel eines silo- und eines sanduhrförmigen Behälters. Auffällig ist der sich jeweils im Behälter einstellende inverse Schüttwinkel von $\alpha \cong -30°$.[38]

Verfolgt man die Bewegung insbesondere der oberen Schichten ① - ③, so fällt auf, dass sich die Materialbewegung zu Beginn vornehmlich im Bereich über der Öffnung und längs der Symmetrieachse abspielt. Die Schichtpartikel bewegen sich zunehmend in die Mitte, und nach einer Zeitspanne ΔT zeigt die Oberfläche dementsprechend eine trichterförmige Einschnürung mit einem materialtypischen negativen Schüttwinkel von etwa $\alpha \cong -30°$. Innerhalb des Granulats ist der sich einstellende Winkel der Partikelbewegung sehr viel steiler (etwa $\alpha' \cong -70°$), weil die peripheren Teilchen in tieferen Schichten nicht am Bewegungsvorgang teilnehmen. Mit fortschreitender Entleerung des Gefäßes ist über der Austrittsöffnung ein Partikelstau zu beobachten (→ *„Jamming"*).[39] Das Granulat strömt jetzt vornehmlich in der steilen, trichterförmigen Schicht zwischen der Gefäßwandung und der Symmetrieachse in Richtung des Austritts, in Bild 5.27 sehr schön zu erkennen an der sich erneut einstellenden Verformung der ursprünglichen Schichten ① und ②. Dieser Vorgang lässt sich durch eine entsprechende Formgebung des Gefäßes und der Austrittsöffnung steuern. Der Motor des geschilderten Prozessablaufs ist die kontinuierliche Impulsaufnahme aus dem Gravitationsfeld. Der zugehörige Impulsstrom bestimmt den Materialstrom, d. h. ein geringeres/höheres Beschleunigungsfeld muss zwangsläufig zu einer langsameren/schnelleren Entleerung des Gefäßes führen. Dieser im Impulsstrombild schlüssige Sachverhalt wurde im Rahmen einer recht aufschlussreichen studentischen Arbeit auch experimentell bestätigt,[40] erscheint aber im Kraftbild paradox, weil in diesem Modell nicht zweifelsfrei nachvollziehbar.

5.2.4.8 Spannungsinduzierte Bewegung

Aufgrund der bisherigen Ausführungen wissen wir: Die stationäre mechanische Spannungsverteilung eines Körpers lässt unmittelbar darauf schließen, dass darin ein zeitlich konstanter Impulsstrom fließen muss. Es kann sich dennoch keine Relativbewegung bezüglich eines Referenzsystems einstellen, solange die Differenz von zugeführtem und abgeführtem Impuls gleich Null ist, d. h. der zugehörige Impulsstromkreis mit diesem System geschlossen ist. Im Umkehrschluss führt jede Unterbrechung dieses Transportvorgangs unmittelbar zu einer Relativbewegung. Zur Verdeutlichung dieses Sachverhaltes betrachten wir im Folgenden einige alltägliche Beispiele aus unserer Erfahrungswelt. Die Liste solcher Beispiele ließe sich ohne Aufwand beliebig erweitern.[41]

Mechanik: Die gespannte mechanische Feder

Bei der Diskussion des Newton'schen Kraftbegriffes am Beispiel eines Feder-Schwinger-Systems konnten wir bereits feststellen, dass die mechanische Spannung der Feder tatsächlich einen Impulstransport beschreibt, wie er seinerzeit von Newton in seiner *Philosophiae Naturalis Principia Mathematica* mangels eines schlüssigeren Ansatzes noch axiomatisch vorausgesetzt werden musste (→ *„actio = reactio“*). Folglich beschreibt die mechanische Konfiguration in Bild 5.28 einen geschlossenen Impulsstromkreis. Ein Schwinger wird über zwei gespannte Zugfedern in einem massiven U-förmigen Joch gehalten. Per Definition werde die Druckspannung in x-Richtung positiv gerechnet und transportiere positiven x-Impuls.

Die Zeitkonstanten der für die Beschreibung relevanten Materialeigenschaften (→ Impulsstromleitfähigkeiten) sind im Allgemeinen groß gegenüber der Beobachtungszeit, sodass diese quasi-stationäre Zirkulation des Impulses als *„statisches Kräftegleichgewicht“* interpretiert wird und folglich als ein unveränderlicher Zustand angesehen wird. Dem ist aber nicht so, was sich auch unmittelbar zeigt, wenn der Stromkreis an einer beliebigen Stelle unterbrochen wird. Einen Bruch im Bereich der linken Feder (Position ①) unterbindet die Kompensation der Impulszufuhr über die gespannte rechte Feder, sodass sich in der Folge positiver x-Impuls im Schwinger (der Impulskapazität m) akkumuliert, was zwangsläufig zu einer Bewegung in positiver x-Richtung führt. Der gegenteilige Effekt tritt ein, wenn die rechte Feder unterbrochen wird (Position ②). Der Schwinger verliert positiven x-Impuls über die gespannte linke Feder und bewegt sich entsprechend in negative x-Richtung. Wird das Joch unterbrochen (Position ③), zeigen sich positionsabhängig die gleichen Effekte, wobei die für die Bewegung relevante Masse m' des Bruchstückes berücksichtigt werden muss.

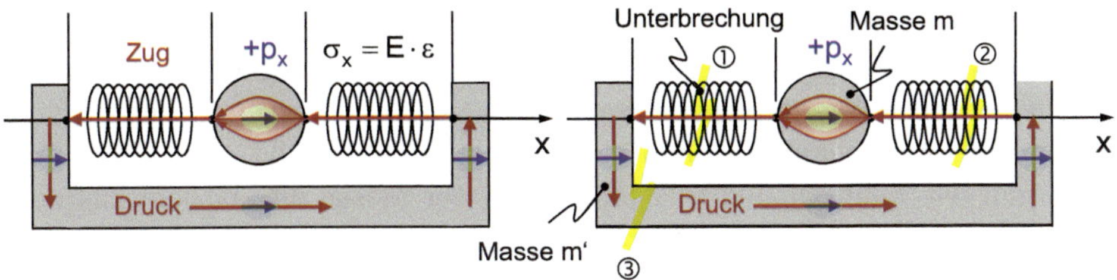

Bild 5.28 Spannungsinduzierte Bewegung am Beispiel der *„statischen"* Konfiguration eines geschlossenen Impulsstromkreises, der an verschiedenen Stellen unterbrochen wird.

Im Grunde also eine triviale Sache! Dennoch drei Anmerkungen zur Physik dieser Betrachtungsweise, die sich eventuell nicht unmittelbar erschließt und deshalb womöglich Anlass für Missverständnisse und voreilige, weil unbedachte Schlüsse sein kann:

- Die Scherspannung (eine kombinierte Zug-Druckspannung) im Bereich der Schenkel führt in der Tat zu einem Impulstransport senkrecht zur Druck- bzw. Zugspannungsrichtung (vgl. Abschnitt 5.2.2 *Die Reibung* und Abschnitt 5.2.3 *Das Hebelgesetz*).
- Auch am festen Federende fließt (selbstverständlich!) der zur Gesamtauslenkung Δx proportionale maximale Impulsstrom dp/dt, obschon die infinitesimale Verschiebung dx des Federelementes dort gegen Null geht. Der Impulsstrom *„versickert"* nicht längs der Feder! Insbesondere ist die lokale Impulsdichte ρ_p in dieser Anordnung nicht Null. Vielmehr gilt im stationären Fall (1-dim. Näherung, etwa für einen langen Stab):

$$\rho_p = \varepsilon \cdot \sqrt{E \cdot \rho_m} = \text{const.} \qquad \text{Gl. 5.51}$$

- Der Impuls ist ein Energieträger, demnach muss diesem Stromkreis auch eine konstante Energiemenge zugeordnet werden. Es handelt sich hierbei um die als *„potentielle Energie"* bezeichnete *„Energieform"* des mechanischen Spannungszustandes, um hierfür die üblichen Begriffe aus der Schulphysik zu verwenden. Ein geschlossener Impulsstromkreis ist also ein weiterer Energiespeicher!

Wir kommen auf diese Punkte später noch etwas ausführlicher zurück. Interessanterweise ist es oftmals der fast schon *„triviale"* Punkt 2, der erhebliche Schwierigkeiten zu bereiten scheint, je nach Stärke der *„Newton'schen Bretter"*, die in diesem Fall zu bohren sind.

A_{5-4}: Man zeige, dass die Impulsdichte bei einem stationären mechanischen Spannungszustand nicht gleich Null sein kann. ■

Mechanik: Die frei fallende gespannte mechanische Feder

Im konstanten Schwerefeld $\boldsymbol{g}$ der Erde werde eine (weiche) Zugfeder der nominellen Länge l_0 nur durch ihr Eigengewicht mechanisch vorgespannt und auf eine Länge $z_0 = l_0 + \Delta l$ gedehnt (vgl. Bild 5.29). Im Impulsstrom-Bild stellt sich dieser Sachverhalt wie folgt dar: Jedes Federsegment der Masse $\mathrm{d}m_\mathrm{k}$ bezieht aus dem Gravitationsfeld einen konstanten Impulsstrom $\mathrm{d}\boldsymbol{p}_\mathrm{k}/\mathrm{d}t = \boldsymbol{j}_g \cdot \Delta A = \boldsymbol{g} \cdot \mathrm{d}m_\mathrm{k}$. Nachdem sich die Feder in der Ausgangskonfiguration nicht bewegt, muss für die Impulsstromdichte $\boldsymbol{j}_p$ (→ mechanische Spannung) stets folgende Beziehung gelten

$$\mathbf{div}\mathbf{j}_p = \mathbf{0} \Leftrightarrow \oint_{\partial V} \mathbf{j}_p \cdot d\mathbf{A} \qquad \text{Gl. 5.52}$$

und zwar für jede geschlossene Fläche ∂V, welche die Feder als Ganzes oder Teile davon umfasst. Mit anderen Worten: Der stete Impulszufluss $\boldsymbol{I}_g$ (aus dem Gravitationsfeld) wird durch einen gleich großen Impulsabfluss kompensiert. Betrachtet man die gesamte Federanordnung, kann dies nur über deren Aufhängepunkt erfolgen. Daher muss der Gesamtimpulsstrom durch die Beiträge der einzelnen Federsegmente kontinuierlich in Richtung Halterung ansteigen, um dort schließlich einen Maximalwert zu erreichen.

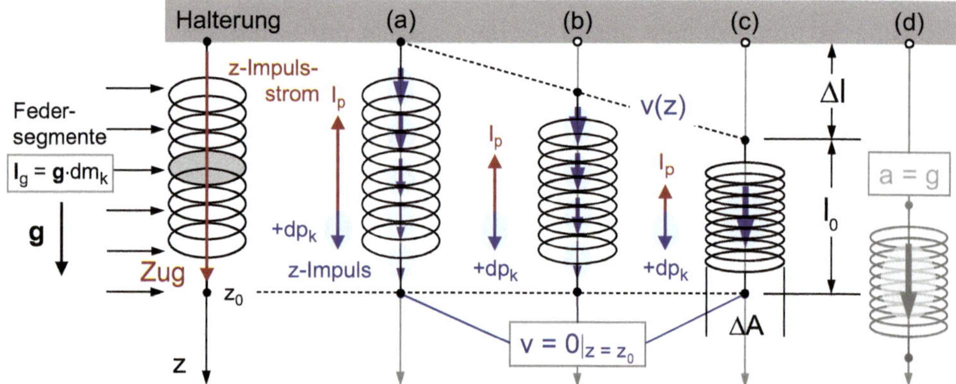

Bild 5.29 Eine weiche Feder wird durch ihr Eigengewicht gedehnt, sodass sich in der Ausgangskonfiguration eine ortsabhängige Zugspannung einstellt (linke Darstellung). Der aus dem Schwerefeld eingetragene z-Impuls zeigt in Richtung Erdbeschleunigung $\boldsymbol{g}$, also nach unten, während der z-Impulsstrom (nach oben) in Richtung Halterung fließt und hierbei kontinuierlich ansteigt (a). Löst man nun die Federhalterung (b), so verstärkt sich dieser Effekt während die Feder fällt, insbesondere bleibt hierbei das untere Federende solange ortsfest, bis sich die Feder vollständig entspannt hat (c). Erst dann fällt sie als Ganzes weiter (d).

Löst man nun die Aufhängung, so wird dieser Impulsstrom unterbrochen. Gl. 5.52 ist nicht mehr erfüllt, und in der Folge wird Impuls vornehmlich im oberen Bereich der Feder akkumuliert, d. h. die Federsegmente setzen sich unmittelbar in Bewegung. Nachdem sich der Impuls $\mathrm{d}\boldsymbol{p}_\mathrm{k}$ eines jeden Segmentes einzig über die lokale

Impulstromdichte $d\boldsymbol{j}_k$ bestimmt, muss die sich einstellende lokale Fallgeschwindigkeit $\boldsymbol{v}_k$ längs der Feder variieren, sodass die gespannte Feder nicht als Ganzes ein gleichförmig beschleunigtes Bewegungsverhalten zeigen wird, vielmehr muss ein-jedes Federsegmente umso schneller fallen, je näher es sich am Aufhängepunkt befindet - soweit, so gut. Berücksichtigen wir den mechanischen Spannungszustand in der Feder, so *muss* (!) auch weiterhin der aus dem Feld aufgenommene Impuls aufgrund der (jetzt zeitabhängigen) Zugspannung vom unteren Ende in Richtung oberes Ende der Feder fließen und auf diese Weise den geschilderten ungleichmäßigen Beschleunigungsvorgang verstärken. Insbesondere wird das untere Ende der frei fallenden Federanordnung solange *ruhen* (!), bis die inhomogene Impulsverteilung vollständig relaxiert ist, d. h. die Feder sich vollständig entspannt hat. Erst dann wird die gesamte Feder gleichförmig beschleunigt weiterfallen.

Das mithilfe der Impulsstrom-Mechanik erläuterte Bewegungsverhalten einer schweren Feder mag dennoch ungewöhnlich und überraschend erscheinen, weil im üblichen Bild Newton'scher Kräfte unerwartet, denn die *„äußere Schwerkraft"* der Erde sollte schließlich jedes Federelement dm_k erfassen und beschleunigen, so auch das untere Federende![42]

Mechanik: Bewegungsinduzierte Thermalisierung (Entropieproduktion)

Entropie ist ebenfalls ein Energieträger und kann mit dem phänomenologischen Begriff *„Wärme"* beschrieben werden (vgl. hierzu Abschnitt 4.1.2 *Was ist Entropie?*). Ist die Energie in einem physikalischen System erhalten und es ändern sich darin Impulsströme (→ mechanische Arbeit), so ist ein *thermoelastisches Phänomen* zu beobachten, soll heißen, es fällt zwangsläufig Entropie an. Die Physik der Thermoelastizität ist weitreichend und umfasst sowohl die allgemeine Theorie der Wärmeleitung als auch thermisch induzierte Spannungen und Dehnungen elastischer Körper, aber auch den dazu inversen Prozess, die thermoelastische Dämpfung (→ Thermalisierung), d.h. die durch elastische Deformation eines Körpers erzeugte Wärme- bzw. Temperaturverteilung.[43] Untersuchen wir diesen physikalischen Zusammenhang an dem zuvor diskutierten Problem zweier identischer Zugfedern, die in einem massiven Joch linear elastisch gehalten werden, wovon allerdings nur die eine um $\varepsilon = 2\delta l/l_0$ mechanisch vorgespannt und deren gemeinsame mechanische Verbindung fixiert sei, gemäß Bild 5.30.

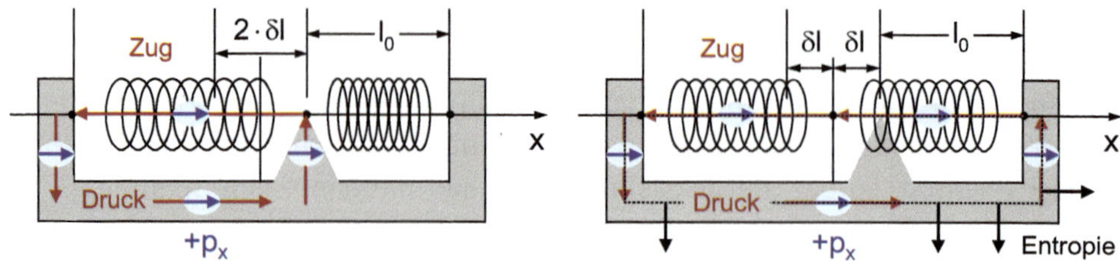

Bild 5.30 Spannungsinduzierte Bewegung am Beispiel eines geschlossenen Impulsstromkreises und der damit verknüpfte Energieverlust durch thermo-elastische Dämpfung.

Lösen wir die Fixierung, ändert sich die Impulsstromverteilung, d.h. es stellt sich Bewegung ein bis beide Federn aus Symmetriegründen die gleiche Spannung aufweisen, also der gleiche Impulsstrom fließt. Dieser Prozess erzeugt Entropie, es entsteht *„Wärme"*, gemäß

elastische Deformation — isotherme / isentrope Leistungsanteile

$$\frac{\mathrm{d}E}{\mathrm{d}t}=\left(\frac{\mathrm{d}p_x}{\mathrm{d}t}\right)\cdot\frac{\mathrm{d}x}{\mathrm{d}t}+T\cdot\frac{\mathrm{d}S}{\mathrm{d}t}+S\cdot\frac{\mathrm{d}T}{\mathrm{d}t} \qquad \text{Gl. 5.53}$$

die im Allgemeinen an die Umgebung (→ Reservoir konstanter Temperatur T) abgegeben wird. In unserem Beispiel zu erkennen an dem sich einstellenden Energiedefizit der Federspannungen:

$$E_{\text{vorher}}=\frac{D}{2}\cdot(2\delta l)^2=2\cdot E_{\text{nachher}}=2\cdot D\cdot(\delta l)^2 \qquad \text{Gl. 5.54}$$

d.h. 50 % der anfangs verfügbaren mechanischen Energie ist *„weg"*, zusammen mit 50 % des anfänglichen Impulsstroms $\mathrm{d}p_x/\mathrm{d}t$, obgleich die Impulsstrombilanz für das gesamte System sich zu keinem Zeitpunkt verändert hat (→ *„actio = reactio"*). Die Impulsdichte ρ_{px} ist ebenfalls um die Hälfte gefallen. Ist demnach ein signifikanter Anteil des Energieträgers Impuls – immerhin eine Erhaltungsgröße (!) – verschwunden? Nein, die Größe des Impulsstromkreises hat sich nämlich verdoppelt, sodass der darin gespeicherte Gesamtimpuls weiterhin konstant ist. Die Physik hat einen eigenen Begriff für Prozesse dieser Art: *Thermoelastische Dämpfung*, wodurch sich in unserem Beispiel der Impulsstrom und der zugehörige Energieanteil offenbar halbiert hat. Das hierzu analoge elektrische Phänomen ist die in einem stromführenden elektrischen Leiter erzeugte Joule'sche Wärme. Der Impuls ist mengenartig, wie die elektrische Ladung auch und wie diese eine Erhaltungsgröße, d.h. eine Umverteilung $\mathrm{d}p_x/\mathrm{d}t \neq 0$ von einer auf zwei Federn induziert zwangsläufig Bewegung $v = \mathrm{d}x/\mathrm{d}t \neq 0$ bis sich erneut ein lokaler Gleichgewichtszustand $\mathrm{d}p_x/\mathrm{d}t = 0$ (Impulszufluss = Impulsabfluss) eingestellt hat und dieser Vorgang generiert schließlich im Federkörper *„Wärme"*. Arbeiten wir mit n (linear elastischen) Federn, so fällt der verbleibende mechanische Energieanteil mit $1/n$

und verschwindet schließlich für $n \to \infty$. Bemerkenswert, wenn man bedenkt, dass unser Experiment doch linear elastisch und somit reversibel sein sollte?! Im Bild der Newton'schen Mechanik bleibt dieser Befund völlig unklar. Es bedarf der Kontinuumsmechanik und entsprechender Ansätze im Rahmen der Thermoelastizität, um ein konsistentes Modell zum Geschehen zu erhalten. Das physikalische Phänomen der Thermalisierung ist somit ein weiterer das Impulsstromkonzept stützender Befund. Die Entropie (→ *„Wärme"*) erweist sich als ein Indikator für Impulsströme! Im Alltag ist Ihnen das geschilderte Problem sicher auch schon einmal begegnet, etwa in Gestalt einer ausgeleierten mechanischen Feder.[44]

Bauingenieurwesen: Reparaturmaßnahmen bei Rissbildung

Überschreitet die Zugspannung die materialspezifische Belastungsgrenze eines Körpers, so kommt es zur Rissbildung, d. h. Teile des ursprünglichen Materialverbundes beginnen sich abrupt zu bewegen und es kann sich in der Folge ein kompletter Bruch des betroffenen Bauteils einstellen. Ist beispielsweise der Betonestrich in Wohnräumen nicht fachgerecht verarbeitet, so zeigen sich mit der Zeit Risse. Auch Böden in Tiefgaragen zeigen (belastungsbedingt) recht häufig solche Risse, und man kann dort gelegentlich auch eine typische Reparaturmaßnahme in Augenschein nehmen: Man fräst Schlitze senkrecht zum Rissverlauf in den Boden und fügt meanderförmige Metallelemente ein (→ Sanierklammern, siehe Bild 5.31). Sämtliche Risse und Schlitze werden abschließend mit einem elastischen Zwei-Komponenten-Harz geschlossen.

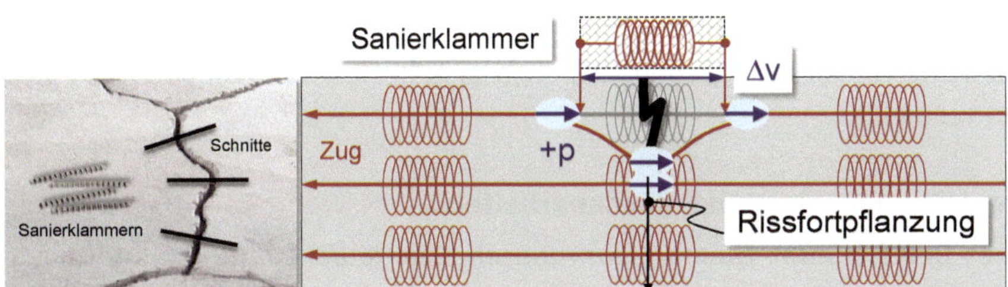

Bild 5.31 Spannungsinduzierte Bewegung am Beispiel der Rissbildung im Betonbau.

Die Physik hierzu ist im Impulsstrom-Bild recht einfach darzustellen. Ein Riss unterbricht lokal die Impulsstromleitung, er wirkt in diesem Sinne *„isolierend"*, und es stellt sich infolgedessen ein Geschwindigkeitsgefälle Δv ein. Die Verteilung der Impulstromdichte wird zudem im Bereich des Rissgrundes maximal, sodass auch dort die Belastungsgrenze des Materials zwangsläufig überschritten wird wodurch der Riss weiter voranschreiten kann. Abhilfe schaffen Leitungsbrücken, d. h. die Integration mechanischer *„Kurzschlussbügel"*, welche die Impulsstromleitfähigkeit wiederherstellen und damit das materialschädigende Geschwindigkeitsgefälle abbauen.

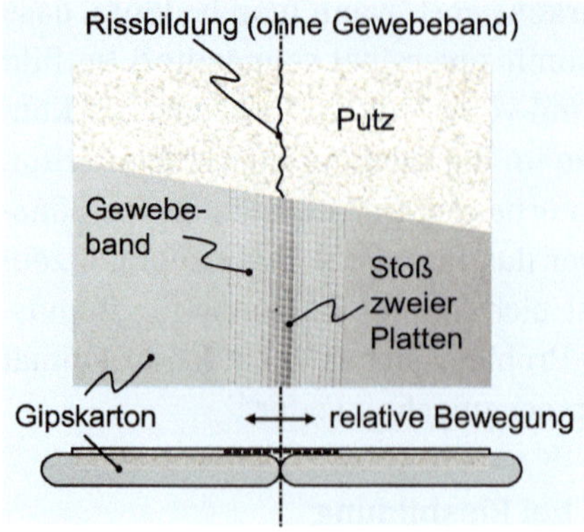

Bild 5.32
Einbringung eines Gewebebands zur Vermeidung von Rissbildung im Trockenbau.

Auf Basis dieser Überlegung kann man auch prophylaktisch Vorgehen, um eine mögliche spätere Rissbildung zu vermeiden. Im Trockenbau verwendet man hierzu beispielsweise ein Gitterband (→ Gewebeband, siehe Bild 5.32), das als mechanisches Verbindungselement den Stoß zwischen zwei Gipskartonplatten bedeckt. Erst danach wird auf die Fläche eine weitere Gips- oder auch Putzschicht aufgetragen inklusive eines späteren Anstrichs. Ohne Gewebeband erzeugt die geringste Relativbewegung der Platten in der spröden Beschichtung deutlich sichtbare Risse. Mit diesem Band bleibt diese Rissbildung aus und man darf auch hier zu Recht fragen, woher die bewegungsinduzierten Kräfte eigentlich wissen, dass sie jetzt an dem in der Schicht eingearbeiteten zugfesten Gewebeband anzugreifen haben und nicht mehr an dem unter Zugbelastung spröden Beschichtungsmaterial?!

Übrigens: Würde man den Betonestrich in Tiefgaragen auf ähnliche Weise mit einer Armierung versehen, so ließen sich die o. g. materialschädigenden Risse weitestgehend vermeiden.

Bauwesen: Höhenausgleich bei Fliesenarbeiten

Ein weiteres Beispiel zum Thema *„spannungsinduzierte Bewegung“* stammt ebenfalls aus dem Bereich Handwerk: Das niveaugleiche Verlegen von Bodenfliesen. Ist der Untergrund perfekt eben, so ist das für einen fachlich geübten Handwerker eine relativ einfache Angelegenheit. Deutlich schwieriger wird es, wenn man großformatige Fliesen verlegen muss, sodass sich bereits kleinste Unebenheiten im Boden bemerkbar machen und entsprechend auszugleichen sind. Ist eine Fliese händisch durch örtlich variierende Druckbeaufschlagung im Kleberbett halbwegs positioniert, kann sie sich dennoch mit der Zeit lokal anheben bzw. absenken, sodass sich merkliche Stoßstellen zu den Nachbarfliesen ausbilden. In erster Linie werden solche Bewegungseffekte durch Lufteinschlüsse im Kleber verursacht (lokaler Über- bzw. Unterdruck), was nachträglich per Hand kaum noch zu korrigieren ist. Abhilfe schaffen hier Nivellierhilfen, die in unterschiedlichen mechanischen Ausführungen zum Einsatz kommen (z. B. Kunststoffkeile oder -schrauben).

Damit lassen sich lokal stufenförmige Stoßstellen ausgleichen, indem der hervorstehende Fliesenbereich gegen einen eventuell bestehenden Überdruck gesenkt und zugleich die lokal tiefer liegende Nachbarfliese trotz eines sich ausbildenden Unterdrucks angehoben wird. Im Impulsstrom-Bild ist dieser im Fliesenhandwerk eingesetzte *„Mechanik-Trick“* sehr gut nachzuvollziehen (vgl. Bild 5.33), im Bild *„wirkender Kräfte“* bleibt der Vorgang hingegen unklar.

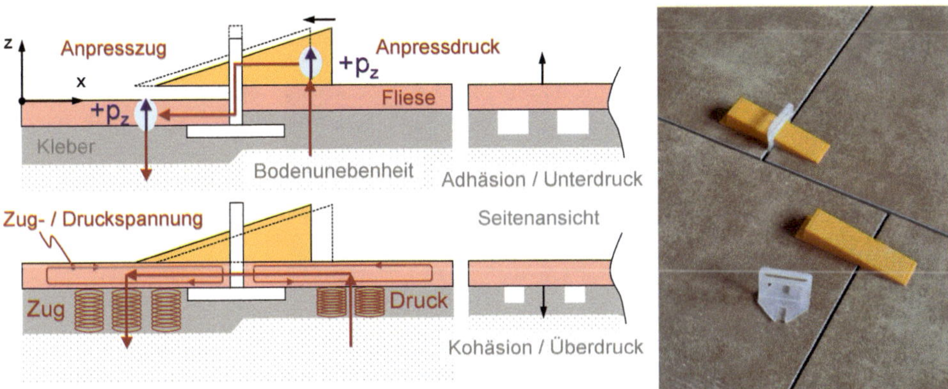

Bild 5.33 Spannungsinduzierte Bewegung beim Verlegen von Bodenfliesen. Nachträglicher Niveauausgleich mittels Keilmechanik (Foto Keilanwendung © WBi).

Mithilfe der Keilvorrichtung (→ schiefe Ebene, Hebelgesetz) wird ein Impulstransfer Δp_z zwischen den benachbarten Fliesen initiiert, wobei sich eine geringe Relativbewegung Δv_z einstellt. Der viskose Kleber schließt nämlich den Impulsstromkreis zur Erde, sodass ein Großteil des Impulsstroms unmittelbar über die Erde ab- bzw. von der Erde zufließen kann, zu erkennen an der sich einstellenden mechanischen Zug- bzw. Druckspannung. Erst wenn beide Fliesen das gleiche Niveau erreichen, kann sich darin kein Impuls mehr akkumulieren und die Relativbewegung kommt zum Stillstand. In der Folge stehen beide Fliesen lokal unter Spannung, weshalb man die Sache auch nicht übertreiben darf, denn ansonsten kann das Material auch zu einem späteren Zeitpunkt durch eine relativ geringe äußere Störung brechen. Härtet der Kleber schließlich aus, so erhöht sich dessen Impulsstromleitfähigkeit (→ E-Modul) um Größenordnungen, und die Keilvorrichtung kann danach problemlos entfernt werden, ohne befürchten zu müssen, dass sich erneut eine spannungsinduzierte Bewegung einstellen wird und im Fliesenbelag unschöne Unebenheiten sichtbar werden.

Stahlbau: Temperaturanstieg bei Rissbildung

Wie bereits in Abschnitt 5.2.4.4 über Tragwerke angesprochen, ist das mechanische Versagen von Bauteilen in erster Linie auf das lokale Auftreten von Spannungsspitzen zurückzuführen. Hohe Spannungswerte sind gleichbedeutend mit hohen Impulsstromdichten und damit sollte auch ein lokaler Temperaturanstieg verbunden sein. Ein Phänomen, wie es bei elektrischen Strömen ebenfalls zu beobachten ist. Die **T**hermische **S**pannungs-**A**nalyse (TSA) nutzt diesen Effekt zur Visualisierung entsprechender Schäden bei Stahlträgern.

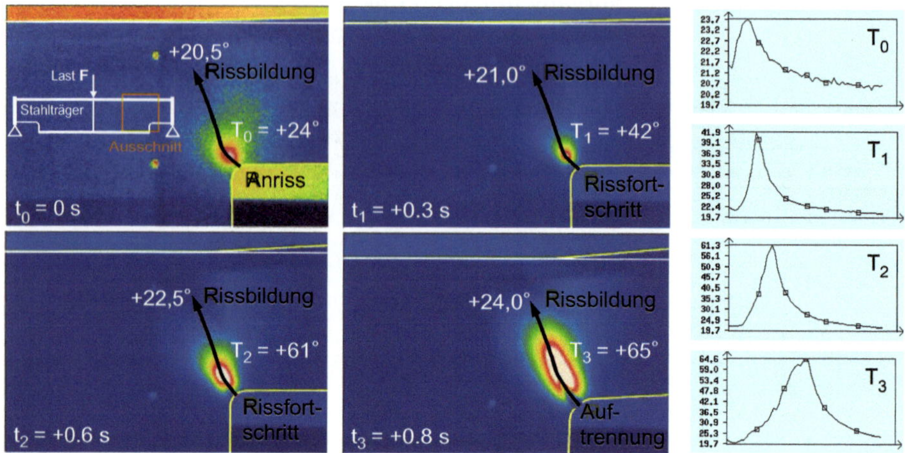

Bild 5.34 Spannungsinduzierter Temperaturanstieg bei der Rissbildung in einem ausgeklinkten Stahlträger. Der jeweilige Temperaturverlauf entlang der Risslinie zeigen die Diagramme rechts.[45]

Bild 5.34 zeigt beispielhaft IR-Aufnahmen zur Rissbildung bei einem ausgeklinkten Doppel-T-Träger unter zentraler Belastung, gemäß der schematischen Darstellung im IR-Bild *Anriss* zum Zeitpunkt $t_0 = 0$. Aufgrund der Lastkonfiguration kommt es zu einem signifikanten Anstieg der mechanischen Spannungen im Bereich des Übergangsradius der Ausklinkung. Die Thermoaufnahmen zeigen sowohl den Anriss als auch die weitere Rissfortpflanzung, wobei die Temperatur im Stahlträger lokal von +20 °C auf +65 °C ansteigt. Das zu beobachtende Phänomen ist selbstverstärkend. Durch die Rissbildung kommt es zu einer kontinuierlich ansteigenden Spannungskonzentration am Rissgrund, was dort wiederum die Temperatur weiter ansteigen und das Material umso schneller versagen lässt. Diesem Temperaturanstieg entgegen wirkt die vergleichsweise hohe Wärmeleitfähigkeit $\lambda_{St} \cong 40\ \mathrm{Wm^{-1}K^{-1}}$ von Stahl (in Verbindung mit der Materialdichte $\rho_{St} \cong 7800\ \mathrm{kgm^{-3}}$ und der spezifischen Wärmekapazität $c_{St} \cong 500\ \mathrm{Jkg^{-1}K^{-1}}$). Der Temperaturausgleich folgt einem Diffusionsprozess mit einer Relaxationszeit τ_{St} für Stahl in der Größenordnung von etwa einer Sekunde, unter der Annahme, dass der *„Hotspot“* ein Volumenbereich von etwa einem Kubikzentimeter belegt. Demnach sollte die lokal gemessene Temperaturspitze T_3 durchaus höher liegen, nämlich bei etwa +80 °C.

Tatsächlich ist zu vermuten, dass die Temperatur im Bereich der Rissspitze sogar um Größenordnungen höher ist, was jedoch aufgrund der relativ hohen metallischen Wärmeleitfähigkeit messtechnisch nicht dargestellt werden kann. Entsprechende Untersuchungen an Kunststoffen zeigen, dass sich mithilfe eines einfachen thermodynamischen Ansatzes die komplexe Rissdynamik tatsächlich beschreiben lässt, insbesondere die nicht-monotone Kraft-Geschwindigkeits-Kurve, die häufig bei mechanischen Tests an verschiedenen Materialien beobachtet wird.[46] Demnach handelt es sich um einen thermisch aktivierten Vorgang, der mit der Erzeugung und Diffusion von Wärme (d. h. Entropie) an der Bruchspitze einhergeht. Lokal sind Diffusionsprozesse sehr schnell, wobei der räumlich begrenzte Temperaturanstieg nur die Rissdynamik und nicht die mechanischen Eigenschaften des Materials selbst beeinflusst.

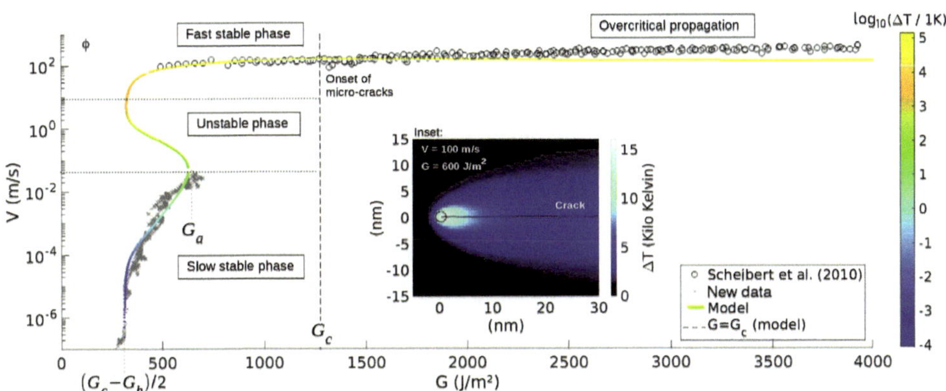

Bild 5.35 Rissausbreitungsgeschwindigkeit v als Funktion der freigesetzten Energie G beim Bruch einer Kunststoff-Platte (PMMA).[47]

Die Rissausbreitungsgeschwindigkeit kann über mehrere Größenordnungen variieren, wobei die schnellsten Prozesse einen Temperaturanstieg von einigen Tausend Kelvin auf molekularer Ebene um die Rissspitze herum zeigen (vgl. Bild 5.35). Diese extremen Temperaturen stimmen mit verschiedenen experimentellen Resultaten überein, einmal gewonnen mithilfe der *Fraktolumineszenz* (d. h. die Emission von sichtbarem Licht während des Bruchs) sowie der Analyse zur komplexen Morphologie der Bruchflächen, die auf Sublimationsprozesse (→ Blasenbildung) schließen lässt.

Materialforschung: Bologneser Glastränen

Mitte Mai 2017 stand bei *Spiegel-Online* erstaunliches zu lesen:

> ***„Forscher lösen Rätsel der Bologneser Tränen"***
>
> *„Ihre Köpfe sind unverwüstlich, doch leichte Berührung des Schwanzes lässt die Glastropfen mit Wucht explodieren. Nach 400 Jahren gibt es jetzt eine Erklärung für das Mysterium der Bologneser Tränen."*[48]

400 Jahre (!) verständnisloses Staunen seitens der Wissenschaft ob der ungewöhnlichen Materialeigenschaften sogenannter Bologneser Glastränen? Ungewöhnlich - mag sein, aber sicherlich *kein* Jahrhunderte altes Mysterium der Physik. Die geschilderten Effekte sind schließlich in Physik und Technik seit langer Zeit wohlbekannt.

Tropft heiße Glasschmelze in Wasser, entstehen tränenförmige geometrische Strukturen. Durch den Abschreckprozess zeigt das erstarrte Glas extreme mechanische Verspannungen, die sich mittels der Methode der Spannungsdoppelbrechung auch visualisieren lassen (siehe hierzu Bild 5.36). In der Kopfregion liegt eine hohe Druckspannung vor, im Bereich des Schwanzes herrscht vornehmlich Zugspannung.

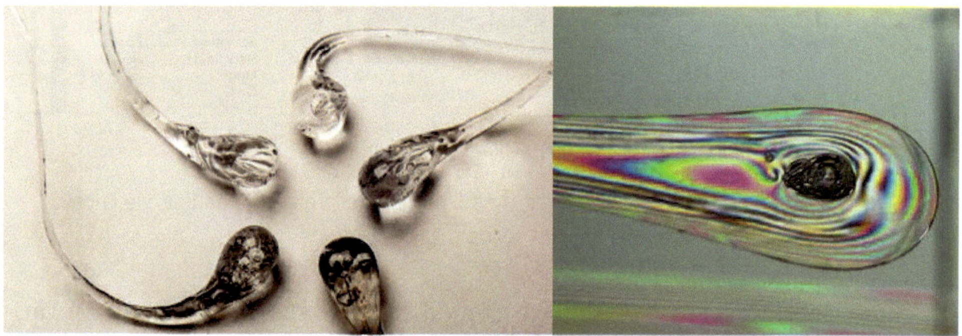

Bild 5.36 Bologneser Glastränen (links) und Visualisierung der mechanischen Spannungsverteilung im Kopfbereich eines Glastropfens (rechts)[49].

Die stabilisierende Wirkung einer Druckspannung im Falle spröder Materialien kennt und nutzt man, wie bereits erwähnt, etwa im Bauingenieurwesen (→ Spannbeton, vgl. Abschnitt 5.2.4.2) oder bei der Herstellung von Glasabdeckungen für Mobiltelefone. In der Tat absorbiert der Glaskopf problemlos Hammerschläge während die kleinste Kerbe im Schwanz den Tropfen unmittelbar zerspringen lässt. Beide Effekte sind im Impulsstrom-Bild problemlos nachzuvollziehen. Sowohl die schnelle Rissfortpflanzung (→ vgl. obige Ausführungen zur Rissbildung) als auch die hohen Relativgeschwindigkeiten der Bruchstücke sind eine direkte Folge der lokalen Unterbrechung des Impulsstromkreises und die damit einhergehende Freisetzung der gespeicherten Energie.[50]

Sensorik: Thermisch induzierte Bewegung

Die Funktionsweise von Aktuatoren bzw. Sensoren beruht häufig auf thermisch induzierter Bewegung. Ein typisches Beispiel hierfür ist der Bi-Metallstreifen. Verbindet man zwei Metallstreifen mit unterschiedlicher thermischer Ausdehnung α_{th}, z. B. ein Eisen- und ein Messingstreifen, so generieren die thermisch induzierten Verschiebungsfelder eine mechanische Spannung. Der zugehörige Impulsstrom führt zu einer Relativbewegung proportional zur Temperatur. Auf diese Weise arbeiten z. B. Bimetall-Thermometer, Bimetall-Regler oder auch Bimetall-Schalter. Wie kommt diese Bewegung genau zustande? Impuls kann weder erzeugt noch vernichtet werden, also muss die zu beobachtende Bewegung die Folge eines Impulstransportes sein, einer Umverteilung gemäß (vgl. Bild 5.37)

$$\sigma = \varepsilon \cdot E = \alpha_{th} \Delta T \cdot E = \frac{du}{dx} \cdot E \qquad \text{Gl. 5.55}$$

Die durch Energiezufuhr induzierte Impulsstromdichte (→ Impuls ist ein Energieträger) ist proportional zum *E*-Modul (→ Impulsstromleitfähigkeit) und zum Verschiebungsgradienten, sie kann also je nach Material sehr große Werte annehmen.

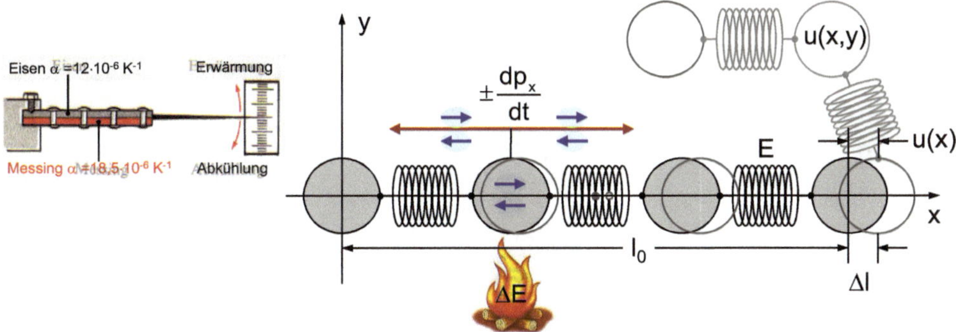

Bild 5.37 Zur Funktion eines Bi-Metallstreifens (links) [51] und ein einfaches Impulsstrom-Modell zur thermischen Ausdehnung.

Man kann diesen Vorgang selbstverständlich auch als Umkehrung der oben diskutierten bewegungsinduzierten Thermalisierung interpretieren. Wir führen Entropie (→ „Wärme“) zu und erzeugen auf diese Weise einen Impulsstrom mit der zugehörigen relativen Verschiebung, beschrieben durch die gleichen thermoelastischen Ansätze.

Raumfahrt: Fitnesstraining im Weltraum

Weniger alltäglich sind die Erfahrungen unserer Astronauten in der Schwerelosigkeit des Weltraums. Damit sich die Muskulatur bei Langzeitaufenthalten im All nicht verspannt und infolge der fehlenden Alltagsbelastung durch die *„Schwer-*

kraft" zusammen mit der Knochenstruktur gänzlich degeneriert, bedarf es u. a. eines geregelten Fitnessprogramms.

Ein Kraft- und Ausdauertraining in der Schwerelosigkeit ist mit den uns bekannten irdischen Methoden nicht zu machen, weil für gewöhnlich der Impulsstromkreis nicht mehr geschlossen ist. Aufgrund der vergleichsweise geringen Körpermasse eines Astronauten ist bereits ein minimaler muskulärer Energieaufwand ausreichend, um die Impulsverteilung zwischen Raumfahrer und Raumstation so zu verändern, dass sich unmittelbar eine relative Bewegung einstellt. Deshalb erfordern Kräftigungsübungen eine feste mechanische Anbindung, um diese unerwünschte Verschiebung der Impulsverteilung zu unterbinden. Die muskuläre Belastung erreicht man schließlich durch die zusätzliche Integration einer energiedissipativen Mechanik (→ Thermalisierung).

Bild 5.38 Der Astronaut Alexander Gerst beim täglichen 2,5-stündigen (!) Fitnessprogramm auf der ISS[52], während sich die Raumstation mit etwa 27 500 km/h auf ihrer Umlaufbahn um die Erde bewegt (© NASA-public domain).

In diesem Zusammenhang ist es immer wieder faszinierend zu beobachten, dass ein Astronaut in der Schwerelosigkeit sehr wohl sämtliche Extremitäten kontrolliert bewegen kann, indem er *„einfach"* die entsprechenden Muskeln aktiviert, um den körpereigenen relativen Bewegungszustand von Arme, Beine, Kopf etc. zu verändern. Eine per *„Muskelkraft"* initiierte Rotations- oder Translationsbewegung des gesamten Körpers ist jedoch erst mithilfe eines weiteren Wechselwirkungspartners möglich, etwa durch einen Kollegen oder eben durch die Interaktion mit der Raumstation selbst.

... und vieles mehr!

Beispielsweise stammt eine ausgesprochen clevere technische Umsetzung der Impulsstrom-Mechanik aus dem 18. Jahrhundert: Der mechanische *„Fliehkraft"*-Regler (Zentrifugal-Regulator), eine erstmals im Mühlenbau verwendete Vorrichtung zur Begrenzung der Drehzahl oder des Abstandes der Mahlsteine. Das geniale Konzept des (mir) unbekannten Mühlenbauers wurde Ende des 18. Jahrhunderts *„kopiert"* und bei Dampfmaschinen zur Drehzahlregelung eingesetzt, weshalb es seither mit dem Namen des schottischen Ingenieurs James Watt verbunden ist. Im 19. Jahrhundert kam der Regulator u. a. zur Steuerung des Vortriebs bei der seinerzeit noch manuell betriebenen *„Fliehkraft"*-Bohrmaschine zum Einsatz. Diverse Ausführungen dieser findigen ingenieurtechnischen Entwicklungsleistung kann man u. a. in Technik-Museen bewundern. Erst kürzlich sah ich solch eine Maschine in einer Ausstellung historischer Werkzeuge, wie sie in der Güterhalle eines ländlichen Güterbahnhofs des 19. Jahrhunderts Verwendung fanden.[53]

Womöglich kennen Sie weitere schöne Beispiele zu diesem Thema? Ihre Vorschläge und Erläuterungen nehme ich sehr gerne entgegen.

E-Mail-Adresse: *WBi.IPR-Mail@t-online.de*

5.2.5 Stoßvorgänge

Wir wollen im Folgenden etwas ausführlicher die grundlegende Physik von Stoßvorgängen untersuchen und beginnen mit der in der Schulphysik üblichen Beschreibung des prozessabhängigen *„aktiven bzw. passiven Verhaltens"* der Stoßpartner, wobei wir dieses *„Verhaltens-Modell"* um erste Aspekte des Impulsstrom-Bildes ergänzen werden. Bild 5.39 verdeutlicht den Impulstransport am Beispiel des zentralen elastischen Stoßes zweier Kugeln. Die zeitabhängige Kontaktwechselwirkungszone $A(t)$ ist perspektivisch hervorgehoben. Der Impulsverlust der stoßenden Kugel 1 (rot) ist gleich dem Impulsgewinn der gestoßenen Kugel 2 (blau). Ein entsprechender Impulsstrom $+\mathrm{d}\boldsymbol{p}/\mathrm{d}t$ vom Betrage F strömt von Kugel 1 durch die gemeinsame Querschnittsfläche A nach Kugel 2. Die zugehörige Impulsstromdichte $\boldsymbol{j}_p$ macht sich über die mechanische Spannungsverteilung in der Kompressionszone bemerkbar. Man mache sich klar, dass die hier gewählte Beschreibung zum Verhalten der Stoßpartner willkürlich ist. Man kann ebenso gut annehmen, dass Kugel 2 auf Kugel 1 stößt und hierbei $-\mathrm{d}\boldsymbol{p}/\mathrm{d}t$ übertragen wird. Im Folgenden bleiben wir jedoch bei der ursprünglich gewählten Interpretation des Geschehens.

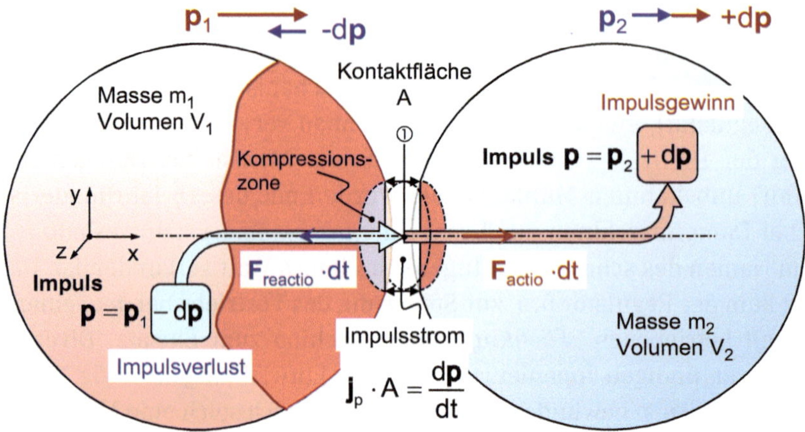

Bild 5.39 Schematische Darstellung eines zentralen elastischen Stoßes zweier Kugeln mit Impulsen $p_{1,2}$, Massen $m_{1,2}$ und Volumina $V_{1,2}$. Die im Verlauf des Stoßes variierende Kontaktfläche A und die Wechselwirkungszone elastischer Kompression sind perspektivisch hervorgehoben.

Im Newton'schen Kraftbild trennt man diesen Transportprozess auf umständliche Art und Weise auf, indem man ein fiktives Kräftepaar definiert, das selektiv auf die Wechselwirkungspartner einwirken soll. Im zeitlichen Verlauf des Stoßvorganges wirkt $\boldsymbol{F}_{\text{actio}}$ ausschließlich auf die gestoßene Kugel 2 und erhöht sukzessive je Zeitintervall dt deren Impuls um die Rate +d$\boldsymbol{p}$/dt, während $\boldsymbol{F}_{\text{reactio}}$ zugleich den Impuls der stoßenden Kugel 1 um -d$\boldsymbol{p}$/dt reduziert.

Der Gesamtimpuls ist zu jedem Zeitpunkt erhalten, d.h. es wird zu keiner Zeit Impuls erzeugt noch vernichtet, sondern es ändert sich nur die Impulsverteilung. Deshalb erscheint es physikalisch wenig sinnvoll diesen Wechselwirkungsprozess über spezifisch wirkende impulserzeugende und impulsvernichtende Kräfte zu beschreiben. Vielmehr genügt die zeitliche Änderung der entsprechenden Impulsdichten $\rho_p = p/V$ der einfachen Kontinuitätsgleichung (Gl. 5.4). In unserem Beispiel ist d$\boldsymbol{p}$/dt für Kugel 1 negativ und für Kugel 2 positiv zu rechnen. Gl. 5.4 liefert zu jedem Zeitpunkt eine umfassende Beschreibung des Impulstransports bei der Stoßwechselwirkung, und es bedarf keiner weiteren Hilfsgröße oder der Definition fiktiver Hilfsprozesse, um das Geschehen konsistent zu beschreiben.

Betrachten wir zur weiteren Veranschaulichung des Impulstransportprozesses den Stoßvorgang identischer Kugeln mit entgegengesetzt gleicher Geschwindigkeit, wie er bereits von Christiaan Huygens beispielhaft verwendet wurde um aufzuzeigen, dass die Bewegungsmenge tatsächlich eine vorzeichenbehaftete Größe ist. Wollen wir etwas über die Physik zum Impulsaustausch bei der Stoßwechselwirkung erfahren, so müssen wir uns vorab von subjektiven Wertungen zum vorliegenden Bewegungszustand der Wechselwirkungspartner befreien. Wir neigen nämlich dazu, bei der Beschreibung solcher Prozesse bestimmte Bezugssysteme zu bevorzugen und wechseln zudem gerne zwischen diesen, sodass die eigentlichen und vom Bezugssystem unabhängigen physikalischen Zusammenhänge des Vorganges sehr leicht übersehen werden. Man mache sich klar, dass wir nur eine Aussage über die Relativgeschwindigkeit der Stoßpartner machen können. Wir wissen *prinzipiell nichts* über *„individuelle“* (absolute) Bewegungszustände. Nicht etwa, weil es uns an den hierfür erforderlichen Informationen mangelt - es gibt sie nicht, obschon in der Schulphysik der missverständliche Begriff *„Eigengeschwindigkeit“* recht häufig Verwendung findet. Entsprechendes gilt für Geschwindigkeitsänderungen: Wir können *keine* Aussage darüber treffen, ob eine Änderung der Relativgeschwindigkeit eines Stoßpartners durch eine Verzögerung oder eine Beschleunigung hervorgerufen wurde! Beides hängt vom (relativen) Bewegungszustand des für die Beschreibung gewählten Bezugssystems ab, sodass die gemessene Verzögerung in einem Referenzsystem in einem anderen als Beschleunigung angezeigt wird. Physikalisch relevante Aussagen dürfen davon nicht abhängen, sodass wir zur weiteren Beschreibung des Stoßvorganges ein Bezugssystem wählen, dass frei von Einflüssen überlagerter Bewegungszustände ist: Das Schwerpunktsystem. In diesem Bezugssystem ist der Gesamtimpuls immer gleich dem Nullvektor.

Im Kraft-Modell (vgl. oberes Schema in Bild 5.40) beschreibt man den Stoßvorgang indem man, wie eingangs betont, das zu beobachtende *Verhalten* der Stoßpartner in den Mittelpunkt der Betrachtung stellt und folgert, dass diese *„offensichtlich“* Kräfte aufeinander auszuüben scheinen. Nach dem Erstkontakt (Zeitnullpunkt $t = 0$) werden beide Körper zunehmend deformiert, verlieren augenscheinlich im Verlauf dieses Deformationsvorgangs (→ Konstitutionsphase des Stoßes) ihren Impuls und kommen schließlich zum Zeitpunkt $t = T/2$ vorübergehend zur Ruhe. Also wirkt auf jede Kugel erkennbar eine impulsvernichtende Kraft, die *„ursächlich“* mit der Deformation in Verbindung gebracht werden kann, und man interpretiert die Beobachtung entsprechend: Kugel A (B) verformt ihren jeweiligen Stoßpartner B (A) und erfährt dadurch eine ihrer Bewegung entgegen gerichtete, verzögernde Kraftwirkung. Im Falle einer elastischen Deformation ist dieser Prozess reversibel, sodass in der Folge (für $t > T/2$) die gleiche Kraft auch weiterhin auf die Kugel A (B) einwirkt (→ Restitutionsphase des Stoßes), sodass sie, am Ende des Deformationsprozesses ($t = T$), entgegen der ursprünglichen Bewegungsrichtung auf die betragsmäßig gleiche Endgeschwindigkeit beschleunigt wird. Damit dieses Bild *„funktioniert“*, bedarf es einer ganzen Reihe von Annahmen, in erster Linie wird die Gültigkeit der Newton'schen Gesetze und die Anwendbarkeit eines modifizierten Hooke'schen Gesetzes (→ Hertz'sche Theorie) vorausgesetzt, beides ist im Sinne einer kausalen Prozessabfolge zu interpretieren. Kausale Zusammenhänge der geschilderten Art gibt es in der Physik jedoch nicht (vgl. Abschnitt 4.3.4 *Das Kausalitätsproblem in der Physik*), denn *„die Natur ist nur einmal da“* (E. Mach).

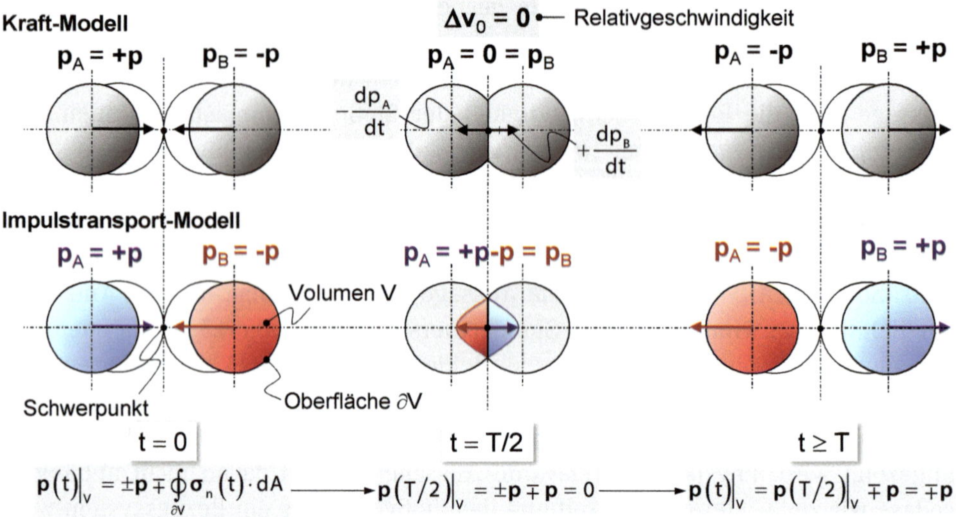

Bild 5.40 Der zentrale elastische Stoß zweier Kugeln A, B gleicher Masse und entgegengesetzt gleicher Geschwindigkeit, jeweils beschrieben im Schwerpunktsystem durch das Kraft-Modell (oben) und das Impulstransport-Modell (unten).

Im Gegensatz dazu basiert das Impulstransport-Modell auf einer einzigen Annahme: Die allgemeine Impulserhaltung. Impuls kann weder erzeugt noch vernichtet werden, es ändert sich bestenfalls die Impulsverteilung, gemäß der 1. Cauchy'schen Bewegungsgleichung

$$\frac{\partial \boldsymbol{\rho}_p}{\partial t}+\mathbf{div}\hat{\boldsymbol{\sigma}}=0 \Leftrightarrow \left.\frac{\mathrm{d}\boldsymbol{p}}{\mathrm{d}t}\right|_V=-\oint_{\partial V}\hat{\boldsymbol{\sigma}}\boldsymbol{n}\cdot\mathrm{d}A=-\oint_{\partial V}\boldsymbol{\sigma}_n\cdot\mathrm{d}A \qquad \text{Gl. 5.56}$$

bzw.

$$\boldsymbol{p}(t)\big|_{V_{\mathrm{A,B}}}=\pm\boldsymbol{p}-\oint_{\partial V_{\mathrm{A,B}}}\boldsymbol{\sigma}_n\cdot\mathrm{d}A \qquad \text{Gl. 5.57}$$

Gl. 5.56 gilt sowohl für das beide Stoßpartner umfassende Gesamtproblem, wie auch für jeden beliebigen Teilbereich der Problemstellung, d. h. insbesondere auch für jede der beiden Kugeln A (B), entsprechend (Gl. 5.57). In diesem Bild liegt der Fokus auf der Beobachtung der Erhaltungsgröße Impuls. Die Körper selbst sind nur bezüglich ihres Impulsaufnahmevermögens (→ Impulskapazität ≡ Masse) von Interesse. Die Ausgangsimpulse $\boldsymbol{p}_{\mathrm{A,B}}$ werden demnach ungestört von einem Stoßpartner auf den anderen transferiert, und die zugehörigen Impulsströme korrelieren mit dem zeitlichen Verlauf des mechanischen Spannungszustandes $\boldsymbol{\sigma}_{\mathrm{n}}(t)$, der sich während des Stoßprozesses in der Kontaktzone einstellt. Auf den ungestörten gegenläufigen Impulstransport in einer Stoßkette hatte Christiaan Huygens bereits im Jahre 1691 hingewiesen. Solange eine Druckspannung vorliegt wird positiver

Impuls $+p_x$ in positive x-Achsenrichtung oder gleichbedeutend negativer Impuls $-p_x$ in negative x-Achsenrichtung transportiert, gemäß der unteren schematischen Darstellung in Bild 5.40. Ein bestechend einfaches Bild, das gänzlich ohne zusätzliche Annahmen zu *„Verhaltensauffälligkeiten"* oder *„kausalen Wechselwirkungen"* der beteiligten Körper auskommt.

5.2.5.1 Die Stoßzeit

Interessant ist in diesem Zusammenhang die Frage, in welchen Zeitspannen sich diese Transportprozesse abspielen. Wie groß ist die Stoßzeit T und welche physikalischen Parameter bestimmen diese Impulsübertragungszeit? Ausgehend vom Modellansatz einer Hertz'schen Druckspannung in der Kontaktzone genügt die relative Annäherung $\alpha = x_A - x_B$ beider Stoßpartner folgender Differentialgleichung[54]

$$-\frac{\mathrm{d}p_A}{\mathrm{d}t} = +\frac{\mathrm{d}p_B}{\mathrm{d}t} = F \Rightarrow -\frac{m_A m_B}{m_A + m_B} \cdot \frac{\mathrm{d}^2\alpha}{\mathrm{d}t^2} = \frac{5}{4} \cdot \frac{M \cdot v_0^2}{\alpha_m} \cdot \left(\frac{\alpha}{\alpha_m}\right)^{\frac{3}{2}} \qquad \text{Gl. 5.58}$$

bzw. nach einmaliger Integration

$$\left(\frac{\mathrm{d}\alpha/\mathrm{d}t}{v_0}\right)^2 = 1 - \left(\frac{\alpha}{\alpha_m}\right)^{\frac{5}{2}} \qquad \text{Gl. 5.59}$$

mit der relativen Auftreffgeschwindigkeit v_0 und der maximalen Kompression α_m, die sowohl von der Geometrie als auch den elastischen Materialkenngrößen beider Stoßpartner abhängt (vgl. die Laborsystem-Darstellung in Bild 5.41). Die Ausgangsgleichung (Gl. 5.58) ist im Sinne einer Kräftebilanz *„rasch hingeschrieben"*, aber was steht da genau? Die Impulsströme $\mathrm{d}p_{A,B}/\mathrm{d}t$ sind jeweils vom Betrage gleich F, tragen jedoch entgegengesetzte Vorzeichen, d. h. es liegt auch hier eine Transportgleichung für den Impuls vor: Je Zeiteinheit entspricht die Impulsabgabe des einen Stoßpartners der Impulsaufnahme des anderen. Damit einhergehende Geschwindigkeitsänderungen $\mathrm{d}x_{A,B}/\mathrm{d}t$ sind umgekehrt proportional zur jeweiligen Impulskapazität (→ Masse $m_{A,B}$). Beschreiben wir diese Änderungen des Bewegungszustandes im Schwerpunktsystem, mittels einer zeitabhängigen Annäherungsgeschwindigkeit zwischen beiden Stoßpartnern $\mathrm{d}\alpha/\mathrm{d}t = \mathrm{d}(x_A - x_B)/\mathrm{d}t$, so entspricht dies dem Problem der Bewegung eines Körpers mit effektiver Impulskapazität (→ reduzierte Masse) in einem äußeren Feld, das für $\alpha > 0$ mit einer Druckspannung (→ Impulsstromdichte) auf diesen einwirkt und im Zwei-Körper-Modell die materielle Durchdringung der Stoßpartner unterbindet.

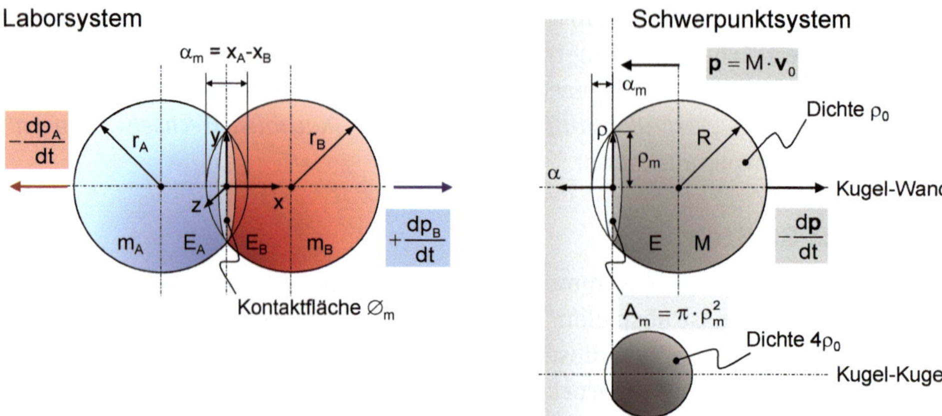

Bild 5.41 Kompressionszone beim zentralen elastischen Stoß zweier Kugeln nach Hertz, im Laborsystem (links) und im Schwerpunktsystem (rechts unten, weitere Erläuterungen im Text).

Dieses Feld lässt sich auch über ein Potential φ_{Hertz} darstellen

$$F = -\frac{\partial \varphi_{\text{Hertz}}}{\partial \alpha} \Rightarrow \varphi_{\text{Hertz}} = E_{\text{kin}} \cdot \left(\frac{\alpha}{\alpha_{\text{m}}}\right)^{\frac{5}{2}} \qquad \text{Gl. 5.60}$$

Für den Fall des hier betrachteten zentralen Stoßes zweier Kugeln mit Massen $m_{\text{A,B}}$, Radien $r_{\text{A,B}}$ und Elastizitätsmoduln $E_{\text{A,B}}$ erhält man für die sich einstellende maximale Kompression

$$\alpha_{\text{m}} = \left(\frac{15}{16} \cdot \left(1-\mu^2\right) \cdot \frac{M \cdot v_0^2}{E \cdot \sqrt{R}}\right)^{\frac{2}{5}} \qquad \text{Gl. 5.61}$$

Hierbei stehen die Größen *M*, *R* und *E* jeweils für die reduzierte Masse, den reduzierten Radius und die reduzierte Elastizität[55] des entsprechenden Ein-Körper-Problems, d. h.

$$M = \frac{m_{\text{A}} \cdot m_{\text{B}}}{m_{\text{A}} + m_{\text{B}}}, \quad R = \frac{r_{\text{A}} \cdot r_{\text{B}}}{r_{\text{A}} + r_{\text{B}}}, \quad E = \frac{E_{\text{A}} \cdot E_{\text{B}}}{E_{\text{A}} + E_{\text{B}}} \qquad \text{Gl. 5.62}$$

Die Beziehung (Gl. 5.61) ist leichter nachzuvollziehen, wenn wir zusätzlich eine effektive Dichte ρ_M einführen, gemäß

$$M = \rho_M \cdot \frac{4}{3}\pi \cdot R^3 \qquad \text{Gl. 5.63}$$

Damit erhalten wir für (Gl. 5.61)

$$\frac{\alpha_{\text{m}}}{R} = \left(\frac{5}{4}\pi \cdot \left(1-\mu^2\right) \cdot \frac{\rho_M \cdot v_0^2}{E}\right)^{\frac{2}{5}} \qquad \text{Gl. 5.64}$$

d. h. das Verhältnis von kinetischer und elastischer Energiedichte eines Körpers bestimmt dessen relative Kompression. Die Energiedichte und die Impulsstromdichte sind physikalisch äquivalente Größen. Mit anderen Worten, die elastische Kompression muss tatsächlich als ein Impulstransportprozess verstanden werden. Beim Stoß gegen eine feste Wand entspricht der Referenz-Körper im Schwerpunktsystem exakt der Kugel im Laborsystem. Kollidieren hingegen zwei identische Kugeln, so sind die reduzierten Größen (Gl. 5.62) des Körpers im Schwerpunktsystem nur halb so groß. Gl. 5.64 lässt sich übrigens auch schreiben

$$\frac{\alpha_\mathrm{m}}{R} = \left(\frac{5}{8}\pi \cdot (1-\mu)\right)^{\frac{2}{5}} \cdot \left(\frac{v_0}{c_\mathrm{T}}\right)^{\frac{4}{5}} \cong (1-2\mu)^{\frac{2}{5}} \cdot \left(\frac{c_\mathrm{L} \cdot v_0}{c_\mathrm{T} \cdot c_\mathrm{T}}\right)^{\frac{4}{5}} \qquad \text{Gl. 5.65}$$

unter Verwendung der transversalen bzw. longitudinalen Schallgeschwindigkeit $c_{\mathrm{T,L}}$ im isotropen Festkörper

$$c_\mathrm{T}^2 = \frac{E}{2\rho_M (1+\mu)} = \frac{G}{\rho_M} \qquad \text{Gl. 5.66}$$

bzw.

$$c_\mathrm{L}^2 = c_\mathrm{T}^2 \cdot \frac{2 \cdot (1-\mu)}{1-2\mu} \qquad \text{Gl. 5.67}$$

mit dem Schubmodul *G* und dem Kompressionsmodul *K*. Je höher die Schallgeschwindigkeit umso effizienter wird also der Impuls zwischen den Stoßpartnern übertragen. Dieser Sachverhalt ist einzig der Tatsache geschuldet, dass sowohl die Schallausbreitung als auch der Impulstransport durch dieselben elastischen Materialkenngrößen bestimmt sind. Für das Potential erhält man entsprechend

$$\varphi_\mathrm{Hertz} \cong \frac{1}{2} \cdot M \cdot c_\mathrm{T}^2 \cdot \frac{1}{2 \cdot (1-\mu)} \cdot \left(\frac{\alpha}{R}\right)^{\frac{5}{2}} \qquad \text{Gl. 5.68}$$

Um die Stoßzeit *T* zu ermitteln, kann die Differentialgleichung (Gl. 5.59) als elliptisches Integral dargestellt werden

$$t(\alpha) = \frac{1}{v_0} \cdot \int_0^\alpha \frac{d\alpha}{\sqrt{1-(\alpha/\alpha_\mathrm{m})^{5/2}}} \qquad \text{Gl. 5.69}$$

sodass sich für *T* der folgende Zusammenhang ergibt[56]

$$T = 2 \cdot t(\alpha_\mathrm{m}) = 2 \cdot \frac{2\sqrt{\pi}}{5} \cdot \Gamma\left(\frac{2}{5}\right) \cdot \Gamma\left(\frac{9}{10}\right)^{-1} \cdot \frac{\alpha_\mathrm{m}}{v_0} \cong 3 \cdot \frac{\alpha_\mathrm{m}}{v_0} \qquad \text{Gl. 5.70}$$

mit der Gamma-Funktion $\Gamma(x)$. Für $t \in [0,T]$ lässt sich zu (Gl. 5.58) und (Gl. 5.59) folgende Näherungslösung angeben:

Kompression ...

$$\alpha(t) = \alpha_m \sin\left(\frac{t}{T_m}\right) \quad \text{Gl. 5.71}$$

A$_{5\text{-}5}$: Man zeige, dass diese Beziehung die Differentialgleichung zur Hertz'schen Druckspannung näherungsweise löst. Wie groß ist hierbei der maximale Fehler?

Mit den Substitutionen $T = 3 \cdot T_0 = \pi \cdot T_m$ ergeben sich hieraus die entsprechenden Beziehungen für Impuls und Energie (vgl. Bild 5.42):

Impuls (Bewegungsmenge)...

$$p(t) = P_0 \cdot \cos\left(\frac{t}{T_m}\right) \quad \text{Gl. 5.72}$$

Impulsstrom ...

$$\frac{dp}{dt}(t) = -P_0 \cdot \frac{1}{T_m} \sin\left(\frac{t}{T_m}\right) \quad \text{Gl. 5.73}$$

Energie ...

$$E(t) = E_0 \cdot \cos^2\left(\frac{t}{T_m}\right) \quad \text{Gl. 5.74}$$

Energiestrom ...

$$\frac{dE}{dt}(t) = -E_0 \cdot \frac{1}{T_m} \sin\left(2 \cdot \frac{t}{T_m}\right) = v(t) \cdot \frac{dp}{dt}(t) \quad \text{Gl. 5.75}$$

mit der Impuls- bzw. Energie-Amplitude[57]

$$P_0 = \left(\frac{T_0}{T_m}\right) \cdot Mv_0 \text{ , } \mathrm{E}_0 = \left(\frac{T_0}{T_m}\right)^2 \cdot \frac{M}{2} v_0^2 \quad \text{Gl. 5.76}$$

Nach Erstkontakt der Stoßpartner nehmen der Impuls (die Bewegungsmenge) und die kinetische Energie stetig ab, d.h. Impuls- und zugehöriger Energiestrom sind beide negativ, sodass der kinetische Energiespeicher sukzessive entleert wird und der Bewegungsvorgang schließlich kurzzeitig zum Stillstand kommt. Während der (kinetische) Energiestrom bereits bei $T_m/4$ extremal und bei $T_m/2$ zwangsläufig null wird, erreicht der Impulsstrom erst zu diesem Zeitpunkt sein Maximum. Nachdem sowohl *die* Energie als auch *der* Impuls Erhaltungsgrößen sind, darf man natürlich fragen, wo die Energie- und die Bewegungsmenge zum Zeitpunkt $T_m/2$ geblieben sind, zumal wir *„Umwandlungsprozesse"* ausschließen wollen?

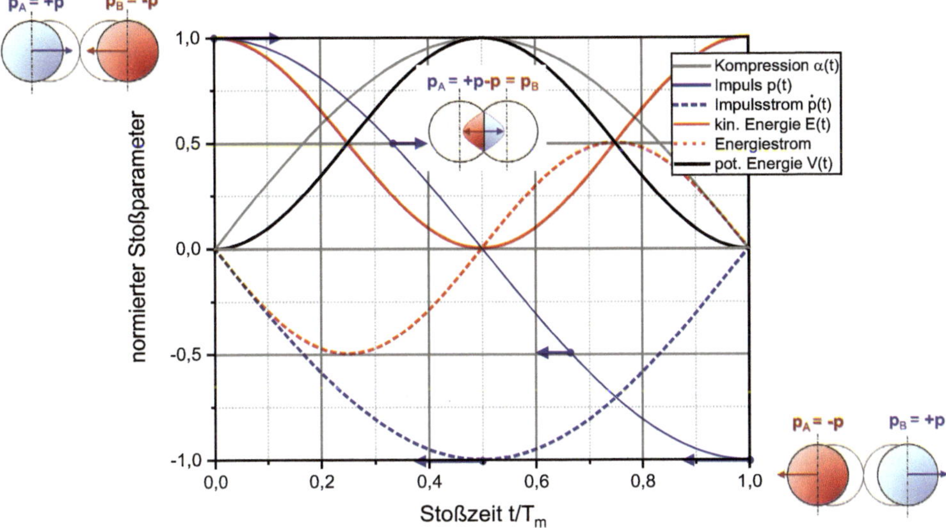

Bild 5.42 Impuls und Energietransfer im Falle eines zentralen Stoßes identischer Kugeln, gemäß (Gl. 5.72) bis (Gl. 5.75).

Zur Erinnerung: Die Physik *„glaubte ursprünglich fest"* an den Energiesatz und führte deshalb problembezogen immer wieder neue *„Energieformen"* ein, hier die sogenannte *„potentielle Energie"* des Kompressionszustandes. Zusammen mit der erweiterten Hypothese, dass diese Energieformen ineinander umwandelbar seien und nur die Gesamtenergie, bestehend aus der Summe von kinetischer und potentieller Energie, eine Erhaltungsgröße darstelle, *„rettet"* man den Energieerhaltungssatz. Das Verschwinden des Impulses wird hingegen als experimenteller Befund gebilligt und dem Wirken impulsvernichtender Kräfte zugeschrieben, die beide Körper aufeinander ausüben sollen. Selbst ein zukünftiger Nobelpreisträger (→ Frank Wilczek, vgl. Abschnitt 4.1 *Das Konzept der Energie*) empfand zu Beginn seines Physikstudiums diesen Ansatz wenig überzeugend und kam in Folge dessen zum Schluss, dass der sog. *„Energieerhaltungssatz"* wohl eher ein *„übler Physiker-Trick"* sei (Originalzitat: *„an ugly kludge"*) und bestenfalls für wenige Problemstellungen eine nützliche Näherung sein könne – mehr aber auch nicht! Die grundlegende Bedeutung der Energieerhaltung zeigt sich (leider) erst im späteren Verlauf des Studiums (→ Hamilton-Lagrange-Formalismus, vgl. Abschnitt 4.2.2), sodass man in den Anfängen des Physikstudiums den kritischen Standpunkt Wilczeks durchaus nachvollziehen kann.

Was ist in unserem Falle diese *„potentielle Energie"*?

Die Energie bzw. der Energiestrom lässt sich gemäß (Gl. 5.73) und (Gl. 5.74) auch schreiben

$$E(t) = E_0 \cdot [1 - V(t)] \Rightarrow \frac{dE}{dt}(t) = -\frac{dV}{dt}(t) \qquad \text{Gl. 5.77}$$

mit der potentiellen Energie $V(t)$

$$V(t) = E_0 \cdot \sin^2\left(\frac{t}{T_m}\right) = -\alpha(t) \cdot \frac{dp}{dt}(t) \qquad \text{Gl. 5.78}$$

Die so definierte potentielle Energie ist also *keine* (!) *„neue Energieform"*, sondern einfach nur ein sich über den Impulsstrom $dp(t)/dt$ und den hierzu zeitlich korrelierten Kompressionszustand $\alpha(t)$ definierter Energiespeicher. Der Impulsstrom transportiert Energie und wird über die jeweils vorliegende Differenz des Bewegungs- bzw. Kompressionszustandes angetrieben. Mit anderen Worten: Die transportierte Energiemenge $V(t)$ ist gemäß (Gl. 5.78) *gleich* dem Impulsstrom gewichtet mit einer zeitabhängigen Amplitude $\alpha(t)$, d. h. der Kompressionszustand ist sowohl ein Maß für den Energieanteil als auch für die zugehörige Impulsstromstärke! Je stärker die Kompression (→ mechanische Spannung) umso höher der bestehende Impulsstrom und die damit verknüpfte Energie.

Die *„potentielle Energie"* definiert sich also über die mit dem Impulsstrom eingetragene Energie, dem Energiestrom dE/dt, was sich auch formal darstellen lässt

$$V(t) = -T_m \cdot \tan\left(\frac{t}{T_m}\right) \cdot \frac{dE}{dt}(t) \qquad \text{Gl. 5.79}$$

Impuls und zugehörige (kinetische) Energie sind also zum Zeitpunkt $T_m/2$ der Stoßwechselwirkung nicht verschwunden, sondern definieren zusammen den momentanen Strömungszustand des Energieträgers Impuls. Dieser Transportvorgang setzt sich in der Folge für $t > T_m/2$ fort, bis schließlich zum Zeitpunkt T_m der Impulsaustausch vollständig abgeschlossen ist und sich die Bewegungsverhältnisse umgekehrt haben. Für $t > T_m$ entfernen sich die Stoßpartner mit der Relativgeschwindigkeit v_0 wieder voneinander. Bemerkenswert an diesem Bild ist, dass zu keinem Zeitpunkt des Prozessverlaufs Impuls vernichtet oder erzeugt wird. Es ändert sich einzig während der Kontaktphase die Verteilung der Bewegungsmenge und zwar auf eine Weise, dass *beide* (!) Ausgangsimpulse $\boldsymbol{p}_A$ bzw. $\boldsymbol{p}_B$ *zu jedem Zeitpunkt* (!) erhalten bleiben.

Bekanntermaßen interpretiert man diesen Vorgang anders, nämlich – wie eingangs geschildert – streng *kausal* nach dem zu beobachtenden *Verhalten* der Körper, wofür man allerdings ein spezielles Konzept einführen muss: *„Kräfte"*, die diese selektiv und dennoch koordiniert, nämlich paarweise *exakt* entgegengesetzt gleich, aufeinander ausüben müssen. Während die eine Kraftkomponente ausschließlich den Impuls der stoßenden Kugel abzubauen hat, muss deren Pendant simultan den zugehörigen Stoßpartner komprimieren. Auf diese Weise verschwindet wie gewünscht der Impuls bei maximaler Kompression, und die zugehörige *„verlorene"* kinetische Energie wird in *„potentielle Energie"* des Kompressionszustandes *„umgewandelt"*. Selbstverständlich kann man zu *„Lernzwecken"* für das *Augenscheinliche* auch gerne *kausale Strukturen* der geschilderten Art aufbauen, um damit einen sukzessiven Prozessverlauf zu plausibilisieren. Die physikalisch sinnvollere Impulsstrom-Beschreibung verdeutlicht jedoch unmittelbar die recht umständliche Interpretation des Geschehens, letztlich *„nur"* mit dem Ziel, ein dazu passendes kausales Modell präsentieren zu wollen.

Bild 5.43 zeigt beispielhaft für eine Reihe von Materialien die normierte Kompression und die normierte Stoßzeit im Falle eines zentralen Stoßes zweier Kugeln. Sind die Stoßpartner im Aufbau identisch, dann skaliert die maximale Kompression $\alpha_m = 2x_{A,B}$ mit dem Kugelradius $r = r_{A,B}$. Zu gegebener Materialdichte ρ_0 erhält man:

Kugel-Kugel Stoß ...

$$2\cdot\left(\frac{\alpha_m}{r}\right)_{\text{K-K}} = \frac{2x_A}{r_A} = \left(10\pi\cdot\left(1-\mu^2\right)\cdot\frac{\rho_0\cdot v_0^2}{E}\right)^{\frac{2}{5}} \qquad \text{Gl. 5.80}$$

relative Auftreffgeschwindigkeit v_0 = 1 m/s

Material	Dichte [kgm⁻³]	E-Modul [GPa]	μ	α_m/r	v_0T/r
Edelstahl	7820	200	0,30	$2{,}08\cdot10^{-3}$	$6{,}24\cdot10^{-3}$
Aluminium	2699	78	0,34	$1{,}96\cdot10^{-3}$	$5{,}88\cdot10^{-3}$
Glas	2201	75	0,17	$1{,}90\cdot10^{-3}$	$5{,}71\cdot10^{-3}$
Blei	11342	19	0,44	$5{,}90\cdot10^{-3}$	$1{,}77\cdot10^{-2}$
Hartgummi	1100	5	0,40	$4{,}02\cdot10^{-3}$	$1{,}21\cdot10^{-2}$

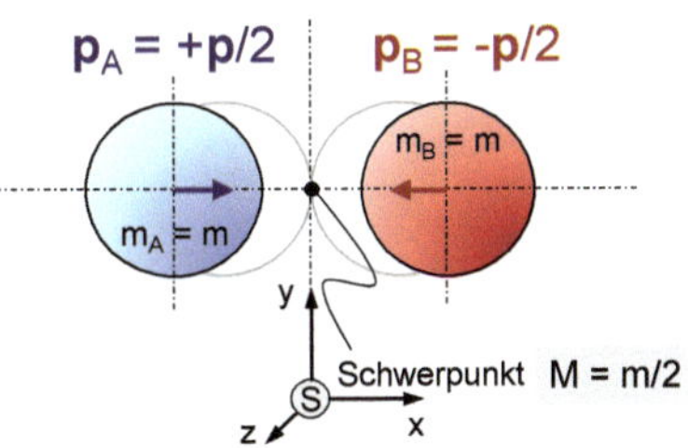

Bild 5.43 Normierte Kompression und Stoßzeit für den zentralen Stoß identischer Kugeln unterschiedlichen Materials, gemäß (Gl. 5.69), (Gl. 5.80).

Mit zunehmender Größe der Stoßpartner wächst proportional dazu sowohl die Kompressionszone als auch die Stoßzeit an, denn mit ansteigender Impulskapazität (→ Masse) muss zu gegebener Änderung des Bewegungszustandes auch eine größere Menge an Impuls (und Energie) transferiert werden. Bei einer relativen Auftreffgeschwindigkeit von v_0 = 1 m/s beträgt beispielsweise die Stoßzeit zweier Stahlkugeln von der Größe einer Murmel (Radius r = 1 cm) T = 62,5 µs, jede Kugel wird hierbei um $\alpha_m/2 \cong 10{,}4$ µm eingedrückt, und die kreisförmige Kontaktfläche erreicht einen maximalen Durchmesser von $Ø_m \cong 0{,}9$ mm (vgl. Bild 5.44). Entsprechende Kugeln von der Größe der Erde benötigen hingegen $T \cong 11$ h für einen vollständigen Impulsaustausch und die zugehörige Kontaktzone hat eine maximale Ausdehnung von $\varnothing_m \cong 581$ km, also etwa die Entfernung München-Bremen (Luftlinie) - unter Vernachlässigung von Gravitationsfeldeinflüssen.

Lassen wir nur einen der Stoßpartner zunehmend größer werden, z.B. $r_B \to \infty$ bei ansonsten gleichen Bedingungen, so wächst die Kompression x_A der kleineren Kugel an, auf Kosten von x_B, denn für die Kontaktfläche gilt näherungsweise

$$\pi \frac{\varnothing_m^2}{4} \cong \pi \cdot r_A x_A = \pi \cdot r_B x_B \qquad \text{Gl. 5.81}$$

Im Grenzfall $r_B \to \infty$ erreicht x_A mehr als das Doppelte des Ausgangswertes (Gl. 5.80), nämlich:

Kugel-Wand Stoß ...

$$\left(\frac{\alpha_m}{r}\right)_{K\text{-}W} = \frac{x_A}{r_A} = 2^{\frac{2}{5}} \cdot \left(10\pi \cdot \left(1-\mu^2\right) \cdot \frac{\rho_0 \cdot v_0^2}{E}\right)^{\frac{2}{5}} = 2^{\frac{2}{5}} \cdot 2 \cdot \left(\frac{\alpha_m}{r}\right)_{K\text{-}K} \qquad \text{Gl. 5.82}$$

d.h. bei gleicher Relativgeschwindigkeit v_0 unterscheidet sich der Aufprall im Falle eines symmetrischen zentralen Stoßes zweier Kugeln A-B vom Aufprallverhalten einer Kugel A gegen eine feste Wand B, obgleich der Vorgang in beiden Fällen augenscheinlich das identische Resultat liefert. Kugel A wird nämlich im Verlauf des Aufpralls elastisch deformiert und aus Sicht von B so reflektiert, dass sich in der Folge beide Stoßpartner mit der (relativen) Ausgangsgeschwindigkeit v_0 wieder voneinander entfernen. Dieser Prozess dauert allerdings bei einer festen Wand deutlich länger, wieso?

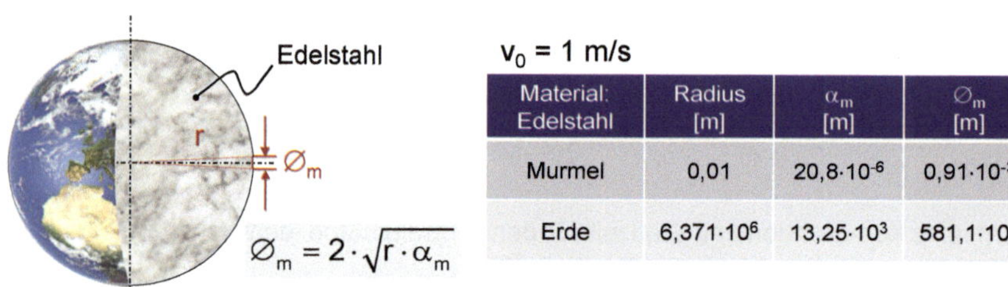

$v_0 = 1$ m/s

Material: Edelstahl	Radius [m]	α_m [m]	$\varnothing_m$ [m]	T [s]
Murmel	0,01	$20{,}8 \cdot 10^{-6}$	$0{,}91 \cdot 10^{-3}$	$6{,}24 \cdot 10^{-5}$
Erde	$6{,}371 \cdot 10^{6}$	$13{,}25 \cdot 10^{3}$	$581{,}1 \cdot 10^{3}$	39750

Bild 5.44 Kompression und Stoßzeit im Falle eines zentralen Stoßes identischer Stahlkugeln für unterschiedliche Größenverhältnisse, gemäß (Gl. 5.80).

Betrachten wir beide Stoßvorgänge im jeweiligen Schwerpunktsystem, so stellt man fest, dass die reduzierte Masse im Falle der K-K-Wechselwirkung nur halb so groß ist, d.h. zu gegebenem v_0 ist in Bewegungsrichtung entsprechend weniger Impuls und Energie zu transportieren, weshalb der Prozess schneller als die K-W-Wechselwirkung ablaufen muss.

$$p_{\text{K-W}} = mv_0 = 2 \cdot p_{\text{K-K}} \Leftrightarrow E_{\text{K-W}} = \frac{mv_0^2}{2} = 2 \cdot E_{\text{K-K}} \qquad \text{Gl. 5.83}$$

Bei Vorgabe der Relativgeschwindigkeit v_0 zweier Stoßpartner A, B bestimmen die Impulskapazitäten $m_{A,B} = m$ anteilig die jeweiligen Geschwindigkeitsbeiträge $v_{A,B} = v_0/2$. Die reduzierte Masse $M = m/2$ des im Schwerpunktsystem beschriebenen Ein-Körper-Problems ist ein mechanisches *„Ersatzschaltbild"* der Zwei-Körper-Wechselwirkung und bringt zum Ausdruck, dass zu gegebenem v_0 stets nur der halbe Gesamtimpuls je Stoßpartner übertragen wird.

Dieser Sachverhalt ist im Schwerpunktsystem recht einfach nachzuvollziehen, wie das mittlere Schema in Bild 5.45 zeigt. Der Stoßvorgang ist streng symmetrisch, d. h. beide Körper geben jeweils ihren Eigenimpuls ab und nehmen zugleich den Impuls des Stoßpartners auf. Dieser Impulsaustauschprozess muss in jedem anderen Bezugssystem auf die gleiche Weise ablaufen, d. h. insbesondere auch in Systemen, in denen einer der Stoßpartner anfänglich ruht. In diesem Fall wird also *nicht* $\Delta \boldsymbol{p} = +\boldsymbol{p}$ $(-\boldsymbol{p})$ von der stoßenden Kugel A (B) auf die gestoßene Kugel B (A) übertragen, wie man *augenscheinlich* annehmen sollte und es wohl auch deshalb unreflektiert in vielen Lehrbüchern nachzulesen ist. Die stoßende Kugel A (B) überträgt auch in diesem Fall nur $\Delta \boldsymbol{p} = +\boldsymbol{p}/2$ $(-\boldsymbol{p}/2)$ auf den anfänglich ruhenden Stoßpartner und dieser wiederum $\Delta \boldsymbol{p} = -\boldsymbol{p}/2$ $(+\boldsymbol{p}/2)$ (entgegen der eigenen Bewegungsrichtung!) auf die auftreffende Kugel (vgl. hierzu das linke bzw. rechte Schema in Bild 5.45). Es wird also jeweils nur der halbe Impuls übertragen, weshalb der Austauschprozess im Vergleich zur Kugel-Wand-Wechselwirkung schneller abläuft, denn beim Stoß mit der Wand ist im Schwerpunktsystem tatsächlich $M = m$ und deshalb $\Delta \boldsymbol{p} = \pm m\boldsymbol{v}_0$.

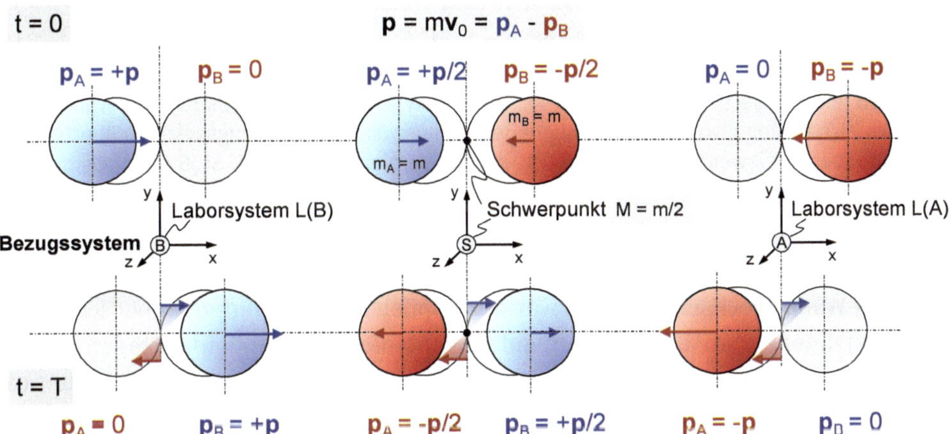

Bild 5.45 Impulsübertrag beim zentralen elastischen Stoß. Unabhängig vom gleichförmigen Bewegungszustand des Bezugssystems übertragen beide Stoßpartner jeweils nur den halben Impulsbetrag.

Zur Verdeutlichung zeigt Bild 5.46 das entsprechende Wechselwirkungsschema beim Stoß eines leichten Körpers A der Masse m_A mit einer festen Wand B der (n-1)-fachen Masse $m_B = (n-1) \cdot m_A$, mit $n \to \infty$. Im Schwerpunktsystem ist daher $\boldsymbol{p}_A = \lim_{n \to \infty} (n-1) \cdot \boldsymbol{p}/n = -\boldsymbol{p}_B$, wobei die Wand (quasi) ruht (weil $m_B \to \infty$). Im Verlauf des Stoßprozesses verliert die Kugel ihren positiven Impuls an die Wand und erhält zugleich den entsprechenden negativen Anteil zurück, sodass die Kugel (und die Wand) insgesamt eine Impulsänderung von $\Delta \boldsymbol{p}_{A/B} = \mp 2\boldsymbol{p}$ erfahren. Aufgrund der vernachlässigbar geringen Impulskapazität kehrt sich hierbei nur der Bewegungszustand des leichten Körpers um, die Wand zeigt hingegen keine Geschwindigkeitsänderung. Dennoch ist die Impulsverteilung $\boldsymbol{p}_{A/B} = \mp \boldsymbol{p}$ auch nach der Stoßwechselwirkung symmetrisch, schließlich ist der Gesamtimpuls im Schwerpunktsystem stets der Nullvektor. Das im Kraftbild *„eher ungewöhnliche“*, weil asymmetrische Verhalten der Stoßpartner wird im Impulsstrombild zu einem symmetrischen Prozessverlauf, insbesondere im Hinblick auf die allgemeine Gültigkeit des Impuls- und Energieerhaltungssatzes.

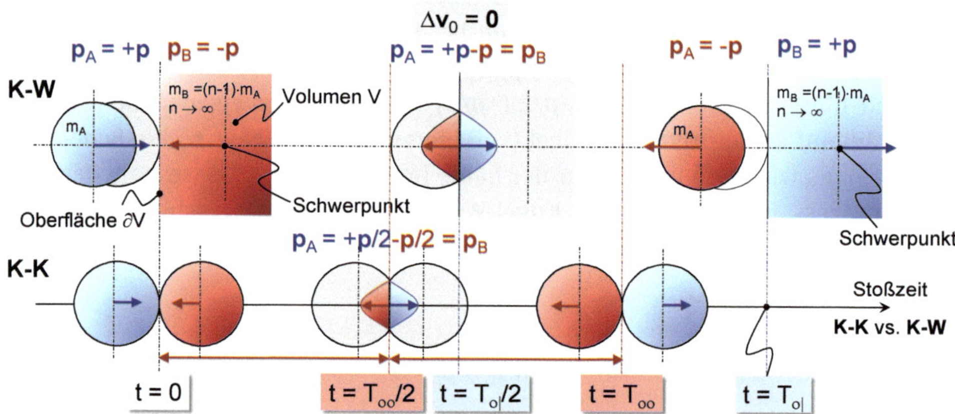

Bild 5.46 Impulsübertrag und Stoßzeit beim Stoß K-W einer Kugel mit einer festen Wand (Index ol). Unabhängig vom gleichförmigen Bewegungszustand des Bezugssystems übertragen beide Stoßpartner jeweils den Impulsbetrag p. Zum Vergleich ist der K-K Stoß ebenfalls dargestellt (Index oo).

In Lehrbüchern der Physik heißt es hierzu oftmals, dass im Falle der elastischen Teilchen-Wand-Wechselwirkung zwar der doppelte Teilchenimpuls aber keine (kinetische) Energie an die (als ruhend angenommene) Wand übertragen werde. Schüler bzw. Studenten bleiben sodann mit der Frage zurück, wieso die Natur ausgerechnet in diesem speziellen Fall die Symmetrie des Stoßvorganges brechen sollte und darüber hinaus der Energieerhaltungssatz nur noch eingeschränkt gültig sein sollte?! Nehmen wir nämlich das Teilchen als ruhend an und die Wand bewege sich stattdessen, dann argumentiert man ganz selbstverständlich, dass sowohl der doppelte Teilchenimpuls als auch die zugehörige kinetische Energie von der Wand auf das Teilchen übertragen werde.

5.2.5.2 Die Stoßkaskade

Während der Energie- und Impulserhaltungssatz die Physik elastischer (und zentraler) Zwei-Körper-Stöße auf eindeutige Weise festlegt, ist der Sachverhalt für drei und mehr in einer linearen Anordnung positionierte und sich berührende Stoßpartner ein anderer. Eine Problemstellung, deren erstmalige Formulierung auf das 17. Jahrhundert zurückgeht und seinerzeit u. a. von Marcus Marci, Edme Mariotte und Christiaan Huygens untersucht wurde.[58] Das sogenannte Newton'sche Kugelstoßpendel ist ein typisches Beispiel hierfür, das letztlich auf die richtungsweisenden Arbeiten Marcis zurückgeht.[59] Die Schulphysik zitiert diese Pendelkonfiguration irrtümlich als *die* geeignete Vorrichtung, um auf experimentellem Wege sowohl den Energie- als auch den Impulserhaltungssatz zu demonstrieren. Dabei sind beide Erhaltungssätze keineswegs hinreichend, um das Bewegungsverhalten des Kugelstoßpendels auf eindeutige Weise zu beschreiben, denn das Problem ist mit nur zwei Bestimmungsgleichungen für drei oder mehr Wechselwirkungspartner (*hoffnungslos*!) unterbestimmt. Was also *„erzwingt"* das zu beobachtende symmetrische Pendelverhalten? Die Beantwortung der Frage ist keineswegs trivial und deshalb noch in heutiger Zeit die eine oder andere wissenschaftliche Publikation wert![60]

Die Sachlage bleibt recht einfach, wenn sich die einzelnen Kugelpendel in der Ausgangskonfiguration (gerade) nicht berühren. Die Kugelabstände sollten in diesem Fall größer als $\alpha_m/2$ sein, gemäß (Gl. 5.61). Dann liegt eine Abfolge von Zwei-Körper-Stößen vor, wobei jeder einzelne Stoßvorgang durch Impuls- und Energiesatz eindeutig festgelegt ist. Die Impulslaufzeit T_n einer Stoßkaskade von n Kugeln ist dann $T_n = (n-1) \cdot T = 3 \cdot (n-1) \cdot \alpha_m/v_0$. Damit hätten wir dann auch schon die harte Randbedingung im Falle sich berührender Kugelpendel: Es sollten keinesfalls Dispersionseffekte auftreten, d. h. der Energie- und Impulseintrag darf sich nicht *„beliebig"* auf die Stoßpartner verteilen, sondern muss (möglichst ungedämpft) durch die Pendelkette hindurch transportiert werden. Wie geht das? Modelliert man das Problem auf Basis *„klassischer Kräfte"*, so zeigte bereits F. Herrmann et al.,[61] dass es einer speziellen elastischen (Feder-)Wechselwirkung zwischen den Stoßpartnern bedarf, nämlich der bereits beschriebenen Hertz'schen Pressung, auf dass der eingetragene Impuls nahezu *„ungestört"* von Kugel zu Kugel übertragen wird. Diese und spätere Studien zeigen jedoch nur, dass Impulsströme der Form $F(t) = dp/dt = k \cdot \alpha(t)^n$ zu gegebener Kompression $\alpha(t)$ einen quasi-dispersionsfreien Prozessverlauf beschreiben. Die erzielten Befunde stehen also für dasselbe physikalische Phänomen und sollten deshalb nicht im Sinne einer Ursache-Wirkung-Relation verstanden werden!

Dispersion heißt, dass sich während des Stoßvorganges Impuls in einem oder in mehreren Stoßpartnern anreichern kann, sodass ortsabhängig eine relative Bewegung zu beobachten ist. Die lokale Impulsdichte nimmt in diesen Fällen zu, weil die stoßzeitabhängige Impulsleitfähigkeit zwischen den Stoßpartnern nicht ausreichend groß ist, um solche Akkumulationsprozesse zu unterbinden. Das Newton'sche Kugelstoßpendel arbeitet also wie beobachtet, weil die Impulse zum einen einer Kontinuitätsgleichung genügen, d. h. sie gehen prinzipiell nicht verloren und zum anderen die zeitabhängigen Leitfähigkeitsbedingungen zwischen den Stoßpartnern *„gerade passen"*. Die eigentliche Physik des Impulstransports erkennt man, wie gehabt, im Schwerpunktsystem der Stoßanordnung, denn dort ist der Gesamtimpuls immer identisch Null (vgl. Bild 5.47). Gehen wir vereinfachend von Kugeln identischer Größe und Materialeigenschaft aus. Im Laborsystem treffe eine Kugel mit Impuls $\boldsymbol{p}_0$ in positiver x-Richtung auf eine lineare Anordnung von $n - 1 \cdot (n \geq 2)$ ruhenden Stoßpartnern. Im Schwerpunktsystem ergeben sich sowohl positive wie auch negative Impulse. Bei insgesamt n Stoßpartnern trägt die gemäß Laborbeobachtung stoßende Kugel den Impuls $+(n - 1)/\mathrm{n} \cdot \boldsymbol{p}_0$ und die $(n - 1)$ im Labor ruhenden Kugeln tragen jeweils den Impuls $-\boldsymbol{p}_0/n$.

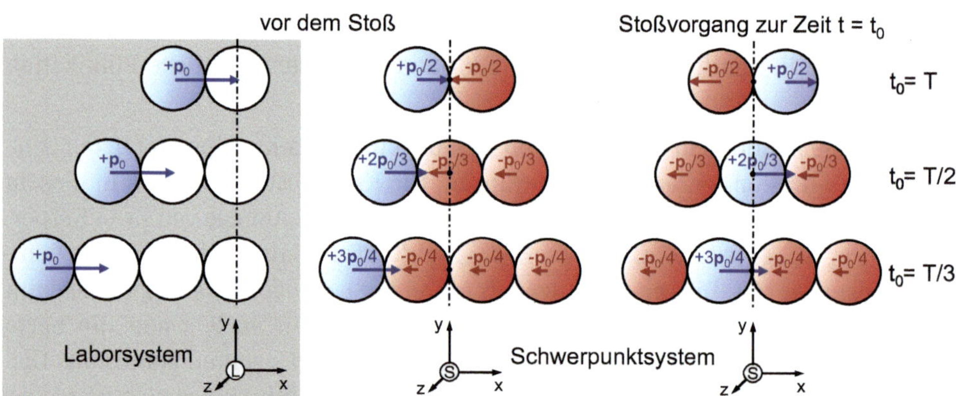

Bild 5.47 Ausgangskonfiguration und Impulsübertrag beim Newton'schen Kugelstoßpendel für n = 2,3,4 Stoßpartner.

Diese Impulse sind *allesamt* erhalten! Mathematisch wird dieser Sachverhalt, wie gehabt, durch die 1. Cauchy'sche Bewegungsgleichung (Gl. 5.56, Gl. 5.57) beschrieben:

$$\boldsymbol{p}(t)\big|_V = \pm \boldsymbol{p}_0 - \oint_{\partial V} \boldsymbol{\sigma}_\mathrm{n} \cdot \mathrm{d}A \qquad \text{Gl. 5.84}$$

Die zeitliche Änderung des Impulses $\boldsymbol{p}_0$ in einem gegebenen Volumen V erfolgt anteilig über die Begrenzungsfläche ∂V, sollte dort die Impulsstromdichte (→ mech. Spannung $\boldsymbol{\sigma}_\mathrm{n} = \hat{\boldsymbol{\sigma}}\boldsymbol{n}$) von Null verschieden sein. Deshalb beobachtet man auch nur

Austauschprozesse zwischen benachbarten Kugeln, sobald diese unterschiedliche Impulse tragen. Beim Zwei-Körper-Stoß transferiert der positive Impuls $+\boldsymbol{p}_0/2$ auf die im Laborsystem ruhende Kugel und davon unabhängig zeitgleich negativer Impuls $-\boldsymbol{p}_0/2$ entgegengesetzt auf die stoßende Kugel. Wäre es anders, so würde sich unmittelbar der gemeinsame Schwerpunkt in Bewegung setzen (→ Perpetuum mobile). Entsprechendes gilt für die Stoßkaskade in einer Pendelkette von n Kugeln. Der positive Impulseintrag der stoßenden Kugel wandert sukzessive durch die Kette und die (im Schwerpunktsystem) negativen Impulse laufen davon unabhängig in die entgegengesetzte Richtung. Die Impulslaufzeit T_n entspricht dann gerade

$$T_\mathrm{n} = \left(\frac{n-2}{2}+1\right)\cdot T = 3\cdot\left(\frac{n}{2}\right)\cdot\frac{\alpha_\mathrm{m}}{v_0} \qquad \text{Gl. 5.85}$$

denn die Restitutionsphase $\mathrm{R}_{i-1,i}$ der Stoßpartner (i - 1 → i) ist gleich der Konstitutionsphase $\mathrm{K}_{i,i+1}$ des nachfolgenden Stoßes (i → i + 1). Für Stahlkugeln mit einem Durchmesser von D = 2 cm und einer Auftreffgeschwindigkeit von v_0 = 1 ms^{-1} hatten wir eine Stoßzeit von $T \cong$ 62,4 µs errechnet (vgl. Tabelle in Bild 5.40) und eine max. Kompression je Kugel von $\alpha_\mathrm{m}/2 \cong$ 10,4 µm erhalten. Definiert man eine spezifische Impulstransportgeschwindigkeit v_p für die n-Körper-Stoßkaskade gemäß

$$v_p(n) = \frac{n\cdot D}{T_\mathrm{n}} = \frac{2\cdot D}{T} = \frac{2}{3}\cdot\frac{D}{\alpha_\mathrm{m}}\cdot v_0 \qquad \text{Gl. 5.86}$$

so erhalten wir eine *konstante* (!) Transportgeschwindigkeit v_p = 641 ms^{-1}, die deutlich kleiner ist als die longitudinale Schallgeschwindigkeit $c_\mathrm{L} \cong$ 5900 ms^{-1} in Stahl. Die Physik des Impulstransports hat also nichts mit der Physik der Schallausbreitung zu tun. Ganz im Gegenteil, Körperschall kann sich sogar störend (→ dissipativ) auf den Impulstransportprozess auswirken. Eine entsprechende Studie von Herrmann et al.[62] mit n = 2,5,10,15 Stahlkugeln (D = 5 cm, m = 0,512 kg, v_0 = 0,44 ms^{-1}, T = 0,171 ms) ergab etwas geringere Transportgeschwindigkeiten im Bereich v_p = 584 ± 8 ms^{-1}. Ein Vergleich mit den bisherigen Ausführungen zeigt, dass die gemessenen Impulstransportzeiten tatsächlich der Beziehung T_n = (n/2) · T genügen. Unter Verwendung der Materialparameter für Edelstahl erhält man α_m = 26,9 µm, T = 0,184 ms und v_p = 543 ms^{-1}, in guter Übereinstimmung mit den experimentellen Befunden. Aufgrund der geringeren Stoßgeschwindigkeit (bei ansonsten gleichem Material) ist die Impulstransportgeschwindigkeit zwangsläufig um etwa Δv_p = 100 ms^{-1} kleiner, denn es gilt allgemein

$$v_p = c(\rho_m, E, \mu)\cdot v_0^{1/5} \qquad \text{Gl. 5.87}$$

mit einer materialspezifischen Konstante $c(\rho_m, E, \mu)$, unabhängig von der Anzahl n und der Größe D der stoßenden Kugeln. Die Materialeigenschaften der Stahlkugeln in der zitierten Studie müssen demnach geringfügig andere gewesen sein.

Fazit: Beschreibt man Stoßprozesse im physikalisch sinnvolleren Impulsstrom-Bild, so wird unmittelbar die recht umständliche *„klassische"* Interpretation des Geschehens deutlich: Für das *Offensichtliche* definiert man ein *„Verhaltensmodell"*, worin *„Kräfte"* ursächlich den Bewegungsablauf der Stoßpartner beeinflussen sollen, einzig, um zu *Lernzwecken* den Impulstransportprozess über *„kausale wechselseitige Kraftwirkungen"* zu strukturieren und damit das zu beobachtende Wechselwirkungsverhalten im Sinne einer sukzessiven Ursache-Wirkung-Relation zu plausibilisieren.

Aber: *„In der Natur gibt es keine Ursache und keine Wirkung. Die Natur ist nur einmal da."* (E. Mach)

5.3 Feldwechselwirkungen

Sogenannte *„Kraft"-Felder* lassen sich als *eigenständige physikalische Systeme* verstehen, unter Anwendung einer Reihe von Modellgrößen, wie sie auch zur Beschreibung der Physik materieller Körper Verwendung finden. Solchen Feldern kann man sowohl einen *linearen Impuls*, einen *Drehimpuls* und *Entropie* zuordnen, d.h. diese Felder transportieren *Energie* und haben somit auch die physikalische Eigenschaft *Masse*, allerdings mit einer wichtigen Ausnahme: Das *Gravitationsfeld* - hierzu gleich mehr. Darüber hinaus lassen sich Kraftfelder über wohldefinierte und ggf. zeitabhängige *mechanische Spannungsverteilungen* im dreidimensionalen Raum beschreiben.

Beobachten, d.h. messtechnisch erfassen, kann man derartige Felder über ihre Wechselwirkung mit spezifischen Eigenschaften der Materie, den sogenannten *Ladungen* und ggf. den *Ladungsströmen*, die aus mathematischen Gründen auch gerne als *Quellen* (bzw. *Senken*) von sog. *Feldlinien* (→ *„Kraftlinien"*) des jeweiligen Feldes bezeichnet werden. Das Gravitationsfeld interagiert mit einem materiellen Körper über dessen physikalische Eigenschaft *Masse*, während die Eigenschaft *elektrische* bzw. *magnetische Ladung* eines Körpers das Studium elektrischer und magnetischer Felder ermöglicht. In diesem Sinne ist *Masse* die *gravitative Ladung* eines materiellen Körpers.

Im zeitlichen Verlauf von Feld-Materie-Wechselwirkungen wird u.a. Impuls[63] und damit auch Energie ausgetauscht, d.h. die entsprechenden Verteilungen beider Größen können sich ändern, allerdings unter der Randbedingung, dass Gesamtimpuls und Gesamtenergie des Systems Materie-Feld weiterhin erhalten bleiben. Ein wichtiger Aspekt bei der Beschreibung solcher Austauschprozesse ist, dass ein Feld über die zugehörige Ladung mit Materie interagieren kann, im Sinne einer Kontaktwechselwirkung, aber *nicht* an die Materie *„gebunden"* ist, d.h. es besteht keine *„Anhaftung"* des Feldes an den geladenen Körper. Das aus didaktischen

Gründen oft verwendete Feld- bzw. Kraftlinien-Bild suggeriert leider das Gegenteil und trägt deshalb nur bedingt zum Verständnis physikalischer Felder bei. Wird zudem die Möglichkeit einer relativen Bewegung von Materie zum Feld eingeräumt, um beispielsweise hierüber Schülern das Phänomen der magnetischen Induktion zu *„erklären“* (etwa mit der Aussage: *„Der elektrische Leiter »schneidet« die Magnetfeld-Linien ...“*), so ist man leider vollends vom Wege einer physikalisch konsistenten Beschreibung des Feldbegriffs abgekommen.

Im Gegensatz dazu liefert das alternative Konzept des Impulsstromes auch bei der Beschreibung der Feld-Materie Wechselwirkung ein verständliches, d. h. physikalisch konsistentes Bild. Ein Sachverhalt auf den bereits Max Planck aufmerksam machte (vgl. Abschnitt 5.1 *Der allgemeine Impulserhaltungssatz*).

5.3.1 Das Gravitationsfeld

> *„That gravity should be innate, inherent, and essential to matter, so that one body may act upon another at a distance through a vacuum, without the mediation of anything else, by and through which their action and force may be conveyed from one to another, is to me so great an absurdity, that I believe no man, who has in philosophical matters a competent faculty of thinking, can ever fall into it. Gravity must be caused by an agent acting constantly according to certain laws; but whether this agent be material or immaterial, I have left to the consideration of my readers.“*
>
> *Isaac Newton*[64]

Als Einstieg in die Feld-Materie-Wechselwirkung wollen wir uns in diesem Abschnitt mit Newtons Vermutung eines *„materiellen oder immateriellen Agens“* (lat.: agere = *handeln, treiben, wirken*) beschäftigen, das Gravitation tatsächlich als ein lokales Phänomen zu beschreiben vermag und somit *„absurde Fernwirkungskräfte“* obsolet erscheinen lässt. Obwohl diese *„Kräfte“* bereits Newton völlig suspekt waren, sind sie leider auch heute noch ein fester Bestandteil in der Physikausbildung. Tatsächlich dachte Newton seinerzeit über eine alternative Hypothese nach, nämlich über ein *„ätherisches Medium“*, dessen Dichtegradient materielle Körper (z. B. Planeten) von Bereichen hoher Dichte zu Bereichen niedriger Dichte *drückt* (!) und zwar mit der treibenden Kraft der Gravitation. Ein *„Agens“* ähnlich dem *magnetischen Effluvium* (lat.: *Ausfluss*) von dem man damals annahm, dass es von magnetischen Körpern ausgeht (→ *„herausfließt“*) und die starke magnetische Kraft zu vermitteln vermag, obschon es selbst nicht direkt nachzuweisen ist.[65] Solche Kontinuumansätze waren zu jener Zeit recht beliebt (→ magnetische/elektrische Effluvia, Caloricum etc.). Im Grunde beschreibt Newton mit seiner Überlegung die Modellidee eines *„Spannungsfeldes“*, wie wir sogleich noch sehen werden. Aber der Reihe nach ...

Die Gravitation, d. h. die nach Newton allgegenwärtig zu beobachtende materielle *„Anziehungskraft“* F_g, genügt im Falle zweier Körper mit Massen M_g, m_g im relativen Abstand r der folgenden (skalaren) Gesetzmäßigkeit

$$F_g = G_N \cdot \frac{M_g \cdot m_g}{r^2} \qquad \text{Gl. 5.88}$$

mit einer Proportionalitätskonstanten G_N, der sog. Newton'schen Gravitationskonstanten, die in SI-Einheiten dimensionsbehaftet und ungleich Eins ist: $G_N = 6{,}674 \cdot 10^{-11}\ \mathrm{Nm^2kg^{-2}}$.[66]

Mit dem radialen Einheitsvektor $\hat{\boldsymbol{r}}$ lässt sich (Gl. 5.88) auch vektoriell formulieren

$$\boldsymbol{F}_g = -G_N \cdot \frac{M_g \cdot m_g}{r^2} \cdot \hat{\boldsymbol{r}} \qquad \text{Gl. 5.89}$$

wobei der Koordinatenursprung im Schwerpunkt der Masse M_g liegen soll. Zwecks einheitlicher Darstellung aller hier diskutierten Feldwechselwirkungen, schreiben wir (Gl. 5.88) in der Form

$$F_g = \frac{1}{4\pi \cdot \gamma_0} \cdot \frac{M_g \cdot m_g}{r^2} \qquad \text{Gl. 5.90}$$

mit der Gravitationsfeldkonstanten γ_0. Für diese gilt dann entsprechend

$$\gamma_0 = \frac{1}{4\pi \cdot G_N} = 1{,}192 \cdot 10^9\ \frac{\mathrm{kg \cdot s^2}}{\mathrm{m^3}} \qquad \text{Gl. 5.91}$$

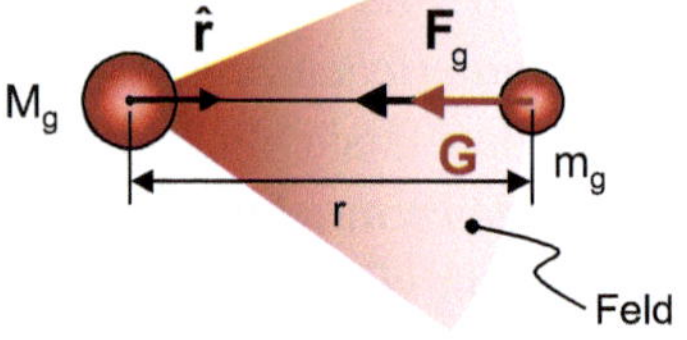

„Fernwirkungsmodell“ „lokale Feldwechselwirkung“

$$\mathbf{F}_g = -\frac{1}{4\pi\gamma_0} \cdot \frac{M_g \cdot m_g}{r^2} \cdot \hat{\mathbf{r}} = m_g \cdot \mathbf{G} = -m_g \cdot \mathbf{grad}\phi_g$$

- materielle Körper wechselwirken gemäß Newtons Kraftgesetz $\mathbf{F} = -\mathbf{F}_g$ { + × / – anziehend
- es existieren nur positive Massen $+m_g$
- Dimensionen (SI-Einheiten):
  - Kraft $[F] = 1\ \mathrm{N} = 1\ \mathrm{kgm/s^2} = 1\ \mathrm{kg} \cdot \frac{\mathrm{m}}{\mathrm{s^2}}$ (Ladung · Feldstärke)
  - Masse $[m_g] = 1\ \mathrm{kg}$
  - Gravitationsfeldkonstante $\gamma_0 = 1{,}192 \cdot 10^9\ \mathrm{kgs^2/m^3} = 1{,}192 \cdot 10^9 \left(\frac{\mathrm{kg}}{\mathrm{m^2}}\right) / \left(\frac{\mathrm{m}}{\mathrm{s^2}}\right)$ (Flächenbelegung / Feldstärke)

* Isaac Newton, *Philosophiae Naturalis Principia Mathematica*, London (1687)

Bild 5.48 Faktenblatt zum Gravitationsgesetz. Newton publizierte sein Fernwirkungsmodell im Jahre 1687. Zur Verdeutlichung der begrifflichen Zusammenhänge zwischen *Ladung*, *Flächenbelegung* und *Feldstärke* sind die entsprechenden Einheiten explizit ausgeführt (weitere Erläuterungen im Text).

Damit können wir den Kraftvektor $\boldsymbol{F}_\mathrm{g}$ mithilfe der Gravitationsfeldstärke $\boldsymbol{G}$ beschreiben

$$\boldsymbol{F}_\mathrm{g} = m_\mathrm{g}\boldsymbol{G} = m_\mathrm{g} \cdot \left(-\frac{1}{4\pi\gamma_0}\right) \cdot \frac{M_\mathrm{g}}{r^2} \cdot \hat{\boldsymbol{r}} \qquad \text{Gl. 5.92}$$

Das Faktenblatt in Bild 5.48 fasst die wesentlichen Aspekte zur Gravitationswechselwirkung zusammen. Die Kraft ergibt sich demnach aus dem Produkt der (positiven) gravitativen Ladung (→ Masse m_g, gemessen in [kg]) und der lokalen Feldstärke $\boldsymbol{G}$, gemessen in [ms^{-2}]. Die zugehörige Feldkonstante hat dann die Dimension einer auf die Feldstärke normierten Flächenbelegung der felderzeugenden Ladung. Diese Zusammenhänge werden uns wieder bei der Beschreibung des magnetischen und des elektrischen Feldes begegnen. Die Einführung des Feldbegriffs ersetzt das Newton'sche Fernwirkungsmodell durch eine lokale Wechselwirkung (Gl. 5.92) zwischen Feld $\boldsymbol{G}$ und materiellem Körper m_g, was allerdings eine andere physikalische Merkwürdigkeit mit sich bringt.

Ein erstes Problem ...: Man ist mit diesem Ansatz sehr wohl die *„absurdity"* (Newton) einer Fernwirkung los, jedoch bezieht sich die lokale Feldstärke $\boldsymbol{G}$ einzig auf die Masse M_g, d. h. der Wechselwirkungskörper m_g liefert überhaupt keinen Beitrag zum Feld und der resultierenden Kraft, als wäre er gar nicht vorhanden, selbst wenn $m_\mathrm{g} \gg M_\mathrm{g}$ – das macht physikalisch nur wenig Sinn! Im Grunde haben wir sogar **... noch ein zweites Problem:** Denn Newton setzt mit dieser Überlegung axiomatisch voraus, dass die *schwere Masse* m_g *„seiner"* Gravitationswechselwirkung (Gl. 5.90) und die *träge Masse* m_t *„seines"* Kraft-Beschleunigungs-Gesetzes (4.47) identisch sind (→ *„schwaches Äquivalenzprinzip"*), auf dass alle Körper, wie beobachtet (→ Galilei), die gleiche Gravitationsbeschleunigung erfahren – aber weshalb sollte das so sein, wie lässt sich diese (fast beiläufig einfließende) Forderung physikalisch begründen?[67]

Es bedarf also einer schlüssigeren Beschreibung für die zu beobachtende Gravitationswechselwirkung. Schauen wir uns daher die physikalisch-mathematischen Zusammenhänge noch etwas genauer an.

Mit der felderzeugenden Massendichte ρ_g genügt $\boldsymbol{G}$ der folgenden allgemeinen Beziehung

$$\mathbf{div}\boldsymbol{G} = \frac{\rho_\mathrm{g}}{\gamma_0} \qquad \text{Gl. 5.93}$$

und wir sind mit diesem Ansatz mathematisch konsistent zu entsprechenden Gleichungen für das elektrische bzw. magnetische Feld, wie später noch zu sehen sein wird. Insbesondere existiert zu jedem Körper der Masse M_g ein skalares Gravitationspotential φ_g, sodass

$$\boldsymbol{G} = -\mathbf{grad}\,\varphi_\mathrm{g} \qquad \text{Gl. 5.94}$$

Die Feldgleichung (Gl. 5.93) schreibt sich dann als Potentialgleichung (→ Poisson-Gleichung[68])

$$\mathbf{divgrad}\,\varphi_g \equiv \Delta\varphi_g = -\frac{\rho_g}{\gamma_0} \qquad \text{Gl. 5.95}$$

mit dem Potential

$$\varphi_g(r) = -\frac{1}{4\pi\gamma_0}\cdot\frac{M_g}{r} \qquad \text{Gl. 5.96}$$

Um etwas mehr über die Physik des Gravitationsfeldes zu erfahren, insbesondere über den Wechselwirkungsprozess zwischen Feld und materiellem Körper, untersuchen wir im Folgenden das Potential und die Feldstärke zweier kugelsymmetrischer Körper mit Radius R und Masse M (vgl. Bild 5.49). Zum einen eine Vollkugel homogener Dichte ρ_g und zum anderen eine Kugelschale mit der gleichen Masse (Hohlkugel).

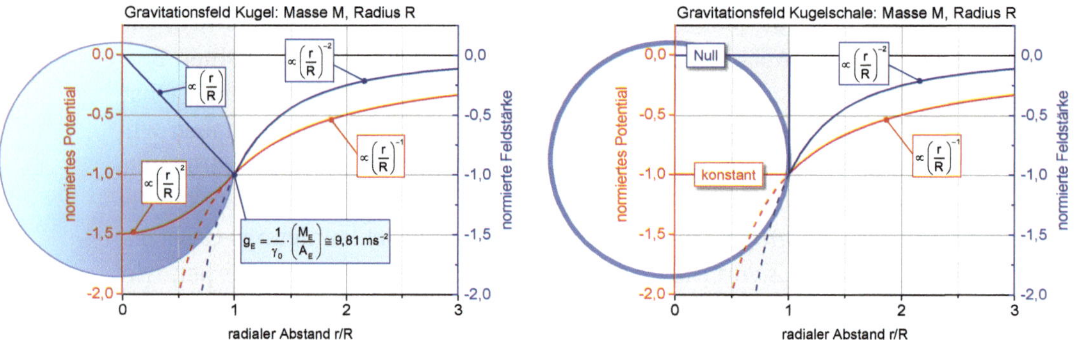

Bild 5.49 Normierter radialer Verlauf von Potential (rot) und Feldstärke (blau) einer homogenen Vollkugel (links) und einer Kugelschale (rechts).

Zur Vereinfachung der grafischen Darstellungen betrachten wir das normierte Potential

$$\varphi_g(r) = \frac{M}{4\pi R\cdot\gamma_0}\cdot\varphi_{\text{norm}}\left(\frac{r}{R}\right) \qquad \text{Gl. 5.97}$$

bzw. die radiale Komponente der normierten Feldstärke

$$G_r(r) = \frac{M}{4\pi\gamma_0\cdot R^2}\cdot G_{\text{norm}}\left(\frac{r}{R}\right) = g\cdot G_{\text{norm}}\left(\frac{r}{R}\right) \qquad \text{Gl. 5.98}$$

mit der Referenzbeschleunigung $g = G_r(R)$. Im Falle unserer Erde ist $g_E = G_r(R_E)$, d.h.

$$g_E = \frac{M_E}{4\pi\gamma_0 \cdot R_E^2} = \frac{1}{\gamma_0} \cdot \left(\frac{M_E}{A_E} \right) \cong 9{,}81\ \frac{\text{m}}{\text{s}^2} \qquad \text{Gl. 5.99}$$

Die Beschleunigung g_E (→ Gravitationsfeldstärke) an der Erdoberfläche A_E ist also, wie zuvor bereits erwähnt, proportional zur Massenbelegung M_E/A_E eben dieser Fläche.

Im Außenraum $r \geq R$ genügen Potential (rote Kurve) und Feldstärke (blaue Kurve) jeweils der bereits bekannten $1/r$- bzw. $1/r^2$-Abhängigkeit, die sich für $r < R$ stetig fortsetzt (unterbrochene Linienführung), falls die Gesamtmasse M im Kugelmittelpunkt (Schwerpunkt) vereint angenommen werden kann. Davon abweichend zeigt das Potential im Innern einer Vollkugel (linkes Diagramm in Bild 5.49) einen parabolischen Verlauf. Das Potentialminimum (Scheitelpunkt der Parabel) liegt im Mittelpunkt der Kugel bei einem konstanten Wert von $\varphi_{\text{norm}} = -3/2$. Entsprechend nimmt die Feldstärke zum Mittelpunkt hin linear ab und wird im Zentrum null. Eine einfache Rechnung liefert

$$\varphi_{\text{norm}}\left(\frac{r}{R}\right) = \frac{1}{2} \cdot \left(\left(\frac{r}{R}\right)^2 - 3 \right) \Rightarrow G_{\text{norm}}\left(\frac{r}{R}\right) = -\left(\frac{r}{R}\right) \text{ für } r \leq R \qquad \text{Gl. 5.100}$$

Für das Innere einer Kugelschale erhält man dann entsprechend

$$\varphi_{\text{norm}}\left(\frac{r}{R}\right) = -1 \Rightarrow G_{\text{norm}}\left(\frac{r}{R}\right) = 0 \text{ für } r \leq R \qquad \text{Gl. 5.101}$$

d.h. das Volumen innerhalb einer Hohlkugel ist feldfrei (rechtes Diagramm in Bild 5.49)! Damit haben wir aber ...

...ein weiteres, ein drittes Problem: Denkt man sich die Kugelschale aus einer Wolke frei beweglicher (infinitesimaler) Massenelemente dm zusammengesetzt, so werden diese in radialer Richtung dem Mittelpunkt entgegen streben – obgleich gemäß (Gl. 5.101) im Innern der Hohlkugel kein Feld existiert und damit *keine* Anziehungskräfte wirken können! Wie kommt es also zu diesem Verhalten?

Die Problemlösung: Es ergeben sich keine der geschilderten Interpretationsprobleme, wenn man Gravitation als ein dreidimensionales mechanisches Spannungsfeld auffasst, wie es in Abschnitt 1.2.3 im Rahmen der Kontinuumsmechanik eingeführt wurde. Der zugehörige (symmetrische) Spannungstensor lautet allgemein in kartesischen Koordinaten[69]

$$\hat{\boldsymbol{\sigma}}_G = \left(\sigma_{ij}\right) = \gamma_0 \cdot \left(G_i G_j - \frac{\delta_{ij}}{2} \cdot \boldsymbol{G}^2 \right) = \left(\boldsymbol{j}_{Px} \quad \boldsymbol{j}_{Py} \quad \boldsymbol{j}_{Pz} \right) = \begin{pmatrix} \boldsymbol{j}_{Px} \\ \boldsymbol{j}_{Py} \\ \boldsymbol{j}_{Pz} \end{pmatrix} \qquad \text{Gl. 5.102}$$

Dessen Spalten bzw. Zeilen beschreiben jeweils Impulsstromdichtevektoren $\boldsymbol{j}_{P\mathrm{k}}$ für die Impulsanteile p_k in x,y,z-Richtung. Durch eine geeignete Drehung des Koordinatensystems lassen sich symmetrische Tensoren stets diagonalisieren:

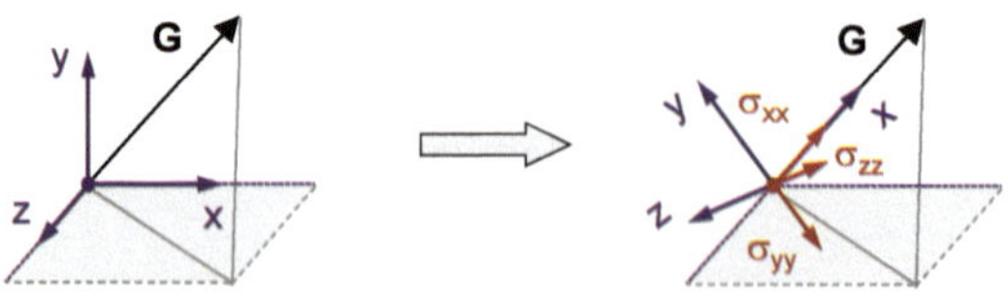

$$\hat{\boldsymbol{\sigma}}_G = \left(\sigma_{ij}\right) = \frac{\gamma_0}{2} \cdot \boldsymbol{G}^2 \cdot \begin{pmatrix} +1 & 0 & 0 \\ 0 & -1 & 0 \\ 0 & 0 & -1 \end{pmatrix} \qquad \text{Gl. 5.103}$$

Damit herrscht in Feldrichtung (x-Richtung) eine Druck- und dazu senkrecht (y-z-Ebene) eine Zugspannung. Die schalenförmige Massenverteilung steht deshalb unter einer permanenten mechanischen Spannung σ, hervorgerufen durch das *von außen* einwirkende Gravitationsfeld:

$$\sigma_{\mathrm{Druck}} = +\frac{1}{2}\gamma_0 \cdot \boldsymbol{G}^2 \equiv \sigma_{xx} \qquad \text{Gl. 5.104}$$

Für die dazu senkrecht wirkenden (tangentialen) Zugspannungen erhält man entsprechend

$$\sigma_{\mathrm{Zug}} = -\frac{1}{2}\gamma_0 \cdot \boldsymbol{G}^2 \equiv \sigma_{yy} = \sigma_{zz} \qquad \text{Gl. 5.105}$$

Wir erhalten somit ein alternatives und gänzlich anderes Bild zur Gravitationswechselwirkung materieller Körper: *„Anziehungskräfte“*, sowohl jene im Sinne eines Newton'sche Fernwirkungsmodells als auch solche beschrieben über lokale Feldstärken, gibt es nicht.

Die Körper interagieren nämlich nicht *„aktiv“*, indem sie *„Kräfte“* aufeinander ausüben um *„sich gegenseitig anzuziehen“*, vielmehr bleiben diese *„passiv“*, und das gemeinsame Gravitationsfeld schiebt bzw. drückt die Körper zueinander (also ganz im Sinne der zu Beginn geschilderten Newton'schen Agens-Überlegung!). Der eigentliche *„Spieler“* in diesem Bild ist demnach das Feld: Durch dessen Spannung wird die zu beobachtende Relativbewegung beider Körper induziert, und man interpretiert diese irrtümlich als Folge einer gegenseitigen *„Kraftwechselwirkung“* indem man beide Bewegungszustände in eine direkte kausale Beziehung zueinander setzt. Bild 5.50 verdeutlicht den Sachverhalt am Beispiel des Gravitationsfeldes des Systems Erde-Mond. Die dreidimensionale Spannungsverteilung des gemeinsamen Feldes führt Netto zu einem Verschiebungsdruck (→ Impulstransfer) in Richtung der Verbindungslinie Erde-Mond. Das ist die physikalisch sinnvollere (weil unvoreingenommene) Beschreibung für die zu beobachtende Annäherung und des damit verbundenen subjektiven Eindrucks einer gegenseitigen *„Anziehungskraft"* die beide Körper aufeinander auszuüben scheinen.

Es zeigt sich also, dass Druck mehr ist als nur eine reine Rechengröße. Druck ist ein Maß für die vorliegende Impulsstromdichte und die damit verknüpfte Energiedichte (denn Impuls ist ein Energieträger). Wir erhalten also ein Bild ganz im Sinne der ART: Druck und Gravitation entsprechen einander. Materie setzt demnach den umgebenden Raum unter mechanische Spannung, die wiederum Materie über deren physikalische Eigenschaft *„Masse"* in Bewegung versetzt. Das den Prozess beschreibende Feld repräsentiert die zugehörigen Impulsströme. Es bedarf also nicht erst der allgemeinen Relativitätstheorie Einsteins, um zu erkennen, dass die *„Beobachtungstatsache"* der Newton'schen *„Anziehungs- oder Gravitationskraft"* auf einem visuell bedingten Trugschluss beruht. Die Erde zieht nicht an Voltaires Apfel (oder Birne) und umgekehrt, weshalb auch eine Unterscheidung zwischen *„schwerer Masse"* und *„träger Masse"* physikalisch nicht mehr relevant ist.[70]

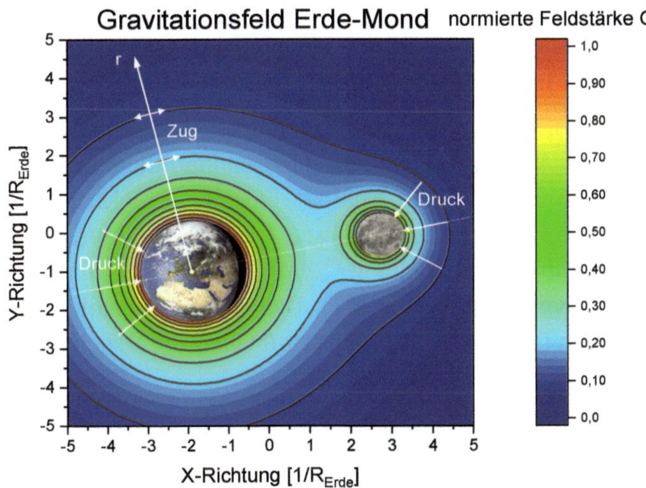

Bild 5.50 Normierter Verlauf der Gravitationsfeldstärke des Systems Erde-Mond zur Verdeutlichung der Feldeffekte (nicht maßstäbliche Darstellung). Entsprechende Darstellungen der Impulsstromdichten in kartesischen Koordinaten finden sich bei G. Heiduck et al.[71]

Tatsächlich gibt es in unserer Darstellung diese kausale Verknüpfung nicht, in unserem Fall ist nämlich *„Druck" identisch* mit *„Gravitation"*. Somit müssen wir uns auch nicht mit dem aus der ART bekannten Problem *„herumärgern"* wie genau Materie (kausal) *„Raum unter mechanische Spannung setzt"* und wie diese Spannung in der Folge (also kausal) die *„Bewegung von Materie induziert"*. Was in dieser kausalen Verkettung *a priori* gegeben sein soll (→ *„... das Huhn oder das Ei?"*) muss uns ebenso wenig belasten, wie die Suche nach einer plausiblen Antwort auf die nicht-triviale Frage, welche physikalische Eigenschaft des *„Raum-Kontinuums"* diese *„Spannungsverteilung"* überhaupt repräsentieren soll?!

Stattdessen erinnern wir uns an das bereits diskutierte Milne-Modell, wonach Gravitation ein kinematisches Phänomen ist. Ein (Probe-)Körper mit der Masse m, der bezüglich eines Beobachters $B(\boldsymbol{r},t)$ *nicht* am Hubble-Flow $\boldsymbol{v} = \boldsymbol{r} \cdot t$ teilnimmt, erscheint in diesem und jedem anderen gleichwertigen Bezugssystem zwangsläufig beschleunigt (vgl. Abschnitt 4.4.5 *Ein kosmologisches Modell*). Die relative Impulsänderung am Ort $\boldsymbol{r}$ definiert für B ein anziehendes Feld $\boldsymbol{F} = -m\boldsymbol{g}(\boldsymbol{r})$. Je ausgeprägter die relative Abweichung $\Delta\boldsymbol{v}$ vom Hubble-Flow umso stärker erscheint das Feld und die damit verknüpfte relative Impulsaufnahme. Der Impulsstrom ist also ein direktes Maß für diese Diskrepanz. Jedwede explizite Beschleunigung $\boldsymbol{a}$ eines Körpers muss demnach das gleiche Phänomen zeigen, weshalb $\boldsymbol{a}$ (Trägheit) und $\boldsymbol{g}$ (Schwere) physikalisch nicht zu unterscheiden sind. Im Umkehrschluss bedeutet das: Ist bezüglich B die Beschleunigung $\boldsymbol{g} = \boldsymbol{0}$, so ist der Körper (und B) Bestandteil der Hubble-Strömung. Dieses Bild verdeutlicht auf einfache Weise die Sonderrolle der Gravitation im Kreis der physikalischen *„Grundkräfte"* (vgl. Abschnitt 4.2 *Das Konzept der Kraft*).

5.3.1.1 Der Gravitations-Plattenkondensator

Die mechanische Kompressionswirkung des Gravitationsfeldes lässt sich auch durch eine einfache geometrische Anordnung zeigen, den sogenannten *„Gravitations-Platten-Kondensator"* (Herrmann, 1997). In Analogie zu einem elektrischen Plattenkondensator stehen sich zwei parallel ausgerichtete Platten mit identischer Masse m gegenüber, die mittels einer Druckfeder (→ *„Kraftmesser"*) auf konstantem Abstand d gehalten werden (vgl. hierzu Bild 5.51). Das Gravitationsfeld zwischen den Platten ist null, dennoch ist eine *„Anziehungskraft"* über die Druckspannung σ_x der Feder nachweisbar.

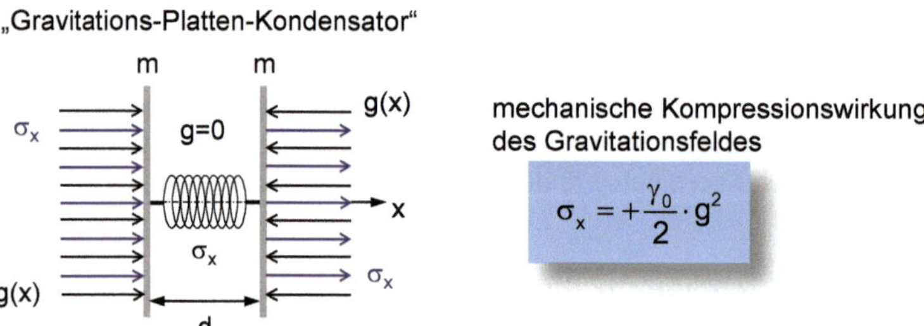

Bild 5.51 Zur experimentellen Bestimmung der Druckspannung im Gravitationsfeld mithilfe eines Gravitations-Platten-Kondensators, nach (Herrmann, 1997).

Wie in der Abbildung schematisch dargestellt, ist diese Spannung ein Resultat der mechanischen Kompressionswirkung des *äußeren* Gravitationsfeldes $g(x)$. Man erhält für die Federspannung σ_x folgenden einfachen Zusammenhang mit der für diese geometrische Anordnung *konstanten* Gravitationsfeldstärke g

$$\sigma_x = +\frac{\gamma_0}{2} \cdot g^2 \text{ mit } g = \frac{1}{\gamma_0} \cdot \left(\frac{m}{A}\right) \qquad \text{Gl. 5.106}$$

Das Verhältnis (m/A) beschreibt die Flächenbelegung der Masse (→ *„gravitative Flächenladungsdichte"*, gemessen in [$\mathrm{kgm^{-2}}$]), völlig analog zur Flächenladung beim elektrischen Kondensator.

Die Kompressionsfeder erwärmt sich bei diesem Vorgang, allerdings sind hier die thermo-elastischen Effekte sehr klein. Wir hatten bereits bei der Analyse des Newton'schen Kraftkonzeptes feststellen können, dass die etwas umständliche axiomatische Struktur der Newton'schen Gesetze durch eine einfache Kontinuitätsgleichung für den Impulsstrom ersetzt werden kann (vgl. Abschnitt 4.2 *Das Konzept der Kraft*). Wenden wir diese Beziehung auf das Kondensator-Problem an, also

$$\mathbf{div}\boldsymbol{j}_{p_x} + \frac{\mathrm{d}\rho_{p_x}}{\mathrm{d}t} = 0 \qquad \text{Gl. 5.107}$$

so erhalten wir für die feldinduzierte Plattenbewegung Newtons zweites Gesetz (in moderner Fassung)

$$\rho_m \cdot g = -\frac{\mathrm{d}\rho_{p_x}}{\mathrm{d}t} \Leftrightarrow m \cdot g = -\frac{\mathrm{d}p_x}{\mathrm{d}t} \qquad \text{Gl. 5.108}$$

was fast zwangsläufig zu der irrtümlichen Interpretation *„die Platten ziehen sich gegenseitig an"* führen kann.

Wie aber lässt sich dieser Vorgang auf physikalisch sinnvolle Weise verstehen? Zur weiteren Veranschaulichung sollen die mechanischen Federn im linken Schema von Bild 5.52 die Druckspannung des Feldes und die damit verknüpften Impulsströme repräsentieren. Druck entspricht in dieser Darstellung einem negativen Impulsstrom $-\mathrm{d}p_x/\mathrm{d}t$, sodass sich Platte ① in positive x-Richtung und Platte ② in negative x-Richtung bewegen muss. Berechnen wir also gemäß (Gl. 5.107) die Impulsaufnahme der jeweiligen Platte mit Volumen V:

$$\left.\frac{\mathrm{d}p_x}{\mathrm{d}t}\right|_V = -\oint_{\partial V} \left(\boldsymbol{n} \cdot \boldsymbol{j}_{p_x}\right) \cdot \mathrm{d}A \qquad \text{Gl. 5.109}$$

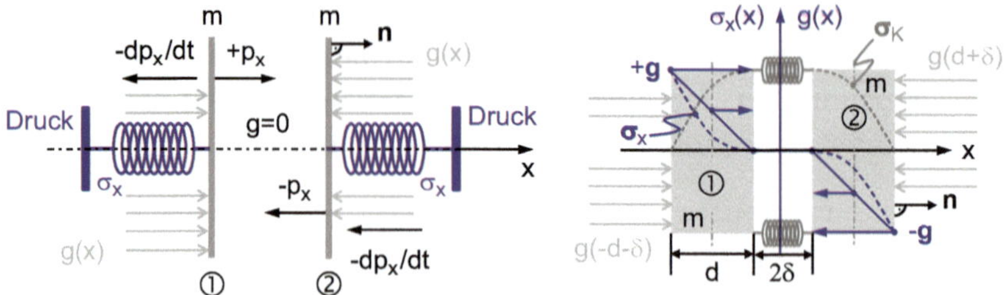

Bild 5.52 Das Experiment zum Gravitations-Platten-Kondensator. Visualisierung der Impulsströme und der damit einhergehenden Plattenbewegung (links). Das rechte Schema zeigt das Feld $g(x)$ und den mechanischen Spannungsverlauf σ_x im Falle zweier massiver Platten der Stärke $d/2$ im Abstand δ.

Hierbei zeigt der Normalenvektor $\boldsymbol{n}$ auf der Begrenzungsfläche ∂V (Plattenoberfläche) per Definition stets nach außen. Mit (Gl. 5.106) erhält man hieraus für Platte ①

$$\left.\frac{\mathrm{d}p_x}{\mathrm{d}t}\right|_{\text{Platte 1}} = +\frac{1}{2} m \cdot g \qquad \text{Gl. 5.110}$$

bzw. für Platte ②

$$\left.\frac{\mathrm{d}p_x}{\mathrm{d}t}\right|_{\text{Platte 2}} = -\frac{1}{2} m \cdot g \qquad \text{Gl. 5.111}$$

und für die relative Impulsänderung von Platte ② bezüglich Platte ①

$$\left.\frac{\mathrm{d}p_x}{\mathrm{d}t}\right|_{\text{Platte }2\to 1} = -\left.\frac{\mathrm{d}p_x}{\mathrm{d}t}\right|_{\text{Platte }1\to 2} = -m \cdot g \qquad \text{Gl. 5.112}$$

d.h. Platte ② (①) bewegt sich beschleunigt in negative (positive) x-Richtung auf Platte ① (②) zu, sofern die aufgenommene Bewegungsmenge nicht wieder abgegeben werden kann, beispielsweise über eine beide Platten verbindende Kompressionsfeder, wie zuvor in Bild 5.51 dargestellt. Die Platten scheinen sich also *„auf spukhafte Weise"* anzuziehen, obgleich zwischen den Platten überhaupt kein *„Kraftfeld"* vorliegt! Weshalb man sich den Sachverhalt eben auch gerne damit *„plausibilisiert"*, dass Platte ② sich im *„ungestörten Kraftfeld"* der Platte ① bewege (und umgekehrt) – was jedoch der Physik des Vorgangs in keiner Weise entspricht, wie gerade gezeigt, denn die Platten *„sehen"* kein Feld, das dem jeweiligen *„Wechselwirkungspartner"* zuzuordnen wäre!

Elektrische Kondensatoren werden u.a. als Energiespeicher eingesetzt, und es heißt hierzu oftmals, die gespeicherte elektrische Energie *„stecke"* im elektrischen Feld des Kondensators. Speichert ein Gravitationsfeld-Kondensator ebenfalls Energie, obgleich zwischen den Platten überhaupt kein Feld anliegt? Zur Beantwortung der Frage betrachten wir nochmals die ebene geometrische Anordnung in Bild 5.51: Damit der gravitationsfeldfreie Raum zwischen den Platten erzeugt und aufrechterhalten werden kann, ist eine bestimmte Energiemenge E_g erforderlich, nämlich

$$mg \cdot d = E_g = \rho_E \cdot V = \frac{1}{2}\gamma_0 g^2 \cdot Ad \qquad \text{Gl. 5.113}$$

d.h. für die durch diese Konfiguration gespeicherte Energie erhält man mit (Gl. 5.106)

$$E_g = \frac{m^2}{\gamma_0 A} \cdot \left(\frac{d}{2}\right) = \frac{1}{2} \cdot \frac{m^2}{C_g} \qquad \text{Gl. 5.114}$$

und daraus die Kapazität C_g des Gravitations-Platten-Kondensators

$$C_g = \gamma_0 \cdot \frac{A}{d} \qquad \text{Gl. 5.115}$$

Die Gleichungen (Gl. 5.114, Gl. 5.115) sind völlig analog zu jenen des elektrischen Kondensators, man ersetze einfach die Feldkonstanten $\gamma_0 \equiv \varepsilon_0$ und die Feldladungen $m \equiv q$.

Um die Platten räumlich zu trennen muss also gegen die von außen einwirkende Druckspannung des Gravitationsfeldes *„gearbeitet“* werden. Man könnte deshalb schließen, dass die gespeicherte Energie *„irgendwie“* mit der Erzeugung des *feldfreien* Raumes $g = 0$ zusammenhängen muss. Das durch die Platten eingeschlossene feldfreie Volumen hat damit allerdings weniger zu tun, denn gemäß Abschnitt 4.1 gilt: *„Ohne Energieträger keine Energie.“* Man denke sich etwa die Masse beider Platten homogen im Volumen V verteilt, mit konstanter Dichte $\rho_m = 2\,m/V$, sodass eine einzige solide Platte mit der Gesamtmasse $2\,m$ und der Gesamtdicke d entsteht. Die Feldstärke g im Außenraum ist identisch mit dem ursprünglichen Wert der Zwei-Platten-Konfiguration, nämlich

$$g = \frac{\rho_m}{\gamma_0} \cdot \left(\frac{d}{2}\right) = \frac{1}{\gamma_0} \cdot \left(\frac{m}{A}\right) \qquad \text{Gl. 5.116}$$

Das Feld im Inneren nimmt jetzt linear zur Plattenmitte hin ab und wird erst im Zentrum identisch Null. Der genaue Feld- und Spannungsverlauf *innerhalb* einer dicken Platte der Stärke $d/2$ ist im rechten Schema von Bild 5.52 dargestellt. Die Gravitationsfeldstärke fällt tatsächlich linear vom Maximalwert g im Außenraum auf null innerhalb der Kondensatoranordnung ab.

Im Falle eines kleinen endlichen Plattenabstand $\delta < d/2$ im Zentrum erhält man den folgenden Verlauf

$$\mathbf{g}(x) = \begin{cases} -g \cdot \left(\dfrac{2x \pm \delta}{d}\right) \cdot \hat{\mathbf{x}}, & x \in \mp\left[\delta/2, (d+\delta)/2\right] \\ \mathbf{0}, & x \in \left[-\delta/2, +\delta/2\right] \end{cases} \qquad \text{Gl. 5.117}$$

Entsprechend zeigt die mechanische (Feld-)Spannung $\sigma_x(x)$ einen parabolischen Abfall. Für $\delta \to 0$ berechnet sich die (potentielle) Energie der Masse m im Feld $g(x)$ zu

$$E_m = 2 \cdot \int_0^m g(x) \cdot x \mathrm{d}m = 2 \cdot \int_0^{d/2} g(x) \cdot x \cdot \rho_m A \mathrm{d}x = \frac{2}{3} \cdot \frac{m^2}{A\gamma_0} \cdot \left(\frac{d}{2}\right) = \frac{2}{3} \cdot E_g \qquad \text{Gl. 5.118}$$

Man erhält also nur 2/3 der Energie des ursprünglichen Plattenkondensators. Das noch fehlende Drittel liefert das Feld in der Platte selbst. Dessen Energieanteil beträgt

$$E_{\text{Feld}} = 2 \cdot \int_0^{d/2} \frac{1}{2} \gamma_0 g(x)^2 \cdot A \mathrm{d}x = \frac{1}{3} \cdot \frac{m^2}{A\gamma_0} \cdot \left(\frac{d}{2}\right) = \frac{1}{3} \cdot E_g \qquad \text{Gl. 5.119}$$

sodass wir für die solide Platte in der Summe tatsächlich denselben Wert für die Gesamtenergie $E_g = E_{\text{Feld}} + E_m$ erhalten, wie er bereits für die ursprüngliche Kondensatorgeometrie berechnet wurde - irgendwie wenig überraschend das Ganze, zumal das Ergebnis unmittelbar aus dem analogen elektrostatischen Problem geschlossen werden kann. Die Kapazitäten C_g sind damit für beide Anordnungen identisch.

Abschließend muss natürlich noch die Frage geklärt werden, wo denn genau die potentielle Energie E_m der Masse m *„steckt"*? Sicherlich nicht im verbliebenen Feld, wie gerade gezeigt. Das Feld und damit auch die Feldenergie werden im Gegenteil durch die Massenverteilung kontinuierlich zum Zentrum hin abgeschwächt, d.h. Masse hat in dieser symmetrischen Konfiguration tatsächlich eine abschirmende Wirkung! Zur Beantwortung der Frage kann man die Energiedichte (→ Druckspannung) im Integranden von (Gl. 5.118) umschreiben

$$\rho_{E_m} = \frac{1}{2} \gamma_0 \cdot \left[g^2 - \left(\frac{\rho_m}{\gamma_0}\right)^2 \cdot x^2 \right] \Leftrightarrow \sigma_K = \sigma_g \cdot \left[1 - \left(\frac{2x}{d}\right)^2 \right] \qquad \text{Gl. 5.120}$$

Die auf die Platte einwirkende Druckspannung σ_g des äußeren Feldes mit konstanter Feldstärke g teilt sich innerhalb der Platte auf: Zum einen in die mit der Tiefe abnehmende Spannung des inneren Feldes $g(x)$ und zum anderen in die zur Plattenmitte hin quadratisch anwachsende mechanische Druckspannung σ_K (→ Kompression) der Massenverteilung. Die mechanische Kompression $\sigma_K(x)$ des Plattenmaterials ist physikalisch identisch mit einer Impulstromdichte und Impuls ist ein Energieträger. Damit hätten wir also die physikalisch korrekte Antwort! Die Kompression ist ein direktes Maß für den sich superponierenden Impulsstrom, der letztlich über die in Bild 5.52 skizzierten Verbindungsfedern zwischen den Kondensatorplatten abfließt. Werden die Federn entfernt fällt die Kompression auf null, d.h. die Impulsströmung bricht ab, Impuls wird akkumuliert, und die Platten bewegen sich entsprechend ihrer Impulskapazität (→ Impulsaufnahmevermögen ≡

Masse) aufeinander zu. Es fließt also beständig Impuls vom Feld in die Platte und je größer der materielle Impulsanteil umso schwächer wird das Feld und umgekehrt. Dieser Impulsanteil ist über den lokalen *„Schweredruck“* messbar.

Man könnte zu diesem Zweck aber auch einen Kanal senkrecht durch die Platte bohren und eine Probekörper fallen lassen und dessen Geschwindigkeit $v(x)$ längs des Kanals bestimmen. Eine einfache Rechnung zeigt, dass dieser Körper mit konstanter Frequenz ω_{Platte} und konstanter Amplitude $d/2$ zwischen den beiden Oberflächen der Platte oszilliert. Hierbei gilt

$$\omega_{\text{Platte}} = \sqrt{\frac{\rho_m}{\gamma_0}} \qquad \text{Gl. 5.121}$$

Im Zentrum ($x = 0$) ist die Beschleunigung identisch Null. Die Geschwindigkeit erreicht dort ihren Maximalwert $v(0) = \omega_{\text{Platte}} \cdot d/2$ und entspricht formal der Bahngeschwindigkeit einer Kreisbewegung mit Radius $d/2$ in einem kugelsymmetrischen äußeren Feld. Auch für diesen Fall ist die orbitale Beschleunigung des Probekörpers gleich Null. Nachdem aber die Orientierung der Platte wie auch die der Kreisbahnebene im Raum beliebig sein kann und der (nicht beschleunigte) Probekörper (bzw. eine damit verknüpfte Messvorrichtung) auch nichts darüber in Erfahrung bringen kann, muss Gravitation gemäß Milne von kinematischer Natur sein. Selbst im Falle einer messbaren Netto-Beschleunigung lässt sich nicht ermitteln ob die Geschwindigkeitsänderung einem *„Gravitationseffekt“* zuzuordnen ist. Aufgrund der Relativität der Bewegung ist noch nicht einmal festzustellen ob dieser Prozess die *„Eigengeschwindigkeit“* tatsächlich erhöht oder erniedrigt haben mag, weshalb diesem Begriff physikalisch auch keinerlei Bedeutung beizumessen ist. Der Begriff *„Eigengeschwindigkeit“* ist im Grunde nur ein fragwürdiger Behelf, ein weiteres zu Lernzwecken geschaffenes Mach'sches *„Gedankending von ökonomischer Funktion“*, das (mir) für eine konsistente Beschreibung des Phänomens *Bewegung* doch recht hinderlich erscheint.

5.3.1.2 Geophysik: über den Wärmehaushalt der Erde

Gehen wir einen Schritt weiter und unternehmen einen kleinen Ausflug in die Geophysik. Wenn nach Milne Gravitation kinematisch verstanden werden muss, wie berechnet sich der mit dem Impulsstrom einhergehende Energieeintrag im Falle der Erde. Bekanntermaßen erzeugt das Erdgravitationsfeld im Erdinneren je Volumenelement $\mathrm{d}V$ eine isotrope Druckspannung (vgl. Bild 5.53). Unter der Annahme einer mittleren homogenen Dichteverteilung von $\rho_E = 5{,}5\ \text{gcm}^{-3}$ steigt der Druck im Erdinneren mit zunehmender Tiefe quadratisch an und erreicht im Kern den Scheitelwert von

$$p_{\max} = \frac{3}{2}\gamma_0 \cdot g_E^2 \cong 172\ \text{GPa} \qquad \text{Gl. 5.122}$$

wie er unmittelbar aus Newtons Gravitationsgesetz berechnet werden kann (vgl. hierzu auch Bild 5.49).

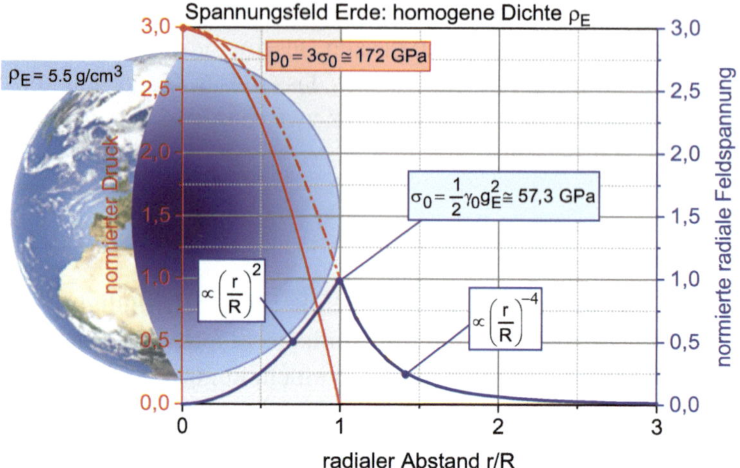

Bild 5.53 Das mechanische Spannungsfeld der Erde in radialer Richtung (— blau) und der resultierende Druck im Erdinneren (— rot) unter der Annahme einer homogenen Dichte von ρ_E = 5,5 gcm^{-3}.

Mittels einer (sehr) einfachen Betrachtung lässt sich hierüber auch ein radialer Temperaturverlauf bestimmen. Prinzipiell existiert nämlich für jede Substanz, gleich in welchem Aggregatszustand, eine sogenannte Zustandsgleichung, die Druck p, Volumen V und Temperatur T dieser Substanz in Beziehung zueinander setzt.[72] Eine ausführliche Darstellung über das gegenwärtig akzeptierte physikalische Modell *„Geothermie“* findet sich z. B. bei (Clauser, 2016). Demnach unterscheidet die Geophysik bei der Modellierung des Wärmehaushalts unserer Erde eine Vielzahl verschiedener Wärmequellen. Zum einen die äußeren Wärmequellen der solaren Einstrahlung und der Gezeitenreibung, deren Beiträge sind jedoch vernachlässigbar klein, und zum anderen eine ganze Reihe von inneren Wärmequellen: Die sogenannte Ursprungswärme (→ Erdentstehung), die radiogene Zerfallswärme (→ natürliche Radioaktivität), die Reibungswärme (→ Erdbeben), sowie die mit dem Gravitationsfeld verbundene potentielle Energie (→ Impulsströme). Entsprechende Zahlenwerte sind immens groß und z. T. mit erheblichen Unsicherheiten verbunden (die *„Ursprungswärme“*, gemeint ist hier die *„Akkretionsenergie“*, soll beispielsweise etwa $E_A \cong 2 \cdot 10^{32}$ J betragen).[73]

Aktuelle geophysikalische Modelle favorisieren hierbei die radiogene Zerfallswärme als einen wesentlichen Motor der Energieproduktion im Erdinneren. Über verschiedene Wärme-Transportprozesse (→ Strahlung, Leitung, Konvektion etc.) gelangt schließlich ein Teil der Energie an die Erdoberfläche und geht letztendlich durch Abstrahlung verloren (die derzeitige Energieverlustleistung der Erde liegt bei ca. $4 \cdot 10^{13}$ W).[74] Ein konvektiver Transportmechanismus (→ Mantelkonvektion) ist unmittelbar an der Oberfläche über die Plattentektonik nachweisbar. Die damit einhergehende Kontinentalbewegung liegt allerdings in der Größenordnung von (wenigen) Zentimetern pro Jahr und ist damit sehr langsam. Das liegt zum einen an den großen Massen (→ Impulskapazitäten) der Kontinentalplatten und zum anderen an der hohen Zähigkeit (→ Impulsstromleitfähigkeit) des Mantelmaterials in der Größenordnung von $\eta \cong 10^{23}$ Pas, sodass sich prinzipiell nur geringe Relativgeschwindigkeiten einstellen können.

Wie aber geht die mechanische Spannungsverteilung des Erdgravitationsfeldes in diese Betrachtung mit ein? Zur Beantwortung der Frage können wir das im vorherigen Abschnitt diskutierte Kondensator-Modell verwenden, schließlich kann die Erde als ein Gravitations-Kugelkondensator verstanden werden. Wie groß ist also die zugehörige Kapazität C_g und die hierüber gespeicherte Energie E_g? Wie am Beispiel des ebenen Plattenkondensators gezeigt, lässt sich die Fragestellung völlig analog zum entsprechenden elektrostatischen Problem behandeln. Hierbei entspricht die gravitostatische Kapazität C_g der Erde der elektrostatischen Kapazität C_e einer elektrisch leitfähigen Kugel gleicher Geometrie, man tausche einfach die Feldkonstanten, gemäß Gravitostatik (γ_0, m) ↔ Elektrostatik (ε_0, q):

$$C_g = \gamma_0 \cdot 4\pi R \xleftrightarrow{\text{Analogie}} C_e = \varepsilon_0 \cdot 4\pi R \quad \text{Gl. 5.123}$$

Die Feldenergiedichte eines gravitationsfeldfreien Kugelvolumens $V(R)$ ist dann

$$\rho_g = \frac{E_g}{V} = \frac{1}{2} \cdot \frac{M^2}{V \cdot 4\pi\gamma_0 R} = \frac{3}{2}\gamma_0 \cdot g_E^2 = p_{max} \quad \text{Gl. 5.124}$$

also gerade gleich dem zuvor berechneten maximalen Druck im (feldfreien) Zentrum einer soliden Erdkugel homogener Dichte. Hätte die Erde beispielsweise die Form einer Kugelschale der Dicke $d \ll R$ bei gleicher Masse, so läge p_{max} bereits unmittelbar an der Oberfläche vor und die Schale stünde unter entsprechend großer mechanischer Spannung. Salopp gesprochen: Die Natur *„mag"* keine gravitationsfeldfreien Räume im Bereich einer materiellen Ansammlung. Je größer der feldfreie Raum umso größer der Druck diesen wieder zu schließen.

Die gravito-statische Gesamtenergie ist in beiden Fällen

$$E_g = \frac{1}{2} \cdot \frac{M^2}{4\pi\gamma_0 R} \quad \text{Gl. 5.125}$$

Die (potentielle) Energie der Masse M im Feld $g(r)$ ist (→ *„Hubarbeit im Gravitationsfeld"*)

$$E_M = -\int_0^M g(r) \cdot r\,dm = -4\pi \cdot \int_0^R g(r) \cdot r^3 \cdot \rho_M\,dr = +\frac{3}{5} \cdot \frac{M^2}{4\pi\gamma_0 R} \quad \text{Gl. 5.126}$$

Der Energieanteil des 3D-Feldes beträgt (→ Spur des Spannungstensors (Gl. 5.102))

$$E_{\text{Feld}} = -\frac{1}{2}\gamma_0 \cdot \int_0^R g(r)^2 \cdot 4\pi r^2 \mathrm{d}r = -\frac{1}{10} \cdot \frac{M^2}{4\pi\gamma_0 R} \qquad \text{Gl. 5.127}$$

Man beachte: Im 3D-Fall ist die Feldenergiedichte negativ, sodass wir für die Gesamtenergie wiederum $E_g = E_{\text{Feld}} + E_M$ erhalten, wobei E_g unmittelbar über den Kugelkondensatoransatz berechnet werden kann.[75] Auch in diesem Fall lässt sich die (potentielle) Energie E_M über die Integration der isotropen Druckspannung $\sigma(r)$ ermitteln, d.h. die Energie *„steckt"* im Schweredruck (→ Impulsstromdichte) des Materials, der sich über die mechanische Kompression und der damit einhergehenden Erzeugung von Entropie (→ *„Wärme"*) auch nachweisen lässt. Der sich einstellende Entropietransport genügt einer Diffusionsgleichung (→ *„Wärmeleitungsgleichung"*), ist also auf großen Skalen relativ langsam, sodass mit der Entropie lokal die Temperatur ansteigt (→ Zunahme der *„Wärmeintensität"*), weshalb man solche Prozesse auch *„quasi-adiabatisch"* nennt.

Betrachten wir nur den Kompressionsvorgang, so kann die Dichte nicht mehr konstant sein, sie muss vielmehr zum Zentrum hin zunehmen, sodass der Druck demzufolge weiter anwächst und zwar auf etwa $p_0 \cong 215$ GPa, wie in Bild 5.54 dargestellt. Die mechanische Spannung des Gravitationsfeldes zeigt sich also im Inneren der Erde durch den zum Zentrum hin kontinuierlich ansteigenden Schweredruck bei entsprechender Abnahme der Gravitationsfeldstärke $\boldsymbol{G}(r)$. Im Erdinneren ist (mit dem radialen Einheitsvektor $\hat{\boldsymbol{r}}$)

$$\boldsymbol{G}(r) = -g_{\text{E}} \cdot \left(\frac{r}{R}\right) \cdot \hat{\boldsymbol{r}} \Rightarrow \boldsymbol{j}_p = -\frac{1}{2}\gamma_0 \cdot g_{\text{E}}^2 \cdot \left(\frac{r}{R}\right)^2 \cdot \hat{\boldsymbol{r}},\ r \leq R \qquad \text{Gl. 5.128}$$

also ist insbesondere $\mathbf{div}\boldsymbol{j}_p \neq 0$, d.h. die radiale Impulsdichte $\rho_p(r)$ [$\mathrm{Nsm^{-3}}$] ändert sich dementsprechend mit der Zeit. Die Erde nimmt permanent Impuls auf, gemäß

$$\frac{\partial \rho_p(r)}{\partial t} = 2\gamma_0 \cdot \frac{g_{\text{E}}^2}{R} \cdot \left(\frac{r}{R}\right) = \frac{4 \cdot \sigma_{\text{Druck}}(r)}{r},\ r \leq R \qquad \text{Gl. 5.129}$$

sodass der radiale Impulsstrom I_p [N] kontinuierlich zum Zentrum hin ansteigt.[76]

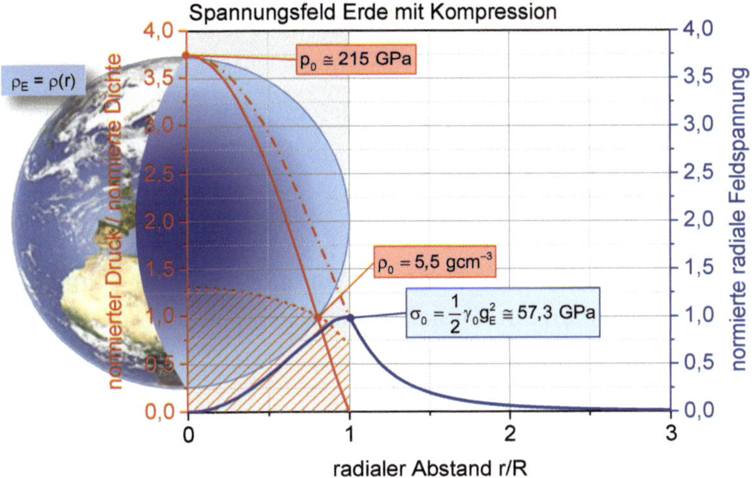

Bild 5.54 Das mechanische Spannungsfeld der Erde in radialer Richtung (— blau) und der resultierende Druck im Erdinneren (— rot) unter Berücksichtigung eines kompressionsbedingten Dichteanstiegs (— schraffierter Verlauf). Die dargestellten Simulationsdaten zu Druck und Dichte stammen von F.D. Stacey et al.[77]

Dieser Effekt führte vor ca. 4,5 Milliarden Jahren zur Akkretion der ursprünglichen Materiewolke aus Gas und Staub und schließlich zur Bildung der heißen *„Ur-Erde"*, denn die mit der Akkretion einhergehende stete Impulsaufnahme thermalisierte sukzessive in zahllosen Stoßkaskaden.[78] Gl. 5.129 kann als dreidimensionale Erweiterung der aus der Schulphysik bekannten Membrangleichung für (annähernd) zweidimensionale Strukturen verstanden werden, die ein vorgegebenes Volumen einschließen. Zu gegebener Oberflächenspannung σ [Nm^{-1}] einer dünnen Membranhülle (→ Energie je Flächeneinheit [Nm/m^2]), etwa im Falle einer Seifenblase, wird diese immer eine geometrische Form mit minimaler Fläche einnehmen, was letztlich zu einer Kompression des eingeschlossenen materiellen Volumens und damit zu einem Druckanstieg führt. Der nur scheinbar feste Erdkörper verhält sich unter der permanenten Wirkung einer Druckspannung wie eine hochviskose Flüssigkeit und strebt mit der Zeit ebenso gegen die entsprechende (radiusabhängige) Äquipotentialfläche minimaler Energie.[79]

A_{5-6}: Wie sieht die zu (Gl. 5.129) äquivalente Beziehung zwischen Oberflächenspannung σ [Nm^{-1}] und Überdruck Δp [Nm^{-2}] in einer Seifenblase (oder einem Luftballon) aus?

Die zeitliche Änderung der Impulsdichte (also der Bewegungsmenge pro Volumenheit [Ns·m^{-3}]) ist somit über die Druckspannung des Gravitationsfeldes festgelegt (d. h. über den Impulsstrom je Volumeneinheit [Nm^{-3}])

$$\frac{\partial\rho_p(r,t)}{\partial t}=4\cdot\frac{\sigma_{\text{Druck}}(r)}{r} \qquad \text{Gl. 5.130}$$

Die zugehörige Impulsstromdichte definiert den radialen und isotropen Kompressionszustand der Erde und zwar über die Beziehung

$$\mathrm{d}\sigma_{\text{Druck}}(r)=-K\cdot\frac{\mathrm{d}V}{V}=-3\cdot K\cdot\frac{\mathrm{d}r}{r} \qquad \text{Gl. 5.131}$$

mit einem mittleren Kompressionsmodul K. Dieser Vorgang ist zwangsläufig mit einer (lokalen) Temperaturerhöhung und einer thermischen Ausdehnung des betrachteten Volumenelementes verbunden, gemäß

$$\mathrm{d}\sigma_{\text{Druck}}(r)=-3\cdot K\cdot\frac{\mathrm{d}r}{r}=\frac{C}{\alpha_{\text{th}}}\cdot\frac{\mathrm{d}T}{T}=3\alpha_{\text{th}}\cdot K\cdot\mathrm{d}T \qquad \text{Gl. 5.132}$$

unter Berücksichtigung eines mittleren thermischen Ausdehnungskoeffizienten α_{th} [K^{-1}] und einer mittleren Wärmekapazität C [$JK^{-1}\ m^{-3}$] sowie einer Referenztemperatur T [K] (→ lokale Gleichgewichtstemperatur). Gl. 5.132 beschreibt den aus der Polymerphysik wohlbekannten isentropen Gough[80]-Joule-Effekt, dessen theoretische Formulierung eigentlich auf Arbeiten von William Thomson zurückgeht: Mechanische Kompression/Expansion ↔ reversible Erwärmung/Abkühlung eines Mediums. Aber weshalb ist das so?

Variieren Ströme intensiver Größen (hier der Impuls) mit der Zeit, so werden diese Prozesse stets von Entropieströmen begleitet. Bild 5.55 zeigt den auf diese Weise ermittelten (isentropen) Temperaturverlauf im Erdinneren, unter Verwendung der im Diagramm angegebenen Werte für α_{th} und K.[81] Nach dieser Abschätzung erreicht die Temperatur (schwarze -·-·- Linie) im Zentrum einen Wert von ca. 7250 K und ist somit nicht allzu verschieden von detaillierteren geo-physikalischen Modellprognosen, die im Bereich von etwa 5000 K liegen. Der kompressionsbedingte Temperaturanstieg führt zu einem radialen Wärmetransport in Richtung Oberfläche (→ Wärmesenke), sodass zur Ermittlung des tatsächlichen Temperaturprofils (zusätzlich) die allgemeine Wärmeleitungsgleichung zu lösen ist:

$$\frac{\partial T}{\partial t}=\frac{\lambda_{\text{m}}}{\rho_{\text{E}}c_{\text{m}}}\Delta T(r)+\frac{1}{\rho_{\text{E}}c_{\text{m}}}\frac{\partial Q}{\partial t} \qquad \text{Gl. 5.133}$$

mit einer mittleren effektiven Wärmeleitung λ_{m} [$Wm^{-1}K^{-1}$] und mittleren (effektiven) Wärmekapazität c_{m} [$Jkg^{-1}K^{-1}$], sowie einer lokalen Energiequelle $\partial Q/\partial t$ [Wm^{-3}].

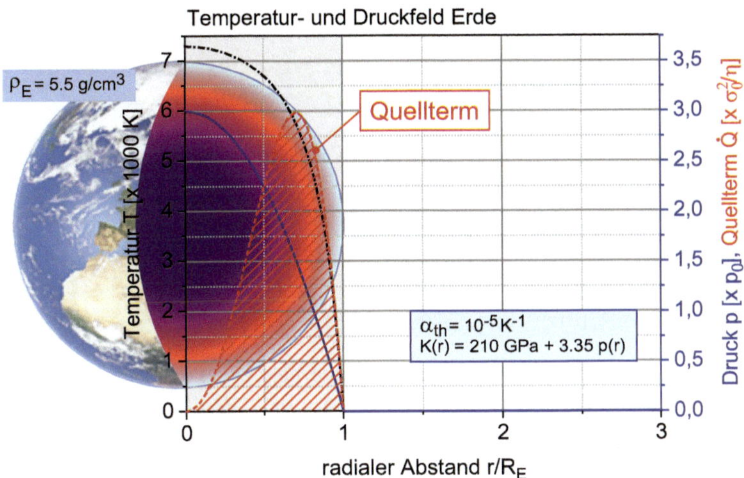

Bild 5.55 Der radiale Druck- und Temperaturverlauf im Erdinneren (blau — bzw. schwarz -·-) unter der Annahme eines konstanten thermischen Ausdehnungskoeffizienten α_{th} und einem druckabhängigen Kompressionsmodul K.

Neben der eigentlichen Wärmeleitung sind die wichtigsten Wärmetransportprozesse die Konvektion und die Strahlung. Das effektive λ_m repräsentiert mindestens einen dieser Prozesse, gegebenenfalls tragen sogar alle drei Prozesse zum Wärmetransport bei, beispielsweise sollte dies im äußeren Kern der Fall sein. Die ermittelte höhere Kerntemperatur ist eine Folge des hier angenommenen Energietransports durch Wärmeleitung. Konvektive Prozesse sind diesbezüglich erheblich effizienter und erfordern deutlich niedrigere Kerntemperaturen, um die gemessenen Wärmeströme an der Erdoberfläche zu erklären. Allerdings ist deren mathematische Beschreibung komplizierter (→ Navier-Stokes-Gleichung),[82] was zudem aufwendige numerische Berechnungsmodelle erfordert. Ein typisches Konvektionsphänomen ist die Ausbildung sogenannter Bénard-Zellen[83] zwischen Wärmequelle und Wärmesenke, wie in Bild 5.56 exemplarisch anhand zweier paralleler Flächen unterschiedlicher Temperatur dargestellt, die ein viskoses Medium einschließen. Mit der Zeit stellen sich stationäre thermische Bedingungen ein, wobei das Medium aufgrund unterschiedlicher Dichten (→ thermische Ausdehnung) zwischen heißer und kalter Platte zirkuliert. Hierbei bilden sich lokale und zeitlich stabile Wirbelstrukturen mit spezifischer Symmetrie aus. Die Simulation zeigt das zugehörige stationäre Strömungsbild und verdeutlicht zugleich wie sich die gekühlte untere Platte durch Konvektion ungleichmäßig aufheizt. Die Energiebeiträge durch Strahlung bzw. durch Wärmeleitung spielen in diesem Fall nur eine untergeordnete Rolle.

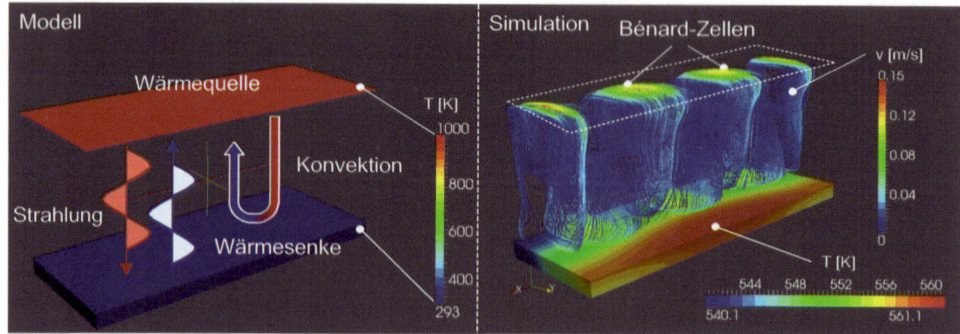

Bild 5.56 Ausbildung der sog. Bénard-Zirkulationsströmung innerhalb eines viskosen Mediums, das sich zwischen parallelen Platten unterschiedlicher Temperatur befindet.

Wir bleiben also der Einfachheit halber bei der Modellvorstellung, unser Planet bestünde nur aus *einer* festen materiellen Substanz homogener Dichte, welche zudem keine Phasenübergänge zeigen soll. William Thomson (→ Lord Kelvin) ermittelte auf Basis dieser Überlegung im Jahre 1863 das Alter der Erde auf ca. $\Delta t_E \cong 100$ Millionen Jahre, wie beispielsweise in einer Publikation von Ph. England et al. ausführlich beschrieben wird.[84] Demnach waren Kelvin Zahlenwerte zu sämtlichen Größen in seiner Abschätzung zumindest halbwegs bekannt. Für die Temperatur T_0 im Erdinneren jenseits einer Tiefe z_{max} setzte er einen experimentellen Befund für die Schmelztemperatur von Gestein an ($T_0 \cong 3900\,°C$) und bestimmte aus Messwerten zum diffusionsbedingten oberflächennahen Temperaturgradient $\partial T/\partial z$ sowohl z_{max} als auch Δt_E, unter Vernachlässigung der Oberflächentemperatur $T_E \ll T_0$ und einem als konstant angenommenen Diffusionskoeffizienten D (ebenfalls auf Kelvins Labordaten basierend)

$$D = \frac{\lambda_m}{\rho_E c_m} \cong 1,2 \cdot 10^{-6}\,\frac{m^2}{s} \qquad \text{Gl. 5.134}$$

Für den eindimensionalen Temperaturgradienten an der Oberfläche (d.h. $z \cong 0$) gilt näherungsweise

$$\frac{\partial T}{\partial z}(z,t) = T_0 \cdot \text{erf}\left(\frac{z}{2\sqrt{Dt}}\right) \cong \frac{T_0 - T_E}{\sqrt{\pi D \Delta t_E}} \cong \frac{T_0}{z_{max}} = 36\,\frac{°C}{km} \qquad \text{Gl. 5.135}$$

Im Nenner von (Gl. 5.135) steht die thermische Diffusionslänge z_{max}. Sie beschreibt welche Distanz eine vorgegebene Diffusionsfront in der Zeit Δt_E im Mittel zurücklegen kann (hier $z_{max} \cong 100$ km). Der seinerzeit gemessene Wärmetransport kann sich also aus physikalischen Gründen (→ Wärmeleitung!) nur innerhalb einer ca. 100 km dicken Gesteinsschicht abspielen, womit das Alter der Erde eindeutig festgelegt ist. Die Geologen waren seinerzeit jedoch gänzlich anderer Meinung, hatten aber der unumstößlichen wissenschaftlichen Autorität Lord Kelvins nichts entgegenzusetzen, sodass ein (aus heutiger Sicht) zielführender Modellansatz eines ehemaligen Assistenten Kelvins, John Perry, nicht durchzusetzen war und für lange Zeit in Vergessenheit geriet.[85] Nach Perrys Überlegung ist die Erde erheblich älter und zwar in der Größenordnung von einigen Milliarden Jahren, denn die effektive Wärmeleitung im Erdinneren kann aufgrund konvektiver Prozesse deutlich größer sein und diese tragen somit wesentlich zum Temperaturgradienten an der Oberfläche bei.[86]

Aber zurück zu unserem einfachen Modell mit effektiver Wärmeleitung: Im stationären Fall genügt der Temperaturverlauf einer Poisson-Gleichung

$$\Delta T(r) = -\frac{1}{\lambda_m}\frac{\partial Q}{\partial t} \qquad \text{Gl. 5.136}$$

Der Quellterm $\partial Q/\partial t$ [Wm^{-3}] in (Gl. 5.136) ist über den temperaturabhängigen (thermo-elastischen) Kompressionszustand (Gl. 5.132) gegeben. Die zugehörige zeitliche Änderung des lokalen Druckes $p(r,t)$ erhält man über die zeitliche Änderung der Impulsdichte $\rho_p(r,t)$, also der eingetragenen lokalen Bewegungsmenge je Volumen- und Zeiteinheit

$$\frac{\partial p}{\partial t} = \frac{\partial}{\partial t}\left(\frac{r}{4}\cdot\frac{\partial \rho_p(r,t)}{\partial t}\right) = \frac{p\cdot r}{\eta_m}\left(\frac{\partial \rho_p(r,t)}{\partial t}\right) \qquad \text{Gl. 5.137}$$

unter der vereinfachenden Annahme eines linear-viskosen Materialverhaltens, gemäß

$$p(r,t) = \eta_m\cdot\left(\frac{\partial \varepsilon}{\partial t}\right) = \frac{\eta_m}{r}\cdot\left(\frac{\partial r}{\partial t}\right) \qquad \text{Gl. 5.138}$$

Die Kompressionsspannung relaxiert bzw. thermalisiert über Reibungsprozesse und der sich einstellende Kriechvorgang wird über den steten Impulsstrom aufrechterhalten. Das Konzept des Impulsstromes kennt *per se* keine im Wortsinne statischen Phänomene, denn jedweder physikalische Prozess ist per Definition immer zeitabhängig, was bestenfalls zu einem stationären Vorgang führen kann, sodass sich das Innere unseres Planeten durch diesen Prozess aufheizt. Die Größe $\partial\varepsilon = (\partial r/r)$ beschreibt hierbei die reibungsbedingte relative radiale Verschiebung und η_m eine mittlere (effektive) Viskosität des unter Druck stehenden Materials. Reibung ist schließlich ein Impulstransportprozess und die Materialeigenschaft Viskosität beschreibt die zugehörige Impulsstromleitfähigkeit.[87] Wir erhalten also für den zugehörigen Quellterm als Funktion des Radius

$$\frac{\partial Q(r)}{\partial t} = \frac{12\cdot\sigma_0^2}{\eta_m}\cdot\left[1-\left(\frac{r}{R_E}\right)^2\right]\cdot\left(\frac{r}{R_E}\right)^2 \qquad \text{Gl. 5.139}$$

σ_0 beschreibt die mechanische Spannung des Gravitationsfeldes an der Erdoberfläche. Bemerkenswert ist hierbei, dass der Quellterm (Gl. 5.139) im Erdinneren ein Maximum durchläuft (vgl. den schraffierten Funktionsverlauf in Bild 5.55). Für dieses gilt

$$\frac{\partial Q_{\mathrm{max}}}{\partial t} = \left.\frac{\partial Q(r)}{\partial t}\right|_{r_{\mathrm{max}}=\frac{R_{\mathrm{E}}}{\sqrt{2}}} = 3 \cdot \frac{\sigma_0^2}{\eta_{\mathrm{m}}} \qquad \text{Gl. 5.140}$$

Für das sich einstellende stationäre Temperaturprofil erhält man schließlich

$$T(r) = T_0 - \left(\frac{\sigma_0}{\sigma_{\mathrm{th}}}\right)^2 \cdot \left[\frac{3}{5} - \frac{2}{7} \cdot \left(\frac{r}{R_{\mathrm{E}}}\right)^2\right] \cdot \left(\frac{r}{R_{\mathrm{E}}}\right)^4 \qquad \text{Gl. 5.141}$$

mit der Kerntemperatur T_0 und einer materialspezifischen thermischen Spannung σ_{th}

$$\sigma_{\mathrm{th}} = \sqrt{\frac{\lambda_{\mathrm{m}} \cdot \eta_{\mathrm{m}}}{R_{\mathrm{E}}^2}} \qquad \text{Gl. 5.142}$$

Die Oberflächentemperatur $T(R_{\mathrm{E}})$ ist dann näherungsweise

$$T(R_{\mathrm{E}}) \cong T_0 - \frac{1}{3} \cdot \left(\frac{\sigma_0}{\sigma_{\mathrm{th}}}\right)^2 \qquad \text{Gl. 5.143}$$

Aufgrund der hohen Druck- und Temperaturwerte ist anzunehmen, dass es für reale Materialien lokal zu Phasenumwandlungen kommt und sich inhomogene Dichteverteilungen einstellen. Die temperaturbedingte Zunahme viskosen Materialverhaltens führt dann zu Sedimentierung und in der Folge zu einem radialen Dichtegradienten, sodass das Maximum des Quellterms in Richtung Zentrum wandert und sich hierbei weiter verstärkt. Bild 5.57 zeigt ein Schema des schalenförmigen Aufbaus der Erde nach heutigem Kenntnisstand in der Geophysik. Die einzelnen Schalen repräsentieren unterschiedliche mittlere Materialdichten, d. h. die Erde zeigt, entgegen der vereinfachenden Annahme konstanter Dichte, einen radialen Dichtegradienten von $\rho = 2{,}8\ \mathrm{gcm^{-3}}$ an der Oberfläche bis zu $\rho = 12{,}5\ \mathrm{gcm^{-3}}$ im festen Fe-Ni-Kern. Die Radiusabhängigkeit der Erdbeschleunigung $g(r)$ erfährt hierdurch eine signifikante Änderung.

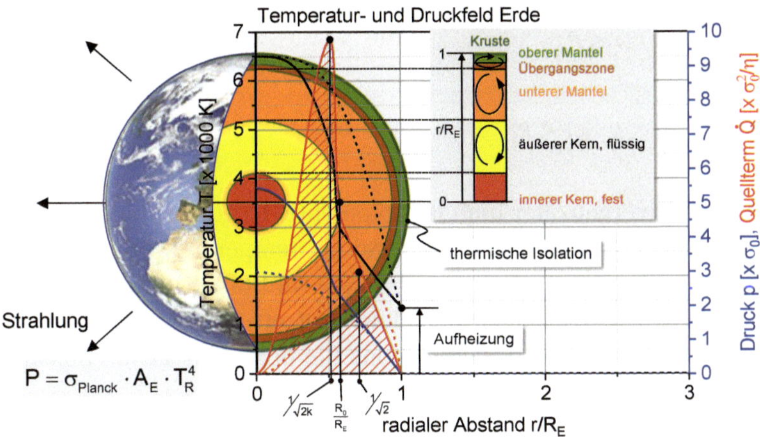

Bild 5.57 Der radiale Druck- und Temperaturverlauf im Erdinneren (blau bzw. schwarz) unter Berücksichtigung eines Dichtegradienten (ohne Konvektion). Der Quellterm zur Wärmeleitungsgleichung ist rot-schraffiert dargestellt. Zum Vergleich zeigen die unterbrochenen Linien (—) gleicher Farbe die jeweilige radiale Abhängigkeit bei konstanter mittlerer Dichte von ρ_E = 5,5 gcm^{-3}.

$g(r)$ und damit die Gravitationsfeldstärke $G(r)$ ist bis zu einem kritischen Radius $R_0 \cong 3500$ km nahezu konstant und fällt erst dann für $r \leq R_0$ linear ab:

$$G(r) = \begin{bmatrix} g & , R_0 \leq r \leq R_E \\ g \cdot \left(\dfrac{r}{R_0}\right) & , r \leq R_0 \end{bmatrix} \qquad \text{Gl. 5.144}$$

Entsprechend ist der radiale Druckanstieg zu korrigieren, man erhält

$$p(r) = 3\sigma_0 k \cdot \begin{bmatrix} 1 - k\left(\dfrac{r}{R_E}\right)^2 & , r \leq R_0 \\ 1 - \left(\dfrac{r}{R_E}\right) & , R_0 \leq r \leq R_E \end{bmatrix} \qquad \text{Gl. 5.145}$$

mit einem Korrekturfaktor k

$$k = \frac{R_E}{R_0} \cong 1,82 \qquad \text{Gl. 5.146}$$

Der Druck im Zentrum ist im Vergleich zu einer Erde mit homogener Dichteverteilung nahezu doppelt so groß, nämlich $p_0 \cong 312$ GPa. Für die Impulsdichte ergibt sich demzufolge

$$\frac{\partial \rho_p(r)}{\partial t} = \begin{bmatrix} 4 \cdot \frac{\sigma_0}{R_0} \cdot \left(\frac{kr}{R_\mathrm{E}} \right) & , r \leq R_0 \\ 2 \cdot \frac{\sigma_0}{R_0} \cdot \left(\frac{kr}{R_\mathrm{E}} \right)^{-1} & , R_0 \leq r \leq R_\mathrm{E} \end{bmatrix} \qquad \text{Gl. 5.147}$$

Aufgrund der endlichen Divergenz der Impulsstromdichte $\mathbf{div} \boldsymbol{j}_p$ zeigen die Impulsdichte und damit auch der Quellterm, sowie der radiale Temperaturverlauf an der Stelle $r = R_0$ eine Diskontinuität (→ Gutenberg-Diskontinuität). Darüber hinaus durchläuft der Quellterm zur Wärmeleitungsgleichung ein ausgeprägtes Maximum im Bereich des äußeren Kerns, was zwanglos die dort vorliegende flüssige Phase erklärt. Mit

$$\frac{\partial Q_\mathrm{max}}{\partial t} = \left. \frac{\partial Q(r)}{\partial t} \right|_{r_\mathrm{max} = \frac{R_\mathrm{E}}{\sqrt{2 \cdot k}}} = 3 \cdot \frac{\sigma_0^2}{\eta_\mathrm{m}} \cdot k^2 \qquad \text{Gl. 5.148}$$

ist diese Wärmequelle um den Faktor $k^2 \cong 3{,}3$ intensiver als im Falle homogener Materialdichte, bei gleichem η_m. Darüber hinaus muss die Viskosität im äußeren (weil flüssigen) Kern deutlich niedriger angenommen werden als im Mantel, was jedoch den geschilderten Effekt weiter verstärkt.

Nach einer etwas länglichen Rechnung erhält man schließlich für den korrigierten radialen Temperaturverlauf folgenden Zusammenhang

$$T(r) = \begin{bmatrix} \mathrm{T}_0 - \left(\frac{\sigma_0}{\sigma_\mathrm{th}} \right)^2 \cdot \left[\frac{3}{5} - \frac{2}{7} \cdot \left(\frac{kr}{R_\mathrm{E}} \right)^2 \right] \cdot \left(\frac{kr}{R_\mathrm{E}} \right)^4 , r \leq R_0 \\ T(R_0) - \delta T + \left(\frac{\sigma_0}{\sigma_\mathrm{th}} \right)^2 \cdot k^{-1} \cdot \left(\frac{kr}{R_\mathrm{E}} \right)^2 \cdot \left[1 - \frac{k^{-1}}{2} \left(\frac{kr}{R_\mathrm{E}} \right) \right] , R_0 \leq r \leq R_\mathrm{E} \end{bmatrix} \qquad \text{Gl. 5.149}$$

mit einem Temperatursprung δT an der Stelle $r = R_0$ von

$$\delta T = \left(\frac{\sigma_0}{\sigma_\mathrm{th}} \right)^2 \cdot k^{-1} \cdot \left(1 - \frac{k^{-1}}{2} \right) \cong 0.4 \cdot \left(\frac{\sigma_0}{\sigma_\mathrm{th}} \right)^2 \qquad \text{Gl. 5.150}$$

Demnach hängt der Temperatursprung quadratisch von R_0 ab, δT zeigt ein Maximum bei $R_0 = R_\mathrm{E}/2$ und ist an den Intervallgrenzen $[0, R_\mathrm{E}]$ Null (derzeit liegt R_0 bei etwa $0{,}55 \cdot R_\mathrm{E}$).

Tabelle 5.1 Energiebilanz der Erde nach einer Modellrechnung von Stacey et al.[88] Demnach besteht ein Energiedefizit von 20,1 · 10^{30} J, das im Grunde nur durch Gravitationseffekte kompensiert werden kann. Das verfügbare Energiereservoir ist jedenfalls ausreichend groß.

Prozess	Energie [·10^{30} J]	Energie [·10^{30} J]
mechanische Kompression	+15,8	+43,71
Wärmeverlust in 4,5 Mrd. Jahren	+14,4	
heutiger Wärmeinhalt	+13,3	
heutige Rotationsenergie	+0,21	
Sedimentierung	-13,94	-23,81
Kernverfestigung	-0,07	
radiogene Wärme in 4,5 Mrd. Jahren	-7,8	
Gezeitenreibung in 4,5 Mrd. Jahren	-2	
Akkretion (Gravitationsheizung) - insgesamt	-219,01	+20,10

Das skizzierte Modell einer *„Gravitationsheizung“* durch Impulsströme (Reibung) beschreibt selbst in dieser groben Näherung recht schlüssig den thermischen Aufbau der Erde. Insbesondere wird deutlich, warum unser Planet nach ca. 4,5 Mrd. Jahren (immer) noch nicht ausgekühlt ist (vgl. Energiebilanz in Tabelle 5.1). Die Kruste und der obere Mantel wirken thermisch isolierend, sodass der sich einstellende Energie- und Entropieverlust durch Abstrahlung begrenzt bleibt und durch die geschilderte Wärmeproduktion kompensiert werden kann.

5.3.1.3 Zusammenfassung

Die Physik des Gravitationsfeldes kann mathematisch auf ganz unterschiedliche Weise beschrieben werden. Die klassische Variante, wonach *„obskure Fernwirkungskräfte“*, die selbst nach Newtons Auffassung *„auf absurde Weise“* eine gegenseitige Massenanziehung bewirken, wollen wir von vornherein ausschließen - weil viel zu problematisch. Ebenso den differentialgeometrischen Ansatz Einsteins, wonach die Gravitation als ein geometrisches Phänomen der lokalen Krümmung des Raumes bzw. der Raumzeit verstanden werden kann - weil mathematisch viel zu aufwendig und zudem nicht kompatibel mit der *„übrigen Physik“* unserer Erfahrungswelt. Steven Weinberg schrieb beispielsweise zu diesem Aspekt:

> *„In learning general relativity, [...] I became dissatisfied with what seemed to be the usual approach to the subject. I found that in most textbooks geometric ideas were given a starring role, so that a student who asked why the gravitational field is represented by a metric tensor, or why freely falling particles move on geodesics, or why the field equations are generally covariant would come away with an impression that this had something to do with the fact that space-time is a Riemannian manifold. Of course, this was Einstein's point of view, [...] but now the passage of time has taught us not to expect that the strong, weak, and electromagnetic inter-*

actions can be understood in geometrical terms, and too great an emphasis on geometry can only obscure the deep connections between gravitation and the rest of physics.“[89]

Deutlich einfacher und dennoch nicht weniger zielführend sind folgende Modellüberlegungen:

1. Mechanische Modellvorstellung

„Materie setzt den umgebenden Raum unter mechanische Spannung und diese wiederum setzt Materie über deren physikalische Eigenschaft *„Masse“* in relative Bewegung, weil das zugehörige Feld eine räumliche Impulsstromdichteverteilung beschreibt.“

Das Gravitationsfeld definiert also eine inhomogene mechanische Spannungsverteilung des Raumes (vgl. hierzu Abschnitt 4.4 *Das Konzept des Raumes*). Die lokale Spannung σ korreliert mit der Richtung des Feldstärkevektors $\boldsymbol{G}$, hierbei gilt: In Feldrichtung, also parallel zu $\boldsymbol{G}$, liegt eine Druckspannung vor und senkrecht dazu herrschen Zugspannungen.

Tabelle 5.2 Die mechanische Spannung des Gravitationsfeldes.

Spannung σ [Nm^{-2}]	Orientierung zum Feldvektor $\boldsymbol{G}$ [ms^{-2}]	
radialer Druck	$\sigma_{\parallel} = +\frac{1}{2}\gamma_0 \cdot \mathbf{G}^2$	Zug Druck
peripherer Zug	$\sigma_{\perp} = -\frac{1}{2}\gamma_0 \cdot \mathbf{G}^2$	

Die Gesamtenergiedichte ρ_E des Feldes ist durch diese Spannungsverteilung eindeutig bestimmt, gemäß

$$\rho_E = \sigma_{\parallel} + 2\sigma_{\perp} = -\frac{\gamma_0}{2}\boldsymbol{G}^2 \qquad \text{Gl. 5.151}$$

Das Gravitationsfeld strebt immer einen Zustand minimaler Energie an, also genau die räumliche Feldverteilung mit minimaler mechanischer Spannung. In diesem Sinne beschreibt die resultierende Feldverteilung eine dreidimensionale *„Minimalfläche“*. Jede Form der Abschwächung eines Gravitationsfeldes, bis hin zur Schaffung feldfreier Räume, erfordert Energie. Als Folge erfährt jeder materielle Körper einfach aufgrund seiner räumlichen Ausdehnung eine Druckspannung, sodass sich bei einem Mehrkörperproblem zwangsläufig ein Impulstransportprozess einstellen muss, mit anderen Worten: Durch die höheren Spannungswerte (d.h. die höhere Feldenergiedichte) des gemeinsamen Gravitationsfeldes wird eine Relativbewegung induziert. Der im Feld gespeicherte Energieüberschuss geht zwangsläufig in den kinetischen Energiespeicher über, gegeben durch den sich einstellenden Bewegungszustand der involvierten Körper, wobei die Gesamtenergie und der Gesamtimpuls des physikalischen Systems erhalten bleiben. Das Gravitationsfeld drückt also die Körper zueinander und erhöht damit deren kinetische Energie. Aufgrund von Trägheitseffekten kommt es hierdurch nicht zwangsläufig zu einer Agglomeration der gesamten Materie (→ gravitative Akkretion), vielmehr kann sich zwischen Feld und resultierender Relativbewegung der Körper ein stabiler, oszillierender Energieaustausch einstellen (→ Planetenbewegung).

2. Kinematische Modellvorstellung

Gravitation ist ein *„kinematischer Effekt"* und beschreibt die lokale Abweichung der Bewegung eines Körpers von der Hubble-Strömung."

Anstatt der geschilderten klassisch kausalen Interpretation einer Feldtheorie, nämlich

- Materie (*„Quelle"*) → Gravitationsfeld → Impulsänderung (*„Massen-Anziehung"*),

mit den in diesem Zusammenhang bereits angesprochenen Ungereimtheiten, kann man nach Milne den physikalischen Sachverhalt auch auf folgende Weise deuten

- Impulsabweichung Hubble-Flow (*„Quelle"*): Feld ↔ Beschleunigung (*„Massen-Anziehung"*).

Entscheidend hierbei ist, dass mit dieser alternativen Interpretation keinerlei kausale Struktur verbunden ist und man benötigt zudem keinen *„Äther"*, soll heißen keinen *„physikalischen Raum"*, sei es mit spezifischen geometrischen Eigenschaften (→ ART) oder mit besonderen mechanischen Eigenschaften (→ Spannungsfelder). Insbesondere erklären sich die *„vergleichsweise geringen"* Geschwindigkeiten lokaler astronomischer Objekte von wenigen Promille der Maximalgeschwindigkeit c_0.

Planeten, Sterne und Sternsysteme gruppieren sich nämlich ausnahmslos nahe der unteren Schranke des physikalisch zulässigen Geschwindigkeitsintervalls $[0,c_0]$, wie in Bild 5.58 schematisch dargestellt.

Darüber hinaus begründen sich mit diesem Ansatz unmittelbar die folgenden gravitationstypischen empirischen Befunde:

- *„Gravitationskräfte"* sind ausschließlich *„anziehend"*,
- Beschleunigung und Gravitation sind identische Phänomene (träge Masse = schwere Masse),
- *„Gravitationskräfte"* verhalten sich wie *„Scheinkräfte"*,

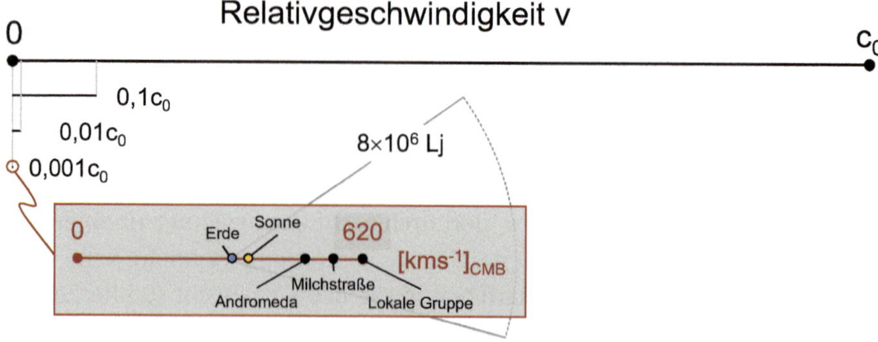

Bild 5.58 Schematische Darstellung der *„verschwindend geringen"* Relativgeschwindigkeiten aller astronomischen Objekte im Umkreis von etwa 8 Millionen Lichtjahre. Unsere Milchstraße und Andromeda, sowie ca. 70 weitere Sternsysteme gehören zur sog. lokalen Gruppe, deren Zentrum sich mit etwa 620 km/s relativ zum CMB bewegt.

- *„Gravitationskräfte"* lassen sich nicht *„abschirmen"*,
- *„Gravitationskräfte"* wirken auf Materie und auf Antimaterie in gleicher Weise.
- *Das Gravitationsfeld hat keine Masse und erzeugt daher selbst kein Feld.*
- ...

Aspekte, wie sie bereits in Abschnitt 4.4.5 *Ein kosmologisches Modell* ausführlich diskutiert wurden.

5.3.2 Das magnetische Feld

> *„A loadstone draws magnetic bodies, and they from its energy eagerly draw forces not in their extremities only, but in their inmost parts. For an iron rod held in the hand is magnetized in the end where it is grasped, and the magnetic force travels to the other extremity, not along the surface only, but through the inside, through the middle. Electric bodies have material, corporeal effluvia. Is any magnetic effluvium emitted, corporeal or incorporeal?"*
>
> *William Gilbert*[90]

Natürlich vorkommende permanente magnetische Zustände (→ z.B. in Magnetit Fe_3O_4, engl.: *loadstone*)[91] ermöglichen auf recht einfache Weise das Phänomen *Magnetismus* (→ *Magnetostatik*) auf experimentellem Wege zu studieren, sodass bereits Ende des 16. Jahrhunderts William Gilbert das Standardwerk *De Magnete* veröffentlichte, worin er den damaligen Kenntnisstand magnetischer und elektrostatischer Phänomene zusammenstellte und u.a. anhand eigener Experimente zu beschreiben vermochte, dass die Erde selbst magnetisch sein müsse und man grundsätzlich zwei magnetische Pole zu unterscheiden habe: **N**ord und **S**üd.[92] Zudem fragte sich

Gilbert seinerzeit, ob es neben einem *„elektrischen Effluvium"*, nach der damaligen Vorstellung ein gewichtsloser *„elektrischer Stoff"*, der beispielsweise durch mechanische Reibung freigesetzt werden kann (→ Bernstein), auch eine entsprechende magnetische Substanz geben mag, um damit magnetische Wechselwirkungen konsistent zu beschreiben (siehe Eingangszitat). Selbstverständlich kann man zur Elektrostatik analoge Modellüberlegungen anstellen und von einer positiven (→ Nord) und negativen (→ Süd) *„magnetischen Ladung"* sprechen, wobei die physikalische Eigenschaft *magnetische (elektrische) Ladung* stets an die bereits bekannte Eigenschaft *Masse* (→ *gravitative Ladung*) gebunden zu sein scheint.

Leider war das wissenschaftliche Interesse an magnetischen und elektrischen Erscheinungen zu jener Zeit ausgesprochen gering, sodass über sehr lange Zeit thematisch keine weiteren Fortschritte zu verzeichnen waren. Der wissenschaftliche Fokus lag damals ausschließlich auf Problemstellungen aus dem Bereich der Mechanik, motiviert durch eine Vielzahl recht beeindruckender Erfolge auf diesem Gebiet, die sowohl auf experimentellem Wege als auch bei der theoretischen Ausarbeitung entsprechender Modellüberlegungen erzielt wurden.

Nahezu 200 Jahre später, nämlich im Jahre 1784, publizierte schließlich Charles Augustin de Coulomb[93] ein Kraftgesetz, dass die Wechselwirkung magnetischer Körper beschreibt. Coulombs Arbeitshypothese sowohl zur magnetischen als auch etwas später zur elektrischen Wechselwirkung war (selbstverständlich) das Newton'sche Gravitationsgesetz und zwar im Sinne einer Fernwirkung. Demnach genügt der Betrag der *„Wechselwirkungskraft"* F_m zweier magnetischer Ladungsmengen Q_m, q_m (→ Polstärken $\pm p$) im relativen Abstand r der folgenden Gesetzmäßigkeit

$$F_m = M \cdot \frac{Q_m \cdot q_m}{r^2} \qquad \text{Gl. 5.152}$$

mit einer Proportionalitätskonstanten M, deren Betrag und Dimension von der Wahl des Einheitensystems abhängt. Im älteren elektromagnetischen Maßsystem (→ cgs-System) ist beispielsweise $M = 1$ und dimensionslos (vgl. z. B. (Bergmann-Schaefer, 1971), S. 93 ff.).

In vektorieller Darstellung gilt ganz allgemein

$$\boldsymbol{F}_m = \pm \boldsymbol{M} \cdot \frac{Q_m \cdot q_m}{r^2} \cdot \hat{\boldsymbol{r}} \qquad \text{Gl. 5.153}$$

mit dem radialen Einheitsvektor $\hat{\boldsymbol{r}}$. Im Gegensatz zur Gravitationskraft $\boldsymbol{F}_g$ kann also die Magnetkraft $\boldsymbol{F}_m$ sowohl anziehend als auch abstoßend sein, je nach Kombination der Polstärken. Während gleichnamige Pole (N-N oder S-S) sich abstoßen (positives Vorzeichen), ziehen sich ungleichnamige Pole (N-S oder S-N) an (negatives Vorzeichen). Ein experimenteller Befund, der bereits von William Gilbert ausführlich beschrieben wurde. In manch älterer Literatur wird die Vorzeichenregelung genau umgekehrt gehandhabt.

In SI-Einheiten wird die Kraft in [N] und die magnetische Ladung (oder Polstärke) deshalb in [Vs ≡ Wb][94] gemessen. Damit schreibt sich (Gl. 5.152) in der Form

$$F_m = \frac{1}{4\pi \cdot \mu_0} \cdot \frac{Q_m \cdot q_m}{r^2} \qquad \text{Gl. 5.154}$$

mit der Magnetfeldkonstanten μ_0. Für diese gilt exakt

$$\mu_0 = 4\pi \cdot 10^{-7} \frac{\text{Vs}}{\text{Am}} \cong 1{,}2566370 \cdot 10^{-6} \frac{\text{Vs}}{\text{Am}} \qquad \text{Gl. 5.155}$$

Analog zur Gravitation kann der magnetische Kraftvektor $\boldsymbol{F}_m$ auch mithilfe einer Magnetfeldstärke $\boldsymbol{H}$ dargestellt werden

$$\boldsymbol{F}_m = \mp q_m \cdot \boldsymbol{H} \qquad \text{Gl. 5.156}$$

mit

$$\boldsymbol{H} = -\textbf{grad}\,\varphi_m(r) \qquad \text{Gl. 5.157}$$

Das magnetische Potential φ_m wird in [A] gemessen und die magnetische Feldstärke $\boldsymbol{H}$ entsprechend in [Am^{-1}]. Das Faktenblatt in Bild 5.59 fasst die wesentlichen Aspekte zur magnetischen Wechselwirkung zusammen. Die spätere Einführung des Feldbegriffs durch Michael Faraday[95] ersetzt das Coulomb'sche Fernwirkungsmodell durch eine lokale Wechselwirkung (Gl. 5.156) zwischen Feld $\boldsymbol{H}$ und magnetischem Körper q_m.

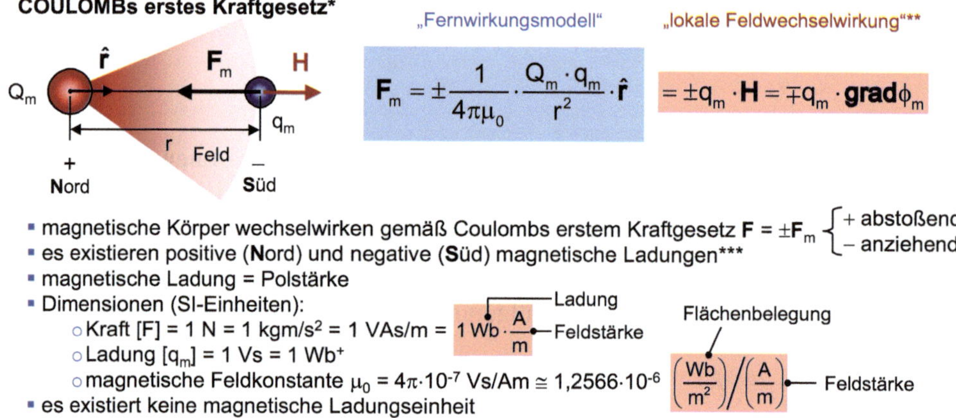

Bild 5.59 Faktenblatt zu Coulombs erstem Kraftgesetz für magnetisch geladene Körper. Das Fernwirkungsmodell wurde von Coulomb erstmals im Jahre 1784 veröffentlicht, also etwa ein Jahrhundert nach Newtons Gravitationsgesetz. Zur Verdeutlichung der begrifflichen Zusammenhänge zwischen *Ladung*, *Flächenbelegung* und *Feldstärke* sind die entsprechenden Einheiten explizit ausgeführt (weitere Erläuterungen im Text).

Mit der felderzeugenden Poldichte ρ_m genügt $\boldsymbol{H}$ der allgemeinen Beziehung

$$\mathbf{div}\boldsymbol{H} = \frac{\rho_m}{\mu_0} \qquad \text{Gl. 5.158}$$

und wir sind mit diesem Ansatz mathematisch konsistent zur Gravitation. Die Feldgleichung (Gl. 5.157) schreibt sich dann als Potentialgleichung

$$\Delta\varphi_m = -\frac{\rho_m}{\mu_0} \qquad \text{Gl. 5.159}$$

mit dem magnetischen Potential

$$\varphi_m(r) = -\frac{1}{4\pi\mu_0} \cdot \frac{Q_m}{r} \qquad \text{Gl. 5.160}$$

Die bereits am Beispiel des Gravitationsfeldes diskutierten Interpretationsprobleme zum allgemeinen Begriff *„Kraftfeld"* begegnen uns also auch hier, schließlich sind die mathematischen Strukturen identisch. Somit kann auch die magnetische Wechselwirkung als ein mechanisches Spannungsfeld verstanden werden, womit sich ein physikalisch konsistentes Bild ergibt. Die weitere mathematische Vorgehensweise ist demzufolge recht einfach: *„copy-paste Gravitation"* unter Beachtung des negativen Vorzeichens (denn gleichnamige magnetische Ladungen Q_m *„entfernen sich voneinander"*, während gravitative Ladungen M_g *„sich offensichtlich annähern"*)!
Der symmetrische (und diagonalisierte) Spannungstensor für das Magnetfeld $\boldsymbol{H}$ muss also lauten

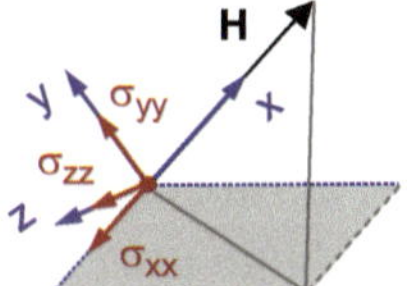

$$\hat{\boldsymbol{\sigma}}_H = \left(\sigma_{ij}\right) = \frac{\mu_0}{2} \cdot \boldsymbol{H}^2 \cdot \begin{pmatrix} -1 & 0 & 0 \\ 0 & +1 & 0 \\ 0 & 0 & +1 \end{pmatrix} \qquad \text{Gl. 5.161}$$

Im Gegensatz zur Gravitation herrscht aufgrund des negativen Vorzeichens in Feldrichtung (x-Richtung) eine Zug- und dazu senkrecht (y-z-Ebene) eine Druckspannung.[96] Das Feld zieht also ungleichnamige Pole N-S zueinander und *zieht* (!) gleichnamige Pole N-N bzw. S-S voneinander weg, wie in Bild 5.60 dargestellt, sodass sich beispielsweise ferromagnetische Eisenpartikel-Dipole im (mechanischen) Spannungsfeld $\boldsymbol{H}(\boldsymbol{r})$ entsprechend ausrichten. Das sich einstellende Verteilungsmuster wird für gewöhnlich als Visualisierung der *magnetischen Feldlinien* des statischen Magnetfeldes interpretiert.

magnetische COULOMB-Kraft → Zugspannung

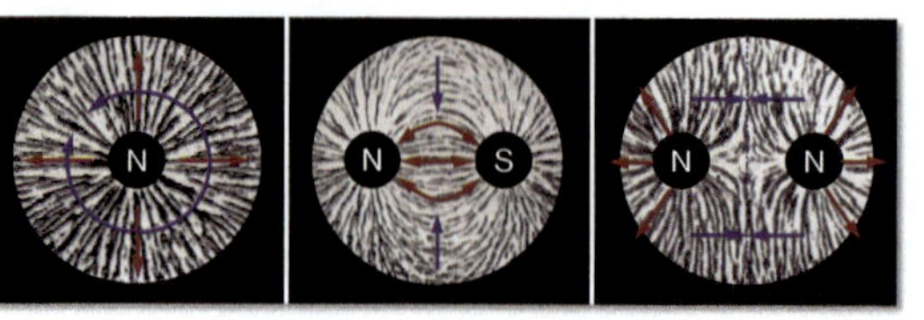

Zug / Druck

Bild 5.60 Mechanische Spannungen in einem statischen Magnetfeld. Die 2D-Spannungsverteilung wird mithilfe feiner Eisenpartikel sichtbar. Bilder der Verteilungsmuster, siehe z. B. (Bergmann-Schäfer, 1971). M. Faraday publizierte 1852 identische Bilder zum Feldverlauf magnetischer Dipole.[97]

Nachdem der Spannungstensor die magnetische Feldenergiedichte beschreibt, kann man selbstverständlich auch argumentieren, dass das Feld stets einen Zustand minimaler Energie anstrebt (→ Minimalflächen). Ein Prozess, der sich letztlich in der Relativbewegung der Pole widerspiegelt. Das Magnetfeld transportiert demnach Impuls von Pol zu Pol. Die *„Beobachtungstatsache"* von anziehenden bzw. abstoßenden Kraftwirkungen, welche die magnetischen Pole aufeinander auszuüben scheinen, kann demnach so nicht zutreffen. Vielmehr handelt es sich um eine *Ad-hoc-Interpetation*, um das *offensichtliche* Geschehen, nämlich die Relativbewegung der Pole, auf unmittelbare Weise kausal zu strukturieren.

5.3.3 Das elektrische Feld

„A loadstone attracts only magnetic bodies; electrics attract everything.[...] But this attraction of amber and of [similar] electric bodies must be investigated further; and since it is an acquired state {affectio} the question arises why amber is rubbed, and what state is brought about by rubbing; also, what causes are evoked that seize all sorts of substances."

William Gilbert[98]

Das statische elektrische Feld (→ Elektrostatik[99]) lässt sich mathematisch völlig analog zum Magnetfeld beschreiben. Auch hier sind zwei Ladungszustände (→ Ladungspole) zu unterscheiden: **P**ositiv (+) und **N**egativ (-). Ein experimenteller Befund, der auf Charles François de Cisternay du Fay[100] zurückgeht. Coulomb publizierte bereits ein Jahr nach seinem ersten Gesetz über magnetische Kräfte eine entsprechende zweite Beziehung über die Wechselwirkung elektrisch geladener Körper. Demnach genügt der Betrag der *„Wechselwirkungskraft"* F_e zweier elektrischer Ladungsmengen Q_e, q_e im relativen Abstand r derselben Gesetzmäßigkeit, nämlich

$$F_e = E \cdot \frac{Q_e \cdot q_e}{r^2} \qquad \text{Gl. 5.162}$$

mit einer Proportionalitätskonstanten E, deren Wert und Dimension wie im Falle der magnetischen Wechselwirkung vom Einheitensystem abhängt. Im früheren cgs-System ist ebenfalls $E = 1$ und dimensionslos. In SI-Einheiten hingegen schreibt sich (Gl. 5.162) in der Form

$$F_e = \frac{1}{4\pi \cdot \varepsilon_0} \cdot \frac{Q_e \cdot q_e}{r^2} \qquad \text{Gl. 5.163}$$

mit der elektrischen Feldkonstanten ε_0. Für diese gilt exakt

$$\varepsilon_0 = \frac{1}{c_0^2 \cdot \mu_0} \cong 8{,}8541878 \cdot 10^{-12} \frac{\text{As}}{\text{Vm}} \qquad \text{Gl. 5.164}$$

wobei die elektrische Ladung in [As ≡ C] zu messen ist. Der elektrische Kraftvektor $\boldsymbol{F}_e$ ist mithilfe der elektrischen Feldstärke $\boldsymbol{E}$ darstellbar

$$\boldsymbol{F}_e = \mp q_e \cdot \boldsymbol{E} \qquad \text{Gl. 5.165}$$

mit

$$\boldsymbol{E} = -\mathbf{grad}\,\varphi_e(r) \qquad \text{Gl. 5.166}$$

Das elektrische Skalarpotential φ_e wird in [V] gemessen und die elektrische Feldstärke $\boldsymbol{E}$ entsprechend in [Vm^{-1}].

Das Faktenblatt in Bild 5.61 fasst die wesentlichen Aspekte zur elektrischen Wechselwirkung zusammen. Der Feldbegriff ersetzt auch hier das Coulomb'sche Fernwirkungsmodell durch eine lokale Wechselwirkung (Gl. 5.165) zwischen Feld $\boldsymbol{E}$ und elektrischem Körper q_e. Anfang des 20. Jahrhunderts fand schließlich R. A. Millikan[101] auf experimentellem Wege, dass die elektrische Ladungsmenge sich als ganzzahliges Vielfaches einer Elementarladung e_0 zusammensetzt. Ein Sachverhalt der für die magnetische Ladungsmenge nicht zutrifft, d. h. es gibt keine (klassische) magnetische Elementarladung, was jedoch im Rahmen einer Kontinuumstheorie elektromagnetischer Erscheinungen ohnehin keine Rolle spielt.

Mit der felderzeugenden Ladungsdichte ρ_e genügt $\boldsymbol{E}$ der allgemeinen Beziehung

$$\mathbf{div}\boldsymbol{E} = \frac{\rho_e}{\varepsilon_0} \qquad \text{Gl. 5.167}$$

und wir sind mit diesem Ansatz mathematisch konsistent zu Magnetfeld und Schwerefeld. Die Feldgleichung (Gl. 5.167) entspricht der sog. *3. Maxwell'schen Gleichung* und schreibt sich als Potentialgleichung

$$\Delta\varphi_e = -\frac{\rho_e}{\varepsilon_0} \qquad \text{Gl. 5.168}$$

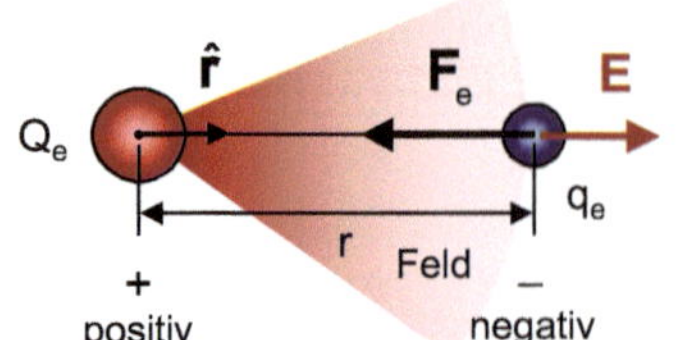

„Fernwirkungsmodell" „lokale Feldwechselwirkung"**

$$\mathbf{F}_e = \pm \frac{1}{4\pi\varepsilon_0} \cdot \frac{Q_e \cdot q_e}{r^2} \cdot \hat{\mathbf{r}} = \pm q_e \cdot \mathbf{E} = \mp q_e \cdot \mathbf{grad}\phi_e$$

- geladene Körper wechselwirken gemäß Coulombs zweitem Kraftgesetz $\mathbf{F} = \pm\mathbf{F}_e$ { + abstoßend, – anziehend }
- es existieren positive $+q_e$ und negative $-q_e$ elektrische Ladungen***
- Dimensionen (SI-Einheiten):
  - Kraft [F] = 1 N = 1 kg m/s² = 1 VAs/m = $1\,\text{C} \cdot \frac{\text{V}}{\text{m}}$ (Ladung · Feldstärke)
  - Ladung $[q_e]$ = 1 As = 1 C
  - elektrische Feldkonstante $\varepsilon_0 = 1/(4\pi c_0^2) \cdot 10^7$ As/Vm $\cong 8{,}854 \cdot 10^{-12}$ $\left(\frac{\text{C}}{\text{m}^2}\right) / \left(\frac{\text{V}}{\text{m}}\right)$ (Flächenbelegung / Feldstärke)
- elektrische Ladungseinheit (Elektron) $e_0 = 1{,}602 \cdot 10^{-19}$ C⁺

* H. Cavendish 1772-73, Charles Augustin de Coulomb 1785, ** Michael Faraday 1830 *** Charles Francois de Cisternay du Fay 1733, ⁺ R.A. Millikan 1909

Bild 5.61 Faktenblatt zu Coulombs zweitem Kraftgesetz für elektrisch geladene Körper. Coulomb publizierte diese Gesetzmäßigkeit als Fernwirkungsmodell im Jahre 1785. Zur Verdeutlichung der begrifflichen Zusammenhänge zwischen *Ladung*, *Flächenbelegung* und *Feldstärke* sind die entsprechenden Einheiten explizit ausgeführt (weitere Erläuterungen im Text).

mit dem elektrischen Potential

$$\varphi_e(r) = -\frac{1}{4\pi\varepsilon_0} \cdot \frac{Q_e}{r} \qquad \text{Gl. 5.169}$$

Wie bereits zuvor für das Magnetfeld ausgeführt muss auch die elektrische Wechselwirkung als ein mechanisches Spannungsfeld verstanden werden. Der symmetrische (und diagonalisierte) Spannungstensor für das elektrische Feld $\boldsymbol{E}$ schreibt sich entsprechend

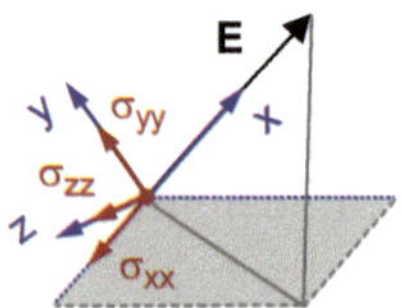

$$\hat{\boldsymbol{\sigma}}_E = (\sigma_{ij}) = \frac{\varepsilon_0}{2} \cdot \boldsymbol{E}^2 \cdot \begin{pmatrix} -1 & 0 & 0 \\ 0 & +1 & 0 \\ 0 & 0 & +1 \end{pmatrix} \qquad \text{Gl. 5.170}$$

Demzufolge herrscht auch im Falle des elektrischen Feldes in Feldrichtung (x-Richtung) eine Zug- und dazu senkrecht (y-z-Ebene) eine Druckspannung, gemäß Bild 5.62 (vgl. hierzu beispielsweise (Bergmann-Schaefer, 1971), S. 17). Das Feld zieht demnach ungleichnamige Ladungspole zueinander und gleichnamige Ladungspole voneinander weg, sodass sich beispielsweise auf Griespartikeln Influenzladungen ausbilden und sich die elektrischen Gries-Dipole im (mechanischen) Spannungsfeld $\boldsymbol{E}(\boldsymbol{r})$ entsprechend ausrichten.

elektrische COULOMB-Kraft → Zugspannung

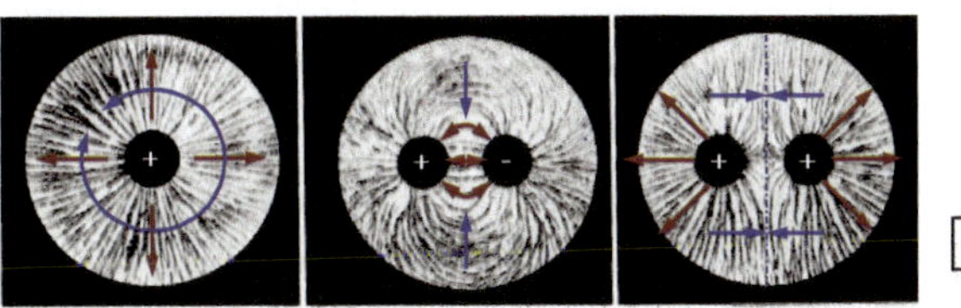

Bild 5.62 Mechanische Spannungen in einem statischen elektrischen Feld. Die 2D-Spannungsverteilung kann mithilfe feiner Griespartikel visualisiert werden und stimmt mit dem 2D-Muster eines statischen Magnetfeldes überein. Bilder der Verteilungsmuster siehe z. B. (Bergmann-Schaefer, 1971).

Das sich einstellende Verteilungsmuster wird üblicherweise als Visualisierung der *elektrischen Feldlinien* (→ *„Kraftlinien"*) des elektrostatischen Feldes interpretiert. Nachdem der Spannungstensor die elektrische Feldenergiedichte beschreibt, kann man selbstverständlich auch hier argumentieren, dass das Feld stets einen Zustand minimaler Energie anstrebt (→ Minimalflächen), wobei nachweislich Impuls von Pol zu Pol transportiert wird, ansonsten wäre nämlich keine Relativbewegung der elektrisch geladenen Körper erkennbar. Diese Bewegung als kausale Auswirkung einer unmittelbaren gegenseitigen Kraftwechselwirkung zu interpretieren zielt auch hier an der Physik des Geschehens vorbei.

5.3.4 Der Maxwell'sche Spannungstensor

Die in den vorangegangenen Kapiteln vorgestellten Faraday-Maxwell'schen Spannungen des elektrischen und magnetischen Feldes wurden bereits von Maxwell selbst ausgearbeitet, und er zeigte seinerzeit zudem, dass die mechanische Interpretation des Feldbegriffs eine widerspruchsfreie Darstellung elektromagnetischer *„Wechselwirkungskräfte"* ermöglicht. James Clerk Maxwell schreibt hierzu:

> *„If we now proceed to investigate the mechanical state of the medium on the hypothesis that the mechanical action observed between electrified bodies is exerted through and by means of the medium, [...] we find that the medium must be in a state of mechanical stress. The nature of this stress is, as Faraday pointed out, a tension along the lines of force combined with an equal pressure in all directions at right angles to these lines. The magnitude of these stresses is proportional to the energy of the electrification, or, in other words, to the square of the resultant electromotive force multiplied by the specific inductive capacity of the medium."*[102]

Es waren genau diese Überlegungen, welche seinerzeit die Physiker-Gemeinde glauben ließ, dass sich auch die neue Theorie der Elektrodynamik problemlos in das damals vorherrschende mechanistische Weltbild der Physik einbinden lassen wird. Berücksichtigen wir die Substruktur der Materie, so trifft aus heutiger Sicht wohl eher das Gegenteil zu, denn viele Phänomene aus der (Kontinuums-)Mechanik sind letztlich von elektromagnetischer Natur. Weshalb bei der Aufstellung der Impulsbilanzgleichung das Konzept des Spannungstensors in *beiden* Anwendungsfeldern erfolgreich eingesetzt werden kann, um so die jeweilige Impulstromdichte [Nm^{-2}] bzw. Energiedichte [Jm^{-3}] mathematisch zu beschreiben, schließlich sind *der Impuls* (Singular!) und *die Energie* (Singular!) disziplinübergreifende Erhaltungsgrößen.

Der Maxwell'sche Spannungstensor zum elektromagnetischen Feld, also die Superposition beider Felderscheinungen, ist demnach einfach die Summe beider Tensoren (Gl. 5.161) und (Gl. 5.170):

$$\hat{\boldsymbol{\sigma}}_{\text{E-H}} = (\sigma_{ij}) = \frac{1}{2} \cdot \left(\varepsilon_0 \boldsymbol{E}^2 + \mu_0 \boldsymbol{H}^2\right) \cdot \begin{pmatrix} -1 & 0 & 0 \\ 0 & +1 & 0 \\ 0 & 0 & +1 \end{pmatrix} \qquad \text{Gl. 5.171}$$

oder bei Vorgabe eines beliebigen kartesischen Koordinatensystems K(x,y,z), indem die Nichtdiagonalelemente im Allgemeinen ungleich Null sind:

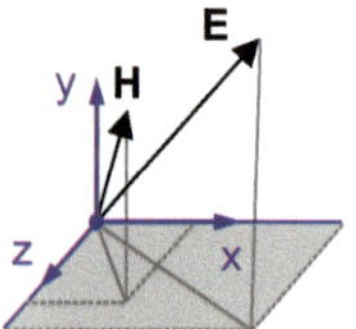

$$\hat{\boldsymbol{\sigma}}_{\text{E-H}} = (\sigma_{ij}) = -\left(\varepsilon_0 E_i E_j + \mu_0 H_i H_j - \frac{\delta_{ij}}{2} \cdot \left[\varepsilon_0 \boldsymbol{E}^2 + \mu_0 \boldsymbol{H}^2\right]\right) \qquad \text{Gl. 5.172}$$

Gl. 5.172 ist bis auf das Vorzeichen formal identisch zum allgemeinen Spannungstensor (Gl. 5.102) der Gravitation. Die Indizes ***i,j*** durchlaufen jeweils die kartesischen Komponenten x,y,z. Die Summe der Diagonalelemente des Maxwell-Spannungstensors, die sog. Spur des Tensors Sp(σ_{ij}), ist gerade gleich der Gesamtenergiedichte $\rho_{\text{e-m}}$ des Feldes und diese ist immer positiv:

$$\sum_i \sigma_{ii} = \text{Sp}(\sigma_{ij}) = \frac{1}{2} \cdot \left(\varepsilon_0 \boldsymbol{E}^2 + \mu_0 \boldsymbol{H}^2\right) = \rho_{\text{e-m}} \geq 0 \qquad \text{Gl. 5.173}$$

In einem vorgegebenen Volumen V kann sich die Feldenergiedichte nur dann mit der Zeit ändern, wenn ein entsprechender Netto-Energiestrom durch die volumenbegrenzende Oberfläche ∂V fließt, d. h.

$$\frac{\partial \rho_{\text{e-m}}}{\partial t} = \varepsilon_0 \boldsymbol{E} \cdot \frac{\partial \boldsymbol{E}}{\partial t} + \mu_0 \boldsymbol{H} \cdot \frac{\partial \boldsymbol{H}}{\partial t} \qquad \text{Gl. 5.174}$$

Die Kontinuitätsgleichung (Gl. 5.174) ist der Energieerhaltungssatz für das elektromagnetische Feld, mathematisch völlig analog zur Impulsstrom-Mechanik im Falle der Kontaktwechselwirkung materieller Körper. Es bleibt noch den oder die eigentlichen Energieträger auf der rechten Seite von (Gl. 5.174) zu identifizieren, also einen Ausdruck für die Impulsstromdichte [Nm^{-2}] des elektromagnetischen Feldes zu finden.

5.3.4.1 Der Feldimpuls

Der Impulsaustausch zwischen elektrisch oder auch magnetisch geladenen Körpern (→ *„Kraftwechselwirkung"*) ändert die relativen Abstände der Körper und führt daher zwangsläufig zu einer zeitlichen Änderung der jeweiligen Feldverteilung. Entsprechende Gesetzmäßigkeiten wurden bereits im 19. Jahrhundert gefunden. Untersuchungen von Oersted, Biot, Savart und Ampère[103] ergaben, dass stromführende Leiter ein Magnetfeld $\boldsymbol{H}$ ausbilden und damit auf magnetisch geladene Körper $\pm Q_{\text{m}}$ Kräfte $\text{d}\boldsymbol{F}$ ausüben, gemäß Bild 5.63. Faraday und Lenz fanden schließlich den dazu inversen Prozess. Ergänzt um Maxwells sogenannten *„Verschiebungsstrom"* (1863) erhält man schließlich für das Magnetfeld

$$\textbf{rot}\boldsymbol{H} = \boldsymbol{j} + \frac{\partial}{\partial t}(\varepsilon_0 \boldsymbol{E}) \qquad \text{Gl. 5.175}$$

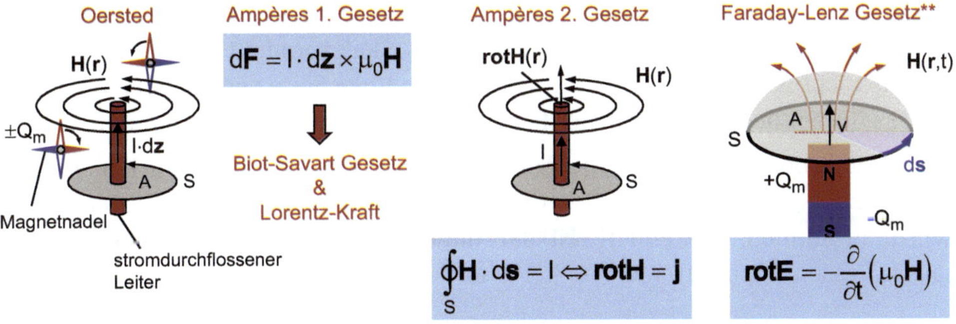

Bild 5.63 Die Gesetzmäßigkeiten zur elektromagnetischen Induktion wurden in den Jahren 1819 – 1833 entdeckt. Die spätere differentialgeometrische Darstellung der physikalischen Zusammenhänge stammt von Heaviside (1883).

Fließt ein elektrischer Strom der Dichte $\boldsymbol{j}$ und/oder ändert sich das elektrische Feld $\boldsymbol{E}$ mit der Zeit, so sind beide Prozesse über ein lokales magnetisches Wirbelfeld $\boldsymbol{H}$ nachweisbar. An dieser Stelle nochmals der Hinweis, dass es sich bei diesem Vorgang keineswegs um eine kausale Ursache-Wirkung-Relation handelt – die gibt es auch hier nicht (vgl. Abschnitt 4.3.4 *Das Kausalitätsproblem in der Physik*). Die rechte Seite der (Gl. 5.175) ist eben *nicht* (!) die Ursache für die linke Seite oder umgekehrt, vielmehr steht auf beiden Seiten des Gleichheitszeichens selbstverständlich das gleiche, sowohl mathematisch (→ gleiche Werte) wie auch physikalisch (→ gleicher Prozess) – wie sollte es auch anders sein!

Der dazu inverse Vorgang wird durch das Induktionsgesetz von Faraday und Lenz beschrieben

$$\mathbf{rot}\boldsymbol{E} = -\frac{\partial}{\partial t}\left(\mu_0 \boldsymbol{H}\right) \qquad \text{Gl. 5.176}$$

Ändert sich das Magnetfeld $\boldsymbol{H}$ mit der Zeit, so zeigt sich diese Änderung (unmittelbar!) in einem lokalen elektrischen Wirbelfeld $\boldsymbol{E}$. Setzt man das Zeitverhalten (Gl. 5.175, Gl. 5.176) in (Gl. 5.174) ein, erhält man

$$\frac{\partial \rho_{\text{e-m}}}{\partial t} = \boldsymbol{E}\cdot\mathbf{rot}\boldsymbol{H} - \boldsymbol{H}\cdot\mathbf{rot}\boldsymbol{E} - \mathbf{j}\cdot\boldsymbol{E} = -\mathbf{div}\left(\boldsymbol{E}\times\boldsymbol{H}\right) - \boldsymbol{j}\cdot\boldsymbol{E} \qquad \text{Gl. 5.177}$$

Mit dem sogenannten Poynting-Vektor $\boldsymbol{S} \equiv \boldsymbol{E} \times \boldsymbol{H}$ wird daraus[104]

$$\mathbf{div}\boldsymbol{S} + \boldsymbol{j}\cdot\boldsymbol{E} = -\frac{\partial \rho_{\text{e-m}}}{\partial t} \qquad \text{Gl. 5.178}$$

Demnach tragen gleich *zwei* Mechanismen zur Reduktion der elektromagnetischen Feldenergiedichte bei, sofern die linke Seite von (Gl. 5.178) nicht negativ wird. Zum einen nimmt die Ladungsträgerstromdichte $\boldsymbol{j}$ im betrachteten Volumenbereich Energie auf (→ Joule'sche Wärme bei einem Ohm'schen Leiter) und zum anderen definiert $\boldsymbol{S}$ eine gerichtete Feldenergieströmung durch die das Volumen V begrenzende Oberfläche ∂V und zwar mit der Flächenleistungsdichte $\boldsymbol{E} \times \boldsymbol{H}$ [Wm^{-2}], sofern die skalare Größe $\mathbf{div}\boldsymbol{S} > 0$ und/oder das Skalarprodukt $\boldsymbol{j}\cdot\boldsymbol{E} > 0$ bzw. deren Summe nicht negativ wird. Nur dann bleibt die linke Seite von (Gl. 5.178) positiv, so dass die zeitliche Änderung der Feldenergiedichte tatsächlich abnimmt.

Ein Strom von Ladungsträgern transportiert selbstverständlich auch mechanischen Impuls, sodass wir damit bereits eine Impulstromdichte identifizieren und zuordnen können. Die andere ist der Impuls des elektromagnetischen Feldes selbst. Dessen Impulsstromdichte $\mathbf{j}_{\text{e-m}}$ [Nm^{-2}] ist nämlich gerade

$$\boldsymbol{j}_{\text{e-m}} = \sqrt{\varepsilon_0 \mu_0}\cdot\boldsymbol{S} = \frac{1}{c_0}\cdot\boldsymbol{S} \qquad \text{Gl. 5.179}$$

und entspricht der mit c_0 transportierten Flächenleistungsdichte des Feldes - trivialerweise. In einschlägiger Literatur findet sich stattdessen der Ausdruck für die Impulsdichte $\boldsymbol{\pi}_{\text{e-m}}$ des Feldes, gemessen in [Nsm^{-3}][105]

$$\boldsymbol{\pi}_{\text{e-m}} = \varepsilon_0\mu_0 \cdot \boldsymbol{S} = \frac{1}{c_0^2} \cdot \boldsymbol{S} \qquad \text{Gl. 5.180}$$

weil sich damit auf konsistente Weise eine Kontinuitätsgleichung für den Gesamtimpuls angegeben lässt:

$$\frac{\partial}{\partial t}\left(\boldsymbol{\pi}_{\text{e-m}} + \boldsymbol{\pi}_{\text{mech}}\right) = -\mathbf{div}\widehat{\boldsymbol{\sigma}}_{\text{E-H}} = -\boldsymbol{\kappa}_{\text{E-H}} \qquad \text{Gl. 5.181}$$

Die zeitliche Änderung der lokalen Gesamtimpulsdichte, bestehend aus Feldimpuls $\boldsymbol{p}_{\text{e-m}}$ und mechanischem Impuls $\boldsymbol{p}_{\text{mech}}$ (→ frei bewegliche Ladungsträger), entspricht der negativen Divergenz des Maxwell'schen Spannungstensors (Gl. 5.171) der örtlichen Feldverteilung. Letztere ist ein Vektor und beschreibt in kartesischen Koordinaten die (x,y,z)-Komponente der vorliegenden Dichte des Impulsstroms $\boldsymbol{\kappa}_{\text{E-H}}$ [Nm^{-3}] (→ *„Kraftdichte“*). Ist also die lokale Dichte des Impulsstroms positiv/negativ, so muss der lokale zeitliche Verlauf der Gesamtimpulsdichte negativ/positiv sein - trivialerweise.

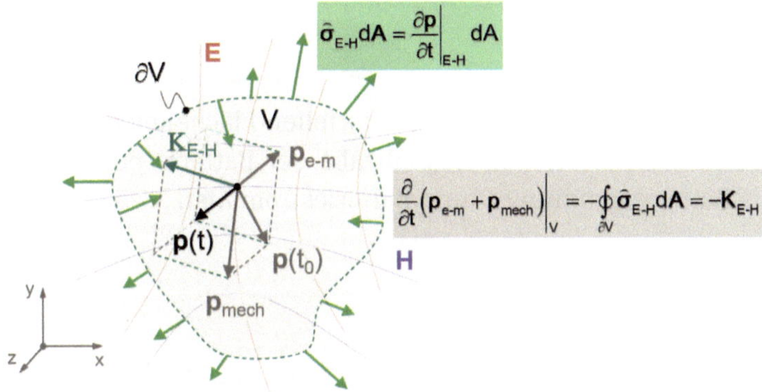

Bild 5.64 Zum Maxwell'schen Spannungstensor. Der Gesamtimpuls $\boldsymbol{p}(t_0)$ zur Zeit t_0 im Volumen V ändert sich um $-\boldsymbol{K}_{\text{E-H}} = -(\partial\boldsymbol{p}/\partial t)_{\text{E-H}}$ in Betrag und Richtung, und diese Änderung ist identisch dem Impulsstrom durch die volumenbegrenzende Oberfläche ∂V.

Deutlich wird dieser Sachverhalt, wenn man (Gl. 5.181) über einen Volumenbereich V integriert (vgl. Bild 5.64):

$$\left.\frac{\partial}{\partial t}\left(\boldsymbol{p}_{\text{e-m}} + \boldsymbol{p}_{\text{mech}}\right)\right|_V = -\int_V \boldsymbol{\kappa}_{\text{E-H}}\mathrm{d}V = -\boldsymbol{K}_{\text{E-H}} = -\oint_{\partial V} \widehat{\boldsymbol{\sigma}}_{\text{E-H}}\mathrm{d}A \qquad \text{Gl. 5.182}$$

Die Divergenz des Spannungstensors entspricht dem Dichtevektor $\boldsymbol{\kappa}_{\text{E-H}}$ und dessen Integral $\boldsymbol{K}_{\text{E-H}}$ beschreibt die zeitliche Änderung der Summe aus mechanischem Impuls und Feldimpuls, wobei sich i. Allg. sowohl der Betrag als auch die Richtung dieses Vektors ändern kann. Das ist aber das sogenannte dritte Newton'sche Gesetz *„actio = reactio"*, das man in moderner Fassung als *„Kräftegleichgewicht"* interpretiert und nach Newton tatsächlich den Impulserhaltungssatz beschreibt (vgl. hierzu Abschnitt 4.2.1 *Die Newton'sche Mechanik*): Die zeitliche Änderung des Gesamtimpulses im Volumen V ist identisch dem Impulsstrom durch die volumenbegrenzende Oberfläche ∂V. Der Maxwell'sche Spannungstensor definiert die zugehörige Impulsstromdichte und verbindet damit nicht nur auf konsistente Weise die Mechanik mit der Elektrodynamik, sondern untermauert zudem die grundlegende und disziplinübergreifende Bedeutung der physikalischen Bewegungsgröße *Impuls*.

Ein Beispiel: Der Energietransfer bei einem elektrischen Leiter

Mithilfe des Poynting-Vektors $\boldsymbol{S} = c_0 \cdot \boldsymbol{j}_{\text{e-m}}$ wird die Leistungsaufnahme eines Ohm'schen Leiters *erstmals* (!) verständlich, wie anhand der schematischen Darstellung in Bild 5.65 deutlich wird.[106] Die Leistungsabgabe der Batterie ist durch die lokale Flächenleistungsdichte $\boldsymbol{S}$ (also der Impulsstromdichte $\boldsymbol{j}_{\text{e-m}}$) des elektromagnetischen Feldes bestimmt, d. h.

$$P_{\text{B}} = \oint_{\partial V_{\text{B}}} \boldsymbol{S} \cdot \mathrm{d}\boldsymbol{A} = +U \cdot I \qquad \text{Gl. 5.183}$$

∂V_{B} entspricht der Batterieoberfläche und deren vektoriellen Flächenelemente $\mathrm{d}\boldsymbol{A}$ zeigen jeweils nach außen, sodass die Leistungsabgabe der Batterie positiv und gleich dem Produkt aus Batteriespannung U und Batteriestrom I ist.

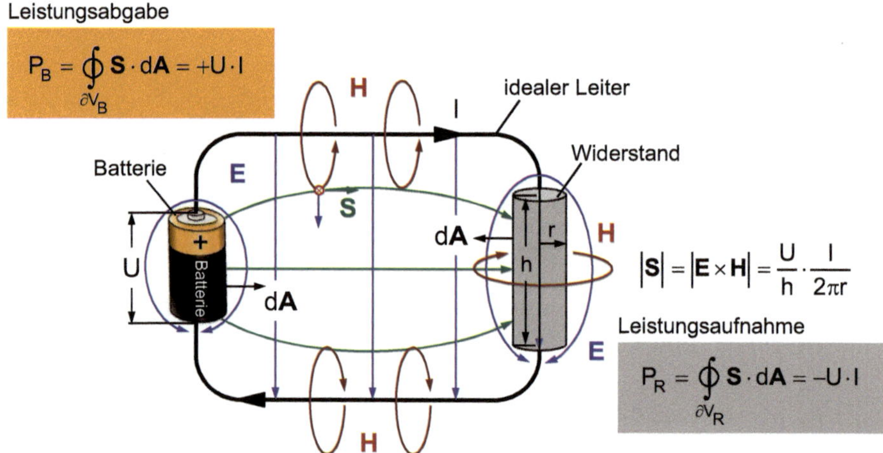

Bild 5.65 Energietransfer beim elektrischen Leiter. Ein idealer Leiter verbindet eine Batterie mit einem elektrischen Widerstand (Ohm'scher Leiter); nach (Herrmann, 1997).

Das Vektorfeld $\boldsymbol{S} = \boldsymbol{E} \times \boldsymbol{H}$ zeigt von der Batterie zum Ohm'schen Leiter. Dort berechnet sich die Leistungsaufnahme entsprechend

$$P_{\mathrm{R}} = \oint_{\partial V_{\mathrm{R}}} \boldsymbol{S} \cdot \mathrm{d}\boldsymbol{A} = -U \cdot I \qquad \text{Gl. 5.184}$$

wobei das Skalarprodukt $\boldsymbol{S} \cdot \mathrm{d}\boldsymbol{A}$ jetzt negativ wird und sich die lokalen Feldstärken $\boldsymbol{E}, \boldsymbol{H}$ am Widerstand wie in der Abbildung angegeben darstellen lassen. Die mit dem Stromfluss einhergehende Joule'sche Wärmeleistung ist also gleich der von der Batterie abgegeben Leistung und vollständig über die elektromagnetische Feldenergie bestimmt! Dieses und viele weitere recht aufschlussreiche Beispiele zu dem Thema finden sich u.a. in F. Herrmann, *Physik II - Elektrodynamik* (Herrmann, 1997).

Wie schnell wird die Feldenergie von der Batterie (Quelle) zum Widerstand (Senke) hin transportiert - etwa mit Lichtgeschwindigkeit? Eine Antwort auf diese Frage ergibt sich unmittelbar aus der Feldimpulsdichte $\boldsymbol{\pi}_{\text{e-m}}$ und der (relativistischen) Massendichte des Feldes:

$$v_{\text{e-m}} = 2 \cdot \frac{E \cdot H \cdot \sin\alpha}{\varepsilon_0 \boldsymbol{E}^2 + \mu_0 \boldsymbol{H}^2} \leq c_0 \qquad \text{Gl. 5.185}$$

Die Transportgeschwindigkeit $v_{\text{e-m}}$ ist also in der Regel *kleiner* (!) als die Lichtgeschwindigkeit und nur dann gleich c_0, wenn $\boldsymbol{E} \perp \boldsymbol{H}$ (d.h. $\alpha = 90°$) und zudem die Bedingung $\varepsilon_0 c_0 E = H$ erfüllt ist.

A_{5-7}: Man zeige, dass (Gl. 5.185) den geschilderten Sachverhalt zur Ausbreitungsgeschwindigkeit korrekt beschreibt.

5.3.4.2 Die Maxwell-Heaviside-Gleichungen

Zu gegebener Raumladungsdichte ρ_{e} und elektromagnetischen Feldern $\boldsymbol{E}, \boldsymbol{H}$ lässt sich die allgemeine Kontinuitätsgleichung für den Impuls auf die aus der Elektrodynamik bekannten Maxwell-Heaviside-Gleichungen sowie die auf eine Ladungsverteilung *„einwirkende Lorentz-Kraft"* zurückführen. Ausgangspunkt hierfür ist die Dichte des mechanischen Impulsstroms (→ *„Kraftdichte"*). Gemäß (Gl. 5.172) gilt

$$\frac{\partial \boldsymbol{p}_{\text{mech}}}{\partial t} = -\mathbf{div}\widehat{\boldsymbol{\sigma}}_{\text{E-H}} - \frac{\partial \boldsymbol{p}_{\text{e-m}}}{\partial t} \qquad \text{Gl. 5.186}$$

Allerdings ist die Berechnung etwas länglich und bedarf einiger mathematischer Identitäten aus der Differentialgeometrie dreidimensionaler Vektorfelder, sodass an dieser Stelle nur das Resultat angegeben werden soll:[107]

Lorentz-Kraft → 1. Ampère-Gesetz

$$\frac{\partial \boldsymbol{p}_{\text{mech}}}{\partial t} = \rho_{\text{e}} \cdot \boldsymbol{E} + \boldsymbol{j} \times \mu_0 \boldsymbol{H} \qquad \text{Gl. 5.187}$$

mit den zugehörigen Feldgleichungen (im Vakuum):

Feldgleichung (alternative Bezeichnung)		ursprüngliche Gesetzmäßigkeit
1. Maxwell-Heaviside-Gleichung (Durchflutungsgesetz/ Ampère'sches Gesetz)	$\mathbf{rot}\boldsymbol{H} = \boldsymbol{j} + \frac{\partial}{\partial t}(\varepsilon_0 \boldsymbol{E})$	*→ 2. Ampère-Gesetz*
2. Maxwell-Heaviside-Gleichung (Induktionsgesetz/Lenz'sche Regel)	$\mathbf{rot}\boldsymbol{E} = -\frac{\partial}{\partial t}(\mu_0 \boldsymbol{H})$	*→ Faraday-Gesetz*
3. Maxwell-Heaviside-Gleichung (Gauß'sches Gesetz)	$\mathbf{div}\boldsymbol{E} = \frac{\rho_{\text{e}}}{\varepsilon_0}$	*→ 2. Coulomb-Gesetz*
4. Maxwell-Heaviside-Gleichung (Gauß'sches Gesetz, $\rho_{\text{m}} = 0$)	$\mathbf{div}\boldsymbol{H} = 0$	*→ 1. Coulomb-Gesetz*

Die differentialgeometrische Darstellung der *„Maxwell'schen Gleichungen"* wurde erstmalig in den richtungsweisenden Arbeiten von Oliver Heaviside 1884 eingeführt.[108] Eine detaillierte Ausarbeitung seiner elektromagnetischen Theorie findet sich in (Heaviside, 1891 - 1912). Maxwell selbst publizierte 1865 ein entsprechendes Potentialgleichungssystem, bestehend aus insgesamt *zwanzig* (!) z. T. recht unübersichtlichen Beziehungen. Potentialdarstellungen lagen seinerzeit *„voll im Trend"* und kompakte vektorielle bzw. differentialgeometrische mathematische Konzepte gab es damals noch nicht.[109]

Zur Physik der Maxwell-Heaviside-Gleichungen, insbesondere zum Phänomen der elektromagnetischen Induktion ist leider sehr viel Widersprüchliches zu lesen, vornehmlich in einführenden Lehrbüchern zur Thematik. Gründe hierfür sind meines Erachtens die zu Lernzwecken oftmals wenig durchdachten Mach'schen *„... Gedankendinge von ökonomischer Function"*, die mit der Physik des Geschehens kaum etwas gemein haben, aber dennoch unreflektiert übernommen werden, weil scheinbar so plausibel. Entscheidende *„Knackpunkte"* sind hierbei u. a. nicht existente *„kausale Zusammenhänge"* in Verbindung mit Vorstellungen wie etwa *„Leiter die Feldlinien schneiden"* und ähnlich sinnfreie Hypothesen, die selbst von ausgewiesenen Hochschullehrern unbedacht rezitiert werden, letztlich zum Nachteil einer wissenschaftlich fundierten studentischen Ausbildung. Faradays ursprüngliche Modellvorstellung zur Induktion als Ausprägung eines „elektro-*tonischen* Zustandes“ des Magnetfeldes wäre hier zielführender (erstmals formuliert im Jahre 1831!). Eine detaillierte Ausführung dieses (nicht weniger wichtigen) Themas würde allerdings den vorgegebenen Rahmen des Buches sprengen, weshalb es an anderer Stelle weiter ausgearbeitet und *en détail* diskutiert werden soll. Mehr hierzu in *„Die Maxwell-Heaviside-Gleichungen - Über die Physik elektromagnetischer Felder“.*

Übrigens: Die *„eigentliche“* Physik zu *„elektrischen/magnetischen Feldlinien“* lässt sich bereits erahnen, wenn man ein analoges mechanisches Problem betrachtet, etwa die spannungsinduzierte Bewegung (→ Rissbildung) bei der P-förmig ausgestanzten Beschichtung zweier Parkplatzschilder, wie sie unlängst an einer Hauswand montiert zu sehen waren. Fertigungsbedingte mechanische Verspannungen innerhalb der jeweiligen Schicht werden aufgrund von Umwelteinflüssen mit der Zeit sichtbar, indem die witterungsabhängige Maximalspannung (→ Festigkeitsgrenze) des Beschichtungsmaterials überschritten wird. Nach den bisherigen Ausführungen in diesem Kapitel, speziell zum elektromagnetischen Feldbegriff: *Was genau sehen Sie in* Bild 5.66 - *doch nicht etwa „mechanische“ Feldlinien?!*

Bild 5.66
Witterungsbedingte Risse in der Beschichtung zweier P-Schilder (private Aufnahmen © WBi).

5.3.5 Die elektromagnetische Dualität

Die mathematische Dualität (vgl. hierzu die Ausführungen in Abschnitt 2.5) zwischen elektrischen und magnetischen Felderscheinungen ist *vollständig*, wie ein Vergleich der entsprechenden physikalischen Größen in Tabelle 5.3 verdeutlichen soll. Ein simpler Austausch der jeweiligen SI-Einheit [A] ↔ [V] wechselt auf eindeutige Weise zwischen den korrespondierenden Größen beider Phänomene, wie z. B. der Feldstärken $\boldsymbol{E}$ bzw. $\boldsymbol{H}$, der Feldkonstanten ε_0 bzw. μ_0, der Potentiale φ_e bzw. φ_m etc. Deshalb sind auch die Maxwell-Heaviside-Gleichungen vollständig symmetrisch, wenn man formal mit magnetischen Ladungen q_m und magnetischen Stromdichten $\boldsymbol{j}_m$ arbeitet.

Die in Tabelle 5.3 aufgeführten Potentiale genügen folgenden Bestimmungsgleichungen:

Skalarpotentiale

$$\boldsymbol{E} = -\mathbf{grad}\,\varphi_e \text{ bzw. } \boldsymbol{H} = -\mathbf{grad}\,\varphi_m \qquad \text{Gl. 5.188}$$

bzw.

Vektorpotentiale

$$\boldsymbol{E} = \mathbf{rot}\boldsymbol{F} \text{ bzw. } \boldsymbol{H} = \mathbf{rot}\boldsymbol{A} \qquad \text{Gl. 5.189}$$

womit sich weitere wichtige Beziehungen ableiten lassen, wie etwa die Poisson-Gleichungen (Gl. 5.159, Gl. 5.168) oder Diffusionsgleichungen zu zeitlich veränderlichen elektromagnetischen Feldgrößen. Die hier beschriebene *„SI-Dualität"* deutet bereits an, dass es sich bei elektrischen und magnetischen Feldern um unterschiedliche Ausprägungen (Erscheinungsformen) desselben physikalischen Phänomens handeln muss. Tatsächlich erkennt man den engen Zusammenhang beider Größen erst im cgs-System, denn in diesem Maßsystem haben $\boldsymbol{E}$ und $\boldsymbol{H}$ *identische* Einheiten, nämlich $[g^{1/2}\ cm^{-1/2}s^{-1}]$.

Tabelle 5.3 Zusammenstellung der physikalischen Größen zur Beschreibung elektrischer und magnetischer Phänomene.[110]

Physikalische Größe	elektrisch	SI-Einheiten	magnetisch	SI-Einheiten
Ladung	q_e	As	q_m	Vs
Stromdichte	j_e	Am^{-2}	j_m	Vm^{-2}
skalares Potential	φ_e	V	φ_m	A
Vektorpotential	$\boldsymbol{F}$	V	$\boldsymbol{A}$	A
Feldstärke	$\boldsymbol{E}$	Vm^{-1}	$\boldsymbol{H}$	Am^{-1}
Feldkonstante	ε_0	$As(Vm)^{-1}$	μ_0	$Vs(Am)^{-1}$
Dipolmoment [515]	$\boldsymbol{p}_e$	Asm	$\boldsymbol{p}_m$	Vsm
Polarisation	$\boldsymbol{P}$	Asm^{-2}	$\boldsymbol{M}$	Vsm^{-2}
Suszeptibilität	χ_e	-	χ_m	-
Influenz	$\boldsymbol{D}$	Asm^{-2}	$\boldsymbol{B}$	Vsm^{-2}
mech. Feldspannung	σ_e	$VAsm^{-3}$	σ_m	$AVsm^{-3}$
Feldenergie	W_e	VAs	W_m	AVs

Auf dieser strengen Symmetrie aufbauend, postulierte P. Dirac bereits im Jahre 1931 die Existenz magnetischer Monopole, die auf der Ebene der Quantenmechanik der sog. Dirac'schen Quantisierungsbedingung $q_e \cdot q_m = 2n \cdot \pi\ (n \in \mathbb{Z})$ genügen sollen.[111] Obwohl in der Natur bisher keine *„freien"* magnetischen Monopole beobachtet wurden, weshalb man klassisch **div*H*** = 0 setzt, gelang es einer amerikanischen Forschungsgruppe vom Amherst College im Jahre 2014 erstmals einen magnetischen Monopol vom Dirac-Typ unter Laborbedingungen in einem ultrakalten Gas (→ Bose-Einstein-Kondensat) zu erzeugen.[112] Zudem lassen sich in der Tieftemperaturphysik magnetische Monopole in kristallinen Festkörpern nachweisen (→ Spin-Eis).[113] Man darf also vermuten, dass magnetische Monopole auch *„in der Welt da draußen"* vorkommen, wenn auch unter sehr speziellen Bedingungen.

Selbstverständlich kann man die Physik magnetischer Monopole auch auf experimentellem Wege ganz klassisch untersuchen, wie dies seinerzeit von den Pionieren der Magnetostatik auch praktiziert wurde. Man arbeite mit langen, nadelförmigen magnetischen Stäben, sodass deren Enden quasi-punktförmige magnetische Pole definieren. Die Analogie zur Elektrostatik ergibt sich dann von selbst. Erweitert man zudem die Maxwell-Heaviside-Gleichungen formal um magnetische Ladungs- und Stromdichten ρ_m bzw. $\boldsymbol{j}_m$, so lassen sich damit nicht nur weitere theoretische Eigenschaften der magnetischen Ladung q_m näher spezifizieren, es finden sich auch interessante formale Kriterien, sodass ρ_m und damit auch $\boldsymbol{j}_m$ wie beobachtet gleich Null werden.

Übrigens: Dirac konstruierte seinerzeit das klassische Feld eines magnetischen Monopols auf Basis einer recht findigen physikalischen Überlegung und zwar ohne die Maxwell-Gleichungen zu modifizieren.[114] Zur weiteren Vertiefung der Thematik *„magnetische Monopole"* siehe z. B. W. Greiner, *Theoretische Physik Bd. 3: Klassische Elektrodynamik*, S. 247 ff. oder das Standardwerk von A. Sommerfeld, *Electrodynamics*, Part I, sowie die jeweils dort zitierten Referenzen.[115]

Anmerkungen

1 René Descartes (1596 – 1650), französischer Philosoph und Mathematiker; zitiert aus seinem Buch *Principia philosophiae* (1644); *Prinzipien der Philosophie – Zweiter Theil, Über die Prinzipien der körperlichen Dinge, Ziffer 36*; aus dem Lateinischen übersetzt von Julius Heinrich von Kirchmann (1870).
Zitat aus *http://www.zeno.org/Philosophie/M/Descartes,+Ren%C3%A9*.

2 vgl. P. Schmälzle, *Intelligentes Wissen aufbauen*, Physik Journal 6 (2009), S. 41 ff.; *http://www.pro-physik.de/restricted-files/97141*; sowie die Leserkritiken hierzu in *Treffende Analogien?*, Leserbriefe, Physik Journal 8 (2009), S. 14 – 15; speziell die abgedruckten Leserbriefe zeigen den prägenden kontraproduktiven Einfluss solcher Analogiebetrachtungen und dokumentieren in der Folge die damit einhergehenden (teils erheblichen!) physikalischen Verständnisschwierigkeiten der Autoren. Eine weitere hilfreiche Lektüre: *Alles fließt*, PdN – Physik in der Schule, Heft 1/Jg.61 (2012).

3 vgl. hierzu F. Herrmann, *Stromrichtung und Vorzeichen der Stromstärke*, in Konzepte eines zeitgemäßen Physikunterrichts, Heft 5, Schroedel Schulbuchverlag, Hannover (1982), S. 27 ff.

4 *„For it is only when something external moves a thing, or brings it to rest against its own internal tendency, that we say this happens by force; otherwise we do not say that it happens by force."* Quote from Aristotle, c.f. (Jammer, 1999), Chapter 3, S. 37.

5 vgl. (Simonyi, 2001), S. 81.

6 Isaac Newton, *Opticks*, 4th Edition (1730), *Book III*, S. 373; man darf vermuten, dass Newton *„seinen"* Aristoteles sehr gut kannte!

7 Edme Mariotte (1620 - 1684), französischer Physiker.

8 Zur Erinnerung: Mitte des 19. Jahrhunderts hieß *„Energie"* noch *„Kraft"* (lat.: *„vis"*), weshalb wir selbst heute noch den Begriff *„Kraft"* synonym für *„Energie"* verwenden.

9 M. Planck, *Bemerkungen zum Prinzip der Aktion und Reaktion in der allgemeinen Dynamik*, Physikalische Zeitschrift, 9. Jahrgang, Nr. 23 (1908), S. 828 - 830.

10 Der mathematische Begriff *„Tensor"* (lat.: *tensor* = *„spannen, dehnen"*) stammt ursprünglich aus der Mechanik, denn diese math. Objekte wurden erstmals definiert um dreidimensionale mechanische Spannungen zu beschreiben. Genau genommen ist also der Begriff *„Spannungs-Tensor"* etwas unglücklich gewählt, weil es sich um eine Wiederholung zweier bedeutungsgleicher Bezeichnungen handelt (→ Pleonasmus).

11 Zu den hier aufgeführten math. Zusammenhängen, siehe Kapitel 9 *Mathematischer Anhang*.

12 für den idealen Grenzfall der Starrkörpermechanik bzw. der Punktmechanik, also für $E \to \infty$.

13 Georg Vogelpohl (1900 - 1975), deutscher Physiker und Tribologie-Experte; G. Vogelpohl, *Geschichte der Reibung*, Technikgeschichte in Einzeldarstellungen Nr. 35 (1981), VDI Düsseldorf, S. 62.

14 Charles Augustin de Coulomb (1736 - 1806), französischer Naturforscher; die Coulomb-Reibung zeigt näherungsweise keine Abhängigkeit von der Relativgeschwindigkeit v, im Gegensatz zur Stokes-Reibung ($\propto v$) oder zur Newton-Reibung ($\propto v^2$), vgl. hierzu beispielsweise die Ausführungen in (Gerthsen, 2001), Abschnitt 1.6 *Reibung*.

15 Die sog. *„Fliehkraft-Bohrmaschine"* aus dem 19. Jahrhundert ist eine ausgesprochen clevere ingenieurtechnische Umsetzung des hier geschilderten mechanischen Prinzips.

16 vgl. z. B. (Gerthsen, 2001), Abschnitt 5.4.6 *Transportphänomene*, S. 239 ff.; (Demtröder, 1994), Kapitel 8.5 *Laminare Strömungen*, S. 215 ff.; (Strunk, 2018), Abschnitt 8.6 *Impulstransport und Viskosität*, S. 293 ff.

17 Zitat aus (Mach, 1897), Kapitel I, S. 9.

18 vgl. auch hierzu Kapitel I, S. 9 in (Mach, 1897). Galileis Argumentation geht tatsächlich auf Überlegungen von Archimedes zurück, die Galilei vermutlich bekannt waren; vgl. (Simonyi, 2001), S. 90 ff.

19 analog zur sogenannten *„Kirchhoff'schen Knotenregel"* für den elektrischen Strom, die bekanntlich eine Folge der Erhaltung der elektrischen Ladung ist.

20 Joseph Monier (1823 - 1906), französischer Gärtner und späterer Unternehmer.

21 Ein Prinzip, das im Grunde seit Jahrtausenden bei der Herstellung von Lehmbauten genutzt wird, indem Pflanzenfasern dem feuchten Lehm beigemischt werden, sodass dieser im trockenen Zustand eine höhere Zugfestigkeit aufweist und dadurch Rissbildung vermieden wird. Bewehrungstechniken werden auch im Grundbau verwendet und gehen auf eine Entwicklung des französischen Ingenieurs Henry Vidal zurück, aus dem Jahre 1965 (→ *„la terre armée"*, franz.: *„die bewehrte Erde"*); zitiert aus (Engel, et al., 2019), S. 116 ff.

22 Joseph Valentin Boussinesq (1842 - 1929), französischer Mathematiker und Physiker.

23 Gabriel Lamé (1795 - 1870), Emile Clapeyron (1799 - 1864), französische Mathematiker bzw. Physiker; vgl. *„De l'introduction naturelle des potentiels d'autres théories que celle des forces obéissant à la loi newtonienne"*, in (Boussinesq, 1885), S. 19 ff. *„Über die natürliche Einführung von Potentialen aus anderen Theorien als jene der Kräfte, die dem Newton'schen Gesetz genügen"*, eigene Übersetzung. Anmerkung: J. V. Boussinesq wird insbesondere in der anglo-amerikanischen Literatur oftmals missverständlich mit M. J. Boussinesq zitiert. Französische Fachzeitschriften benannten seinerzeit den (die) Autor(en) noch mit der förmlichen Anrede *„Herr"* bzw. *„Herren"*, also *„Monsieur"* bzw. *„Messieurs"* und dies in der in Frankreich üblichen abgekürzten Form „M." bzw. „MM.".

24 M. Grabois, F. Herrmann, *Momentum flow diagrams for just-rigid static structures*, Eur. J. Phys. 21 (2000), S. 591 - 601.

25 ebd., Fig.10, S. 600.

26 zitiert aus L. Schreiber, *Technische Mechanik*, S. 164; Institut für Mechanik, Universität Kassel (2007).

27 Ein Überblick zur Historie der TSA vermittelt P. Stanley, *Beginnings and Early Development of Thermoelastic Stress Analysis*, Strain, 44 (2008), S. 285 - 297; vgl. hierzu auch Abschnitt 5.2.4.8 *Spannungsinduzierte Bewegung*.

28 Dirk Anton George Bruggeman (1888 - 1945), niederländischer Physiker; Rolf Wilhelm Landauer (1927 - 1999), deutsch-amerikanischer Physiker und Informationswissenschaftler.

29 z. B. die thermische Leitfähigkeit λ, die magnetische Permeabilität μ, die elektrische Permittivität ε, u. v. m. Vgl. D. Stroud, *The effective medium approximations: some recent developments*, Superlattices and Microstructures, Vol. 23, No. 3/4, 1998.

30 Zu Schüttgütern zählen aber auch sehr feine, pulverförmige Materialien, wie Zement aus der Bauwirtschaft oder Mehl aus der Agrarwirtschaft. Getreide und Reis sind Beispiele weiterer landwirtschaftlicher Schüttgüter. In der Erntezeit sind am Feldrand oftmals die typischen Schüttkegel aus Kartoffeln oder Zuckerrüben zu sehen.

31 vgl. H. Gnaser, *Low Energy Ion Irradiation of Solid Surfaces*, Springer Tracts in Modern Physics 146 (1999).

32 aus R.P. Behringer, *Challenges for Granular Solids*, 15th AIChE Annual Meeting, Salt Lake City, Utah, Nov. 2015; Conference Proceedings ISBN 978-0-8169-1094-6.

33 R. P. Behringer, Duke University Durham, North Carolina, USA: *http://www.phy.duke.edu/~bob/*.

34 A. Clark, A. Petersen, L. Kondic, R. Behringer, *Nonlinear Force Propagation During Granular Impact*, Physical Review Letters, Apr. 2014. *http://dx.doi.org/10.1103/PhysRevLett.114.144502*.

35 A. Clark, L. Kondic, R. Behringer, *Particle Scale Dynamics in Granular Impact*, Physical Review Letters 5:137, Dec. 2012, *http://dx.doi.org/10.1103/Physics.5.137*; die zugehörige Videosequenz findet man unter demselben Link und weitere Videos hierzu auf Youtube: *http://www.youtube.com/watch?v=zlAADF37v-I*; bzw. unter Powders & Grains 2017: *http://www.youtube.com/watch?v=cOhkVOyShT4*; *http://www.youtube.com/watch?v=6WEHJ0Fm3d0*.

36 A. A. Mills, S. Day, S. Parkes, *Mechanics of the sandglass*, Eur. J. Phys. 17 (1996), S. 97 - 109; *http://iopscience.iop.org/0143-0807/17/3/001*. Entsprechend bezeichnete *das Glas* die Zeiteinheit in der damaligen Seefahrt. 1 *Glas* = 1/2 *Stunde* entspricht exakt der einmaligen Durchlaufzeit der Sandfüllung eines Stundenglases. Danach musste die Sanduhr um 180° gedreht werden, d. h. 1 *Stunde* = 2 *Glasen*.

37 ebd., S. 100 f.

38 ebd., Fig.9 und Fig.10, S. 109 f.

39 *„Jamming"*, d. h. die (lokale) Blockade der Bewegung in einem Vielteilchensystems (etwa bei granularer Materie) ist ein ausgesprochen spannendes Impulstransportphänomen. Im Grunde beschreibt *Jamming* den Übergang von frei beweglichen Partikeln hin zu einem amorphen Festkörper. Wer mehr hierüber erfahren möchte: M. van Hecke, *Jamming of Soft Particles: Geometry, Mechanics, Scaling and Isostaticity*, *http://arxiv.org/pdf/0911.1384.pdf (2009)*; auch erschienen unter M. van Hecke (2010) J. Phys.: Condensed Matter 22 033101, DOI 10.1088/0953-8984/22/3/033101.

40 J. Staude, J. Haupt, V. Nordmeier, *Die beschleunigte Sanduhr*, DPG-Frühjahrstagung, Frankfurt 2014.

41 vgl. F. Ziebert, I. M. Kulić, *Frustriert in Bewegung*, Physik Journal 11/18, S. 41 ff. oder das Beispiel in Bild 5.66 , Abschnitt 5.3.4 *Der Maxwell'sche Spannungstensor*. Eine sommerliche Grill-Erfahrung: Bekanntlich platzen Würstchen beim Erhitzen immer der Länge nach und Ingenieure erlernen zu Beginn ihres Studiums u. a., weshalb sich bei einem zylindrischen Körper stets nur diese spannungsinduzierte Bewegung einstellt und keine andere, während wir Physiker fasziniert wissenschaftliche Artikel hierüber schreiben, so möchte man humorvoll anmerken.

42 Unter dem Motto *„Der Schwerkraft zum Trotz"* findet sich auf der Experimentalphysik-Seite der Universität Freiburg ein beeindruckendes Highspeed-Video (400 Bilder je Sekunde) zu dem geschilderten Sachverhalt.

43 M. A. Biot, *Thermoelasticity and Irreversible Thermodynamics*, J. Appl. Phys. **27**, no. 3, S. 240 - 253 (1956).

44 Ein weiteres Beispiel dieser Art: H. J. Schlichting, *Paradoxe Federn - aus dem Blickwinkel des 2. Hauptsatzes der Thermodynamik*, Mathematischer und Naturwissenschaftlicher Unterricht, MNU 57/2 (2004), S. 78 - 80:

45 Bilder aus L. Horváth, *Experimentelle Untersuchungen der im Stahlbau typischen Bauteile mit Thermovision*, Schriftenreihe Stahlbau, Heft 2 (2003), TU Cottbus (zu Verständniszwecken wurden die Aufnahmen zusätzlich beschriftet).

46 T. Vincent-Dospital et al., *How heat controls fracture: the thermodynamics of creeping and avalanching cracks*, Soft Matter (2020), 16, S. 9590 - 9602; *http://doi.org/10.1039/d0sm01062f.*

47 ebd., Fig.3, S. 9594.

48 *http://www.spiegel.de/wissenschaft/technik/forscher-loesen-raetsel-der-bologneser-traenen-a-1146971.html.*

49 Bilder: Purdue University; *http://www.purdue.edu/newsroom/releases/2017/Q2/research-solves-centuries-old-riddle-of-prince-ruperts-drops.html* c.f. H. Aben et al., Appl. Phys. Lett. 109, 231903 (2016); *http://doi.org/10.1063/1.4971339.*

50 Es gibt hierzu auch eindrucksvolle Highspeed-Videos auf Youtube: *http://www.youtube.com/watch?time_continue=355&v=xe-f4gokRBs.*

51 Abbildung nach Dorn-Bader Physik - Mittelstufe, S. 129 f., Hermann Schroedel Verlag KG, Hannover, 1974.

52 Bild: © NASA-public domain; vgl. hierzu Alexander Gersts Erläuterungen zum ISS-Fitnesstraining auf Youtube: *http://www.youtube.com/watch?v=qKnf9EQsbtA* (© ESA-public domain).

53 Selbstverständlich finden sich (mit dem richtigen Suchbegriff) hierzu auch im Internet eine Vielzahl entsprechender Berichte, Bilder und Videos. Obwohl die Idee damals alles andere als neu war, dokumentieren auch Patente aus jener Zeit die verschiedenen technischen Einsatzmöglichkeiten des Zentrifugal-Regulators.

54 vgl. (Goldsmith, 2001), S. 89 ff.; zum besseren Verständnis wurde die sog. reduzierte Masse $M = m_A m_B/(m_A + m_B)$ in (Gl. 5.56) noch nicht gekürzt.

55 Genau genommen erhält man $E = \frac{E_A \cdot E_B}{E_A \cdot (1-\mu_B^2) + E_B \cdot (1-\mu_A^2)}$, vgl. (Goldsmith, 2001), S. 89 ff.;

mit $\mu_{A,B} = \mu$, der Einfluss unterschiedlicher Querkontraktion soll hier vernachlässigt werden.

56 vgl. (Bronstein, 1981), S. 122, Integrale algebraischer Funktionen.

57 Der zusätzliche Faktor $T_0/T_m = \pi/3 \cong 1{,}05$ ist der Näherungslösung geschuldet.

58 Johannes Marcus Marci de Kronland (1595 - 1667), tschechischer Mediziner und Naturforscher; M. Marci, *De proportione motus*, Prag (1637). Ch. Huygens, *De motu corporum ex mutuo impulsu*, Philosophical Transactions of the Royal Society, vol. 4, no. 46, London (1669), S. 925 ff. E. Mariotte, *Traité de la percussion ou choc des corps, dans lequel les principales règles du mouvement, contraires à celles que Descartes et quelques autres modernes ont voulu établir, sont démontrées par leurs veritables causes*, Academie Royale des Sciences, Paris (1673).

59 vgl. hierzu (Szabó, 1996), Kapitel V *Die Geschichte der Stoßtheorie*, S. 427 ff.

60 F. Herrmann et al., *Simple explanation of a well-known collision experiment*, Am. J. Phys. **49**, No. 8 (1981); F. Herrmann, M. Seitz, *How does the ball-chain work?*, Am. J. Phys. **50**, No. 11 (1982); M. Reinsch, *Dispersion-free linear chains*, Am. J. Phys. **62**, No. 3 (1994); S. Hutzler et al., *Rocking Newton's cradle*, Am. J. Phys. **72**, No. 12 (2004).

61 F. Herrmann, M. Seitz, *How does the ball-chain work?*, Am. J. Phys. **50**, No.11 (1982).

62 ebd., S. 980 ff.

63 ... und/oder Drehimpuls bzw. Entropie.

64 In einem Brief aus dem Jahr 1693 adressiert an den befreundeten Theologen Richard Bentley (1662 – 1742); vgl. (Jammer, 1999), S. 139.

65 vgl. hierzu Newtons Zusammenfassung offener Fragestellungen zu unterschiedlichen physikalischen Themen in I. Newton, *Opticks*, 4th Edition (1730), Book III, Query 21 – 22, S. 325 – 327.

66 Zwei Aspekte zur Historie des Kraftgesetzes: Newton war Zeit seines Lebens praktizierender Alchemist (eine wertfreie Feststellung), was sich zwangsläufig prägend auf seine physikalischen Überlegungen auswirken musste. Er soll beispielsweise sein Kraft-Konzept auf die Planetenbewegung gemäß dem alchemistischen Grundsatz *„Was unten ist, ist so, wie das, was oben ist!“* erweitert haben, d. h. für den fallenden Apfel auf der Erde und den kreisenden Mond am Himmel müssen dieselben Gesetze gelten (Fischer, 2003). Die Anekdote vom fallenden Apfel stammt nachweislich aus der Feder Voltaires und soll auf einer Erzählung von Newtons Nichte Catherine Conduitt beruhen. In ihrer ursprünglichen Fassung war der Apfel noch eine Birne und nach dem Mathematiker Samuel Koenig (1712 – 1756) nur das *„eitle Geschwätz eines Dichters, [...] der schreibt was ihm gerade [so] einfällt.“*, also ohne jegliche Kenntnis der Sachlage; Zitat (Szabó, 1996), S. 100. Voltaire war übrigens ein glühender Verehrer (→ ein Fan!) von Newton und dessen Arbeiten, was sein dichterisches Engagement diesbezüglich erklärt, er hatte aber Newton selbst nie persönlich getroffen.

67 Im Jahre 2017 zeigten erste Messungen des französischen Satelliten *Microscope* die Übereinstimmung von *„schwerer Masse“* und *„träger Masse“* in einer Größenordnung von $9 \cdot 10^{-15}$ (1σ); vgl. Phys. Rev. Lett. 119.231101 (2017). Eine aktuelle Publikation bestätigte schließlich das *„schwache Äquivalenzprinzip“* mit einer Messgenauigkeit von $2{,}3 \cdot 10^{-15}$ (1σ); vgl. Phys. Rev. Lett. 129.121102 (2022).

68 Siméon Denis Poisson (1881 – 1840), französischer Physiker und Mathematiker; unter Verwendung des sog. Laplace-Operators $\Delta \equiv$ **divgrad**, benannt nach Pierre-Simon Laplace (1749 – 1827), französischer Physiker und Mathematiker (vgl. Kapitel 9 *Mathematischer Anhang*).

69 G. Heiduck, F. Herrmann, G. B. Schmid, *Momentum flow in the gravitational field*, Eur. J. Phys. **8** (1987), S. 41 – 43.

70 Zur Historie: Isaak Beeckman (1588 – 1637) hatte bereits im Jahre 1618 vorgeschlagen die Gravitationswirkung als einen kontinuierlichen Impulsübertrag zu beschreiben; vgl. z. B. (Simonyi, 2001), S. 211.

71 G. Heiduck, F. Herrmann, G. B. Schmid, *Momentum flow in the gravitational field*, Eur. J. Phys. **8** (1987), S. 41 – 43.

72 Julius Robert Mayer (1814 – 1878), deutscher Arzt und einer der Väter des Energieerhaltungssatzes, erklärte in diesem Sinne den Temperaturanstieg eines im Schwerefeld der Erde herabfallenden Körpers. Das Volumen des Systems „Erde + Stein“ nimmt ab, also steigt die Temperatur. Eine Publikation dieser Idee in den *Annalen der Physik* wurde seinerzeit abgelehnt (Simonyi, 2001), S. 366 (vgl. hierzu Fußnote 15 in Kapitel 4).

73 Die Geophysik versteht *„Wärme“* nach Clausius im energetischen Sinne, also entsprechend dem Physikverständnis in der Mitte des 19. Jahrhunderts, weshalb die im Modell aufgeführten und im Text wörtlich zitierten *„Wärmequellen“*, gemäß Abschnitt 4.1.2 *Was ist Entropie?*, z. T. einer Korrektur bedürfen.

74 Nach Einstein entspricht dieser Wert einem täglichen Masseverlust von $\delta m = 38$ kg oder $\Delta m = 14$ t pro Jahr. In 4,5 Mrd. Jahren wären das immerhin $\Delta m = 6{,}3 \cdot 10^{13}$ kg an *„verlorener Wärme“*! Weitere die Masse der Erde beeinflussende Prozesse: ($+\Delta m$) Sonneneinstrahlung, Asteroideneinschläge und interplanetarer Staub; ($-\Delta m$) der ständige Verlust leicht flüchtiger Gase (Helium, Wasserstoff).

75 Die negative Energiedichte des Gravitationsfeldes ist auch in heutiger Zeit ein kontrovers diskutiertes *„Mysterium“*: Das Feld genügt sehr wohl dem Energieerhaltungssatz aber entgegen dem elektromagnetischen Feld, kann man Newtons Gravitation keine der Feldenergie entsprechende Masse (→ Impulskapazität) und damit auch keinen Feldimpuls zuordnen; die Feldenergie kann also auch kein eigenes Gravitationsfeld erzeugen (vgl. Abschnitt 4.4.5). Dennoch *„funktioniert“* diese Feldtheorie. Ein hierzu analoges *„mechanisches Mysterium“* ist das paradoxe Bewegungsverhalten eines Heliumballons, das sich in der *„Welt Newton'scher Kräfte“* konsistent beschreiben lässt, wenn man mit einer *negativen* Ballonmasse rechnet – es funktioniert, aber im Grunde ist man auf der falschen Modellebene unterwegs, entgegen unserer Grundregel **G-3**.

76 Man beachte: Die Divergenz der Impulsstromdichte *ist identisch* mit der (negativen) zeitlichen Änderung der lokalen Impulsdichte *und* vice versa, deshalb das Gleichheitszeichen „=“ in (Gl. 5.129)! Auch hier gibt es *keinen* (!) kausalen Zusammenhang (vgl. Abschnitt 4.3.4).

77 F.D. Stacey, C.H.B. Stacey, *Gravitational energy of core evolution: implications for thermal history and geodynamo power*, Physics of the Earth and Planetary Interiors 110 (1999), S. 83 – 93.

78 vgl. Abschnitt 5.2.4.6 *Granulare Materie*, insbesondere Bild 5.25. Die Planetenbildung durch Agglomeration kleinster Staubpartikel wird anfänglich durch elektrostatische Phänomene und weniger durch Gravitation bestimmt (vgl. T. Steinpilz et al., *Electrical charging overcomes the bouncing barrier in planet formation*, Nature Physics, **16** (2020), S. 225-229, *http://doi.org/10.1038/s41567-019-0728-9*). Effekte dieser Art sind in der Industrie seit langer Zeit wohlbekannt und auch theoretisch sehr gut verstanden, insbesondere in Zusammenhang mit Untersuchungen zu Dispersion und Perkolation (→ Schüttgüter, Komposit-Partikel, Siebdruck, Tintenstrahldruck etc.).

79 Weitere den hier geschilderten Prozess fördernde Effekte in Zusammenhang mit der Erdrotation werden der Einfachheit halber nicht berücksichtigt, obschon sie wesentlich zur lokalen Änderung der Impulsstromdichte und damit zur Erwärmung beitragen (→ Gibbs'sche Fundamentalform).

80 John Gough (175 – 1825), englischer Naturforscher, der u. a. die Materialeigenschaften von Kautschuk untersuchte. Eine genaue Betrachtung der thermomechanischen Kopplung findet sich in der Arbeit von M. A. Biot, *Thermoelasticity and Irreversible Thermodynamics*, J. Appl. Phys. Vol. 27, No. 3, S. 240 – 253 (1956).

81 Mittelwerte aus (Clauser, 2016), Tabelle 7.8, S. 346; vgl. auch T. Dahm, *Grundlagen der Geophysik*, Deutsches **G**eo-Forschungs-**Z**entrum GFZ, Potsdam (2015); *http://doi:10.2312/GFZ.2.1.2015.001.*

82 Claude Louis Marie Henri Navier (1785 – 1836), französischer Mathematiker und Physiker; George Gabriel Stokes (1819 – 1903), irischer Mathematiker und Physiker. Die Wärmeleitung im Kern soll im Bereich $\lambda_m = 30 - 40\ Wm^{-1}K^{-1}$ liegen. Alternative Modelle arbeiten hingegen mit Werten die um den Faktor 2 – 3 größer sind, sodass zusätzliche Beiträge konvektiver Prozesse nicht berücksichtigt werden müssen.

83 Henri Claude Bénard (1874 – 1939), französischer Physiker; H. Bénard, *Les tourbillons cellulaires dans une nappe liquide. – Méthodes optiques d'observation et d'enregistrement*, J. Phys. Theor. Appl. 10, 1 (1901), S. 254 – 266; *http://hal.archives-ouvertes.fr/jpa-00240502*; Das Phänomen der Bénard-Zirkulation kann auf allen Größenskalen beobachtet werden, sei es im heißen Milchkaffee beim morgendlichen Frühstück, bei der Ausbildung typischer Wolkenstrukturen im Falle großräumiger und nahezu ortsfester Warmluft-Kaltluftschichten, in Form granularer Strukturen auf der Sonnenoberfläche oder bei sich abkühlender Lava auf der Erde. Selbst Salzlösungen oder Flüssigkeitsmischungen, z. B. Alkohol und Wasser, zeigen je nach Temperaturgradient und Dichteunterschied Bénard-Konvektionszellen.

84 Ph. England, P. Molnar, F. Richter, *John Perry's neglected critique of Kelvin's age for the Earth: A missed opportunity in geodynamics*, GSA Today, v. 17, no. 1 (2007); *http://doi:10.1130/GSAT01701A.1.*

85 *„As Lord Kelvin is the highest authority in science now living, I think we must yield to him and accept his view.“* Mark Twain (1903), zitiert in Ph. England et al., S. 8; ein weiteres Beispiel wie die *„Meinung“* anerkannter Experten die wissenschaftliche Entwicklung über Jahrzehnte ausbremsen kann!

86 J. Perry, *The Age of the Earth*, Nature, No. 1329, Vol. 51 (1895), S. 582 – 585; zitiert in Ph. England et al.

87 vgl. Abschnitt 4.2.2 *Die Reibung.*

88 F.D. Stacey, C.H.B. Stacey, *Gravitational energy of core evolution: implications for thermal history and geodynamo power*, Physics of the Earth and Planetary Interiors 110 (1999), S.83 - 93.

89 Steven Weinberg (1933 - 2021), amerikanischer Physiker und Nobelpreisträger (1979); zitiert aus dem Vorwort von (Weinberg, 1972).

90 William Gilbert (1544 - 1603), englischer Arzt und Naturforscher; W. Gilbert, *De magnete, magnetisque corporibus, et de magno magnete tellure: physiologia nova, plurimis et argumentis, et experimentis demonstrata*, London (1600). Englische Übersetzung von P. Fleury Mottelay: *On the Loadstone and Magnetic Bodies and on the great Magnet the Earth: A new Physiology, demonstrated with many Arguments and Experiments* (1893); Zitat ebd. S.106. Gilbert benennt im ersten Kapitel zum Stand des Wissens u.a. den französischen Naturforscher Pierre de Maricourt (Petrus Peregrinus), der bereits im 13. Jahrhundert erstmals die Dipolarität eines Magneten *experimentell* (!) untersuchte und im Detail beschrieb, sowie den Begriff *„Pol"* für den Bereich der maximalen *„magnetischen Energie"* einführte.
Anmerkung: Mit *„energy"* beschrieb Gilbert nicht etwa die *Energie*, sondern die *Polstärke* magnetischer Körper.

91 Magnetit oder Magneteisenstein war bereits im antiken Griechenland um 500 v.Chr. bekannt. Die Bezeichnung leitet sich aus dem Altgriechischen μαγνῆτις λίθος = *magnetis lithos: Stein aus Magnesien*, einer griechischen Provinz, ab. Daher auch die Bezeichnung des allgemeinen Phänomens: *Magnetismus* bzw. *Magnetostatik*.

92 Der magnetische Pol **N**ord einer Magnetnadel zeigt bekanntlich im Erdmagnetfeld stets nach Norden, daher der Name. Entsprechend muss sich in der Region des geografischen Nordpols der magnetische Gegenpol **S**üd befinden, welcher dennoch in nahezu allen Publikationen *„magnetischer Nordpol"* genannt wird ...?! Eine recht hartnäckige Konfusion, auf die bereits Faraday aufmerksam machte!

93 M. Coulomb, *Premier Mémoire sur l'Éctricité et le Magnétisme*, Mémoires de l'Académie Royale des Sciences (1785), S.569 - 577.

94 Die Einheit Weber [Wb] ist nach Wilhelm Eduard Weber (1804 - 1891) benannt, ein deutscher Physiker.

95 Michael Faraday (1791 - 1867), englischer Physiker und Chemiker.

96 F. Herrmann, *Energy density and stress: A new approach to teaching electromagnetism*, Am. J. Phys. 57, 8 (1989), S.707 - 714.

97 M. Faraday; Phil. Trans. **142**, 142 (1852), S.137 - 159; *http://doi.org/10.1098/rstl.1852.0012.*

98 W. Gilbert, *De magnete, magnetisque corporibus, et de magno magnete tellure: physiologia nova, plurimis et argumentis, et experimentis demonstrata*, London (1600). Englische Übersetzung von P. Fleury Mottelay (1893); Zitat ebd. S.86; Anmerkung: Mit *„electrics"* bezeichnete Gilbert materielle Körper, die sich wie Bernstein (engl.: *amber*) verhielten. Gilbert führte erstmals die Begriffe *„elektrische Kraft"* und *„elektrische Anziehung"* ein.

99 Dieser Begriff geht auf das den *Bernstein* beschreibende altgriechische ἤλεκτρον = *elektron: hell, strahlend, glänzend* zurück, dessen elektrostatische Eigenschaft bereits im antiken Griechenland um 600 v.Chr. bekannt waren, wie übrigens auch für Turmaline bzw. Topase.

100 Charles François de Cisternay du Fay (1698 - 1739), französischer Naturforscher.

101 Robert Andrew Millikan (1868 - 1953), amerikanischer Physiker und Nobelpreisträger (1923).

102 J.C. Maxwell, *A Treatise on Electricity and Magnetism*, Vol. I, Clarendon Press, Oxford (1873), Ch. I, S.58 f.

103 Hans-Christian Oersted (1777 - 1851), dänischer Physiker; Jean-Baptiste Biot (1774 - 1862), Félix Savart (1791 - 1841), André-Marie Ampère (1775 - 1836), französische Physiker; Emil Lenz (1804 - 1865), deutsch-baltischer Physiker. Ein geschichtlicher Überblick zu diesen Forschungsarbeiten findet

sich in (Simonyi, 2001); eine lesenswerte Zusammenfassung: F. Steinle, *„Electrischer Conflict" mit Potential*, Physik Journal 20 (2021), Nr. 3, S. 40 - 45.

104 John Henry Poynting (1852 - 1914), englischer Physiker und ehemaliger wiss. Mitarbeiter von James Clerk Maxwell.

105 Um das übliche griechische Symbol ρ_x für Dichten jeglicher Art x hier nicht noch weiter zu strapazieren, werden im Folgenden die Impulsdichtevektoren mit π_x bezeichnet, der besseren Übersicht wegen.

106 Das Beispiel findet sich auch bei P. Schmälzle, *Energieströme im elektromagnetischen Feld*, in *Alles fließt*, PdN - Physik in der Schule, Heft 1/Jg.61 (2012), S. 30 - 32.

107 eine Beschreibung der Zusammenhänge findet sich z. B. in (Henke, 2011), S. 290 ff.

108 Heaviside wandte seine kompakte mathematische Methode auf das Problem der Wellenausbreitung entlang eines elektrischen Leiters an (→ Telefonie, Telegraphie), seinerzeit publiziert in *The Electrician*, 1884 - 1887. In diesem Zusammenhang fand Heaviside (unabhängig von Poynting) auch den sog. *„Poynting-Vektor"*, den *„Skin-Effekt"*, die *„Selbstinduktion"*, u. v. m. Er erfand das Koaxialkabel und definierte erstmals noch heute übliche elektro-technische Begriffe, wie z. B. die *„Impedanz"* bzw. *„Admittanz"* etc.

109 J. C. Maxwell, *A Treatise on Electricity and Magnetism*, Vol. II, Clarendon Press, Oxford (1873), Ch. IX, S. 227 ff.; um eine kompaktere Darstellung seiner elektromagnetischen Gleichungen bemüht, wählte Maxwell das seinerzeit von Hamilton eingeführte Quaternionen-Kalkül (1843).

110 Sowohl das magnetische Vektorpotential als auch das magnetische Dipolmoment werden in der Literatur oftmals mit dem zusätzlichen Faktor μ_0 versehen; durch dieses formale Missgeschick ist die vollständige Symmetrie nur noch bedingt gegeben.

111 P. A. M. Dirac, *Quantised Singularities in the Electromagnetic Field*, Proc. Roy. Soc. London A 133, 60 (1931); *http://doi.org/10.1098/rspa.1931.0130.*

112 M. W. Ray et al., *Observation of a Dirac-monopole in a synthetic magnetic field*, Nature, Vol. 505 (2014), S. 657 - 660; *http://www.nature.com/articles/nature12954.*
M. W. Ray et al., *Observation of isolated monopoles in a quantum field*, Science, Vol. 48, No. 6234 (2015), S. 544 - 547; *http://www.science.org/doi/10.1126/science.1258289*; weitere Informationen hierzu: *http://www.pro-physik.de/nachrichten/dirac-monopol-im-bose-einstein-kondensat.*

113 *http://www.weltderphysik.de/gebiet/materie/news/2009/physiker-finden-magnetische-monopole/.*

114 E. W. Mielke, *Magnetische Monopole in vereinheitlichten Eichtheorien*, Z. Naturforsch. 41a, S. 777 - 787 (1986).

115 Leider findet sich (auch) zum Thema *„magnetische Ladungen (Monopole)"*, insbesondere in Verbindung mit entsprechenden Ausführungen des KPK, überraschend viel Widerspruch in der Physikergemeinde - bedauerlicherweise. In Kenntnis der einschlägigen (z. T. historischen) Literatur und zudem eingehend vertraut mit den Grundzügen der physikalischen Modellierung eine durchaus vermeidbare, weil naturwissenschaftlich sinnlose Kontroverse.

6 Résumé

SCIENCE & EDUCATION:

„The fun in science lies not in discovering facts, but in discovering new ways of thinking about them. The test which we apply to these ideas is this – do they enable us to fit the facts to each other, and see that more and more of them can be explained by fewer and fewer fundamental laws.“

William Lawrence Bragg[1]

„The problem [in education] is not people being uneducated. The problem is that people are educated just enough to believe what they have been taught, and not educated enough to question anything from what they have been taught.“

Richard Feynman[2]

Wie im À Propos zu diesem Buch bereits angesprochen, habe ich mit dem vorliegenden Text zu beschreiben versucht, was ich als Erstsemester sehr gerne über Physik und insbesondere über den Prozess der physikalischen Modellierung erfahren hätte. Uns Physikanfänger beschäftigten seinerzeit u.a. so grundlegende Fragen wie etwa: Wie(so) *„funktioniert“* eigentlich die Naturwissenschaft Physik? Was genau tun wir Physiker, wenn wir mithilfe physikalischer Modelle versuchen etwas Ordnung in die phänomenologische Vielfalt unserer Erfahrungswelt zu bringen? Fragen die sich erfahrungsgemäß jede Studentengeneration immer wieder aufs Neue zu stellen scheint. Ich konnte, so hoffe ich, mit den Ausführungen in diesem Buch halbwegs zufriedenstellend antworten oder zumindest einige aufschlussreiche Hinweise geben. Insbesondere wollte ich deutlich machen, dass wir Physiker bei dem was wir tun prinzipiell *keine* objektive Beschreibung der Natur liefern können - entgegen manch anderslautender Aussage! Im Gegenteil, im Sinne einer Wissenschaft verkörpert die Physik bestenfalls eine Darstellung dessen was wir diesbezüglich oftmals *glauben* zu wissen.

Dennoch ist Physik nicht bloße Fiktion und wir Physiker sind keine Märchenerzähler. Physik ist vielmehr der andauernde Versuch auf Basis empirischer Befunde und mittels mathematischer Verfahrensweisen mögliche Gesetzmäßigkeiten in unserer Erfahrungswelt zu erkennen und zu beschreiben. Infolgedessen kann die Physik als eine *„Strukturanalyse unserer Erfahrungswelt“* (Ludwig, 1978) verstanden werden, indem wir Physiker gewonnene Erfahrungswerte (→ experimentelle Befunde) auf dazu passende mathematische Strukturen abzubilden versuchen.

Der *„physikalische Glaube"* kommt erst im Rahmen einer möglichen Interpretation der gefundenen strukturellen Zusammenhänge ins Spiel, beispielsweise der Glaube, diese Zusammenhänge müsse man im Sinne einer *Kausalanalyse* verstehen – was jedoch so nicht zutreffen kann! Mitunter können dieselben empirischen Befunde gänzlich verschieden ausgelegt werden, je nachdem welche weltanschauliche Sichtweise gerade bevorzugt wird oder, etwas salopp gesprochen, wie wir Physiker *„gerade so ticken"*. Diese und weitere Aspekte physikalischer Forschung tragen meines Erachtens ganz wesentlich zum Verständnis der naturwissenschaftlichen Arbeitsweise bei, sie sorgen für die erforderliche *„Erdung"* erfolgreicher physikalischer Konzepte und liefern die notwendige *„Bodenhaftung"* sowohl für deren Erfinder (nicht Entdecker!) als auch deren Anwender. Dennoch scheint der Lehralltag einer Universität auch in heutiger Zeit solche Gesichtspunkte nicht oder nur sporadisch zu vermitteln, wie obiges Zitat von Richard Feynman verdeutlichen soll.

Im Rahmen der Physikausbildung wird meines Erachtens noch ein weiterer wichtiger Aspekt nahezu komplett vernachlässigt: Die (Kultur-)Geschichte der Physik. Wie sehr das Wissen um die geschichtliche Entwicklung einer physikalischen Modellvorstellung zum Verständnis der dem Modell zugrunde liegenden Überlegungen beitragen kann, versuchte ich mit der Schilderung einiger historischer Bezüge zumindest im Ansatz deutlich zu machen. Der geschichtliche Kontext sollte keinesfalls darauf reduziert werden, wie heutzutage in der Lehre allgemein üblich, in einer Fußnote zu benennen wer was wann erstmals formuliert oder publiziert hatte. Er sollte vielmehr darlegen, was seinerzeit gedacht wurde, um auf diese Weise die jeweilige Sicht auf die Problemstellung nachzuvollziehen und zu verstehen weshalb man zu jener Zeit genau *die* vorliegende Lösungsidee entwickelte. Die Vermittlung fundierter Grundlagenkenntnisse zur physikalischen Modellierung ist nach meiner Ansicht untrennbar mit der Physikgeschichte verbunden. Bei genauer Kenntnis physikhistorischer Zusammenhänge sollte sich so manches Fehlverständnis in der (heutigen!) naturwissenschaftlichen Lehre auf einfache Weise aufklären, mit entsprechend positiver Auswirkung auf die Qualität der studentischen Ausbildung – also ein Vorgehen ganz im Sinne Heinrich Heines: Man muss auch in der Wissenschaft erst die Vergangenheit verstehen lernen, möchte man deren Zukunft angemessen und nachhaltig gestalten.

Es gibt (leider) kein Patentrezept wie man in der Physik zu einer aussichtsreichen Modellvorstellung gelangen kann, um gewonnene empirische Befunde konsistent zu beschreiben. Der in Kapitel 1 vorgestellte Leitfaden sollte jedoch eine nützliche Hilfestellung geben, die den Aufbau eines passenden Modells zu einer gegebenen Problemstellung erleichtern dürfte. Finden sich im Rahmen der Modellvorbereitung Antworten auf die Fragen „**W**as ..., **W**ozu ... und **W**ovon ...", so steht einer erfolgreichen Modellbildung nichts mehr im Wege. Im Zuge der späteren Modellanwendung ist den folgenden drei Grundregeln stets Beachtung zu schenken, um allzu typische Applikations- bzw. Interpretationsfehler im Forschungsalltag zu vermeiden:

G-1 *„Verwechsle niemals Modell (→ Bild) mit Realität (→ Original)!“*

G-2 *„Bewerte niemals die Qualität eines Modells, indem Du es mit einem anderen Modell vergleichst!“*

G-3 *„Verlasse niemals bei der Beschreibung eines Phänomens die hierfür gewählte Modellwelt bzw. Modellierungsebene!“*

Die Mathematik spielt bei der physikalischen Modellierung eine zentrale Rolle, genauer der mathematische Abbildungsprozess Physik/Modell ↔ Mathematik/Theorie. Die Verwendung mathematischer Strukturen stellt sicher, dass die damit beschriebenen Modelle auf Konsistenz geprüft und auf diese Weise mögliche logische Fehler vermieden werden. Die Mathematik dient also der Qualitätssicherung physikalischer Modellüberlegungen. Zu diesem Zweck steht der Physik gemeinhin eine sehr große Auswahl an mathematischen Strukturen zur Verfügung, um damit unterschiedlichste Phänomene des Naturgeschehens objektiv, d. h. mathematisch konsistent zu beschreiben. Hierbei können gänzlich verschiedene mathematische Konzepte herangezogen werden um *denselben* Bereich der Erfahrungswelt darzustellen, entsprechend unterschiedlich können die zugehörigen physikalischen Modellüberlegungen (→ Interpretationen) sein. Die Entscheidungsfindung des Physikers, welche dieser mathematischen Methoden letztlich zur Anwendung kommen ist zuweilen willkürlich, entsprechende Resultate dann auch eher zufällig. Prinzipiell stehen der Physik zwei Wege der Mathematisierung zur Verfügung, wie sie u. a. von Edward Arthur Milne beschrieben wurden. Entweder

a) zu einer gegebenen mathematischen Struktur durch Beobachtung (→ Messung) die entsprechenden Naturgesetze in (bzw. für) diese Mathematik zu identifizieren (→ konstruktive Theorie), oder aber

b) mögliche Naturgesetze axiomatisch vorauszusetzen und daraufhin die passende Mathematik zu erarbeiten, sodass sich die Beobachtung konsistent beschreiben lässt (→ Prinzipientheorie).

Ein eventuelles c) im Sinne einer seriösen wissenschaftlichen Alternative hierzu (→ Metaphysik, Postempirismus) gibt es nicht!

Auch wenn wir Physiker mathematische Methoden nutzen, um Phänomene aus unserer Erfahrungswelt formal zu beschreiben, sollte es niemals an einer adäquaten physikalischen Begründung für die Wahl entsprechender theoretischer Ansätze fehlen. Mit anderen Worten, mathematische Spielereien haben in der Modellwelt der Physik keinen Platz, denn *„ [...] purely mathematical considerations lead nowhere other than chaos”* (E. A. Milne). Dies gilt insbesondere dann, wenn solche Betrachtungen zu keiner messbaren Aussage führen, weshalb Berechnungsergebnisse sogenannter *„Computerexperimente“* stets mit großer Sorgfalt zu bewerten sind. Sie stehen nämlich in erster Linie für die *„mathematische Spielwiese“* vorab implementierter Berechnungsmodelle, wie sie im Zuge der Mathematisierung naturwissenschaftlicher Befunde geschaffen werden. *„Virtuelle Experimente“* liefern per se keine experimentellen Resultate und erlauben oftmals weitergehende rein mathematische Betrachtungen (d.h. nicht-physikalische Parameterstudien), wodurch die notwendige Differenzierung zwischen Modell und Erfahrungswelt gänzlich verloren geht bzw. sich erst gar nicht vermittelt, entgegen unserem Modellierungsgrundsatz **G-1**. Schließlich ist es die experimentelle Überprüfbarkeit worin sich die *Naturwissenschaft* Physik von der *Formalwissenschaft* Mathematik unterscheidet! Nachdem also die prinzipielle Anwendbarkeit einer Modellvorstellung *einzig* auf experimentellem Wege getestet werden kann, erschien es mir angebracht, in gebotener Kürze, auf den physikalischen Messprozess und die Definition von geeigneten Maßeinheiten einzugehen. Nicht selten können damit recht hartnäckige Anschauungsprobleme verbunden sein, zu deren Auflösung dieser Abschnitt einen Beitrag leisten soll.

Neben der Vermittlung mir wichtiger Aspekte zum physikalischen Modellverständnis, sollte die kritische Analyse der für die Physik so wesentlichen Modellvorstellungen, wie etwa die Konzepte *Energie*, *Entropie* und *Kraft*, nicht nur die damit verknüpften Probleme deutlich machen, sondern den Leser dazu ermutigen eventuelle Verständnisfragen zu naturwissenschaftlichen Themen stets selbstbewusst anzusprechen. Zur *„Plausibilisierung“* solcher Konzepte greift die physikalische Lehre oftmals auf Alltagserfahrungen oder Analogien zurück, die in den seltensten Fällen schlüssig sind und daher auch nur bedingt den physikalischen Sachverhalt sinnvoll wiedergeben können. Keines der in diesem Buch diskutierten wissenschaftlichen Konzepte ist *„zweifelsfrei wahr“* und deshalb anstandslos zu akzeptieren und mag es noch so erfolgreich sein. *„Wahrheit“* ist kein physikalischer Begriff! Sollten Sie also beim Studium einer Modellvorstellung auf Verständnisprobleme stoßen, dann fragen Sie nach und lassen sich nicht durch die eine oder andere enttäuschende Interpretation vermeintlicher Experten entmutigen! Interpretationen liegen stets im Auge des naturwissenschaftlich geschulten Betrachters und dessen *„(Schul-)Ausbildung“* repräsentiert bestenfalls das zu jener Zeit akzeptierte *„Brett vorm Kopf“*, um es humorvoll zu umschreiben.

Abgesehen von der oftmals als *„ungewöhnlich“* empfundenen Entropie, womit historisch bedingt so ziemlich alle Physikanfänger ihre Schwierigkeiten haben, mag auch das allzu *„gewöhnliche“* Konzept der Kraft so manchem Leser bereits eine Menge Kopfschmerzen bereitet haben – was genau steckt hinter der althergebrachten Newton'schen Auffassung? Streng genommen: *Nichts*, was einer subtilen naturphilosophischen Interpretation bedurfte, denn die Natur kennt überhaupt keine *„Kräfte“* – schaut man nur etwas genauer hin! Das vorgestellte Konzept ist bestenfalls ein *„Gedankending von ökonomischer Function“* (E. Mach), ein *„bequemes Denkschema des Forschers“* (E. A. Milne), weshalb es auch keiner direkten Beobachtung zugänglich ist. Man beobachtet stattdessen ausschließlich Impulsänderungen, die mathematisch einer Kontinuitätsgleichung genügen. Im Sinne einer Naturwissenschaft ist deshalb das Kraftmodell durch die alternative Modellvorstellung *Impulsstrom* zu ersetzten. Das Planck'sche Impulsstrom-Modell ist zielführender, denn es erlaubt nicht nur das Phänomen *„Bewegung"* schlüssig zu beschreiben, es ermöglicht eine Vielzahl weiterer Phänomene auf *einfachste Weise* darzustellen, und zudem lässt sich auch der physikalische Feldbegriff, sowohl der elektromagnetischen als auch der gravitativen Wechselwirkung, nahtlos in dieses Bild einfügen, denn die zugehörigen Feldgleichungen repräsentieren nichts anderes als die Kontinuitätsgleichung für den Impuls. *„Kraftfelder"* transportieren Impuls und die Kontinuität der Bewegungsgröße erfordert notwendigerweise eine r^{-2}-Abhängigkeit dieser *„Kräfte"* (wie etwa in Abschnitt 5.2.4.3 *Das Boussinesq-Problem* gezeigt wird).

Die physikalisch konsistente Beschreibung des Phänomens *„Bewegung"* durch Impulstransport erlaubt auch die erheblichen Anschauungsprobleme aufzuarbeiten, die häufig mit den physikalischen Begriffen Zeit und Raum verknüpft sind. Eine gewissenhaftere Betrachtung sowohl der Messgröße *„Zeit"* als auch der damit verknüpften Problematik einer *„Zeitrichtung"* und darauf aufbauend des *„Kausalitätsproblems"* in der Physik erschien mir deshalb bei der Vermittlung physikalischer Grundlagen unumgänglich. Dies trifft in gleichem Maße auf das Konzept des Raumes zu, das *„unfinished business"* (M. Jammer) der physikalischen Modellbildung. Während der klassische Begriff des Raumes eng verknüpft ist mit beschleunigter Bewegung (→ *„Newton'sche Kräfte"*), ist es jedoch die *„Zeit"*, welche bei der Definition und der Vermessung (→ Abstandsbestimmung) physikalischen Raumes die entscheidende Rolle spielt. Tatsächlich ist die Messgröße *„Zeit"* grundlegender als die physikalische Längenmessung. Ein Sachverhalt, der im Rahmen eines kosmologischen Modells (E. A. Milne) deutlich wird, das einzig auf der Zeitmessung beruht und in der Folge kosmologische Zusammenhänge einfacher zu beschreiben vermag als derzeit akzeptierte Standardmodelle, inklusive der aus den Relativitätstheorien bekannten Gesetzmäßigkeiten. Insbesondere stützt das Milne-Modell auf kosmologischer Ebene die Modellvorstellung von *Impulstransportprozessen* und liefert diesbezüglich auch eine plausible Erklärung für die Sonderrolle der *„Gravitationskraft"* im Verbund der physikalischen *„Grundkräfte"*.

Bewertet man die Planck'sche Modellvorstellung *Impulsströme* anhand der im ersten Kapitel vorgestellten Modellierungskriterien, so überzeugt dieser Ansatz gleich in mehrfacher Hinsicht gegenüber der klassischen Auffassung wirkender Kräfte, nicht zuletzt durch den in Kapitel 5 angedeuteten umfassenden Applikationsbereich des Modells. Es ergeben sich neue und zugleich faszinierende Sichtweisen auf uns scheinbar wohlvertraute Bereiche der klassischen Physik. Zudem eröffnet das Impulsstrom-Modell vielversprechende Ansätze, um auf schlüssige Weise die Physik der großen Skalen mit jener im Labormaßstab zu verbinden und liefert insbesondere auf kosmologischer Ebene interessante Perspektiven auf neue Physik, ganz im Sinne des obigen Zitats von William Lawrence Bragg: Das vorgestellte Modell ermöglicht nämlich nicht nur die beschriebenen Fakten auf sinnvolle Weise miteinander in Einklang zu bringen, es erlaubt mehr von ihnen durch deutlich weniger grundlegende Annahmen zu erklären bzw. zu klassifizieren - ein wissenschaftlicher Sachverhalt, der nicht nur Spaß zu bereiten vermag, sondern zudem die Neugier weckt auf mehr.

Bleiben Sie also stets neugierig und vor allem *mutig* (sich) auch die wissenschaftlich *„unangenehmen Fragen"* zu stellen! Eine Empfehlung, die ich mit dem Hinweis ergänzen möchte, dass sich so manche Antwort bereits in den Originalpublikationen zum fraglichen Thema finden lässt (und oftmals nur dort!). Einem Ratschlag von James Clerk Maxwell folgend, ist es nämlich das Wissen aus *„erster Hand"*, das es einem ermöglicht die Entwicklung wissenschaftlicher Modellvorstellungen in Gänze zu verstehen: *„Es ist für den Studenten eines jeden Faches von großem Vorteil, die ursprünglichen Texte über dieses Thema zu lesen, denn eine wissenschaftliche Disziplin wird immer dann vollständig erfasst, wenn sie noch im Entstehen begriffen ist."*[3]

In diesem Sinne, wünsche ich ihnen viel Erfolg bei der einen oder anderen *„science assimilation"*, also der Aufarbeitung von neuen aber auch von bereits *„wohlbekannten"* wissenschaftlichen Themenfeldern!

Anmerkungen

1 William Lawrence Bragg (1890 - 1971), englischer Physiker und Nobelpreisträger (1915).

2 Richard Phillips Feynman (1918 - 1988), amerikanischer Physiker und Nobelpreisträger (1965).

3 J. C. Maxwell, *A Treatise on Electricity and Magnetism*, Vol. I, Clarendon Press, Oxford (1873), Preface, p. xiii: *„It is of great advantage to the student of any subject to read the original memoirs on that subject, for science is most completely assimilated when it is in the nascent state."*

7 Physikalische Größen

Nachfolgend sind die SI-Basisgrößen und aktuelle Werte physikalischer bzw. astronomischer Größen aufgeführt, wie sie im Buch zur Berechnung weiterer Zusammenhänge verwendet werden. Bis auf die Gravitationskonstante G_N bzw. die gravitative Feldkonstante γ_0 sind alle physikalischen Konstanten per Definition exakt.

Tabelle 7.1 Derzeit gültiger SI-Standard. Die Definitionen aller Basisgrößen werden mittlerweile über die in Tabelle 7.2 aufgeführten Naturkonstanten festgelegt (vgl. Kapitel 3).

Basisgröße	Symbol	SI-Einheit	Bezeichnung und ursprüngliche Definition
Länge	*L*	m	**M**eter, vgl. Kapitel 3.2
Masse	*M*	kg	**K**ilo**g**ramm, vgl. Kapitel 3.3
Zeit	*t*	s	**S**ekunde, vgl. Kapitel 3.4
Stromstärke	*I*	A	**A**mpère, über eine *„Kraftmessung"*
Temperatur	*T*	K	**K**elvin, über den Tripelpunkt von Wasser
Lichtstärke	*I*	cd	**C**an**d**ela, über das photometrische Strahlungsäquivalent
Stoffmenge	*n*	mol	**Mol**ekel, 1 mol enthält N_A Teilchen

Tabelle 7.2 Zusammenstellung physikalischer Konstanten (SI-Einheiten), in Klammern die jeweilige Standardabweichung auf den letzten Stellen für jene Größen, die (noch) nicht per Definition exakt sind (Daten von NIST, Stand 2019).

Physikalische Konstante	Symbol	Betrag	Einheit
elektr. Elementarladung	e_0	$1{,}602176634 \cdot 10^{-19}$	As = C
elektrische Feldkonstante	ε_0	$10^7/(4\pi c_0^2) \cong 8{,}85418782 \cdot 10^{-12}$	$AsV^{-1}m^{-1}$
Gravitationskonstante	G_N	$6{,}67430(15) \cdot 10^{-11}$	$m^3kg^{-1}s^{-2}$
gravitative Feldkonstante	γ_0	$1/(4\pi G_N) = 1{,}19229(2) \cdot 10^{+9}$	kgs^2m^{-3}
Lichtgeschwindigkeit	c_0	$1/(\varepsilon_0\mu_0)^{1/2} = 299792458$	ms^{-1}
magnetische Feldkonstante	μ_0	$4\pi \cdot 10^{-7} \cong 1{,}2566370 \cdot 10^{-6}$	$VsA^{-1}m^{-1}$
Boltzmann-Konstante	k_B	$1{,}380649 \cdot 10^{-23}$	JK^{-1}
Avogadro-Konstante	N_A	$6{,}02214076 \cdot 10^{+23}$	mol^{-1}
Planck-Konstante	h	$6{,}62607015 \cdot 10^{-34}$	Js
Hyperfeinstrukturübergang ^{133}Cs	$\Delta\nu_{Cs}$	9 192 631 770	s^{-1}
Strahlungsäquivalent @ 540 THz	K_{cd}	683	lmW^{-1}

Tabelle 7.3 Zusammenstellung einiger astronomischer Größen (SI-Einheiten). Das Trägheitsmoment J_E errechnet sich aus der gemessenen Präzessionsfrequenz der Erde.

Astronomische Größe	Symbol	Betrag	Einheit
astronomische Einheit (exakt)	AE	$149\,597\,870\,700 \cong 1{,}496 \cdot 10^{11}$	m
Parallaxensekunde	pc	$3{,}0857 \cdot 10^{16}$	m
Lichtjahr (exakt)	Lj	$9\,460\,730\,472\,580\,800 \cong 9{,}461 \cdot 10^{15}$	m
Masse der Erde	M_E	$5{,}9737 \cdot 10^{24}$	kg
mittlere Dichte der Erde	ρ_E	5515	kgm^{-3}
mittlere Erdbeschleunigung	g_E	9,80665	ms^{-2}
mittlerer Erdradius (Kugel)	R_E	$6{,}371 \cdot 10^6$	m
Trägheitsmoment der Erde	J_E	$8{,}043 \cdot 10^{37}$	kgm^2
Sonnenradius	R_o	$6{,}96342 \cdot 10^8$	m
Leuchtkraft der Sonne	L_o	$3{,}828 \cdot 10^{26}$	W
Masse der Sonne	M_o	$1{,}9884 \cdot 10^{30}$	kg
Temperatur der Sonnenoberf.	T_o	5772	K

8 Aufgaben

Kapitel 1 – Modelle in der Physik

A_{1-1}: Aus Galileis überlieferten Messprotokollen zur schiefen Ebene erhält man einen deutlich kleineren Wert $a_{\mathrm{Florenz}} \cong 5\ \mathrm{m/s^2}$, wieso unterscheiden sich wohl die Werte aus Florenz und Pisa?

Galilei untersuchte in Florenz das beschleunigte Rollverhalten von Kugeln mithilfe einer schiefen Ebene deren Neigungswinkel etwa bei $\alpha \cong 10 - 15°$ lag. Das Experiment in Pisa wurde von ihm nie durchgeführt, stattdessen schätzte Galilei den Wert der Erdbeschleunigung ab. Seine Extrapolation $\alpha \to 90°$ für den freien Fall berücksichtigte jedoch nicht die fehlende Rotation bei der fallenden Kugel; auch war seine Ausgangshypothese, die Geschwindigkeit v wachse proportional zum zurückgelegten Weg s, falsch. Dennoch gelangte er aufgrund einer darauf aufbauenden ebenfalls fehlerhaften Überlegung zum korrekten Weg-Zeit-Gesetz, das er schließlich auch experimentell bestätigte (vgl. hierzu etwa die Ausführungen in (Simonyi, 2001), S. 205).

A_{1-2}: Welche Beispiele aus Forschung und Technik fallen Ihnen spontan zu den genannten Problemstellungen ein, die das Erreichen eines gewünschten Entwicklungsziels zumindest erschweren kann?

Der zu optimierende Ausgangszustand bzw. die zu untersuchende Veränderung

- existiert noch nicht: Ablenkung eines Asteroiden auf Kollisionskurs mit der Erde,
- ist nicht beobachtbar: Prozesse im Innern eines Sterns,
- ist zu komplex: Die Auswirkungen der Klimaveränderung (Erderwärmung),
- ist störanfällig: Die kontrollierte Kernfusion,[1]
- ist zu langsam: Die Kontinentalbewegung (Geophysik),
- ist zu schnell: Prozesse in der Elektronenhülle (chemische Reaktionen),
- ist zu gefährlich: Optimierung von Unfallschutzsystemen für den Menschen,
- ist zu teuer: Verbesserung einer Asteroidenabwehr (→ Störanfälligkeit[2]),
- ist nicht möglich: Praktisch alles zur Kosmologie/Astrophysik,

um auf empirischem Wege entsprechende Entwicklungsvorgaben zu erreichen.

Kapitel 2 – Mathematische Strukturen in der Physik

A_{2-1}: Weshalb mussten mehr als 1700 Jahre vergehen bis die vielversprechenden Forschungsarbeiten des antiken Griechenlands in gleicher Qualität wiederaufgenommen und weitergeführt wurden?

Eine schlüssige Erklärung kann z. B. bei (Simonyi, 2001) nachgelesen werden. Demnach war in der Antike *„produktive Arbeit"* gesellschaftlich nicht anerkannt, d. h. ein Mehr an Arbeit wurde stets durch mehr Sklaven kompensiert. Es fehlte also der entscheidende Bezug zur Praxis, sodass wissenschaftliche Resultate nicht in eine für die Gesellschaft nutzbringende Technologie umgesetzt wurden, wodurch zwangsläufig jede weiterführende Forschung ausbleiben musste. Neben geografischen Faktoren war im Europa des Mittelalters insbesondere die Erfindung des Buchdrucks ein treibender Faktor, wodurch wissenschaftliche Erkenntnisse einem breiteren gesellschaftlichen Kreis zugänglich wurden, ganz im Gegensatz zur Antike. Bis dahin allerdings war Wissen vornehmlich kirchlichen Institutionen vorbehalten und wurde von diesen auch zum Zwecke des Machterhalts für lange Zeit unter Verschluss gehalten. *„Denken"* im damaligen Einflussbereich der Kirche konnte u. U. ein lebensgefährliches Unterfangen sein!

Kapitel 3 – Der Messprozess und Maßeinheiten

A_{3-1}: Weshalb kann die Zeitumkehrtransformation $t \to -t$ *nicht* über die Modellvorstellung eines rückwärts laufenden Films veranschaulicht werden?

Die Mechanik eines Filmprojektors, ebenso wie die einer Uhr oder anderer Gerätschaften, reagiert nicht auf eine Zeitumkehr. Die Orientierung sämtlicher Kräfte $\boldsymbol{F} = \mathrm{d}\boldsymbol{p}/\mathrm{d}t$ (→ Impulsströme) und Drehmomente $\boldsymbol{M} = \boldsymbol{r} \times \boldsymbol{F}$ (→ Drehimpulsströme) des Antriebssystems bleibt davon unberührt, sodass die eingelegte Filmrolle immer in der *„richtigen"*, soll heißen *„einzig möglichen"*, zeitlichen Abfolge abgespielt wird. Selbst wenn im Verlauf der Filmvorführung die Zeit mehrfach willkürlich das Vorzeichen wechseln sollte, läuft der Film stets in der gleichen Weise ab.

Kapitel 4 – Grundlegende physikalische Konzepte

A_{4-1}: Wenn tatsächlich *„Kräfte"* unser Dasein bestimmen, wieso hat die Evolution im Verlauf von nahezu einer Milliarde Jahren keine *„Kraftsensoren"* ausgebildet?

In der Tat finden sich in der Natur hochempfindliche Sensoren für jede Art von Sinneswahrnehmung zu spezifischen Aspekten aus unserer Erfahrungswelt: Für Gase (→ Geruch) und Flüssigkeiten (→ Geschmack), für Licht (→ visuelle Rezeptoren) in einem breiten Spektralbereich von UV bis IR und geringste Intensitäten von wenigen Photonen/Sekunde, sowie unterschiedlichem Polarisationsgrad, für Wärmeströme (→ Entropieströme), für Wärmestrahlung (→ photomechanische IR-Rezeptoren), für schwache elektrische (→ Lorenzinische Ampullen) und magnetische Felder (→ Magnetorezeptoren), für Gravitation (→ Beschleunigung), für geringste Strömungen (→ Seitenlinienorgan), für Vibrationen (Schall → Gehör), für die Selbstwahrnehmung (→ Propriozeptoren), für eine räumliche und temporale Wahrnehmung (→ neuronale Orts- und Zeitzellen) etc.

Für *„Kräfte“* gibt es hingegen *keine* sensorische Lösung, sehr wohl aber für mechanische Spannungen (→ Drucksensoren), weil in unserer Erfahrungswelt *„Kräfte“* einfach nicht vorkommen! Um es einmal mehr mit den Worten Ernst Machs zu beschreiben: Das physikalische Konzept der Kraft ist einfach nur eine praktische Erfindung menschlicher Imagination, ein *„Gedankending von ökonomischer Function“* (→ Hilfsgröße).

A$_{4-2}$: Man beachte, dass der Impuls gemessen werden muss! Es reicht nicht, bei Kenntnis der Masse und Messung der Bewegung auf den Impuls zu schließen, gemäß $\boldsymbol{p} = m \cdot \boldsymbol{v}$. Wieso nicht?

Bewegung ist stets ein relatives Phänomen, d. h. durch alleinige Beobachtung der Trajektorie $\boldsymbol{r}(t)$ bzw. $\boldsymbol{v}(t)$ kann nicht auf die relative Bewegungsmenge (Impuls $\boldsymbol{p}$) eines Körpers geschlossen werden, weil u. U. eine sich verändernde Perspektive das so ermittelte Messergebnis verfälschen kann. Ein Beispiel hierfür sind die von der Erde aus zu beobachtenden Zykloiden der planetaren Bewegung, die fiktive Kräfte, nämlich sog. *„Scheinkräfte“* erfordern, möchte man ausschließlich aufgrund der Beobachtung auf sich verändernde Bewegungsgrößen der Planeten schließen.

A$_{4-3}$: Wie sehen die geschilderten Zusammenhänge bei einer Bewegung im konstanten Gravitationsfeld aus, etwa beim schrägen Wurf?

Die Wirkung W ist in der Physik von zentraler Bedeutung, weil das Bewegungsverhalten eines Teilchens (oder eines Teilchenensembles) über das Prinzip der kleinsten Wirkung abgeleitet werden kann (vgl. Abschnitt 4.2.2 *Die Analytische Mechanik*). Im Fall des schiefen Wurfs eines Körpers der Masse m erhält man beispielsweise für dessen Impuls in x- bzw. z-Richtung bei konstanter Gravitationsbeschleunigung g (Energieerhaltung $H = T+V = p^2/2\ m$ = const. und es sei $p_y \equiv 0$):

$$\boldsymbol{p} = \begin{pmatrix} p_x \\ p_y \\ p_z \end{pmatrix} = \begin{pmatrix} p_{x0} \\ 0 \\ \pm\sqrt{p_{z0}^2 - 2 \cdot m^2 g \cdot (z - z_0)} \end{pmatrix} = \mathbf{grad}\, W(x, y, z) \qquad \text{Gl. 8.1}$$

Damit erhalten wir für die Wirkung

$$W(x, y, z, t) = p_{x0} \cdot (x - x_0) \mp \frac{1}{3} \cdot \frac{\left(p_{z0}^2 - 2 \cdot m^2 g \cdot (z - z_0)\right)^{\frac{3}{2}}}{m^2 g} - H \cdot (t - t_0) \qquad \text{Gl. 8.2}$$

Bild 8.1 zeigt beispielhaft das Wirkungsfeld (Gl. 8.2) zum Zeitpunkt $t = t_0 = 0$ für den Startimpuls $\boldsymbol{p}_0 = (5,0,25)$, entsprechend der Vorgabe der jeweiligen Energieanteile in x,y,z-Richtung.

Der aufsteigende Ast der Wurfparabel $z(x)$ verbindet die Punkte $\boldsymbol{r}_0 = (x_0,y_0,z_0)$ und $\boldsymbol{r}_1 = (x_{max},y_0,z_{max})$ und folgt stets dem Gradienten von $W(x,y,z)$, sodass die hierfür benötige Zeitspanne $\Delta t = t_{max} - t_0$ minimal wird. Für die Trajektorie $z(x)$ gilt

$$z(x) - z_0 = \frac{p_{z0}}{p_{x0}} \cdot (x - x_0) - \frac{1}{2} g \cdot \frac{m^2}{p_{x0}^2} \cdot (x - x_0)^2 \qquad \text{Gl. 8.3}$$

Für den abfallenden Ast $\boldsymbol{r}_1 \rightarrow \boldsymbol{r}_2 = (2x_{max},y_0,z_0)$ wechselt das Vorzeichen von W bzw. $\mathbf{grad}W$, sodass man spiegelsymmetrisch den gleichen Trajektorienverlauf erhält, der schließlich die Wurfparabel (Gl. 8.3) vervollständigt.

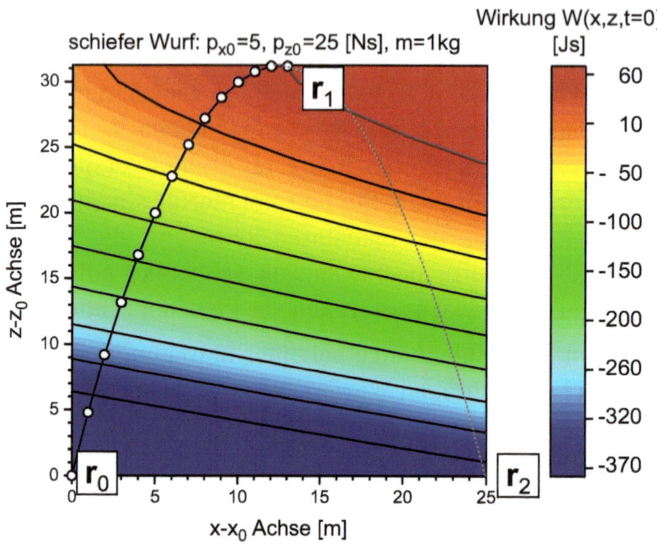

Bild 8.1 Die Wirkung $W(r,r_0)$ beim schiefen Wurf mit Anfangsimpuls $\boldsymbol{p}_0 = (p_{x0},0,p_{z0})$ im konstanten Gravitationsfeld $\boldsymbol{g} = (0,0,g)$.

Anzumerken wäre auch hier, unbedingt auf die *„richtige"* physikalische Interpretation des geschilderten Sachverhalts zu achten: Es werden mit der Hamilton-Jakobi-Gleichung keine kausalen Strukturen beschrieben, etwa in dem Sinne, dass die Vorgabe der Energieanteile kausal das Wirkungsfeld bestimmt, sodass sich wiederum kausal die zu beobachtende Wurfparabel ergibt. So etwas gibt es in der Physik nicht, denn *„die Natur ist nur einmal da"* (Ernst Mach). Die Trajektorie bestimmende Gleichung (Gl. 8.1) enthält nicht einmal die Zeit als einen möglichen kausalen Ordnungsparameter!

A$_{4-4}$: Das Großvaterparadoxon: Man finde die zahlreichen Fehler in dieser Geschichte!

Im Grunde ist die ganze Geschichte eine Anhäufung physikalischer Ungereimtheiten. Nicht nur die unglückliche Verknüpfung der Begriffe *„Kausalität“* und *„Zeitpfeil“* (→ *„Zeitrichtung“*) ist bereits im Ansatz falsch, auch die geschilderten Vorgänge selbst werden ganz nach Bedarf unterschiedlich bewertet. Beispielsweise darf der Zeitreisende in Übereinstimmung mit den Gesetzen der Physik seine Ereigniskette $\mathbf{E}(t)$ frei gestalten, inklusive Zeitreise (→ allgemeines Kausalitätsprinzip). Dann aber wird in diesem Prozess einem im Grunde beliebigen Ereignis $\mathbf{E}_0$ zum Zeitpunkt t_0 eine *„besondere Bedeutung“* zugeordnet,[3] sodass sich in der Folge sogar die Gesetze der Physik in besonderer Weise anpassen. Die *„Auswirkung“* dieses Ereignisses breitet sich nämlich unmittelbar in *vier* (!) Richtungen aus, nämlich in drei Raumrichtungen und in einer *„Zeitrichtung“*, obwohl vorangegangene Ereignisse $\mathbf{E}(t)$ dieses Prozesses zu Zeiten $t < t_0$ nicht mehr beeinflusst werden können (→ *kausale Vergangenheit* von $\mathbf{E}_0$) und zudem Ereignisse $\mathbf{E}'$, die im Sinne der Relativitätstheorie in keiner zeitlichen Relation zu $\mathbf{E}_0$ stehen können (→ *kausales Komplement* von $\mathbf{E}_0$) ebenfalls ausgeschlossen sein müssen. Dennoch soll $\mathbf{E}_0$ im Sinne eines Zeitpfeils *„ursächlich“* und zudem *„zeitgleich überall“* die Gegenwart verändern (also die ursprüngliche Gegenwart des Zeitreisenden, soll heißen dessen *kausale Vergangenheit*!), und darüber hinaus korrigiert dann diese *„Auswirkung“* wiederum rückwirkend (!) *„zeitgleich überall“* auch noch dessen Gegenwart (also die ursprüngliche *kausale Vergangenheit* des Zeitreisenden), was sich zwangsläufig widersprechen muss, weil beide Szenarien so nicht zutreffen können, sofern die Gesetze der Physik auch weiterhin Gültigkeit haben. Tatsächlich ist nach dem allgemeinen Kausalitätsprinzip *jedes* Ereignis $\mathbf{E}_0$ für den Zeitreisenden stets Ausgangspunkt (→ Randbedingung) für eine spezifische zukünftige Prozessentwicklung $\mathbf{E}(t)$ (→ *kausale Zukunft* von $\mathbf{E}_0$), ob mit oder ohne Großvater - ohne jeden Widerspruch, denn die Zeit hat keine Richtung und deshalb gibt es auch keine zeitliche Gegenrichtung (→ negativer Zeitpfeil)!

A$_{4-5}$: Welche relativistischen Massen $m_{\mathrm{L,T}}$ und Kräfte $F_{\mathrm{L,T}}$ ergeben sich longitudinal bzw. transversal zur Bewegung, wenn ein Beobachter B seine Koordinatenzeit t anstatt der Eigenzeit τ verwendet, um dynamische Prozesse in B' zu beschreiben?[4]

Gemäß Gl. (4.148) gilt für den Impuls

$$\boldsymbol{p} = m_0 \cdot \left(\frac{\mathrm{d}\boldsymbol{r}}{\mathrm{d}\tau}\right) = \frac{m_0}{\sqrt{1-\left(\frac{v}{c_0}\right)^2}} \cdot \left(\frac{\mathrm{d}\boldsymbol{r}}{\mathrm{d}t}\right) = m_T(v) \cdot \left(\frac{\mathrm{d}\boldsymbol{r}}{\mathrm{d}t}\right) \qquad \text{Gl. 8.4}$$

womit unmittelbar die *transversale Masse* m_{T} beschrieben wird, die B stets beobachtet, insbesondere auch senkrecht zur Bewegungsrichtung $\mathrm{d}\boldsymbol{r}(t)/\mathrm{d}t$, einfach aufgrund der Zeitdilatation. Im Fall einer zusätzlichen relativistischen Beschleunigung, gemäß

$$\left(\frac{d\boldsymbol{p}}{d\tau}\right)=m_0\cdot\left(\frac{d^2\boldsymbol{r}}{d\tau^2}\right)=\frac{1}{\sqrt{1-\left(\frac{v}{c_0}\right)^2}}\cdot\frac{d}{dt}\left[\mathrm{m}_T(v)\cdot\left(\frac{d\boldsymbol{r}}{dt}\right)\right]=\frac{1}{\sqrt{1-\left(\frac{v}{c_0}\right)^2}}\cdot\left(\frac{d\boldsymbol{p}}{dt}\right) \qquad \text{Gl. 8.5}$$

erhält man noch einen *longitudinalen Masseanteil* m_L, denn die Masse ist für B geschwindigkeitsabhängig. Es gilt allgemein

$$\left(\frac{\mathrm{d}\boldsymbol{p}}{\mathrm{d}t}\right)=\left(\frac{\mathrm{dm}_T}{\mathrm{d}t}\right)\cdot\left(\frac{\mathrm{d}\boldsymbol{r}}{\mathrm{d}t}\right)+\mathrm{m}_T\cdot\left(\frac{\mathrm{d}^2\boldsymbol{r}}{\mathrm{d}t^2}\right) \qquad \text{Gl. 8.6}$$

Mit der Planck-Beziehung (4.7) für die relativistische Energie E

$$c_0^2\cdot\left(\frac{\mathrm{dm}_T}{\mathrm{d}t}\right)=\frac{\mathrm{d}E}{\mathrm{d}t}=\left(\frac{\mathrm{d}\boldsymbol{p}}{\mathrm{d}t}\right)\cdot\left(\frac{\mathrm{d}\boldsymbol{r}}{\mathrm{d}t}\right) \qquad \text{Gl. 8.7}$$

erhält man schließlich aus (Gl. 8.6) folgenden Zusammenhang

$$\left(\frac{\mathrm{d}\boldsymbol{p}}{\mathrm{d}t}\right)=\frac{1}{c_0^2}\left[\left(\frac{\mathrm{d}\boldsymbol{p}}{\mathrm{d}t}\right)\cdot\left(\frac{\mathrm{d}\boldsymbol{r}}{\mathrm{d}t}\right)\right]\cdot\left(\frac{\mathrm{d}\boldsymbol{r}}{\mathrm{d}t}\right)+\mathrm{m}_T\cdot\left(\frac{\mathrm{d}^2\boldsymbol{r}}{\mathrm{d}t^2}\right) \qquad \text{Gl. 8.8}$$

Also setzt sich die relativistische Beschleunigung $\boldsymbol{a}$ gemäß (Gl. 8.8) aus zwei Termen zusammen. Insbesondere liegt die relativistische Beschleunigung $\boldsymbol{a}$ nicht mehr zwangsläufig parallel zu d$\boldsymbol{p}$/dt, wie man es klassisch erwarten würde. Steht d$\boldsymbol{p}$/dt senkrecht auf $\boldsymbol{u}$ = d$\boldsymbol{r}$/dt (→ transversale Kraft), so erfolgt eine rein transversale Beschleunigung $\boldsymbol{a}_T$ mit der transversalen Masse m_T. Liegt hingegen d$\boldsymbol{p}$/dt parallel zu $\boldsymbol{u}$ (→ longitudinale Kraft), spricht man von einer longitudinalen Beschleunigung a_L mit der zugehörigen longitudinalen Masse m_L. Für diesen Fall folgt unmittelbar aus (Gl. 8.8) der Ausdruck

$$m_L=\frac{m_T}{\left[1-\left(\frac{v}{c_0}\right)^2\right]}=\frac{m_0}{\left[1-\left(\frac{v}{c_0}\right)^2\right]^{3/2}} \qquad \text{Gl. 8.9}$$

Selbstverständlich lässt sich dieser Zusammenhang auch sehr viel einfacher, nämlich als eine direkte Auswirkung der Zeitdilatation und der damit einhergehenden relativistischen Addition der Geschwindigkeiten verstehen. Die transversale Masse ergibt sich gemäß (Gl. 8.4) unmittelbar aus der Zeitdilatation. In diesem Falle steht dv = dv‘ senkrecht auf der Relativgeschwindigkeit v. Eine infinitesimale Geschwindigkeitszunahme dv‘ in B‘ parallel zu v stellt sich für B anders dar und zwar wie folgt (Additionstheorem)

$$dv = \left[1 - \left(\frac{v}{c_0}\right)^2\right] dv' \qquad \text{Gl. 8.10}$$

Für die Impulszunahme in v-Richtung erhält man dann für B' bzw. für B

$$dp' = m_0 dv' \Leftrightarrow dp = \frac{m_0}{\sqrt{1 - \left(\frac{v}{c_0}\right)^2}} \frac{dv}{\left[1 - \left(\frac{v}{c_0}\right)^2\right]} = m_L dv \qquad \text{Gl. 8.11}$$

also geradewegs das Resultat (Gl. 8.9).

A$_{4-6}$: Kann hierauf der Faktor 2 in Gl. (4.178) zurückgeführt werden, d. h. $E = 2 \cdot m_0/2c_0^2 = m_0c_0^2$?

Bei der Verwendung des „*klassischen*" Ausdrucks für die kinetische Energie $E_{\text{kin}}(v) = m/2 \cdot v^2$, erhält man in der Beziehung

$$E(c_0) = E_0 = m_0 \cdot c_0^2 \overset{(?)}{=} 2 \cdot E_{\text{kin}}(c_0) \qquad \text{Gl. 8.12}$$

in der Tat einen Faktor 2, der immer wieder Anlass für missverständliche Spekulationen ist. Tatsächlich beruht dieser Faktor darauf, dass (Gl. 8.12) eben *nicht* die kinetische Energie eines Körpers mit $v = c_0$ beschreibt, sondern die zugehörige Koenergie $E^*(v)$. Diese ist nur in der nicht-relativistischen Näherung quasi-identisch mit der (eigentlichen) kinetischen Energie des Körpers $E_{\text{kin}}(p) = p^2/(2m_0)$ (vgl. Abschnitt 4.1.2.2 *Die Koenergie oder Duale Energie*). Im Gegensatz zur kinetischen Energie bleibt die Koenergie für $v \to c_0$ beschränkt und es gilt hierfür im Grenzfall $E^*(c_0) = m_0c_0^2$. Die intensive Größe v beschreibt eben nur die „*Intensität*" der Bewegung, die zugehörige (extensive) Bewegungsenergie E_{kin} ist einzig durch die ebenfalls extensive Bewegungsgröße p bestimmt!

A$_{4-7}$: Man beweise, dass die Beziehungen (4.203) die Gln. (4.200) bzw. (4.201) erfüllen, d. h.

$$T(\tau) = \frac{2s}{s^2+1} \cdot \tau \quad \text{und} \quad A(\tau) = \frac{s^2-1}{s^2+1} \cdot \tau \qquad \text{Gl. 8.13}$$

genügen

$$T(t) = t' + A(t') \qquad \text{Gl. 8.14}$$

$$T(t') = t - A(t) \qquad \text{Gl. 8.15}$$

Beweis durch Einsetzen: (Gl. 8.13) in (Gl. 8.14, Gl. 8.15) mit anschließender Division durch t' und Verwendung von $s = t/t'$ erhält man die Identitäten

$$\frac{2s}{s^2+1}\cdot s = 1+\frac{s^2-1}{s^2+1} \Leftrightarrow 1=1 \qquad \text{Gl. 8.16}$$

$$\frac{2s}{s^2+1} = s-\frac{s^2-1}{s^2+1}\cdot s \Leftrightarrow 1=1 \qquad \text{Gl. 8.17}$$

→ qed.

Kapitel 5 – Impulsströme

A$_{5-1}$: Die gesamte Menschheit versammle sich rund um den Äquator der Erde. Alle Menschen gehen synchron einen Schritt in Richtung Osten. Mit welcher Winkelgeschwindigkeit wird sich die Erde in der Folge nach Westen bewegen?[5]

Wir nehmen an, dass derzeit n = 8 Milliarden Menschen auf der Erde leben, mit einer Durchschnittsmasse von m = 50 kg je Person. Diese gehen synchron mit einer Beschleunigung von a = 1 ms^{-2} nach Osten. Das zugehörige Drehmoment ist dann

$$D = n\cdot m\cdot a\cdot R_\mathrm{E} = 2{,}55\cdot 10^{18}\,\mathrm{Nm} \qquad \text{Gl. 8.18}$$

Der Drehimpuls der Erde ist (Daten zur Erde aus Tabelle 7.3)

$$L_\mathrm{E} = J_\mathrm{E}\cdot\omega = 5{,}85\cdot 10^{33}\,\mathrm{Nms} \qquad \text{Gl. 8.19}$$

Das durch die Menschheit hervorgerufene Drehmoment ist mit einer relativen Änderung der Winkelgeschwindigkeit verknüpft, gemäß

$$\frac{\mathrm{d}\omega/\mathrm{d}t}{\omega} = \frac{\mathrm{d}L_\mathrm{E}/\mathrm{d}t}{L_\mathrm{E}} = \frac{D}{L_\mathrm{E}} = 4{,}36\cdot 10^{-16}\,\mathrm{s}^{-1} \qquad \text{Gl. 8.20}$$

Durch die konzertierte Aktion der gesamten Menschheit hat somit der 24 h-Erdtag ca. 0,04 *Nanosekunden* verloren. Zur Einordnung: Der Wimpernschlag eines menschlichen Auges erfolgt im Zeitraum von etwa 0,1 s = 100 000 000 Nanosekunden. Es ist also gar nichts passiert! Stünde die Erde ursprünglich still, so würde sie sich nach dieser Aktion mit der Winkelgeschwindigkeit $\Delta\omega$ = 3,1 · 10^{-20} s^{-1} nach Westen drehen und benötigte ΔT = 6,4 · 10^{12} Jahre für eine *erste* (!) volle Umdrehung.

A$_{5-2}$: Wie hätte man *„energetische Kräfte“* zu definieren, um konsistent *„Energieumwandlungen“* zu beschreiben?

Zur Definition *„energetischer Kräfte“* kann man beispielsweise die Gibbs'sche Fundamentalform heranziehen. Bei einer *„Energieumwandlung“* müssen schließlich (lokal) die entsprechenden Energieträger (→ extensive Größen) erzeugt bzw. vernichtet werden. Die zugehörigen Kräfte wirken also selektiv auf die zugehörige *„Energieform“*. Im Falle der Bewegung wäre dies der Impulsstrom ±dp/dt (→ *„mechanische Kraft“*, gemessen in [N/(m/s)·m/s]), entsprechend definiert die Entropieänderung je Zeiteinheit ±dS/dt eine *„thermodynamische Kraft"* [N/K · m/s], die *„chemische Kraft"* ±dn/dt [N/mol · m/s] verändert Stoffmengen und *„elektrische Kräfte"* ±dQ/dt [N/V · m/s] erzeugen bzw. vernichten *in diesem Bild* (!) elektrische Ladung, indem nämlich Ladungsströme lokal zu- oder abfließen, etc.

A$_{5-3}$: Man zeige, dass der Ausdruck

$$\sigma_x = \pm 6 \cdot j_p \cdot \left(\frac{\Delta l}{h}\right)^2 \cdot \mathrm{n}^2 \qquad \text{Gl. 8.21}$$

die Zug-/Druckspannung eines symmetrisch gelagerten Balkens am Auflager beschreibt, gemäß Bild 8.2. Hierbei steht $\boldsymbol{j}_p$ für die Impulsstromdichte durch das Gravitationsfeld.

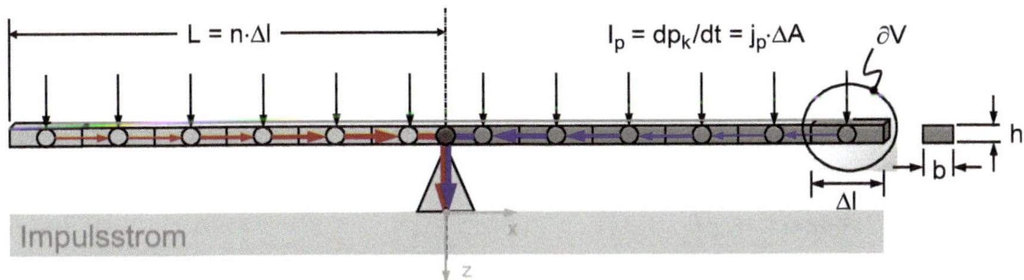

Bild 8.2 Die Impulsstromdichte in einem symmetrisch gelagerten Balken.

Die Maximalspannung am Auflagepunkt eines einseitig eingespannten Balkens mit Flächenträgheitsmoment Θ_B und Eigengewicht F ist

$$\sigma_x = \pm \frac{1}{2} \cdot \frac{FLh}{2 \cdot \Theta_B} \text{ mit } \Theta_B = \frac{1}{12} \cdot bh^3 \qquad \text{Gl. 8.22}$$

Wir haben am Auflagepunkt zwei davon, also erhält man durch Einsetzen

$$\sigma_x = 2 \cdot \left(\pm 6 \cdot \frac{j_p \cdot bL^2 h}{2 \cdot bh^3} \right) = \pm 6 \cdot j_p \cdot \left(\frac{L}{h}\right)^2 = \pm 6 \cdot j_p \cdot \left(\frac{\Delta l}{h}\right)^2 \cdot \mathrm{n}^2 \qquad \text{Gl. 8.23}$$

→ qed.

A$_{5-4}$: Man zeige, dass die Impulsdichte bei einem stationären mechanischen Spannungszustand nicht gleich Null sein kann.

Die lokalen Größen Impulsstromdichte bzw. Energiedichte und Impulsdichte korrelieren. Im Falle eines stationären mechanischen Spannungszustandes bleibt zu jedem Zeitpunkt der lokale Impulsstrom und die zugehörige lokale Impulsdichte konstant (Impulszufluss = Impulsabfluss). Jedwede infinitesimale Störung des Gleichgewichtszustandes relaxiert unmittelbar als Schallwelle über die bestehende Impulstromdichte, gemäß

$$\sigma = \varepsilon \cdot E = \rho_p \cdot c_{\mathrm{L}} \text{ mit } c_{\mathrm{L}} = \sqrt{\frac{E}{\rho_m}} \qquad \text{Gl. 8.24}$$

c_{L} steht für die longitudinale Schallgeschwindigkeit. Beschreibt ρ_m die Massendichte, so folgt aus (Gl. 8.24) für die Impulsdichte des stationären (linearen) Spannungszustandes

$$\rho_p = \varepsilon \cdot \sqrt{E \cdot \rho_m} \qquad \text{Gl. 8.25}$$

→ qed.

Zur Probe kann man mithilfe von (Gl. 8.25) die mit der Impulsdichte verknüpfte Energie E_p berechnen. Der Gesamtimpuls im Volumen V beträgt

$$p = \varepsilon \cdot \sqrt{E \cdot \rho_m} \cdot V \Rightarrow E_p = \frac{p^2}{2m} = \frac{1}{2} E \cdot \varepsilon^2 \cdot V \qquad \text{Gl. 8.26}$$

Der Ausdruck (Gl. 8.26) für E_p entspricht gerade der potentiellen Energie E_{pot} des linear-elastischen Spannungszustandes

$$E_{\mathrm{pot}} = V \cdot \int \sigma d\varepsilon = V \cdot \int \varepsilon E d\varepsilon = \frac{1}{2} E \cdot \varepsilon^2 \cdot V \qquad \text{Gl. 8.27}$$

womit die Evidenz der Modellvorstellung $E_p = E_{\mathrm{kin}}(p) \equiv E_{\mathrm{pot}}(\varepsilon)$ erwiesen ist. E_p repräsentiert somit die *„eingefrorene kinetische Energie"* des mechanischen Systems.

(Gl. 8.24) gilt nicht, sobald sich Relativbewegungen im Material einstellen, etwa durch Materialverschiebungen (→ elastische Kompression) im Falle eines Stoßes. Die sich einstellende Ausbreitungsgeschwindigkeit der Störung ist auch dann über die elastischen Materialkenngrößen und die Massendichte bestimmt, allerdings ist sie deutlich geringer als die Schallgeschwindigkeit in diesem Material (vgl. Abschnitt 5.2.5 *Stoßvorgänge*).

A$_{5\text{-}5}$: Man zeige, dass die Beziehung

$$\alpha(t) = \alpha_{\mathrm{m}} \sin\left(\frac{t}{T_{\mathrm{m}}}\right) \qquad \text{Gl. 8.28}$$

näherungsweise folgende Differentialgleichung löst:

$$\left(\frac{\mathrm{d}\alpha/\mathrm{d}t}{v_0}\right)^2 = 1 - \left(\frac{\alpha}{\alpha_m}\right)^{\frac{5}{2}} \qquad \text{Gl. 8.29}$$

Wie groß ist hierbei der maximale Fehler?

(Gl. 8.29) beschreibt die kinetische Energie im Verlauf des Stoßvorganges, einmal explizit (linke Seite der Gleichung) und zum anderen als Differenz von Gesamtenergie und potentieller Energie (rechte Seite). Die Ableitung von (Gl. 8.28) in (Gl. 8.29) eingesetzt liefert

$$\left(\frac{\alpha_m}{T_m v_0}\right)^2 \cdot \cos^2\left(\frac{t}{T_m}\right) = 1 - \sin^{2,5}\left(\frac{t}{T_m}\right) \qquad \text{Gl. 8.30}$$

bzw.

$$\left(\frac{\pi}{3}\right)^2 \cdot \cos^2\left(\frac{t}{T_m}\right) = 1 - \sin^{2,5}\left(\frac{t}{T_m}\right) \qquad \text{Gl. 8.31}$$

Die Differenz $\Delta(t)$ beider Terme muss stets gleich Null sein. Tatsächlich gilt in dieser Näherung aber

$$|\Delta(t)| \le \left(\frac{\pi}{3}\right)^2 - 1 \cong 0{,}097\Big|_{t=0,\pi T_m} \qquad \text{Gl. 8.32}$$

Der Maximalwert wird für $t = 0$ und $t = \pi T_m$ erreicht, ansonsten ist die Abweichung stets kleiner und wird für den Fall der größtmöglichen Annäherung beider Stoßpartner ($t = \pi/2T_m$) gleich Null.

A$_{5-6}$: Wie sieht die zu (Gl. 5.127) äquivalente Beziehung zwischen Oberflächenspannung σ [Nm^{-1}] und Überdruck Δp [Nm^{-2}] in einer Seifenblase (oder einem Luftballon) aus?[6]

Die gesuchte Beziehung kann über den Energieerhaltungssatz ermittelt werden. Nimmt der Radius der Seifenblase um Δr ab, so erhöht der damit verknüpfte Energiegewinn durch mechanische Arbeit den Innendruck der Seifenblase um Δp, gemäß

$$2\sigma \cdot \left[4\pi r^2 - 4\pi(r - \Delta r)^2\right] = \Delta p \cdot 4\pi r^2 \cdot \Delta r \qquad \text{Gl. 8.33}$$

Aus (Gl. 8.33) folgt unmittelbar

$$\Delta p = \frac{4 \cdot \sigma}{r} \qquad \text{Gl. 8.34}$$

also völlig analog zu (Gl. 5.127).

A$_{5-7}$: Man zeige, dass (Gl. 5.183) den geschilderten Sachverhalt zur Ausbreitungsgeschwindigkeit korrekt beschreibt, d. h. für die Transportgeschwindigkeit $\boldsymbol{v}_{e\text{-}m}$ der Feldenergie gilt

$$v_{e\text{-}m} = 2 \cdot \frac{E \cdot H \cdot \sin\alpha}{\varepsilon_0 \boldsymbol{E}^2 + \mu_0 \boldsymbol{H}^2} \le c_0 \qquad \text{Gl. 8.35}$$

wobei die Feldvektoren $\boldsymbol{E}$, $\boldsymbol{H}$ den Winkel α einschließen.

Die Geschwindigkeit $\boldsymbol{v}_{\text{e-m}}$ erhält man unmittelbar aus der Feldimpulsdichte $\boldsymbol{\pi}_{\text{e-m}}$ und der (relativistischen) Massendichte $\rho_{\text{E-H}}$ des Feldes, d. h.

$$\mathbf{v}_{\text{e-m}} = \frac{\boldsymbol{\pi}_{\text{e-m}}}{\rho_{\text{E-H}}} = \frac{\varepsilon_0\mu_0 \cdot \boldsymbol{S}}{\frac{1}{2c_0^2}\cdot\left(\varepsilon_0\boldsymbol{E}^2 + \mu_0\boldsymbol{H}^2\right)} = \frac{2\cdot\boldsymbol{E}\times\boldsymbol{H}}{\varepsilon_0 E^2 + \mu_0 H^2} \qquad \text{Gl. 8.36}$$

Die Massendichte ergibt sich mithilfe der Energie-Masse-Äquivalenz aus der SRT. Aus (Gl. 8.36) folgt mit $\alpha = \pi/2$ (also $\boldsymbol{E}\perp\boldsymbol{H}$)

$$v_{\text{e-m}} = \frac{2\cdot EH\cdot\sin\alpha}{\varepsilon_0 E^2 + \mu_0 H^2} \le \frac{2\cdot EH}{\varepsilon_0 E^2 + \mu_0 H^2} \qquad \text{Gl. 8.37}$$

Unter Verwendung der Identität $c_0{}^2 = 1/(\varepsilon_0\mu_0)$ erhalten wir schließlich

$$v_{\text{e-m}} \le \frac{2\cdot\varepsilon_0 c_0 E\cdot H}{\left(\varepsilon_0 c_0 E\right)^2 + H^2}\cdot c_0 \qquad \text{Gl. 8.38}$$

Mit den Substitutionen $a = \varepsilon_0 c_0 E$ und $b = H$, sowie der dazu passenden quadratischen Ergänzung im Nenner, folgt hieraus

$$v_{\text{e-m}} \le \frac{2ab}{a^2+b^2}\cdot c_0 = \frac{2ab}{(a-b)^2 + 2ab}\cdot c_0 \rightarrow \begin{cases} = c_0 \Leftrightarrow a = b \\ \le c_0 \Leftrightarrow (a-b)^2 \ge 0 \end{cases} \qquad \text{Gl. 8.39}$$

→ qed.

Anmerkungen

1 Kürzlich berichtete das **L**awrence **L**ivermore **N**ational **L**aboratory (LLNL) von einem *„technologischen Durchbruch"* in Sachen Kernfusion (Stand 12/2022): Nach Jahrzehnten der Forschung erzeugte man mit einem Laser-induzierten Fusionsplasma erstmals einen Energieüberschuss von etwa 1 MJ, womit sich immerhin 3 Liter Wasser von Raumtemperatur auf 100 °C erhitzen lässt (c_{H2O} = 4,18 kJ kg^{-1}K^{-1}), wenn auch im Rahmen eines reichlich teuren und zeitintensiven Unterfangens! Mit einem handelsüblichen Wasserkocher und ca. 12 m^2 Solarzellen (30 % Wirkungsgrad, aktueller Laborwert) wäre das in knapp 4 Minuten auch zu schaffen ... Es bleibt also noch ein sehr weiter Weg zu gehen!

2 Die unlängst *„erfolgreich"* abgeschlossene DART-Mission (**D**ouble **A**steroid **R**edirection **T**est) der NASA/ESA, also der experimentelle Teil des AIDA-Programms (**A**steroid **I**mpact & **D**eflection **A**ssessment), ist diesbezüglich nicht ansatzweise zielführend. Man investierte hierfür ca. 330 Millionen Dollar, einzig um althergebrachte Gesetzmäßigkeiten der *Klassischen Physik* einmal mehr einer Prüfung zu unterziehen, wobei man die hierfür relevanten Testbedingungen nicht einmal unter Kontrolle hatte (Mehrkörper-Problem, zu viele freie Parameter)?!

3 Wie man etwa der Ziehung der Lottozahlen 1-2-3-4-5-6 eine besondere Bedeutung beimessen möchte, obgleich diese Sequenz sich statistisch von keiner anderen 6er-Zahlenfolge aus der Menge [1,49] unterscheidet!

4 vgl. hierzu beispielsweise die Ausführungen in (Resnick, 1976), S. 118 ff.

5 In Anlehnung an eine Übungsaufgabe aus meinem Physikstudium bei Prof. Demtröder, vgl. (Demtröder, 1994), Aufgabe 2, S. 148. Die damaligen Zahlenwerte waren natürlich andere, insbesondere gab es seinerzeit (→ 1980) nur etwa 4,5 Milliarden Menschen auf unserer Erde.

6 Eine weitere seinerzeit beliebte Aufgabe im Rahmen der Einführungsvorlesungen zur Experimentalphysik bei Prof. Demtröder, wie sie auch in vielen anderen Lehrbüchern zu finden ist (vgl. (Demtröder, 1994), S. 167).

9 Mathematischer Anhang

Der mathematische Anhang beschränkt sich auf die für dieses Buch wesentlichen Aspekte zur Vektor- und Tensoranalysis, wie sie u. a. in Kontinuumstheorien Verwendung finden. Zu diesem Themenkomplex gibt es zahlreiche Publikationen, sei es in Form von Lehrbüchern und Vorlesungsskripten zu Lehrveranstaltungen für Physiker und/oder Ingenieure, oder in Form entsprechend ausgearbeiteter Webseiten für die gleiche Zielgruppe. Im Rahmen einer Internet-Recherche fand sich z. B. eine kompakte Formelsammlung zur Tensorrechnung[1] oder eine Seite zum allgemeinen Thema *„Mathematische Methoden der Naturwissenschaften“*[2] von Thomas Hempel, auf die ich an dieser Stelle gerne verweisen möchte. Eine didaktisch ebenfalls sehr gute Ausarbeitung zur Tensoranalysis stammt von J. H. Heinbockel (Heinbockel, 2001). E. Becker und W. Bürger verfassten ein fundiertes Lehrbuch zur Kontinuumsmechanik, das eine kompakte und dennoch lesbare Zusammenstellung der hierfür erforderlichen mathematischen Werkzeuge enthält (Becker, 1975). Eine ausführliche mathematische Darstellung zur Tensorrechnung, speziell für ingenieurtechnische Anwendungen, ist beispielsweise auch in (de Boer, 1982) zu finden. Texte zur Elastizitätstheorie behandeln ebenso detailliert die mathematischen Methoden der Tensoranalysis, wie z. B. in den Büchern von E. Stein und F.-J. Barthold (Stein, 1996) oder H. Leipholz (Leipholz, 1968) nachzulesen ist. Das ist einiges an z. T. mathematisch recht anspruchsvoller Literatur, deshalb seien zuletzt noch drei Studienbücher empfohlen, für all jene die *„etwas zügiger“* das erforderliche mathematische Grundwissen erlernen bzw. auffrischen möchten. Zum einen ein kompaktes Nachschlagewerk zur Vektoranalysis von Donald E. Bourne und Peter C. Kendall (Bourne, 1973) zum anderen ein mathematischer Einführungskurs für Physiker von S. Großmann (Großmann, 1981) und eine ausführlichere Einführung in die mathematischen Grundlagen für Physiker (Erstsemester) mit vielen Beispielaufgaben (plus Lösungen), vornehmlich zu Themen aus der Mechanik und der Elektrostatik, von Hans Jürgen Korsch (Korsch, 2021).

Selbstverständlich ist die nachfolgende Zusammenfassung in den genannten Büchern bzw. Skripten auf die eine oder andere Weise umfassender dargestellt und z. T. auch ausführlicher erläutert. Zugunsten eines besseren qualitativen Verständnisses wird im Folgenden bewusst auf eine mathematisch exakte Darstellung (Definition, Satz, Beweis) verzichtet. Stattdessen beschreiben Schautafeln *„physikergerecht“* die wesentlichen mathematischen Zusammenhänge, ergänzt durch zusätzliche Erläuterungen im Text. Wir wollen uns im Einzelnen auch keine Gedanken zu *Existenz, Stetigkeit, Differenzierbarkeit* etc. machen und beschränken uns zudem auf Betrachtungen im dreidimensionalen Raum.

9.1 Vektoren

Die Bezeichnung *„Vektor“* geht auf das Lateinische *vectare = „tragen, transportieren“* zurück. Aus naturwissenschaftlicher Sicht repräsentieren Vektoren physikalische Größen, welche man einen Betrag (Skalar), eine Richtung und eine Orientierung zuordnen kann. Man veranschaulicht solche Größen durch Pfeildarstellungen, entsprechend dem Vektorpfeil $\boldsymbol{a}$ in Bild 9.1 Die Pfeillänge steht für den Betrag, dessen Lage im Raum für die Richtung und die Pfeilspitze beschreibt die Orientierung des Vektors. Diese Eigenschaften bleiben erhalten, wenn wir $\boldsymbol{a}$ frei im Raum verschieben - sie sind *translationsinvariant.* Führt man in drei Dimensionen ein Koordinatensystem K ein, beispielsweise durch die Vorgabe orthonormierter Vektoren $(\boldsymbol{e}_1,\boldsymbol{e}_2,\boldsymbol{e}_3)$ - eine sog. *Basis*, so kann man $\boldsymbol{a}$ in K mittels Projektion (*Skalarmultiplikation* $a_i = \boldsymbol{a} \cdot \boldsymbol{e}_i$) auf eindeutige Weise durch ein Zahlentripel (a_1,a_2,a_3) darstellen. Bei einem Wechsel von K zu K’ (Translation) bleibt dieses Zahlentripel unverändert. Für das Bezugssystem K“ (Translation plus Rotation) hingegen verändert sich im Allgemeinen das Koordinatentripel, wobei die o. g. Vektoreigenschaften von $\boldsymbol{a}$ allesamt erhalten bleiben.

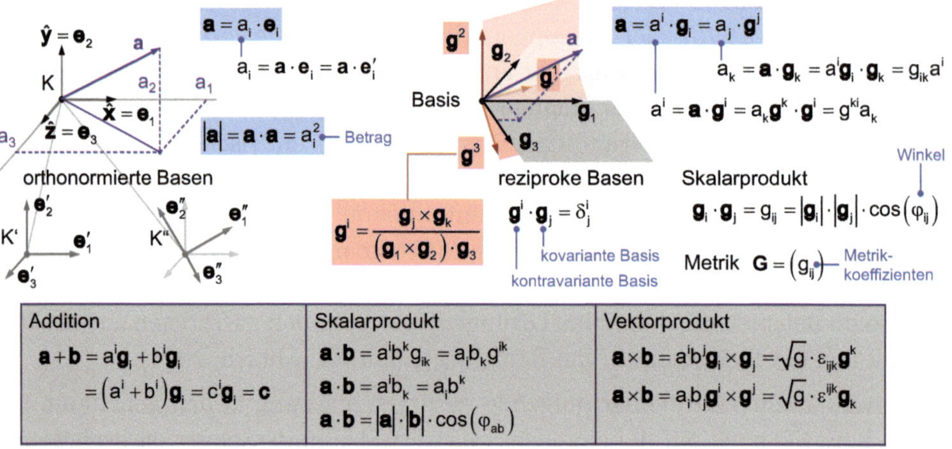

Bild 9.1 Vektoren und Basissysteme.

Die Referenzvektoren $\boldsymbol{e}_i$ des Koordinatensystems K müssen jedoch nicht normiert ($\boldsymbol{e}_i = 1$) und auch nicht orthogonal zueinander sein ($\boldsymbol{e}_\mathrm{i} \cdot \mathbf{e}_\mathrm{j} = \delta_{ij}$). Es reicht völlig aus, wenn sie linear unabhängig sind, wie etwa im Falle der Basis ($\boldsymbol{g}_1$,$\boldsymbol{g}_2$,$\boldsymbol{g}_3$). Auch dann bestimmt sich ein Zahlentripel a_i in diesem Bezugssystem durch Skalarmultiplikation mit den Basisvektoren $a_i = \boldsymbol{a} \cdot \boldsymbol{g}_i \neq \boldsymbol{a} \cdot \boldsymbol{e}_i$. Wie in Bild 9.1 dargestellt, kann man zu jeder Basis ($\boldsymbol{g}_1$,$\boldsymbol{g}_2$,$\boldsymbol{g}_3$) eine alternative und ebenfalls linear unabhängige Basis ($\boldsymbol{g}^1$,$\boldsymbol{g}^2$,$\boldsymbol{g}^3$) angeben, mit der besonderen Eigenschaft $\boldsymbol{g}^i \cdot \boldsymbol{g}_j = \delta^i{}_j$. Die $\boldsymbol{g}_j$ bzw. $\boldsymbol{g}^i$ heißen *kovariante* bzw. *kontravariante* Basisvektoren. Im Falle der orthonormalen Bezugsvektoren $\boldsymbol{e}_i$ sind beide Basissysteme identisch, d.h. $\boldsymbol{g}_i = \boldsymbol{e}_i = \boldsymbol{g}^i$ und müssen daher nicht mehr explizit unterschieden werden. Die mathematischen Operationen *Addition, Skalarprodukt* (oder *inneres Produkt*) und *Vektorprodukt* (oder *äußeres Produkt*) sind wie gezeigt festgelegt und es gelten selbstverständlich die entsprechenden Verknüpfungsgesetze.

Für die Physik relevant sind darstellungsunabhängige Eigenschaften der Vektoren $\boldsymbol{a}$, $\boldsymbol{b}$, $\boldsymbol{c}$ und deren Verknüpfungen, d.h. neben den bereits angesprochenen Beträgen a, b, c sind dies evtl. eingeschlossene Winkel, etwa φ_ab in der durch $\boldsymbol{a}$, $\boldsymbol{b}$ aufgespannten Ebene sowie das sog. Spatprodukt $\boldsymbol{a} \cdot (\boldsymbol{b} \times \boldsymbol{c})$ dreier Vektoren (→ Parallelepiped mit Volumen V_abc), im Falle der linearen Unabhängigkeit von ($\boldsymbol{a}$,$\boldsymbol{b}$,$\boldsymbol{c}$). *Skalare* Größen definieren stets *Invarianten* bei einem Wechsel des Koordinatensystems K → K' und damit sind sie, wie die Vektoren selbst, ebenfalls für verschiedene Beobachter B, B' identisch, auch wenn diese unterschiedliche Koordinatensysteme K bzw. K' verwenden.

9.2 Tensoren

Der mathematische Begriff *„Tensor“* (lat. *tendere* = *„spannen, dehnen“*) stammt ursprünglich aus der Mechanik, denn diese mathematischen Objekte wurden erstmals definiert, um die sich einstellenden dreidimensionalen mechanischen Spannungen eines Körpers zu beschreiben, wenn etwa *„äußere Kräfte“* auf diesen einwirken und aufgrund weiterer Randbedingungen keine freie Translation/Rotation des Körpers erfolgen kann. Solche Spannungen werden durch (3×3)-Matrizen (a_{ij}) beschrieben, mit dem Zeilenindex i = 1,2,3 und dem Spaltenindex j = 1,2,3. Transformieren sowohl die drei Zeilentripel (a_{i1},a_{i2},a_{i3}) wie auch die drei Spaltentripel (a_{1j},a_{2j},a_{3j}) bei einem Wechsel des Bezugssystem K → K' wie Vektoren, dann beschreibt die zugehörige Matrix einen Tensor. Die *Stufe* oder *Dimension* eines Tensors ist über die Anzahl der freien Indizes festgelegt. In diesem Sinne beschreibt ein sog. *Tensor 0. Stufe* ein Skalar $a = (a)$, ein Vektor $\boldsymbol{a} = (a_i)$ ist ein *Tensor 1. Stufe* und 3D-Spannungen $\hat{\boldsymbol{a}} = (a_{ij})$ sind durch *Tensoren 2. Stufe* darstellbar.

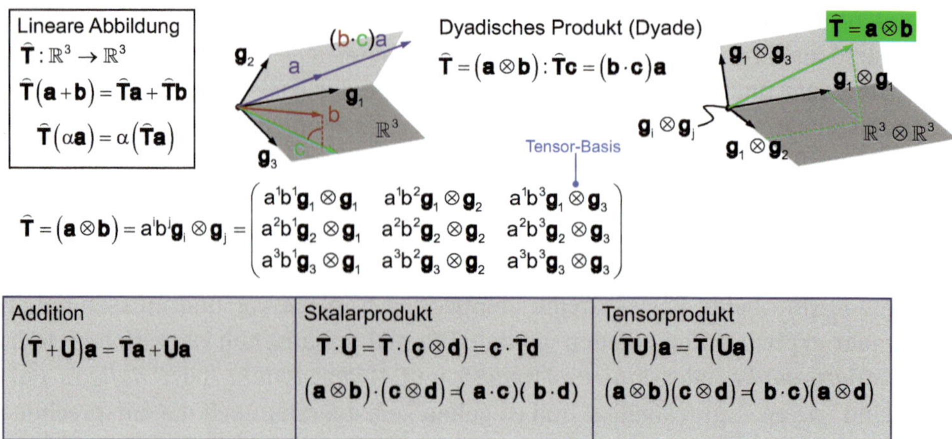

Bild 9.2 Tensoren und Dyaden (einfache Tensoren) in drei Dimensionen.

Bei Vorgabe von Basisvektoren g_i kann man Tensoren mithilfe des sog. *dyadischen Produkts* $\hat{T} = a \otimes b$ in der Tensor-Basis $g_i \otimes g_j$ darstellen. Die neun Komponenten sind dann die Produkte $a_i b_j$. Tensoren bilden Vektoren linear auf Vektoren ab, wie in Bild 9.2 zusammengestellt.

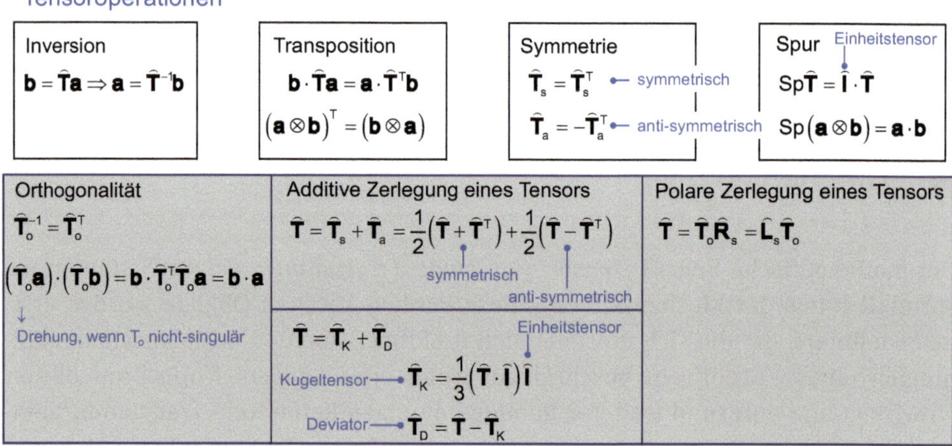

Bild 9.3 Wichtige Tensor-Operationen (***a***,***b*** sind Vektoren, $\hat{I}$ ist der Einheitstensor).

Analog zu Vektoren, lassen sich auch für Tensoren die mathematischen Operationen *Addition, Skalarmultiplikation* und *Tensorprodukt* definieren. Weitere wichtige Tensor-Operationen sind in Bild 9.3 zusammengestellt. Die *Inversion, Transposition, Symmetrie* und *Spur* eines Tensors sind selbsterklärend. Erwähnenswert sind die unterschiedlichen Zerlegungsmöglichkeiten eines Tensors, insbesondere die additive Zerlegung von $\hat{\boldsymbol{T}}$ in einen symmetrischen und einen antisymmetrischen Anteil. Auch die additive Zerlegung in einen symmetrischen *Kugeltensor* $\hat{\boldsymbol{T}}_{\mathrm{K}}$ und den zugehörigen antisymmetrischen *Deviator* $\hat{\boldsymbol{T}}_{\mathrm{D}}$ wird in der Kontinuumsmechanik recht häufig verwendet.

9.3 Vektor- und Tensoranalysis

Vektor- und Tensorfelder lassen sich nicht nur algebraisch verknüpfen, es sind auch analytische Verfahrensweisen aus der Differential- und Integralrechnung anwendbar. Die allgemeine Vorgehensweise bei der Differentiation wird prinzipiell klar, wenn man die Richtungsableitung bzw. den Gradienten eines Skalarfeldes $\varphi(\boldsymbol{x})$ betrachtet, hierbei sei $\boldsymbol{x}$ der Anschaulichkeit halber ein 3D-Vektor. Jedem Ort $\boldsymbol{x}$ des dreidimensionalen Raumes wird auf eindeutige Weise ein Wert $\varphi(\boldsymbol{x})$ zugeordnet. Typische Vertreter von Skalarfeldern sind z. B. die räumliche Temperaturverteilung $T(\boldsymbol{x})$, die Luftdruckverteilung $p(\boldsymbol{x})$ oder ein topologisches Höhenprofil $\mathrm{h}(\boldsymbol{x})$. Solche Verteilungen lassen sich durch Niveaulinien $\varphi(\boldsymbol{x})$ = const. visualisieren, womit sich die Ableitung von $\varphi(\boldsymbol{x})$ in Richtung des Normalenvektors $\boldsymbol{n}$ und der Gradient von $\varphi(\boldsymbol{x})$ recht anschaulich darstellen lassen, wie in Bild 9.4 gezeigt. Die Rechenvorschrift zur Bildung des Differentialquotienten entspricht exakt jener, wie wir sie von Funktionen f(x) einer skalaren Veränderlichen her kennen. Die vektorielle Ableitung $\partial\varphi/\partial\boldsymbol{n}$ eines Skalarfeldes ist demnach ein Skalarfeld und ergibt sich aus dem Skalarprodukt des Gradientenvektors $\mathbf{grad}\varphi(\boldsymbol{x})$ und dem Richtungsvektor $\boldsymbol{n}$.

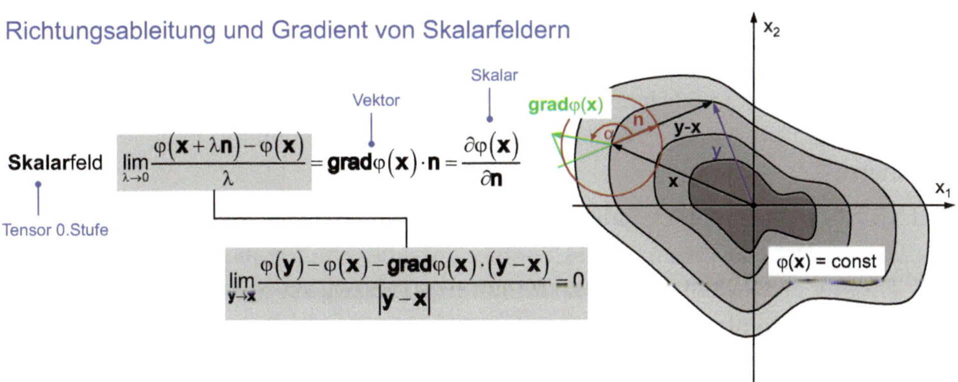

Bild 9.4 Zusammenhang zwischen Richtungsableitung und Gradient eines Skalarfeldes.

Völlig analog lassen sich die Richtungsableitung und der Gradient von Vektor- und Tensorfeldern definieren. Es zeigt sich auch in diesen Fällen, dass die Richtungsableitung eines Vektor- bzw. Tensorfeldes wiederum ein Vektor- bzw. Tensorfeld ist und über das innere Produkt von Gradientenfeld und Richtungsvektor gebildet wird. Hierbei erhöht die Gradientenbildung die entsprechende Tensorstufe um einen weiteren Index und die Multiplikation mit $\boldsymbol{n}$ bringt die Anzahl freier Indizes wieder auf den Ausgangswert zurück.

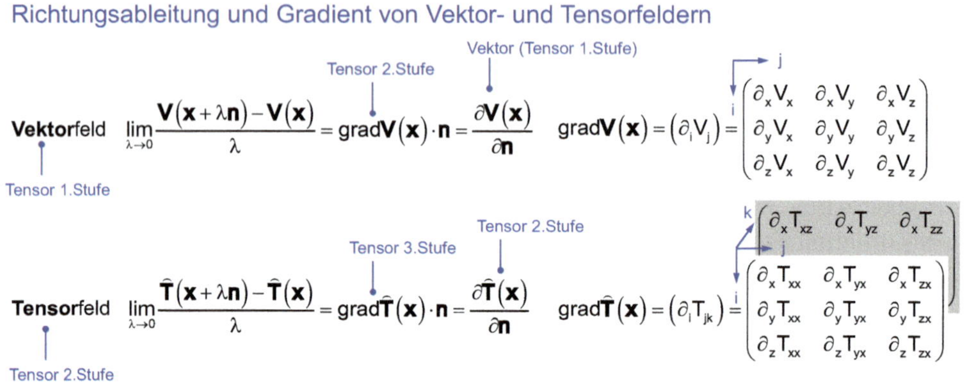

Richtungsableitung und Gradient von Vektor- und Tensorfeldern

Vektorfeld (Tensor 1.Stufe)

$$\lim_{\lambda\to 0}\frac{\mathbf{V}(\mathbf{x}+\lambda\mathbf{n})-\mathbf{V}(\mathbf{x})}{\lambda}=\mathrm{grad}\mathbf{V}(\mathbf{x})\cdot\mathbf{n}=\frac{\partial\mathbf{V}(\mathbf{x})}{\partial\mathbf{n}}\qquad \mathrm{grad}\mathbf{V}(\mathbf{x})=(\partial_i V_j)=\begin{pmatrix}\partial_x V_x & \partial_x V_y & \partial_x V_z\\ \partial_y V_x & \partial_y V_y & \partial_y V_z\\ \partial_z V_x & \partial_z V_y & \partial_z V_z\end{pmatrix}$$

(grad V: Tensor 2.Stufe; ∂V/∂n: Vektor (Tensor 1.Stufe); Indizes i, j)

Tensorfeld (Tensor 2.Stufe)

$$\lim_{\lambda\to 0}\frac{\hat{\mathbf{T}}(\mathbf{x}+\lambda\mathbf{n})-\hat{\mathbf{T}}(\mathbf{x})}{\lambda}=\mathrm{grad}\hat{\mathbf{T}}(\mathbf{x})\cdot\mathbf{n}=\frac{\partial\hat{\mathbf{T}}(\mathbf{x})}{\partial\mathbf{n}}\qquad \mathrm{grad}\hat{\mathbf{T}}(\mathbf{x})=(\partial_i T_{jk})=\begin{pmatrix}\partial_x T_{xx} & \partial_x T_{yx} & \partial_x T_{zx}\\ \partial_y T_{xx} & \partial_y T_{yx} & \partial_y T_{zx}\\ \partial_z T_{xx} & \partial_z T_{yx} & \partial_z T_{zx}\end{pmatrix}\ \ldots\ \begin{pmatrix}\partial_x T_{xz} & \partial_x T_{yz} & \partial_x T_{zz}\\ \ldots\end{pmatrix}$$

(grad T: Tensor 3.Stufe; ∂T/∂n: Tensor 2.Stufe; Indizes i, j, k)

Bild 9.5 Zusammenhang zwischen Richtungsableitung und Gradient eines Vektor- und eines Tensorfeldes.

Der Gradient eines Vektorfeldes hat hierbei die Form einer Matrix, wird also durch einen Tensor 2. Stufe mit zwei freien Indizes repräsentiert. Der Gradient eines Tensorfeldes ist mit drei freien Indizes etwas unübersichtlicher, aber immerhin noch räumlich darstellbar (vgl. Bild 9.5).

Neben dem Gradienten existieren noch zwei weitere Formen der Differentiation, die Divergenz und die Rotation. Die Divergenz beschreibt die lokale *„Quellstärke"* eines Vektor- oder Tensorfeldes und die Rotation deren lokale *„Wirbelstärke"*. Veranschaulichen lassen sich beide Formen der Differentiation am Beispiel von Vektorfeldern.

Bild 9.6 zeigt die entsprechenden Zusammenhänge. Die Divergenz eines Vektorfeldes $\boldsymbol{E}(\boldsymbol{r})$ am Ort $\boldsymbol{r}$ ist demnach die Summe der Änderungen jeder Feldkomponente $\boldsymbol{E}_{x,y,z}$ entlang der jeweiligen Ortskoordinate x,y,z. Ist dieser Wert (die Steigung) positiv (negativ), so nimmt die entsprechende Feldkomponente zu (ab). Man sagt, es liege lokal eine Quelle (Senke) des Vektorfeldes vor, d. h. bildlich gesprochen entstehen (vergehen) an diesem Ort das Feld beschreibende *„Feldlinien"*. Im Gegensatz dazu ist die Rotation eines Vektorfeldes $\boldsymbol{B}(\boldsymbol{r})$ wiederum ein Vektorfeld, das lokal die Orientierung und die Stärke der Verwirbelung von $\boldsymbol{B}$ aufzeigt. **rot$\boldsymbol{B}$(r)** ist hierbei die Summe dreier rotationssymmetrischer Wirbel am Ort $\boldsymbol{r}$, jeweils ermittelt bezüglich der x,y,z-Einheitsvektoren (Rotationsachsen).

Gradient
- am Beispiel eines Skalarfeldes $\varphi(\mathbf{r})$
- erzeugt einen Vektor
- zeigt die lokale Richtung max. Steigung

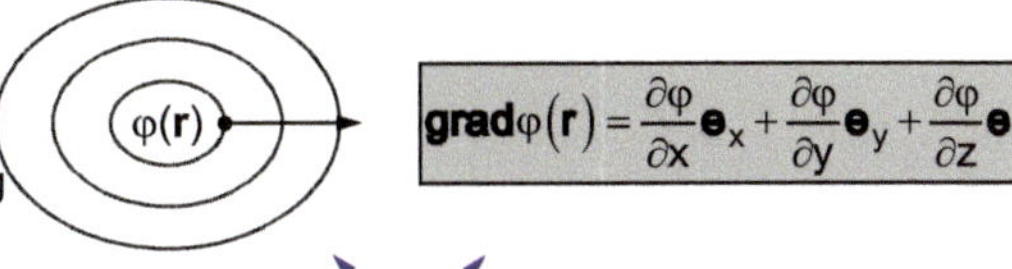

Divergenz
- am Beispiel eines Vektorfeldes $\mathbf{E}(\mathbf{r})$
- erzeugt ein Skalar
- lokale Erzeugung neuer Feldlinien („Quellstärke")

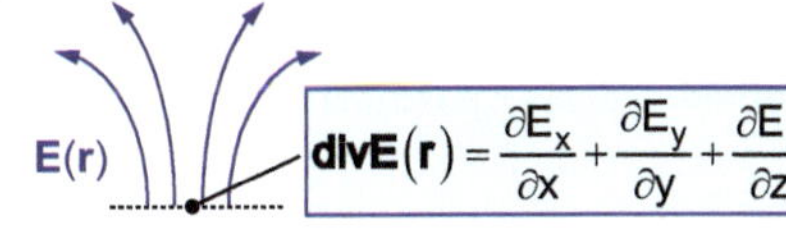

$\mathbf{rotB}(\mathbf{r})$ $\mathbf{B}(\mathbf{r})$

Rotation
- am Beispiel eines Vektorfeldes $\mathbf{B}(\mathbf{r})$
- erzeugt einen Vektor
- Orientierung und Stärke lokaler Wirbel („Wirbelstärke")

$$\mathbf{rotB}(\mathbf{r}) = \left(\frac{\partial B_z}{\partial y} - \frac{\partial B_y}{\partial z}\right)\mathbf{e}_x + \left(\frac{\partial B_x}{\partial z} - \frac{\partial B_z}{\partial x}\right)\mathbf{e}_y + \left(\frac{\partial B_y}{\partial x} - \frac{\partial B_x}{\partial y}\right)\mathbf{e}_z$$

Bild 9.6 Zur Interpretation der Differentialoperationen *Divergenz* und *Rotation* eines Vektorfeldes in drei Dimensionen.

Bild 9.6 legt eine einfache formale Darstellung der genannten Differentialoperationen nahe. Beschreibt man nämlich die partiellen Ableitungen nach x,y,z in Form eines Vektors ∇ (→ Nabla-Operator), so erhält man folgende Zusammenhänge

$$\left.\begin{aligned} \mathbf{grad}\varphi(\boldsymbol{r}) &= \nabla\varphi(\boldsymbol{r}) \\ \mathbf{div}\boldsymbol{E}(\boldsymbol{r}) &= \nabla\cdot\boldsymbol{E}(\boldsymbol{r}) \\ \mathbf{rot}\boldsymbol{B}(\boldsymbol{r}) &= \nabla\times\boldsymbol{B}(\boldsymbol{r}) \end{aligned}\right| \text{ mit } \nabla \equiv \begin{pmatrix} \partial_x \\ \partial_y \\ \partial_z \end{pmatrix} = \partial_x\boldsymbol{e}_x + \partial_y\boldsymbol{e}_y + \partial_z\boldsymbol{e}_z \qquad \text{Gl. 9.1}$$

d. h. man folgt formal den Regeln der Vektorrechnung.

Die Divergenz eines Vektorfeldes lässt sich aber auch über den zugehörigen Feldgradienten ermitteln, wie in Bild 9.7 dargestellt. Der Gradient ist in diesem Fall ein Tensor 2. Stufe. Multipliziert mit dem Einheitstensor erhält man das gewünschte skalare Resultat. Entsprechend kann die Divergenz eines Tensors 2. Stufe bestimmt werden, was nur der Vollständigkeit halber in Dyadendarstellung angegeben ist.

Divergenz von Vektor- und Tensorfeldern

Tensor 2.Stufe — Skalar

Vektorfeld (Tensor 1.Stufe)

$$\operatorname{div}V(x) = \operatorname{grad}V(x)\cdot\hat{I} = \begin{pmatrix} \partial_x V_x & \partial_x V_y & \partial_x V_z \\ \partial_x V_y & \partial_y V_y & \partial_z V_y \\ \partial_x V_z & \partial_y V_z & \partial_z V_z \end{pmatrix}\cdot\begin{pmatrix} 1 & 0 & 0 \\ 0 & 1 & 0 \\ 0 & 0 & 1 \end{pmatrix} = \partial_x V_x + \partial_y V_y + \partial_z V_z$$

Tensor 3.Stufe — Vektor

Tensorfeld (Tensor 2.Stufe)

$$\operatorname{div}\hat{T}(x) = \operatorname{grad}\hat{T}(x)\hat{I} = \left(\partial_i T_{jk} g_i \otimes g_j \otimes g_k\right)\left(g_l \otimes g^l\right) = \partial_i T_{jk}\left(g_j \cdot g_k\right) g_i = \partial_i T_{jk} g_{jk} g_i$$

Bild 9.7 Zur Divergenz und Rotation eines Vektor- und Tensorfeldes, ermittelt über die zugehörigen Gradientenfelder.

Bei der Integration von Vektor- und Tensorfeldern sind in der Physik zwei Integralsätze von grundlegender Bedeutung: Der Gauß'sche Satz und der Satz von Stokes. Bild 9.8 beschreibt die entsprechenden Zusammenhänge unter Verwendung des Nabla-Operators (Gl. 9.1).

Integralsätze

1. Flächen- vs. **Linien**integral...*

→ STOKES'scher Satz

$$\int_A (\,d\mathbf{A}\times\boldsymbol{\nabla})\circ = \oint_S d\mathbf{s}\,\circ$$

Beispiel aus der Elektrodynamik

→ magnetisches Wirbelfeld

$$\int_A (\boldsymbol{\nabla}\times\mathbf{H})\cdot d\mathbf{A} = \oint_S \mathbf{H}\cdot d\mathbf{s}$$

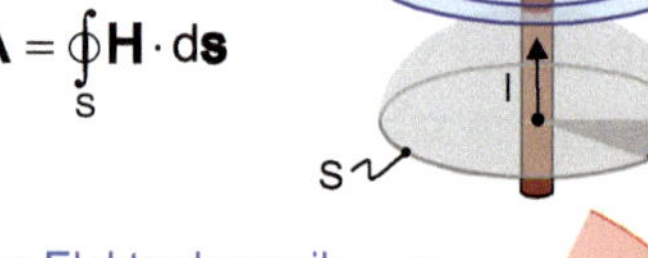

2. Volumen- vs. **Flächen**integral...*

→ GAUß'scher Satz

$$\int_V dV\boldsymbol{\nabla}\circ = \oint_{\partial V} d\mathbf{A}\,\circ$$

Beispiel aus der Elektrodynamik

→ elektrisches Quellenfeld

$$\int_V \boldsymbol{\nabla}\cdot\mathbf{E}\; dV = \oint_{\partial V} \mathbf{E}\cdot d\mathbf{A}$$

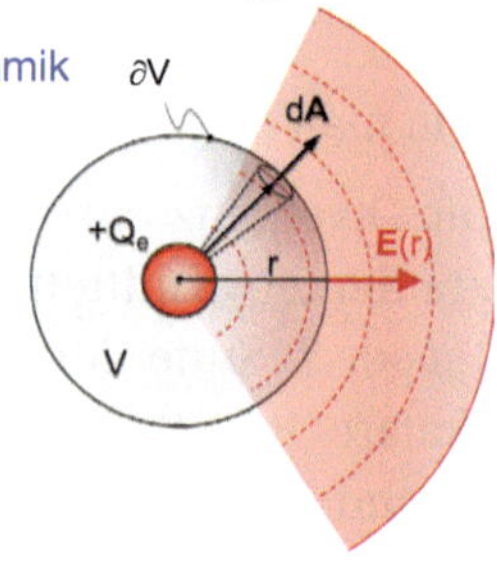

* abhängig vom Argument repräsentiert ∘ die skalare Multiplikation oder das innere / äußere Produkt von Vektoren bzw. Tensoren

Bild 9.8 Allgemeine Darstellung der Integralsätze von Gauß bzw. Stokes. Die Beispiele aus der Elektrodynamik beziehen sich auf das Magnetfeld $\boldsymbol{H}$ eines stromdurchflossenen Leiters und das elektrische Feld $\boldsymbol{E}$ um eine positive elektrische Ladung Q_e.

Beide Sätze gelten nicht nur in drei Dimensionen, sondern ganz allgemein in N Dimensionen. Abhängig vom Argument repräsentiert die Verknüpfung o die skalare Multiplikation oder das innere/äußere Produkt von Vektoren bzw. Tensoren (2. Stufe). Beispielhaft sind zwei Gesetzmäßigkeiten aus der Elektrodynamik genannt, die mithilfe der Integralsätze in die bekannte differentielle Form gebracht werden können:

$$\mathbf{div}\boldsymbol{E} = \frac{\rho_e}{\varepsilon_0} \text{ und } \mathbf{rot}\boldsymbol{H} = \boldsymbol{j}_e \qquad \text{Gl. 9.2}$$

mit der elektrischen Ladungsdichte ρ_e und der Stromdichte $\boldsymbol{j}_e$.

9.4 Impulsströme in der Kontinuumsmechanik

Mathematisch kann man Bewegung in einem Kontinuum auf zweierlei Weise beschreiben.[3] Einem klassischen Teilchenansatz entsprechend, geht man in der sog. **Lagrange-Darstellung** davon aus, dass das Kontinuum aus infinitesimalen Volumenelementen zusammengesetzt ist und verfolgt die Trajektorie $\boldsymbol{r}(t)$ eines jeden einzelnen Elementarvolumens. Jedes dieser *„Quasi-Teilchen"* und damit auch jeder Bahnverlauf kann eindeutig über den Ortsvektor $\boldsymbol{r}_0$ zum Startzeitpunkt t_0 referenziert werden.

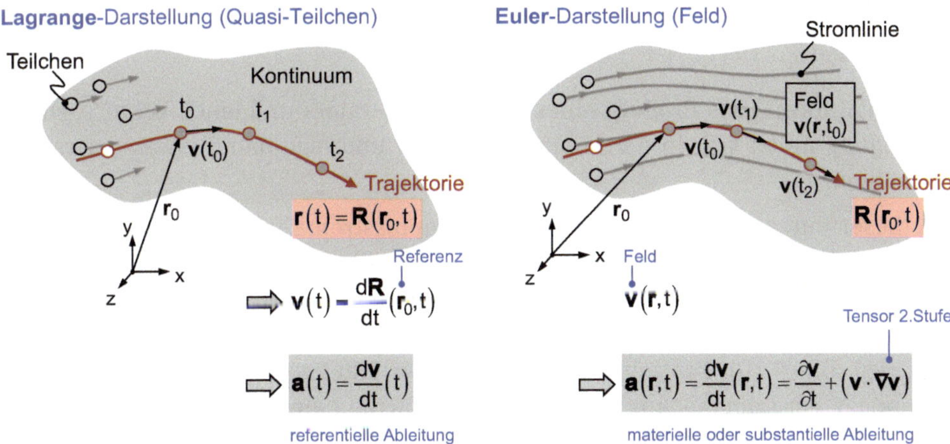

Bild 9.9 Verschiedene Bezugssysteme zur mathematischen Beschreibung von Bewegung in einem Kontinuum.

Entsprechende Zeitableitungen (→ referentielle Ableitung) legen die zugehörige Geschwindigkeit $\boldsymbol{v}(\boldsymbol{r}_0,t)$ und Beschleunigung $\boldsymbol{a}(\boldsymbol{r}_0,t)$ längs der Trajektorie fest (linkes Schema in Bild 9.9). So einfach die mathematische Darstellung auch sein mag, so kompliziert und unhandlich wird sie bei der Beschreibung eines ganzen Kontinuums solcher *„Quasi-Teilchen"*. Ein entscheidender Aspekt des Kontinuum-Ansatzes ist gerade die Vernachlässigung eventueller Substrukturen, weil man sich in erster Linie für die makroskopischen physikalischen Eigenschaften des Materialverbundes interessiert. Solche Kontinuumseigenschaften definieren Felder, wie etwa das Geschwindigkeitsfeld $\boldsymbol{v}(\boldsymbol{r},t)$, die Dichte $\rho(\boldsymbol{r},t)$ oder den Druck $p(\boldsymbol{r},t)$ in einer Flüssigkeitsströmung. Betrachtet man beispielsweise das Geschwindigkeitsfeld $\boldsymbol{v}(\boldsymbol{r},t)$ am Ort $\boldsymbol{r}_0$ zur Zeit t_0, so entspricht $\boldsymbol{v}(\boldsymbol{r}_0,t_0)$ selbstverständlich der Geschwindigkeit des anfänglich beschriebenen Volumenelementes aus der Lagrange-Darstellung und das zugehörige *„Quasi-Teilchen"* bewegt sich entsprechend in der Zeit $\mathrm{d}t$ um $\mathrm{d}\boldsymbol{r}$ parallel zu $\boldsymbol{v}$ weiter, also parallel zum lokalen Verlauf der *„Stromlinie"* in diesem Feld. Dessen Beschleunigung $\boldsymbol{a}(\boldsymbol{r},t)$ setzt sich jedoch in der Feld- oder Euler-Darstellung aus zwei Teilen zusammen: Zum einen kann sich das Geschwindigkeitsfeld (→ Stromlinienbild) explizit mit der Zeit ändern und zum anderen ist das Feld i. Allg. ortsabhängig, sodass es bereits durch die Bewegung selbst zu einer Geschwindigkeitsänderung kommt (rechtes Schema in Bild 9.9). Die entsprechende Differentiationsvorschrift nennt man materielle oder auch substanzielle Ableitung, weil lokal gebunden an ein materielles *„Quasi-Teilchen"*. Ist das Geschwindigkeitsfeld stationär, so verschwindet die explizite Zeitabhängigkeit und das Stromlinienbild bleibt erhalten. Nur für diesen Fall folgt die Trajektorie eines *„Quasi-Teilchens"* der zugehörigen Stromlinie. Der Tensor 2. Stufe im Geschwindigkeitsanteil der Beschleunigung mag irritieren (Gradient eines Vektors, vgl. Bild 9.7). Man kann den Ausdruck allerdings auch umschreiben, gemäß (Einstein'sche Summenkonvention)

$$\boldsymbol{v}\cdot\nabla\mathbf{v} = v_i\cdot\left(\partial_i v_j\right) = \left(v_i\partial_i\right)\cdot v_j = \left(\boldsymbol{v}\cdot\nabla\right)\boldsymbol{v} \qquad \text{Gl. 9.3}$$

und erhält formal das Produkt eines skalaren Operators und eines Vektors. Diese Darstellung findet sich in der Literatur häufiger und mag daher etwas vertrauter erscheinen.

Mit dieser kurzen Einführung lassen sich Impulsströme in Kontinuen mathematisch recht einfach darstellen. Ausgangspunkt ist die sog. **Euler-Gleichung** eines idealen (soll heißen reibungsfreien) materiellen Kontinuums, d. h. der Newton'sche Kraftansatz (→ Impulstransport) unter Berücksichtigung der substantiellen Ableitung (vgl. Bild 9.10). Die zeitliche Änderung der lokalen Impulsdichte $\boldsymbol{\rho}_p = \rho\boldsymbol{v}$ im Volumen V wird demnach bestimmt über die Dichte einer externen Impulsstromquelle $\rho\boldsymbol{f}$ (→ *„äußere Kraftdichte"*) abzüglich eines möglichen auf das Volumen einwirkenden isotropen Druckgradienten innerhalb des Kontinuums. Mit wenigen

Umformungen[4] erhält man hieraus eine Kontinuitätsgleichung für die Impulsdichte mit dem Impulsstromdichte-Tensor

$$\hat{\boldsymbol{\Pi}} = \left(\rho \cdot v_i v_j + p \cdot \delta_{ij}\right) \qquad \text{Gl. 9.4}$$

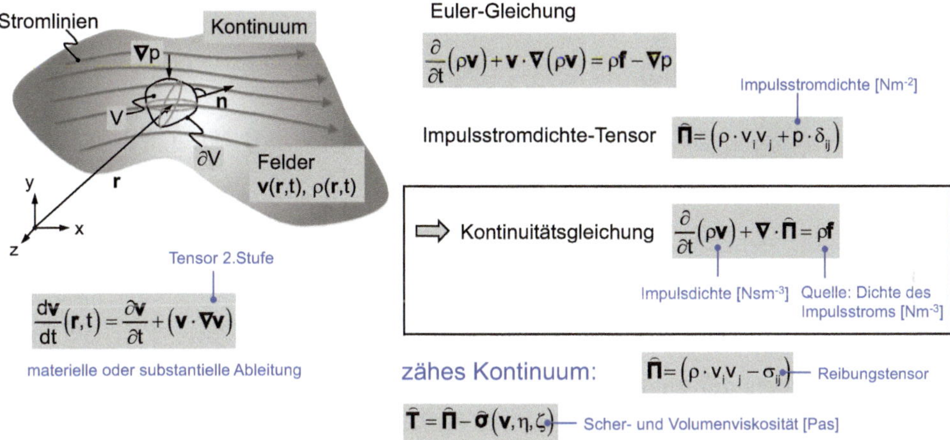

Bild 9.10 Der Impulsstromdichte-Tensor und die Kontinuitätsgleichung im Falle eines idealen und eines zähen Kontinuums.

Liegt kein Quellterm vor und ist die Divergenz dieses Tensors negativ (positiv), so erhöht (erniedrigt) sich die lokale Impulsdichte, einmal bedingt durch die materielle Bewegung selbst und zum anderen durch die Einwirkung des lokalen (isotropen) Druckgradienten.

Treten Reibungsphänomene auf (vgl. Abschnitt 5.2.2 *Die Reibung*), so wird die lokale Impulsbilanz durch zusätzliche Scher- und Kompressionseffekte beeinflusst, beschrieben über materialspezifische Parameter η, ζ, der sog. Scher- bzw. Volumenviskosität, jeweils gemessen in [Pas]. Es stellen sich lokal Relativbewegungen innerhalb des Materials ein. Der diagonale Druck-Tensor ($p\delta_{ij}$) enthält jetzt weitere, nichtdiagonale Spannungselemente und wird zum Reibungstensor (σ_{ij}). Lassen wir jetzt die Materialzähigkeiten gegen Unendlich gehen, so beschreiben wir mit diesem Formalismus Festkörper[5] (vgl. Bild 9.11). Relative Bewegungsvorgänge, d.h. relative Verschiebungen im Körper sind demnach klein und es dominiert einzig der Spannungstensor (σ_{ij}). Die zugehörige Kontinuitätsgleichung trägt jetzt einen anderen Namen und heißt *1. Bewegungsgleichung von Cauchy* (vgl. Abschnitt 4.2.3 *Die Kontinuumsmechanik*).

Impulsströme: Festkörper (Viskosität → ∞, kleine Verschiebungen)

$$\mathbf{p}_K = \int_K \rho(\mathrm{r,t}) \cdot \mathrm{v}\, dV \Rightarrow \frac{d\mathbf{p}_K}{dt} = \int_K \tilde{f}(\mathrm{r,t})dV - \int_{\partial K} \boldsymbol{\sigma}_n(\mathrm{r,t})dA \longrightarrow -\boldsymbol{\sigma}_n(\mathrm{r,t})\big|_A = +\boldsymbol{\sigma}_{-n}(\mathrm{r,t})\big|_A$$

$$\Rightarrow \int_K \left[\frac{\partial \mathbf{p}_p}{\partial t}(\mathbf{r},t) - \tilde{\mathbf{f}}(\mathbf{r},t)\right] dV = -\int_{\partial K} \hat{\boldsymbol{\sigma}}(\mathbf{r},t)\mathbf{n}\, dA$$

Tensor der Impulsstromdichte [Nm⁻²]

1. Bewegungsgleichung von Cauchy

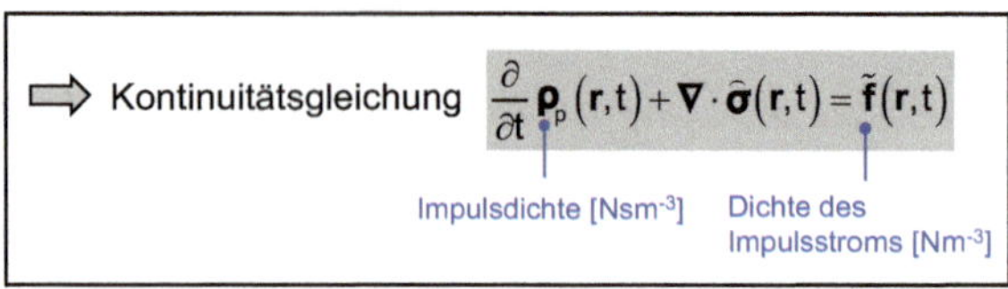

Bild 9.11 Der Impulsstromdichte-Tensor im Festkörper und die 1. Cauchy'sche Bewegungsgleichung.

Es greift also stets der gleiche mathematische Formalismus, ob nun explizite Strömungsvorgänge aus der Hydrodynamik zu beschreiben sind oder mechanische Spannungen innerhalb eines Festkörpers. Wesentlich hierbei ist, dass das Zeitverhalten der Impulsstromdichte der folgenden allgemeinen Beziehung genügt

$$\frac{\mathrm{d}}{\mathrm{d}t}(\rho \mathbf{v}) = \frac{\partial}{\partial t}(\rho \boldsymbol{v}) + (\boldsymbol{v} \cdot \nabla \boldsymbol{v}) = \frac{\partial}{\partial t}(\rho \boldsymbol{v}) + \nabla \cdot \left(\hat{\boldsymbol{\Pi}} - \hat{\boldsymbol{\sigma}}\right) \qquad \text{Gl. 9.5}$$

Insbesondere gilt im sog. *„statischen Fall"* definitionsgemäß

$$\frac{\mathrm{d}}{\mathrm{d}t}(\rho \boldsymbol{v}) = 0 \Leftrightarrow \frac{\partial}{\partial t}(\rho \boldsymbol{v}) = -\nabla \cdot \left(\hat{\boldsymbol{\Pi}} - \hat{\boldsymbol{\sigma}}\right) \qquad \text{Gl. 9.6}$$

Gl. 9.6 beschreibt das sogenannte *„Kräftegleichgewicht"*, wie wir es aus der *Klassischen Mechanik* her kennen. Im Festkörper dominieren einzig zeitlich veränderliche relative Verschiebungen $\partial \boldsymbol{u}/\partial t$ und auf der rechten Seite von (Gl. 9.6) verbleibt der Spannungs- bzw. Reibungstensor (P_{ij}), gemäß (der Übersicht wegen sei $\cdot \equiv \partial/\partial t$)

$$\left(\mathrm{P}_{ij}\right) = p\delta_{ij} - \eta \cdot \left(\frac{\partial \dot{u}_i}{\partial x_j} + \frac{\partial \dot{u}_j}{\partial x_i}\right) = p\delta_{ij} - 2\eta\dot{\varepsilon}_{ij} \qquad \text{Gl. 9.7}$$

mit dem Verzerrungstensor (ε_{ij}), wie er in Abschnitt 4.2.3.2 eingeführt wurde.

Mit anderen Worten:

Ist im *„statischen Fall“* die Divergenz des Impulsstromdichte-Tensors ungleich Null, so ist die Impulsdichte explizit von der Zeit abhängig und der zugehörige Impulsdichte-Strom ist **identisch** mit der negativen Divergenz des Tensors. Das sogenannte *„Kräftegleichgewicht“* beschreibt also tatsächlich einen Prozess und keinen Zustand.

Ein wichtiger Befund! Deshalb auch hier nochmals der Hinweis: (Gl. 9.6) beschreibt *keine* kausale Beziehung und setzt auch *keine* physikalischen Größen in Bezug, die im Grunde als qualitativ verschieden zu betrachten wären - so etwas gibt es in der Physik nicht! Vielmehr repräsentiert (Gl. 9.6) eine *mathematische Gleichung*, d. h. die linke Seite ist der rechten Seite gleich, quantitativ (Zahlenwerte) *und* qualitativ (Einheiten). Der Impulsdichtestrom (→ *„Kraftdichte“*) hält der Divergenz des Tensors (→ *„Gegenkraftdichte“*) eben nicht das Gleichgewicht, sodass sich kausal *„statische Verhältnisse“* einstellen können, vielmehr *ist* der Impulsdichtestrom die (negative) Divergenz des Tensors! Man löse sich also von diesen *„Kausalitäts-Gedanken“*, weil sie leicht auf einen *„wissenschaftlichen Holzweg“* führen.

Einmal auf diesem *„Holzweg“* unterwegs, verbindet man gewöhnlich mit dem Begriff *„Statik“* einen *Zustand*, nämlich den *„Zustand der Ruhe“*. Die *„Kinetik“* hingegen, befasse sich mit einem *Prozess*, nämlich dem *„Prozess der Bewegung“*, im Sinne einer stetig fortschreitenden Veränderung der Position im Raum. Tatsächlich aber beschreiben beide Disziplinen den gleichen *physikalischen Vorgang*, nämlich einen Impulstransport durch Impulsströme $\mathrm{d}\boldsymbol{p}/\mathrm{d}t$ (→ *„Dynamik“*, vgl. Bild 9.12). In diesem Sinne befasst sich die Statik mit geschlossenen Transportkreisläufen, d. h. die Impulsbilanz ist in solchen Fällen überall stets Null (→ lokale Impulserhaltung), während die Kinetik sich mit offenen Stromkreisläufen befasst, d. h. Impuls wird im Verlauf des Transportvorgangs lokal akkumuliert, etwa bei der Wechselwirkung zweier Körper, sodass sich deren relativer *Bewegungszustand* entsprechend verändert.

Dann wäre da noch die *„Kinematik“*, also die *„rein“* mathematische Beschreibung beispielsweise einer beliebigen Kurve im dreidimensionalen Raum, die wiederum das Bild einer Teilchenbahn darstellen kann, sobald die Mathematisierung weitere physikalische Befunde zum Teilchenaspekt, wie etwa den Impuls, die Masse etc. mitberücksichtigt.

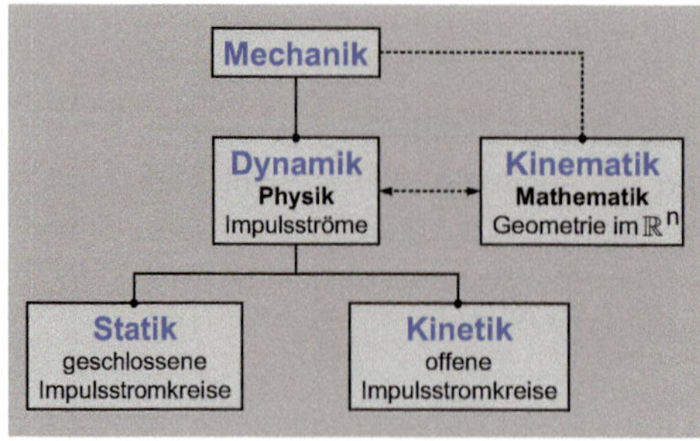

Bild 9.12
Die in der Physik übliche Strukturierung der Mechanik, beschrieben im Impulsstrombild.

Im Impulsstrom-Bild erscheint diese Art der Differenzierung der Mechanik doch recht *„künstlich"* und im Grunde wenig aussagekräftig, denn die geschilderte *„Strukturierung der Mechanik"* geht letztlich auf den Newton'schen Kraftbegriff zurück und der Hypothese, dass der *„Kraft"* eine unabhängige physikalische Bedeutung zukommen müsse, sodass Bewegung sich im Sinne einer Kausalanalyse darstellen lässt - dem ist aber nicht so (vgl. Abschnitt 4.2 *Das Konzept der Kraft*).

Anmerkungen

1 *http://de.wikipedia.org/wiki/Formelsammlung_Tensoralgebra.*

2 *http://www15.ovgu.de/exph/mathe_gl/index.html.*

3 Die Betrachtung folgt z. T. den Ausführungen zur Hydrodynamik in (Schadschneider, 2011). Eine ausführliche Darstellung findet sich in L. D. Landau und E. M. Lifschitz, *Lehrbuch der theoretischen Physik, Band VI: Hydrodynamik*, Akademie-Verlag, Berlin (1966).

4 vgl. (Schadschneider, 2011), Kapitel II.3.2 Impulsstrom, S. 24 ff.

5 Beispiel: η(Wasser) = 10^{-3} Pas und η(Erdkruste) ≅ 10^{+25} Pas = 10^{+28} η(Wasser).

10 Zitate

Z_0: aus *Eugen Roths Großes Tierleben*, Vorwortgedicht *„Zum Geleit“*, Absatz 3 und 4, S. 5 f., Nikol Verlagsgesellschaft, Hamburg, 2006.

„[...]
Die Wissenschaft, sie ist und bleibt,
Was einer ab vom andern schreibt.
Doch trotzdem ist, ganz unbestritten,
Sie immer weiter fortgeschritten;
Drum eins: seid nur nicht gleich ergrimmt,
Wenn irgendwas bei mir nicht stimmt,
Weil es an Wissen mir gebrach –
Schlagt halt im großen Grzimek nach!
Der Leser, traurig, aber wahr,
Ist häufig unberechenbar:
Hat er nicht Lust, hat er nicht Zeit,
Dann gähnt er: »alles viel zu breit!«
Doch wenn er selber etwas sucht,
Was ich, aus Raumnot, nicht verbucht,
Wirft er voll Stolz sich in die Brust:
»Aha, das hat er nicht gewusst!«
Man weiß, die Hoffnung wär' zum Lachen,
Es allen Leuten recht zu machen.
[...]“

Diese einführenden Zeilen von Eugen Roth erinnerten mich auf eigentümliche Weise an die Ausarbeitung wissenschaftlicher Publikationen in der Physik und die oftmals darauf folgenden mehr oder weniger sinnvollen Kommentare seitens Dritter, um es humorvoll zu umschreiben.

Z_1: aus Brief-No. 52 vom 04. 12. 1926, aus A. Einstein, H. und M. Born, *Briefwechsel 1916 - 1955*, kommentiert von Max Born, Rowolth-Verlag GmbH, Hamburg (1972), S. 98.

„[...] Die Quantenmechanik ist sehr achtung-gebietend. Aber eine innere Stimme sagt mir, daß das doch nicht der wahre Jakob ist. Die Theorie liefert viel, aber dem Geheimnis des Alten bringt sie uns kaum näher. Jedenfalls bin ich überzeugt, daß der nicht würfelt. Wellen im 3n-dimensionalen Raum, deren Geschwindigkeit durch potentielle Energie (z. B. Gummibänder) reguliert wird ...[?!]"

Max Born kommentierte diese Zeilen auf bemerkenswerte Weise:

„Das Urteil Einsteins über die Quantenmechanik war ein harter Schlag für mich: er lehnte sie ab - zwar ohne eigentliche Begründung, vielmehr unter Berufung auf »eine innere Stimme«. Diese Ablehnung spielt in späteren Briefen eine große Rolle. Sie beruht auf einer tiefen philosophischen Meinungsverschiedenheit, die Einstein von der jüngeren Generation trennte, zu der ich mich auch zählte, obwohl ich nur wenige Jahre jünger war als Einstein."

Generationenkonflikte zwischen *„altehrwürdiger Tradition"* und *„revolutionärer Jugend"* gab und gibt es also auch in der Physik. Die ablehnende innere Stimme Einsteins beruhte auf seiner festen Überzeugung, dass jedwedes physikalische Phänomen einem strengen Kausalitätsprinzip *„Ursache → Wirkung"* genügen müsse. Ein grundlegendes Missverständnis, denn bei genauerer Betrachtung folgt selbst die *Klassische Mechanik* keinem derartigen Prinzip (vgl. hierzu Abschnitt 4.3.4 *Das Kausalitätsproblem in der Physik*), selbst wenn man chaotisches Verhalten in der klassischen Physik außen vor lässt - also nichtlineare Phänomene, welchen man seinerzeit kaum Beachtung schenkte, obwohl bereits allgemein bekannt.

Z_2: aus Philipp Lenard, *Deutsche Physik in vier Bänden*, München 1936, Bd. I, Vorwort S. IX. Wikipedia; ein PDF zu Band 1 ist auf archive zu finden, allerdings *ohne* (!) das Vorwort, denn Seite IX fehlt. Lenards Kurzbiographie kann bei LeMO nachgelesen werden.

„»Deutsche Physik«? wird man fragen. - Ich hätte auch arische Physik oder Physik der nordisch gearteten Menschen sagen können, Physik der Wirklichkeits-Ergründer, der Wahrheit-Suchenden, Physik derjenigen, die Naturforschung begründet haben. - »Die Wissenschaft ist und bleibt international!« wird man mir einwenden wollen.

Dem liegt aber ein Irrtum zugrunde. In Wirklichkeit ist die Wissenschaft, wie alles, was Menschen hervorbringen, rassisch, blutmäßig bedingt. Ein Anschein von Internationalität kann entstehen, wenn aus der Allgemeingültigkeit der Ereignisse der Naturwissenschaft zu Unrecht auf allgemeinen Ursprung geschlossen wird oder wenn übersehen wird, dass die Völker verschiedener Länder, die Wissenschaft gleicher oder verwandter Art geliefert haben wie das deutsche Volk, dies nur deshalb und insofern konnten, weil sie ebenfalls vorwiegend nordischer Rassenmischung sind oder waren."

Einmal mehr zeigt sich, Bildung und insbesondere naturwissenschaftliche Bildung ist weder notwendige noch hinreichende Voraussetzung für die Entwicklung adäquater sozialer und moralischer Kompetenzen als *die* entscheidende Grundlage für ein verantwortungsbewusstes gesellschaftliches Handeln. Nobelpreisträger sehe ich hier auf besondere Weise in der Verantwortung! Ein gravierendes Fehlverhalten wie u. a. Lenard es zeigte, sollte zu einer nachträglichen Aberkennung dieser Auszeichnung führen. Alfred Nobel (1833 – 1896) verfügte seinerzeit testamentarisch, dass unabhängig von Nationalität oder Geschlecht *„[...] Preise denen zuerteilt werden, die [auf dem Gebiet der Physik, Chemie, Medizin und Literatur] im verflossenen Jahr der Menschheit den größten Nutzen gebracht haben“*.[1] Es steht für mich außer Frage, dass Lenard, ein prominenter Physiker und Nobelpreisträger seiner Zeit, durch seine nationalsozialistische Agitation stattdessen dazu beitrug, der Menschheit größten Schaden zuzufügen. Indem er die Physik für seine rassistische Weltanschauung instrumentalisierte, stellte er sich meines Erachtens eindeutig gegen Nobels Verfügung.

Auch andere Nobelpreisträger aus Physik und Chemie scheuten zu Beginn des 20. Jahrhunderts keine Anstrengung um (Teilen) der Menschheit Schaden zuzufügen, letztlich hervorgerufen durch einen zu jener Zeit ausgeprägten Patriotismus innerhalb Europas (Kolonialzeit), der schließlich in einen allgemein akzeptierten Nationalismus mündete. Während des 1. Weltkrieges waren auf deutscher Seite Walther Nernst und Fritz Haber *die* führenden Wissenschaftler bei der Entwicklung *„effizienter“* chemischer Kampfstoffe (Giftgas-Geschosse) zum Zwecke der Massenvernichtung. In diesem Zusammenhang sind (leider) auch zu nennen Max Planck, Otto Hahn, James Franck, Gustav Hertz sowie Johannes Stark und andere. Stark, ebenfalls Nobelpreisträger, war darüber hinaus zu Nazi-Zeiten neben Lenard ein weiterer aktiver Verfechter *„Deutscher Physik“*. (Quellen: Chronik der DPG; Universitätsarchiv der Universität Würzburg; Leopoldina; LeMO; Wikipedia; u. a.).[2]

Z_3: aus Heinrich Hertz, *Die Principien der Mechanik in neuem Zusammenhange dargestellt*, 1894, Einleitung S. 1 f.

Zum naturwissenschaftlichen Modellbegriff:

> *„[...] Das Verfahren aber, dessen wir uns zur Ableitung des Zukünftigen aus dem Vergangenen und damit zur Erlangung der erstrebten Voraussicht stets bedienen, ist dieses: Wir machen uns innere Scheinbilder oder Symbole der äußeren Gegenstände, und zwar machen wir sie von solcher Art, daß die denknotwendigen Folgen der Bilder stets wieder Bilder seien von den naturnotwendigen Folgen der abgebildeten Gegenstände. Damit diese Forderung überhaupt erfüllbar sei, müssen gewisse Übereinstimmungen vorhanden sein zwischen der Natur und unserem Geiste. Die Erfahrung lehrt uns, daß die Forderung erfüllbar ist und daß also solche Übereinstimmungen in der Tat bestehen. Ist es uns einmal geglückt, aus der angesammelten Erfahrung Bilder von der verlangten Eigenschaft abzuleiten, so können wir an ihnen, wie an Modellen, in kurzer Zeit die Folgen entwickeln, welche in der äußeren Welt erst in längerer Zeit oder als Folge unseres Eingreifens auftreten werden; wir*

vermögen so den Tatsachen vorauszueilen und können nach der gewonnenen Einsicht unsere gegenwärtigen Entschlüsse richten.

Die Bilder, von welchen wir reden, sind unsere Vorstellungen von den Dingen; sie haben mit den Dingen die eine wesentliche Übereinstimmung, welche in der Erfüllung der genannten Forderung liegt, aber es ist für ihren Zweck nicht nötig, daß sie irgend eine weitere Übereinstimmung mit den Dingen haben. In der Tat wissen wir auch nicht und haben auch kein Mittel zu erfahren, ob unsere Vorstellungen von den Dingen mit jenen in irgendetwas anderem übereinstimmen als allein in eben jener einen fundamentalen Beziehung."

Heinrich Hertz umschreibt hier auf recht anschauliche Weise den physikalischen Modellierungsprozess und den zugehörigen Abbildungsvorgang (Mathematisierung) in die Welt der Symbole sowie den damit verknüpften *geistigen Scheinbildern* (Interpretationen), die wir Physiker uns über mögliche strukturelle Zusammenhänge *„in der Welt da draußen"* so vorstellen bzw. ausmalen.

Z_4: aus Immanuel Kants Vorrede zur *Kritik der reinen Vernunft*, 2. Auflage, 1787.

Zur naturwissenschaftlichen Arbeitsweise in der Physik:

„Als Galilei seine Kugeln die schiefe Fläche mit einer von ihm selbst gewählten Schwere herabrollen, oder Torricelli die Luft ein Gewicht, was er sich zum voraus dem einer ihm bekannten Wassersäule gleich gedacht hatte, tragen ließ, [...]; so ging allen Naturforschern ein Licht auf. Sie begriffen, daß die Vernunft nur das einsieht, was sie selbst nach ihrem Entwurfe hervorbringt, daß sie mit Prinzipien ihrer Urteile nach beständigen Gesetzen vorangehen und die Natur nötigen müsse auf ihre Fragen zu antworten, nicht aber sich von ihr allein gleichsam am Leitbande gängeln lassen müsse; denn sonst hängen zufällige, nach keinem vorher entworfenen Plane gemachte Beobachtungen gar nicht in einem notwendigen Gesetze zusammen, welches doch die Vernunft sucht und bedarf. Die Vernunft muß mit ihren Prinzipien, nach denen allein übereinkommende Erscheinungen für Gesetze gelten können, in einer Hand, und mit dem Experiment, das sie nach jenen ausdachte, in der anderen, an die Natur gehen, zwar um von ihr belehrt zu werden, aber nicht in der Qualität eines Schülers, der sich alles vorsagen läßt, was der Lehrer will, sondern eines bestallten Richters, der die Zeugen nötigt auf die Fragen zu antworten, die er ihnen vorlegt. Und so hat sogar Physik die so vorteilhafte Revolution ihrer Denkart lediglich dem Einfalle zu verdanken, demjenigen, was die Vernunft selbst in die Natur hineinlegt, gemäß, dasjenige in ihr zu suchen, (nicht ihr anzudichten), was sie von dieser lernen muß, und wovon sie für sich selbst nichts wissen würde. Hierdurch ist die Naturwissenschaft allererst in den sicheren Gang einer Wissenschaft gebracht worden, da sie so viel Jahrhunderte durch nichts weiter als ein bloßes Herumtappen gewesen war."

Aus heutiger Sicht eine *„amüsante"* Vorstellung naturwissenschaftlichen Schaffens: Die menschliche Vernunft reflektiert über grundlegende physikalische Prinzipien und Gesetze, um die Natur in der Folge zu nötigen entsprechende Fragen (tunlichst richtig?) zu beantworten. Auf diese Weise *„funktioniert"* die Physik nicht! Etwa 150 Jahre später, im Zuge der Entwicklung der Quantenmechanik, wird man erstmals erkennen, dass der Mensch kein unabhängiger Beobachter außerhalb des Naturgeschehens sein kann (wie auch?), sondern selbst eine wesentliche Komponente des *„Spiels"* darstellt. Heute, mehr als 200 Jahre nach der Erstausgabe von Kants *„Kritik der reinen Vernunft"* (1781), mangelt es der Grundlagenphysik nicht an schönen Ideen zu neuen physikalischen Prinzipien und Gesetzmäßigkeiten, dennoch scheint sie an allen Fronten *„bloß herumzutappen"* und nicht mehr so recht zu wissen, wie man *„vernünftige Fragen"* an die Natur zu stellen hat, um sich nicht von ihr *„am Leitbande gängeln zu lassen"*.

Dennoch gibt es auch in heutiger Zeit namhafte Physikdidaktiker, die (sehr) überzeugte Anhänger der Kant'schen Vorstellungen sind, wie das nachfolgende Zitat von Prof. Dr. W. Kuhn beispielhaft verdeutlichen soll.

Z_5: aus W. Kuhn, *Phänomene und/oder Theorien - eine didaktische Alternative?*, PdN-Ph. 1/44, 1995, S. 3.

Zur wissenschaftstheoretischen Analyse pädagogischer Desiderate:

> *„[Kant'sches Zitat* Z_4*] ... Diese brillante Formulierung der physikalischen Methode unseres großen Königsberger Philosophen der »vorteilhaften Revolution« der naturwissenschaftlichen Denkart muß unseren modernen, pädagogisch intendierten »einhändigen« Gegenrevolutionären deutlich ins Stammbuch geschrieben werden. An passender Stelle sollte man sie als besonderes Gegenbeispiel für die heutige sprachliche Verwilderung im Physikunterricht vorlesen.*
>
> *Ich höre schon das Geschrei der Böotier[3], das sei doch wohl unseren Schülern nicht zumutbar und man wolle keine geistige Elitebildung via anspruchsvollem Gymnasium. In der Tat wird ein gewisser Teil der heute das Gymnasium bevölkernden Schüler einem gehobenen intellektuellen Anspruch nur bedingt gewachsen sein.*
>
> *Physikalische Erkenntnisgewinnung bedarf einer besonderen geistigen Anstrengung, der sich nicht alle Schüler stellen wollen und - man muß es ehrlich sagen - wofür nicht alle konditioniert sind."*

Ohne Worte ...?! Die weiteren Ausführungen Prof. Kuhns zum intellektuellen Niedergang der *„gymnasialen Bildung"* als eine direkte Folge des *„bildungspolitischen Desiderats"* erspare ich mir (uns) an dieser Stelle.

Z_6: aus Rudolf Clausius: *Über verschiedene für die Anwendung bequeme Formen der Hauptgleichungen der mechanischen Wärmetheorie*, Pogg. Ann. Bd. 125 (1865), S. 390; Google-Books.

> *„Sucht man für S einen bezeichneten Namen, so könnte man, ähnlich wie von der Größe U gesagt ist, sie sey der Wärme- und Werkinhalt des Körpers, von der Größe S sagen, sie sei der Verwandlungsinhalt des Körpers. Da ich es aber für besser halte,*

die Namen derartiger für die Wissenschaft wichtiger Größen aus den alten Sprachen zu entnehmen, damit sie unverändert in allen neuen Sprachen angewandt werden können, so schlage ich vor, die Größe S nach dem griechischen Worte ἡ τροπὴ, die Verwandlung, die ***Entropie*** *des Körpers zu nennen. Das Wort* ***Entropie*** *habe ich absichtlich dem Worte* ***Energie*** *möglichst ähnlich gebildet, denn die beiden Größen, welche durch diese Worte benannt werden sollen, sind ihren physikalischen Bedeutungen nach einander so nahe verwandt, daß eine gewisse Gleichartigkeit in der Benennung mir zweckmäßig zu sein scheint.“*

Ein interessantes Bild, wie Rudolf Clausius seinerzeit die experimentellen Befunde zu interpretieren wusste. Die Entropie beschreibt demnach den *„Verwandlungsinhalt“* eines Körpers in Anlehnung an dessen *„Wärmeinhalt“*. Auch die Namensgebung zu einer (neuen) physikalischen Größe, vornehmlich und *„standesgemäß“* in Alt-Griechisch oder Latein, waren damals keine *Ad-hoc*-Entscheidungen des Physikers, sondern basierten auf recht subtilen altsprachlichen Überlegungen, wie es scheint.

Clausius schließt seine Betrachtungen über die Hauptgleichungen der mechanischen Wärmetheorie mit der beachtenswerten Feststellung:

Vorläufig will ich mich darauf beschränken, als ein Resultat anzuführen, dass, wenn man sich dieselbe Grösse, welche ich in Bezug auf einen einzelnen Körper seine ***Entropie*** *genannt habe, in consequenter Weise unter Berücksichtigung aller Umstände für das ganze Weltall gebildet denkt, und wenn man daneben zugleich den anderen seiner Bedeutung nach einfacheren Begriff der* ***Energie*** *anwendet, man die den beiden Hauptsätzen der mechanischen Wärmetheorie entsprechenden Grundgesetze des Weltalls in folgender einfacher Form aussprechen kann.*

1) Die Energie der Welt ist constant.

2) Die Entropie der Welt strebt einem Maximum zu.

Obwohl Clausius in seiner Abhandlung bereits den modernen Begriff *„Energie“* anstelle von *„Kraft“* bzw. *„lebendige Kraft“* verwendete, brauchte es noch einige Jahrzehnte bis sich die Physikergemeinde diesen Begriff zu eigen machte (siehe nachfolgendes Zitat).

$\mathbf{Z_7}$: aus Rudolf Clausius: *Die mechanische Wärmetheorie*, Bd. I, Braunschweig 1887, S. 22 – 23; Wikimedia.

„Nachdem in früherer Zeit fast allgemein die Ansicht gegolten hatte, dass die Wärme ein besonderer Stoff sei, welcher in den Körpern in grösserer oder geringerer Menge vorhanden sei, und dadurch ihre höhere oder tiefere Temperatur bedinge, und welcher auch von den Körpern ausgesandt werde, und dann den leeren Raum und auch solche Räume, welche ponderable Masse enthalten, mit ungeheurer Geschwindigkeit durchfliege, und so die strahlende Wärme bilde, hat sich in neuerer Zeit die Ansicht Bahn gebrochen, dass die Wärme eine Bewegung sei. Dabei wird die in den Körpern befindliche Wärme, welche die Temperatur derselben bedingt, als eine Be-

wegung der ponderablen Atome betrachtet, an welcher auch der im Körper befindliche Aether theilnehmen kann, und die strahlende Wärme wird als eine schwingende Bewegung des Aethers angesehen.

Auf eine Auseinandersetzung der Thatsachen, Versuche und Schlussweisen, durch welche man zu dieser veränderten Ansicht geführt wurde, will ich hier nicht eingehen, weil dabei manches zur Sprache kommen müsste, was besser erst im Verlaufe des Buches an den geeigneten Stellen besprochen wird. Ich glaube, die Uebereinstimmung der aus der neuen Theorie abgeleiteten Resultate mit der Erfahrung wird am besten dazu dienen können, die Grundlagen der Theorie als richtig zu bestätigen.

Wir wollen also bei unserer Entwickelung von der Annahme ausgehen, dass die Wärme in einer Bewegung der kleinsten Körper und Aethertheilchen bestehe, und dass die Quantität der Wärme das Maass der lebendigen Kraft dieser Bewegung sei. Dabei wollen wir über die Art der Bewegung gar keine besondere Voraussetzung machen, sondern nur den Satz von der Aequivalenz von lebendiger Kraft und Arbeit, welcher für jede Art von Bewegung gilt, auf die Wärme anwenden und den dadurch entstehenden Satz als ersten Hauptsatz der mechanischen Wärmetheorie hinstellen."

Dieser einleitende Text von Rudolf Clausius zum Ausgangspunkt seiner Wärmetheorie beschreibt sehr gut den Wissensstand um die Jahrhundertwende. Anfang des 20. Jahrhunderts etabliert sich der Energiebegriff, die *„lebendige Kraft"* wird *„kinetische Energie"*, zum Konzept der *„ponderablen Atome"* sind seinerzeit die Ansichten immer noch geteilt, ebenso bezüglich der Existenz von *„Ätherteilchen"*. Auch der Entropiebegriff wurde noch ausgesprochen kontrovers diskutiert und war keineswegs ein allgemein akzeptiertes physikalisches Konzept.

Z_8: aus Victor K. La Mer, *Some Current Misconceptions of N. L. Sadi Carnot's Memoir and Cycle*, American Journal of Physics 22, 20 (1954); *http://doi.org/10.119/1.1933600, http://aapt.scitation.org/doi/10.1119/1.1933600.*

„The indiscriminate translation of the words »feu«, »chaleur«, and »calorique«, uniformly as heat (or »Wärme«) in the accepted translations of Carnot's memoir, without recognizing differences in meaning which Carnot consistently implied, has led to erroneous misinterpretations of his thesis, which are prevalent in present day texts.

Carnot had at least an intuitive conception of the modern interpretation of entropy in his consistent use of »chute de calorique« as analogous to »chute d'eau«. He never speaks of »chute de chaleur«.

One needs only to identify »calorique« as entropy and »chaleur« as heat to achieve simplicity and lucidity in understanding his memoir and at the same time imparting accordance with modern theory for pertinent passages that have been misconstrued."

Leider spiegeln vorwiegend ältere Übersetzungen wissenschaftlicher Texte oftmals das beschränkte Sprachverständnis der Übersetzer wider, insbesondere wenn diese vom Fach zu sein glauben und mit ihrer Übersetzung im Grunde nur die eigenen wissenschaftlichen Gedanken (bzw. Verständnisschwierigkeiten) wiedergeben, die sodann unerschütterlich (in dem jeweiligen Sprachraum) alle Zeiten überdauern, denn auch in diesem Falle gilt *„Die Wissenschaft, sie ist und bleibt, was einer ab vom anderen schreibt ...“* (Eugen Roth). Deshalb sollte man durchaus einen prüfenden Blick in die Originalarbeiten wagen!

Vergleiche hierzu auch eine Zusammenfassung in Science.

Victor K. La Mer, *Some Current Misconceptions of N. L. Sadi Carnot's Memoir and Cycle*, Science, 10 Jun 1949: Vol. 109, Issue 2841, pp. 598; DOI: *http://doi.org/10.1126/science.109.2841.598*

Z_9: aus H. Helmholtz, *Über die Erhaltung der Kraft, eine physikalische Abhandlung*, S. 26, Reimer Verlag, Berlin (1847); *http://www.deutschestextarchiv.de/book/show/helmholtz_erhaltung_1847.*

Zum Phänomen der Reibung:

> *„Man pflegt in der Mechanik die Reibung als eine Kraft darzustellen, welche der vorhandenen Bewegung entgegenwirkt, und deren Intensität eine Function der Geschwindigkeit ist. Offenbar ist diese Auffassung nur ein zum Behuf der Rechnungen gemachter, höchst unvollständiger Ausdruck des complicirten Vorgangs, bei welchem die verschiedensten Molecülarkräfte in Wechselwirkung treten. Aus jener Auffassung folgte, dass bei der Reibung lebendige Kraft absolut verloren ginge, ebenso nahm man es beim elastischen Stosse an. Dabei ist aber nicht berücksichtigt worden, dass abgesehen von der Vermehrung der Spannkräfte durch die Compression der reibenden oder gestossenen Körper, uns sowohl die gewonnene Wärme eine Kraft repräsentirt, durch welche wir mechanische Wirkungen erzeugen können, als auch die meistentheils erzeugte Electricität entweder direct durch ihre anziehenden und abstossenden Kräfte, oder indirect dadurch dass sie Wärme entwickelt. Es bliebe also zu fragen übrig, ob die Summe dieser Kräfte immer der verlorenen mechanischen Kraft entspricht.”*

Z_{10}: ebd., Einleitung, S. 5.

Zum Phänomen *„Bewegung im Raum“* durch eine sie *„verursachende Bewegungskraft“*:

> *Bewegung ist Aenderung der räumlichen Verhältnisse. Räumliche Verhältnisse sind nur möglich gegen abgegrenzte Raumgrössen, nicht gegen den unterschiedslosen leeren Raum. Bewegung kann deshalb in der Erfahrung nur vorkommen als Aenderung der räumlichen Verhältnisse wenigstens zweier materieller Körper gegen einander; Bewegungskraft, als ihre Ursache, also auch immer nur erschlossen werden für das Verhältniss mindestens zweier Körper gegen einander, sie ist also zu definiren als das Bestreben zweier Massen, ihre gegenseitige Lage zu wechseln. Die Kraft*

> *aber, welche zwei ganze Massen gegen einander ausüben, muss aufgelöst werden in die Kräfte aller ihrer Theile gegen einander; die Mechanik geht deshalb zurück auf die Kräfte der materiellen Puncte, d. h. der Puncte des mit Materie gefüllten Raums. Puncte haben aber keine räumliche Beziehung gegen einander als ihre Entfernung, denn die Richtung ihrer Verbindungslinie kann nur im Verhältniss gegen mindestens noch zwei andere Puncte bestimmt werden. Eine Bewegungskraft, welche sie gegen einander ausüben, kann deshalb auch nur Ursache zur Aenderung ihrer Entfernung sein, d. h. eine anziehende oder abstossende. Dies folgt auch sogleich aus dem Satz vom zureichenden Grunde. Die Kräfte, welche zwei Massen auf einander ausüben, müssen nothwendig ihrer Grösse und Richtung nach bestimmt sein, sobald die Lage der Massen vollständig gegeben ist. Durch zwei Puncte ist aber nur eine einzige Richtung vollständig gegeben, nämlich die ihrer Verbindungslinie; folglich müssen die Kräfte, welche sie gegen einander ausüben, nach dieser Linie gerichtet sein, und ihre Intensität kann nur von der Entfernung abhängen.*

Das sind durchaus treffende Überlegungen zur Physik von *„Bewegungskräften"*. Damit einhergehende Probleme werden in Abschnitt 4.4.5.7 angesprochen.

Anmerkungen

1 Seit 1968 wird auch ein *„Nobelpreis"* für Wirtschaftswissenschaften vergeben. Diese Auszeichnung wird allerdings von der Schwedischen Zentralbank gestiftet und ist deshalb nicht Bestandteil der Nobelstiftung.

2 eine Literaturempfehlung zum damaligen politisch-gesellschaftlichen Geschehen: Ch. Clark, *Die Schlafwandler - Wie Europa in den ersten Weltkrieg zog*, Pantheon Verlag, München, 2015. Um in diesem Zusammenhang möglichen Missverständnissen vorzubeugen: Selbstverständlich sollte man *Werk* und *Autor* grundsätzlich getrennt betrachten. Private Lebensumstände, fragwürdige Moralvorstellungen etc. eines Autors disqualifizieren i. Allg. nicht die innovative Qualität seines Werkes (ein aktuelles Beispiel: Erwin Schrödingers Verfehlungen). Auszeichnungen hingegen betreffen sowohl das Werk als auch den Autor - dies trifft insbesondere auf den Nobelpreis zu, wie oben bereits ausgeführt. Je nach Universität sind auch mit der Verleihung der Doktorwürde oftmals *„adäquate Verhaltensrichtlinien"* verknüpft - universitäre Statuten, die auch zukünftig einzuhalten sind und die im Falle einer späteren Nichteinhaltung (etwa durch betrügerisches Verhalten seitens des Autors) zu einer Aberkennung der Doktorwürde führen kann, selbst, wenn die seinerzeit (mit-)ausgezeichnete Promotionsarbeit wissenschaftlich einwandfrei und von hoher Qualität war.

3 Für leidtragende Schüler und Studenten pädagogischer Desiderate: Böotier sind denkfaul, schwerfällig, ungebildet, bäurisch und unkultiviert. Herkunft: Böotier waren die Einwohner Böotiens (genauer: Boiotiens) im antiken Mittelgriechenland, welche von den Griechen und Römern als dumme Bauern angesehen wurden. (Quelle Wikipedia: Boiotien). Was lernen wir hieraus: Im gesellschaftlichen Miteinander gab und gibt es immer wieder Diskriminierung und Ausgrenzung und zwar unabhängig von der intellektuellen Leistungsfähigkeit des Einzelnen und der Gesellschaft als Ganzes.

11 Glossar

Griechische Symbole

α_{th}	thermischer Ausdehnungskoeffizient [K^{-1}]
γ_0	Gravitationsfeldkonstante $\gamma_0 = 1/4\pi G_N = 1{,}192 \cdot 10^{+9}$ [$kgm^{-3}s^2$]
γ_{ART}	Ein die Raumzeit-Metrik definierender Fitparameter der ART
δ_x	Ablenkwinkel eines Lichtstrahls im Gravitationsfeld ["], Index x = CM, ART, Newton
∂V	volumenbegrenzende Oberfläche [m^2]
ε	relative Dehnung
	elektrische Permittivität [$AsV^{-1}m^{-1}$]
ε_r	relative elektrische Permittivität $\varepsilon_r = \varepsilon/\varepsilon_0$
$\hat{\varepsilon}$	Verzerrungstensor $\hat{\varepsilon} = \left(\varepsilon_{ij}\right)$
ε_0	elektrische Feldkonstante $\varepsilon_0 = 8{,}854 \cdot 10^{-12}$ [$AsV^{-1}m^{-1}$]
E	Proportionalitätskonstante der elektrischen Kraftwechselwirkung
η	Viskosität [Pas]
$\hat{\boldsymbol{I}}$	Einheitstensor $\hat{\boldsymbol{I}} = \left(\delta_{ij}\right)$
$\boldsymbol{\kappa}_{E\text{-}H}$	Kraftdichte des elektromagnetischen Feldes [Nm^{-3}]
$\boldsymbol{K}_{E\text{-}H}$	elektromagnetische Feldkraft [N]
λ_0	Wärmeleitfähigkeit [$Wm^{-1}K^{-1}$]
	Wellenlänge einer Spektrallinie [m]
λ_m	mittlere Wärmeleitfähigkeit [$Wm^{-1}K^{-1}$]
	de-Broglie-Wellenlänge [m]
Λ	kosmologische Konstante
μ	Poisson'sche Querkontraktionszahl
	magnetische Permeabilität [$VsA^{-1}m^{-1}$]

μ_r	relative magnetische Permeabilität $\mu_r = \mu/\mu_0$
μ_0	magnetische Feldkonstante $\mu_0 = 4\pi \cdot 10^{-7} \cong 1{,}2566 \cdot 10^{-6}$ [VsA^{-1}m^{-1}]
M	Proportionalitätskonstante der magnetischen Kraftwechselwirkung
M_0	Milne-Konstante [kg]
π_x	x = e-m, mech steht für die elektromagnetische, mechanische Impulsdichte [Nsm^{-3}]
ρ_x	x = E,m,p für **E**nergiedichte [Jm^{-3}], **M**assedichte [kgm^{-3}], Impulsdichte [Nsm^{-3}]
ρ_E	mittlere Dichte der Erde [kgm^{-3}]
$\rho_{E\text{-}H}$	Energiedichte des elektromagnetischen Feldes [Jm^{-3}]
ρ_{th}	thermische Quellendichte [Wm^{-3}]
P	Referenzradius der Bahngleichung im Zentralkraftfeld in Polarkoordinaten [m]
$\hat{\boldsymbol{\sigma}}$	mechanischer Spannungstensor $\hat{\boldsymbol{\sigma}} = \left(\sigma_{ij}\right)$ [Nm^{-2}]
$\hat{\boldsymbol{\sigma}}_{G,H,E}$	Spannungstensor des **G**-,**H**- bzw. **E**-Feldes [Nm^{-2}]
$\hat{\boldsymbol{\sigma}}_{E\text{-}H}$	Maxwell'scher Spannungstensor des elektromagnetischen Feldes [Nm^{-2}]
σ_x	mechanische Spannung [Nm^{-2}] in x-Richtung
$\boldsymbol{T}$	Schubspannungsvektor $\boldsymbol{T} = (\tau_{yz}, \tau_{zx}, \tau_{xy})$ [Nm^{-2}]
$\hat{\boldsymbol{\tau}}$	Schubspannungstensor $\hat{\boldsymbol{\tau}} = \left(\tau_{ij}\right)$ [Nm^{-2}]
φ_x	x = g,m,e für das **g**ravitative [ms^{-2}], **m**agnetische [A], **e**lektrische Potential [V]
Δ	Laplace-Operator Δ = **divgrad**, Ableitung einer skalaren Funktion (vgl. math. Anhang)
$\Delta\nu_{Cs}$	Strahlungsfrequenz des Hyperfeinstrukturüberganges im Grundzustand von ^{133}Cs
χ	intensive physikalische Größe (Intensität einer Energiemenge)
$\chi_{e,m}$	elektrische bzw. magnetische Suszeptibilität
X	extensive physikalische Größe (Energieträger)
Ω	Raumwinkel

Lateinische Symbole

$\boldsymbol{a}$	Beschleunigung [ms^{-2}], lat. **a**ccelerare: *beeilen, beschleunigen*
A	mechanische **A**rbeit [Nm]
	Fläche [m^2], lat. **a**rea: *Fläche, Gebiet, Platz*
$\boldsymbol{A}$	Lenz-Runge-Vektor [$kg^2m^3s^{-2}$],
	magnetisches Vektorpotential [A]
AE	**A**stronomische **E**inheit 1 AE = 149 597 870 700 m (exakt)
b	galaktische Breite [−90°,+90°]
$\boldsymbol{B}$	magnetische Influenz/Induktion/Flussdichte [Vsm^{-2}]
c_0	Lichtgeschwindigkeit im Vakuum c_0 = 299 792 458 [ms^{-1}] (exakt)
c_m	mittlere Wärmekapazität [$Jkg^{-1}K^{-1}$]
$c_{T,L}$	transversale bzw. longitudinale Schallgeschwindigkeit im Festkörper [ms^{-1}]
C_p	Impulskapazität [kg]
D	Federkonstante [Nm^{-1}],
	Drehmoment [Nm],
	Dissipativität [JK^{-1}] → Entropie
$\boldsymbol{D}$	elektrische Influenz/dielektrische Verschiebung [Asm^{-2}]
div	**Div**ergenz, vektorielle Ableitung einer Vektorfunktion (vgl. mathematischer Anhang)
e_X	spezifische Eigenschaft eines reinen Materials X innerhalb eines Materialverbundes
e_{eff}	effektive Eigenschaft eines Materialverbundes
e_0	elektrische Elementarladung $e_0 = 1{,}602176634 \cdot 10^{-19}$ [C]
E	**E**nergie [J = kgm^2s^{-2}], lat. **e**nergia: *Energie, Effizienz*
	Elastizitätsmodul [Nm^{-2}]
E^*	relativistische Ko-**E**nergie [J = kgm^2s^{-2}]
E_{kin}	kinetische **E**nergie [J = kgm^2s^{-2}], $E_{kin} = \boldsymbol{p}^2/(2m)$
E	Ereignis am Ort $\boldsymbol{r}$ zum Zeitpunkt t
$\boldsymbol{E}$	elektrische Feldstärke (Vektor) [Vm^{-1}]
$\boldsymbol{F}$	Kraft [N = $kgms^{-2}$], lat. **f**ortitudo: *Stärke*
	elektrisches Vektorpotential [V]
g_E	mittlere Erdbeschleunigung $g_E = 9{,}81\ ms^{-2}$

G_N	Proportionalitätskonstante der gravitativen Kraftwechselwirkung oder auch kurz Gravitationskonstante, in SI-Einheiten ist $G_N = 6{,}67430(15) \cdot 10^{-11}$ [$m^3kg^{-1}s^{-2}$],
G	Schub- oder Torsionsmodul [Nm^{-2}]
$\boldsymbol{G}$	Gravitationsfeldstärke (Vektor) [$m \cdot s^{-2}$]
grad	**Grad**ient, vektorielle Ableitung einer skalaren Funktion (vgl. mathematischer Anhang)
h	Planck-Konstante/Planck'sches Wirkungsquantum $h = 6{,}6260701 \cdot 10^{-34}$ [Js] (exakt)
H	**H**amilton-Funktion $H = \boldsymbol{q} \cdot \boldsymbol{p} \cdot \mathrm{L}(\boldsymbol{q},\boldsymbol{p},t) = T + V$
H_0	**H**ubble-Konstante $H_0 = 67{,}4 \pm 0{,}5$ [$kms^{-1}Mpc^{-1}$] (Planck-Kollaboration)
$\boldsymbol{H}$	magnetische Feldstärke (Vektor) [Am^{-1}],
$\boldsymbol{j}_x$	x = p Impulsstromdichte [Nm^{-2}]
J_E	Trägheitsmoment der Erde [kgm^2]
k_B	Boltzmann-Konstante $k_B = 1{,}380649 \cdot 10^{-23}$ [JK^{-1}] (exakt)
K	**K**ompressionsmodul [Nm^{-2}]
	Koordinatensystem $\mathrm{K}(\boldsymbol{r},t)$
K_{cd}	photometrisches Strahlungsäquivalent
l	galaktische Länge [0°,360°]
L	**L**agrange-Funktion $L = L(\boldsymbol{q},\boldsymbol{p},t) = T - V$
L	Drehimpulsvektor [Nms]
$L_\odot$	Leuchtkraft der Sonne [W]
Lj	**L**icht**j**ahr 1 Lj = 9 460 730 472 580 800 m (exakt)
m,M	**M**asse [kg], lat. **m**assa: *Menge*
m_0	Ruhemasse [kg]
$\boldsymbol{M}$	magnetische Polarisation (Vektor) [Vsm^{-2}]
M_E	Masse der Erde [kg]
$M_\odot$	Masse der Sonne [kg]
n	Normalenvektor einer Fläche
N_A	Avogadro-Konstante $N_A = 6{,}02214076 \cdot 10^{23}$ [mol^{-1}]
p	Druck [Pa = Nm^{-2}], lat. **p**ressus: *Druck*
	Polstärke der magnetischen Ladung, gemessen in $[Vs \equiv Wb]_{SI}$ bzw. $[cm^{3/2}g^{1/2}s^{-1}]_{CGS}$

$\boldsymbol{p}$	Impuls [kgms^{-1}] (3-dimensional), lat. **p**ellere: *bewegen, stoßen*
	generalisierter Impulsvektor (n-dimensional)
pc	Parallaxensekunde 1 pc = 3,0857 · 10^{16} m
P	Leistung [W = Js^{-1}], lat. **p**otestas: *Macht, Kraft*
$\boldsymbol{P}$	Impulsvektor des Körperschwerpunktes [Ns]
	elektrische Polarisation (Vektor) [Asm^{-2}]
$\boldsymbol{q}$	generalisierter Koordinatenvektor (n-dimensional)
$\dot{Q}_{th}$	thermische Quelle [W]
Q_x,q_x	x = e,m für die **e**lektrische bzw. **m**agnetische Ladung, gemessen in $[As]_e$ bzw. $[Vs]_m$
$\boldsymbol{r}$	Ortsvektor [m] (3-dimensional) $\boldsymbol{r}$ = (x,y,z)
rot	**Rot**ation, vektorielle Ableitung einer Vektorfunktion (vgl. mathematischer Anhang)
R	elektrischer (Ohm'scher) Widerstand [Ω]
	Radius einer 4D-Kugel [m]
$\boldsymbol{R}$	Ortsvektor des Körperschwerpunktes [m] (3-dimensional) $\boldsymbol{R}$ = (x,y,z)
R_0	aktueller Radius des Universums R_0 = [Lichtjahr]
R_E	mittlerer Erdradius (Kugel) [m]
R_o	Radius der Sonne [m]
s	Wegstrecke [m], lat. **s**patium: *Strecke*
S	Entropie [JK^{-1}]
$\boldsymbol{S}$	Poynting-Vektor [Wm^{-2}]
S	physikalisches System
t	Zeit [s], lat. **t**empus: *Zeit, Dauer*
T	**T**emperatur [K];
	kinetische Energie (Klassische Mechanik) $T = T(\boldsymbol{p},t)$
T^*	kinetische Ko-Energie [J = kgm^{2}s^{-2}], $T^* = T^*(\boldsymbol{v},t) = 1/2m\boldsymbol{v}^2$
T_H	aktuelles Alter des Universums $T_H \cong$ 14,4 Mrd. Jahre
T_o	Temperatur der Sonnenoberfläche [K]
$\boldsymbol{v}$	Geschwindigkeitsvektor [ms^{-1}], lat. **v**elocitas: *Schnelligkeit*
v_p	Impulstransportgeschwindigkeit [ms^{-1}]
V	potentielle Energie (Klassische Mechanik) $V = V(\boldsymbol{q},t)$
	Volumen [m^3]

w	Weg-Zeit Intervall in der Minkowski-Darstellung [m]
W	**W**irkung [Js = Nms]
x,y,z	kartesische Ortskoordinaten [m], benannt nach René Descartes
$\hat{x}, \hat{y}, \hat{z}$	kartesische Einheitsvektoren

Fachbegriffe und Abkürzungen

2MASS	**T**wo **M**icron **A**ll **S**ky **S**urvey (2MASS) - *vollständige Himmelsdurchmusterung im nahen IR, durchgeführt von amerikanischen Forschungseinrichtungen.*
AIDA	**A**steroid **I**mpact & **D**eflection **A**ssessment - *ein Gemeinschaftsprojekt von NASA und ESA zur Entwicklung einer Asteroidenabwehr (siehe DART-Mission).*
Äquivalenzprinzip	schwaches - *ein Gravitationsfeld* **G** *wirkt einzig auf die Masse m eines Körpers.*
ART	**A**llgemeine **R**elativitäts-**T**heorie - *eine von Albert Einstein im Jahre 1916 publizierte physikalische Theorie, die Gravitationseffekte auf der mathematischen Basis von differentialgeometrischen Betrachtungen beschreibt.*
Artefakt	*Ein von Menschenhand künstlich geschaffener Gegenstand.*
metrologisches	*Ein zu Messzwecken ausgearbeitetes Vergleichsmuster (Referenzobjekt), wie z. B. ein Maßstab für die Längenmessung oder eine Referenzmasse für die Gewichtsbestimmung etc.*
ATP	**A**denosin-**Tri**-**P**hosphat - *ist ein in lebenden Zellen schnell verfügbarer Energieträger um den Energiebedarf von biologischen Prozessabläufen unmittelbar zu decken.*
Bild	*Ein physikalisches Bild beschreibt die idealisierte Vorstellung zum Sachverhalt einer physikalischen Gegebenheit: siehe Modell.*
Bose-Einstein-Kondensat	*Das Bose-Einstein-Kondensat beschreibt ein quantenmechanisches Phänomen, bei dem eine Vielzahl von Teilchen [Bosonen] denselben quantenmechanischen Zustand einnehmen. Solche Zustände sind dann auch makroskopisch zu beobachten, etwa bei der Supraleitung oder bei der Suprafluidität.*
Cepheiden	*Periodisch veränderliche Sterne. So benannt nach dem ersten Stern dieses Typs, entdeckt im Sternbild Cepheus: Delta Cephei. Das zugehörige Perioden-Leuchtkraft Gesetz wurde um 1910 von der amerikanischen Astronomin Henrietta Swan Leavitt (1868 - 1921) entdeckt.*

cgs	**c**entimeter, **g**ram und **s**econd – *Das anglo-amerikanische Kürzel „cgs" bezieht sich auf die Verwendung des elektromagnetischen Einheitensystems mit den Basisgrößen Länge, Masse und Zeit. Das cgs-System findet z. T. noch in der theoretischen Physik Anwendung.*
CDM	Das Λ-**C**old **D**ark **M**atter – *Standardmodell verwendet, neben der kosmologischen Konstante Λ, insgesamt fünf weitere Parameter, welche die Eigenschaften bzw. Effekte der Dunklen Materie/Energie abbilden sollen.*
CERN	**C**onseil **E**uropéen pour la **R**echerche **N**ucléaire – *Europäische Organisation für die Kernforschung.*
CGPM	**C**onférence **G**énérale des **P**oids et **M**esures – *Generalkonferenz für Maße und Gewichte.*
CMB	**C**osmic **M**icrowave **B**ackground – *die kosmische Hintergrundstrahlung ist eine isotrope elektromagnetische Strahlung, deren frequenzabhängige Intensitätsverteilung der Wärmestrahlung eines schwarzen Körpers der Temperatur $T = 2{,}7$ K entspricht.*
DART	DART-Mission (**D**ouble **A**steroid **R**edirection **T**est) – *ein NASA/ESA-Projekt zur Prüfung der Erhaltungssätze für Energie, Impuls und Drehimpuls im Falle eines Zusammenstoßes mit einem Asteroiden (siehe AIDA-Programm) und der damit verbundenen Hoffnung, dass die per se unbekannten Asteroidenparameter zufällig in einem Wertebereich liegen, sodass sich eine messbare Ablenkung einstellen wird.*
DMS	**D**ehn-**M**ess-**S**treifen – *ein DMS ändert bei Verformung seinen elektrischen Widerstand und ermöglicht auf diese Weise mechanische Spannungen zu messen.*
DOE	**D**esign **o**f **E**xperiment – *eine im industriellen Umfeld gängige Strategie zur Produkt-/Prozessoptimierung. Hierbei werden im Rahmen einer statistischen Versuchsplanung mögliche Einflussgrößen auf die zu optimierende Zielgröße statistisch variiert und das jeweilige Resultat darauf hin systematisch analysiert.*
Dynamik	*Die Dynamik beschreibt Impulstransportprozesse durch Impulsströme dp/dt, wobei in der Teildisziplin Statik die Physik geschlossener Impulsstromkreise untersucht wird, die keine Relativbewegung zulässt (Impulszustrom = Impulsabstrom). Die Kinetik behandelt hingegen offene Impulsstromkreise* $d\mathbf{p}/dt \neq \mathbf{0}$ *und die damit einhergehenden Bewegungsvorgänge.*

eBOSS	**e**xtended **B**aryon **O**scillation **S**pectroscopic **S**urvey (eBOSS) – *eine internationale astro-physikalische Kollaboration zur spektroskopischen Analyse astronomischer Objekte, durchgeführt im Rahmen der SDSS-Initiative.*
EBL	**E**xtragalactic **B**ackground **L**ight – *das extragalaktische Hintergrundlicht beschreibt die elektromagnetische Gesamtstrahlung aller strahlungsemittierenden Objekte im Weltall.*
Edukt	Lat.: „educere“ = herausziehen – *reiner Ausgangsstoff einer chemischen Reaktion, der i.allg. zuvor aus heterogenen Verbindungen gewonnen wird.*
EMA	**E**ffective **M**edium **A**pproximation – *ist eine mathematische Methode die makroskopische (effektive) Materialeigenschaften eines Materialverbundes bestimmt und zwar auf Basis der bekannten Eigenschaften der einzelnen (reinen) Materialkonstituenten.*
Emergenz	Lat.: „emergere“ = auftauchen – *die Ausbildung gänzlich neuer Eigenschaften eines physikalischen Systems, bedingt durch das Zusammenwirken von einzelnen Systemkomponenten.*
Empirismus	*Auf Sinneserfahrung bzw. messtechnische Befunde beruhende Erkenntnisgewinne.*
Erfahrungswelt	*Siehe Realität.*
Ephemeriden	Lat.: „ephemeris“ = Tagebuch – *die tabellarische Erfassung zeitabhängiger Positionswerte astronomischer Objekte.*
epistemisch	Griech.: „epistéme“ = Wissen, Erkenntnis, Einsicht – *erkenntnisbezogen, erkenntnismäßig, erkenntnistheoretisch, wissensmäßig.*
ERB	**E**instein-**R**osen-**B**rücke – *eine im Jahre 1935 von Nathan Rosen gefundene spezielle topologische Raum-Zeit-Struktur der Einstein'schen Feldgleichungen der ART (→ „Wurmloch-Lösung“).*
ESA	**E**uropean **S**pace **A**gency – *ESA ist die europäische Raumfahrtbehörde mit Sitz in Paris.*
FDM	**F**inite **D**ifferenzen **M**ethode – *ein numerisches Verfahren zur Lösung partieller Differentialgleichungen auf Basis sog. finiter Differenzen.*
FEM	**F**inite **E**lemente **M**ethode – *ein numerisches Verfahren zur Lösung partieller Differentialgleichungen auf Basis sog. finiter Elemente.*

GUT	**G**rand **U**nified **T**heory – *ein Modellansatz zur Vereinheitlichung der „Grundkräfte" (mit Ausnahme der Gravitation) im Falle hoher Energien auf nur eine Form der Wechselwirkung.*
Hypothese	*Annahme, deren Gültigkeit noch zu beweisen ist.*
ad-hoc	Lat.: „ad hoc" = außerdem – *weitere nicht beweisbare Zusatzannahmen.*
Instrumentalist	*Ein Begriff aus der Wissenschaftstheorie: Für den Instrumentalisten sind physikalische Modelle ausschließlich adäquate Werkzeuge für eine konsistente Beschreibung der Erfahrungswelt, womit er konkrete Problemstellungen aus Physik und Technik lösen kann.*
IR	**I**nfra-**R**ot – *für das menschliche Auge unsichtbare Wärmestrahlung im μm-Wellenlängenbereich jenseits des roten Lichts.*
ISS	**I**nternational **S**pace **S**tation – *die internationale Raumstation kreist seit 1998 in einer Höhe von ca. 400 km um die Erde.*
Kinematik	*Mathematik: differentialgeometrische Betrachtung funktionaler Zusammenhänge von Trajektorien.*
Kinetik	*Die Kinetik kann als eine Kausalanalyse der Kinematik verstanden werden (Newtons physikalische Interpretation „wirkender Kräfte"), oder alternativ als ein Impulstransportprozess, wobei der Impulsstrom* $d\mathbf{p}/dt$ *lokal die Impulsverteilung verändert, sodass sich Relativbewegungen einstellen.*
KIT	**K**arlsruhe **I**nstitute of **T**echnology – *Technische Universität Karlsruhe.*
KPK	Der **K**arlsruher **P**hysik-**K**urs, *initiiert von F. Herrmann, G. Falk, W. Ruppel (KIT), setzt sog. extensive (mengenartige) physikalische Größen in den Mittelpunkt der naturwissenschaftlichen Betrachtung. Ein in der Thermodynamik üblicher Modellierungsansatz (→ Gibbs'sche Fundamentalform), der aber auch in der Mechanik oder in der Elektrodynamik uneingeschränkt gültig ist.*
LENR	**L**ow **E**nergy **N**uclear **R**eaction – *eine patentierte Variante der sog. „kalten Kernfusion".*
LLNL	**L**awrence **L**ivermore **N**ational **L**aboratory – *eine in Livermore/Kalifornien ansässige Forschungseinrichtung zur Entwicklung neuer Technologien, etwa zur Energiegewinnung.*
Modell	*Ein physikalisches Modell ist ein idealisiertes Bild von Teilaspekten der menschlichen Erfahrungswelt, das stellvertretend zu naturwissenschaftlichen Verständniszwecken herangezogen werden kann.*

deskriptives	*Ein phänomenologische Zusammenhänge beschreibendes Modell.*
mathematisches	*Die bzw. eine mathematische Umsetzung eines deskriptiven Modells.*
ptolemäisches	*Geozentrische Weltanschauung, erstmals formuliert von Ptolemäus (100 - 160): Die Erde steht im Mittelpunkt des Geschehens, weshalb auch alle Himmelsobjekte die Erde umkreisen - eine alltäglich zu beobachtende „Erfahrungstatsache".*
präskriptives	*Vorhersagemodell, basierend auf Resultaten des zugehörigen Berechnungsmodells.*
komputatives	*Berechnungsmodell. Zu gegebenen Randbedingungen kann ein mathematisches Modell nicht immer auf direktem Wege gelöst werden (analytische Lösung). Häufig bedarf es eines spezifischen Berechnungsmodells, also eines numerischen Näherungsverfahrens (FEM, FDM, etc.), hierbei müssen allerdings zusätzliche modellspezifische Voraussetzungen erfüllt sein.*
kopernikanisches	*Heliozentrische Weltanschauung, erstmals formuliert von Aristarchos (310 - 230 v. Chr.) und „wiederentdeckt" durch Nikolaus Kopernikus, wonach die Sonne im Mittelpunkt des Geschehens steht und unsere Erde zusammen mit allen anderen Planeten die Sonne umkreist - ein durch Beobachtung nur schwer erkennbarer Sachverhalt, weshalb sich Aristarchos' Ansicht seinerzeit wohl nicht durchsetzen konnte.*

Molekel	Lat.: „moles" = Masse - *Molekel ist ein veralteter wissenschaftlicher Begriff für kleinste Teilchen mit Masse, also Moleküle bzw. Atome. In der Literatur finden sich zuweilen Verweise auf die neu-lateinische Übersetzung des Molekül-Begriffs: „molecula".*
NASA	**N**ational **A**eronautics and **S**pace **A**dministration - *NASA ist die amerikanische Raumfahrtbehörde mit Sitz in Washington.*
NIST	**N**ational **I**nstitute of **S**tandards and **T**echnology - *NIST ist eine amerikanische Behörde für Standardisierungsaufgaben mit Sitz in Gaithersburg.*
Ontologie	*Die Ontologie beschäftigt sich mit der metaphysischen Frage nach der (objektiven) Existenz von Dingen jeglicher Art, insbesondere auch „Gedankendinge von ökonomische Function" (Ernst Mach), also jene physikalischen Konzepte die zur Beschreibung unserer Erfahrungswelt geschaffen werden.*
OPERA	**O**scillation **P**roject with **E**mulsion t**R**acking **A**pparatus - *Experimentelle Studie zur Neutrino-Oszillation.*

Paradigma	*Ein Paradigma beschreibt das in der jeweiligen wissenschaftlichen Epoche allgemein favorisierte und akzeptierte naturwissenschaftliche Weltbild.*
pathologische Wissenschaft	*Dieser Begriff geht auf Irving Langmuir zurück und beschreibt ein nicht eben seltenes Phänomen in der Forschung, bei dem Wunschdenken die wissenschaftliche Objektivität auf Dauer dominiert.*
PDG	**P**artielle **D**ifferential-**G**leichung – *Differentialgleichungen mit partiellen Ableitungen.*
PMMA	**P**oly**m**ethyl**m**eth**a**crylat – *Acrylglas, ein transparenter thermoplastischer Kunststoff.*
Perpetuum mobile	Lat.: „beständig beweglich" – *ein PM ist ein sich selbst erhaltender und zugleich energieliefernder Prozess (PM 1. Art) bzw. ein Prozess, der Energie über Entropie vollständig auf andere Energieträger transferieren kann (PM 2. Art). In beiden Fällen läuft der Energietransport extensiver Energieträger beständig dem Gefälle der entsprechenden intensiven Größen entgegen, wodurch der Energieerhaltungssatz verletzt wird, indem Energie im Wortsinne erzeugt wird.*
Pleonasmus	*Ein Pleonasmus steht für eine Formulierung, die einen Begriff mit einem bedeutungsgleichen Attribut versieht und damit dessen Eigenschaft wiederholt (z. B. weißer Schimmel, subjektive Meinung, seltene Ausnahme, etc.) oder unmittelbar sinngleiche Wörter kombiniert (z. B. Spannungstensor, Düsenjet, etc.).*
Postempirismus	*Ein erkenntnistheoretischer Begriff: Wissenschaftliche Erkenntnisse beruhen im Allgemeinen auf Erfahrung durch Beobachtung und quantitative experimentelle Erfassung modellspezifischer Größen (→ Empirismus). Im Postempirismus hingegen sieht man die ausschließliche Fokussierung auf die quantitative Überprüfbarkeit wissenschaftlicher Aussagen kritischer und akzeptiert auch rein qualitative Ansätze.*
Prognose	*Vorhersage, etwa auf Basis eines physikalischen Modells.*
PTB	**P**hysikalisch-**T**echnischen **B**undesanstalt – *die PTB ist ein metrologisches Institut mit Sitz in Braunschweig.*
QED	**Q**uanten-**E**lektro-**D**ynamik – *die QED ist die quantentheoretische Erweiterung der klassischen Elektrodynamik.*
QM	**Q**uanten**m**echanik – *die QM ist eine physikalische Theorie zur Beschreibung des Mikrokosmos auf atomarer und subatomarer Ebene.*

Realität	*Eine unserer Erfahrungswelt(en) zugrunde liegende objektive Außenwelt, die unabhängig von jeglichen subjektiven Sinneswahrnehmungen existiert.*
Realist	*Ein Begriff aus der Wissenschaftstheorie: Der Realist hinterfragt den Wahrheitsgehalt bzw. die Realitätsnähe einer physikalischen Modellvorstellung, d. h. er interessiert sich für die dem Modell zugrunde liegende Ontologie.*
Reduktionismus	*Ein naturwissenschaftliches Prinzip, wonach sich jedes Phänomen auf grundlegende Gesetzmäßigkeiten im Sinne einer Kausalanalyse zurückführen lässt. Um diese Gesetze auf eindeutige Weise zu identifizieren muss das Geschehen „nur" auf die hierfür wesentlichen Einflussgrößen reduziert werden.*
REM	**R**and-**E**lement **M**ethode – *ein numerisches Verfahren zur Lösung partieller Differentialgleichungen auf Basis von sog. Randelementen.*
ROI	**R**eturn-**O**n-**I**nvest – *ROI ist eine betriebswirtschaftliche Kennzahl, die den Erfolg einer unternehmerischen Tätigkeit in Bezug auf das eingesetzte Kapital darstellen soll.*
Replikat	*Ein Replikat beschreibt einen einfachen experimentellen Aufbau zur Untersuchung und Veranschaulichung grundlegender physikalischer Zusammenhänge.*
SDSS	**S**loan **D**igital **S**ky **S**urvey (SDSS) – *ist ein internationales Projekt zur spektroskopischen Durchmusterung von etwa eines Drittels unseres Sternenhimmels.*
SI	**S**ystème **I**nternational d'Unités – *Internationales Einheitensystem.*
SN(e)-Ia	*Super-Nova(e) vom Typ Ia. Beim explosiven Aufleuchten zeigt das typische SN-Ia Spektrum keine Wasserstoff- oder Helium-Linien, stattdessen charakteristische Absorptionslinien des Siliziums.*
SRT	**S**pezielle **R**elativitäts-**T**heorie – *eine von Albert Einstein im Jahre 1905 publizierte physikalische Theorie basierend auf zwei Prinzipien, deren allgemeine Gültigkeit axiomatisch vorausgesetzt werden: Die Konstanz der Lichtgeschwindigkeit und die Unabhängigkeit physikalischer Gesetze vom gleichförmigen Bewegungszustand eines Beobachters.*
Statik	*Die Statik beschreibt Gleichgewichtsprozesse in Zusammenhang mit geschlossenen Impulsstromkreisen, d. h. der lokale Impulszustrom ist identisch mit dem Impulsabstrom, sodass sich keine Relativbewegung einstellen kann („Kräftegleichgewicht").*

TAI	**T**emps **A**tomique **I**nternational – *mittlere Atomzeit auf Basis der Messwerte von etwa 250 rund um den Globus verteilten Atomuhren.*
Tautologie	Griech.: „tautología“ = Wiederholung einer Aussage – *Einer Tautologie fehlt es demnach an Aussagekraft, mangels einer unabhängigen Bestätigung des Gesagten.*
Tensor	*Siehe mathematischer Anhang. Der mathematische Begriff „Tensor“ (lat. tendere, „spannen, dehnen“) stammt ursprünglich aus der Mechanik, denn diese math. Objekte wurden erstmals definiert um dreidimensionale mechanische Spannungen zu beschreiben.*
Theorie	*Eine physikalische Theorie ist eine komplexe mathematische Strukturanalyse zur Beschreibung physikalischer Zusammenhänge aus unserer Erfahrungswelt.*
konstruktive	*Zu einer gegebenen mathematischen Struktur werden durch Beobachtung (→ Messung) entsprechende Naturgesetze in (bzw. für) diese Mathematik identifiziert.*
Prinzipien	*Mögliche Naturgesetze werden axiomatisch vorausgesetzt und daraufhin die passende Mathematik erarbeitet, sodass sich die Beobachtung konsistent beschreiben lässt.*
unitarische	*Ein Modell aus den Anfängen der Elektrotechnik (18. Jahrhundert). Zu jener Zeit nahm man an, dass ein unipolares Fluidum (→ unitarische Theorie) für den Stromfluss verantwortlich ist, indem es bestehende Konzentrationsunterschiede ausgleicht (Überschuss: positiv, Mangel: negativ). Zur gleichen Zeit verfolgte man aber auch noch den Ansatz, wonach zwei elektrische Fluide existieren sollen, nämlich das „Effluvium“ und das „Affluvium“ (→ dualistische Theorie).*
TRGB	**T**ip of **R**ed-**G**iant **B**ranch – *ein spezieller Bereich im Herzsprung-Russel Diagramm, indem bestimmte rote Riesensterne zu finden sind. Mit Hilfe des Herzsprung-Russel Diagramms beschreibt die Astrophysik den Lebenszyklus eines Sterns, abhängig von dessen Spektraltyp und Leuchtkraft (Helligkeit).*
TSA	*Thermische Spannungs-Analyse – TSA ist eine zerstörungsfreie Materialprüfung mechanisch belasteter Bauteile mittels Wärmebildkameras.*
Vektor	*Siehe mathematischer Anhang. Der mathematische Begriff „Vektor“ (lat. vectare, „tragen, transportieren“) wird in der Physik zur Beschreibung von gerichteten Größen verwendet, die sowohl einen Betrag als auch eine Orientierung besitzen.*

Links

ArXiv	*http://www.arxiv.org/*
Bekenntnisse	*http://www.projekt-gutenberg.org/augustin/bekennt/bekennt.html*
CC BY-SA 2.0	*http://creativecommos.org/licenses/by-sa/2.0*
CC BY-SA 2.5	*http://creativecommos.org/licenses/by-sa/2.5*
CC BY-SA 3.0	*http://creativecommos.org/licenses/by-sa/3.0*
Global-Positioning-System	*http://de.wikipedia.org/wiki/Global_Positioning_System*
Güterhalle	*http://roscheiderhof.de/index.php/de/amgueterbahnhof/gueterschuppen*
Mathematical Principles	*http://en.wikisource.org/wiki/The_Mathematical_Principles_of_Natural_Philosophy_(1846)*
NIST	*http://physics.nist.gov/cuu/Constants/index.html*
Peter C. Hägele	*http://www.uni-ulm.de/fileadmin/website_uni_ulm/archiv/haegele/*
Pressemitteilung	*http://www.sdss.org/press-releases/no-need-to-mind-the-gap/*
SdW-11/1994	*http://www.spektrum.de/magazin/die-quantenphysik-der-zeitreise/821917*
Urheberschutzgesetz	*http://www.gesetze-im-internet.de/bundesrecht/urhg/gesamt.pdf*
Virgo-Superhaufen	*http://commons.wikimedia.org/w/index.php?curid=20200891*
Wikipedia-Projekt	*http://de.wikipedia.org/wiki/Wikipedia:Hauptseite*

12 Verweise

Altaner, B. 2017. Über den epistemischen Charakter von Entropie. [Hrsg.] Anna-Sophie Jürgens und Markus Wierschem. *Patterns of Disorder, Kultur und Naturwissenschaften im Dialog.* Zürich: LIT-Verlag, 2017, Bd. 3.

Becker, E. und Bürger, W. 1975. *Kontinuumsmechanik.* Stuttgart: B. G. Teubner, 1975. ISBN 978-3-519-02319-7.

Bergmann, L. und Schaefer, C. 1971. *Lehrbuch der Experimentalphysik Band II - Elektrizität und Magnetismus, 6. Auflage.* [Hrsg.] H. Gobrecht, Berlin: Walter de Gruyter, 1971.

Bergmann, L. undSchaefer, C. 1974. *Lehrbuch der Experimentalphysik, Band I - Mechanik, Akustik, Wärme; 9. Auflage.* [Hrsg.] H. Gobrecht, Berlin: Walter de Gruyter, 1974.

Bertram, A. und Glüge, R. 2015. *Festkörpermechanik.* Magdeburg: Otto-von-Guerike Universität Magdeburg, 2015. ISBN 978-3-940961-88-4.

Bourne, D. E. und Kendall, P. C. 1973. *Vektoranalysis.* Stuttgart: Teubner, 1973. ISBN 3-519-02044-0.

Boussinesq, J. 1885. *Application des potentiels à l'étude de l'équilibre et du mouvement des solides élastiques.* Paris: Gauthier-Villars, 1885.

Bronstein, I. N., Semendjajew, K. A. 1981. *Taschenbuch der Mathematik.* Frankfurt: Harri Deutsch, 1981. ISBN 3-87144-492-8.

Cartwright, N. 1983. *How the Laws of Physics Lie.* Oxford: Clarendon Press Oxford, New York, 1983. ISBN 0-19-824704-4.

Clauser, Ch. 2016. *Einführung in die Geophysik, 2. Aufl.* Berlin: Springer Verlag, 2016. ISBN 978-3-662-46883-8.

Clausius, R. 1887. *Die mechanische Wärmetheorie.* Braunschweig: F. Vieweg, 1887. Bd. 1.

Davies, P. 2005. *About Time.* New York: Simon & Schuster Paperbacks, 2005. ISBN 978-0-684-81822-1.

de Boer, R. 1982. *Vektor- und Tensorrechnung für Ingenieure.* Berlin: Springer Verlag, 1982. ISBN 978-3-540-11834-3.

Demtröder, W. 1994. *Experimentalphysik, Band I - Mechanik und Wärme.* Berlin: Springer Verlag, 1994.

Einstein, A. 1927. Newtons Mechanik und ihr Einfluß auf die Gestaltung der theoretischen Physik. *Die Naturwissenschaften.* 1927, Bde. 15, S. 273-276.

Engel, J. und Al-Akel, S. 2019. *Einführung in den Grund-, Erd- und Dammbau.* München: Carl Hanser Verlag, 2019. ISBN 978-3-446-45852-9.

Feynman, R. P. 1985. *QED - Die seltsame Theorie des Lichts und der Materie.* Princeton: Princeton University Press, 1985. ISBN 3-492-11562-4.

Fick, E. 1979. *Einführung in die Grundlagen der Quantentheorie, 4. Auflage.* Wiesbaden: Akademische Verlagsgesellschaft, 1979.

Filk, T. 2011. *Modelle von Raum und Zeit.* Freiburg: Universität Freiburg, Fakultät für Mathematik und Physik, 2011.

Filk, Th. 2019. *Quantenmechanik (nicht nur) für Lehramtsstudierende.* Freiburg: Springer-Verlag, 2019. ISBN 978-3-662-59735-4.

Filk, Th. und Giulini, D. 2004. *Am Anfang war die Ewigkeit - Auf der Suche nach dem Ursprung der Zeit.* München: C.H. Beck, 2004. ISBN 3-406-52187-8.

Fischer, E. P. 2017. *Das große Buch der Physik.* Köln: Fackelträger-Verlag, 2017.

Fischer, E. P. 2003. *Die andere Bildung - Was man von den Naturwissenschaften wissen sollte.* s.l.: Ullstein Verlag, 2003. ISBN 3-548-36448-9.

Genz, H. 1996. *Wie die Zeit in die Welt kam.* München: Carl Hanser Verlag, 1996. ISBN 3-446-18742-1.

Gerthsen, Ch., Kneser, H. O. und Vogel, H. 2001. *Gerthsen Physik.* [Hrsg.] Dieter Meschede. 21. Auflage. Berlin: Springer-Verlag, 2001.

Goldsmith, W. 2001. *Impact - The Theory and Physical Behaviour of Colliding Solids.* Toronto, Canada: General Publishing Company, 2001. ISBN 0-486-42004-3.

Goldstein, H. 1978. *Klassische Mechanik.* Wiesbaden: Akademische Verlagsgesellschaft, 1978. 5. Auflage.

Großmann, S. 1981. *Mathematischer Einführungskurs für die Physik.* 3. Stuttgart: Teubner Verlag, 1981. ISBN 3-519-23028-3.

Hägele, P. C. 2007. *Der systemtheoretische Modellbegriff der Physik und seine Tragweite.* Ringvorlesung IZKS Bonn: s.n., 2007.

Hägele, P. C. 2012. Tragweite und Grenzen naturwissenschaftlicher Aussagen. [Hrsg.] Friedrich Reiter, et al. *Die Rede von Gott - Interdisziplinäre und interkulturelle Zugänge.* Amsterdam: Rodopi, 2012.

Hägele, P. C. 2014. Welche Wirklichkeit kommt den Naturwissenschaften in den Blick? [Hrsg.] M. Rothangel und P. Beuttler. *Glaube und Denken.* Frankfurt: Peter Lang, Internationaler Verlag der Wissenschaften, 2014, S. 49 - 79.

Heaviside, O. 1891 – 1912. *Electromagnetic Theory, Volume I-III.* London: "The Electrician" Printing and Publishing Company, 1891-1912.

Heinbockel, J. H. 2001. *Introduction to Tensor Calculus and Continuum Mechanics.* Victoria: Trafford Publishing, 2001. ISBN 1-55369-133-4.

Henke, H. 2011. *Elektromagnetische Felder.* Berlin: Springer Verlag, 2011. ISBN 978-3-642-19746-8.

Herrmann, F. 1997. *Experimentalphysik I - Mechanik.* Karlsruhe: Universität Karlsruhe, Abteilung für Didaktik der Physik, 1997. Bd. 1, Vorlesungsskript aus der Reihe: Skripten zur Experimentalphysik.

Herrmann, F. 1997. *Experimentalphysik II - Elektrodynamik.* Karlsruhe: Universität Karslruhe, Abteilung für Didaktik der Physik, 1997. Bd. 2, Vorlesungsskript aus der Reihe: Skripten zur Experimentalphysik.

Herrmann, F. 2003. *Experimentalphysik III - Thermodynamik.* Karlsruhe: Universität Karslruhe, Abteilung für Didaktik der Physik, 2003. Bd. 3, Vorlesungsskript aus der Reihe: Skripten zur Experimentalphysik.

Herrmann, F. 1997. *Experimentalphysik IV - Optik.* Karlsruhe: Universität Karlsruhe, Abteilung für Didaktik der Physik, 1997. Bd. 4, Vorlesungsskript aus der Reihe: Skripten zur Experimentalphysik.

Herrmann, F. und Job, G. 2002. *Altlasten der Physik.* Köln: Aulis Verlag Deubner, 2002. ISBN 3-7641-2443-4.

Herwig, H. und Moschalski, A. 2009. *Wärmeübertragung.* Wiesbaden: Vieweg + Teubner, 2009.

Hossenfelder, S. 2018. *Das hässliche Universum.* Frankfurt am Main: Fischer, 2018.

Jammer, M. 1999. *Concepts of Force, 2. Auflage.* New York: Dover Publication, Inc., 1999.

Jammer, M. 2000. *Concepts of Mass.* Princeton, New Jersey: Princeton University Press, 2000. ISBN 978-0-691-14432-0.

Jammer, M. 1993. *Concepts of Space, 3. Auflage.* New York: Dover Publications, Inc., 1993.

Kohlrausch, F. 1996. *Praktische Physik.* [Hrsg.] Volkmar Kose und Siegfried Wagner. 24. Auflage. Stuttgart: B. G. Teubner, 1996. Bd. 1. ISBN 3-519-23001-1.

Leipholz, H. 1968. *Einführung in die Elastizitätstheorie.* Karlsruhe: G.Braun, 1968.

Loper, M. L. 2004. *Fundamentals of Model Development.* Georgia Tech Research Institute, Atlanta, GA: s. n., 2004.

Ludwig, G. 1978. *Einführung in die theoretische Physik.* Braunschweig: Friedrich Vieweg & Sohn, 1978. Bd. 1. ISBN 3-528-191813.

Mach, E. 1897. *Die Mechanik in ihrer Entwickelung, historisch-kritisch dargestellt, 3. Auflage.* Leipzig: F.A.Brockhaus, 1897.

Milne, E.A. 1935. *Relativity, Gravitation and World-Structure.* London: Oxford University Press, 1935.

Pais, A. 1995. *Ich vertraue auf Intuition - Der andere Albert Einstein.* Heidelberg: Spektrum Akademischer Verlag GmbH, 1995. ISBN 3-8274-0394-4.

Pickover, C.A. 2015. *Das Physikbuch.* Kerkdriel: Librero IBP, 2015. ISBN 978-90-8998-360-2.

Popper, K. 1935. *Logik der Forschung - Zur Erkenntnistheorie der modernen Naturwissenschaft.* Wien: Springer Verlag, 1935. ISBN 978-3-7091-2021-7.

Resnick, R. 1976. *Einführung in die spezielle Relativitätstheorie.* Stuttgart: Ernst Klett Verlag, 1976. ISBN 3-12-983800-7.

Ruppel, W. 1977. Energie und Entropie. [Hrsg.] G. Falk und F. Herrmann. *Konzepte eines zeitgemäßen Physikunterrichts.* 1977, 1.

Schadschneider, A. 2011. *Einführung in die Hydrodynamik und ihre modernen Anwendungen.* Köln: s.n., 2011. Vorlesungsskript Universität Köln.

Schlichting, H. J. 1984. Zur Geschichte der Irreversibilität. *Der Physikunterricht.* 1984, 18/3, S. 5 - 13.

Schollwöck, U. 2017. Äpfel und Obst, Zum Verhältnis zwischen Unordnung und Entropie. [Hrsg.] Anna-Sopie Jürgens und Markus Wierschem. *Patterns of Disorder, Kultur und Naturwissenschaften im Dialog.* Zürich: LIT-Verlag, 2017, Bd. 3.

Simonyi, K. 2001. *Kulturgeschichte der Physik.* Frankfurt am Main: Verlag Harri Deutsch, 2001. ISBN 978-3-8171-1651-5.

Stachowiak, H. 1973. *Einführung in die Modelltheorie.* Wien: Springer, 1973.

Stein, E. und Barthold, F.-J. 1996. Elastizitätstheorie. [Buchverf.] G. Mehlhorn. [Hrsg.] G. Mehlhorn. *Der Ingenieurbau, Grundwissen: Werkstoffe, Elastizitätstheorie.* Berlin: Ernst & Sohn, 1996.

Strunk, Ch. 2018. *Moderne Thermodynamik.* Berlin: Walter de Gruyter GmbH, 2018. Bd. 1. ISBN 978-3-11-056018-3.

Szabó, I. 1996. *Geschichte der mechanischen Prinzipien, 3. Auflage.* Basel: Birkhäuser Verlag, 1996. ISBN 978-3-0348-9980-2.

Taylor, F.A. und Wheeler, J.A. 1963. *Spacetime Physics.* San Fransisco: W.H. Freeman and Company, 1963. ISBN 0-7167-0336-X.

Weinberg, S. 1972. *Gravitation and Cosmology: Principles and Application of the General Theory of relativity.* New York: John Wiley & Sons, 1972. ISBN 0-471-92567-5.

Whitrow, G.J. 1972. *What is Time?* London: Thames and Hudson, 1972. ISBN 0-500-01085-4.

13 Weiterführende Literatur

Die folgende Zusammenstellung weiterführender Literatur ist ein Auszug aus *meiner* Favoriten-Liste und zugleich *meine* Lese-Empfehlung an alle Studenten der Physik. Es heißt, in der Wissenschaft sei Lesen in erster Linie eine intelligente Form nicht zu denken. Ein unreflektiertes Rezitieren sogenannter Standardwerke bringt die Physik in der Tat nicht weiter! Schließlich macht es einen bedeutenden Unterschied, ob man (nur) den Namen von etwas kennt oder ob man namentlich etwas weiß (Richard Feynman). Mit anderen Worten: Wissenschaftliches Verständnis will erarbeitet sein! Deshalb verbinde ich mit dem Studium der einen oder anderen Literaturempfehlung die Hoffnung auf viele *Denkanstöße* für ein konstruktiv kritisches Hinterfragen von so mancher wohl etablierten Modellvorstellung in der Physik.

1. **Max Jammer**

   Concepts of Force – A Study in the Foundations of Dynamics

   Dover Publications Inc., Mineola, New York, 1999 ISBN 978-0-486-40689-3

   Concepts of Mass in Contemporary Physics and Philosophy

   Princeton University Press, New Jersey, 2000 ISBN 978-0-691-14432-0

   Concepts of Space – The History of Theories of Space in Physics

   Dover Publications Inc., Mineola, New York, 1993 ISBN 978-0-486-27119-4

   Die Bücher von Max Jammer sollten in keinem Physikstudium fehlen. Es ist meines Erachtens unerlässlich im Verlauf des Studiums mehr darüber erfahren, wie physikalische Theorien entstehen, was die zugehörigen Konzepte bestenfalls leisten können und insbesondere auch was sie definitiv nicht leisten können.

   Albert Einstein schreibt beispielsweise im Vorwort zu *Concepts of Space*:

   „In the attempt to achieve a conceptual formulation of the confusingly immense body of observational data, the scientist makes use of an arsenal of concepts [...] and seldom if ever is he aware of the eternally problematic character of his concepts. He uses [...] these conceptual tools of thought, as something obviously, im-

mutably given; something having an objective value of truth which is hardly ever, and in any case not seriously, to be doubted. [...] In the interest of science it is necessary [...] to engage in the critique of these fundamental concepts, in order that we may not unconsciously be ruled by them".

2. **Károly Simonyi**

   Kulturgeschichte der Physik

   Verlag Harri Deutsch, Frankfurt am Main, 2001 ISBN 978-3-8171-1651-5

   Das umfangreiche Werk von Károly Simonyi beschreibt ausführlich einen weiteren wichtigen Aspekt, welcher im Vorlesungsalltag des Physikstudiums kaum Beachtung findet: Die historische Entwicklung der Physik, weniger aus der Perspektive des Wissenschaftshistorikers, sondern aus Sicht des in Forschung und Lehre tätigen Naturwissenschaftlers. Die Physikgeschichte leistet einen wichtigen Beitrag zum Verständnis heutiger physikalischer Theorien, indem sie u.a. den wissenschaftshistorischen Kontext ihrer Entstehung beleuchtet und aufzeigt, auf welche Weisen man seinerzeit die physikalische Erfahrungswelt interpretierte.[1]

3. **Karl Popper**

   Logik der Forschung – Zur Erkenntnistheorie der modernen Naturwissenschaft

   Springer Verlag Wien GmbH, Wien, 1935 ISBN 978-3-7091-2021-7

   Studenten der Physik (Erstsemester) haben in der Regel kaum eine Vorstellung davon, welche Probleme mit dem naturwissenschaftlichen Erkenntnisprozess tatsächlich verbunden sind. Ganz im Gegenteil, man glaubt oftmals oder ist sogar fest davon überzeugt, dass auf Basis empirisch gewonnener Fakten sich entsprechende Modelle (Theorien) auf induktivem Wege fast zwangsläufig ergeben. Dem ist aber nicht so, denn die *„Logik der Forschung"* ist eine andere! Bedauerlicherweise findet sich auch dieser bedeutsame Aspekt wissenschaftlicher Arbeit nicht im üblichen Vorlesungsprogramm des Physikstudiums. Thematisch möchte ich bewusst auf die Erstausgabe von Karl Poppers Buch aus dem Jahre 1935 verweisen, also aus jener Zeit kontrovers geführter Diskussionen zum *„richtigen"* physikalischen Weltbild, hervorgerufen durch *„revolutionäre Theorien"*, wie etwa der ART (→ Geometrie der Raumzeit) oder der Quantenmechanik (→ Welle-Teilchen-Dualismus, Schrödinger-Gleichung, Unschärferelationen etc.), die seinerzeit der wohletablierten klassischen Weltanschauung zur Gänze widersprachen. Popper diskutiert die damit verknüpften grundsätzlichen Erkenntnisprobleme in der Physik und es ist ausgesprochen lehrreich, wie er das tut. Er verdeutlicht, dass sich auf empirisch induktivem Wege keine allgemein gültigen Naturgesetze folgern lassen, d.h. entsprechende Modelle bleiben stets empirisch unterbestimmt und damit hypothetisch (→ Induktionsproblem). Physikalische Theorien sind deshalb nicht verifizierbar, sie können sich bestenfalls bewähren, so lautet Poppers überzeugendes Fazit.

4. **István Szabó**

Geschichte der mechanischen Prinzipien

Hrsg.: P. Zimmermann, E.A. Fellmann

Birkhäuser Verlag, Basel, 1996 ISBN 978-3-0348-9980-2

Istvàn Szabó legt großen Wert sowohl auf eine historisch wie auch thematisch korrekte Darstellung der Entwicklung verschiedener Modellvorstellungen zur Mechanik und gelangt auf diesem Wege zu einer Reihe sehr interessanter Erkenntnisse. So manche uns geläufige historische „Tatsache" entpuppt sich demnach als „Märchen" und Szabós Kritik richtet sich unmissverständlich an die hierfür verantwortlichen „Märchenerzähler". In seinem Vorwort zur ersten Auflage (1976) steht u.a. zu lesen:

„Dieses Buch will keine Geschichte der Mechanik im üblichen Sinne erzählen. Infolgedessen wird hier nicht all das aufgezählt, was [...] an Falschem und Richtigem oder aber kaum Förderlichem geschrieben wurde: Ich bin der Ansicht, dass die Mechanik als Wissenschaft mit Galilei beginnt. Trotzdem glaube ich, [...] alles abgehandelt zu haben, was in der Entwicklung der klassischen Mechanik wirklich »Geschichte« gemacht hat."

Trotz zahlreicher zum Teil recht persönlicher Wertungen und Ansichten ist István Szabós Buch dennoch zu empfehlen, weil ausgesprochen akribisch und fachlich kompetent ausgearbeitet. Das Buch liefert einen wertvollen Beitrag zum Verständnis physikalischer Modelle, weil es sehr genau die naturwissenschaftlichen Überlegungen und Ideen der damaligen *„Meister"* ausarbeitet und diese auch im historischen Kontext analysiert.

5. **Herbert Goldstein**

Klassische Mechanik

Akademische Verlagsgesellschaft, Wiesbaden, 1978 ISBN 3-400-00134-1

Dieses Standardwerk von Herbert Goldstein stammt aus dem Jahre 1950 und wurde erstmals 1963 in deutscher Sprache aufgelegt. Es ist hervorragend geschrieben und gibt einen umfassenden Einblick in die mathematischen Methoden der klassischen Physik. Goldstein schien alle studentischen Hürden zu kennen, die beim Studium der klassischen Mechanik auftreten können und spart nicht mit hilfreichen Erläuterungen und nützlichen Ergänzungen. Zudem findet sich am Ende eines jeden Kapitels ein Literaturhinweis zur Erweiterung und Vervollständigung der behandelten Themen. Zur besseren Einordnung sind alle Literaturangaben vom Autor zusätzlich kommentiert und bewertet.

6. **Wolfgang Demtröder**

   Experimentalphysik 1–4

   Springer Verlag, Berlin, 1994

Band 1 - Mechanik und Wärme	ISBN 3-540-56543-4
Band 2 - Elektrizität und Optik	ISBN 3-540-57095-0
Band 3 - Atome, Moleküle und Festkörper	ISBN 3-540-57096-9
Band 4 - Kern-, Teilchen- und Astrophysik	ISBN 3-540-57097-7

   Der Springer Verlag versah die Erstausgabe dieser Lehrbuch-Reihe mit einem Aufkleber worauf zu lesen war *„umfassend, kompetent, durchdacht“*. Dem kann ich uneingeschränkt zustimmen. Während meines Physikstudiums waren die Vorlesungen von Prof. Demtröder unter uns Studenten stets zu empfehlende Lehrveranstaltungen, weil didaktisch durchdacht und zudem verständlich und kompetent vorgetragen. Diese Eigenschaften spiegeln sich auch in seiner Lehrbuchreihe zur Experimentalphysik wider.

7. **Friedrich Herrmann**

   Der Karlsruher Physikkurs 1–5

   Aulis-Verlag, Lehrbuchreihe für die Sekundarstufe II

   http://www.karlsruher-physikkurs.de

Band 1 - Elektrodynamik	ISBN 978-3-7614-2751-4
Band 2 - Thermodynamik	ISBN 978-3-7614-2767-5
Band 3 - Schwingungen und Wellen	ISBN 978-3-7614-2661-6
Band 4 - Mechanik	ISBN 978-3-7614-2743-9
Band 5 - Atomphysik	ISBN 978-3-7614-2810-8

   Der *„klassisch ausgebildete Physiker“* wird nicht zu allen Aspekten dieses Physikkurses spontan und uneingeschränkt zustimmen wollen. Ich kann jedoch nur empfehlen unvoreingenommen und mit wissenschaftlicher Objektivität die Ideen des Kurses nachzuvollziehen, es lohnt sich allzu vertraute Perspektiven und so manche *„Selbstverständlichkeit“* aus der *„traditionellen“* naturwissenschaftlichen Lehre kritisch zu hinterfragen. Für den studentischen Gebrauch finden sich sowohl weiterführende Literatur als auch entsprechende Vorlesungsmanuskripte zum KPK auf der gleichnamigen Internetseite (vgl. Empfehlung 9). Eine fundierte Beschreibung der konzeptionellen Grundlage des KPK liefert die nachfolgende Empfehlung 8.

   Es soll an dieser Stelle nicht unerwähnt bleiben, dass ein *„Gutachten“*, seinerzeit initiiert von der Deutschen Physikalischen Gesellschaft, den KPK in Gänze ablehnt.[2] Die Gutachter kommen in ihrer Bewertung zu dem erstaunlichen Ergebnis, dass der KPK wissenschaftlich nicht haltbar sei, weil er grundsätzliche

Prinzipien der Physik verletze und deshalb wesentliche Aussagen des Kurses falsch seien. Dieser ausgesprochen bedauerliche Vorfall dokumentiert sehr anschaulich die Notwendigkeit sich mit den Grundzügen der physikalischen Modellierung und den hierfür geschaffenen Konzepten eingehend vertraut zu machen, insbesondere dann, wenn man sich der Lehre verpflichtet fühlt und sich zudem berufen glaubt hierüber naturwissenschaftliche Expertisen zu erstellen. Um mit Wolfgang Pauli zu sprechen: Dieses Gutachten *„... ist nicht nur nicht richtig, es ist nicht einmal falsch!“*, um weiter ernsthaft diskutiert zu werden.

8. **G. Falk, F. Herrmann (Hrsg.)**

Konzepte eines zeitgemäßen Physikunterrichts

Schroedel Schulbuchverlag, Hannover, 1979–82

http://www.karlsruher-physikkurs.de

Heft 1 – Thermodynamik – nicht Wärmelehre, sondern Grundlage der Physik, Teil 1: Energie und Entropie	ISBN 3-507-76081-9
Heft 2 – Thermodynamik – nicht Wärmelehre, sondern Grundlage der Physik, Teil 2: Menge und chemisches Potential	ISBN 3-507-76082-7
Heft 3 – Ein moderner Physikkurs für Anfänger und seine Begründung	ISBN 3-507-76083-S
Heft 4 – Reaktionen in Physik, Chemie und Biologie	ISBN 3-507-76084-3
Heft 5 – Klassische Mechanik in moderner Darstellung	ISBN 3-507-76085-1

Eine ausgesprochen kompetente Darstellung grundlegender Probleme der *„klassischen Physik“* oder besser des *„klassischen Physikunterrichts“*. Probleme, wie sie mir als physikbegeisterter Schüler und auch später als Student zu jener Zeit ebenfalls begegneten. Leider (!) blieb mir diese Schriftenreihe für lange Zeit unbekannt, sodass viele der physikalischen Hürden und Stolpersteine allesamt so zu nehmen waren, wie sie einem im Laufe der Physikausbildung mehr oder weniger kompetent präsentiert wurden. Mein Ratschlag: Unbedingt lesen – insbesondere Heft 5!

9. **Friedrich Herrmann**

Skripten zur Experimentalphysik

Universität Karlsruhe, Abteilung für Didaktik der Physik

http://www.karlsruher-physikkurs.de

Band 1 – Mechanik

Band 2 – Elektrodynamik

Band 3 – Thermodynamik

Band 4 – Optik

Bedauerlicherweise gibt es diesen Einführungskurs in die Experimentalphysik nur in Form einer Skriptenreihe, mittlerweile überarbeitet und in neuem Layout (Auflage 2015). Eine detailliertere Ausarbeitung in Form eines Lehrbuches für Studenten der Physik wäre wünschenswert und definitiv eine Bereicherung!

10. **Christoph Strunk**

    Moderne Thermodynamik

    Walter de Gruyter GmbH, Berlin, 2018

    Bd. 1 – Physikalische Systeme und ihre Beschreibung ISBN 978-3-11-056018-3

    Bd. 2 – Quantenstatistik aus experimenteller Sicht ISBN 978-3-11-056050-3

    Christoph Strunk, ein ehemaliger Student von G. Falk und F. Herrmann, hat mit diesem Buch zur Thermodynamik die zuvor unter Punkt 8 aufgeführten richtungsweisenden Konzepte einer zeitgemäßen Physikausbildung auf bestechende Weise umgesetzt. Seine Darstellung einer *„modernen Thermodynamik“* ist nicht nur fachlich ausgesprochen gut gelungen, sie definiert meines Erachtens ein Standard-Lehrbuch zur Thematik! Eine empfehlenswerte Lektüre für all jene, die mehr darüber erfahren möchten, wie Physik *„richtig gut funktionieren kann“*, wenn man *„nur“* die Modellansätze passend (d. h. zielführend) wählt. Zahlreiche Beispiele untermauern die moderne Herangehensweise an das Thema *„Wärme“*, indem (u. a. altbekannte) experimentelle Befunde sich auf einfachste Weise erschließen. Darüber hinaus werden wichtige Zusammenhänge mit Modellkonzepten anderer physikalischer Disziplinen mehr als deutlich.

11. **Friedrich Herrmann, Georg Job**

    Altlasten der Physik

    Aulis-Verlag Deubner, Köln, 2002 ISBN 3-7614-2443-4

    http://www.karlsruher-physikkurs.de

    Eine erbauliche und inspirierende Lektüre! So manche *„Altlast“* ließ mich *„schmunzelnd“* an meine Physik-Ausbildung zurückdenken, denn die geschilderten Probleme begegneten mir seinerzeit so oder zumindest auf ähnliche Weise ... und das sollte heutzutage nicht mehr sein.

    Zu meiner Überraschung durfte ich feststellen, dass so manche empfindliche Physiker-Seele zwischen den Zeilen dieses Buches den erhobenen Zeigefinger zweier *„Besserwisser“* zu erkennen glaubt. Dem ist aber nicht so, weil die Naturwissenschaft sich nur durch einen andauernden Lernprozess kontinuierlich weiterentwickeln kann. Althergebrachte Sichtweisen aus rein traditionellen Gründen zu favorisieren führt zwangsläufig zu einem *„status quo“* wissenschaftlicher Anschauung und ist in diesem Zusammenhang kontraproduktiv.

Deshalb ist eine kritische Analyse historischer Konzepte im Lichte aktueller wissenschaftlicher Erkenntnisse stets eine empfehlenswerte Initiative, um die Wissenschaft und insbesondere die allzu traditionelle wissenschaftliche Lehre mit dem einen oder anderen Aha!-Effekt zu bereichern. Ansonsten bliebe nur die bereits mehrfach zitierte von Eugen Roth einst humorvoll beschriebene Vorgehensweise: *„Die Wissenschaft, sie ist und bleibt, was einer ab vom andern schreibt ...“*, was niemand ernsthaft befürworten kann.

12. Heino Henke

Elektromagnetische Felder

Springer Verlag, Berlin, 2011

Theorie und Anwendungen ISBN 978-3-642-19745-1

Übungsbuch ISBN 978-3-642-19741-3

Studenten der Physik erlernen die Grundzüge der Elektrodynamik in der Regel über Standardwerke, kompetent verfasst von Wissenschaftlern der theoretischen Physik, wie z. B. John David Jackson[3] oder auch Wolfgang Nolting.[4] Das Lehrbuch von Heino Henke ist im Vergleich dazu erfrischend anders. Henke ist Experte der theoretischen Elektrotechnik und hatte als Entwicklungsingenieur der Hochfrequenztechnik die Theorie elektromagnetischer Felder auch in der Praxis umzusetzen. Aus eigener Erfahrung weiß ich festzustellen, dass im Allgemeinen die *„harte Randbedingung“* praktisch verwertbare Lösungen zu erarbeiten zwangsläufig zu einem tieferen Verständnis der zugrunde liegenden theoretischen Konzepte führt. Heino Henke versteht es auf hervorragende Weise sein fundiertes Wissen um die Theorie der Elektrodynamik und deren Anwendung zu vermitteln. Zahlreiche Beispiele zeigen auf, wie man von einer gegebenen Problemstellung zum passenden Modell und schließlich zu einer tragfähigen Lösung gelangt.

13. Thomas Filk

Modelle von Raum und Zeit

Skript zur Vorlesung (Stand: Dez. 2011),

Universität Freiburg, Fakultät für Mathematik und Physik

http://www.mathphys.uni-freiburg.de/physik/filk/public_html/

Das Vorlesungsskript richtet sich an Studenten, die an Grundlagenproblemen der Physik interessiert sind. Thomas Filk geht in seiner Betrachtung über Modelle von Raum und Zeit auf genau die grundlegenden Probleme ein, die mit diesen Konzepten und der damit verbundenen Theorien immer noch verknüpft sind. Positiv hervorzuheben ist hierbei sein Ansatz, nämlich diese Probleme anhand der Originalarbeiten (von Newton bis Einstein) zu diskutieren, wodurch umso deutlicher wird, dass die seinerzeit bereits durch die Autoren angesprochenen Fragen selbst heute noch aktuell sind. So manche Grundsatzfrage der Physik ist tatsächlich immer noch nicht zufriedenstellend beantwortet! Ergänzt wird seine Betrachtung durch neuere theoretische Überlegungen zur Entwicklung eines physikalisch konsistenten Bildes von Raum und Zeit. Eine didaktisch sehr gute Ausarbeitung der Thematik!

14. **Andreas Schadschneider**

Einführung in die Hydrodynamik und ihre modernen Anwendungen

Skript zur Vorlesung (Stand: Apr. 2011),

Universität Köln, Institut für Physik und ihre Didaktik

http://www.thp.uni-koeln.de/~as/

Ein weiteres Vorlesungsskript, das didaktisch hervorragend ausgearbeitet ist!

Andreas Schadschneider versteht es, die wesentlichen mathematischen Grundzüge zur Kontinuumtheorie *„Hydrodynamik"* auf anschauliche und dennoch mathematisch korrekte Weise zu vermitteln. Während sich andere Autoren zu diesem Thema oftmals in der Mathematik des Tensorkalküls verlieren, sodass die Physik zuweilen auf der Strecke bleibt, schafft es Andreas Schadschneider die physikalischen Zusammenhänge der hydrodynamischen Grundgleichungen sowohl idealer als auch zäher Flüssigkeiten auf verständliche Art darzustellen. Unterschiedlichste Anwendungsbeispiele, die von der Kosmologie über einfache Sternmodelle bis hin zur Verkehrsmodellierung reichen, erläutern und vertiefen die vorgestellten Konzepte zur Hydrodynamik. Sehr empfehlenswert!

15. **Thomas Filk, Domenico Giulini**

Am Anfang war die Ewigkeit – Auf der Suche nach dem Ursprung der Zeit

C.H. Beck Verlag, München, 2004 ISBN 3-406-52187-8

Zugegeben, der Buchtitel mag den einen oder anderen potentiellen Leser etwas irritieren und über den wissenschaftlich fundierten Kontext des Buches hinwegtäuschen. Beide Autoren sind jedoch ausgewiesene Experten auf dem Gebiet der theoretischen Physik. Ihre Beiträge zur physikalischen Lehre sind kompetent ausgearbeitet und die darin behandelten Themenfelder bleiben dennoch verständlich, weil didaktisch stets durchdacht dargestellt. Beste Voraussetzungen also, um ein hervorragendes *„populärwissenschaftliches"* Buch zum physikalischen Konzept *„Zeit"* zu verfassen. Das Buch baut z.T. auf dem o.g. Skript *„Modelle vom Raum und Zeit"* auf, ergänzt um viele physikalisch interessante Aspekte zum Themenkomplex *„Zeit"*, sowohl im Rahmen der Newton'schen Mechanik als auch im Zusammenhang mit der Einstein'schen speziellen und allgemeinen Relativitätstheorie. Eine lesenswerte Darstellung unterschiedlicher wissenschaftlicher Perspektiven auf die *„Zeit"*.

16. Ernst Peter Fischer

Die andere Bildung – Was man von den Naturwissenschaften wissen sollte

Ullstein Verlag 2003 ISBN 3-548-36448-9

Eine sehr unterhaltsam geschriebene und inspirierende Lektüre – auch für uns Naturwissenschaftler durchaus zu empfehlen, obschon man annehmen sollte, dass wir im Verlauf unserer langjährigen Ausbildung über das erforderliche Wissen verfügen sollten. Ich wage aber zu behaupten, dass dem nicht (immer) so ist – nicht in der heutigen Zeit zunehmender Spezialisierung auch bei naturwissenschaftlichen Studiengängen. Das Buch ist in erster Linie die notwendige Antwort auf ein entsprechendes Werk von Dietrich Schwanitz, seines Zeichens Literaturprofessor, der naturwissenschaftliche Kenntnisse kurzerhand für nicht bildungsrelevant erklärt![5] Vermutlich musste Schwanitz feststellen, dass seine *„(Aus-)Bildung“* diesbezüglich erhebliche Mängel aufweist und er demzufolge in Sachen Wissenschaft nichts Erbauliches für sein Buch beizutragen wusste – also macht man aus der Not eine Tugend! Die Sozialpsychologie hat einen Begriff hierfür: *„Kognitive Dissonanzreduktion“* oder etwas allgemeinverständlicher formuliert – das *„Schönreden“* subjektiv belastender Lebensumstände, ein allzu menschliches Verhaltensmuster.

Anmerkungen

1 vgl. K. Hentschel, *Auseinanderdriftende Felder? Der Dialog zwischen Physik und Physikgeschichte muss gestärkt werden*, Physik Journal 18 (2019) Nr. 6, S. 3.

2 das entsprechende Dokument aus dem Jahre 2013 findet sich ebenfalls auf der o. g. KPK-Seite.

3 J. D. Jackson, *Klassische Elektrodynamik*, Walter de Gruyter Verlag, ISBN 3-110-09579-3.

4 W. Nolting, *Grundkurs Theoretische Physik 3, Elektrodynamik*, Springer-Verlag, ISBN 3-540-20509-8.

5 D. Schwanitz, *Bildung – Alles, was man wissen muß*, Goldmann-Verlag (2002);

Index

I

K

L

M

N

O

P